Windows® Phone 7 Secrets

윈도우폰 7의 비밀

폴 써롯 지음 / 장현순 · 황연주 옮김

WILEY

ITC
INFO-TECH COREA

Windows® Phone 7 Secrets

by Paul Thurrott

저자에 대하여

폴 써롯은 20권이 넘는 책의 저자이며, 펜톤 미디어의 기술 분석가이자 **윈도우 IT 프로**의 뉴스 편집자, 그리고 SuperSite for Wondows(winsupersite.com)의 관리자이다. 그는 또한 일일 칼럼인 'WinInfo Daily UPDATE', 윈도우 IT 프로 업데이트의 주간 사설, 그리고 'Need to Know'라는 월간 칼럼을 잡지 **윈도우 IT 프로**에 기고하고 있다. 이뿐만 아니라 슈퍼사이트 블로그(community.winsupersite.com/blogs/paul)와 윈도우폰 시크릿 블로그(windowsphonesecrets.com)에 글을 올리고 있으며, 인기 위클리 팟캐스트인 '윈도우 위클리'(twit.tv/ww)를 팟캐스팅 계의 전설 레오 라포트와 함께 진행하고 있다.

기술 편집자에 대하여

토드 마이스터는 15년 이상을 마이크로소프트의 기술을 이용하여 개발해오고 있다. 그는 SQL 서버에서 닷넷 프레임워크에 이르는 75권 이상의 서적에서 기술 편집을 맡았다. 서적의 기술 편집뿐만 아니라, 그는 인디애나 주 먼시(Muncie)에 위치한 볼 주립대학(Ball State University)의 수석 IT 설계자이다. 현재 아내 킴벌리와 네 명의 똑똑한 아이들과 함께 인디아나주 중부에 살고 있다.

감사의 글

책을 쓰는 데 동반되는 시간 부족과 높은 스트레스를 너그럽게 이해해준 스테파니에게 다시 한 번 고마움을 전하고 싶다. 이 책을 제 시간에 끝낼 수 있었던 것은 나보다도 당신의 덕이 컸고, 당신이 아니었다면 이 책은 나올 수 없었을 거야.

마크와 켈리에게도 몇 달 동안이나 나의 부재를 잘 견뎌주어 고맙다고 말해주고 싶다. 비록 바로 옆방에서 컴퓨터를 향해 소리를 지르면서 왜 일이 안 풀리는지 고민하고 있긴 했지만. 너희들은 언제 그렇게 자란 거니?

마이크로소프트의 그렉 설리반과 윈도우폰 팀, 바게너 에드스트롬(Waggener Edstrom)의 루카스 웨스트콧과 조나단 리차드슨의 지원이 없었다면 이 책은 만들 수 없었을 것이다. 이들은 내가 매우 이른 시기에 원형 핸드폰 하드웨어, 베타 윈도우폰 소프트웨어를 이용할 수 있도록 해주었으며, 이 흥미진진한 새로운 플랫폼에 관해 설명할 수 있도록 나의 수많은 질문들에 답변을 해주었다. 이 작업은 멋지고, 열광적이었으며, 엄청난 속도로 진행되었다. 다음 버전이 너무 기다려진다.

Wiley 출판사의 어메이징한 팀에게도 감사를 전하고 싶다. 지금까지 몇 권의 책을 같은 핵심 그룹의 사람들과 만들었다는 것은 정말 행운이었고, 정말 큰 차이를 가져다주었다. 써야할 적당한 책을 찾아내기 위해 초반부터 함께 노력했던 캐롤 롱, 이 책의 방향과 스케줄에 대해 꾸준히 도움을 준 케빈 켄트, 기술 편집자 토드 마이스터, 제작 편집자 밀드레드 산체스 그리고 제작 편집자 캐슬렌 위저에게 고마움을 전하고 싶다. 여러분은 모두 놀라운 사람들이에요.

나의 **윈도우 7 시크릿**의 공동저자이자, 메신저에서 "여전히 살아 있는 건가?"라고 물으며 가끔씩 세상에 다시 나오도록 친절하게 상기시켜준 라파엘에게도 고마움을 전하고 싶다. 그래, 여전히 살아 있지. 그리고 다음 책은 자네와 함께 쓸 수 있기를 고대하고 있네.

마지막으로, 전 세계 독자들과 청취자들에게 감사를 전하고 싶다. 나는 항상 기술에 관하여 대화를 나누는 것을 내 작업이라 생각해왔고, 윈도우폰에 대한 이 책을 쓰는 동안에는 더욱더 그러했었다. 그 대화가 앞으로도 계속될 수 있기를 희망한다. 모든 것을 가치 있게 만드는 것은 바로 이 주고 받는 일일 것이므로.

Contents

CHAPTER 1 사전 체크목록 : 윈도우폰을 갖기 전에 할 일   1

Chapter 2 윈도우폰 개봉 및 시작하기   37

Chapter 3 윈도우폰 사용자 인터페이스 이해하기   71

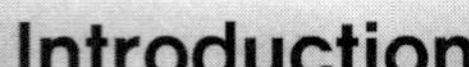 Introduction

2009년 초반, 나는 애플의 아이폰을 포기하고 그 당시 마이크로소프트의 스마트폰 플랫폼이었던 윈도우 모바일 기반 기기를 사용하고 싶다는 바람을 표현하려고 했던 '아이폰이여 안녕, Saying Goodbye to the iPhone'(winsupersite.com/alt/iphone_goodbye.asp)이라는 지독한 기사를 하나 썼다. 이 기사는 다른 무엇보다도 나 자신을 위해서 쓰였고, 나는 그것을 그 당시 우수한 제품-아이폰-을 버리고 그보다 훨씬 떨어지는 제품을 사용하도록 스스로를 격려하는 데 이용하고 있었다.

이에 대한 이유는 많이 있었지만, 한마디로 요약하자면 지나친 실용주의였다. 나는 결국 **윈도우** 가이이고, 그러한 관점으로 15년 이상을 마이크로소프트의 기술에 대해서 저술해왔다. 특히 SuperSite for Wondows를 통해서. 그러므로 아이폰을 사용하고 그것에 관해서 글을 쓰는 일은 제품 범위 측면에서는 이치에 맞지 않았다. 그와 별개로, 윈도우 모바일은 충분히 일리가 있었다.

거기에는 딱 한 가지 문제가 있었다. 그리고, 그것은 심각했다. 솔직히 이야기하자면, 윈도우 모바일은 **형편없었다**. 그 당시 최신 버전이었던 윈도우 모바일 6.1은 그로부터 10년 이전부터 있던 PDA와 작은 금속 스타일러스펜 기반 사용자 인터페이스를 가진 골칫거리였다.(당연히 윈도우 모바일 6.1 핸드폰은 여전히 이 작은 금속 이쑤시개를 탑재하고 있다. 이것이 작은 화면에 있는 몇몇 컨트롤들을 정확하게 누르는 유일한 방법이었다.)

2009년 초반, 마이크로소프트가 윈도우 모바일을 회복시킬 것이라는 아주 작은 희망이 있었고, 나는 그 희망이 마치 실제 구명재킷인 양 매달렸다. 그 해에, 나는 몇 개의 윈도우 모바일 기기들을 샅샅이 살펴보았다. 비록 그 이름을 밝혀서 회사들이나 제품들을 당황시킬 생각은 없지만, 아이폰과 비교했을 때 그들 모두 엄청나게 형편없었다고만 말해두려고 한다.

우리가 듣기로 마이크로소프트의 계획은 멀티터치 호환 사용자 인터페이스를 가진 윈도우 모바일을 제공하여 아이폰과 어깨를 나란히 하는 것이었다. 이 인터페이스는 2009년 후반 윈도우 모바일 6.5를 통해 공개되었고, 윈도우 마켓플레이스 for 모바일(애플의 앱스토어를 모방한)과 스마트폰에 있는 중요한 데이터를 웹으로 동기화 및 백업을 할 수 있는 놀랍도록 훌륭한 방법을 지원하는 마이폰이라는 새로운 서비스도 함께 출시되었다.

윈도우 모바일 6.5에 대해서 약속은 크게 했지만 실행은 부족했다. 왜 이 제품이 그렇게도 실망스러웠는지에 대한 세부내용은 너무 복잡하지만, 그래도 여기서 최소한 몇몇 중요한 점들은 살펴보려고 한다.

첫째로, 2009년 말에 출시된 윈도우 모바일 6.5 기기의 초기 제품은 아이폰과 같은 정전용량 방식의 터치스크린을 포함하지 않았다. 대신 그들은 모두 하위급의 전기성 터치스크린을 탑재하고 있었다. 그 차이는 굉장히 크고 중요하다. 정전용량 방식의 터치스크린이 실크처럼 부드럽고 이용하기도 쉽다면, 전기성 터치스크린은 좀 더 힘을 줘서(편안하다고 느끼는 것보다 더 세게) 눌러야 하고 잘못 누르기도 쉬웠다.

둘째로는, 마이크로소프트가 윈도우 모바일 6.5에서 아이폰과 같은 멀티터치 인터페이스를 지원하기는 했지만, 이 인터페이스는 단지 시스템의 잠금 화면, 시작화면 그리고 인터넷 익스플로러의 새 버전처럼 이 제품이 탑재하고 있는 몇몇 애플리케이션들에서만 가능하도록 만들어져 있었다. 나머지 UI들은 10년 이상 된 그 끔찍하고, 오래된 스타일러스펜에 기반한 UI였다. 그리고, 조금만 사용해 보아도 이러한 까다롭고 낡은 그리고 조금도 터치에 적합하지 않은 UI를 경험할 수 있었다.

마지막으로, 마이크로소프트는 서로 다른 종류의 하드웨어에서 구동되는 스탠더드와 프로페셔널의 두 가지 버전으로 공급하여 자신의 모바일 플랫폼 시장을 계속 두 갈래로 나누고 있었다. 스탠더드는 작고, 터치스크린이 아닌 기기를 기반으로 설계된 반면, 프로페셔널은 좀 더 많은 기능을 가진 기기를 겨냥했었다. 성가시게도 이러한 전략으로 인해 하나의 버전을 위해 만들어진 애플리케이션이 다른 버전에서는 작동하지 않는 상황이 발생했다.

계속 나열할 수도 있지만, 아마 대충 이해가 됐을 것이다. 2009년이 저물 무렵, 나는 몇 가지 윈도우 모바일 6.x 폰들을 구입하여 평가를 했는데, 그들 모두 참담했다. 아이폰에서 이러한 변변찮은 기기 중 하나로 옮겨가는 것이 단지 한 발짝 물러나는 것 같지가 않았다. 그것은 시간을 거슬러 되돌아가는 것 같았고 아이폰과는 비교를 할 수도 없었다.

내가 그 당시에 알지 못했던 것은, 내부적으로 마이크로소프트가 이미 윈도우 모바일을 포기했다는 것이었다. 물론 2010년 초반에 걸쳐 몇몇 작은 업데이트를 하면서 윈도우 모바일 6.5를 지원하는 형식적인 노력도 있었지만 대체로 마이크로소프트는 윈도우 모바일이 자연적으로 소멸되도록 그대로 두고 있었다. 하지만 별도로, 비밀스럽게 윈도우 모바일을 대체하고, 마침내 잘못된 것을 바로잡아 회사의 모바일 제품들을 올바른 길에 올려놓을 기회로서 완전히 새로 시작하는 모바일 플랫폼을 계획하고 있었다. 이후에 윈도우 폰으로 알려진 이 새로운 플랫폼은 어두운 방의 한줄기 갑작스러운 빛과 같았다. 1년 반이 걸리긴 했지만, 그것은 마침내 아이폰을 단념하겠다는 나의 약속을 지킬 수 있도록 해주었다. 나는 뒤돌아보지 않을 것이다.

모바일 시장에서 수년 전의 아이폰의 했던 역할을, 그리고 이제는 더 이상 아이폰이 하지 못하는 역할을 윈도우폰이 대신하고 있다. 일을 처리하는 새로운 방식, 일을 처리하는 **더 나은** 방식. 윈도우폰은 다른 스마트폰 플랫폼처럼 애플리케이션 혹은 앱들을 지원한다. 하지만 윈도우폰은 또한 더 간단한 방식으로, 더 시각적인 표현 형태로, 더 개인화되고 맞춤화할 수 있는 기능을 사용자들에게 제공한다. 애플이 자신의 자리를 확고히 하느라 바쁜 반면에 마이크로소프는 많은 것을 버려야만 했고, 이 필요성은 결과적으로 다른 것들이 하는 대로 모방하지 않는 훨씬 사려 깊은 플랫폼을 만들어냈다.

점점 나이가 들수록 새로운 기술에 열광하는 것이 어려워지는 것 같다. 그동안 나의 흥분과 관심을 새롭게 만들었던 핵심 제품들(윈도우 95, 윈도우 미디어센터, 윈도우 홈 서버, 윈도우 7과 같은)을 기억한다. 윈도우폰은 그러한 제품이다. 그리고 나는 이러한 나의 흥분이 책을 통해서 전해졌기를 바란다. 어떤 기술도 완벽하진 않다 – 그리고 내가 여기에서 설명하려고 했던 것처럼 윈도우폰도 그 예외는 아니다. 하지만 마이크로소프트의 새 모바일 플랫폼은 컴퓨팅 및 온라인 서비스들을 어디서든 이용할 수 있는 방법을 재정의할 만한 기반 기술과 적절한 기능들을 가지고 있다. 나는 작은 부분이나마 거기에 동참할 수 있다는 것이 정말 흥분된다. 여러분도 나와 마찬가지일 거라고 생각된다. 윈도우폰의 세계에 오신 것을 환영한다.

– 폴 써롯

thurrott@gmail.com

이 책은 누구를 위한 것인가

이 책은 기술전문가가 아니라 **일반 사용자**들을 위한 책이다. 나는 여러분이 아이폰이나 안드로이드를 기반으로 한 모바일 핸드폰에 어느 정도 친숙할 것이라고 가정하겠지만 이것이 필수조건은 아니다. 또한 여러분이 Mac이 아닌 윈도우 기반 PC를 이용하고 있다고 가정할 것이다(이에 관해서 언급하겠지만, Mac과 더불어 윈도우폰이라는 기기를 이용하는 것이 어울리지 않음에도 그렇게 반대로 돌아가고 싶은 사람들도 초소한 이용할 수는 있다).

이 책을 처음부터 끝까지 읽을 필요는 없다. 하지만, 윈도우폰이 어떻게 작동하며 왜 그러한 방식으로 작동하는지를 이해하는 토대를 마련하기 위해서는 처음의 세 장은 순서대로 읽을 것을 추천하고 싶다. 그 이후부터는 여러분이 찾고 싶은 내용이나 특정 새로운 기능에 대한 궁금한 사항들을 필요에 따라 자유롭게 선택하여 읽으면 된다.

이 책에서 다루는 내용은 무엇인가

윈도우폰은 새로운 모바일 플랫폼이며, 아이폰이나 안드로이드뿐만 아니라 이전 버전의 윈도우 모바일과도 크게 관련성이 없다. 이러한 이유로, 이 책에서는 구체적으로 애플리케이션들과 기능들을 깊이 파고들기 전에 윈도우폰의 '어떻게'에 관해서 뿐만 아니라 '왜'와 관계된 약간의 배경지식도 다루고 있다. 이 배경지식은 윈도우폰을 이해하고 기초를 확고히 하는데 매우 중요하다고 생각된다.

이 책은 모든 윈도우폰에 탑재되는 애플리케이션, 허브 그리고 서비스들관을 다루고 있다. 마이크로소프트, 핸드폰 제조업자, 무선 사업자가 이 기본 기능에 맞춤 애플리케이션들이나 허브 등의 추가적인 기능들을 채워 넣을 수 – 아니, 분명히 그럴 것이다 – 도 있다. 또한 윈도우폰의 기본 기능들은 시간이 지남에 따라 확장될 것이며, 마이크로소프트는 이 핸드폰 출시 초기의 부족한 기능들을 채워 넣을 것이다. 물론 미래를 예측하는 것은 불가능 하겠지만, 차후에 윈도우폰에 생기는 변화들에 관해서는 이 책의 웹사이트인 윈도우폰 시크릿(windowsphonesecrets.com)뿐만 아니라 나의 메인 웹사이트, SuperSite for Wondows(winsupersite.com)에서 다루게 될 것이다. 윈도우폰은 내가 지금까지 다루어온 어떤 다른 제품보다도 더 많이 변화할 것이다. 이 핸드폰을 사용하는 것은 분명히 흥미로울 것이다.

이 책은 어떻게 구성되어 있는가

이 책은 여러분이 알아둘 필요가 있는 내용을 쉽게 찾을 수 있도록 논리적인 섹션들로 나뉘어 있다. 앞서 언급했듯이, 가능하다면 우선 앞의 세 장을 순서대로 꼼꼼히 읽도록 권하고 싶다. 그렇게 한다면 분명히 윈도우폰의 기초를 확고하게 다질 수 있을 것이다.

그 다음부터는 통합 경험, 엔터테인먼트, 인터넷과 온라인 서비스, 생산성, 전화와 메시징 그리고 설정과 구성에 관한 내용을 담은 섹션들로 진행된다. 이 섹션들이나 장들을 순서대로 읽을 필요는 없다. 대신, 이 **윈도우폰 7의 비밀** 책을 참조 가이드로 생각해서 여러분이 자신의 핸드폰을 살펴보다가 필요한 경우에 참조하면 된다. 경우에 따라서는 여러분이 직접 시도해보기 전에 새로운 기능들에 대한 사전조사를 위해 이 책을 이용할 수도 있을 것이다.

요점은 간단하다. 이 책을 처음부터 끝까지 순서대로 읽을 필요는 없다. 대신, 여러분에게 가장 적합하다고 생각되는 내용부터 읽으면 된다.

이 책을 이용하기 위해 필요한 것은

윈도우폰, **윈도우폰 7의 비밀**을 효과적으로 이용하기 위해서는 윈도우 기반 PC가 필요한데, 가능하다면 최신 윈도우 버전이 설치되어 있으면 더 좋다. 이 책을 쓰고 있을 당시는 윈도우 7이 최신 버전이었다. 1장에서 설명하겠지만 또한 Windows Live ID가 필요하다. 그리고 핸드폰과 PC 사이의 유일한 연결고리인 Zune PC 소프트웨어의 최신 버전도 필요하다.

이 책을 지원하는 웹사이트

이 책은 시작일 뿐이다. 더 많은 비밀은 온라인에서 찾을 수 있으며, 윈도우폰은 시간이 지나면서 계속 진화하고 있으므로 앞으로 훨씬 많은 것들이 추가될 것이다. 업데이트, 수정사항, 새로운 정보들과 활발한 토론이 이루어지는 블로그를 확인하려면 윈도우폰 시크릿 블로그(windowphonesecrets.com)를 방문해볼 것을 추천한다. 또한 나의 메인 웹사이트인 SuperSite for Wondows(winsupersite.com)에서도 윈도우폰과 관련 토픽들을 다룰 것이다.

이 책에서 사용된 특수표시와 부호

다음에 나오는 책에서 사용된 특수표시와 부호들은 이 책에서 담겨 있는 가장 중요하고 유용한 정보들로 여러분의 주목을 끄는 데 도움을 준다. 이렇게 표시된 가장 **가치 있는 팁, 견해, 조언들**은 여러분이 윈도우폰 7의 비밀을 밝히는 데 도움을 줄 수 있다.

> ▶ 이와 같은 주석을 주의 깊게 살펴보자. 이 주석은 정보의 핵심을 강조하기도 하고, 설명이 부족하거나 알아내기 어려운 기술 혹은 접근 방법에 대해 논의하기도 한다.

관련내용

관련내용은 본문의 주제와 관련된 추가적인 정보를 제공해준다.

***T*IP** 팁 부호는 유용한 요령이나 방법을 표시한다.

***N*ote** 노트 부호는 중요하거나 흥미로운 항목들을 제시하거나 부연설명한다.

***C*ROSSREF** 크로스-레퍼런스(상호 참조) 부호는 추가적인 정보를 찾아볼 수 있는 장을 알려준다.

***W*ARNING** Warning 부호는 있을 수 있는 부정적인 부작용이나 어떤 변경을 하기 전에 주의해야 할 사항에 대하여 경고한다.

옮긴이 머리말

황연주

증권/선물 분야에서 수년간 클라이언트 프로그램을 개발했으며, 이를 바탕으로 현재는 강의를 하고 있다. 연세대학교 교육대학원에서 컴퓨터교육을 전공했으며 윈도우즈 프로그래밍과 모바일 관련 교육을 진행 중이다. 역서로는 'HTML, CSS, JavaScript로 iPhone Apps 개발하기'가 있다.

아이폰, 안드로이드폰이 버전을 높여가며 앞 다투어 출시되는데 윈도우폰은 도대체 왜... 윈도우즈 시스템 프로그래머로서 안타깝기도 하고 좀 늦은 출시에 대해 걱정도 되었다. 하지만 번역하면서 우리가 MS의 제품을 얼마나 많이 사용하고 있음을 새삼 깨닫게 되었고 그 대부분을 폰 안으로 끌어들였다는 것에 '아!'라는 감탄사와 함께 좀 흥분되기도 했다. 더욱이 다른 스마트폰과 확실히 차별화 되었다는 생각이 들었고 사용자 중심의 인터페이스와 하드웨어 설계에서는 MS의 개성을 엿볼 수 있었다.

기존에는 폰을 구입하면 작은 책자에 사용 설명서가 포함되어 있었다. 하지만 지금은 가입 절차 이외의 사용 방법에 대한 것은 아무것도 동봉되어 있지 않다. 우리가 PC를 구입했을 때와 마찬가지이다. 부품에 대한 명칭과 용도, 설치 방법 이외에는 없다. PC를 다루기 위해서 따로 PC 운영체제에 맞는 책을 사서 보거나 강의를 들어야 하듯이 지금의 스마트폰도 마찬가지이다. 단지 폰의 기능에 카메라나 MP3 기능을 추가한 개념이 아니기 때문에 각 스마트폰에 대한 공부가 따로 필요하다고 할 수 있다. 이 책은 윈도우 XP를 따로 공부하듯이 여러분이 윈도우폰 7을 익히는 데 많은 도움이 될 것으로 생각된다. 사용자가 윈도우폰을 가지고 최상의 경험을 할 수 있도록 안내서 역할을 톡톡히 할 것이기 때문이다.

윈도우폰 7 관련 서적이라는 말에 출판사의 번역 의뢰를 흔쾌히 받아들였지만 개인적으로 무리한 스케줄이었다. 그럼에도 불구하고 추진할 수 있었던 건 스위스에 있는 친구가 있었기 때문이다. 처음에 계획했던 부분보다 더 많은 양을 소화해주고 큰 무리 없이 날짜를 마칠 수 있도록 도와준 나의 소중한 친구 현순이에게 감사의 마음을 전하고 싶다.

장현순

1998년 가톨릭대학교 전산학과 졸업했다. 대학 졸업 이후 한전정보 네트워크에서 인트라넷을 구축하는 작업, 월드맨, 넷마블 등의 포탈사이트 개발 일 등을 했다. 2001년 이후 2년간 세계여행을 했고, 현재 스위스 거주 중이다.

어느새 마지막으로 머리말을 쓸 시간이 되었다는 것이 한편으로는 신기하기도 하고, 또 한편으로는 지난 몇 달간의 기억이 떠오르면서 아쉬움이 많이 남는다.

특별히 새로운 전자기기를 좋아하는 편은 아니지만 스마트폰을 손에 넣고 이용한 지도 어느덧 1년이 넘은 것 같다. 처음에 외국어 사전 정도로만 이용하던 스마트폰이 이제는 사전 뿐만이 아니라 시계, 알람은 기본이고 카메라, 메일, 인터넷 검색, 동영상 플레이, 메신저, 트위터, 페이스북 등등 조금 심하게 얘기하면 아침에 일어나서 밤에 충전기에 연결시킬 때까지 하루 종일 몸에 지니고 있는 생활필수품이 되어버렸다. 아마 스마트폰 시대를 살아가고 있는 많은 사람들이 그럴 것이라는 생각이 든다.

지금 거주하고 있는 유럽에는 작년(2010년) 말쯤 윈도우폰 7이 출시되었다. 이제 출시된 지 얼마 되지 않았고, 이미 아이폰의 확고한 독주 체제에서 안드로이드폰도 고개를 들어 시장을 확보하고 있는 상황이라 앞으로 윈도우폰 7의 활약이 어떻게 펼쳐질지 궁금해진다.

처음 이 책을 받았을 때에는 이미 승승장구하고 있는 아이폰에 맞서 과연 마이크로소프트의 윈도우폰이 승산이 있는 것일까? 하는 의문이 들기도 했었다. 그리고 번역을 하면서 자연히 기존의 스마트폰들과 윈도우폰의 기능들을 비교하면서 윈도우폰의 장점들을 눈여겨보게 되었다. 윈도우폰 만의 매력이 없다면 사람들이 아이폰이나 안드로이드 대신에 윈도우폰을 구입할 이유가 없을 것이기 때문이다.

윈도우폰 7의 비밀의 저자가 거의 매 장마다 강조하듯이, 핸드폰이 핸드폰 자신의 방식이 아닌 사용자가 원하는 방식으로 작동한다는 부분에는 확실히 동의한다. 하지만 무엇보다도 매력적이라고 생각되었던 부분은 역시 사용자가 핸드폰을 자신의 가장 소중한 물건으로 여길 수 있게끔 해주는 사용자 맞춤설정 부분이라고 생각한다. 그것은 바로 라이브타일에 대한 설정이다. 또한 카메라 전용 버튼이 있어 자동카메라 한 대를 그냥 가지고 다니는 것과 다를 바가 전혀 없다는 점도 인상적이다. 마지막으로 다른 기능들 중 하나만 더 선택하자면 게임 허브로, 게임 허브는 그 자체로 기존의 마이크로소프트의 Xbox 게임 팬들을 그대로 윈도우폰으로 불러들이지 않을까하는 생각이 들었다.

　기존의 스마트폰 시장에서 과연 윈도우폰이 살아남을 수 있을까? 하는 생각은 기우였던 것 같다. 조금 늦게 선을 보이는 만큼 마이크로소프트는 기존 스마트폰의 장점들은 고스란히 유지하면서도 철저히 자신만의 개성을 살린 채로 윈도우폰을 내놓은 듯하다. 앞으로 이 스마트폰 시장의 춘추전국시대에 어떻게 판이 새롭게 짜일지 스마스폰 사용자이자 역자의 한 사람으로서 흥미진진하게 지켜볼 것이다.

　마지막으로 윈도우폰을 소개할 수 있는 책을 번역하게 되어 기쁘고, 영광스럽게 생각한다. 독자 여러분들이 윈도우폰에 좀 더 쉽게 다가갈 수 있도록 이 책이 다리 역할을 할 수 있기를 희망하며, 책을 번역하는 동안 먼 곳에서 여러모로 도움을 주신 출판사 분들께 진심으로 감사드린다. 번역에 참여하게 해준 연주 언니, 항상 응원해주는 은진 그리고 가장 가까이에서 도움을 주었던 소중한 사람에게도 고마움을 전하고 싶다.

사전 체크목록 : 윈도우폰을 갖기 전에 할 일

이 장에서

▶ 윈도우폰으로 최상의 경험을 하기 위해 Windows Live ID를 만들고 관리.
▶ 여러분이 사용하고 있는 소셜 네트워크나 온라인 서비스에 여러분의 ID로 접속.
▶ Zune Social에 합류
▶ Xbox Live와 접속
▶ 알맞은 폰 선택

상점에 발을 들여놓기 전에 여러분이 어떤 윈도우폰을 구매하고자 하는지에 대해 먼저 생각하고 약간의 사전조사를 하는 것이 필요하다. 그건 전혀 힘든 일이 아니니까 걱정할 필요는 없다. 장비를 구매하기 전에 여러분이 장비의 각 구성에 대한 적절한 정보 습득과 지식을 가진다면 여러분은 윈도우폰으로 훨씬 더 많은 경험을 할 수 있을 것이다.

첫 단계는 Windows Live ID를 만들고 구한다. 엄격히 말하면 윈도우폰을 사용하기 위해 Windows Live ID가 필요한 것은 아니다. 그러나 여러분이 이 계정을 가지고 있을 때 윈도우폰으로 훨씬 풍부하고 놀라운 경험을 할 수 있기 때문에 Windows Live ID를 원하게 될 것이다. Windows Live는 놀랄 정도로 다양한 서비스를 제공한다. 여러분이 실제로 관심을 가지고 있는 소셜 네트워크와 온라인 서비스들과의 통합, Hotmail, Zune, Xbox Live를 포함한 마이크로소프트의 수많은 온라인 서비스들의 통합이 그 예의 일부라 할 수 있다.

다음은 모든 윈도우폰들이 가지고 있거나 그렇지 않은 하드웨어 특징들을 이해하는 것이 필요하다. 무엇이 가능한지를 이해함으로써 여러분은 보다 현명하게 폰을 선택하여 구입할 수 있다. 이렇게 기초를 습득한 후 이러한 정보가 보다 잘 구비되어 있는 상점을 방문하여, 여러분이 원하는 폰을 정확하게 구입하기 위하여 준비한다.

WINDOWS LIVE ID: 그 모든걸 지배하는 하나의 온라인 아이디

인터넷의 웹페이지가 회색으로 텍스트가 깜빡이고 있을 때 되돌아가기 위해 마이크로소프트는 Windows Live ID라고 하는 single sign-on service(단일 로그온 서비스)를 생성한다. 그 서비스의 포인트는 여러분이 하나의 유저네임과 패스워드로 단일 계정을 만들고 여러 웹사이트에 그 하나의 계정을 사용하여 안전하게 접속하도록 하는 것이다. 이러한 방법에 의해 여러분은 각 웹사이트에 접속하기 위해 여러 계정을 만들고 관리할 필요가 없게 된다.

> **Note**   Windows Live ID는 여러 명칭을 거쳐 왔다. 1990년대 말 처음 알려질 때는 Microsoft Wallet으로 불려졌다. 왜냐하면 소프트웨어 회사는 그 날의 신생하는 전자상거래 사이트들의 인기를 증명하고 싶어 했기 때문이다. 그러나 Windows Live ID라는 명칭으로 정착하기 전에 수년에 걸쳐 Microsoft Passport, .NET Passport, 심지어 어울리지 않는 Microsoft Passport Network를 포함하여 일련의 명칭들로 불려졌다.

많은 좋은 아이디어들처럼, Windows Live ID는 실제보다 훨씬 좋은 이론이었다. 마이크로소프트가 만들거나 소유하지 않은 타사 사이트들은 대부분에 Windows Live ID를 무시해버린다. 그리고 약간의 예외가 있긴 하지만 오늘날에는 Hotmail, MSN, Windows Live, Xbox Live, Zune과 같은 마이크로소프트 소유의 웹사이트들과 서비스들에 독점적으로 사용된다. 단일 웹 와이드 로그인 방식은 매우 좋다. 마이크로소프트의 많은 서비스들에 단일 계정을 통해 접근할 수 있다는 것은 여전히 꽤 편리하다. 여러분이 마이크로소프트의 에코시스템이라는 곳에 많이 투자했을 경우에는 더욱 그럴 것이다. 여러분이 윈도우폰을 구매할 거라면 이러한 단일 로그온 또는 Windows Live ID는 최상의 경험을 할 수 있는 키라고 할 수 있다. 그리고 이 간단한 사실이

틀림없이 **이 책 전체에서 가장 중요한 비밀사항**이다.

여기 그 이유가 있다. 마이크로소프트는 '동기화로 생활을 유지한다'라는 것을 중심 축으로 하여 Windows Live 서비스를 재구성해왔다. 그래서 Facebook과 트위터와 경쟁하는 대신 마이크로소프트는 Windows Live에서 타사의 서비스에 접속하는 방법을 제공하고 여러분이 이미 사용하고 있는 타사의 계정에 접근할 수 있도록 한다.

이는 Windows Live ID의 본래의 목표를 성취하기 위한 속임수이다. 즉, 세계 시장은 아직 Windows Live ID를 사용하지 않기 때문에 Windows Live ID가 대신 세계의 시장으로 다가간다. 이렇게 단일 로그온을 사용하면 여러분은 Windows Live에서 다른 모든 타사의 서비스들을 간편하게 접근할 수 있다. 여러분이 해야 할 일은 하나의 계정을 만들고(이미 하나를 가지고 있더라도) 그것을 다른 서비스들에 접근하기 위해 구성하는 것뿐이다.

대부분의 윈도우폰 사용자는 Windows Live ID를 설정하는 데 시간이 걸릴 것이다. 심지어 Windows Live 서비스들을 바로 사용하는 것이 아닐 때도 그렇다. 계정을 만들고 알맞게 설정한 후 하루 안에 새 폰을 켜서 Windows Live ID에 싸인 하면 그 계정과 연관된 모든 정보가 자동으로 채워진다. 이메일, 콘택트, 캘린더 등. 여러분이나 주변 친구나 가족이 전해준 사진이나 뉴스들도 온라인 상 어디에 있든 문제가 되지 않는다. 여러분은 곧바로 찾아낼 수 있기 때문이다. 이는 윈도우폰으로 최상의 경험을 할 수 있는 키가 된다.

> ▶ Windows Live ID를 소유하는 것은 윈도우폰으로 최상의 경험을 하는 데 필수사항이다.

Note   그렇다. Windows Live ID 없이 윈도우폰을 사용할 수 있다. 그러나 나는 이를 추천하지 않는다. 그리고 이 책에서는 여러분이 Windows Live ID를 가지고 있다는 가정 하에 다른 계정 타입들을 여러분이 폰에 설정하는 방법을 설명한다 이는 매우 중요하다. 따라서 여러분의 윈도우폰을 최대로 활용하고 싶다면 절대로 Windows Live ID를 생성하고 설정하는 단계를 건너뛰지 않길 바란다.

Windows Live ID 생성하기

여러분이 Windows Live ID를 가지고 있지 않다면 하나 생성할 필요가 있다. 하지만 이미 어떤 계정을 가지고 있을지도 모른다. 예를 들어 hotmail.com이나 msn.com 또는 live.com으로 끝나는 이메일 주소는 Windows Live ID이다. Xbox Live 계정이나 Zune 계정이 있다면 이 역시 Windows Live ID이다. 이러한 계정을 이미 가지고 있다면 다음 섹션으로 넘어가도 좋다.

Note   어떤 이메일 주소를 Windows Live ID로 사용하는 것도 가능하다. 여러분이 마이크로소프트의 도메인 이름에 제한 받고 싶지 않다면 여러분이 사용하고 있는 다른 주소(Gmail, Yahoo 또는 그 밖의 경쟁사 계정)를 사용해도 좋다. 많은 교육기관에서 Windows Live 서비스들을 사용하고 있다. 따라서 여러분이 학생이라면 이미 가지고 있는 Live ID를 사용하는 것이 가능하다.

마이크로소프트의 Windows Live ID를 등록하는 페이지를 찾아가는 경로는 많지만 가장 쉬운 방법은 아마도 live.com이다. 이 페이지를 찾아가면 그림 1-1과 같은 화면이 나타날 것이다.

▶ 이 페이지의 오른쪽에 있는 Windows Live ID가 이미 채워져 있다면 이는 여러분이 이미 활성화된 Window Live ID를 가지고 있다는 것을 의미한다. 여러분은 새 계정을 만들 의도가 있는지를 확인해야 한다.

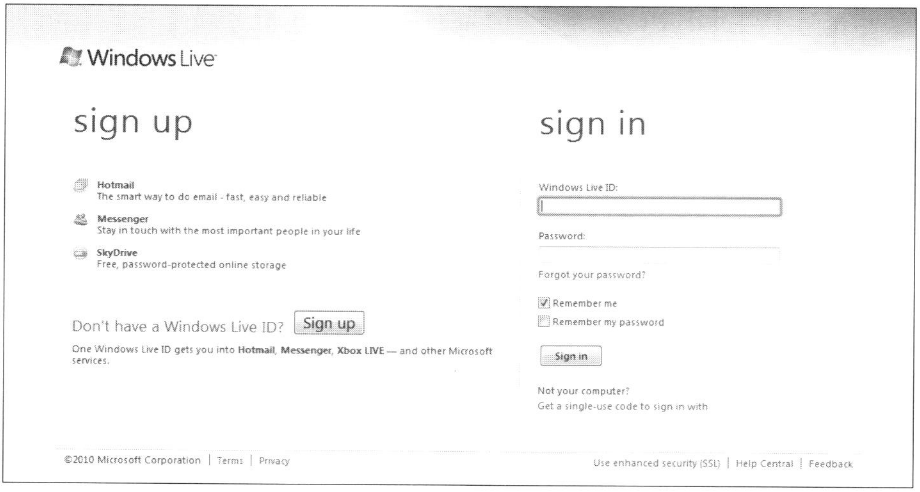

그림 1-1   여기서 여러분은 Windows Live와 함께 새로운 온라인 생활을 시작할 수 있다.

계속하기 위해 Sign Up 버튼을 클릭한다. The Create Your Windows Live ID 페이지가 나타날 것이다. 그림 1-2에 보인 것처럼 개인정보들과 Windows Live ID를 정해서 채워 넣어야 한다. 이 Windows Live ID는 name@live.com 또는 name@hotmail.com

형태가 될 것이다. 이 아이디는 또한 Hotmail 이메일 주소에 사용된다.

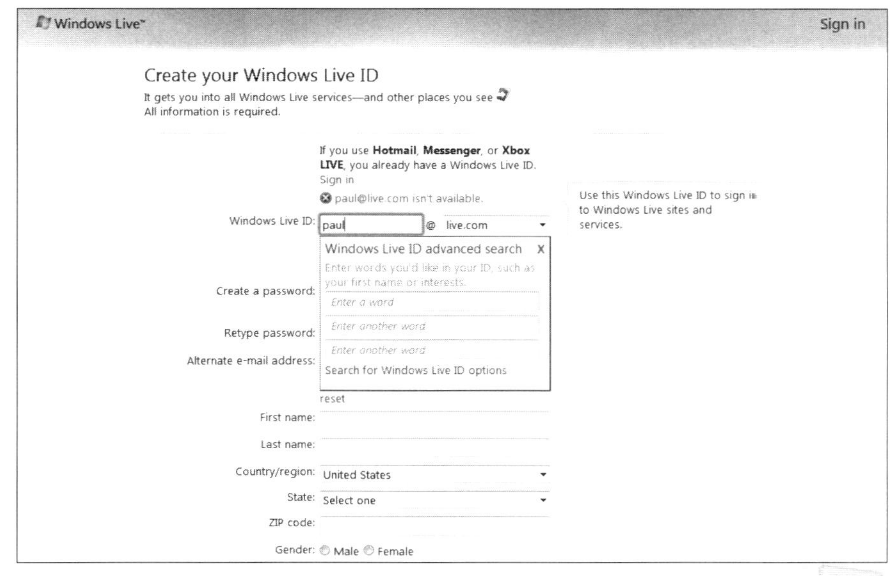

그림 1-2 등록 전에 원하는 이름의 유효성을 체크할 수 있다.

Windows Live ID 항목에서 아이디가 유효한가를 체크해야 한다. Paul과 같은 평범한 이름은 이미 오래전에 만들어졌기 때문에 사용할 수 없다. 이미 있는 ID를 입력하면 그림 1-3에 보이는 것처럼 고급 검색 창이 나타난다.

그림 1-3 Windows Live는 적합한 ID를 선택할 수 있도록 돕는다.

등록 가능한 ID를 찾으면 가능하다고 알려주고 계속 진행할 수 있다(그림 1-4).

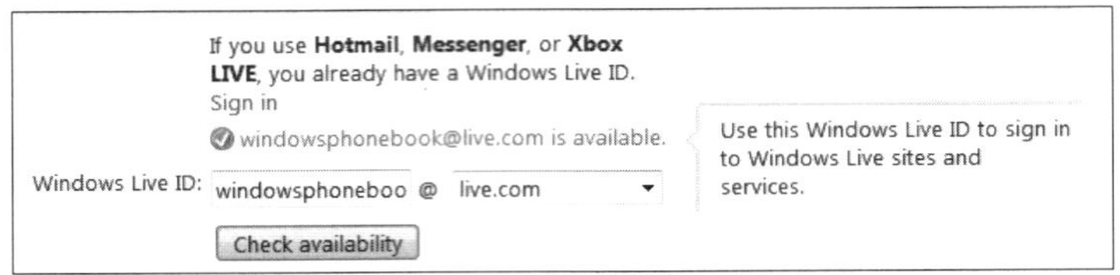

그림 1-4 여러분이 좋아하는 이름을 일단 찾으면 다음으로 이동할 수 있다.

마이크로소프트가 아닌 이메일 계정을 이미 가지고 있는가?

여러분이 이미 다른 회사의 이메일 계정을 가지고 있다면 이를 Windows Live ID로 바꿀 수 있다. 전부터 사용하던 이메일 주소를 사용하는 것과 Windows Live로 새로운 것을 만드는 것과는 한 가지 중요한 차이점이 있다. 여러분은 이메일이나, 콘택트, 캘린더를 관리하는 데 Hotmail을 사용할 수 없을 것이다. 역시 주의해야 할 점은 Windows Live ID로 이미 존재하는 이메일 계정을 설정할 때 이 계정으로 이메일을 접속할 때의 패스워드와 분리된 또 다른 이 ID를 위한 패스워드를 만들 필요가 있다. 나는 독립적인 Windows Live ID를 만들고 이미 존재하는 이메일 계정을 사용하지 말 것을 추천한다. 왜냐하면 윈도우폰은 원활하게 멀티 계정에 접근하는 것이 쉽기 때문이다.

양식의 나머지를 채워 넣는다. 패스워드에 특별히 주의를 기울여야 한다. 가능한 한 복잡하게 할 필요가 있다. 다음은 양식에서 엄격한 평가가 이루어진다(양식은 여러분이 입력한 그대로 패스워드를 평가한다). 마이크로소프트에 따르면 강력한 패스워드는 7~16개의 문자를 포함하고 있다. 일반적인 단어나 이름을 포함하지 않고 대문자와 소문자, 숫자, 특수문자의 조합을 사용한다.

TIP 웹 서비스에서 복잡한 패스워드를 생성할 수 있도록 도와주는 훌륭한 온라인 툴들이 있다. 나는 Last Password(lastpass.com)라고 하는 무료 툴을 주로 사용하며 이를 추천하고 싶다. 이 툴은 대부분의 주요 PC 기반 웹 브라우저(IE, Firefox, Chrome, Safari)들을 위한 플러그인을 제공하며 여러분이 온라인 서비스에서 사용하는 패스워드를 안전하게 생성하고 저장하고 관리할 수 있도록 도와준다.

다 되었으면 'I Accept' 라고 쓰여 있는 버튼을 클릭한다. Windows Live가 잠시 작동한 후 Windows Live 홈페이지(live.com)가 나타난다. 그리고 여러분의 새로운 아이디로 로그인하면 그림 1-5와 같다.

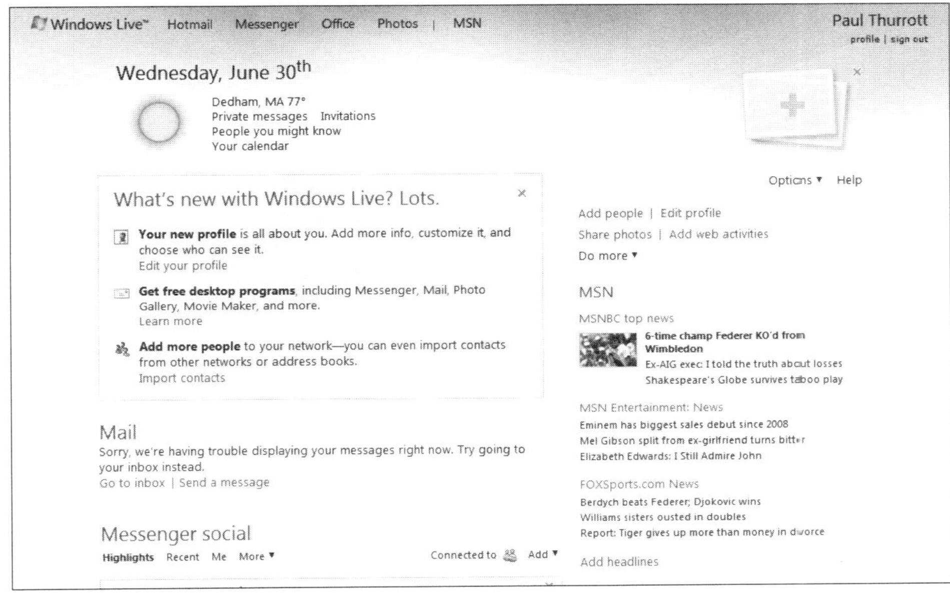

그림 1-5 지금은 꽤 부족하지만 여러분의 Windows Live ID는 설치되어 운영되고 있다.

Windows Live ID에 초기 설정 값을 계속 사용하지는 않는다. 설정 값을 조정하는 것은 쉬운 일이며 아이디의 가치를 높일 수 있는 몇 가지 방법이 있다. 기본적으로 제공하는 방법을 사용할 수 있다. 초기 Windows Live ID 설정.

초기 Windows Live ID 설정

초기 Windows Live 홈페이지에 가면 Edit Your Profile이라고 되어있는 링크를 볼수 있다. 이를 클릭한다. 이 링크가 없으면 홈페이지 상단에 있는 Profile이라는 링크를 클릭한다. 두 방법 모두 Windows Live Profile 페이지로 이동되며 여기서 새로운 아이디를 설정할 수 있다. 그림 1-6과 같다.

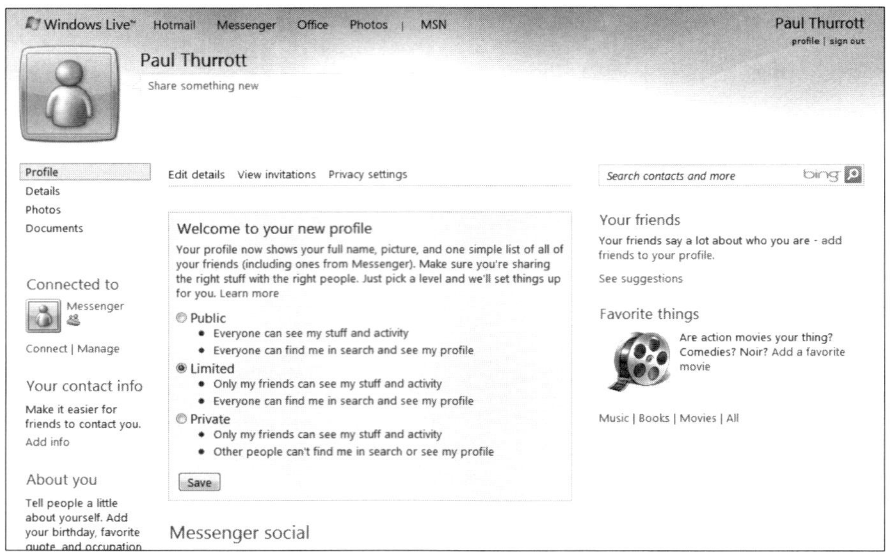

그림 1-6   Windows Live Profile

> **TIP**   profile.live.com에 가면 언제든지 Windows Live Profile로 갈 수 있다.

이 페이지에 최초의 방문이라면 'Welcome to your new profile'이라고 쓰인 편리하고 중요한 박스가 나온다. 이를 이용하여 매우 쉽게 Windows Live에 여러분의 개인 설정 값을 조정할 수 있다. 물론 나중에 변경할 수 있다. 하지만 시간을 내어 차근차근 정확하게 작성할 것을 추천한다. 다행히 마이크로소프트는 세 개의 기본 선택으로 간단하게 만들어 놓았다.

- ▸ **Public:** 여러분이 하는 모든 것을 Windows Live에서 공개적으로 사용할 수 있다. 심지어 여러분과 공식적인 관계가 없는 사람들에게조차도 말이다. 게다가 누군가는 Windows Live에서 검색에 의해 여러분을 찾을 수도 있다. 나는 은둔을 좋아하는 사람은 아니지만 이 설정 방법을 선택하는 것을 추천하고 싶지 않다.

- ▸ **Limited:** 여러분이 설정해야 하는 최소한의 기본 값들만 설정하는 것이다. 여러분이 서비스를 통해 하는 것들을 여러분이 Windows Live에 명시적으로 'friended'라고 지정한 친구들만 보기를 원한다면 이 방법을 선택한다. 그러나 Public 설정처럼 누군가가 Windows Live에 있는 검색에 의해 여러분을 찾을 수

있고 여러분의 프로파일을 볼 수 있다. 개인정보보호에 대해 걱정은 하지만 다른 사람이 여러분을 온라인에서 찾을 수 있기를 원할 때 이 방법으로 설정한다.

▸ **Private:** 가장 제한적인 설정 유형으로 그게 무엇이든 내가 사용하는 것에 가치를 두는 것이다. 여러분의 친구들만이 여러분이 온라인에서 하는 것을 볼 수 있고 여러분의 친구들만이 여러분을 검색하여 여러분의 프로파일을 볼 수 있다. 개인정보보호를 걱정하고 다른 사람들이 여러분을 찾지 못하도록 하고 싶을 때 선택하는 옵션이다.

일단 설정을 선택하고 Save를 클릭한다.

WARNING 여러분이 온라인 상태에서 개인정보보호를 전혀 고려하지 않는다면(해야만 하지만) 이것은 전혀 충분치 못하다. 반드시 Windows Live 고급 개인정보보호 페이지에 들어가서(profile.live.com/Privacy) Advanced 링크를 클릭한다. 그러면 그림 1-7에 보이는 것처럼 개인정보보호 설정들을 실제로 향상시킬 수 있는 포괄적인 양식을 볼 수 있다.

Advanced Privacy Opti...

Profile and search	Just me	Some friends (except limited access)	Friends	My friends and their friends	Everyone (public)
Who can find me and see my profile					
Basic information					
Contact information					
Interests, favorite things, and notes					

Activities	Just me	Some friends (except limited access)	Friends	My friends and their friends	Everyone (public)
Status messages					
Existing connected services	Show Details				

Photos and files	Just me	Some friends (except limited access)	Friends	My friends and their friends	Everyone (public)
New photo albums					
New file folders					
Existing photo albums	Show Details				
Existing file folders	Show Details				

그림 1-7 여러분의 개인정보보호를 설정한 시간을 정확하게 기입한다. 여러분은 온라인에서 너무 주의할 필요가 없다.

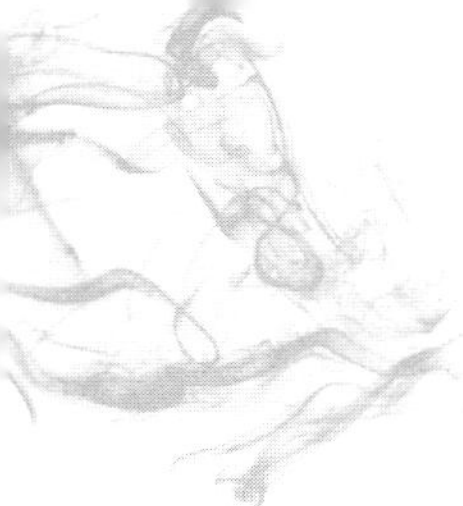

여기서부터는 여러분의 Windows Live ID을 위해 여러분이 설정한 광범위한 옵션들이다(이것은 여러분의 선택이다). 보다 중요한 것들의 일부를 포함하고 있다.

▸ **Personal information:** 이름, 개인 사진, 연락처 정보, 작업 정보, 일반적인 정보 (성별, 직업, 위치, 관심 분야 등), 교육 정보를 포함한 여러분의 개인 정보를 수정할 수 있는 페이지에 접근하려면 Profile 페이지의 왼쪽 편에 있는 Detail 링크를 클릭한다.

▸ **Status:** Profile 페이지의 윗부분에 텍스트 'Share something new.'를 가지고 있는 대화 풍선이 있다. 여기에 트위터 포스트나 Facebook 상태 포스트와 유사하게 개인 주석을 기입할 수도 있다.

다른 서비스에서 온 중요한 콘택트

여러분은 Windows Live ID를 채워 넣은 후 다른 서비스들에서 중요한 콘택트(연락처)를 가져오길 원할 수도 있다. 특히, 여러분이 이 계정을 이메일에 사용하려 할 때나 또는 Windows Live Photos(Photo Sharing), Windows Live Space(blogging), Windows Live Manager와 같은 Windows Live 서비스나 애플리케이션을 사용하여 다른 사람들과 커뮤니케이션하고자 할 때 원하게 될 것이다. 이를 위해 Profile 페이지에서 Your Profile 링크에 있는 Add Friends를 클릭한다(또는 profile.live.com/connect로 바로 간다). 그림 1-8에 보이는 것처럼 이 페이지에서 여러분의 연락처 목록에 개인적인 사람들이나 다른 이메일 계정과 온라인 서비스에 있는 중요한 정보를 추가할 수 있다.

▸ 여러분은 또한 마이크로소프트의 인스턴트 메시징(IM) 애플리케이션과 Windows Live 메신저를 통해 Windows Live에서 여러분의 상태를 업데이트 할 수 있다. 이 앱은 윈도우 기반의 PC에서 Windows Live에 일종의 프론트 엔드처럼 동작한다.

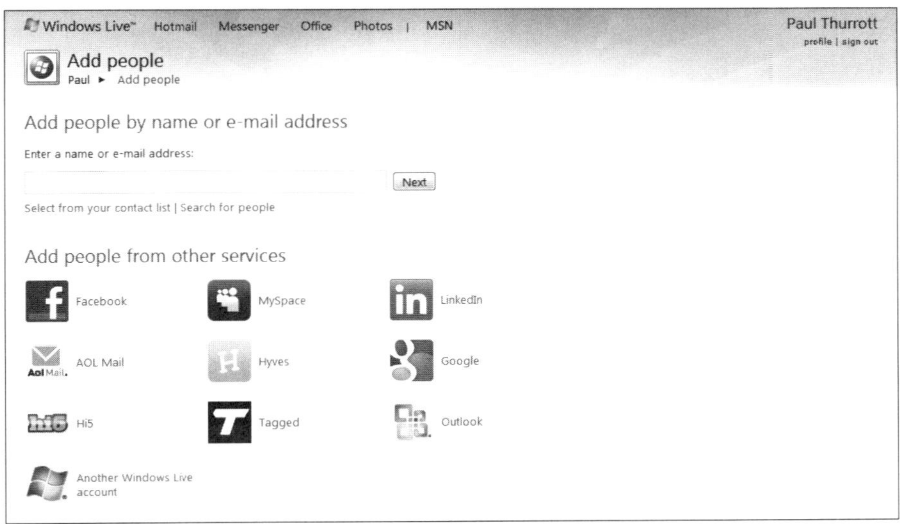

그림 1-8 Windows Live는 다른 서비스에서 중요한 콘택트를 가져올 수 있도록 돕는다.

한 번에 하나의 콘택트를 추가하는 것이 맞지만 이는 너무 단조로워서 가져오는 것들에 초점을 맞추고 싶다. 하지만 여러분은 Gmail, AOL 같은 이메일 서비스나 또는 Facebook이나 MySpace 등 다른 온라인 서비스와의 경쟁에서 아마도 Outlook 같은 이메일 애플리케이션 안의 어딘가에 콘택트를 가지고 있을 것이다.

콘택트를 가져오기 위해 알맞은 서비스나 애플리케이션을 클릭한다. 다음과 같은 세 가지 기본 통합 형태가 있는데 선택한 옵션에 따라 약간의 차이가 있다.

- **Facebook과 MySpace**: Windows Live와의 통합에 의해 Facebook과 MySpace 콘택트를 가져오는 작업은 다른 옵션과 많이 다르다. 사실 이 서비스들은 매우 특별하기 때문에 다음 섹션에 분리해서 다룰 것이다.

- **Manual 가져오기**: LinkedIn, AOL Mail, Hyves, Google(Gmail), Hi5, Tagged와 같은 많은 다른 서비스들은 콘택트를 가져오기 전에 각 서비스에 로그온을 해야 한다. 그래서 이 옵션을 선택하면 콘택트 복사 권한을 위한 로그온 페이지가 나타난다. 이 형태의 전형적인 화면은 그림 1-9와 같다.

▶ 윈도우폰은 기본적으로 Windows Live, Gmail, Facebook과 같은 온라인 계정으로만 작동한다. 여러분은 아웃룩과 같은 데스크톱 이메일 클라이언트로부터 윈도우폰에 직접 콘택트를 동기화 할 수 없다.

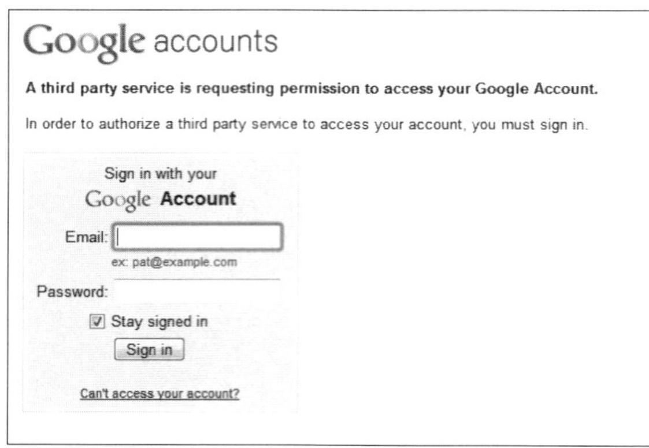

그림 1-9   Gmail과 같은 서비스들은 Windows Live에 정보를 가져오기 위해 로그온을 해야 한다.

> ▸ **Outlook과 다른 Windows Live 계정:** 마이크로소프트 소유의 이메일이나 개인
> 정보 관리 애플리케이션 또는 Windows Live로부터 콘택트를 가져오기 위해 먼
> 저 Windows Live가 이해할 수 있는 형태로 콘택트들을 추출해야 한다.

> **Note**   흥미롭게도 이 옵션들은 그림 1-10에 보이는 것처럼 Outlook Express(Windows XP),
> Windows Contacts(Windows Vista), Windows Live Hotmail, Yahoo! Mail로부터 콘택트
> 를 가져올 수 있다. 주의할 점은 이 어떤 경우에도 우선 콘택트를 받아들일 수 있는 형
> 태로 추출해야만 할 것이다.

▸ 여러분의 이메일
제공자 목록이
보이지 않는가?
아마도 여러분은
여러분의 현재
이메일
제공자로부터
연락처를 가져올
좀 더 원활한
방법을 원할지도
모른다. 그렇다면
Windows Live
True Switch
사이트(secure5.
trueswitch.co
m/winlive/)를
방문해서 양식을
작성하기 바란다.
짜잔!

그림 1-10   Outlook과 Windows Live 옵션들 아래에 숨겨진 것들은 콘택트를 가져오기 위한 또 다
른 선택사항들이다.

소셜 네트워크와 다른 서비스들에 접근하기 위해 Windows Live ID 사용하기

일단 여러분의 Windows Live ID가 잘 설정되었다면 여러분이 이미 사용하고 있는 다른 온라인 서비스에 접속을 시작할 수 있다.

여러분이 지하의 세계에 살고 있지 않는 한, 여러분은 많은 인기 있는 온라인 서비스들과 친숙해져 있을 것이다. 그리고 그 서비스들의 대부분은 마이크로소프트에 의해 만들어진 것이 아닐 것이다(나도 이 사실이 매우 놀랍다). 사실 여러분들은 분명히 이런 서비스를 대부분 직접 사용한다. 소셜 네트워크를 위한 Facebook이나 MySpace, 음악을 듣기 위한 Pandora, 온라인 TV 쇼를 보기 위한 Hulu, 사진 작업을 위한 Flickr 등.

유용한 온라인 서비스들이 매우 많지만, 그것들은 격리된 상태로 각각 분리되어 존재한다.

각각은 자신만의 유저네임과 패스워드를 요구하고 각 서비스에 접근하기 위해 수동으로 개별적으로 방문해야 한다.

Windows Live의 일부는 다른 서비스들과 경쟁한다. 예를 들어 Windows Live Photos는 Flickr와 직접적인 경쟁자이다. 그러나 Windows Live를 만들어서 다른 서비스들에 개방하고 확장하면 마이크로소프트는 Windows Live 사용자들로 하여금 그들의 다른 서비스들을 일종의 허브로서 활용하는 것이 가능하게 만들었다. 이는 여러분이 한곳에서 Facebook, Flickr, Pandora 등의 정보에 접근할 수 있도록 해준다. 수동적으로 각각에 방문할 필요 없이 말이다. 그리고 여러분의 정보뿐만 아니라 친구, 가족, 다른 서비스로부터 알게 된 지인과 같은 여러분의 콘택트에도 접근할 수 있다.

나중에 여러분의 윈도우폰을 단지 하나의 서비스인 Windows Live에 연결하고 이 연결을 통하여 즉시 믿을 수 없을 정도의 많은 콘택트에 접근할 수 있다. 이것은 Windows Live를 보다 강력하게 만든다.

깔끔하지 않은가? 그렇다. 이제는 연결할 때이다.

> ▶ 내 짧은 생각에는 이것은 마이크로소프트가 Windows Live에서 제공하는 멋진 기능이다. 나중에 윈도우폰으로 최상의 가능한 경험을 갖기 위해 여러분이 할 수 있는 하나의 가장 현명한 일이라는 것은 논의의 여지가 없다.

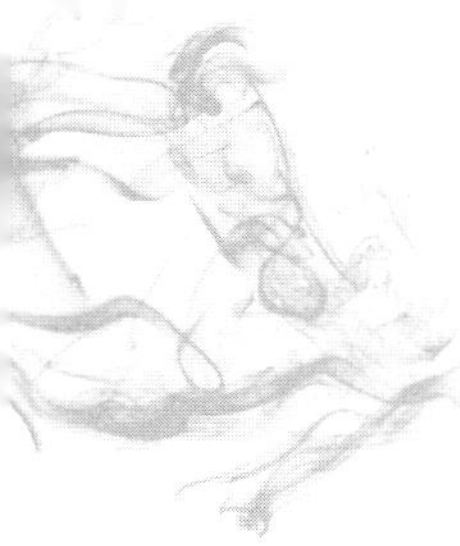

유효한 서비스들을 찾아서 검토하기

Windows Live에서 여러분이 어떤 서비스에 접속 가능한지 알기 위해 Windows Live Services 페이지에 방문해야 한다. Windows Live 홈페이지(live.com)에 연결하여 Add Web Activities를 클릭하거나 바로 profile.live.com/services로 가면 된다. 그림 1-11에 보이는 것처럼 이 페이지는 여러분이 Windows Live에 접속할 수 있는 모든 온라인 서비스들에 접근할 수 있는 방법을 제공한다.

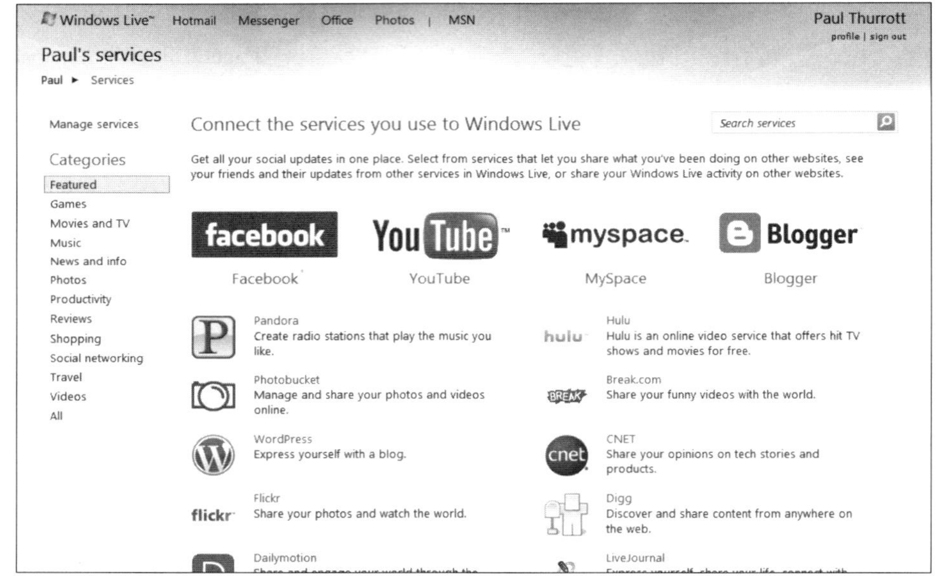

그림 1-11 여기서 여러분이 Windows Live에 접속할 수 있는 서비스들을 찾을 수 있다.

항목이 너무 위협적이라면(파트너가 많아질수록 항목이 커진다), 그것을 아래로 필터링해주는 왼쪽에 있는 카테고리 목록을 사용할 수 있다. 예를 들어 비디오 서비스만을 보기 위해서는 Movies나 TV를 클릭할 수 있다.

Windows Live 온라인 서비스에 접속하기

이러한 서비스들의 대부분은 회원이 되어야만 한다. 즉, 서비스를 Windows Live에 연결하기 위해 그 서비스에 사용자 계정을 가지고 있어야 한다. 이러한 서비스의 예로 매우 인기 있는 공유 사이트인 Flickr 포토를 사용하겠다. 물론 여러분이 사용하는 어떠한 서비스에도 연결할 수 있다.

Flickr를 선택하기 위해 카테고리 목록에 있는 Photos를 클릭한다. 그리고 Flickr 링크를 클릭한다. 그러면 그림 1-12에 보이는 것처럼 Flickr 접속이 무엇을 하는 것인지에 대해 설명한다.

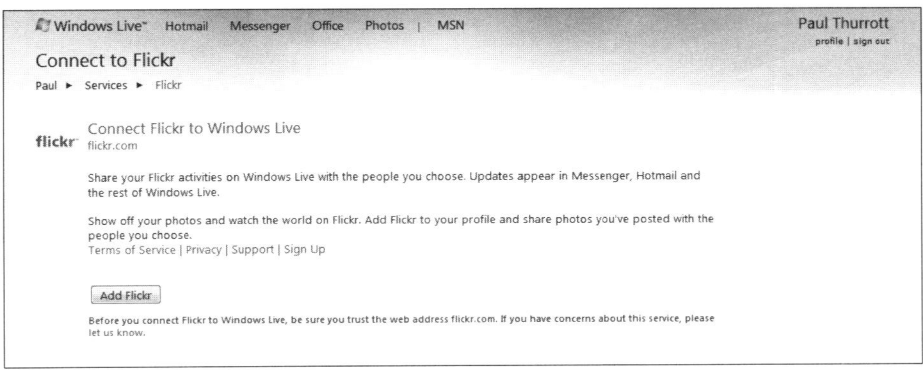

그림 1-12 접속 전에 Windows Live는 무엇을 하는 것인지에 대해 설명한다.

Add Flickr 버튼을 클릭하면 Flickr 웹사이트에 들어가게 되고 Flickr 로그온 프롬프트가 나타난다. 로그온 하면 브라우저는 Windows Live를 리턴하고 연결된 상태를 확인하며 개인 설정값들에 대해 설명한다(물론 여러분은 설정값들을 변경하기 위해 Change 링크를 클릭하면 된다). 접속을 실행하기 위해 Connect 버튼을 클릭한다.

Windows Live Services 페이지에서 다른 서비스들을 선택하여 접속할 수 있다.

바로 이러한 서비스로 갈 수 있지만, 일단은 Windows Live 홈페이지로 돌아가겠다 (live.com). 그림 1-13에 보이는 것과 같이 여러분의 메신저 소셜 피드 접속에 관한 간단한 노트가 보인다. 모든 접속된 서비스들을 전송하는 'What's new' 아이템 목록과 Flickr에 게시된 새로운 사진들이나 새로운 콘텐츠에 대한 링크를 포함한다.

그림 1-13 Windows Live에서 서비스에 접속하자마자 메신저 소셜 필드에 서비스의 내용이 나타난다.

> **Note** 메신저 소셜은 What's New라고 불리는 것에 사용된다. 메신저 소셜은 역할을 잘 설명하는 이름이라고 생각한다. 이 목록은 Windows Live Messenger나 윈도우 기반의 사내 메신저 애플리케이션을 통해 사용 가능하기 때문에 마이크로소프트는 Messenger Social이라고 이름을 붙였다.

▶ 기술적으로 말하자면 블로그 RSS 피드 연결은 RSS와 Atom 피드 둘 다 동작한다. 이들은 유사하게 작동한다.

더 많은 서비스를 추가하고 다른 유형의 접속을 사용해볼 시간이다. 여러분이 Windows Live에 접속할 수 있는 대부분의 서비스는 일부를 제외하고는 회원이 되어야 한다. 예를 들어 여러분이 정기적인 업데이트를 제공하는 가장 좋아하는 웹사이트를 가지고 있을 수도 있다. 이런 타입의 사이트들은 일반적으로 사람들에게 업데이트를 알리기 위해 RSS 피드를 사용한다. 그리고 Windows Live는 일반적인 Blog RSS Feed 접속을 통해 어떤 RSS 피드에도 접속할 수 있도록 제공해준다. 메인 서비스 페이지의 아래에서 이 옵션을 찾아볼 수 있다.

여러분은 웹사이트의 RSS URL(정해진 리소스 위치, 본래의 웹 주소)이 필요할 것이다. 각 브라우저가 약간의 차이가 있긴 하지만 대부분 유사하다. 인터넷 익스플로러는 웹사이트에서 피드가 사용 가능할 때 커맨드 바에 있는 Feeds 아이콘이 오렌지로 바뀐 것을 볼 수 있다. 피드를 보려면 버튼을 클릭한다. 인터넷 익스플로러는 그림 1-14

와 같이 웹사이트에서 제공되는 피드를 보여준다.

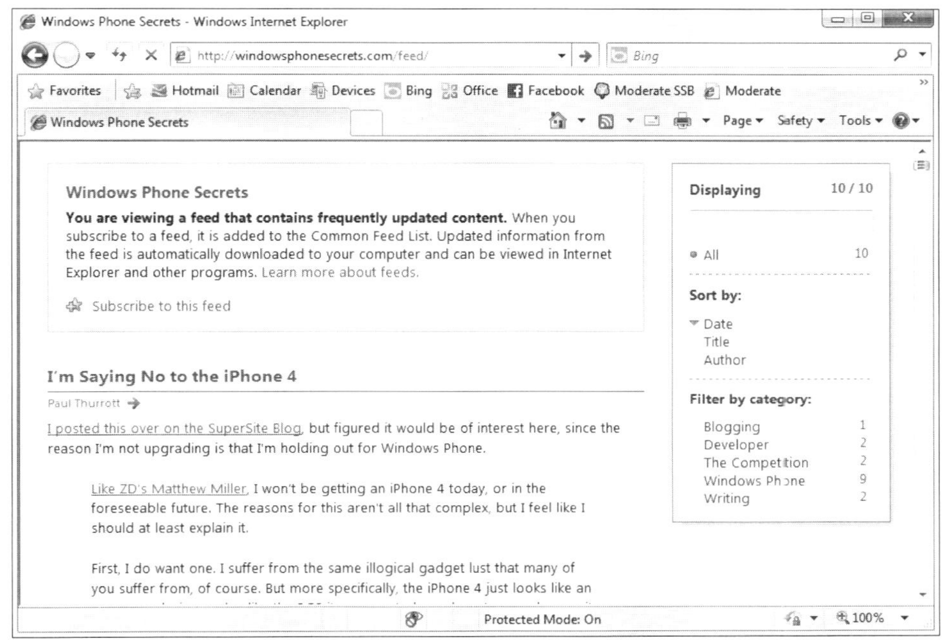

그림 1-14 웹 브라우저들은 RSS 피드를 보여주고 여러분은 Windows Live에 접속할 수 있다.

RSS URL이나 어드레스는 브라우저의 어드레스 바에서 볼 수 있다. 이 텍스트를 선택해서 클립보드에 복사한다(Ctrl+C). 그리고 Windows Live 페이지에서 Windows Live의 Connect Blog RSS Feed에 있는 Blog URL에 붙여넣기 한 후 Connect를 클릭한다. 잠시 후 그 웹사이트의 피드가 여러분의 메신저 소셜 피드에 추가될 것이다.

Blog RSS Feed의 한계를 해결하는 방법

Blog RSS Feed 접속은 매우 심각한 한계를 가지고 있다. 여러분은 단 하나의 웹사이트에 접속할 수 있다. 하지만 여러분은 업데이트를 해야 할 여러 개의 사이트를 가지고 있지만 Windows Live는 하나의 RSS(또는 Atom) 피드에만 접속을 허가한다. 물론 이는 매우 불합리하다. 해결 방법이 있을까? 있다. 하지만 약간 우회하는 방법이긴 하다. Friendfeed(friendfeed.com)와 같은 RSS 수집 서비스를 사용하면 여러분이 원하는 모든 웹사이트 RSS 피드에 접속할 수 있다. 그리고 이때 Windows Live를 여러분의 Friendfeed RSS 피드에 연결한다. 확실히 어리석지 않은가?

약간의 시간을 할애한 후 여러분이 이미 사용하고 있는 각 서비스에 접속한다. Connected Services 페이지를 통해 여러분이 접속한 서비스를 볼 수 있고 편집할 수 있다. Services 페이지에서 Manage Services 링크를 클릭하여 접근할 수 있다(또는 profile.live.com/Services/?view=manage로 바로 간다). 그림 1-15에 보이는 것처럼 이 페이지에서 여러분은 각 접속된 서비스의 설정값을 편집할 수 있다. 예를 들어 개인정보보호를 추가하거나 더 이상 사용하지 않을 서비스를 제거하는 등의 작업을 할 수 있다.

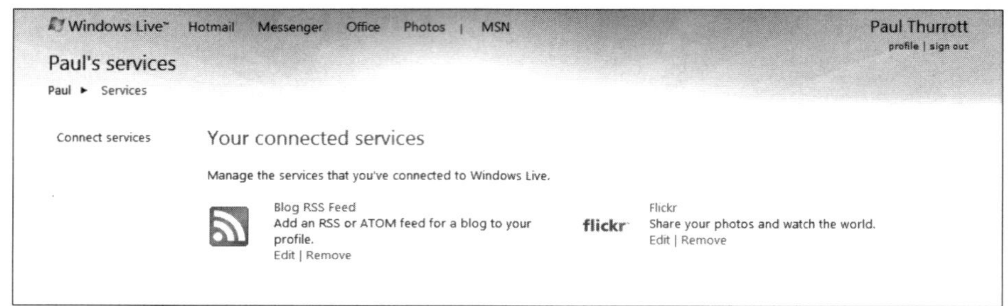

그림 1-15 접속된 서비스 관리

Messenger Social Feed에 있는 콘텐츠를 보고 상호작용하기

일단 여러분이 좋아하는 여러 서비스에 접속했으면 다음은 이것이 왜 파워풀한지의 이유를 알아 볼 시간이다. Windows Live Home(live.com)에 방문하면 메신저 소셜 리스트에서 여러분이 연결한 모든 서비스들의 업데이트를 볼 수 있을 것이다. Facebook과 같은 일종의 채터 서비스에 연결하면 리스트가 매우 커진다.

무엇보다 좋은 점은 이 리스트는 읽기 전용이 아니라는 것이다. 여러분은 서비스를 방문하지 않고 각 업데이트를 수행할 수 있다. Facebook 게시물이나 Flickr의 사진집 또는 여러분이 코멘트 하고 싶은 그 밖의 뭔가가 있다면 Windows Live에서 바로 그렇게 할 수 있다.

업데이트에 코멘트 하기 위해 업데이트 옆에 나타나는 코멘트 링크를 클릭한다. 클릭하면 그림 1-16과 같이 새로운 Comment 인터페이스가 열린다. 여기서 코멘트를 입력할 수 있고 해당 서비스에 추가한다.

다른 방법도 있다. 업데이트 중 하나에 마우스를 올려놓으면 그림 1-17과 같이 작은 기어 모양의 아이콘이 나타난다.

기어 아이콘을 클릭하면 그림 1-18과 같이 작은 팝업 메뉴를 볼 수 있다. 이 메뉴
는 즐겨찾기로 업데이트 포스터를 표시하거나 업데이트가 발생한 서비스에서 업데이
트를 숨길 수 있다.

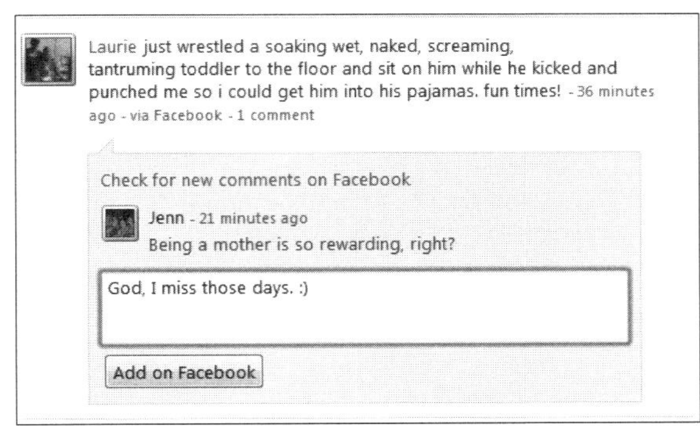

그림 1-16 Windows Live에서 바로 다른 서비스의 업데이트에 코멘트 할 수 있다.

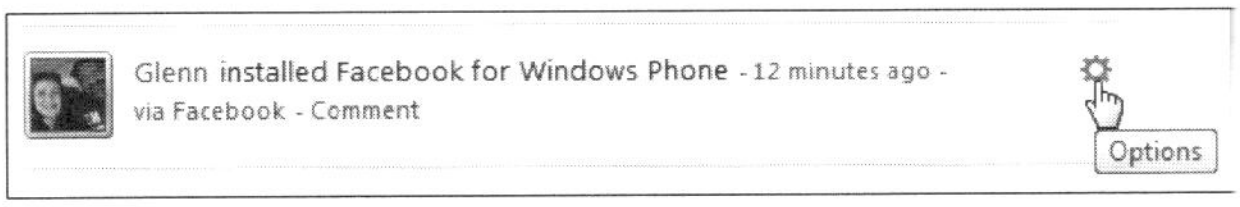

그림 1-17   개별 업데이트에 마우스를 올려놓으면 작은 옵션 아이콘이 나타난다.

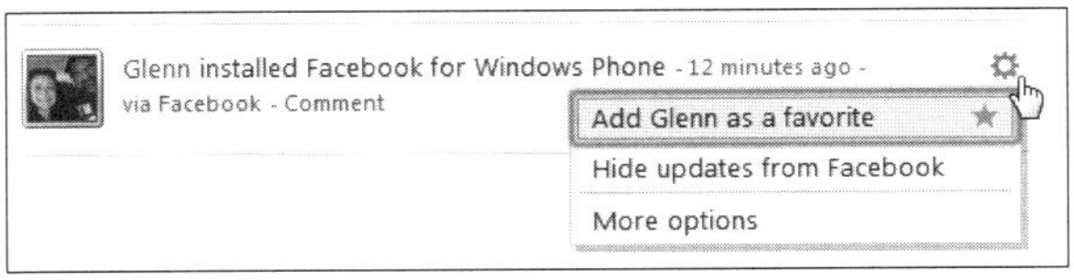

그림 1-18   아이콘을 클릭하면 더 많은 옵션을 가지고 있는 작은 메뉴가 나타난다.

이 메뉴에는 More options 링크가 있는데 여기에서는 친구들로부터 소셜 업데이트
를 관리할 수 있다. 더 정확하게 어떤 Windows Live 서비스가 메신저 소셜 피드에
나타나야 할지를 결정한다(profile.live.com/whatsnewsettings로 가면 이 페이지를 바로 볼
수 있다). 그림 1-19에 보이는 것처럼 이 페이지는 여러분이 개별 사용자를 숨길 수도
있는데 이는 매우 편리하다(우리는 일부 이런 친구들을 가지고 있지 않은가?). 지금까지
만 봐도 이러한 시스템이 매우 파워풀하다는 것은 명백하다. 하지만 Windows Live의
진정한 아름다움을 경험하고 이를 이용하여 여러분이 이미 사용하고 있는 다른 서비

스들에 접속하기 위해서는 일단 윈도우폰을 구입하고 Windows Live 계정에 로그온 한다. 이러한 것들이 폰을 더 의미 있게 만들 것이다. 그래서 여러분의 이메일에 기초한 Windows Live Hotmail, 콘택트, 캘린더가 폰의 메일, 콘택트, 캘린더 인터페이스에 보이게 될 것이다. 그러나 연결된 사진 서비스의 업데이트는 폰의 Pictures UI에 나타나고 여러분의 메신저 소셜 피드는 폰의 People에 보일 것이다. 여러분이 해야 할 일은 한번 로그인 하는 것뿐이다.

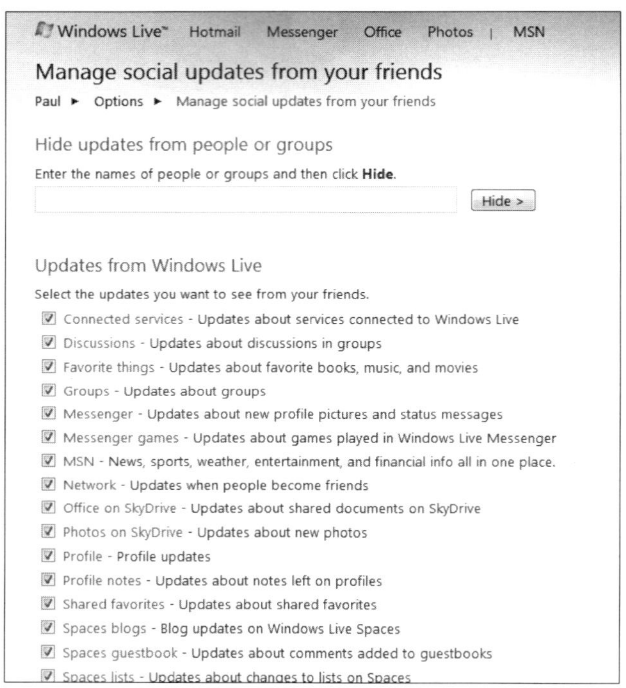

그림 1-19 선택적으로 사용자를 제거하고, Windows Live 서비스는 이 페이지에서 업데이트 된다.

> **T**IP 물론, Windows Live로 더 많은 것을 할 수 있다. Windows Live가 윈도우폰으로 할 수 있는 모든 것을 가지고 있지는 않지만 나는 Windows Live Essentials(get.live.com)를 다운로드 받아서 인스톨 할 것을 적극 추천한다. 유용하고 재미있는 윈도우 어플리케이션은 다른 것들 사이에서 Windows Live 메신저를 포함하고 있는데 이는 메신저 소셜 피드에 접근할 수 있도록 해준다. 그림 1-20에 보이는 것과 같다.

음악을 사랑하는 사람: Zune 소셜에 접속하기

Windows Live ID를 설정하고 여러분이 주의를 기울이고 있는 타사의 온라인 서비스에 접속하는 것이 윈도우폰에 관심 있는 사람에게는 매우 중요하지만 이와 관련되고 특별히 흥미로운 몇 개의 마이크로소프트 온라인 서비스가 있다. 그리고 이 온라인 서비스들은 Windows Live ID에 묶여 있고 폰에 콘텐츠를 넣는 데 사용될 수 있기 때문에 윈도우폰을 구입하기 전에 Windows Live ID를 만들고 설정하는 것은 의미 있는 일이다.

그림 1-20 Windows Live 메신저는 여러분의 메신저 소셜 피드에 PC 기반으로 접근할 수 있도록 해준다.

첫 번째는 마이크로소프트 Zune이다. Zune을 들어본 적이 없거나 사용해본 적이 없다면 여러분들은 매우 경이로움을 느낄 것이다. Zune은 다수의 흥미로운 구성요소를 포함하고 있는 훌륭하고 강력한 디지털 미디어 플랫폼이다. 구성요소는 다음과 같다.

▸ **Zune PC software:** 이 소프트웨어는 뮤직, 비디오, 포토를 포함한 디지털 미디

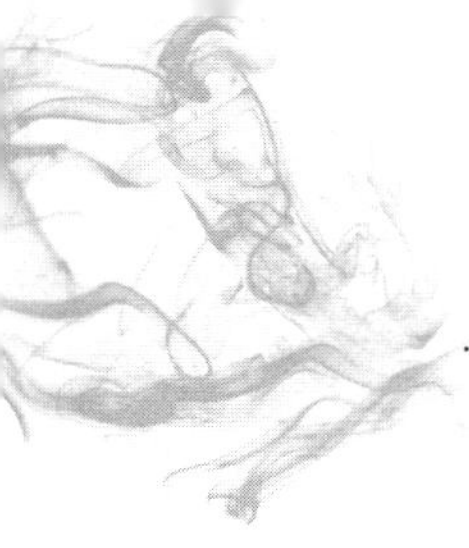

어 콘텐츠를 편성하고 재생하는 데 사용된다. 그리고 이 콘텐츠와 윈도우폰을 포함한 다양한 휴대용 장비와 동기화를 맞추는 데 사용된다.

▶ **Zune Pass:** 이 가입 서비스는 월정액 이용료로 마이크로소프트의 방대한 온라인 컬렉션에서 여러분이 원하는 모든 음악을 검색하고, 듣고, 다운로드 받을 수 있도록 해준다. 윈도우폰으로 여러분은 심지어 이러한 작업을 PC 없이 무선으로 바로 폰에서 수행할 수 있다.

▶ **Zune Social:** 이 온라인 커뮤니티는 여러분이 좋아하는 것이나 새로운 음악과 같은 것들을 친구나 가족 그 밖의 사람들과 공유하는 방법을 제공한다(물론, 여러분의 윈도우폰을 경유하여 공유할 수 있는 메신저 소셜 피드에 연결되어 있어야 한다).

▶ **Zune portable devices:** 윈도우폰 전에는 마이크로소프트는 계속해서 Zune의 파워를 동력화 할 수 있는 Zune HD를 포함하여 전용 디지털 미디어 플레이어를 만들었다.

▶ **Zune Marketplace:** 이는 음악, TV쇼, 영화, 팟캐스트 등의 마이크로소프트의 온라인 스토어이다. 이는 Zune PC Software(윈도우 기반 PC들의)와 Xbox 360(이 장의 뒤에서 더 자세히 다룬다)에서 사용할 수 있다. 물론 윈도우폰에서도 가능하다.

▶ **Xbox 360:** 마이크로소프트의 비디오 게임 장치는 Zune Pass 스트리밍을 포함하여 매체 재생을 위한 Zune software를 내포하고 있고, Zune 플레이어와 같은 휴대용 장치와 상호 작용할 수 있다.

▶ **Bing music playback:** 마이크로소프트의 검색 엔진(bing.com에서)을 사용하여 여러분은 여러분이 좋아하는 뮤직 아티스트들에 관한 더 많은 정보를 찾을 수 있다. 그리고 통합된 Zune 플레이어 덕에 더 많은 정보에 의한 검색으로 이 아티스트들의 전체 노래를 재생할 수 있다(여러분이 Zune Pass를 가지고 있다면 스트리밍을 무제한 받게 된다).

이와 같은 것이 너무 많은 정보를 필요로 하는 것 같다면, 글쎄, 그렇다고 할 수 있다. 하지만 이것이 이 책의 후반부에 더 자세하게 많은 것을 논의하게 된 이유이다.

> **CROSSREF** 여러분의 윈도우폰으로 Zune PC 소프트웨어를 사용할 수 있는 방법을 알기 위해 6장을 체크아웃 하기 바란다. 이 장에서는 장비에서 윈드우폰의 Zune software 작업을 올바르게 하는 방법을 살펴볼 예정이다.

지금부터 여러분은 Zune 계정에 Windows Live ID로 연결을 시작할 수 있다. 정확히 똑같은 Windows Live ID를 사용하기 때문에 이는 쉬운 작업이다.

먼저 여러분 PC의 웹 브라우저에 들어가서 *zune.net*에 들어간다. 그리고 이 페이지의 윗부분에 있는 로그인 링크를 클릭한다. 여러분은 이미 Windows Live ID를 가지고 있기 때문에 그 ID로 로그인 할 수 있다. 그리고 로그인하면 그 ID로 Zune 계정을 만들 것인지의 여부를 묻는 프롬프트가 뜬다. 즉, 그림 1-21과 같이 보인다.

여러분이 앞서 결정해야 할 옵션 중에 하나는 여러분이 Zune Social에 가입하기 원하는가의 여부이다. 앞에서 설명한 것처럼 Zune Social은 뮤직 애호가들을 위한 마이크로소프트의 온라인 커뮤니티이다. 그리고 이는 여러분의 음악적 호부를 다른 사람들과 온라인으로 공유할 수 있는 방법을 제공한다. 만약 이에 대한 확신이 없다면 단지 Don't Share를 선택하면 된다. 여러분은 나중에 Zune Social에 던제든지 가입할 수 있다. 지금의 요점은 단지 여러분의 Windows Live ID로 Zune 계정에 접속할 수 있다는 것이다.

양식의 첫 번째 부분을 완료했다면 Zune Tag를 만들 것인지의 여부를 묻는 프롬프트가 뜰 것이다. Zune Tag는 Zune Social에서 다른 사람들이 여러분을 식별할 수 있는 이름이다. 다음 섹션 설명대로 Xbox Live에 가입한다면 게임을 위해 사용할 같은 이름이다.

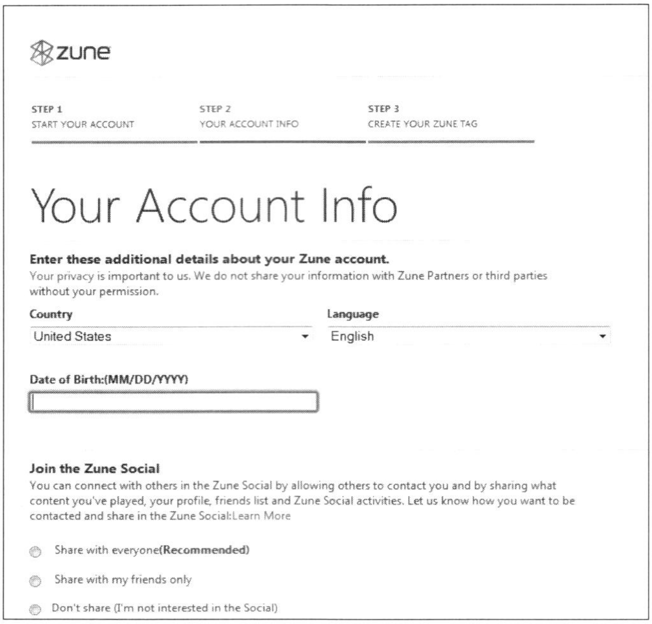

STEP 1 — START YOUR ACCOUNT   STEP 2 — YOUR ACCOUNT INFO   STEP 3 — CREATE YOUR ZUNE TAG

Your Account Info

Enter these additional details about your Zune account.
Your privacy is important to us. We do not share your information with Zune Partners or third parties without your permission.

Country
United States

Language
English

Date of Birth:(MM/DD/YYYY)

Join the Zune Social
You can connect with others in the Zune Social by allowing others to contact you and by sharing what content you've played, your profile, friends list and Zune Social activities. Let us know how you want to be contacted and share in the Zune Social:Learn More

○ Share with everyone(Recommended)

○ Share with my friends only

○ Don't share (I'm not interested in the Social)

그림 1-21   여기서 여러분의 Windows Live ID를 Zune 계정에 연결한다.

생각해보기

나는 단지 귀엽게 보이기 위한 이름을 사용하지 않을 것을 추천한다. 많은 사람들이 무의미한 Zune Tag를 만드는데, 이 이름은 다른 사람들과 의사소통할 때 사용된다는 것을 기억하기 바란다. 따라서 이미 많이 알려진 것보다는 나중에 혼동되지 않을 것으로 고르는 것이 좋겠다.

Zune Tag는 문자 A-Z, a-z, 숫자 0-9, 단일 스페이스의 조합으로 구성될 수 있다. 그러나 숫자로 시작할 수 없고 최대 15개의 문자길이를 가질 수 있다. 덧붙이자면 내 Zune Tag는 Paul Thurrott이다. 그렇다. 재미없다. 하지만 사람들은 그것이 나라는 걸 즉시 안다.

여러분의 Windows Live ID와 마찬가지로 Zune Tag는 유일해야 한다. 이는 이미 누군가에 의해 사용되는 Zune Tag를 선택할 수 없다는 것이다. 그래서 Paul Thurrott은 명백하게 사용할 수 있다. 나는 또한 Bob Smith와 같은 이름을 상상하기도 했다. 그림 1-22에 보이는 것처럼 가입 위저드는 이름의 유효성을 여러분에게 알려줄 것이다.

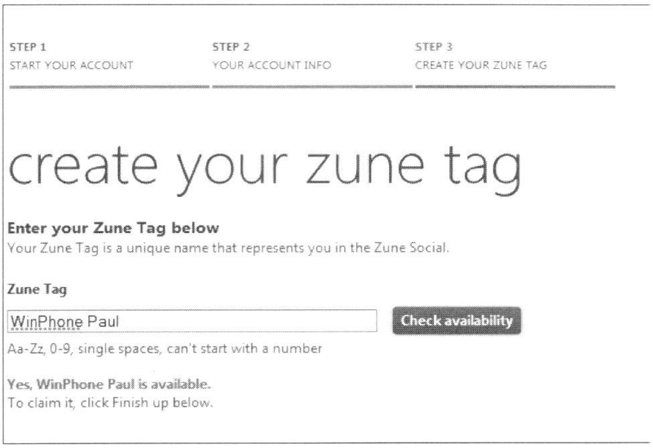

create your zune tag

Enter your Zune Tag below
Your Zune Tag is a unique name that represents you in the Zune Social.

Zune Tag

WinPhone Paul   Check availability

Aa-Zz, 0-9, single spaces, can't start with a number

Yes, WinPhone Paul is available.
To claim it, click Finish up below.

그림 1-22   또 다른 클래식 Zune Tag가 생성되었다.

여러분이 Zune 계정 생성을 완료하면 여러분은 Zune PC software를 다운로드 받을 수 있고 Zune Pass에 가입해서 Zune 플랫폼의 재미있고 독특한 기능 중 일부를 발견하게 될 것이다. 이에 대한 자세한 사항은 6장과 16장에서 논의하겠다.

Gamers: Xbox Live에 접속하기

여러분이 비디오 게이머라면 지구상에서 가장 파워풀하고 능력 있는 비디오 게임 플랫폼으로 널리 알려진 마이크로소프트의 Xbox를 이미 들어봤을 것이다. Zune과 마찬가지로 Xbox도 여러 개의 요소들로 구성되어 있다. 다음과 같은 것들을 포함한다.

▸ **Xbox 360**: 최고의 비디오 게임 기능의 HD 그래픽 콘솔, 서라운드 사운드, 비디오 게임의 최고의 라이브러리로 어디서나 사용할 수 있다. 이는 또한 Zune(뮤직, 비디오), Netflix(TV, 무비), Last.fm(뮤직), Facebook 그리고 트위터 등과 같은 온라인 서비스들의 계속 커져가는 라이브러리에 연결할 수 있다. Xbox 360은 단지 비디오 게임 장치가 아니다. 이는 엔터테인먼트와 커뮤니커이션을 위한 중앙 허브이기도 하다.

▸ **Xbox Live**: 킬러 콘솔을 만드는 이외에도 마이크로소프트는 지구상에서 가장 대중적인 비디오 게임 서비스를 제공한다. Xbox Live는 Xbox Live Silver라고 불리는 무료 버전에서 사용할 수 있고 Xbox Live Gold라는 유료 버전에서 사

용할 수 있다. 둘 다 무료 게임 데모 다운로드와 HD 무비, TV 쇼(Zune을 통한)에 대한 접근을 제공하여 Xbox Live Arcade 게임, 게임 애드온, 아바타(온라인 대표 미니 만화 캐릭터), 게임 음성과 텍스트 채팅, 그리고 사진을 다운로드 받을 수 있다. 그러나 골드 회원가입은 온라인 게임 플레이, Netflix 스트리밍, Xbox Live Parties, 비디오 채팅, Facebook, 트워터, Last.fm 접근, 그리고 다른 독특한 기능들을 추가하고 있다.

> Xbox Live Gold는 계정 당 1년에 50달러의 비용이 든다. 그러나 네 개의 Xbox 플레이어까지 저장하고 자녀 보호 기능을 저장하는 100 달러짜리 패밀리 팩을 구매할 수도 있다.

---

*T*IP 마이크로소프트는 LIVE라고 윈도우 용 게임으로 불리는 관련 서비스를 가지고 있다. 이 어색한 이름의 서비스는 근본적으로 Windows PC를 위한 Xbox Live이다. 그래서 여러분이 Windows Live, Zune, Xbox Live 또는 윈도우폰에서 사용하는 똑같은 Windows Live ID를 사용한다. 여러분은 gamesforwindows.com/live에서 더 자세한 내용을 알아볼 수 있다.

> **Xbox Live Marketplace:** 게이머들을 위한 마이크로소프트의 온라인 스토어는 무료 게임 데모, 기타 콘텐츠, 게임 애드온 등 뿐 아니라 Xbox Live Arcade 게임과 같은 전자 풀게임을 구매하는 방법을 제공한다. 포커스가 디지털 미디어가 아니라 게임이라는 것만 제외하면 Zune Marketplace와 비슷하다.(즉, 두 스토어는 통합되어 있어서 많은 Zune Marketplace 콘텐츠를 Xbox Live Marketplace를 통해 사용 가능하다. 여러분의 예상대로 하나의 ID를 가지고 모든 콘텐츠에 접근할 수 있어 매우 편리하다.)

여러분은 Xbox를 감상하기 위해 하드코어 게이머가 될 필요는 없다. Xbox 360용 Kinect 애드온으로 게임 상품들(이러한 것들은 음성 제어 뿐 아니라 닌텐도 위와 같은 모션 감지 제어를 제공하고 더 많은 캐주얼 게임의 새로운 세대로 문을 연다)에 대한 고객을 확충하는 것 이외에도 마이크로소프트는 Xbox Live 서비스를 윈도우폰에도 적용했다(7장에서는 윈도우폰 게임의 기능을 살펴보겠다).

Xbox Live 계정에 가입하기 위해서는 여러분의 PC의 웹 브라우저로 xbox.com을 방문해서 페이지의 윗부분에 있는 로그인 링크를 클릭한다.

여러분이 이미 Zune 계정에 가입되어 있다면 이용 약관의 새로운 항목에 동의하는 절차가 필요하다. Zune Tag가 이미 만들어졌기 때문에 이를 Gamertag라 불리는 유일한 Xbox Live 식별자로 사용한다(잠시 후에 이것에 대해 좀 더 자세히 논의할 예정이다).

여러분이 Zune 계정 가입을 건너뛰었다면(이것을 매우 후회할 것이다) 양식을 채워 넣어야 한다. 그러면 Gamer Profile이 만들어진다. 이것이 여러분이 온라인 게임을 할 때 기본 등장인물이 된다.

이 Gamer Profile은 몇 개의 속성으로 구성되어 있는데 바로 앞에서 꼭 기입했어야 하는 항목들이다. 다음과 같은 항목들이다.

▸ **Gamertag:** 이것은 기본적으로 여러분이 Xbox Live에서 게임을 하는 동안 다른 사람들을 식별하는 이름이다(그리고 사실 여러분이 Xbox 360 콘솔에서 게임을 하고 있는지, 윈도우 기반 PC에서 하고 있는지 아니면 윈도우폰을 통해 하고 있는지를 나타낸다). 이 Gamertag는 Zune 계정과 동일하다. 그래서 Gamertag를 생성하는 과정은 이전 섹션을 참조하길 바라고 이 과정에서 미완성으로 끝나지 않을 것을 제안한다.

▸ **Gamer Picture:** 마이크로소프트는 온라인 상에서 여러분이 자신을 작은 사진으로 다른 사람에서 보일 수 있도록 한다. 내장되어 있는 여러 사진에서 선택할 수도 있고 Xbox 360 콘솔에 로그인 되어 있다면 여기에 있는 더 많은 것을 사용할 수 있다(어떤 것은 구매를 해야 한다).

▸ **Gamer Zone:** 마이크로소프트는 여러분이 선택할 수 있는 일반적인 네 가지의 게이머 유형을 제공한다. Recreation(캐주얼 게이머), Family(G등급 콘텐츠 전용), Pro(하드코어 그러나 강제 사항 아님), 그리고 Underground(하드코어, 규칙 없음)와 같은 유형이 있다. 여러분은 이 유형 가운데 어떤 것을 선택해야 할지 혼란스러울 것이다. 여러분은 Recreation을 발견하고 놀랄지도 모른다. 걱정하지 않아도 된다. 여러분을 아래 온라인 상으로 안내할 것이다.

일단, 여러분이 Xbox Live Gamer Profile을 만들었다면 Xbox 홈페이지에 방문할 수 있다. 그리고 여기서 이 프로파일에 대한 정보를 볼 수 있다(그것을 찾지 못했다면 live.xbox.com에 있다). 여러분은 시작한 지 얼마 되지 않았기 때문에 여러분의 홈페이지는 그림 1-23에 보이는 것처럼 별 내용이 없을 것이다.

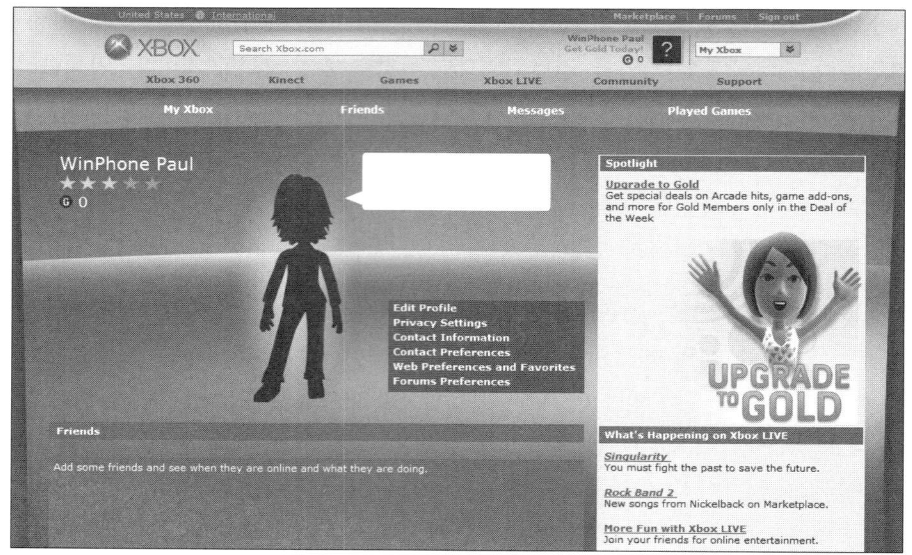

그림 1-23   생성된 Xbox Live Gamer Profile을 이용하여 온라인 상에서 시도해볼 시간이다.

여기에서 할 수 있는 것이 좀 많다. 프로파일을 수정하고, 연락처 정보, 다른 선호하는 사항들이나 개인 정보를 설정할 수 있으며 친구를 추가하거나 Xbox Live Gold 계정을 등록할 수 있다(여러분이 프로파일을 생성했을 때 자동으로 Silver 계정이 주어진다). 그러나 7장에서 게임과 Xbox Live 특징들을 철저하게 살펴볼 것이다. 지금 중요한 것은 계정을 설정하여 가지는 것이다.

전화 선택

여러분은 내가 전화를 선택하는 것보다 Windows Live ID를 설정하는 것을 훨씬 중요한 작업으로 간주하는 것을 보고 아마도 의아했을지도 모른다. 그러나 그것은 사실이다. 여러분은 스마트폰이 흔한 세대에 살고 있다. 그리고 여러분이 매년 한두 번씩 여러분의 폰을 교체하기 위해 선택할 때 여러분의 Windows Live ID는 여전히 여러분과 함께한다. 그래서 그 권리를 얻는 것은 중요하다.

그러나 여러분은 윈도우폰 모험을 위해 다음 단계로 이동할 것이고 거기서는 좋은 폰을 고르는 작업을 수반한다. 물론 여러분에게 적합한 폰이 내가 고른 폰이 아닐 수도 있다. 우리 모두가 우리 자신이 원하고 필요하고 요구하는 것을 가지는 것처럼 말이다. 그리고 그것은 분명하다. 어떤 스마트폰 플랫폼을 가지고 있든 윈도우폰은 시간이 지남에 따라 계속 진화하고 핸드셋 제조업체와 무선 사업자는 정기적으르 새로운 장치를 만들어낼 것이다. 그래서 특정 폰을 추천하는 것은 의미가 없다. 대신 내가 해야 할 것은 모든 윈도우폰이 가지고 있는 특징들을 강조하는 것이다. 그리고 이러한 것들은 선택적이기 때문에 여러분이 사용 가능한 장비에 대해 시장조사를 하여 때가 되면 경험에 근거한 능숙한 결정을 내릴 수 있다.

윈도우폰 하드웨어 사양에 대한 이해

마이크로소프트의 이전 스마트폰 플랫폼은 Windows Mobile이라고 블린다. 내가 그것을 추천한 몇 가지 이유가 있기는 하지만 플랫폼이 가지고 있는 문제점 중의 하나는 무한하다고 할 만큼 많은 하드웨어 유형, 다양한 장비 제조업체 및 무선 통신 사업자에 의해 발생하는 폼 팩터이다. 이러한 각양각색의 특징들은 그 플랫폼들을 한동안은 각 기업들에 매력을 느끼게 만든다. 그러나 이것은 또한 마이크르소프트가 고객에게 소프트웨어 업데이트를 제공하는 것을 거의 불가능하게 만든다. 소프트웨어 업데이트는 윈도우 업데이트나 마이크로소프트 업데이트 서비스를 통혜 윈도우 PC를 보다 쉽고 편리하게 만들 수 있는 것이다.

거침없이 치솟는 인기를 누리고 있는 애플의 아이폰은 2007년 처음 나왔을 때 다방면에서 스마트폰 시장을 바꾸어 놓았다. 그러나 가장 중요한 아이폰 혁신 중 하나는 그것이 애플이라는 것이다. 이는 소프트웨어 업데이트를 막는 무선 통신 사업자가 아니다. 그리고 해를 거듭하는 꾸준한 개선에 의해 모두 무료로 고객에게 새롭고 흥미로운 기능들을 제공하는 결과를 낳았다. 그 결과 아이폰은 진정한 대력적인 스마트폰으로 발전했다. 뿐만 아니라 다른 기업도 이 시장에 뛰어들도록 영향력을 발휘했다. 구글 안드로이드의 등장 말고도 다양한 종류의 많은 아이폰의 복사돈이 생겨났다.

소프트웨어의 거장인 마이크로소프트도 윈도우 모바일에서 좋은 점은 유지하고 나쁜 점은 던져버리려 한다. 그래서 다양한 장비 제조업체와 무선 통신 사업체가 윈도우폰을 판매하도록 허용하면서 – 다양성은 어떤 면에서는 장점이다 – 또한 이러한 플랫폼에 대한 하드웨어 사양을 엄격하게 맞추는 것은 배제한다. 그래서 윈도우폰 장비를 판매하고자 하는 장비 제조업체나 무선 통신 사업가는 이러한 스펙을 따라야만 한다.

▶ 마이크로소프트가 윈도우 모바일 고객에게 소프트웨어 업데이트를 제공할 수 없는 다른 이유들이 있다. 주로 무선 통신 사업부는 사용자가 무료로 소프트웨어를 업데이트하는 것을 원하지 않았고 선호하는 고객들은 매우 분명한 이유로 새 폰을 구매한다.

모든 윈도우폰에 포함되어 있는 것

적어도 지금은 이러한 스펙들에 제한을 두는 것이라기보다는 좀 더 자유를 주는 것이라고 할 수 있다. 2010년 후반 윈도우폰의 초기 출시 당시에는 그들은 모두 정말로 최고의 스마트폰을 만들기 위한 주장이었다. 마이크로소프트에 따르면 모든 윈도우폰은 적어도 다음 하드웨어를 포함하고 있어야 한다.

▶ **Processor(CPU):** 모든 윈도우폰은 적어도 1GHz ARM v7 Cortex/Scorpion 이상 또는 더 나은 프로세서를 제공해야만 한다. 이것이 의미하는 바는 모든 윈도우폰 장비는 수행할 수 있다는 것이다. 모바일 장비에서는 1GHz는 여전히 최고의 장비인 것을 넘어 아직도 상당히 드물다. 그리고 이것은 중요하다. 윈도우폰은 프리미엄 스마트폰 플랫폼이다.

▶ **Graphics:** 윈도우폰은 그래픽 처리 장치인 DirectX 9 또는 GPU를 지원할 것이다. 이는 시각적 관점에서 마이크로소프트의 Xbox 360 비디오 게임 콘솔로 가능한 것과 똑같은 그래픽 성능을 여러분의 폰에 제공한다. 결과는 훌륭한 영상과 거의 완벽하게 콘솔에서 폰으로 게임 포팅의 실현이다.

>  모든 윈도우폰은 명확한 텍스트 디스플레이를 위해 'sub-pixel rendering' 기술인 ClearType을 사용한다. 그러나 마이크로소프트는 단지 최소 16비트 컬러 화면을 지정한다. 그래서 좀 더 높은 컬러(24비트) 이미지는 시각적 밴딩이 있을지도 모른다. 이러한 관점에서 광고된다면 시각적으로 고품질을 위해서는 24비트 컬러 화면을 가진 윈도우폰을 고려해야 한다.

▶ **RAM and storage:** 각 윈도우폰은 적어도 256MB의 RAM(OS와 실행 애플리케이션을 위해 할당된 메모리)을 가지고 있어야 하고 8GB 이상의 플래시 메모리(애플리케이션, 디지털 미디어, 도큐먼트 등과 같은 콘텐츠를 위한 기억장치)가 필요하다.

▶ **Hardware buttons:** 하드웨어 버튼들을 여럿 장착하고 있는 모든 윈도우폰은 장치 주위에 일관된 방식으로 배치된다. Back, Home, Search 버튼은 앞에 설치된다(웹 브라우저에 따라 'back' 탐색을 하면 Home 화면으로 가기도 하고, 기대한 대로 바로 이전으로 되돌아가기도 한다). 전용 카메라 버튼(카메라 애플리케이션을 시

작하기 위한 전체 또는 반 정도의 압축 지원, 자동 포커싱 그리고 사진 가져오기 기능을 가지고 있는), 볼륨 업 다운, 그리고 전원/슬립(디밍 화면을 위한 간결하고 완전한 압축 지원, 장치를 깨우는 등의 역할을 하는).

BACK 버튼

Back 버튼은 특히 흥미롭고 유용하다. 왜냐하면 폰 전체에 걸쳐 다른 방식으로 작동하기 때문이다. 여러분은 이 버튼을 애플리케이션 내에서 뒤로 가기 위해 사용할 수 있고 (이전 화면이나 경험 내용) 애플리케이션 사이에서 뒤로 가기 위해 사용할 수 있으며 (Home 화면으로 리턴하면 이전에 사용된 애플리케이션으로 돌아간다), 가상 키보드나 메뉴, 다이얼로그를 닫거나 열 때 또는 이전 내용을 검색하거나 이전 페이지를 탐색할 때 등에 사용 가능하다. 아이폰에는 전혀 없는 이 버튼은 사실 윈도우폰의 주요한 특징들이다.

▶ **카메라:** 스마트폰 카메라는 성능 관점에서 전용 디지털 카메라를 따라잡지 못했지만 여러분의 윈도우폰은 꽤 근접하게 다가갔다. 마이크로소프트는 하드웨어 제조업체가 플래시를 가지고 있는 적어도 5메가 픽셀 카메라를 포함해서 만들 것을 요구한다(그리고, 위에서 언급한 대로 전용 카메라 버튼을 장착해서). 여러분은 이미 이러한 요구사항 이상의 장치를 찾아 볼 수 있을 것이다.

와이드 스크린 사진 및 비디오 촬영

윈도우폰 카메라는 와이드 스크린이 아닌 4:3 종횡비로 사진을 찍어야만 한다. 어떤 폰 제조업체는 16:9 또는 16:10 와이드 스크린 사진(그리고 비디오) 성능을 가진 향상된 카메라를 제공한다. 심지어 어떤 제조업체는 영상 회의를 위해 추가로 전면에 카메라가 장착된 장치를 출시하고 있다. 주의, 그러나 이 추가 카메라는 윈도우폰 OS에 의해 기본적으로 지원되지는 않는다. 그래서, 폰 제조업체는 이러한 목적으로 특별한 소프트웨어 출시가 필요할 것이다.

▶ **네 개 이상의 포인트를 가지는 멀티터치 디스플레이 기능:** 아이폰과 마찬가지로 주로 가상 키보드나 소프트인풋패널(SIPs)을 가진 터치 기반의 장치이다. 이것은 세로, 가로 모드 모두에서 작동한다. 이 스크린들은 터치와 최대 네 개의 콘택트 포인트까지 인식하는 멀티터치를 제공한다. 이는 여러분이 이론적으로 화면

▶ 하드웨어 제조업체들은 하드웨어 키보드를 선택적으로 물론도 제공한다. 어떤 사용자들은 화면상의 가상 키보드보다 이러한 물리적 키보드를 여전히 더 선호하기 때문이다. 여러분에게는 아마도 흥미로운 옵션일지도 모른다.

에 네 개의 손가락을 올려놓을 수 있다는 것을 의미한다. 그리고 이 장치는 그 정보를 정확하게 처리하고 그에 따라 수행한다. 뿐만 아니라 윈도우폰 스크린을 제스처 처리도 지원한다. 물론 나는 이 책을 통해 이러한 스크린의 사용에 대해 충분히 설명할 것이다.

▸ **화면 해상도:** 윈도우폰은 800×480(WVGA)과 480×320(HWVGA) 두 가지의 화면 해상도를 제공한다. 앞 해상도는 보다 일반적이고 가장 대중적인 윈도우폰 구성에 적합하다. 그러나 하드웨어 제조업체는 낮은 해상도 스크린 유형은 무료로 작은 장치에서 사용하고 슬라이드 형식의 하드웨어 키보드를 포함하고 있다.

▸ **가속도계:** 아이폰에서 가장 인기 있었던 가속도계는 여러 개의 축을 따라 가속도를 측정하는 내부 구성요소이다. 이 의미는, 윈도우폰은 장치가 다른 방향으로 기울어지면 이를 감지하고 반응할 수 있다는 것이다. 가속도계는 두 가지 실용적인 방법을 사용한다. 경주 게임(좀 덜 실용적이기는 하지만)에서 화면이 새로운 방향을 적용하기 위해 회전할 것이다. 예를 들어 여러분이 자동차를 조정할 때처럼 화면을 왼쪽에서 오른쪽으로 기울인다.

▸ **보조 GPS(A-GPS):** 최신 GPS 하드웨어를 장착하고 있는 윈도우폰은 좀 더 빠른 시작과 더 나은 정확도를 제공한다. 정확도는 긴급 상황에서 911 관리원들이 스마트폰 사용자를 찾아내도록 하는 U.S.에 기반 하는 요구사항이다.

▸ **나침반:** 내부에 나침반을 장착하고 있는 윈도우폰은 여러분의 정확한 위치를 알아내고 방향에 대한 정보를 제공하기 위해 GPS와 다른 위치 센서가 함께 작동한다(와이파이와 휴대폰 연결 포함).

> *Note* 본래 2010년 후반에 알려진 대로 윈도우폰에 있는 나침반 하드웨어는 기능적으로 Bing Map 내에 장착되어야만 작동한다. 그러나 마이크로소프트는 나중에 개발자에게 나침반에 접근할 수 있도록 프로그래밍 라이브러리를 제공할 것이다. 여러분이 이 책을 읽을 때쯤이면 타사 업체가 나침반에 접근하는 것이 가능할 것이다.

▸ **라이트 센서:** 라이트 센서가 내장된 덕분에 윈도우폰 카메라는 플래시를 위한 조명의 밝기를 정확하게 측정하고 낮은 조명 사진을 정밀하게 만들어낼 수 있다.

▶ **근접 센서:** 이 센서는 다른 물체-여러분의 얼굴이나 테이블-가 폰에 얼마나 근접해 있는지 탐지할 수 있다. 그래서 폰은 여러분이 전화를 걸 때와 폰을 테이블 위에 올려놓았을 때를 알 수 있다. 폰은 또한 주머니에 있는 것을 알아서 버튼을 눌러도 응답하지 않을 수 있다.

▶ **FM 라디오 튜너:** 모든 윈도우폰은 FM 라디오에 대한 무료 접근을 제공하는 FM 라디오 튜너가 장착되어 있다. 그리고 번들 소프트웨어를 통해 특정 방송국을 즐겨찾기로 등록할 수 있다.

> *Note* 이러한 사양은 마이크로소프트가 'Chassis-1' 사양이라고 부르고 있는 것이다. 아마도 시간이 지남에 따라 요구사항에 대한 추가 업데이트가 있을 것이다.

▶ 폰에 Zune 소프트웨어가 포함되어 있는 덕분에 여러분은 라디오에서 들은 노래를 확인하고 심지어 구매할 수도 있다. 6장에서 이 기능에 대해서 논의하겠다.

모든 윈도우폰에 포함되어 있지 않은 것들

만약 여러분이 날카로운 눈을 가진 기술 추종자이거나 향후 2년간 약속을 위해 꼭 해야 하는 노력을 수행하는 중이라면 윈도우폰 하드웨어 요구사항 목록이 여러분이 중요하다고 믿고 있고 심지어 현대 스마트폰에는 꼭 필요한 어떠한 특징은 포함하고 있지 않다는 것을 인지할지도 모른다. 어떤 경우에는 이러한 누락을 우려할 필요가 없다. 하드웨어 제조업체는 마이크로소프트의 요구사항 이상으로 무토로 그들의 폰과 함께 추가적인 기능들도 묶어서 제공한다. 그러나 또 다른 어떤 경우에는 특정 기능의 부족이 더 많은 문제를 발생시킨다. 왜냐하면 기본 플랫폼은 단순히 하드웨어만을 지원하는 것이 아니기 때문이다. 여기 마이크로소프트가 자사의 폰 제조업체에게 윈도우폰에 포함하라고 명시적으로 요구하지 않은 몇 가지 특징들 – 장/단점 또는 관여치 않는 – 이 있다. 윈도우폰을 고를 때 이러한 가치 있는 특징들을 이해하고 어떤 기능들이 포함되어 있는가에 따라 장치를 선택하는 것이 매우 바람직하다.

▶ **와이파이:** 하드웨어 요구사항 목록이 없음에도 불구하고 여러둔은 실제로 모든 윈도우폰이 무선 네트워크기능인 802.11g(Wi-Fi G) 또는 802.11n(Wi-Fi N)을 포함하고 있다고 생각해도 된다.

▸ **블루투스:** 블루투스 역시 이어 헤드셋이나 키보드, 자동차 내비게이션 시스템, 또는 그 밖의 다른 하드웨어를 휴대용 장치에 연결할 때 가장 자주 사용되는 하나의 분리된 무선 네트워크 표준이다.

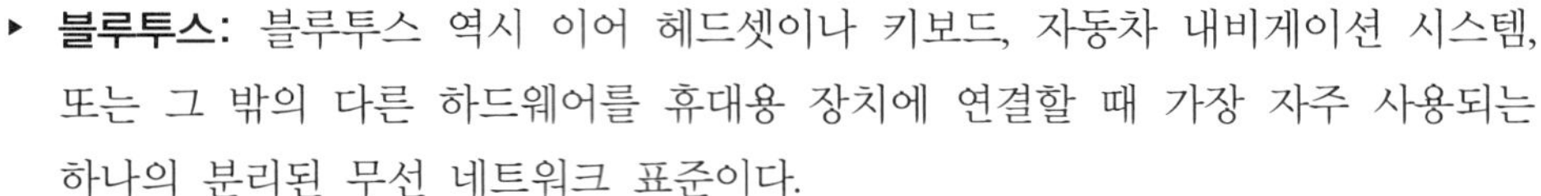

Note 여러분이 블루투스 팬이라면 윈도우폰이 다음과 같은 블루투스 프로파일을 명시적으로 지원한다는 것에 흥미를 가질 것이다. BT 2.1 + EDR, HFP 1.5-핸드프리 프로파일, A2DP 1.2-고급 오디오 배포 프로파일, AVRCP 1.0-A/V 리모트 콘트롤 프로파일, PBAP-폰 북 액세스 프로파일.

▸ **이동식 저장장치:** 아이폰이 아닌 대부분의 스마트폰은 일종의 메모리 카드 슬롯을 장착하고 있다. 그래서 저렴한 가격으로 장치의 내부 저장장치(RAM이 아님)를 확장할 수 있다. 오늘날 이러한 미니 메모리 카드는 일반적으로 2GB~32GB의 메모리 용량을 가지고 있다. 물론, 기술은 시간이 지날수록 향상된다.

▸ **최고 해상도 화면:** 이 글이 쓰일 당시는 아이폰4가 960×640 해상도를 지원하고 있고 이는 윈도우폰이 지원하는 최고 해상도를 초과한다. 윈도우폰 OS가 더 높은 해상도를 처리할 수 있지 않을까 하는 의문이 생기는 가운데 장치 제조업체는 지금 시점에는 그런 장치를 판매할 수 없게 되어 있다. 마이크로소프트는 시간이 지남에 따라 윈도우폰의 하드웨어 사양을 끌어올리고 있기 때문에 이러한 제한사항은 바뀔 것이다.

▸ **자이로스코프:** 윈도우폰은 가속도계를 제공하는 동안에는 자이로스코프가 부족하다. 이는 아이폰4에서도 발견되는 하드웨어 구성요소이다. 간단히 말해서 – 이는 복잡한 상황에 놓여 있다 – 자이로스코프는 단순히 장치가 어떻게 X,Y,Z 축(또는 방향)으로 회전하는지를 보다 정확하고, 보다 민감하게 제공한다. 상대적으로 별로 민감하지 않은 손의 움직임은 주로 인간과 폰의 상호작용에서 나타날 것이다. **나는 자이로스코프가 가속도계를 넘어 특별히 중요하게 향상된 기능이라고 느끼지 못하고 있다.** 게임이나 그 밖의 다른 윈도우폰 사용을 만끽하는 데 크게 영향을 미치지 못한다.

▸ **비디오 녹화:** 마이크로소프트는 윈도우폰 카메라가 비디오를 녹화할 수 있도록

특화시키지는 않았지만 사실상 거의 모든 윈도우폰은 이러한 기능들이 장착되어 있다. VGA(640p)나 HD(720p) 또는 더 좋은 비디오 녹화 성능을 기대한다.

▶ **지오태그:** 또 다른 고품격의 카메라 기능으로 지오태그는 카메라가 선택적으로 각 사진에 위치 데이터를 가진 태그를 붙이도록 하는 것이다. 그래서 여러분이 나중에 그 사진이 지도상에서 정확히 어디에서 찍힌 것인지를 알 수 있다. 이 기능은 윈도우폰이 GPS와 또 다른 위치 센서가 내장되어 있기 때문에 절대적으로 가능하다. 그리고 사실 이것은 카메라 소프트웨어의 기능이다. 그래서 여기서 걱정할 필요는 없다.

▶ **헤드폰 잭, 마이크와 외부 스피커:** 마이크로소프트가 윈도우폰 하드웨어 제조업체가 장치에 표준 헤드폰 잭과 마이크 그리고 외부 스피커를 도함할 것을 요구하지는 않았지만 대부분이 포함하고 있을 것이다. 그러나 이러한 기능들을 체크해봐야 할 것이다.

▶ **USB 연결:** 모든 윈도우폰은 장치를 충전하기 위한 몇 가지 방법을 제공해야 한다. 하지만 마이크로소프트는 사용될 연결의 유형을 규정하고 있지는 않다. 결과적으로 안타깝게도 윈도우폰마다 전원/충전에 서로 다른 연결을 사용한다. 대부분이 약간 다른 USB이다. 호환 가능 케이블로 여러분은 PC나 USB 전원 어댑터, 벽에 있는 콘센트를 통해 폰을 충전할 수 있다.

> **Note** 마이크로소프트가 지원하지 않는 유용한 기능 중 하나는 회사가 이전에 Zune 휴대용 미디어 플레이어의 라인을 자사에 사용했던 Zune 독 커넥터이다. 이 커넥터는 애플의 인기 있는 독 커넥터와 똑같이 작동했었다. 이는 iPod, iPad 그리고 아이폰 사용자들에게 표준 커넥터 타입으로 제공한다. 여러분은 Zune 독 커넥터를 가지고 있는 윈도우폰을 볼 수는 없을 것이다.

아이디어 얻기: 마이크로소프트는 사용자들에게 일관된 경험을 제공하기 위해서 보다 중요한 윈도우폰 하드웨어 기능의 일부를 지정한다. 그러나 윈도우폰은 많은 장치 제조업체들이 적어도 마이크로소프트가 누락된 기능을 추가할 때까지 떠나 있었기 때문에 심지어 일부 지역에서는 윈도우폰이 부족한 현상도 있었다.

> ### 더 정교한 CRAPWARE
>
> 마이크로소프트의 이전 모바일 플랫폼을 가지고 있는 윈도우 모바일, 장치 제조업체 그리고 무선 통신은 커스텀 소프트웨어 솔루션을 추가하거나 HTC 센스와 같은 UI 셀을 가진 윈도우 모바일 사용자 인터페이스로 대체함으로써 자신들의 기술을 차별화할 수 있다. 마이크로소프트는 윈도우폰에 사용자 정의 레벨을 허용하지 않는다. 이는 플랫폼을 보다 효율적으로 관리하고 고객들이 일관된 느낌을 가질 수 있도록 하기 위한 노력의 일환이다. 그러나 장치 제조업체나 무선 통신 사업자는 윈도우폰에서 실행되는 소프트웨어 애플리케이션을 통해 보다 정교한 사용자 정의를 제공할 수 있다. 드문 경우를 제외하고는 이러한 애플리케이션은 진정한 차별화로 간주하지 않아도 된다.

요약

여러분이 나처럼 윈도우폰에 흥미를 가지고 있다면 여러분은 상점에 가서 돈을 지불하기 전에 새로운 폰을 위한 약간의 준비 시간을 갖기 원할 것이다. 폰을 구매하기 전에 해야 할 두 가지 핵심 사항이 있다. 우선 여러분은 Window Live ID를 설치해야 하고 이것을 여러분이 속해 있는 모든 온라인 서비스와 연결한다. 이는 여러분의 모든 연결과 관계를 위한 중앙 허브가 된다. 그리고 어떤 윈도우폰 하드웨어 특징들이 필수이고 선택사항인지를 이해해야 여러분은 보다 합리적인 구매 결정을 내리게 될 것이다. 이러한 부수적인 작업을 통해 여러분은 해당 지역의 무선 통신 사업 대리점이나 전자 제품 소매 업체에 가서 새로운 윈도운 폰을 구매할 준비가 된다. 다음 장은 여러분이 상자를 열어 폰을 꺼냈을 때 이 폰을 가장 잘 설정하는 방법을 설명한다.

윈도우폰 개봉 및 시작하기

자! 이제 여러분은 여러분만의 폰으로 윈도우폰을 선택했다면 이번 줓에서 다룰 Day one experience를 시작해보자. 기기 박스를 개봉한 후, 먼저 전원을 켜고, 윈도우폰 사용에 꼭 알아야 할 새로운 멀티터치 상호작용에 대한 몇 가지 세부사항과 초기 구성을 살펴보자.

이것은 매우 흥미로운 일이지만, 여러분은 앞으로 살펴볼 내용들을 처음부터 체계적으로 계획해야 한다. 그리고, 수년 동안 계속해서 나오는 가장 획기적인 스마트폰 인터페이스에 익숙해지고, 폰을 제대로 구성할 수 있도록 확실히 알아야 한다. 이 장 이후에 나는 여러분이 기본을 알고 있다고 여길 것이다.

여러분이 Day one experience의 다양한 내용을 잘 살펴보는 것이 다음 장에서의 내용을 이해하는 데 도움이 될 것이다. 그러면 심호흡을 크게 하고, 여러분 앞에 놓인 새로운 박스를 가져다 놓자. 이제 여러분의 새로운 폰을 살펴볼 시간이다.

윈도우폰 개봉하기

모든 윈도우폰이 약간 다를 수 있지만, 모든 기기의 박스 안에는 비슷한 구성품들로
구성되어 있다(그림 2-1).

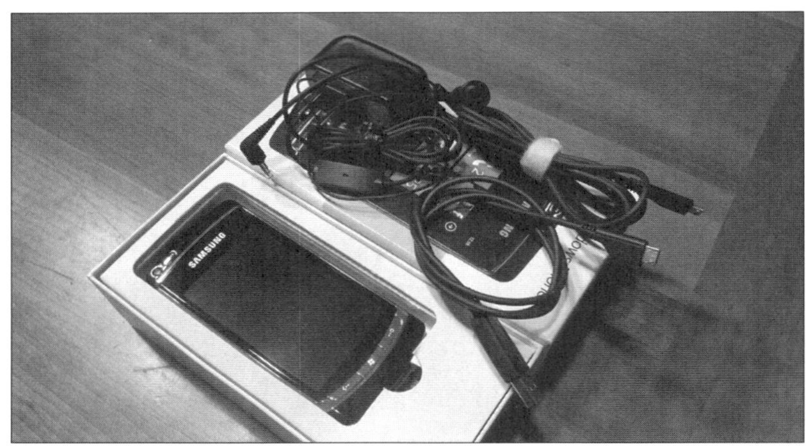

그림 2-1 개봉: 박스 안의 구성품 및 윈도우폰

구성품은 다음과 같다.

▸ **윈도우폰:** 실제폰(그림 2-2)은 GSM 네트워크를 사용하며, 배터리가 분리되어 있
고, 등록된 SIM 카드는 없다.

그림 2-2 이 책의 내용 안에서는 윈도우폰의 어떤 원형도 해가 되는 일은 없을 것이다.

GSM or CDMA?

GSM(Global System for Mobile Communications, 원래는 Groupe Spécial Mobile)은 국제 무선 통신 표준이며, 세계에서 가장 인기 있는 무선 네트워크 유형이다 미국에서는 AT&T와 T-Mobile사가 GSM방식을 사용하며, Sprint, Verizon 그리고 대부분의 소규모 사업자가 CDMA라고 불리는 무선통신 기술을 사용하고 있다. 두 시스템들 사이에는 많은 차이가 있는데, GSM 기반의 휴대전화는 고객의 가입 정보를 포함한 SIM(가입자 식별 모듈) 스마트카드의 사용이 필요하다(이전 스마트폰 형태의 구형 휴대폰예서도 SIM 카드는 연락처 정보가 포함되어 있다). 한편 CDMA 기반의 휴대폰은 기기 안에 이러한 정보를 직접 부호화시킨다.

▸ **배터리:** 그림 2-3에서 보이는 착탈식 배터리는 폰과 분리되어 있어, 사용하기 전에 배터리를 연결해야 한다.

그림 2-3 윈도우폰은 일반적으로 이동식 배터리가 포함되어 있다.

▸ **SIM 카드:** GSM 형태의 휴대폰이라면, 무선 통신사가 여러분에게 그림 2-4와 비슷한 종류의 SIM 카드를 제공할 것이다. 일반적으로 구입 장스에서 휴대폰에 삽입해주지만, 여러분 스스로가 직접 쉽게 삽입할 수도 있기에 약간만 설명한다.(SIM 카드는 보통 배터리 주변 휴대폰 내부의 얇은 슬롯에 밀어 넣는다.)

그림 2-4   SIM 카드는 스마트 칩을 포함하고 있고 큰 카드에서 떼어낸 후 휴대폰에 삽입한다.

▶ **USB 동기화 케이블:** 이 케이블은 동기화 목적을 위해 PC와 휴대폰을 연결할 수 있게 한다. 윈도우폰에서 모든 동기화 실행은 Zune PC 소프트웨어를 통해 이루어지며(버전 4.7 이상), zune.net 웹에서 다운로드 받을 수 있다. 휴대폰의 배터리는 그림 2-5에서 보이는 USB 동기화 케이블로 PC와 연결하여 충전할 수 있다.

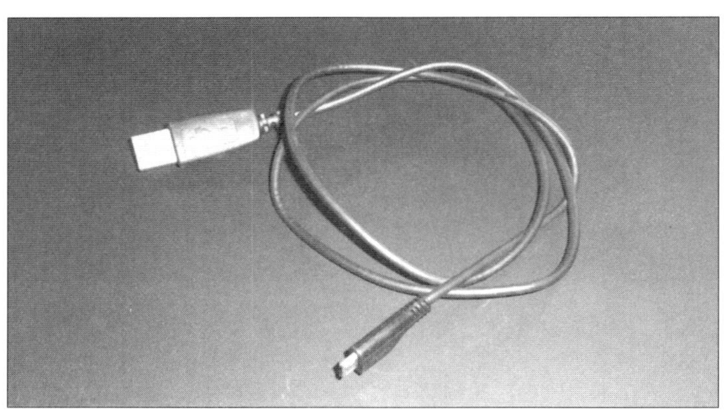

그림 2-5   USB 동기화 케이블

▶ **충전 케이블:** 충전 전용 케이블은 충전을 위해 전원 콘센트와 휴대폰을 연결하여 사용한다. 일반적으로 USB 동기화 케이블로 PC에 연결하여 충전할 때보다 충전 전용 케이블로 전원 콘센트에 연결하여 충전하는 것이 더 빠르다. 케이블 끝의 조그만 부분을 휴대폰의 USB 커넥터에 그림 2-6과 같이 연결한다.

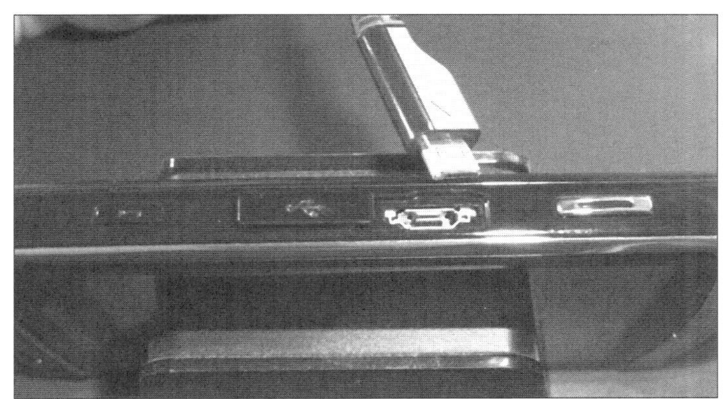

그림 2-6 충전 케이블은 동기화 케이블과 같은 작은 USB 포트를 이용한다.

▶ **헤드폰:** 대부분의 윈도우폰에는 기본적으로 유선 스테레오 헤드폰이 제공된다. 일부는 그림 2-7과 같이 마이크가 통합된 것이 있기도 하다. 그래서 이러한 것들은 음악 재생과 전화를 같이 사용할 수 있다. 대부분의 번들 헤드폰은 보통 잘해야 중간급 품질을 제공한다는 점을 주목하라. 나는 만약 여러분이 전화통화를 많이 한다면 블루투스 기반의 핸즈프리 헤드셋을 찾아보거나, 높은 품질의 타사 제품을 조사해 보기를 권한다.

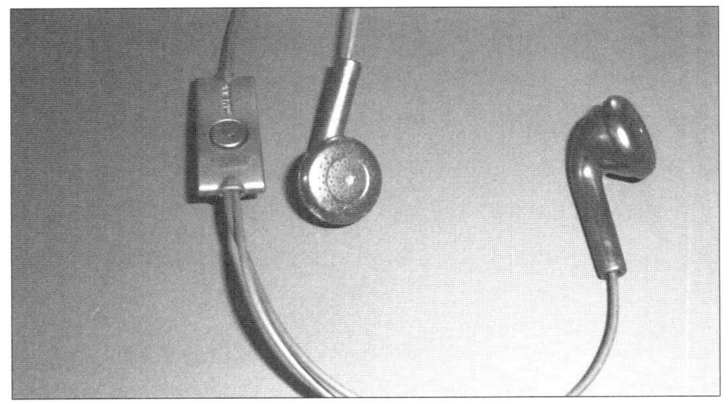

그림 2-7 이 번들 헤드폰은 가격이 저가이지만 마이크가 일직선으로 연결되어 있어 전화 사용을 할 수 있다.

▶ **설명서:** 요즘 대부분의 전자기기에는 종이 형태의 설명서가 제공되어지지 않는다. 따라서 기본적인 정보만 있다면 몇 가지 설명서를 받을 수 있는데 이는 여

러분의 PC 또는 인쇄해서 읽을 수 있는 PDF 문서 기반의 종합적인 설명서를 휴대전화 제조업체의 웹사이트에서 받을 수 있다.

배터리와 SIM 카드 넣기

여러분은 GSM 기반의 윈도우폰 사용을 시작하기 전에 휴대폰 구입 장소에서 SIM 카드 삽입이 안 되었다면 SIM 카드를 삽입해야 한다. 그런 다음 배터리를 끼우고 충전을 한다. 여기 방법을 설명한다.

첫째 배터리와 SIM 카드를 삽입하기 위해 뒷면 덮개를 제거하려면 휴대폰과 함께 제공된 지침을 참조하라. 배터리와 SIM 카드 슬롯이 같은 면에 있다면 일반적으로 SIM 카드를 삽입하기 위해 먼저 SIM 카드를 큰 카드에서 떼어낸다. 이때 SIM 카드가 구부러지거나 잘라지지 않도록 주의한다.

그런 다음, 휴대전화의 SIM 카드 슬롯을 찾는다. SIM 카드를 올바른 방향으로 끼우면 정확하게 삽입을 할 수 있다(SIM 카드의 한쪽 끝이 접혀 있어 삽입 방향을 아는 데 도움이 된다). 그림 2-8처럼 SIM 카드를 SIM 카드 슬롯에 조심스럽게 밀어 넣는다.

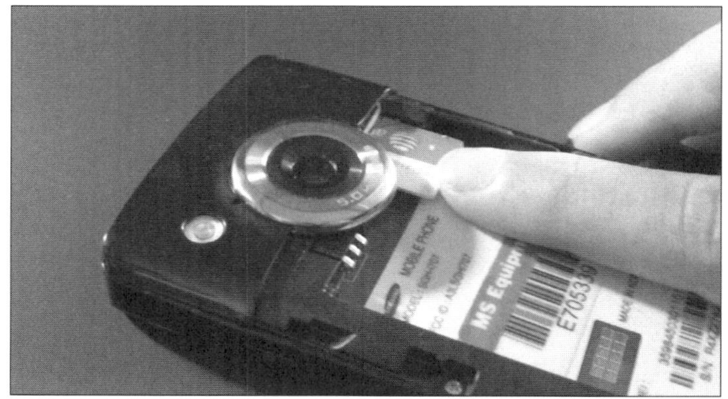

그림 2-8   SIM 카드는 디지털 카메라에 있는 SD 카드처럼 오로지 한 방향으로만 삽입할 수 있다.

완전히 SIM 카드를 삽입한다. 올바르게 삽입된 SIM 카드는 SIM 카드 슬롯 밖으로 튀어나오지 않고 슬롯의 바깥쪽과 동일 평면을 이룬다. 그림 2-9와 같다.

그림 2-9 올바르게 삽입된 SIM 카드는 SIM 카드 슬롯 밖으로 나오지 않는다.

일단 SIM 카드 삽입을 완료했거나, 어떤 이유로 SIM 카드를 삽입할 필요가 없다면 휴대폰에 배터리를 연결한다. SIM 카드와 마찬가지로 배터리도 한 방향으로만 삽입할 수 있으며, 일반적으로 그림 2-10처럼 금속 커넥터를 볼 수 있고, 배터리의 커넥터 핀이 배터리 삽입구의 금속 커넥터와 일치하게 연결하면 된다.

그림 2-10 배터리는 한 방향으로만 올바르게 연결할 수 있다.

이제 휴대폰에 배터리와 SIM 카드를 막아주는 덮개를 덮는다(그림 2-11).

그림 2-11   내부 구성품이 연결된 후에 덮개를 덮고, 시작할 수 있다.

이 시점에서 여러분은 아마도 휴대폰을 켜고 작동을 시작하는 것에 흥미를 가질 것이다. 반드시 충전용 케이블로 휴대폰을 전원 콘센트에 연결해서 충전을 한다. 휴대폰 충전이 완료되었다면 기다릴 필요가 없다. 어서 휴대폰을 켜보자.

초기 환경 구성

처음 윈도우폰을 켜면 기기는 아주 빠르게 기본적인 휴대폰 구성 정보를 가동시킨 후 그림 2-12에 보이는 것처럼 흰색 부트 화면으로 빠르게 이동한다.

> **Note**   이 부트 화면은 일반적인 윈도우폰 특징 중 첫 번째 특징이다. 분명하지는 않지만 화면 중심을 보면 왼쪽에서 오른쪽으로 수평으로 움직이는 일련의 5개의 점을 볼 수 있다. 이 점들은 PC의 진행 바와 유사한 진행 표시기이며, 휴대폰이 무엇인가를 하고 있다는 것을 나타낸다. 일단 여러분이 휴대폰 사용을 시작하면 윈도우폰 화면 상단에 이와 같은 진행표시기를 자주 볼 수 있을 것이다.

그림 2-12 윈도우폰 부트 화면

윈도우폰은 빠르게 부팅을 완료한 후 out-of-box experience(OOBE), 또는 최근에
마이크로소프트에서 명칭하는 Day One experience를 통해 다음 단계로 진행된다.

1. 휴대폰 제조업체에 의해 제작된 간단한 Welcome 화면으로 시작한다(그림 2-13).
   여기에서, 두 개의 옵션이 있다. 비상전화(Emergency call)로 선택 시 가입 절차
   를 완료할 때까지 어떤 전화도 사용할 수 없다. 시작하기(Get Started)를 선택하
   면 다음 단계로 이동할 수 있다. 나는 여러분이 후자를 선택했으리라 가정하고
   설명을 시작하겠다.

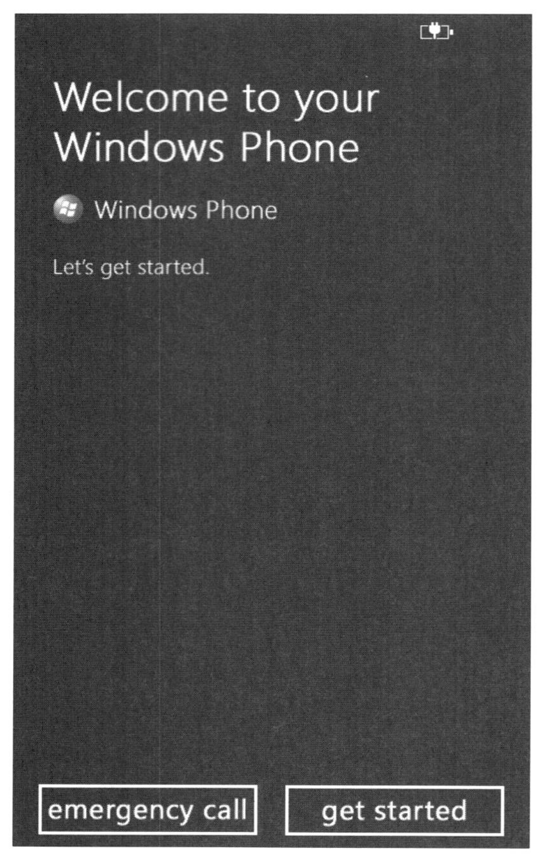

그림 2-13 Day one experience의 첫 단계: Welcome 화면

> **Note** 윈도우폰은 멀티터치 디스플레이에 최적화 되어 있다. 그래서 인터페이스로 손가락으로 화면을 누르면 된다. 긴급 전화나 시작하기와 같은 버튼들처럼 선택할 필요가 있는 모든 것은 손가락 끝으로 화면을 누르면 된다.

2. 이 마법사의 다음 단계에서 여러분은 그림 2-14에 표시된 사용할 수 있는 5가지 기본 언어 사이에서 한 가지 언어를 선택해야 한다(여러분이 이 글을 읽을 때까지 마이크로소프트에서 더 많은 언어를 추가했을 수 있다).

화면의 선택할 언어를 눌러서 적절한 언어 선택하기 – 나는 연습의 목적으로 English(United States)를 선택할 것을 가정하겠다. 이 목록에서 현재 선택된 항목

은 파란색으로 강조 표시되는데 이것은 시스템 전체에서 사용되는 기본 강조 색
상이다(여러분이 나중에 변경할 수 있다). 계속하기 위해 Next 버튼을 누른다.

그림 2-14 언어 선택 화면

3. 다음 단계(그림 2-15)에서 여러분은 개인정보보호정책뿐만 아니라 윈도우폰에 설
   치된 소프트웨어 시스템에 대한 마이크로소프트사의 최종 사용자 사용권 계약
   (EULA)의 이용 약관에 동의해야 한다. 사실 이러한 문서는 아주 중요하지만, 나
   는 대부분의 사람들이 실제로 관심을 가지고 있다고 기대하지 않는다. Accept를
   누른다.

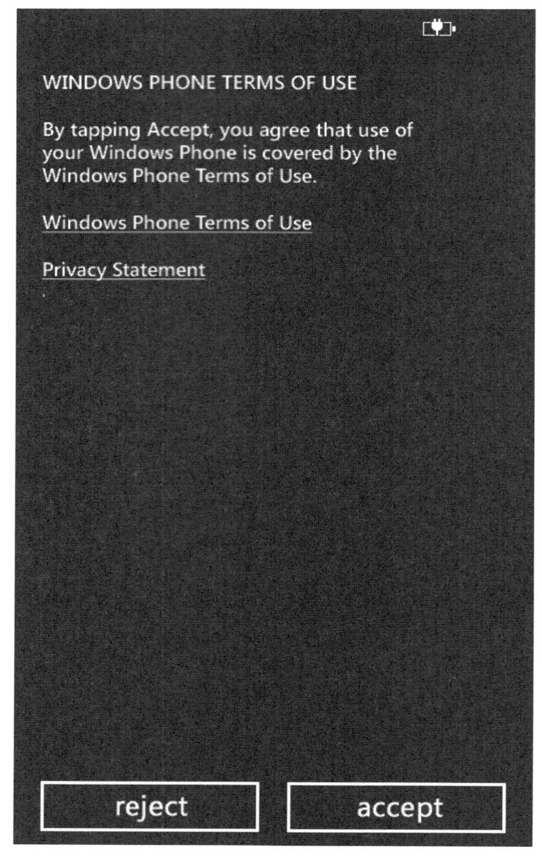

그림 2-15 윈도우폰 이용 약관

4. 다음 단계(그림 2-16)에서 여러분은 휴대폰 설정을 위한 중요한 선택을 해야 한다. 여러분은 마이크로소프트사에서 권장하는 윈도우폰 기본 설정에 동의하거나 개인적 취향에 맞게 각 옵션을 세부적으로 정할 수 있는 사용자정의 절차를 통해 다음 단계로 진행할 수 있다.

이 화면은 Windows의 데스크톱 버전 또는 마이크로소프트사의 다른 소프트웨어의 초기 설정화면과 비슷하다. 항상 사용자 정의 옵션을 선택한다. 이유는 여러분이 지금의 화면을 다시 하거나 결코 쉽게 뒤로 올 수 없을 뿐만 아니라, 여러분이 원하는 설정을 할 수 있고, 사용자 지정 설정에 실제로 그렇게 많은 시간이 걸리지 않기 때문이다. 이 같은 이유 때문에 나는 여러분 또한 사용자 지정을 누를 거라 가정하고 계속 진행하겠다.

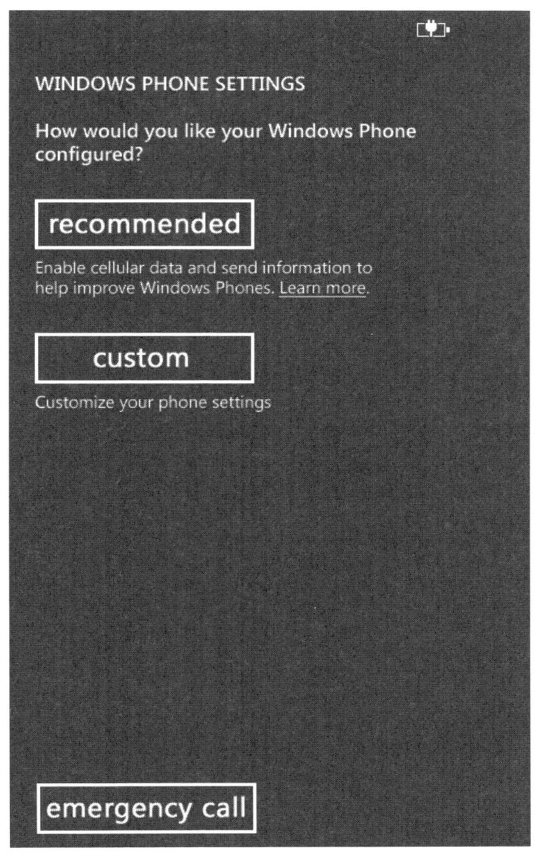

그림 2-16　윈도우폰 설정. 여러분은 현명하게 선택해야 한다.

5. 다음 단계에서 여러분은 기본적으로 한 가지가 선택된 두 개의 옵션을 볼 수 있을 것이다(그림 2-17).

▸ **Allow cellular data usage on your phone**: 기본적으로 선택되어져 있다. 이것은 일반적으로 올바른 환경 구성 선택이다. 그러나 드문 경우이지만 윈도우폰으로 데이터 사용 계획이 없거나, 매우 제한된 데이터를 사용할 경우에는 이 옵션을 해제할 수 있다.

▸ **Send information to help improve Windows Phones**: 나는 항상 마이크로소프트에 익명으로 자동 피드백을 제공하는 것이 중요하다고 생각한다. 그 회사는 더 나은 제품을 만들기 위해 이 데이터들을 실제로 사용한다는 것을 알고 있기 때문이다. 그러나 이 옵션은 기본적으로 해제되어 있기에 올바른 구성을

위해서 이 옵션을 선택한다.

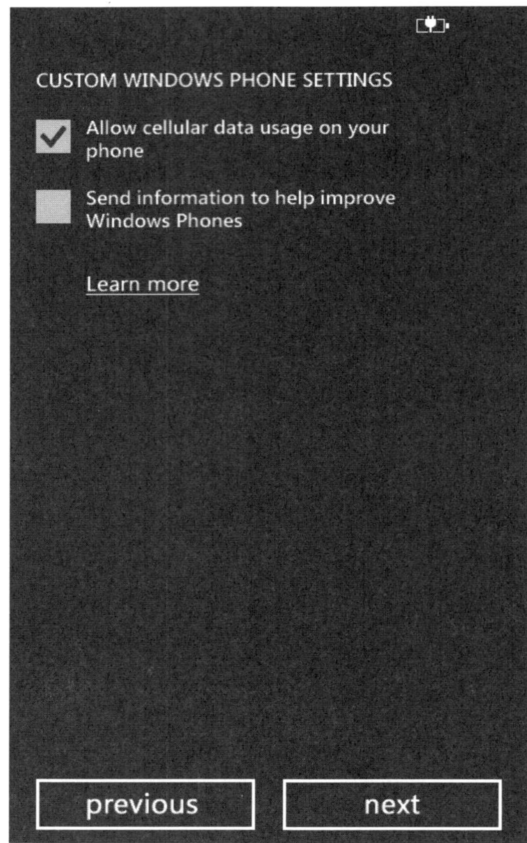

그림 2-17 윈도우폰 사용자 설정

이 구성 마법사 화면의 체크 박스는 새로운 UI 개체, 또는 제어를 특징으로 한다. 이것은 Windows의 데스크톱 버전에서와 마찬가지로 동작하며, 두 가지 상태(활성화와 비활성화) 사이의 선택을 전환하는 데 사용된다. 체크 박스에 선택 표시가 되어 있으면 활성화 상태이고, 비어 있거나 선택 표시가 없으면 비활성화 상태이다. 선택을 했다면 Next를 누른다.

6. 다음 화면(그림 2-18)에서, 여러분이 살고 있는(또는 현재) 지역의 표준 시간대를 선택한다.

이 화면에는 더 많은 선택 항목이 있지만 언어 선택 화면과 연관되어 동작한다.
일반적으로 윈도우폰은 자동으로 올바른 표준 시간대를 선택하며, 현재 선택된
항목은 기본적으로 파란색으로 강조 표시된다. 그러나 올바른 표준 시간대가 선
택되지 않으면, 여러분이 목록에서 올바른 시간을 선택할 수 있다.

그림 2-18 표준 시간대 선택 화면

표준 시간대 목록이 너무 길기 때문에 화면의 상단과 하단을 확장할 수 있다.
이러한 방식은 전통적인 PC 인터페이스와 마찬가지로 이 목록의 위 또는 아래
로 스크롤 할 수 있지만 윈도우폰에서는 터치 기반의 인터페이스 방식이다. 그
래서 스크롤은 PC와 같이 화살표 또는 다른 컨트롤들을 두드릴 필요가 없다.
대신에 여러분은 단순하게 화면을 위 또는 아래로 가볍게 튕기듯 가볍게 치면

된다. 아래 방향으로 튕기듯 밀면 스크롤이 아래로 이동하게 되어 목록의 맨 위로 이동할 수 있다. 마찬가지로 위쪽 방향으로 튕기듯 밀면 스크롤이 위로 이동하게 되어 목록의 맨 아래로 이동할 수 있다.

이러한 튕김 행위는 동적이기 때문에 화면을 강하게 튕겨주면 더 빠르게 스크롤되고, 약하게 튕겨주면 느리게 스크롤 될 것이다. 화면을 가볍게 두드리면 언제든지 스크롤 되는 화면을 멈출 수 있다는 것 또한 언급할 만한 것 같다. 여러분이 표준 시간대를 선택했다면 Next를 누른다.

7. 다음 화면(그림 2-19)은 여러분의 Windows Live ID를 등록하는 화면이다.

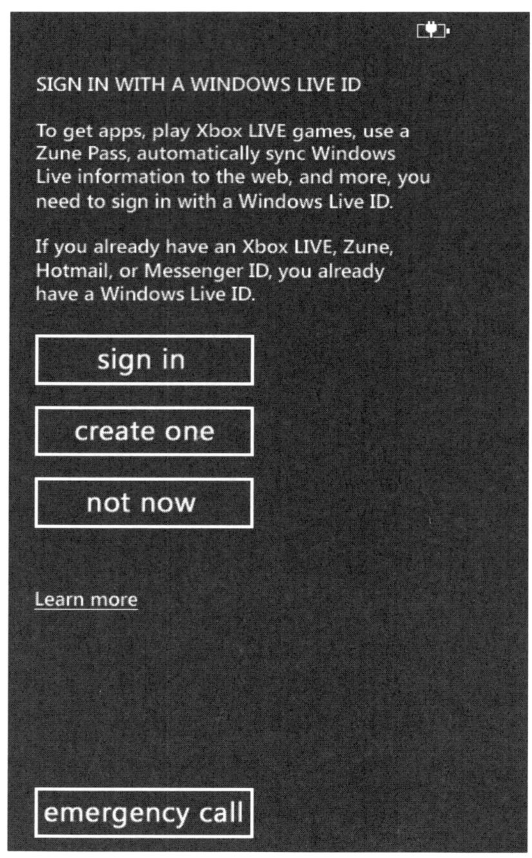

그림 2-19 Windows Live ID 등록하기

이제, 만약 여러분이 첫 페이지 이후로 계속해서 따라 왔다면 ID 생성 뿐만 아니라 소셜 네트워크와 여러분이 사용하고 있는 온라인 서비스 도두를 제대로 동작시키기 위한 구성과 관련된 여러분의 Windows Live ID를 이미 준비했을 것이다. 만약 여러분이 이러한 것을 하지 않았다면 먼저 1장으로 돌아가 주길 바란다. 처음 휴대폰에 로그인 하기 전에 적어도 기본적인 여러분의 Windows Live ID를 설정하는 것이 매우 중요하다. 이렇게 하지 않고도 어느 정도 윈도우폰을 사용할 수 있으나, 여러분의 기본 계정이 구글 또는 다른 곳이라 할지라도 나는 이것을 추천하지 않는다. 올바르게 했다면 Sign In을 누른다.

8. 다음 화면(그림 2-20)은 Windows Live ID 입력 및 비밀번호와 관련된 화면이다. 아마도 중요한 것은 윈도우폰 가상 키보드로 첫 체험을 하게 된다는 것이다.

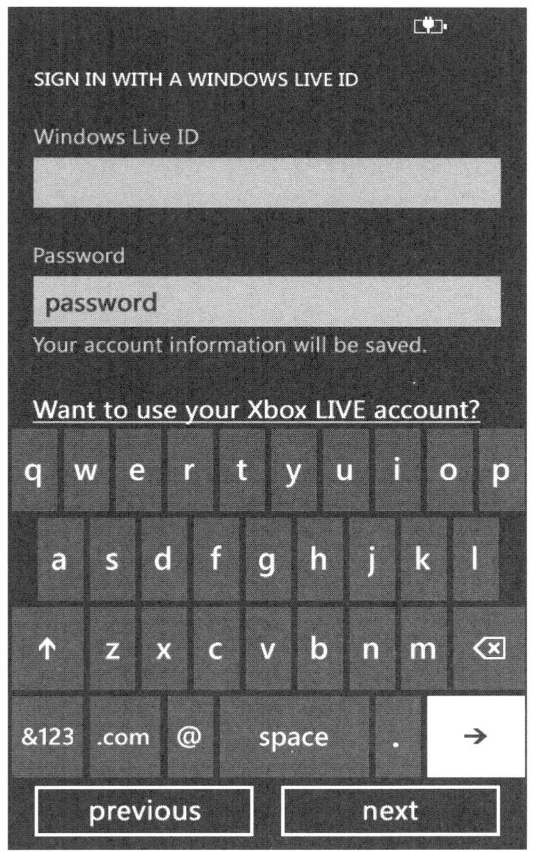

그림 2-20 Windows Live 가상 키보드로 Windows Live ID 등록하기

키보드는 영리하다는 것이 밝혀지다

여기서 보는 키보드는 인터넷 정보를 입력하기에 최적화 되어 있다. 그리고 @키뿐만 아니라 .com 전용키도 포함하고 있다. 또한 등록하려 하는 e-mail 주소와 같은 인터넷 정보 입력 문자 형태도 대문자가 아닌 모두 소문자이다.

일부 키보드 기본 사항을 보자. 첫째, 윈도우폰 가상 키보드는 기본적으로 표준 키보드 방식의 입력 모드인 쿼티 배열로 이루어져 있다. 따라서 여러분이 키보드를 보지 않고 타이프를 치지 못한다면, 곧 키보드를 보지 않고 치게 될 것이다. 또한 다른 문자 이용을 위한 서브 배열을 지원한다. 하나 이상의 숫자, 또는 다른 문자가 아닌 것을 입력하고자 한다면 &123 키를 누른다(서브 키보드 배열 내에서 더 많은 문자를 이용하기 위해 More 키(오른쪽을 가르키는 화살표)를 사용할 수 있다). 대문자를 사용하려면 Shift 키(위쪽 화살표)를 누른다.

여러분은 Windows Live ID와 Password 필드 사이를 다른 방법으로 다룰 수 있다. 그러나 가장 쉬운(그리고 가장 빠른) 것은 e-mail 주소를 입력한 후에 단순하게 Password 텍스트 필드를 누르는 것이다. 만약 텍스트 입력 필드 이외의 부분을 누른다면 가상 키보드는 사라질 것이다. 두려워할 것 없다. 텍스트 입력 필드 안의 한 부분을 누르자마자 다시 나타날 것이다. 마지막으로 윈도우폰 가상 키보드는 몇 가지 간단한 편집 기능을 제공한다. Windows Live ID로 thurrott@live.com을 입력하라.(물론 나의 Windows Live ID가 아니다. 이것은 단지 예를 든 것이다.) 그러나 실수로 여러분이 ID를 모두 입력할 때까지 오류를 인지 못하고 입력했다면 이제 어떻게 할 것인가?

중간의 't'를 'r'로 바꾸기 위해 Windows Live ID 텍스트 필드를 길게 누른다. 결국 그림 2-21에서 보이는 것처럼 작은 파란색 I-beam 커서가 텍스트 상자 위에 나타나는 것을 알 수 있을 것이다.

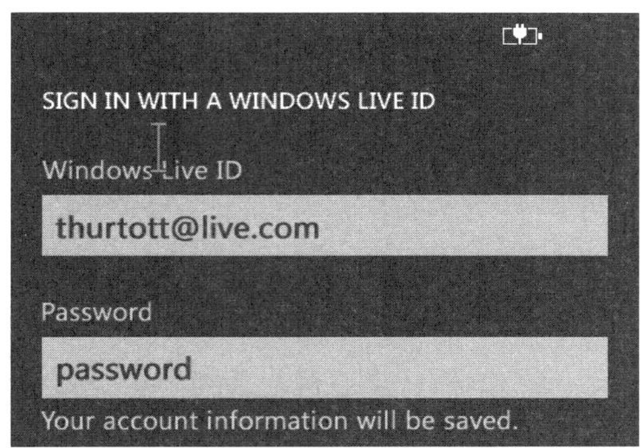

그림 2-21 　입력 오류를 편집하려면 첫째, I-beam 커서가 나타날 때까지 길게 누른다.

자, 텍스트 상자 아래에 있도록 손가락을 화면 아래로 미끄러지듯 내려 보자. I-beam 커서는 텍스트 상자로 내려와 입력된 문자 둘 사이에 위치할 것이다. 그림 2-22에서 보이는 것처럼 손가락으로 화면을 계속 누른 채로 I-beam 커서의 위치를 왼쪽 또는 오른쪽으로 이동하여 잘못된 문자 뒤에 오도록(이 경우에는 't') 한다.

그림 2-22 　손가락이 왼쪽과 오른쪽으로 미끄러지듯 움직일 때마다 I-beam 커서도 같이 움직인다.

손가락을 화면에서 떼면 제대로 된 곳에 위치한 I-beam 커서는 사라지고, Normal 커서(얇은 수직선처럼 보이는)로 바뀐다. 이제 Backspace 키를 눌러 보자(왼쪽을 가리키는 화살표 안에 X처럼 보이는 것이 있다) - 이것은 잘못된 문자('t')를 삭제한다. 그리고 올바른 문자('r')를 눌러보자. 이러한 편집 형태는 윈도우폰 도처에서 사용할 수 있고, 여러분이 몇 번 해보면 빠르게 익숙해질 것이다.

로그온 준비가 되었다면 Next를 누른다.

9. 가상 키보드는 사라지고 'Connecting to Windows Live. . .'라는 메시지가 화면 상단에 나타날 것이다. 만약 여러분이 자세하게 보았다면 화면 상단에 걸쳐 애니메이션 효과를 내는 어떤 파란색 진행 점들을 보았을 것이다. 다른 표시는 윈도우폰이 무엇인가를 하고 있다는 것을 의미한다(이 경우에는 휴대폰이 무선 데이터 연결을 통해 인터넷에 접속하고 있다는 것이다). 여러분의 계정으로 올바르게 로그인 되었고, 연결이 완료되면 그림 2-23에 보이는 fun 메시지를 볼 수 있을 것이다.

Tap Done 등록 절차를 마치기 위해 Done를 누른다. 잠시 후, 푸른색 윈도우폰 사용자 인터페이스가 나타날 것이다. 그리고 여러분은 실제로 여러분의 새로운 폰을 사용할 수 있다.

그림 2-23　Have fun!

윈도우폰 사용법

여러분은 윈도우폰을 상자에서 꺼내면 그림 2-24에 보이는 것처럼 윈드우폰 시작화면을 볼 수 있을 것이다. 이 화면은 라이브타일의 스크롤 목록이다. 각 목록은 대표되는 별도의 윈도우폰 애플리케이션이거나 다른 경험들이다. 여러분은 로그인 절에서 여러분이 들어갈 다양한 목록에서 했던 것처럼 이 화면을 스크롤 업다운 한다.

여기에서 해야 할 몇 가지 기본적인 작업이 있다. 여러분은 개별 애플리케이션을 시작하기 위해서 라이브타일을 탭 할 수 있다. 그리고 이 책의 나머지 많은 부분은 마이크로소프트가 이 시스템과 함께 포함하고 있는 각 애플리케이션을 설명하는 데 전념한다.

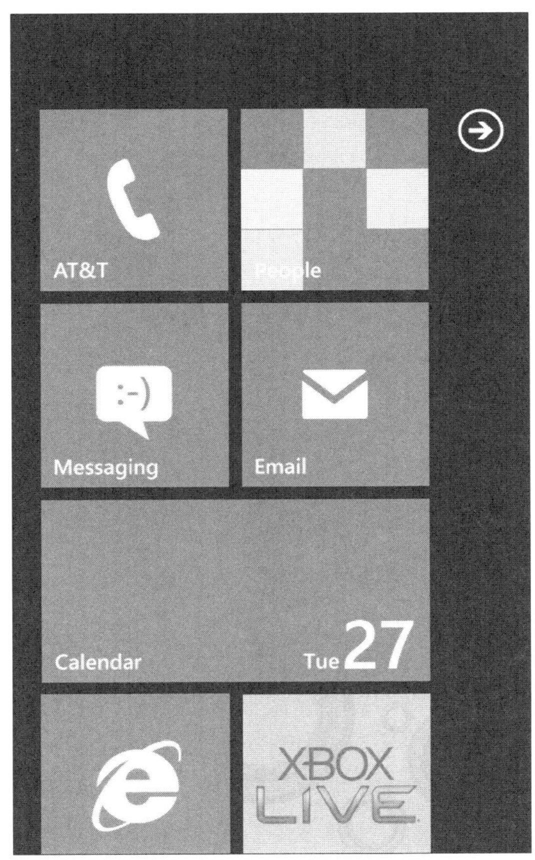

그림 2-24 윈도우폰 시작화면

윈도우폰 어디에서든 이전 사용 화면으로 뒤돌아가기 위해 여러분은 장치의 화면 아래에 있는 Back 버튼을 탭 할 수 있다. 또는 기타 다른 방법으로 되돌아간다. 애플리케이션을 시작했다면 그리고 시작화면으로 돌아가기를 원한다면 단지 Back 버튼을 탭 하면 된다. 그러면 되돌아갈 것이다(이 경우에 시작화면으로).

여러분은 시작화면에서 '모든 프로그램' 화면을 보기 위해 왼쪽에서 오른쪽으로 스크롤 할 수 있다(또는 오른쪽 화살표 버튼을 탭 한다). 그림 2-25에 보이는 이 화면은 시작화면과 다르다. 즉, 모양이 그리 예쁘지 않은 텍스트 기반의 목록이고 알파벳 순서이다. 그리고 그것은 설정과 일부 다른 기능뿐 아니라 폰에 있는 각 단일 애플리케이션에 대한 링크를 포함하고 있다. 그것은 또 어떤 의미 있는 이유로 사용자 정의가 불가능하다. 시작화면으로 돌아가기 위해 왼쪽을 가볍게 친다. 또는 왼쪽 화살표 버튼을 탭 한다. 또는 예상하는 대로 Back을 탭 한다.

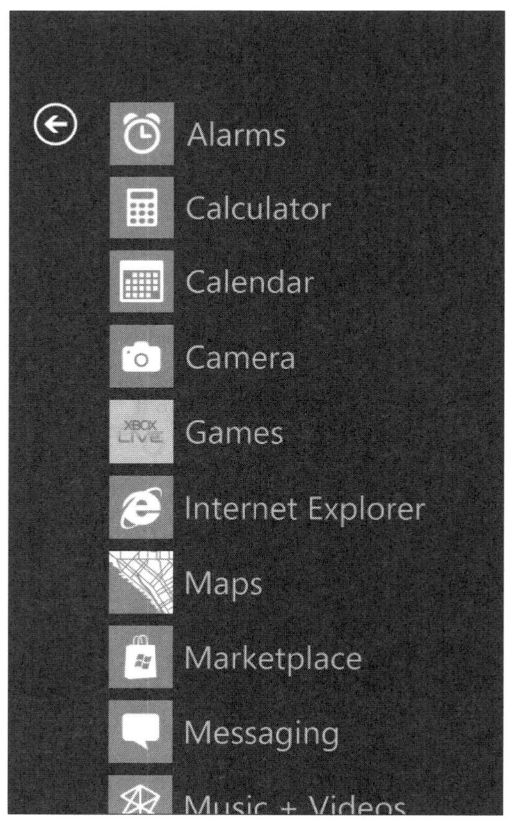

그림 2-25 모든 프로그램 화면

물론, 새 폰에 너무 깊이 빠지기 전에 해야 할 몇 가지가 있다. 사실, 이 중 몇 가지는 저절로 나타날 것이다. 여러분이 폰을 처음 박스에서 꺼냈을 때 그림 2-26에 보이는 것처럼 화면의 맨 위에 작은 파란색 밴드가 있는 것을 눈치 챘을지도 모른다. 이것은 사실 통지 팝업 창이거나 마이크로소프트에서 말하는 토스트이다.

여러분이 이 통지 토스트를 탭 하면 메시징 앱이 마이크로소프트로부터의 전체 환영 메시지를 표시하면서 나타날 것이다(그림 2-27). 이는 읽기 전용 메시지라서 이것에 답할 수는 없다.

CROSSREF 메시징에 관해 좀 더 알고 싶다면 14장을 읽어보기 바란다. 거기에는 이 메시징 애플리케이션을 전체적으로 설명하고 있다.

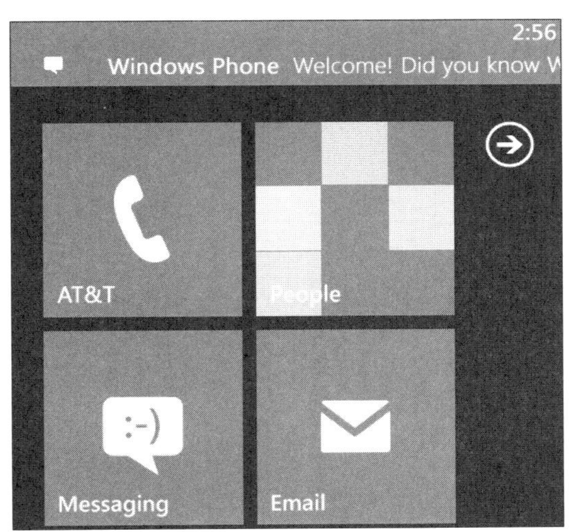

그림 2-26 마이크로소프트는 팝업 통지를 통해 여러분이 윈도우폰에 온 것을 환영한다.

여러분이 직장이나 가정에서 와이파이 네트워크 범위 안에 있다면 윈도우폰은 하나 이상의 무선 네트워크를 발견했음을 나타내는 통지 토스트를 표시할 것이다. 이 통지를 탭 하면 그림 2-28에 보이는 것처럼 와이파이 설정 화면을 볼 수 있다. 여러분은 이 화면에서 폰을 무선 네트워크에 접속하도록 설정할 수 있다. 물론 필요할 경우 패스워드를 입력하는 절차를 포함한다.

▶ 여러분이 와이파이 네트워크를 가지고 있다면 윈도우폰에 그것을 사용하도록 설정한다. 와이파이 네트워크는 셀룰러 네트워크보다 훨씬 좋은 대역폭과 성능을 제공한다. 윈도우폰은 더 좋은 성능의 네트워크를 찾아 사용하는 데 가능하면 셀룰러보다 좋은 와이파이를 사용할 것이다.

앞에서 설명한 것처럼 이 책은 크게 윈도우폰에서 마이크로소프트가 제공하는 다양한 소프트웨어 인터페이스에 관한 책이다. 그래서 앞으로 여러분이 읽게 될 페이지는 다른 애플리케이션 설정 그리고 모든 윈도우폰에서 보게 될 다른 인터페이스에 초점을 맞추고 있다. 이러한 주제로 들어가기 전에 몇 가지 윈도우폰 기본 사항을 이해하는 것이 중요하다. 그리고 이는 두 가지 사용 모델을 포함한다 – 크게 멀티터치 디스플레이에 관한 것을 기반으로 한다. 그리고 몇 번이고 빠지게 될 일반 사용자 인터페이스 요소들이다.

다음에서 조사해본다.

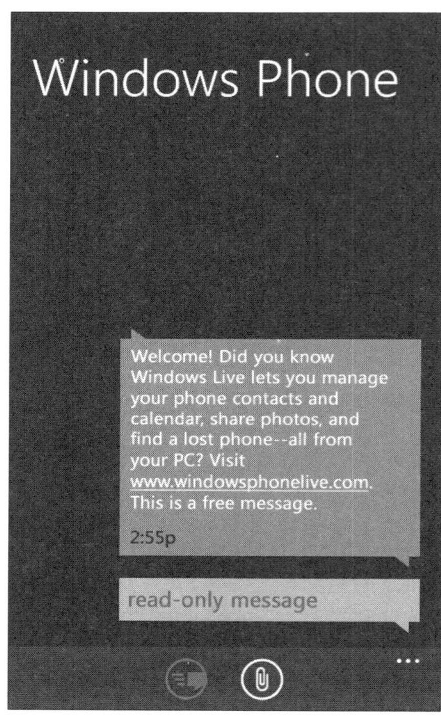

그림 2-27 전체 환영 메시지

그림 2-28 와이파이 설정 화면

폰과의 상호작용

이 장의 앞부분에 있는 Day one experience의 연습에 있는 설명에서 나는 모든 윈도우폰에서 찾아볼 수 있는 멀티터치 스크린으로 상호작용하는 몇 가지 기본적인 방법을 다뤘다. 여기서 나는 윈도우폰에서 지원되는 각 터치 기반 입력 데소드들에 대해 간략하게 논의하는 개념을 공식화하고자 한다.

터치/탭/싱글터치

윈도우폰은 여러 개의 입력 모델을 지원하는 차세대 소프트웨어 시스템이다. 이는 터치와 멀티터치를 기반으로 다수의 자연스러운 사용자 인터페이스 상호작용을 포함한다. 이들 중 가장 기본적인 것은 물론 터치이다. 그리고 이는 때때로 싱글터치라고 불리기도 한다. 여러분이 손가락으로 폰의 화면을 터치하면(이 책의 전반에서 탭이라고 언급될 과정) 여러분은 싱글 터치 상호작용 메소드를 사용하고 있는 것이다. 여러분은 문자 선택, 버튼이나 다른 컨트롤을 누르는(가상 키보드에 있는 키를 포함) 등의 많은 이유로 화면을 탭 한다(그림 2-29).

탭 앤 홀드

여러분이 윈도우의 데스크톱 버전에 친숙하다면 객체를 선택하여 마우스 오른쪽 클릭하면 종종 그 객체에 대한 좀 더 자세한 정보를 알아내고 숨겨진 동작을 추가적으로 실행하는 키라는 것을 알고 있을 것이다. 탭 앤 홀드는 - 여러분이 화면을 탭 한 즉시 떼지 않는다 - 그림 2-30에 보이는 것처럼 동작하는 것이다. 대부분의 경우 여러분이 선택된 객체에서 수행할 수 있는 팝업 메뉴 목록이 나타날 것이다. 대때로 여러분은 객체를 탭 앤 홀드를 해도 아무 작동도 하지 않을 때가 있다. 이러한 경우 해당 객체는 단순히 제공할 적절한 조치를 취하지 않는다.

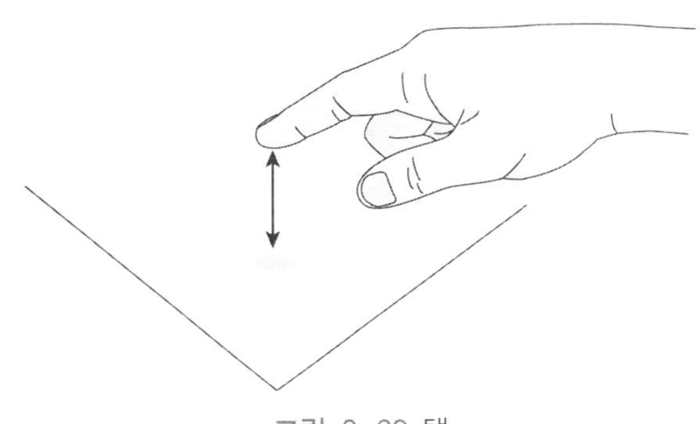

그림 2-29 탭

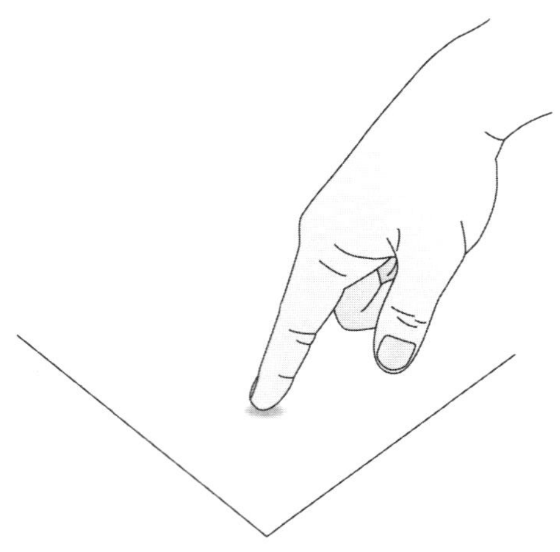

그림 2-30 탭 앤 홀드

제스처

윈도우폰은 또 단일 터치 제스처를 제공한다. 이들 중 가장 두드러지는 것은 스크롤이다. 이는 목록을 통해 업앤 다운 모션으로 또는 파노라믹한 경험을 통해 왼쪽, 오른쪽 모션으로 수행된다. 어떤 경우든지 여러분은 화면을 가볍게 치는 동작이 필요하다 (그림 2-31).

여러분은 화면을 가볍게 치는 것 대신에 스크롤을 제외하고는 실제로 누르고, 홀드하고 어느 방향으로 손가락을 움직이는 것을 모두 가려낼 수 있다. 이것은 여러분이 이전에 입력한 텍스트의 블록 내에서 특정한 어딘가에 텍스트 입력 커서를 위치시킬 필요가 있을 때처럼 편집 상황에서 아주 종종 사용된다.

더블탭

많은 윈도우폰 UI에서 객체를 더블탭 하는 것은 데스크톱 윈도우 버전에서 특별한 작업을 수행할 때 사용하는 마우스 더블클릭과 유사하다. 가장 일반적인 것이 줌이다. 예를 들어 여러분이 웹 검색을 하면서 브라우저의 뷰가 어떤 텍스트 칼럼에 줌하고 싶다면 그렇게 하기 위해서 그 칼럼을 더블탭 할 수 있다. 이전 뷰 크기로 돌아가기 위해서는 다시 그것을 더블탭 한다. 이 더블탭 줌 동작은 맵 앱이나 다른 윈도우폰 애플리케이션에서 작동한다.

핀치 앤 스트레치

뿐만 아니라 윈도우폰은 멀티터치 제스처를 지원한다. 가장 일반적인 것은 현재 뷰에서 줌 하기 위해 화면을 핀치 하는 것이다. 반대로 여러분은 축소하기 위해 거꾸로 핀치(또는 손가락을 화면상에서 따로 떨어진 상태에서 편다) 할 수 있다. 줌에 궤한 핀치는 그림 2-32에 보이는 것과 같다.

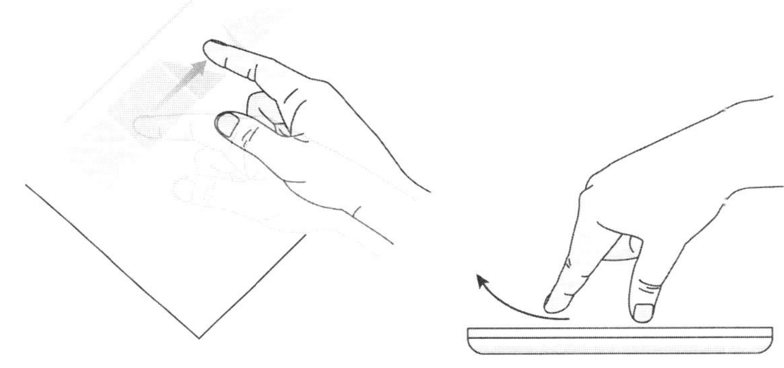

그림 2-31   스크롤을 위해 화면을 가볍게 치기

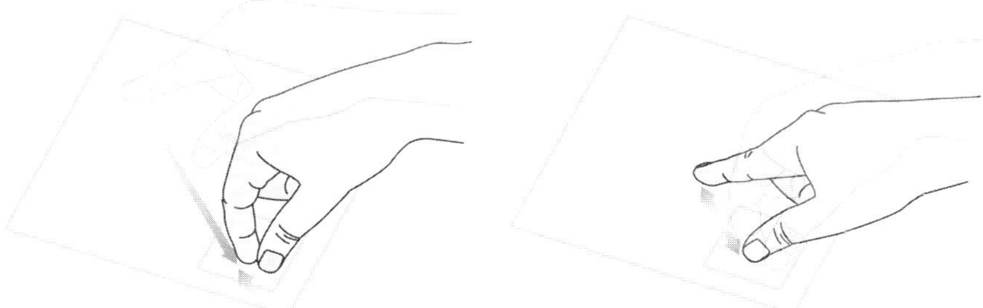

그림 2-32   줌을 위한 핀치. 폰과 상관없이 가능하다.

> **Note**   윈도우폰 화면은 실제로 네 개 이상의 터치 포인트를 지원한다. 그래서 여러분이 동시에 독립적으로 네 개의 서로 다른 화면 탭이 가능한 애플리케이션을 실행할 수 있다. 소형 기기들과의 상호작용 종류에 대한 시나리오는 그리 많지 않지만 이런 종류를 제공할 수 있는 몇 가지 게임이 있다. 이 중 '4인용 에어하키 4 player ar hockey'라는 제목을 가진 게임은 각 선수는 독립적으로 그들 자신의 화면상 선수를 제어할 수 있다.

하드웨어 인터페이스

윈도우폰은 모든 폰에서 찾아볼 수 있는 것은 아니지만 다수의 터치가 아닌 인터페이스도 제공한다. 그러나 모든 폰은 특정 세트의 하드웨어 버튼과 기타 기능들을 포함한다. 이들은 다음과 같다.

▶ **파워 버튼:** 폰의 상태에 따라 다르게 동작하는 놀라울 정도로 다양한 버튼이 있다. 폰이 완전히 꺼진 상태라면 여러분은 이 버튼을 켜는 데 사용할 것이다. 폰이 켜진 상태라면 여러분은 폰을 잠그기 위해서(그리고 화면을 끄기 위해서) 이 버튼을 탭 할 수 있다. 그리고 폰을 하드 리셋 하는 것이 필요하다면 8초 동안 파워 버튼을 누르고 있어야 한다. 'Good-bye!' 메시지가 정중하게 나오고 폰이 종료될 것이다.

▶ **백 버튼:** 이 버튼은 다시 이전의 경험을 탐색하는 데 사용된다. 이 작업은 애플리케이션 내에서 뿐 아니라 애플리케이션과 OS 사이에서도 동작한다(예들 들어 인터넷 익스플로러는 백 버튼을 여러분이 이전에 방문한 웹페이지를 탐색하는 브라우저 백 버튼으로 사용한다). 이것은 또한 메뉴, 다이얼로그, 가상 키보드를 닫는 데 사용될 수 있다.

▶ **시작 버튼:** 이 버튼은 매우 단순하다. 이 버튼을 누르면 폰이 시작화면으로 바로 간다.

▶ **검색 버튼:** 이 버튼은 대부분의 경우에 Bing 검색 경험을 시작한다. 그러나 또한 이것은 특정 애플리케이션에서는 애플리케이션 내 검색을 수행하기 위해 사용된다.

▶ **카메라 버튼:** 전용 카메라 버튼은 여러분이 스틸 사진과 동영상을 찍을 수 있도록 카메라 애플리케이션을 시작한다. 이 버튼은 심지어 장치가 꺼져 있거나 잠겨 있을 때에도 사용이 가능하다. 그저 2초 동안 누른다.

▶ **볼륨 업/다운 버튼:** 이 버튼들은 대화 호출 때 뿐 아니라(폰이 활성화되어 있을 때), 미디어 재생 등에서 시스템 볼륨을 조절하기 위해 사용될 수 있다.

▶ **마이크로폰:** 모든 윈도우폰은 다수의 센서를 포함하는데, 이들은 전체 폰의 경험을 향상시키는 데 사용된다. 여기에는 가속도계, GPS(실제 보조 GPS 또는 A-GPS), 근접 센서, 카메라, 나침반 그리고 빛 센서가 있다.

▶ **출력 하드웨어:** 모든 윈도우폰 장치는 오디오 출력 잭, 장치 내 스피커(또는 스 피커), 화면 그리고 진동 기능을 포함한다. 추가적으로 각 윈도우폰은 FM 라디 오 수신기를 포함한다.

어떤 하드웨어 장치는 선택적이다. 가장 두드 러지는 것은 그림 2-23에 보이는 하드웨어 키보 드이다. 그리고 이것은 어떤 윈도우폰 모델에서 일부 폰 제조업체에 의해 제공된다. 나는 키보드 가 없는 윈도우폰이 하드웨어 키보드를 가지고 있는 것보다 훨씬 인기가 있을 것으로 생각한다.

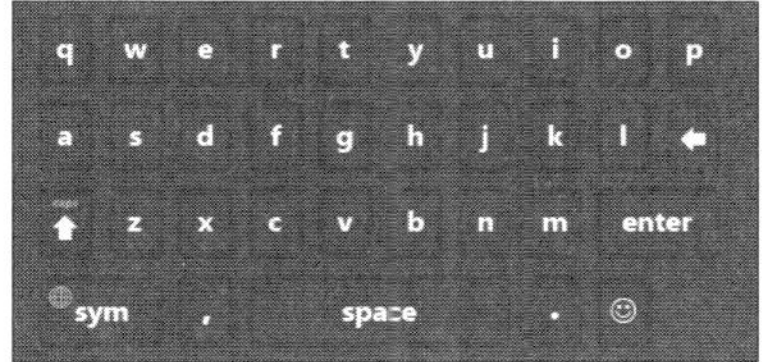

그림 2-33

일반적인 UI

일반적으로 소프트웨어 인터페이스를 보면 여러분이 윈도우폰을 통히 볼 수 있는 몇 가지 공통적인 사용자 인터페이스가 있다. 이들은 다음과 같다.

상태 바

거의 모든 윈도우폰 화면의 상단에서 – 대부분의 게임을 제외하고 – 여러분은 상태바 라고 불리는 얇은 밴드를 볼 수 있을 것이다. 이는 배터리 게이지와 시간과 같은 중 요한 폰 통계를 한눈에 볼 수 있도록 제공한다. 이것은 기본 상태 바 뷰이고 그림 2-34에 보이는 것과 같다.

화면 상단 근처 어딘가를 탭 하면 상태 바는 셀룰러 신호의 강도와 가능하면 와이 파이 신호를 포함한 추가 상태 정보와 함께 나타나다. 이는 그림 2-35에 보이는 것과 같다.

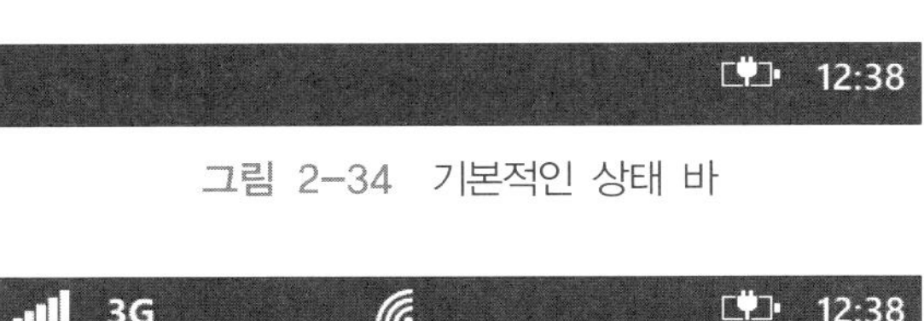

그림 2-34   기본적인 상태 바

그림 2-35   더 많은 정보를 가진 상태 바

상태 바는 실제로 놀라울 정도로 많은 정보를 제공한다. 여러분이 보는 사용 가능한 상태 아이콘의 일부는 왼쪽에서 오른쪽으로 셀룰러 신호 강도, 데이터 연결 유형, 콜 포워딩 상태, 로밍, 와이파이 신호 강도, 블루투스 상태, 링 모드, 입력 상태(이동 키보드 여부), 배터리 게이지, 시간을 포함한다. 아이콘의 완전한 범위는 그림 2-36에 보이는 것과 같다.

그림 2-36   완전한 상태 바

애플리케이션 바

많은 표준(화면이 하나인) 윈도우폰 애플리케이션들은 애플리케이션 바라고 불리는 간단한 툴바를 포함할 것이다. 그것은 화면의 하단에 속해서 실행되고 일반적으로 사용되는 작업을 나타내는 네 개의 라운드 버튼에서 하나에 대한 접근을 제공한다. 전형적인 애플리케이션 바는 그림 2-37에 보이는 것과 같다.

그림 2-37   애플리케이션 바

▶ More 버튼을 탭하면 여러분은 각 애플리케이션 바 버튼의 이름을 볼 수 있는데 이는 매우 유용한 기능이다. 이 버튼들 중 일부는 분명하지 않다.

많은 작업에 접근하기 위해서 여러분은 애플리케이션 바의 끝에 세 개의 점으로 표시되는 특별한 More 버튼 탭에 의해 애플리케이션 메뉴에 접근할 수 있다. 이것은 애플리케이션 바를 확장하여 그림 2-38에 보이는 것처럼 추가적인 작업에 대한 접근을 제공한다.

가로 및 세로 뷰

일반적으로 폰을 잡고 있을 때 이를 세로 뷰라고 말한다. 장치의 높이가 넓이보다 긴 상태이다. 사실상 모든 윈도우폰 애플리케이션은 기본인 세로 뷰에서 작동한다. 그리고 실제로 많은 애플리케이션은 세로 뷰에서만 동작한다. 그러나 내부 가속도계 덕분에 장치를 왼쪽 또는 오른쪽으로 회전할 수 있고 수평 또는 가로 뷰에서 화면을 볼 수 있다. 이 뷰에서 애플리케이션 바는 화면의 왼쪽이나 오른쪽 가장자리로 이동한다. 그리고 상태 바는 여러분이 설정한 방법에 따라 반대쪽으로 이동한다. 그림 2-39에 보이는 것과 같다.

가로 뷰의 문제점은 맵과 엑셀과 같이 넓은 화면이 사실상 더 바람직한 것들을 포함해서 모든 윈도우폰 애플리케이션에서 지원되지 않는다는 것이다.

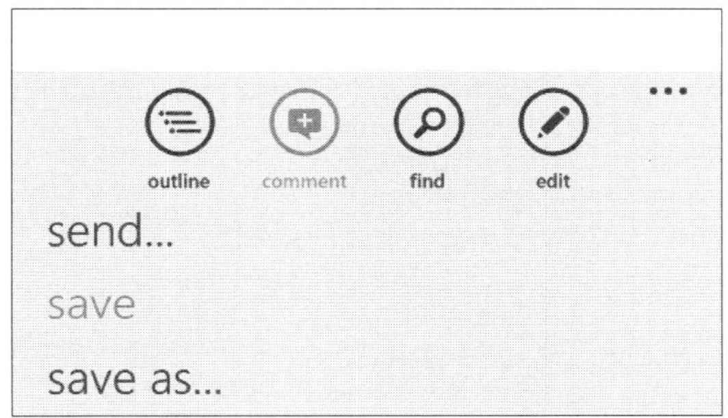

그림 2-38 애플리케이션 메뉴가 표시된 애플리케이션 바

그림 2-39 수평 뷰에서 윈도우폰 애플리케이션

단일화면 애플리케이션과 파노라믹한 허브

서로 다른 윈도우폰 애플리케이션 사이에는 어떤 차이점이 있지만 마이크로소프트는

두 가지 메인 애플리케이션 유형을 지원하고 있다(표준, 단일화면 애플리케이션 그리고 파노라믹 한 경험이나 허브).

비록 종종 피벗 제어 기능을 사용해서 사용자가 서로 다른 섹션이나 칼럼, 정보 사이에서 오고가고 할 수 있지만 애플리케이션은 일반적으로 단일화면 경험을 하게 되어 있다. 그들은 보통 독립적인 경험을 제공하고(내장된 계산기와 알람 유틸리티와 같은) 하나의 소스로부터 콘텐츠가 파생된다. 그들은 일반적으로 타사 개발자들에 의해 확장이 불가능하다. 애플리케이션이나 앱은 매우 풍부하게 될 수도 있고(게임처럼) 깨끗하고 단순하게 보이게 하기 위해 윈도우폰 'Metro' UI를 활용할 수도 있다. 전형적인 단일화면 앱은 그림 2-40에 보이는 것과 같다.

때때로 파노라믹 경험이라고 불리는 허브는 윈도우폰의 가장 강력한 판매 포인트 중 하나이다. 이러한 슈퍼 애플리케이션은 시각적으로 윈도우폰 화면의 경계를 넘어서까지 확장되어 보이고 여러분이 필요할 때 스크롤이나 수평으로 가볍게 치는 것으로 전체를 볼 수 있다. 개념적으로 말하면 전형적인 허브는 그림 2-41과 유사하고 그들 전체를 한번에 장치의 화면에 나타낼 수 없다.

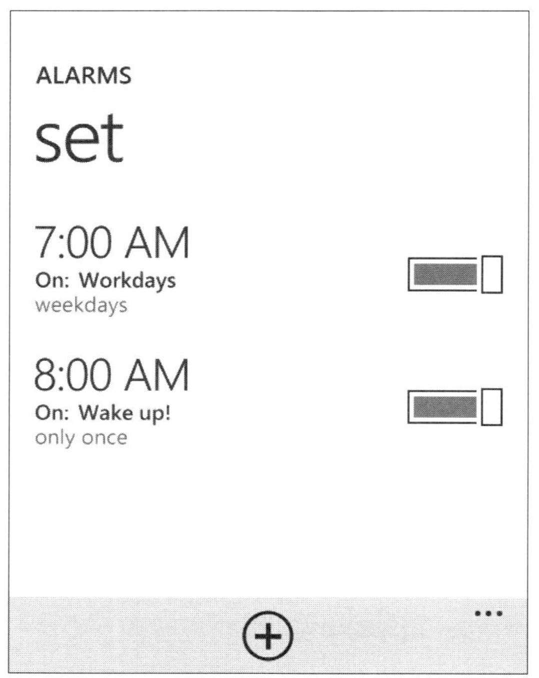

그림 2-40 알람 유틸리티는 단일화면 애플리케이션으로 단순하다.

그림 2-41 윈도우폰 파노라믹 경험이나 허브는 장치의 화면 경계 넘어서까지 확장한다.

허브는 몇 가지 중요한 점에서 단일화면 앱과 다르다. 이들은 다음을 포함한다.

1. 그들은 파노라믹 하다. 허브는 전형적으로 두 개 이상의 화면 넓이에 걸쳐 확장한다. 그들은 단일 화면에 표시할 수 있는 것보다 더 많은 정보를 제공할 수 있기 때문이다.

2. 허브에 포함할 수 있는 콘텐츠는 보통 여러 소스로부터 파생된다. 이것은 온라인 소스가 될 수도 있고(Window Live, 페이스북 등) 장치에 있는 소스가 될 수도 있으며(로컬 포토 갤러리와 같은) 이들의 결합일 수도 있다.

3. 이들은 확장 가능하다. 개발자들은 내장된 허브에 추가할 수도 있고 그들 자신의 기능을 추가할 수도 있다. 예를 들어 Last.FM과 판도라는 내장된 음악과 동영상 허브를 결합하여 확장할 수 있다. 그리고 타사 업체는 Flickr와 Google Picasa Web을 사진 허브에 추가하여 작성할 것이다. 이러한 가능성은 무한하다.

Note 물론 이것은 단지 간단한 개요이다. 이 책을 통해 다양한 윈도우폰 애플리케이션과 허브에 대해 보다 자세하게 검토해보자.

요약

아마도 첫날의 새 윈도우폰 설정은 좋은 경험이었을 것이고 앞으로도 그럴 것이다. 그리고 여러분은 또 다른 사용자 인터페이스, 애플리케이션 그리고 이 책의 나머지를 통해 논의할 서비스들을 발견하기 위해 계속해서 설정하게 될 것이다. 그리고 배워야 할 것이 많다. 특히 윈도우폰과 같이 멀티터치 장치를 전에 가지고 사용해본 적이 없다면 더욱 그렇다.

지금 여러분은 Metro라 불리는 혁신적인 새 윈도우폰 인터페이스의 보다 깊은 탐험을 준비하고 있다. 놀랄 일은 아니다. 이것은 내가 검토할 다음 주제이다.

윈도우폰 사용자 인터페이스 이해하기

마이크로소프트는 자사의 차세대 기기와 경쟁자들과의 핵심적 차별화 전략으로써 윈도우폰 사용자 환경 – 코드명 '메트로(Metro)' – 을 설계했다. 애플의 놀랍고 혁신적인 아이폰, 구글의 안드로이드, 림(RIM)의 비즈니스용 블랙베리 등을 포함한 모든 스마트폰들은 지금까지 PC를 축소한 것처럼 작동하도록 설계되었다. 즉, 그들은 애플리케이션을 실행한다. 또한 일상적인 작업 – 전화를 걸거나, 사진을 보거나, 일정을 확인하는 – 을 수행하려면, 그 작업을 위해서 어떤 애플리케이션이 필요한지를 생Z해보아야 한다.

윈도우폰은 그러한 방식으로 작동하지 않으며, 이것이 바로 윈도우폰이 정말 흥미진진해진 이유이다. 대신, 마이크로소프트는 이 새로운 플랫폼을 여러분이 원하는 방식으로 작동하도록 설계했다. 즉, 다양한 장소로부터 콘텐츠를 혼합하고, 중요한 내용을 맨 앞 바로 중앙에 위치시키는 통합서비스를 제공한다. 이 장에서는, 메트로가 어떻게 작동하는지, 또한 왜 그러한 방식으로 작동하는지 상세하게 살펴볼 것이다.

또한 다양한 허브와 애플리케이션들을 살펴보면서, 그리고 이 책의 뒷부분에서 하게 될 좀 더 깊은 탐험을 준비하면서, 메트로 UI(User Interface)도 잠시 둘러볼 것이다.

일단 이 장을 마치게 되면, 여러분은 이제 윈도우폰을 '알 수 있게' 될 것이다. 단지 어디에서 어떻게 사용할지 뿐만 아니라, **왜** 이렇게 작동하는지까지도 말이다.

뒤돌아보기: 마이크로소프트는 모바일에서 완전히 실패하여 밑바닥부터 다시 시작해야만 했다.

1995년으로 거슬러 올라가보면, 마이크로소프트는 PC를 대신하여 소비자 전자제품(consumer electronic, CE)기기에서 실행될 새로운 유형의 윈도우를 테스트하기 시작했다. 윈도우 CE라고 불리는 이 시스템은 그 당시 PC에서 인기 있던 윈도우 95 OS와 많이 닮았었고, 프로그래머들이 애플리케이션을 개발하는 데 있어서도 비슷한 환경을 제공했다. 그러나 윈도우 CE는 내부적으로 달랐다. 윈도우 CE는 곧 시장에 출시될 모바일 기기에 적합한, PC가 아닌 하드웨어 플랫폼을 겨냥하고 있었다. 이것은 최소의 램과 저장장치를 이용해 실행되고, 입력장치로 마우스 대신 스타일러스(펜 타입의 입력장치)를 이용하는 것이었다.

> *Note* 내가 1995-1996에 베타테스트를 했던 윈도우 CE 원래 버전의 코드명은 '페가수스(Pegasus)'였다.

핸드폰이전: 윈도우 CE, 팜 PC, 팜 사이즈 PC 그리고 포켓 PC

원래 윈도우 CE 버전은 핸드헬드(Handheld) PC라 불리는 잠시 유행했던 소형 PC처럼 생긴 기기를 위해 설계되었다(그림 3-1 참조). 이 기기는 미니 노트북과 닮았지만, 약간 애매한 사이즈였다. 주머니에 넣기에는 너무 크고, 편안하게 사용하기에는 너무 작았다(오늘날, 애플이 비슷한 기기를 팔고 있는데, 바로 아이패드이다).

윈도우 CE와 그 첫 번째 핸드헬드 PC는, 팜(Palm)사의 혁신적인 기기였던 파일럿(Pilot)과 같은 해에 출시되는 불운을 맛봤다. 이 작은, 손바닥 크기의 PDA(personal digital assistant)는 사용자들에게 작고, 유용하고, 재미있는 기기를 제공하면서 즉시 대히트를 기록했다(재미있는 사실은, 팜사는 파일럿 펜 주식회사의 소송으로 팜 파일럿이란 이름을 버려야만 했다).

갑자기 뜨거워진 PDA 시장에서 팜사를 쫓아가려고 애쓰면서, 마이크로소프트는 윈도우 CE를 팜 사이즈 기기에서 작동하도록 하기 위해 화면의 크기를 줄여야 했다. 운이 없게도, 마이크로소프트는 이 제품의 이름을 팜 PC로 명명하여, 팜사로부터 상표침해로 소송을 당하게 된다. 약간의 변명 끝에 마이크로소프트는 물러섰고 제품 이름을 팜사이즈 PC로 변경하고 한숨을 놓았다.

그림 3-1   오리지널 윈도우 CE 기기 중 하나.

팜사가 다시 소송을 걸진 않았지만, 그럴 필요도 없었다. 팜사이즈 PC는 실패작이었고, 소비자들은 손에 딱 맞고 데스크톱 윈도우 인터페이스(이번엔 시작버튼이 화면 상단으로 옮겨갔다)를 이용하는 이 기기에 반응하지 않았다.

마이크로소프트는 계속 노력했다. 다시 한 번 시스템 이름을 바꿔, 이번에는 포켓 PC라고 불렀다(전형적인 포켓 PC 기기는 그림 3-2와 같다). 몇 년 동안 마이크로소프트는 비교적 작은 사이즈의 PDA 마켓에서 잘 해나갔다. 하지만 가장 중요한 변화가 포켓 PC의 시대에 나타나게 되는데, 그것은 전화 기능을 가진 신세대 PDA에서 작동하는 OS 버전의 개발이었다. 시간이 흐르면서 이 기기는 스마트폰으로 알려지게 되었다. 그리고 마이크로소프트는 이 초기시장으로 들어가는 특별한 위치 혹은 심지어 지배적인 위치에 놓여 있었다.

▶ 일반적으로 스마트폰을 PC 기능을 가진 이동 전화라고 생각한다. 그러나 마이크로소프트는 이 제품라인을 반대 각도에서 접근했다. PC형 PDA 플랫폼에 전화기능을 추가한 것이다.

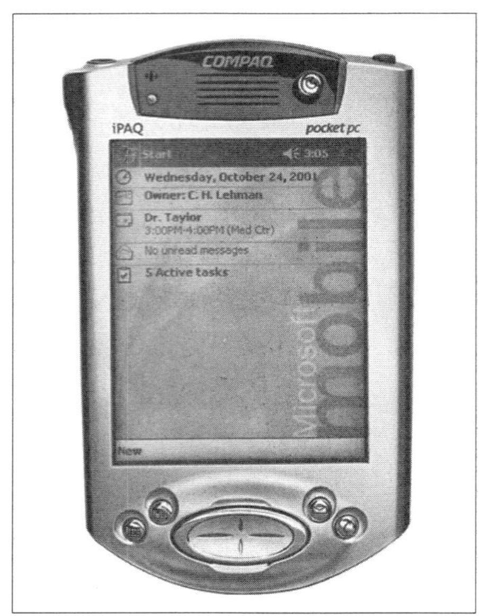

그림 3-2 포켓 PC로 약간의 성공을 거둔 마이크로소프트

핸드폰 시대의 도래

마이크로소프트의 첫 스마트폰이 포켓 PC 라인의 일부로 개발되었는데, 한 OS버전은 PDA 플랫폼에, 그리고 다른 하나는 숫자 키보드 및 다이얼 장치와 주소록 통합 등 전화 기능을 추가한 PDA폰에 제공되는 것이었다. 2003년 이 거대 소프트웨어 회사는 다시 이 제품 라인의 이름을 윈도우 모바일로 바꾸고, 조금은 혼란스러운 두 가지 버전을 윈도우 모바일 2003 스마트폰과 윈도우 모바일 2003 포켓 PC 폰이라는 이름으로 출시했다.

> *Note* 왜 이런 구별이 있었을까? 그 당시 스마트폰은 아주 작은 화면을 가진 작은 기기였던 반면, 포켓PC는 좀 더 큰 터치 및 스타일러스 기반 화면을 가진 이전 PDA 세대 기기와 좀 더 닮아 있었다. 이러한 차이도 결국에는 사라졌다.

시간이 흐르면서, 윈도우 모바일은 더욱 강력해지고 기능적으로도 다양해졌지만, 또한 더 공격적인 경쟁자들에게 시달리게 되었다. 첫 번째 경쟁자는 이메일의 '푸시

(Push)' 기술로 대성공을 거둔 캐나다 회사, 리서치 인 모션(Resarch in Motion) 또는 림(RIM)이었다. 푸시 기술은 림의 블랙베리 스마트폰 사용자에게 느린데다가, 핸드폰과 PC를 케이블로 연결하기까지 해야 하는 동기화가 아니라, 무선으로 직접 자신의 이메일(주소록, 캘린더 및 기타작업)에 접근할 수 있도록 해줬다. 마이크로소프트는 윈도우 모바일에 푸시 기능을 추가함으로써 림에 대항했지만, 그때는 이미 늦어있었다. 림은 스마트폰의 기업 시장을 잠식하기 시작했고, 특히 미국에서 마이크로소프트는 거의 포기해야 하는 시점까지 오게 되었다. 대표적인 블랙베리는 그림 3-3과 같다.

그림 3-3　림(RIM)의 블랙베리 스마트폰

그리고 이제 세상이 **정말** 바뀌게 되었다. 2007년 애플은 아이폰(그림 3-4)을 출시했다. 비즈니스 사용자보다는 개인 사용자를 타깃으로 하고, 미디어 재생과 인터넷 검색과 같은 기능에 초점을 맞춘 애플은 스마트폰의 완전히 새로운 시장을 열었다. 아이폰은 소프트웨어뿐만 아니라 기기 자체도 보기에 예쁘고, 이용하기에 재미있고, 경쟁자들이 수년 동안 따라하려 애써왔던 고급 멀티터치 기술까지 모두 가지고 있었다.

애플은 아이폰 기기를 써드파티 개발자들에게 개방하고, 사용자들이 점점 다양해지는 애플리케이션들을 다운로드하고, 구입(유료 애플리케이션의 경우)할 수 있도록 하는 앱

그림 3-4　애플의 혁신적인 아이폰

스토어를 만들자 날아오르기 시작했다. 오늘날, 이제 그 어떤 스마트폰 플랫폼도 - 윈도우폰을 포함하여 - 그와 같은 애플리케이션 상점이 없이는 생각할 수조차 없다.

마이크로소프트도 다른 경쟁자처럼 스마트폰 시장에서 애플을 따라 하기 위해 수년을 보냈다. 새로운 버전의 윈도우 모바일을 개발한 것에도 아무 소용없이, 3년 동안 시장점유율을 계속 잃었다. 개발은 했지만 출시하지 않은 윈도우 모바일 7은, 솔직히 말하면, 맨 처음 윈도우 CE 버전에서 눈에 띄게 달라진 게 없는 오래된 윈도우 모바일 기반에, 기본적으로 아이폰 디자인을 복사하여 변형시켜놓은 것이었다.

한 가지는 분명했다. 마이크로소프트가 이 길로 계속 간다면, 윈도우 모바일은 비

즈니스 시장에서는 림에 의해, 개인 사용자 시장에서는 애플에 의해 묻히고 말 것이었다. 바로 이 순간이 회사가 두 가지 중에서 한 가지를 결정하는 순간이다. 현재의 상황을 파악하지 못하고, 시간이 흐름에 따라 천천히 점점 더 상관없는 방향으로 나아갈 수도 있고, 혹은 단순하게 다시 시작할 수 있다.

마이크로소프트는 어떤 선택을 했을까?

새로운 시작: 메트로

2009년, 마이크로소프트는 시장과 윈도우 모바일의 새 버전을 위해 지금까지 해온 작업을 조사하던 중 초기화 버튼을 눌렀다. 수년을 들였던 작업, 10년이 넘는 기술적 역사를 버리고, 처음부터 다시 시작하기로 결정한 것이다. 물론, 완전히 처음부터는 아니었다. 나중에서야 밝혀진 사실이지만, 마이크로소프트 내의 다른 그룹들에서 회사의 차세대 핸드폰 플랫폼이 될 무언가를 위한 준비 작업을 하고 있었다.

이 작업은 프리스타일이라는 프로젝트명으로 시작되어, 윈도우 미디어센터가 된 디지털 미디어를 위한 TV 친화형 인터페이스였다. 정밀한 그래픽과 뛰어난 기능을 제외하고, 돌이켜보건대, 미디어센터의 대단한 점은 마이크로소프트로 하여금 이전과는 다른 입력장치(마우스나 키보드가 아닌, 이 경우에 있어서는 TV 리모컨과 같은)에 관해 생각해보도록 하는 것이었다.

미디어센터는 윈도우 XP, 비스타 그리고 7과 함께 발전해오면서, 태블릿 PC의 펜/스타일러스 그리고 터치와 멀티터치를 포함하는 비전통적인 입력장치에 대해서도 작동할 수 있게 되었다(사실, 2001년에는 예측하지 못했지만, 오늘날에는 리모컨보다는 터치스크린으로 미디어센터를 이용하는 사람들이 더 많은 것 같다). 윈도우 미디어센터는 그림 3-5와 같다.

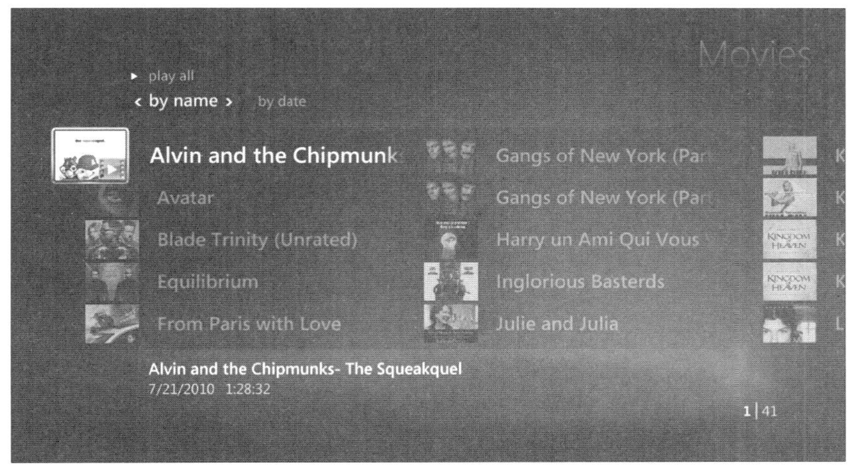

그림 3-5   윈도우 7이 등장할 무렵에, 미디어센터는 HDTV 화면과 멀티터치로 작동하도록 발전했다.

미디어센터는 독립적인 것은 아니었다. 마이크로소프트는 이 인터페이스를 모바일 기기에도 넣었는데, 처음에는 금방 사라진 포터블 미디어센터 플랫폼을 통해서 그리고 나서는 울트라-모바일 PC(UMPC, 그림 3-6)를 위해 만들어진 '종이접기(Origami)' 인터페이스를 통해서였다. 이 두 제품 모두 판매 면에서는 실패작이었지만, 이를 통해 시각적인 사용자 인터페이스와 터치 기능을 휴대성이 강한 기기에 적용해보는 가치 있는 경험을 할 수 있었다.

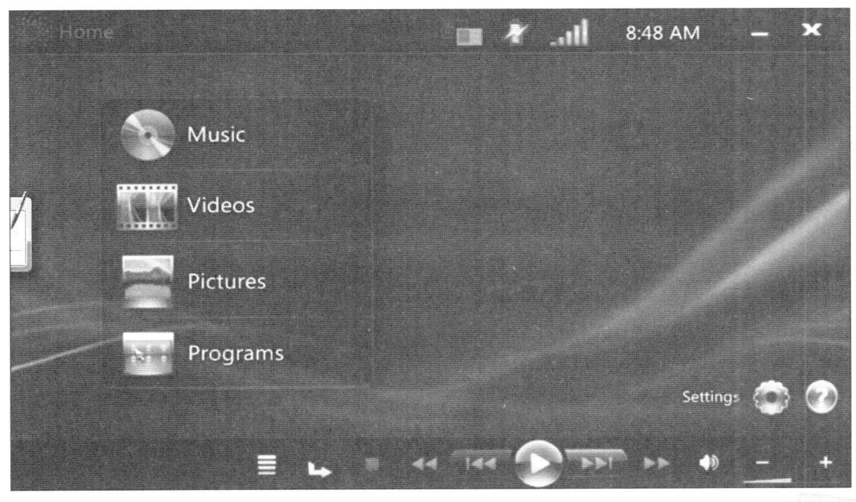

그림 3-6   울트라-모바일 PC는 터치 기능을 가진 작은 태블릿 PC를 만들려는 시도였다.

그리고 나서 Zune이 나왔다. 마이크로소프트가 아이팟에 대항해 만든 Zune은 눈부신 성공을 거두지는 못하지만, 또 다시, 2009년 말 Zune PC와 함께 절정에 달하게 되는 이 휴대용 미디어 기기가 4세대에 걸쳐 발전해 오는 동안 마이크로소프트는 다시 한 번 좀 더 많은 경험을 쌓게 된다. Zune HD(그림 3-7)와 사용자들이 PC 기반 디지털 미디어 콘텐츠를 동기화 하는 데 사용하는 PC 프로그램에 관련된 작업들이 그대로 윈도우폰에서도 이용되었다.

그림 3-7   그 당시에는 몰랐지만, Zune HD는 윈도우폰 사용자 경험의 초기 버전을 포함하고 있었다.

앞으로 살펴보겠지만 이 플랫폼은 많은 구성 요소를 가지고 있으며, 윈도우폰 사용자도 Zune HD 사용자처럼 PC의 음악, 비디오, 사진을 핸드폰에 동기화 하기 위해 Zune PC 소프트웨어(그림 3-8 참조)를 이용한다(이 소프트웨어와 관련하여 6장에서 더 자세한 정보를 찾을 수 있다). 하지만 Zune 플랫폼이 가진 윈도우폰에 대한 가장 큰 영향은 물론 사용자 인터페이스(혹은 '사용자 경험')이다. 그리고 이 윈도우폰상의 최신 UI를 메트로라고 부른다.

메트로를 설명하기 위한 방법은 많이 있지만, 가장 명확한 방법은 아마도 마이크로소프트가 어떻게 이 사용자 경험을 내부적으로 묘사하고 있는지 살펴보는 방법일 것이다. 그렇지만 광고 자료를 보는 것은 지루한 일이다. 그러므로 대신 냉철하게 마이크로소프트의 메트로에 대한 관점을 살펴보도록 하자. 그리고 나서, 소프트웨어로 넘어가 함께 둘러볼 것이다.

핵심 메트로 테마

지겹도록 광고를 좋아하는 경향이 있는 마이크로소프트에 따르면, 메트로는 윈도우폰 디자인 언어라고 한다. 메트로라고 불리는 이유는 현대적이며 깔끔하기 때문이다. 그 것은 빠르고, 이동성이 있다. 그것은 콘텐츠와 글꼴 장식에 관한 것이다. 그리고, 또한 완전히 검증된 것이다.

그림 3-8 Zune PC 소프트웨어도 마이크로소프트가 메트로에서 사용하는 입력 모델의 기본 요소들 을 포함하고 있다.

일단 자랑 때문에 거북스러웠던 기분이 가라앉았다면 – 걱정마시라. 정상적인 반응 이다, 이제 정말로 마이크로소프트가 윈도우폰에서 무엇을 성취했는지를 고려하면서 이 주장들을 살펴보도록 하자. 간단히 다음과 같이 설명할 수 있을 것이다.

▸ **현대적이고, 깔끔하다:** 메트로 사용자 경험은 스마트폰 공간에 대한 전통적인 고정관념을 부수고, 현대적이면서도 깔끔한 UI를 제공한다, 나는 이 UI를 '알아 서 비켜주는' UI라고 생각한다. 만약 여러분이 기술 분야를 가까이 접해왔다면, 맥 팬들이 맥 OS X을 어떻게 묘사하고, 좀 더 복잡해 보이는 윈도우와 비교하 는지 알고 있을 것이다. 하지만 이번에는 그 입장이 바뀌어, 아플이 아닌 마이 크로소프트가 덜 복잡하고 깔끔한 쪽에 서게 되었다.

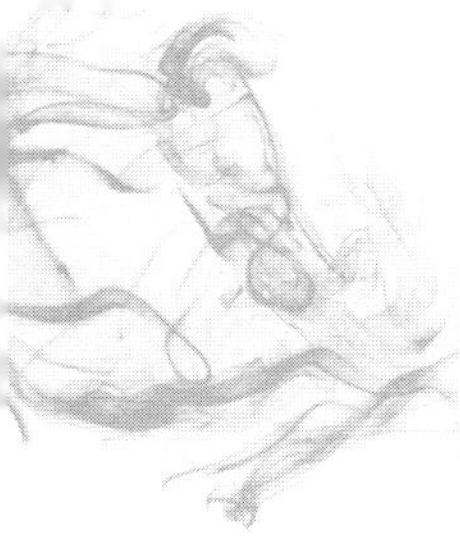

그래서 메트로 사용자 경험은 심플하다. 단순함이라는 디자인 철학을 따르듯이 많은 빈 공간들을 포함하거나 생각했던 것보다 넓은 공간의 화면이 제어 기능이나 버튼들로부터 자유로운 상태이다. 마이크로소프트는 사용자 인터페이스에서 '불필요한 요소들을 혹독하게 제거하는' 고통을 감수했다고 말한다. 이것은 아무리 생각해봐도 복잡한 UI가 아니다. 이 핵심은 이전의 모든 기기들 윈도우 모바일, 포켓PC, 윈도우CE가 그랬던 것과는 달리, 윈도우폰은 작은 PC가 아니라는 마이크로소프트의 강조와 맞닿아 있다. 이것은 대신 크기와 폼팩터가 주어진 독특한 무엇이다. **이런 생각들이 윈도우폰을 경쟁자인 아이폰이나 안드로이드와 차별화시킨다.** 이러한 핸드폰들은 애플리케이션 기반의 분리되고, 갇혀진 환경에 들어갔다 나와야 하는 방식으로 작동하므로 미니 PC와 매우 유사한 형태이다.

▶ **빠르고, 이동성이 있다:** 아이폰과 다른 스마트폰이 구석으로부터 페이지가 넘어가거나 올라가는 듯한 약간의 애니메이션과 소형 장식 – **정말 촌스럽다!** – 들을 제공하는 반면, 윈도우폰은 어떤 액션을 취할 때마다 그에 반응을 표시하는 단서나 피드백을 제공함으로써 사용자 서비스 깊숙이 애니메이션과 움직임을 통합시키고 있다. 또한 이러한 애니메이션이나 움직임은 기기의 CPU와 GPU(graphics processing unit) 덕분에 빠르게 작동한다.

애플리케이션을 실행하거나 화면 사이를 이동하거나 혹은 작업을 수행하면 애니메이션과 함께 바뀌게 된다. 윈도우폰의 근엄한 성격을 감안했을 때 이 변화는 중요한 역할을 수행하는 것인데, 왜냐하면 그것들은 무슨 작업을 하고 있고, UI 상에서 어느 화면으로 이동하고 있는지 등의 상황을 표시하기 때문이다.

윈도우폰 시작화면의 라이브타일 내에서도 마찬가지로 움직임과 애니메이션을 볼 수 있다. 이 타일들은 그것을 누르면 무엇을 보게 될지를 예고해주는 애니메이션을 제공한다. 사람 타일은 예를 들면 주소록의 사진들이 변화무쌍하게 바뀌면서 움직인다. 마이크로소프트가 이야기하는 것처럼, '라이브타일은 사용자를 끌어들여 활동하도록 하는 데 움직임을 이용한다'.

움직임과 애니메이션을 고정된 스크린샷에서 캡처하는 것이 쉽지 않다. 이런 이유로, 윈도우폰으로 여러분이 직접 살펴볼 것을 추천한다. 윈도우폰은 살아있고, 활기차며, 이미 작동할 준비가 되어있는 것처럼 느껴지는 반면, 전형적인 스마트폰 – 당연히 아이폰과 안드로이드 – 은 단지 지루하고 고정된 격자 형태의 아이콘들을 제공하여, 모든 일을 스스로 직접 해야 할 것처럼 보인다. 여러분은 윈도우폰을 살펴보고 싶은 충동을 느낄 것이다. **이것은 온·전히 다른 종류의 경험이다.**

▶ **콘텐츠와 글꼴 장식:** 앞서 언급한 여백을 이용하는 것과 함께, 윈도우폰은 가장 중요한 자리에 콘텐츠를 놓음으로써 자신을 다른 스마트폰들과 더욱더 차별화시킨다. 마이크로소프트는 마치 핸드폰은 개인적이고, 친밀한 장치라는 것을 주장하고 있는 것 같다. 생활 속의 동반자. 그래서 메트로 UI는 애플리케이션을 가장 중요한 위치에 두도록 디자인하는 대신 콘텐츠가 바로 나오도록 하고 있다. 여러분은 더 이상 좋아하는 사진을 보기 위해 어떤 애플리케이션을 실행시켜야 할지 고민할 필요가 없다. 대신, 여러 애플리케이션들과 온라인 서비스들로부터 사진과 이미지를 가져와 결합시키는 사진 서비스에 접속하면 된다. 여기에 단지 여러분 자신의 사진들뿐만 아니라, 친구들이나 가족들의 사진까지도 포함한 것은 단지 금상첨화일 뿐이다.

여러분과 가장 관계가 깊은 콘텐츠를 맨 앞쪽에 배치함으로써, 마이크로소프트는 또한 다른 스마트폰 UI를 혼란시킬 수 있는 전통적인 사용자 인터페이스 '크롬(chrome)'을 중요시하지 않았다. 윈도우폰 크롬은 창과 화면틀, 테두리, 툴바 등 – 사용자 경험에서 기본적으로 표시되는 UI 특징을 – 으로 구성되어 있다. **콘텐츠 자체가 UI이고,** 여러분은 직접 그 콘텐츠와 상호작용하게 된다. 따라서, 윈도우폰은 아이폰처럼 기기가 구성하는 방식대로 여러분이 생각하도록 강요하는 것이 아니라, 여러분이 생각하는 대로 작동한다.

물론, 이러한 공통적인 UI 요소를 재껴두기 위해서는 어느 정도의 손해를 감수해야 한다. 결국, 이것은 완전 초보자를 위한 사용자 경험은 아니다. 그래서, 마이크로소프트는 메트로 사용자 경험에서 멋지게 장식된 글꼴의 텍스트를 많이 사용한다. 텍스트 메뉴와 UI 요소들이 아름답다는 의견이 좀 이상하게 들릴 수도 있지만 – 뭐라구요? DOS입니까? 실제로 윈도우폰의 사용자 경험은 – 이전의 Zune HD처럼 – 우아하면서 쉽고 매력적이다. 가장 중요하게는 매우 실용적이다.

▶ **검증된:** 이 부분이 아마도 가장 받아들이기 힘들 것이다. 마이크로소프트는 자신의 새로운 사용자 경험모델을 단지 경쟁자들의 실용적인 대안이 아니라, 완

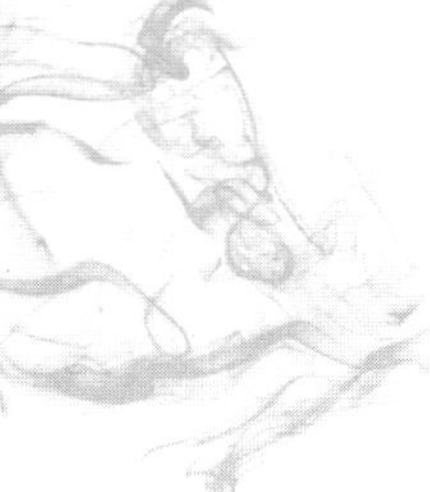

벽히 더 우수한 방식임을 증명하기 위해 좀 심하게 밀어붙인 것으로 보인다. 내가 윈도우폰 마케팅 책임자라면, 단순히 이렇게 얘기할 것 같다. "이건 그냥 핸드폰이에요." 또는, 마이크로소프트가 언급했듯이, 'PC가 아니라 핸드폰'이라고. 그 요점은 윈도우가 PC에서는 꽤 일리가 있을지 몰라도 4인치 화면을 가진 기기에서는 전혀 어울리지 않다는 것이다. 그래서 윈도우폰은 기기에 진실하고, 정직하다. 하드웨어가 심플하고 현대적이라면, 소프트웨어도 그러하다. 어떤 수식이나 장식도 없으며, 또 그럴 필요도 없다.

메트로가 눈에 띄는 이유

윈도우폰을 경쟁자들과 차별화하기 위해서, 마이크로소프트는 일곱 개의 차별화 영역들을 제시했다. 다시 한 번 말해두지만, 나는 광고에는 전혀 관심이 없다. 하지만 이러한 것들이 시스템의 디자인에 대한 통찰과 마이크로소프트가 스스로 장점이라고 생각하는 것들에 대해 알려준다. 그러므로 그 내용에 대해 살펴볼 만한 가치가 있다.

차별화된 영역은 다음과 같다.

▶ **시작화면:** 어떤 스마트폰에서든, '시작화면'은 맨 첫째 날 핸드폰을 켜고, 핸드폰을 사용하기 시작하면서 발생하는 것이다. 말 그대로 여러분이 이 기기를 사용하기 위한 시작 지점을 나타낸다.

윈도우폰은 두 개의 시작화면을 제공한다. 그 첫째는 기본 시작화면으로서, 사용자가 바꿀 수 있는 격자형태 라이브타일로 구성되어 간편하게 '한눈에 볼 수 있는' 화면 형태인데, 이 라이브타일로 관련 허브(파노라믹 경험)와 애플리케이션에 접속할 수 있다. 이 화면은 윈도우폰에서 아주 새로운 것으로, 다른 스마트폰의 어떤 것과도 혹은 이와 관련해서는 마이크로소프트의 다른 제품들과도 다른 것이다.

이 라이브타일에서 훌륭한 점은 바로 해당 애플리케이션으로 직접 이동해 갈 필요 없이 잠시 훑어보는 것만으로도 무슨 일이 일어나고 있는지 알 수 있는, 풍부한 알림 정보를 제공한다는 점이다. 간단히 캘린더를 살펴보자. 아이폰에서 캘린더 아이콘은 아이폰의 다른 아이콘들처럼 오직 문자 알림만을 제공한다. 따라서 그 아이콘을 보고 여러분은 일정상에 곧 다가오는 한 개 혹은 두 개의 항목이 있다는 것을 볼 수 있다. 그러나 그 이상은 애플리케이션을 실행시켜야만 알 수 있다. 윈도우폰에서는 캘린더타일에 다가오는 다음 일정에 관한 정보가 함께 나타난다. 캘린더 애플리케이션을 실행시킬 필요가 없으며, 그냥 보고, 필요한 작업을 하면 된다.

이러한 풍부한 알림기능은 어떤 라이브타일에서나 작동한다. 사람 타일(People tile)에서는 개별 연락처 사진들이 움직인다. 사진타일 – 화면의 폭만큼 확장되어 있어, 작은 타일의 두 배 공간을 차지한다 – 에서는 핸드폰에 저장된 것뿐만 아니라 다양한 온라인 서비스상의 사진들도 보여준다. Xbox 라이브타일은 여러분의 아바타를 표시한다. 기타 등등. 써드파티들에서도 마찬가지로 그들 자신의 맞춤형 라이브타일들을 생성할 수 있다. Glance and Go(한 눈에 보기).

윈도우폰은 또한 두 번째 시작화면을 제공한다. 이것은 다른 스마트폰을 사용해본 사용자라면 좀 더 친숙할 것이다. 왜냐하면, 핸드폰상에 설치된 모든 애플리케이션의 간단한 목록을 표시하기 때문이다. 기본 시작화면기 'Glance and Go'라면, 이 두 번째 화면은 '어디든 찾아가기'(Get me there)라고 할 수 있다(시작화면 오른쪽에 있는 작은 화살표 아이콘을 눌러 접근한다).

여기에서는 이 기기상의 모든 애플리케이션에 대한 목록이 스크롤 가능한 형태로 표시된다. 이전의 윈도우 모바일 6.5에서 가능했던 것과 비슷하지만 약간 다른 방식으로 구성되었다.

시작화면과 라이브타일의 세부내용은 이 장 이후에 살펴볼 것이다.

시작화면을 바꿀 수는 없다

몇몇 파워 유저들은 아마도 기본 UI화면으로서 좀 더 고정된 애플리케이션 목록으로 시작화면을 바꾸고 싶을 수도 있지만, 유감스럽게도 그렇게 할 방법은 없다. 설사 가능하다 하더라도, 그렇게 하지 말라고 말해주고 싶다. 이 시각적이고, 라이브타일에 기반을 둔 시작화면은 윈도우폰의 가장 강력한 장점이면서 유용하고 매력적이기 때문이다.

▶ **소셜 커뮤니케이션:** 만약 아이폰이나 다른 스마트폰에 익숙하다면, 각 소셜 네트워킹과 온라인 서비스를 위한 개별 애플리케이션(대부분의 경우, 많은 개별 애플리케이션들)이 있다는 것을 알고 있을 것이다. 그러므로 페이스북에 접속하고 싶다면, 페이스북 애플리케이션을 찾아서 실행시킨다. 트위터? 트위터 애플리케이션을 찾아 실행시킨다. 마이스페이스? 링크드인? 마찬가지다.

애플리케이션에 들어갔다 나오는 것은 윈도우폰에서도 가능하다. 사실, 모든 거대 소셜 네트워킹과 온라인 서비스들은 다른 스마트폰들에서처럼 윈도우폰의 개별 애플리케이션들에서 이용할 수 있거나 곧 그렇게 될 것이다. 그러나 윈도우폰은 더 나은 방법을 제공하는데 – 여러분이 핸드폰이 작동하는 방식을 생각할 필요 없이, 여러분이 생각하는 방식대로 처리하는 방법을 제공한다.

이를 위하여, 마이크로소프트는 이러한 애플리케이션들을 하나의 통합화면 – **허브** 혹은 파노라믹 경험이라고 하는 – 으로 묶어, 이 앱에서 저 앱으로 옮겨 다니지 않아도 여러분의 가족, 친구들, 여러분에게 중요한 지인들과 접촉할 수 있도록 해준다. 이 거대 소프트웨어 회사는 이를 '여기서 지금(here and now)'이라고 하는데, 이것은 다양한 방법으로 윈도우폰 사용자 경험이 여기저기에서 노출된다.

한 가지 명확한 예는 사람 허브인데, 이것은 라이브타일과 연결되어 있다. 사람 허브는 단지 기계적인 연락처 목록을 제공하는 대신에, 여러분이 최근에 연락했던 사람이라든가, 주소록(다양한 서비스들의)의 모든 사람들 혹은 복합 서비스인 'What's new' 피드(웹기반 Windows Live 메신저 소셜 피드로부터 나오는)에 접근하는 시각화된 방법을 제공한다. 이것은 여러분이 가입하고, Windows Live(1장에서 다룬)를 통해 연결된 모든 서비스들의 집합장소이다.

이러한 접근법의 몇 가지 장점이 있다.

▷ 첫째는, 여러분은 오직 관심이 있는 서비스들에서만 Windows Live 계정으로 한번 연결하면 된다.

▷ 둘째는, 항상 서로 다른 애플리케이션들을 관리하고, 이동해 다닐 필요가 없다(아이폰, 안드로이드 혹은 다른 스마트폰에서 그러는 것처럼). 윈도우폰에서 여러분이 얻을 수 있는 것은 각 서비스별로 하나씩 존재하는 분리된 애플리케이션들이 아닌 바로 여러분들에게 중요한 관계에 초점을 맞추는 좀 더 매

끄러운 서비스이다.

좀 더 개념적으로 얘기하자면, 윈도우폰식 접근법은 여러분의 연락처들을 그들이 위치해야 하는 곳인 소셜 커뮤니케이션의 최상단에 놓는다. 즉, 여러분이 가장 관심을 가지고 있는 사람들을 중심에 둔다는 것이다. 그리고 윈도우폰은 여러분이 맺어놓은 관계에도 주의를 기울여서, 가장 최근에 전화했던 사람이나, 메시지를 보냈던 사람 혹은 다른 방법으로 접촉했던 사람들을 사람 허브가 시작되는 맨 앞에서 찾을 수 있도록 해준다. 만일 여러분이 누군가를 정말 소중히 하고 있다면, 언제든 바로 접촉할 수 있는 영광스러운 자리를 주는 의미로 윈도우폰 시작화면에 그들을 아예 고정시킬 수도 있다.

> ▶ 여러분의 아내나 가장 친한 친구와 접촉할 수 있는 바로가기를 아이폰의 시작화면에 한번 생성해보자(한번 해보시라, 기다릴 테니).

> **CROSSREF** 이 장 후반에 사람 허브에 관해서 약간 더 살펴볼 것이다. 더 자세한 설명을 보려면 4장을 참조한다.

▶ **하드웨어 선택:** 1장에서 살펴봤던 것처럼, 마이크로소프트는 윈도우폰을 만들고자 하는 회사들에게 엄격하지만 중요한 하드웨어 요구사항을 만들기로 했다. 그러나 윈도우폰 소비자들은 여전히 많은 선택권을 가지고 있다. 이 기기는 수많은 하드웨어 제조업체에 의해 만들어지고, 전 세계 모든 주요 무선 사업자들을 통해 판매된다(아이폰과 비교하자면 아이폰은, 이 글을 쓰고 있는 시점에서는, 미국에서 오직 한 개의 무선 사업자, AT&T를 통해서만 판매가 가능했다).

마이크로소프트는 또한 윈도우폰 소프트웨어 업데이트 과정에 대한 제어권을 가지고 있다. 따라서 무선 사업자가 그들의 방식(무료 소프트웨어 업데이트를 제공하는 것보다는 새로운 핸드폰을 파는데 더 관심이 있기 때문에, 실질적으로는 아무도 없지만)대로 사용자의 핸드폰에 소프트웨어 업데이트를 실행할지를 결정하도록 하는 대신, 이제 마이크로소프트가 그 책임을 지게 된다. 또한 여러분이 PC용 윈도우 버전에서의 윈도우 업데이트 방식에 익숙하다면, 이 회사가 오류 수정 및 보안 업데이트뿐만 아니라 풍부한 기능적 업데이트 또한 제공한다는 것을 알고 있을 것이다.

> **CROSSREF** 마이크로소프트 윈도우폰의 하드웨어 요구사항은—선택적 하드웨어 구성요소들의 목록을 포함하여— 1장에서 확인할 수 있다.

▶ **사진:** 다른 소셜 기능과 함께 윈도우폰에서 사진을 보고 공유하는 기능의 잘못된 점을 바로 잡고 있다. 그래서 사용자가 자신의 혹은 친구들의 사진을 보기 위해서 여러 개의 애플리케이션을 설치, 관리 그리고 실행하도록 하는 대신, 마이크로소프트는 이러한 모든 콘텐츠를 한곳으로 모아서, 단일한 사진 허브를 제공하고 있다.

이것이 왜 이상적인지 이해하기 위해서, 다시 한 번 아이폰을 예로 들어보도록 하자. 아이폰에서는, 여러 개의, 분리된 애플리케이션들을 이용하고 직접 관리해야 한다. 여러분은 설치했던 애플리케이션과 관련해서 생각할 필요가 있다. 핸드폰의 사진들— 아이폰 카메라로 찍었거나 PC에서 동기화 한— 은 사진 애플리케이션에서 볼 수 있다. 페이스북 사진들은 페이스북 애플리케이션에서 접근할 수 있다. 다른 사진들은 여러분이 설치한 다른 애플리케이션에서 찾을 수 있을 것이다. 만약 애플리케이션을 제공하지 않는 서비스를 사용한다면, 사파리 웹브라우저를 이용해서 해당 웹사이트로 이동해야 할 수도 있다. 아이폰에는 여러분이 보고 싶어 하는 사진들이 곳곳에 흩어져 있다.

윈도우폰은, 사진 허브에서 직접 기기에 저장된 사진들 및 수없이 많은 온라인 서비스에 있는 사진들을 포함하는 확장 가능한 프론트엔드(front end)를 제공한다. 이 사진들— 다양한 장소, 어쩌면 전 세계적으로 위치해 있는— 이 모두 하나로 결합된 파노라마 형태의 사용자 인터페이스에 표시된다. 따라서 이 사진들을 보려면 어느 애플리케이션을 실행시켜야 하는지 고민하는 대신에, 단지 보고 싶은 사진들과 사진 허브 간을 일대일로 연결만 시키면 된다. 이것은 정말 그렇게 쉽다.

> **CROSSREF** 사진 파노라마 서비스에 대한 자세한 정보는 5장을 참조한다.

▶ **위치 찾기 검색(Location Aware Search):** 2010년 중반 아이폰의 애플리케이션 기반 접근을 방어하기 위해, 애플의 CEO 스티브 잡스는 검색이 데스크톱 기반의 PC에서는 자주 쓰이지만, 아이폰 사용자들은 지역정보를 찾기 위해 별도의 애플리케이션을 사용한다고 말했다. 이 논평은 이기적이고, 잘못된 것이다. 이 것은 지배적인 검색 엔진과 안드로이드 스마트폰 플랫폼을 만드는 경쟁자인 구글에 대한 경고였다.

하지만 아이폰에서조차 검색이 지배적이다. 그렇게 생각해보면 스마트폰은 지역검색을 위한 자연스러운 경로라고 할 수 있는데, 왜냐하면 밖에 나갈 때도 항상 핸드폰을 지니고 있을 뿐만 아니라, 핸드폰은 또한 통합 GPS를 포함하고 있어서 여러분의 정확한 위치를 확인할 수 있고, 이를 통해 지역 서비스를 찾는 애플리케이션들을 도울 수 있기 때문이다.

윈도우폰이 이러한 통합 검색 기능을 제공하는 첫 번째 스마트폰은 아니지만, 어느 사용자 인터페이스상에 있는지와 어떤 애플리케이션을 이용하는지에 따라 서로 다르게 동작하는 진정한 문맥 검색을 처음으로 제공한다. 이 서비스가 바로 마이크로소프트의 검색엔진 Bing이다. 또한 각 윈도우폰의 정면에 있는 전용 검색 버튼 덕분에, 필요할 때에 말 그대로 이 버튼을 누르자마자 도움을 받을 수 있다.

문맥 검색은 내장 검색 기능이 여러분이 무엇을 하고 있는지를 파악하여 그에 따라 작동하는 것을 의미한다. 만약 이메일을 이용하고 있다가 검색을 누르면, 윈도우폰은 여러분이 이메일을 검색하고 싶어 한다고 이해한다. 만약 브라우저를 이용하고 있다면, 내장 Bing 애플리케이션을 이용하여 웹을 검색할 것이다.

문맥 검색은 또한 여러분이 하고 있는 검색의 종류에도 적용이 된다. Bing에서 '레스토랑'을 검색하면, 이 애플리케이션은 검색하고 있는 이 시점에 근처의 레스토랑을 찾길 원한다고 추측한다. 그러나 만약 '파스타'를 검색한다고 하면, Bing은 여러분이 웹에서 파스타에 관한 정보를 좀 더 찾고 싶어 하는 것으로 생각한다.

Bing 검색에서 좋은 점은 윈도우폰의 다른 서비스들처럼 Bing도 다중 – 칼럼 인터페이스를 이용하고 있어서, 다시 한 번 검색어를 넣지 않고도 웹과 지역정보, 뉴스 및 다른 검색 유형들 사이를 쉽게 전환할 수 있다는 것이다.

 Bing과 위치 찾기 검색은 9장에서 자세히 확인할 수 있다.

▶ **게이밍:** 이전에 마이크로소프트가 조금 미진한 윈도우 – LIVE용 게임을 통해서 윈도우 사용자에게 Xbox Live서비스를 제공했지만, 이 서비스가 모바일 공간에서 자신의 길을 찾은 것은 윈도우폰이 처음이다. 여러분은 Xbox Live Spotlight 피드(본래는 Xbox Live의 'What's New' 피드), Xbox Live 아바타, 게임 점수 및 다른 게이머 정보, 게임 요청(핸드폰에 한정되는), 윈도우폰용 Xbox Live 게임 등등에 접근할 수 있다. 이를 위해서, 윈도우폰은 다른 파노라마 형태의 서비스처럼 작동하는 게임 허브를 제공한다.

이 게임 지원에서 흥미로운 점은 마이크로소프트가 윈도우와 Xbox 360 양쪽 모두와 호환되는 친숙하고 풍부한 비디오 게임 개발 환경을 개발자들에게 제공하고 있다는 것이다. 그래서 윈도우폰에 특화된 다양한 게임들뿐만 아니라, 심지어 이 세 플랫폼 모두를 위한 게임들도 볼 수 있을 것이다. 그렇게 되면 여러분은 Xbox에서 게임을 시작해서 회사에 가는 도중 윈도우폰으로 그것을 끝낼 수도 있을 것이다.

또한, 가능성은 적지만 윈도우폰 게이머가 윈도우나 Xbox Live의 게이머에 맞서 실시간으로 경쟁을 하는 게임들이 있을 수도 있다.

하지만 여기에서 정말로 흥미로운 사실은 윈도우폰이 Xbox Live 서비스 – 뛰어나고 완전한 기능을 가진 – 에게 완전히 새로운 종류의 기기를 제공한다는 점이다. 그리고 여러분이 Xbox 360 게이머이든 아니든, 윈도우폰에서 이 서비스로의 접근은 이 기기들 모두를 더 흥미롭게 만든다. 여러분이 마이크로소프트가 포터블 Xbox를 만드는 것을 기다리고 있었다면, 더 이상 기다릴 필요가 없다. 윈도우폰이 바로 그것이다.

CROSSREF 윈도우폰 게이밍 기능은 7장에서 충분히 다뤄진다. 걱정하지 마시라. 충분히 조사했기 때문에, 여러분은 따로 더 찾아볼 필요가 없을 것이다.

▶ **업계 최고 수준:** 윈도우폰이 상당 부분에 있어 마이크로소프트가 개인사용자 분야를 만회할 수 있도록 설계되었지만, 이 소프트웨어 거인은 자신의 기업 분야의 뿌리를 잊어본 적은 없다. 그리고 몇몇의 특수한 기업용 기능들은 향후의 소프트웨어 개정판에서도 나타나지 않겠지만, 윈도우폰의 초기 탑재 버전은 완전하면서도 경우에 따라서는 굉장히 독특한 기업용 기능과 함께 출시된다. 따라서 여러분이 기대하듯이 이메일, 주소록, 일정관리 솔루션을 이용할 수 있으며, 또한 윈도우폰은 다중 Exchange(그리고 Exchange 유형) 계정을 연결할 수 있다.

윈도우폰이 경쟁자들을 뛰어넘는 부분이 바로 이 완전한 기능을 가진 마이크로소프트 오피스 솔루션 묶음이다. 각각의 윈도우폰에는 상당히 괜찮은(기기적인 제약을 감안했을 때) 마이크로소프트 워드, 엑셀, 파워포인트 그리고 마이크로소프트의 노트작성 솔루션인 진정한 최상급 OneNote가 포함된다. 그에 더하여 윈도우폰에서는 SharePoint기반 문서 저장소(여러분의 작업환경이 SharePoint 2010으로 업그레이드 되었다는 가정 하에)로 안전하면서도 무선으로 접속할 수 있게 해주는 SharePoint 작업환경 모바일 클라이언트를 통해 매끄럽게 접속할 수 있다.

> *CROSSREF* 윈도우폰의 생산성 기능들은 이메일, 일정관리, 오피스를 다루는 10, 11, 12장에서 각각 살펴본다.

메트로의 기본 원칙

마이크로소프트의 내부 문서들에 따르면, 이 거대 소프트웨어 회사는 윈도우폰에 대한 세 가지 기본 원칙 혹은, '홍실(red threads)'을 가지고 있다. 즉, 윈도우폰은 개인적이며, 연관되어 있고, 연결되어 있어야 한다는 것이다. 간단하다.

> $\mathcal{N}ote$ 이 '홍실'라는 용어는 **운명의 홍실**이라는 고대 아시아의 신화(중국와 일본에서 공통적인)에서 빌려온 것이다. 이 신화에 따르면 소울메이트로 맺어진 사람들은 발목에 보이지 않는 이 홍실로 함께 묶여있다고 한다. 마치 여러분과 여러분의 핸드폰처럼 말이다.

이 원칙들은 다분히 추상적이기 때문에, 여기에서 이것을 설명하느라 많은 시간을 허비하고 싶지는 않다. 하지만, 각각에 대한(매우) 짧은 논의는 가치가 있다고 생각한다, 왜냐하면, 앞에서 살펴본 테마들 및 차별성들과 함께, 이 원칙들은 마이크로소프트가 성취하려고 노력하는 것, 그리고 이 플랫폼의 사용자로서 우리가 어떤 경험을 기대할 수 있는지를 밝혀주기 때문이다.

- ▸ **개인적이다.** 오늘날 인기 있는 스마트폰들을 살펴보자 – 주로 아이폰과 안드로이드 – 그것들은 미니 PC와 같은 모양과 기능을 가지고 있다. 그들은 사용자 인터페이스를 가진 OS를 제공하고, 여러분은 뭔가 일을 해내려고 애플리케이션을 실행한다. 뭔가 다른 것을 하고 싶으면, 현재 애플리케이션에서 빠져나와 또 다른 것을 찾고 그것을 실행시킨다.

  문제는 핸드폰은 PC가 **아니라**는 것이다. 그리고 핸드폰은 단지 더 작기만 한 것이 아니라 더 친밀하다. 핸드폰을 언제나 지니고 다니기 때문에, 내장 카메라로 직접 사진을 찍든, 혹은 소셜 네트워크 서비스나 메시징, 또는 지인들이 무엇을 하고 있는지 알아보거나 그들에게 내 소식을 알리려고 이메일을 이용할 때처럼, 여러분이 추억을 만들 때에도 바로 곁에 있다. 핸드폰은 개인적이다. 여러분의 취향에 맞도록 바꿀 수 있어야 하며, 애플의 아이폰처럼 너무 제한적이지 않아야 한다.

  PC처럼 사용되는 것을 벗어나기 위해, 윈도우폰은 애플리케이션이 아닌 사용자와 그들에게 가장 중요한 것들에 초점을 맞춘다. 마이크로소프트는 이와 같은 사용 모델을 '당신의 하루, 당신의 방식으로(Your day, your way)'라고 부른다. 윈도우폰은 여러분의 생활을 담고 있기 때문에 여러분만큼이나 대체할 수 없는 유일한 존재이다. 물론, 핸드폰은 도구이다. 하지만 여러분이 일하는 방식을 거스르는 것이 아니라 그대로 따르는 훈훈한 생각을 어렴풋이 해보지 않을 수 없다.

- ▸ **연관되어 있다.** 핸드폰을 좀 더 개인적으로 만드는 간단한 방법은 사용자에게

더욱 연관되도록 만드는 것이다. 연관성을 보여주는 것들이 몇 가지 있는데, (아이폰에서 볼 수 있듯이) 상상력이 부족한 격자무늬 형태의 고정된 아이콘들의 모습이 아닌, 여러분에게 가장 중요한 정보들에 관한 생생한 업데이트를 제공하는 맞춤형 라이브타일을 이용하는 시작화면이 이에 포함된다.

좀 더 간단히 말하면, **윈도우폰은 과제 중심이지 앱 중심이 아니다.** 이것은 여러분이 하고 싶은 것들로 여러분 주변의 생활을 구성하도록 해주며, 애플리케이션이 작동하는 방식으로 여러분이 생각하도록 강요하지 않는다.

마이크로소프트는 이를 '당신의 사람, 당신의 위치에서(Your people, yout location)'라고 부른다. 윈도우폰은 라이브타일과 허브를 통해서 여러분이 가장 신경 쓰는 사람들과 일들에 관한 정보를 표시한다. 그것은 핸드폰의 GPS 기능을 이용하여 여러분이 받을 정보가 시간적으로 적절하고, 실제 있는 장소와도 연관되도록 보장해준다. 이것은 연관되어 있다.

▶ **연결되어 있다.** 스마트폰은 당연히 바깥세상과 연결되어 있다. 그리고 이 연결은 앞서 논의한 개인적이고 의미 있는 연결들을 만들어낸다. 윈도우폰과 다른 스마트폰들과의 차이는 바로 그것이 단지 소셜 네트워킹과 온라인 서비스만이 아닌 사람들 자체와의 밀접한 연결을 제공한다는 것이다. 사람들은 단지 서비스만이 아니라 다른 사람들과도 연결되기를 원한다.

마이크로소프트는 이것을 '당신의 것, 당신의 마음대로(Your stuff, your mind)'라고 부른다. 윈도우폰의 연결성에 대한 독특한 접근 덕분에 – 라이브타일과 파노라마 허브를 통한 – 실시간으로 가족이나, 친구들 혹은 지인들의 동향을 업데이트 받을 수 있다. 그들이 실제 세계에서 뭔가를 하거나, 그들의 소셜 네트워크 상태를 업데이트하거나, 온라인에서 게임을 하거나, 이메일 혹은 문자메시지를 보내면, 핸드폰은 여러분에게 중요한 일들이 어떻게 전개되어 가는지의 모습을 제공하면서 자동으로 업데이트 된다. 다시 한 번 말하지만, 이것은 사람들이 이해하는 방식으로 작동하며, 핸드폰이 작동하는 방식을 여러분에게 강요하지 않는다.

아직 윈도우폰의 매력에 푹 빠지지 않았다면, 좋다 이제 실제로 손에 잡히는 경험을 몇 가지 해볼 차례이다.

실제의 메트로: 여러 UI들을 간단히 둘러보기

핸드폰을 켜는 순간부터, 여러분은 윈도우폰이 스마트폰 시장의 다른 정체된 경쟁자와는 달리 뭔가 색다른 것을 제공한다는 걸 느낄 것이다. 물론, 윈도우폰과 그의 메트로 UI는 터치와 멀티터치 제스처 지원, 빠르게 반응하는 하드웨어, 여러분이 기대하는 모든 표준 애플리케이션들을 탑재하는 등 높은 점수를 받고 있다. 하지만, 이것은 단지 기본적인 것에 불과하다. 이 섹션에서는 메트로의 다른 부분들에 대해 검토해보고, 이 시스템이 정말 어떻게 작동하는지 살펴본다.

그림 3-9   윈도우폰 잠김 화면은 단지 보안만을 위한 것이 아니다. 이것은 취향에 맞게 구성 가능하며, 정보를 한눈에 들어올 수 있도록 표시한다.

잠김 화면과 맞춤화

윈도우폰을 켜면, 그림 3-9와 같은 잠김 화면이 표시된다.

이 잠김 화면은 도둑들로부터 핸드폰과 귀중한 데이터를 보호 – 비밀번호를 설정해 놓았다고 가정했을 경우 – 하는 기본 작업을 수행할 뿐만 아니라, 윈도우폰의 개인화와 여러분이 원하는 방식으로 원하는 곳에 요약 정보를 제공하는 능력을 한눈에 살펴볼 수 있도록 해준다.

기본적으로, 윈도우폰 잠김 화면은 어떤 이미지를 표시하는데, 여러분은 귀여운 가족사진이나 의미 있는 이벤트 혹은 여행 사진 등, 자신의 사진으로 이것을 설정할 수 있다.

잠김 화면은 또한 화면 하단에 부재중 전화와 음성 메시지, 안 읽은 메일 등을 표시하는 작은 아이콘을 통해 한눈에 확인할 수 있는 정보를 제공한다.

▶ 설정화면을 통해서 윈도우폰에 비밀번호를 추가해야만 한다. 시작화면의 오른쪽을 밀어서 모든 프로그램 목록을 표시한다. 그리고 나서, 설정까지 스크롤해 내려가 시스템목록에서 잠김 화면 & 배경화면으로 이동한다.

시작화면과 맞춤화

일단 잠김 화면을 통과했으면, 이제 일상에서 가장 필요한 애플리케이션, 허브, 주소록, 웹페이지 및 기타 정보를 제공하는 **라이브타일**이라 불리는 사각 블록들이 큼지막하게 격자 형태로 놓여 있는 시작화면에 신경 써야 할 때가 왔다. 이 시작화면은, 그림 3-10 참조, 일반적으로 여타 다른 핸드폰의 화면보다 세로길이가 길어서, 이용할 수 있는 라이브타일들을 전부 살펴보려면 스크롤해 내려가야 한다. 화면 위에서 손가락으로 아래로부터 위쪽으로 가볍게 밀어주면 된다(반대로 위로 스크롤하려면, 화면 위에서 손가락을 위에서 아랫방향으로 가볍게 밀어주면 된다).

잠김 화면과 마찬가지로, 여러분은 이 시작화면도 마음에 드는 내용들로 구성할 수 있다(하는 것이 좋다). 시작화면에는 새로운 항목들을 **추가** 혹은 고정할 수 있는데, 마우스 오른쪽 클릭의 핸드폰 버전이라고 할 수 있는 손가락으로 **누르고 잠시 기다리는** 액션을 이용하는 윈도우폰 UI를 통해 이 작업을 할 수 있다. 시작화견에 추가할 수 있는 항목들에는 애플리케이션과 허브의 바로가기, 이메일 계정, 개별 연락처(자신의 것을 포함하여), 개별 웹페이지, 개별 뮤직 아티스트(또는 앨범, 장르, 심지어 노래 한 곡까지도) 등이 포함된다. 그림 3-11에서는 음악+비디오 인터페이스에서 한 앨범을 누르고, 기다렸을 때 나오는 팝업 메뉴를 보여주는데, 여기에서는 바로 시작화면에 항목을 고정시킬 수 있는 방법을 제공한다.

시작화면에서 더욱 흥미로운 점은 다양한 라이브타일들의 동적인 특징으로 인해 스스로에 대해 자동 설정이 된다는 것이다. 예를 들어, 사람타일은 연락처의 다양한 사진들 사이에서 움직인다. 폰타일은 부재중 전화의 수나 혹은 음성 메시지가 있는지를 표시한다. 메시징타일은 읽지 않은 MMS와 SMS 문자메시지의 수를 표시하고, 이메일타일은 읽지 않은 메일의 수를 표시한다. 캘린더는 오늘 날짜와 다음 일정을 말해준다. 사진 타일에는 사진 허브에서 이용하는 배경화면 이미지의 섬네일을 보여주며, 물론 이 사진은 여러분 자신의 사진으로 설정할 수 있다.

그렇게 계속된다. 라이브타일은 말 그대로 – 살아있는 – 적절하게 움직이면서, 무슨 일이 일어나고 있는지에 관한 업데이트를 생생하게 제공한다.

라이브타일은 또한 재배치하거나 삭제할 수도 있다. 그러기 위해서는, 해당 라이브타일을 누르고 기다린다. 그러면 해당 타일이 앞쪽으로 떠오르는데, 그것을 드래그 하여 새로운 위치로 옮기거나 혹은 타일의 오른쪽 위 코너에 있는 작은 제거 표시를 눌러 시작화면에서 제거 혹은 고정을 풀 수 있다.

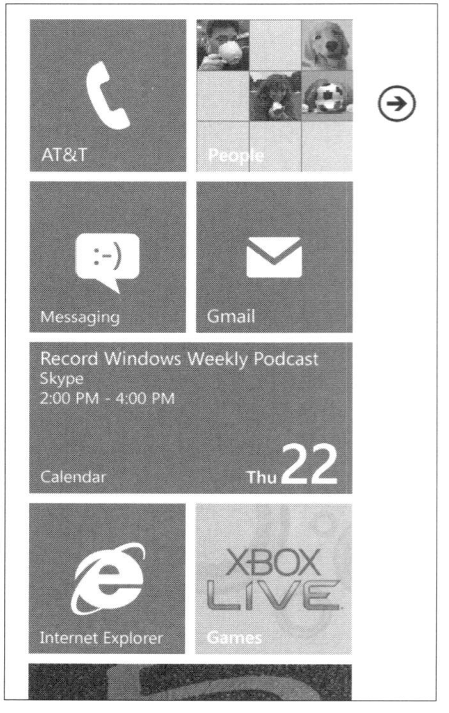

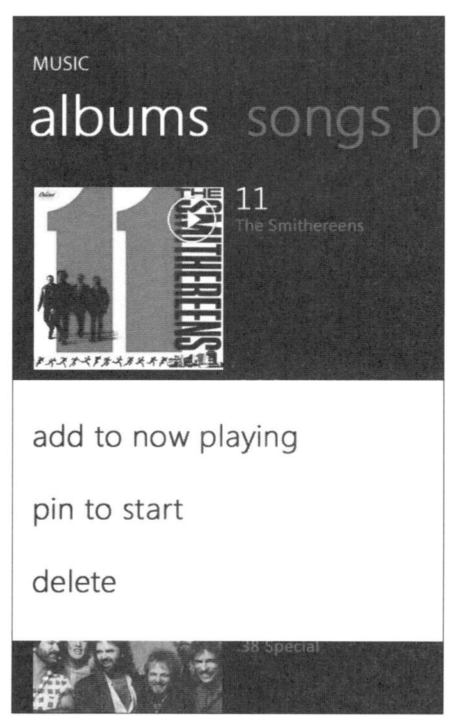

그림 3-10 윈도우폰 시작화면은 가장 필요로 하는 정보를 담은 라이브타일을 포함하고 있다.

그림 3-11 다양한 항목들이 윈도우폰 시작화면에 고정될 수 있다.

> ***Note*** 라이브타일을 누르고 기다려서 특별한 편집 모드로 들어갔는데, 아무것도 수행하지 않으면, 윈도우폰은 결국 그 항목을 '놓아 주고', 원래의 시작화면으로 돌아간다.

모든 프로그램 목록

시작화면은 가장 자주 접속하는 항목들만을 포함하도록 디자인되었다. 하지만 핸드폰에는 또한 수많은 다른 콘텐츠가 있고, 여러분은 핸드폰에 저장된 모든 애플리케이션들뿐만 아니라 구성된 모든 이메일 계정과 설정 등과 같은 관련 항목들을 찾고 싶은 경우도 있을 것이다, 이를 위해서는 모든 프로그램 목록을 방문해야 한다. 그러려면, 윈도우폰 시작화면에서 오른쪽에서 왼쪽으로 살짝 밀어준다. 그렇게 하면 그림 3-12

와 같은 화면이 나타난다.

다음 섹션에서는 이용 가능한 내장 애플리케이션들(과 **허브**라는 특별한 애플리케이션들)을 간단하게 살펴볼 것이다. 하지만 여러분은 이메일 계정과 관련해서는 10장, 설정 인터페이스와 관련한 다양한 옵션들에 대해서는 15장에서 자세한 내용을 확인할 수 있다.

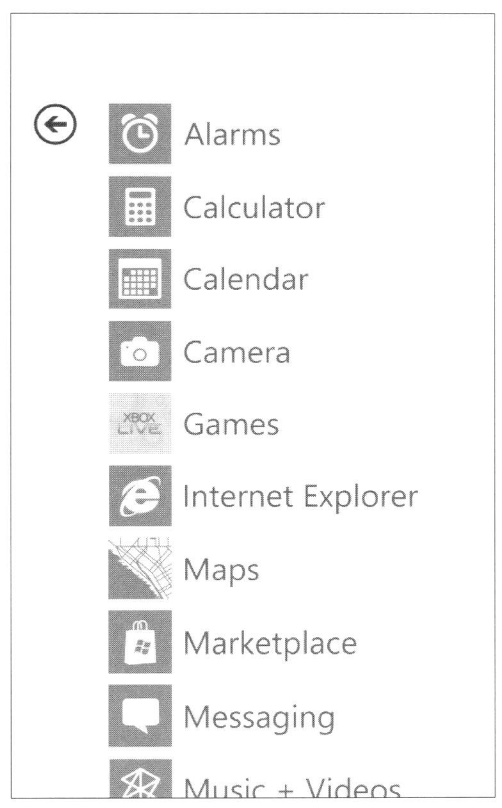

그림 3-12 모든 프로그램 목록은 시작화면에 표시되는 것들뿐만 아니라, 핸드폰에 설치되어 있는 모든 애플리케이션들의 목록을 제공한다.

허브와 애플리케이션

스마트폰은 아이폰 이전에도 존재했었고, 아이폰이 있기 전에도 스마트폰들은 애플리케이션 혹은 앱스를 구동했었다. 그래도 조금은 애플을 인정해주자. 앱스토어와 정식 애플리케이션 개발 절차에서 보여준 애플의 창조성은 아이폰을 단순히 성공적인 제품에서 명실상부한 블록버스터로 바꾸어놓았다. 아이폰의 인기가 팜과 구글을 포함한 경쟁사들로 하여금 자사의 스마트폰 플랫폼인 webOS와 안드로이드에서 애플의 앱 기반 컴퓨팅 모델을 흉내 내도록 만들었다.

마이크로소프트도 똑같이 할 수 있었다. 그러나 앞에서도 언급했던 것처럼, 마이크로소프트는 그 대신 너무나 혁신적이어서 아이폰과 그의 수많은 모방폰들을 우울하고 지치게 만드는 윈도우폰을 만들어냈다.

윈도우폰의 중요한 장점의 핵심은 이 플랫폼이 사용자가 애플리케이션에 반복해서 들락날락할 필요가 없는 완전히 새로운 상호작용 모델을 제공한다는 것이다. 아이폰에서는 만약 어떤 작업을 하고 싶다면, 먼저 어떤 애플리케이션이 그 문제를 해결할 수 있는지 생각해야 한다. 그래서 '친구들 살펴보기' 같은 일반적인 일조차 할 수가 없다. 대신, 이메일이나 페이스북, 트위터, 사진 공유와 같은 작업을 위해서 직접 애플리케이션을 구동시켜야 한다. 여러분은 귀찮게도 어떤 애플리케이션이 어떤 작업을 하는지 일일이 기억해야 한다.

윈도우폰은 여러분처럼 생각한다. 그리고 이 혁명의 핵심은 슈퍼 애플리케이션과 같은 **허브**를 만들어낸 것이다. 허브는 다양한 소스의 콘텐츠를 종합하는 방법을 제공하는데, 이런 상이한 정보들을 하나의 파노라마 형태의 서비스를 통해 모두 볼 수 있다.

그렇다, 윈도우폰은 일반 애플리케이션들도 또한 가지고 있어서 때때로 그들을 이용할 수 있고, 윈도우폰 마켓플레이스라는 온라인 앱스토어에서 새로운 앱들을 다운로드 할 수도 있다. 따라서 윈도우폰은 여러분에게 두 세계의 백미를 지원하는 것이다. 이제 허브와 애플리케이션이 윈도우폰을 어떻게 스마트폰 플랫폼 중에서 단연 최고로 만드는지 알아볼 시간이다.

허브는 슈퍼 애플리케이션이다

윈도우폰에는 '일반' 애플리케이션과 허브, 두 종류의 애플리케이션이 있다. 허브는 윈도우폰을 다른 경쟁자들과 차별화시키는 주요한 요인이기 때문에, 우선 **허브**를 살펴보자. 곧 알 수 있겠지만, 이것은 또한 윈도우폰을 가져야 하는 가장 멋진 이유 중의 하나이다.

내부적으로, 허브는 하나의 애플리케이션에 불과하다. 즉, 기술적 측면에서 소스코드와 이것이 정말 어떻게 작동하는지를 비교해보면 그렇다는 것이다. 허브는 정말 애플리케이션이다. 그 차이는 **통합성**으로부터 나온다. 표준 윈도우폰이 한 가지 일만을 하는데 비해 – 예를 들어, 하나의 이메일 계정 인터페이스를 제공하거나 또는 한 개의 게임을 실행하는 등, 허브는 수많은 곳의 서비스들을 통합하고, 그들을 결합하여 하나의 인터페이스로 표시하도록 설계되어 있다.

허브는 또한 실질적으로 '일반' 애플리케이션들과 차별화된다. 즉, 허브는 일반 애플리케이션들과는 다르게 단일화면이 아닌 다중화면, 파노라마 형태의 서비스로 디자인되어 있다. 그러나 윈도우폰이 한 번에 오직 하나의 정보화면 – 고정 사이즈의 화면을 한 개 가지고 있다 – 을 표시할 수 있기 때문에, 한 번에 허브의 모든 화면을 볼 수는 없다. 대신, 한 화면 혹은 한 섹션을 보는 것이다. 하지만, 왼쪽에서 오른쪽으로 화면을 스크롤하면서 이용 가능한 섹션들을 수평으로 옮겨 다닐 수 있다.

그림 3-13을 살펴보자. 여기서 여러분은 파노라마 형태 허브의 진짜 모습을 볼 수 있다. 가로방향으로 놓인 와이드스크린에 여러 개의 섹션들이 있으며, 각각은 한 번에 한 개씩만 볼 수 있다. 허브의 위에 겹쳐서 놓여 있는 것은 핸드폰으로, 어떻게 해서 핸드폰을 통해 한 시점에 오직 허브의 일부분만 볼 수 있는지 알 수 있다.

그림 3-13 허브는 파노라믹한 경험으로써 언제나 전체 UI의 일부분만을 볼 수 있다.

오른쪽으로 스크롤 해가면 다음 섹션을 볼 수 있다. 허브의 끝에 다다를 때까지 계속 오른쪽으로 스크롤을 하면, 어떤 새로운 섹션들이 있는지 알아낼 수 있다. 그리고 나서는 만화의 배경화면이 계속 반복되는 것처럼, 허브가 뒤집어져서, 맨 처음으로 돌아와 다시 시작하게 된다.

허브의 가장 분명한 예는 사진 허브이다. 이 허브는 기본적으로 세 개의 섹션을 포함하고 있다. 갤러리, 다양한 로컬(핸드폰의) 및 온라인 사진 갤러리에 접근할 수 있는 텍스트 목록. 자동적으로 만들어진 갤러리 섹션, 로컬 사진갤러리에서 무작위로 선택된 사진들을 볼 수 있는 곳, 그리고 What's New 섹션, 가족, 친구들 및 주소록 지인들이 사진기반 소셜 네트워킹에서 업데이트 한 목록을 제공한다. 사진 허브는 그림 3-14에 보이는 것과 같은데, 다시 한 번 화면 위에 겹쳐진 핸드폰과 함께, 섹션들이 배치된 모습을 감상할 수 있을 것이다.

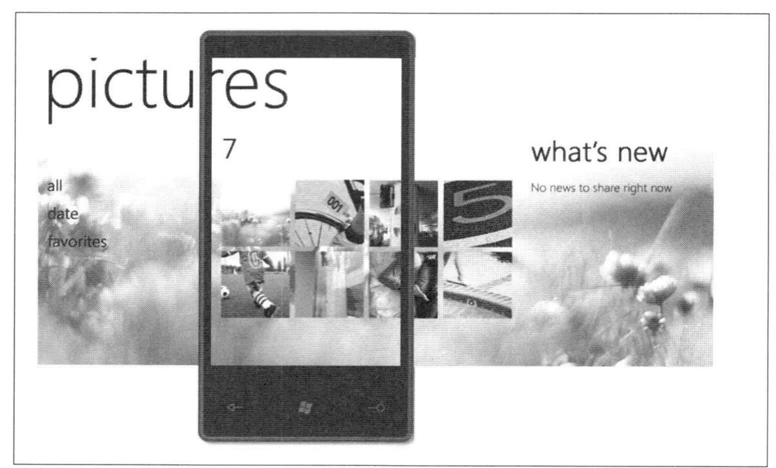

그림 3-14 사진 허브는 아마도 왜 이러한 UI 형태가 정말 좋은 아이디어인지를 보여주는 가장 좋은 예일 것이다.

다음 세 가지 요소가 사진 허브를 구성하고 있다.

1. 첫째, 명확하게 눈에 띄는 파노라믹 UI가 있다.

2. 둘째, 사진 허브가 비록 단일 인터페이스만을 여러분 즉, 사용자에게 표시하지만, 그 안에 담긴 내용은 다양한 곳에서 가져온 것이다. 예를 들어, 갤러리 섹션에 있는 모두보기 항목(All item)은 핸드폰의 카메라에서 찍은 사진들, PC에서 동기화한 사진들, 웹으로부터 저장한 사진들, Windows Live Photos의 온라인으로 저장된 갤러리 사진들, 선택적으로는 페이스북 계정의 사진 등을 포함한다. 한편, What's New 섹션은 다른 사람들이 온라인에 올린 사진들만으로 구성된다. 이것은 여러분의 생활 속에 어떤 일들이 벌어지는지 지속적으로 업데이트하여 보여주는 동적인 화면이다.

3. 아직도 충분하지 않다면? 허브의 세 번째 장점이 있는데, 앞에서 나열했던 것은

단지 기본적으로 제공하는 것들일 뿐이다. 허브는 또한 확장가능하다. 이것은 써드파티 개발자들이 추가적 기능을 사진 허브뿐만 아니라 윈도우폰의 다른 허브들에 만들어 넣을 수 있고, 이 인터페이스를 더 강력하게 만들 수 있다는 것을 의미한다. 사진 허브의 경우, 이 허브를 써드파티 개발자들이 플릭커(Flickr)나 구글의 피카사 웹앨범(Picasa Web Album)과 같은 인기 온라인 사진 공유서비스에서 이용 가능하도록 할 것이라는 것은 상상하기 어렵지 않다. 누군가가 허브 내에서 사진을 편집할 수 있도록 사진 편집 솔루션을 만들 수도 있고, 혹은 원본크기 사진을 핸드폰으로부터 웹으로 동기화하는 방법을 만들 수도 있다. 그 가능성은 무궁무진하다. 그리고 시간이 흐르면서, 윈도우폰은 더더욱 좋아질 것이다. 그리고, 이 허브의 확장성이 그 많은 개선들을 가져다 줄 것이다.

애플리케이션 또한 훌륭하다

허브뿐만 아니라, 윈도우폰은 또한 단일화면의 독립된 애플리케이션 혹은 앱스를 제공한다. 알람이나 계산기(그림 3-15)같은 간단한 유틸리티부터 완전한 기능을 가진 캘린더나 인터넷 익스플로러, 윈도우폰 웹 브라우저와 같은 생산성 솔루션에 이르기까지 수많은 이러한 애플리케이션들은 윈도우폰에 내장되어 나온다.

처음 구입했을 때 기본으로 제공하는 애플리케이션 외에도 윈도우폰 마켓플레이스에서 점점 늘어나는 수많은 무료, 테스트 버전 및 유료 앱들을 다운로드 할 수 있는데, 이것은 전체화면에서 작동하는 3-D 액션 게임(그림 3-16)을 포함한 모든 상상 가능한 애플리케이션 유형을 포함한다. 걱정할 건 없다.

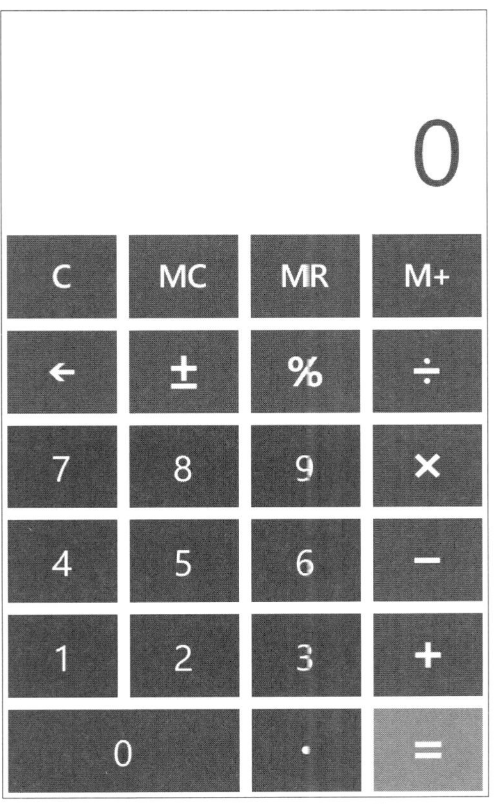

그림 3-15 윈도우폰 계산기

통합 환경만이 윈도우폰의 전부는 아니다. 때때로 여러분은 특정한 어떤 것이나 혹은 게임을 하고 싶을 수도 있다. 이러한 상황을 위한 충분한 솔루션 – 그리고 점점 더 많아질 – 들이 있다.

그림 3-16   윈도우폰에서 실행되고 있는 3-D 액션 게임

윈도우폰에 포함되어있는 허브와 애플리케이션들

이러한 애플리케이션들과 허브들은 이 책의 곳곳에서 좀 더 깊이 다루어진다는 것을 생각하면서, 모든 윈도우폰에서 최소한 무엇이 가능한지 짧게 살펴보도록 하자. 시간이 지나면서 마이크로소프트는 이 목록을 증가시킬 수 있으며, 핸드폰 제조사와/혹은 무선 사업자가 분명히 자신들만의 몇몇 맞춤 애플리케이션(그리고 라이브타일)을 제공할 것이다. 따라서 여러분이 본인의 핸드폰에서 보는 목록은 최소한 다음의 것들을 포함할 것이다.

허브

윈도우폰에서 다음과 같은 허브들을 만나 볼 수 있다.

▶ **게임:** 이 허브는 Xbox Live 계정에 접속하여 다른 사람들과 온라인으로 상호 작용하며 비디오게임을 할 수 있는 세 번째 방법 – Xbox 360 비디오게임 콘솔

과 윈도우 기반 PC에 이어서 – 을 제공한다. 게임 허브(그림 3-17)에서는 무선 연결을 통해 게임을 하거나 게임 요청을 보내고 받을 수 있고, 새 게임을 사거나 구경할 수도 있으며 Xbox Live 게임서비스에 대한 정보를 확인할 수 있다. 이전에 모바일 게임을 해본 적이 있다면, 게임허브는 모바일게임의 올바른 방향을 보여준다는 것을 알게 될 것이다.

> **CROSSREF** 게임 허브에 관한 자세한 내용은 7장에서 찾을 수 있다.

그림 3-17 게임 허브

▶ **마켓플레이스:** 마이크로소프트는 현재 Zune 마켓플레이스(음악, TV쇼, 미디어), Xbox 마켓플레이스(비디오 게임과 관련 콘텐츠) 그리고 윈도우폰 마켓플레이스 (모바일 앱스)로 구성되어 있는 자신의 다양한 온라인 스토어들을 하나로 통합하기 위해 노력하고 있다. 윈도우폰의 마켓플레이스 앱 – 그림 3-18과 같은 – 은 그 목적에 꽤 근접해 있는, 여기서는 애플리케이션과 게임, Zune용 음악을 즉시 구입할 수 있는 서비스를 제공한다. 시간이 흐르면 마이크로소프트가 좀 더 많은 콘텐츠 유형들(팟캐스트, TV쇼 및 영화들을 포함하는)을 이용할 수 있도록 해줄 것이라고 기대한다.

그림 3-18   윈도우폰 마켓플레이스

CROSSREF   마켓플레이스의 음악 콘텐츠로의 무선접속은 6장에서 다루어지며, 게임 검색과 구입 관련 내용은 7장에서 찾을 수 있다. 또한 애플리케이션의 검색과 구입은 16장에서 다룬다.

▸ **음악+비디오:** 이 허브는 음악, 팟캐스트, FM라디오 듣기 및 TV쇼, 영화 보기, Last.FM과 Pandora와 같은 써드파티 미디어 서비스 접속하기 등 여러분이 가진 모든 멀티미디어 욕구를 위한 서비스를 제공한다. 또한 Zune 패스를 구독하고 있다면, 무선으로 Zune 마켓플레이스의 음악 컬렉션에 접속할 수 있고, 핸드폰으로 해당 서비스의 어떤 콘텐츠든 스트리밍하거나 다운로드 할 수 있다. 이것이 모두 음악+비디오 허브에서 가능하다. 그림 3-19 참조.

CROSSREF   음악+비디오 허브 관련 내용은 6장에서 찾을 수 있다.

그림 3-19 음악+비디오 허브

▸ **오피스 2010:** 마이크로소프트 오피스 2010의 데스크톱 버전 기술에 기반을 둔 오피스 허브는 인상적인 오피스 생산성 솔루션을 제공한다. OneNote 모바일(클라우드 동기화를 지원하는 노트 작성), 워드 모바일(워드프로세싱), 엑셀 모바일(스프레드시트), 파워포인트 모바일(프레젠테이션) 그리고 SharePoint 워크스페이스 모바일(무선을 통한 문서 저장소 연결 서비스)이다. **이것은 어디서나 이용할 수 있는 가장 강력한 모바일 오피스 솔루션으로,** 단일한 파노라믹 오피스 허브로 표시된다(그림 3-20).

CROSSREF　　오피스 허브는 12장을 통해서 설명된다.

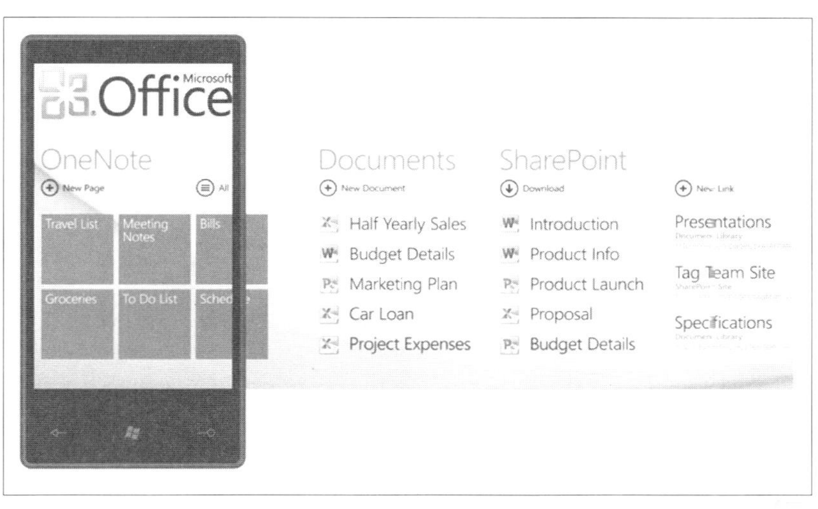

그림 3-20 오피스 허브

▶ **사람:** 윈도우폰은 복수 계정의 연락처들을 관리하는 단일 인터페이스를 제공하여, 이 모든 내용을 한 곳에서 볼 수 있다. 사람 허브라고 불리는 이 인터페이스에서는 전화번호, 이메일주소, 지도 및 기타 정보들을 찾을 수 있고, 소셜 네트워킹 피드를 통하여 지인들의 최근 소식들을 알 수 있도록 해준다. 이 화면은 그림 3-21과 같다.

그림 3-21   사람 허브

CROSSREF   4장에서는 사람 허브를 전체적으로 둘러보고, 지인들뿐만 아니라 자신의 디지털 페르소나를 관리하는데, 그것을 어떻게 이용할 수 있는지 살펴본다.

▶ **사진:** 앞서 설명했던 것처럼, 이 허브는 여러분 자신의 모든 디지털 사진들뿐만 아니라, 가족과 친구, 지인들에 의해서 공유된 사진들을 접속할 수 있는 단일 장소를 제공한다. 이 허브의 스크린샷은 그림 3-14에서 확인할 수 있다.

CROSSREF   사진 허브는 5장에서 자세히 설명된다.

애플리케이션

윈도우폰에서 다음과 같은 애플리케이션들을 만나 볼 수 있다.

▶ **알람:** 그림 3-22와 같은 알람 애플리케이션에서는 여러 개의 알람을 생성할 수 있고, 각각의 서로 다른 사운드와 이름을 지정할 수 있어서, 윈드우폰을 언제든지 알람시계로 이용할 수 있다.

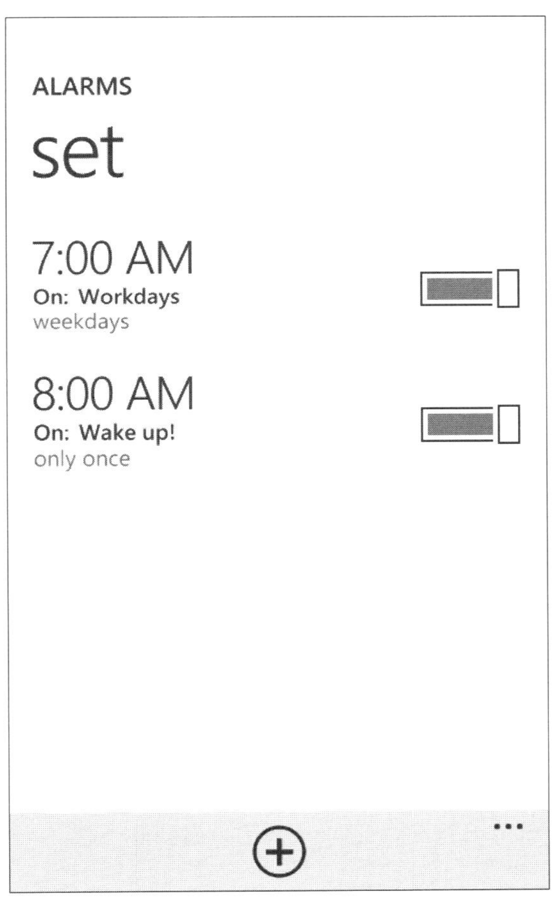

그림 3-22   알람

▶ **Bing:** 오로지 윈도우폰에서만 이용 가능한 전용 검색 버튼을 통해서 Bing 애플리케이션(그림 3-23)은 웹, 지역, 뉴스 정보뿐만 아니라 윈도우폰의 다른 애플리케이션 내에서도 상황에 맞는 검색을 지원한다. 여러 면에서 이것은 최고의 통

합 경험이라고 할 수 있다.

그림 3-23 Bing

CROSSREF Bing과 검색은 9장의 주제로 다뤄진다.

- **계산기:** 계산기 애플리케이션(그림 3-15 참조)은 말 그대로 계산기를 나타내며 어떤 소리도 내지 않는다.

- **캘린더:** 잘 설계된 이 애플리케이션은 다수의 캘린더로부터 일정을 모아서 하나의 단일한 인터페이스에 표시해준다. 캘린더는 그림 3-24와 같은 모습이다.

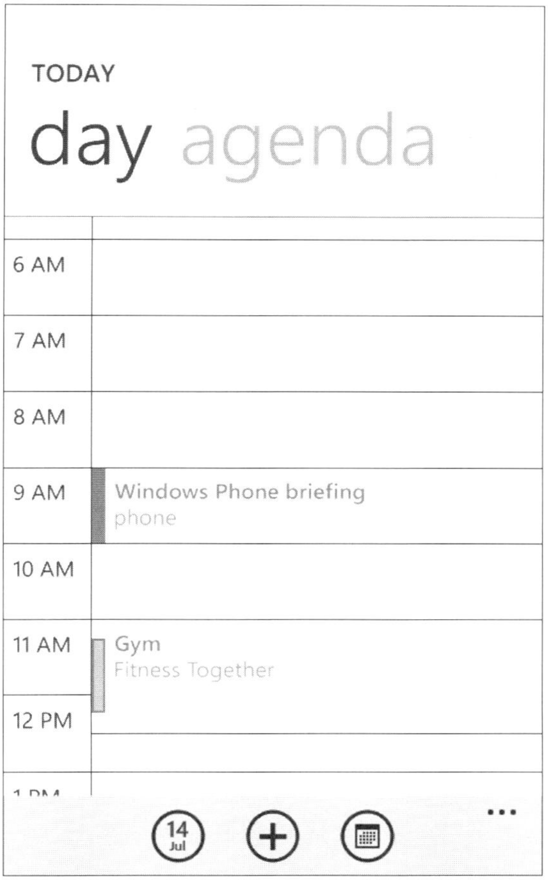

그림 3-24 캘린더

CROSSREF 캘린더는 11장에서 다루어진다.

▶ **카메라:** 마이크로소프트는 윈도우폰을 위하여 몇 가지 상당히 엄격한 하드웨어 요구사항들을 제시하는데, 이 요구사항 중에는 특정한 카메라 기능들도 포함된다. 그 결과, 윈도우폰의 카메라 기능(그림3-25)은 훌륭하다.

▶ 카메라 앱은 핸드폰이 대기상태이거나 잠겨 있을 때도 이용할 수 있다.

그림 3-25   윈도우폰 카메라 앱

CROSSREF   카메라 앱은 5장에서 다루어진다.

▸ **인터넷 익스플로러:** 윈도우폰에 있는 모바일 웹브라우저는 잘 만들어진 프로그램으로, 데스크톱 인터넷 익스플로러 기술에 기반하고 있다. 인터넷 익스플로러 모바일로 불리는 이 브라우저로는 다중 탭을 이용한 웹 검색, 즐겨 찾는 웹사이트의 접속 및 저장 그리고 온라인 서비스를 이용할 수 있다. 인터넷 익스플로러는 그림 3-26에서 확인할 수 있다.

CROSSREF   인터넷 익스플로러는 8장의 유일한 주제이다.

▸ **메일:** 윈도우폰은 이메일을 여타 주소록이나 캘린더 정보와는 조금 다르게 다룬다. 하나로 통일된 메일함을 통해 여러 개의 계정으로 접속하는 대신, 여러분이 설정한 이메일 계정 각각을 위해서 별도의 메일 앱을 제공한다. 즉, 메일 앱은 훌륭한 모바일 이메일 솔루션으로, 그림 3-27 참조, 높은 효율성을 가진 텍스트기반 UI를 동반한다.

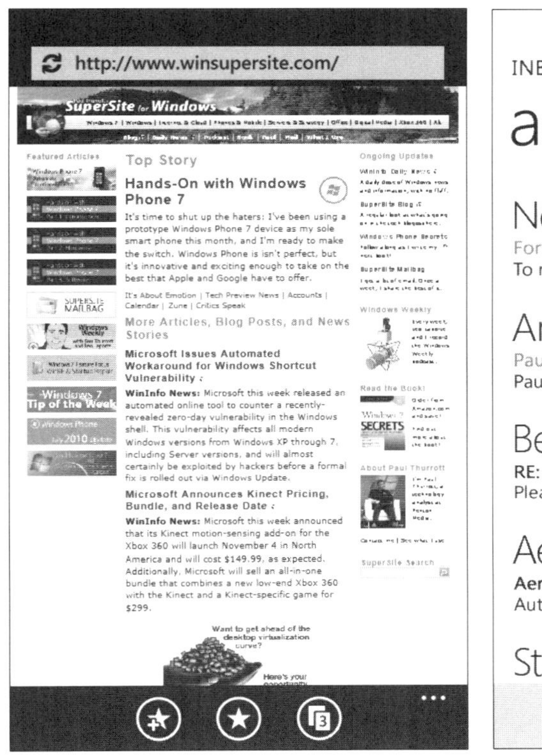

그림 3-26 인터넷 익스플로러

그림 3-27 메일

CROSSREF 메일은 10장의 주제이다.

▶ **지도:** 마이크로소프트의 Bing 지도서비스에 기반 한 윈도우폰 지도(그림 3-28)
는, 지도를 포함하는 검색 결과를 보여주는 Bing을 통해 이용하거나, 혹은 전용
지도 애플리케이션을 통해서 이용할 수 있다. 각각의 방법 모두에서 길 찾기,
자동 위치추적 및 턴-바이-턴 내비게이션을 제공한다.

CROSSREF 지도는 기술적으로 Bing의 일부이기 때문에, 9장에서 Bing과 함께 다
루어진다.

▶ **메시징:** 최신 스마트폰 플랫폼으로서, 윈도우폰은 문자메시지(SMS)와 멀티미디어메시지(MMS) 양쪽 모두 지원한다. 이 심플한 애플리케이션은 그림 3-29에서 확인할 수 있다.

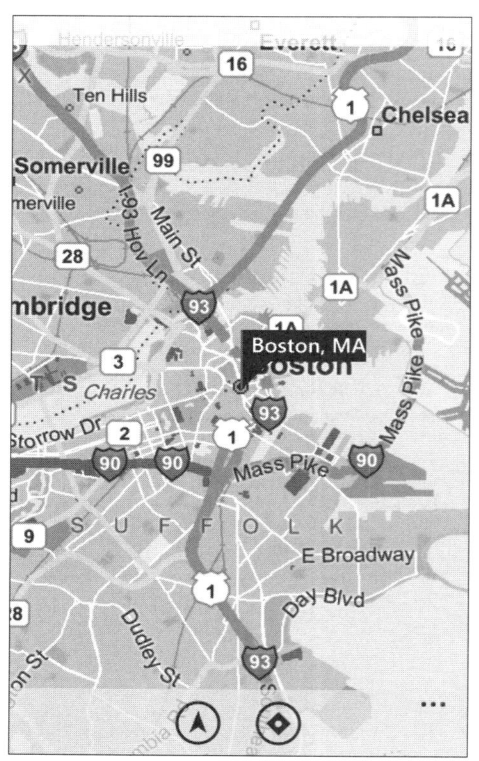

그림 3-28   지도

그림 3-29   메시징

CROSSREF    메시징에 관한 자세한 정보는 14장을 참조한다.

▶ **전화:** 윈도우폰이 굉장히 다양한 기능을 제공하기 때문에 전화기라는 사실을 깜박할 수도 있겠지만, 윈도우폰은 또한 전화기이다. 걱정할 필요는 없다. 윈도우폰은 통합 음성 메시지 지원을 포함한, 훌륭한 전화 기능들을 제공한다. 폰 애플리케이션은 그림 3-30과 같다.

> *CROSSREF*   윈도우폰의 전화와 음성 메시지 기능은 13장에서 살펴볼 수 있다.

▶ **설정:** 윈도우폰은 내장된 서비스와 탑재된 애플리케이션들을 위한 엄청난 양의 맞춤 기능을 제공한다. 이 모든 것은 모든 프로그램 목록에 있는 설정 인터페이스에서 확인할 수 있다. 설정화면은 그림 3-31과 같다.

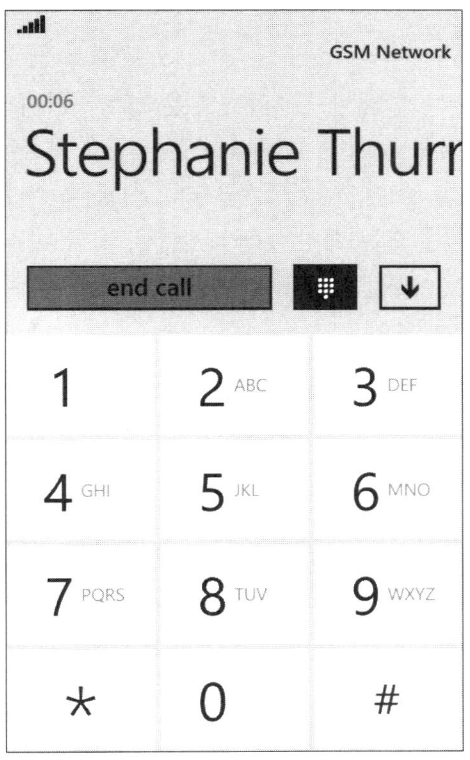

그림 3-30 폰 애플리케이션

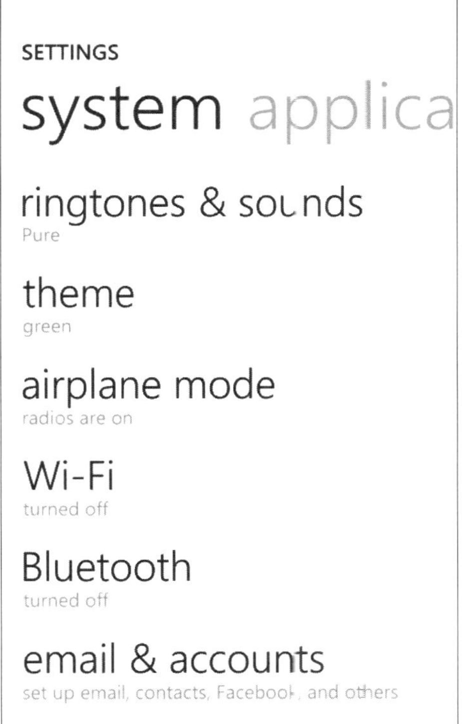

그림 3-31 설정

> *CROSSREF*   설정은 15장 전체를 할애할 만큼 충분히 중요하다고 생각된다. 하지만 또한 책 전체에 걸쳐 필요할 때마다 다양한 설정 화면들을 다루고 있다.

요약

윈도우폰은 수년간에 걸친 마이크로소프트 모바일 산업의 결과물이다. 그러나 이번에 마이크로소프트는 과거에 해왔던 것에 의존하기보다는, 완전히 처음부터 다시 시작하여 다른 경쟁작들과는 **다를 뿐만 아니라** 더 좋은 무언가를 들고 나타났다. 이 성공의 핵심은 성가시게 하지 않으면서, 정말 중요한 콘텐츠에 집중할 수 있도록 설계된 메트로 인터페이스이다. 이 콘텐츠는 굉장히 시각적 – 사진 허브나 음악+비디오 허브에서와 같이 – 이기도 하고, 또한 메일과 캘린더 같은 생산성 솔루션 부분에서는 텍스트에 기반을 두기도 한다.

사용자들에게 완전한 솔루션을 기본으로 제공한다는 목표의 일부분으로써, 마이크로소프트는 다양한 허브들 – 혹은 슈퍼 애플리케이션들 – 과 애플리케이션들을 제공하므로, 바로 첫 날부터 이 모든 것들을 이용할 수 있다. 뿐만 아니라, 핸드폰을 위한 별도의 특수한 솔루션들을 무선사업자로부터나 또는 확장 애플리케이션, 음악, 미디어나 게임 마켓플레이스로부터 찾을 수 있고, 이것들은 윈도우폰에서 직접 접속할 수 있을 뿐만 아니라 PC를 통해서도 가능하다.

윈도우폰에는 무엇이 포함되어 있고, 왜 그것이 그렇게 되는지를 이해하는 것은 다음에 나올 내용을 즐기는 데 아주 중요하다. 이 책의 나머지 부분은 전체적으로 여기에서 살펴본 정보들에 기반을 두게 될 것이다.

나와 친구들: 다른 사람들, 세상에 연결하는 방법

윈도우폰은 수많은 온라인 계정을 설정하고, 핸드폰에서 그 계정들에 접속할 수 있도록 해준다. 이 기능의 많은 부분을 사람 허브가 차지하고 있는데, 사람 허브는 다수의 계정으로부터 연락처 목록을 종합하고, 그들 모두를 단일한 화면에서 제공하는 일종의 강력한 주소록처럼 작동한다.

이것이 사람 허브가 하는 일의 전부라고 해도, 그것만으로도 굉장히 유용한 것이다. 하지만 더욱 흥미로운 점은 이 기능은 또한 강력한 방식으로 여러분의 계정들 전체에 걸쳐 작동할 수 있다는 것이다. 이것은 서로 다른 계정들로부터 모여진 연락처들을 연결하거나 혹은 분리하는 기능을 제공한다. 여러분은 이 계정들을 편집하거나, 새로운 사진, 벨소리 등으로 맞춤 설정할 수 있다.

가장 놀라운 것은, 여러분의 주소록에 등록된 지인들이 온라인에서 하는 모든 활동들을 하나로 통합된 피드 목록에서 확인할 수 있다는 것이다. 이 피드는 여러분이 Window Live를 통해서 설정한 다양한 온라인 서비스들로 구성되는데, 여기에는 페이스북 업데이트도 마찬가지로 포함될 수 있다.

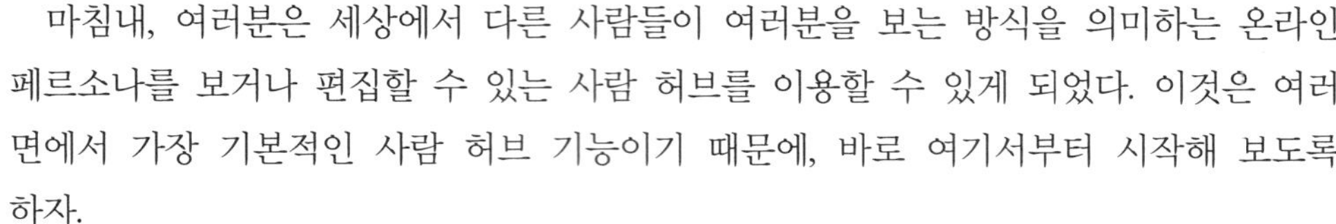

마침내, 여러분은 세상에서 다른 사람들이 여러분을 보는 방식을 의미하는 온라인 페르소나를 보거나 편집할 수 있는 사람 허브를 이용할 수 있게 되었다. 이것은 여러 면에서 가장 기본적인 사람 허브 기능이기 때문에, 바로 여기서부터 시작해 보도록 하자.

디지털 페르소나 관리하기

거울을 한번 보자. 진심이다, 아무에게도 이야기하지 않는다고, 약속한다. 여러분을 물끄러미 바라보고 있는 사람이 보이는가? 그 사람이 바로 이 장에서 우리가 초점을 맞추려고 하는 사람이다. 바로 여러분. 혹은 여러분 자신 – 결국 여러분에 관한 것이므로 – **나**라고 할 수도 있을 것이다.

윈도우폰은 핸드폰과 핸드폰 소유자와의 관계를 다른 스마트폰과는 조금 다르게 접근한다. 그것은 **바로 여러분이 윈도우폰 경험의 중심에 있고**, 핸드폰으로 하거나 할 수 있는 모든 것은 사용자, 즉 여러분에게 유용하도록 맞추어져 있기 때문이다.

이러한 방식을 여러분이 기기처럼 생각하도록 하고, 어떤 애플리케이션이 어떤 일을 하는지 알고 있도록 강제하는 애플의 아이폰이나 구글의 안드로이드와 같은 앱 지향 스마트폰의 작동 방식과 비교해보자. 윈도우폰은 그렇게 하지 않는다. 이 핸드폰은 여러분이 본인의 생활을 가지고 있고, 특별한 사람들, 이벤트들, 장소들 그리고 여러분에게 중요한 것들이 있다는 것을 이해한다. 때문에, 윈도우폰 사용자 인터페이스는 여러분이 무언가를 하는 데 있어 가능한 한 쉽게 해낼 수 있도록 구성되어 있다. 이러한 변화의 핵심은 물론 윈도우폰 사용자들이 가족과 친구들에 대한 정보를 찾거나 연락을 할 때 어디서 하는지를 아는 것 등 사용자가 정말로 필요로 하는 게 무엇인지에 대한 근본적인 이해이다. 기술적인 용어로는 이것을 **디지털 페르소나**라고 하는데, 어떤 작업을 수행하고 다른 사람들과 관계를 맺을 수 있도록 여러분을 하나의 개체로 설정하는, 여러분의 온라인 계정들을 나타낸다.

약간은 기술적이거나 심지어 조금 무섭게 들릴 수도 있다. 그러나 실제 이 페르소나를 설정하는 것은 쉽고, 시간도 별로 걸리지 않으며, 앞으로 많은 혜택을 가져다준다. 사실, 여러분이 1장에서의 내 조언에 주의를 잘 기울였다면, 이미 어려운 부분은 다 끝낸 것이나 다름없다. 그러므로 여기에서는 여러분의 디지털 페르소나를 어떻게 잘 관리하면 이 고철 플라스틱 덩어리가 그냥 핸드폰이 아닌 바로 **여러분**의 핸드폰으로 바뀌게 되는지를 보여줄 것이다.

나의 디지털 페르소나 보기

윈도우폰은 자신의 개인 정보에 접근할 수 있는 두 개의 메인 인터페이스를 제공한다. 첫 번째는 윈도우폰의 시작화면에 나타나는 Me 타일로 네 가지의 다른 화면이 바뀌면서 움직인다. 하나는 여러분이 Windows Live 계정의 프로필의 일부로 설정한 개인 사진을 전체 타일 이미지로 표시하는 것이다. 두 번째는 사진을 절반 크기로 보여주고 그 위에 Me라는 텍스트를 함께 표시한다. 그리고 타일의 코너에 Me 텍스트만 나타나는 비어 있는 버전이 있다. 마지막으로는, 여러분의 최근 소셜 네트워킹 업데이트 내용을 간단히 보여주는 버전이다. 이 네 가지 화면은 그림 4-1에서 확인할 수 있다.

이 두 번째 방법은 사람 허브를 통하는 것이다. 이 허브에 관해서는 뒤에서 좀 더 자세히 다루겠지만, 시작화면에서 사람 타일을 누르면, 그림 4-2와 같은 사람 허브로 이동하게 되고, 이 메인 화면의 상단에서 여러분 자신의 프로필과 연결된 퀵 링크를 볼 수 있다.

이것을 누르면, 자신의 연락처 정보로 이동하게 된다(이 연락처 정보는 또한 시작화면에서 Me 타일을 눌렀을 때도 표시된다). 여러분 자신의 연락처 정보, 혹은 'Me'는 그림 4-3과 같다.

그림 4-1　다양한 형태로 보이는 Me 타일

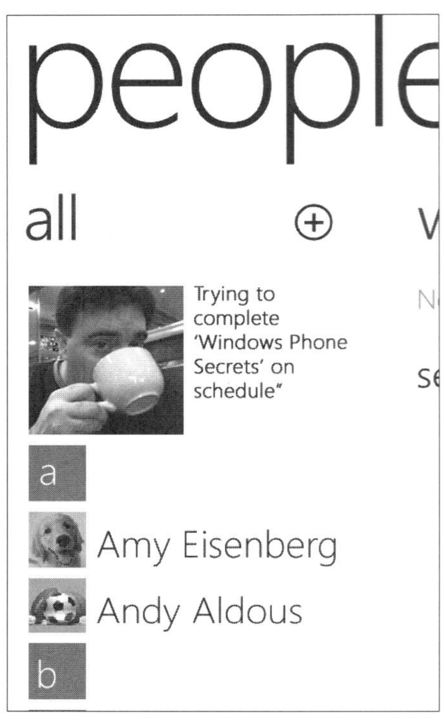

그림 4-2   사람 허브의 바로 위에 여러분이 있다.

그림 4-3   나에요! 정말이라구요.

▶ 각각의 포스트 옆에는 댓글('+')버튼이 있으며, 여러분 자신의 포스트에 댓글을 달 수 있다(혹은 다른 사람들의 댓글에 답글을 달 수도 있다).

이 정보에는 여러 구성요소들(많은 경우 양 방향의)을 포함하고 있다. 여기에서 가능한 많은 것들이 명료하지는 않다. 위에서부터 아래로 살펴보자면, 현재 Me 사진을 볼 수 있고, 사진 다음으로는 Window Live 메신저에서와 페이스북이 설정된 경우에는 페이스북에서도 가져온 소셜 네트워킹 업데이트 정보를 볼 수 있다.

디지털 페르소나 편집하기

Me 연락처 정보는 단일화면 사용자 인터페이스로서, 추가적인 정보를 보기 위해 오른쪽이나 왼쪽으로 화면을 전환할 수 없다. 물론 전체적으로 다 살펴보려면 아래쪽으로 스크롤 – 그리고 이전 포스트 링크를 누른다 – 을 해야겠지만 보아야 하는 것은 모두 이 단일화면상에 있다.

이 화면에서 할 수 있는 다양한 기능들이 있지만, 그들 중에서 오직 한 가지만이 명확하다.

화면 새로 고침

배터리 수명을 보존하기 위해서 윈도우폰은 소셜 네트워킹 피드를 지속적으로 가져오지는 않는다. 대신, 스케줄에 따라 이 업데이트를 수행하는데, 이것은 여러분의 연결 유형이나, 전원 연결이 되어있지 않다면 남은 배터리의 양 등과 같은 여러 요소들에 따라 달라진다. 그래서 때때로 상황에 따라서는, 어딘가에서 올라온 최신 업데이트를 보기 위해 자신의 피드를 직접 새로 고침을 하고 싶을 수도 있다.

이 화면을 새로 고침하려면, 프로필 사진 혹은 이 화면에서 보고 있는 포스트 중 아무거나 누르고 기다린다. 한 개의 항목을 가진 작은 팝업메뉴가 나타난다. 새로 고침(Refresh), 화면을 새로 고침하려면 이 항목을 누른다.

사진 바꾸기

여러분은 또한 디지털 페르소나를 표시하는 데 이용되는 사진을 바꾸고 싶을 수도 있다. 사진을 바꾸려면, 여러분의 사진을 누른다. 윈도우폰은 핸드폰에 저장된 사진을 고를 수 있는 혹은, 필요한 경우에는 내장 카메라로 새 사진을 찍을 수 있는 사진 선택하기 화면을 표시한다.

포스트에 댓글을 달거나 댓글에 답변하기

Windows Live나 페이스북과 같은 소셜 네트워킹 서비스의 멋진 점은 자신의 정보나 사진과 같은 멀티미디어를 포스팅하고, 지인들이 이 포스트에 댓글을 다는 등 물 흐르는 듯 자연스러운 대화를 할 수 있다는 것이다. 물론 반대로도 가능하다. 윈도우폰과 다양한 웹기반 툴을 이용하여, 여러분은 가족, 친구들 혹은 다른 지인들과 소셜 네트워킹 서비스를 통해서 마찬가지로 연락할 수 있다. 그리고 댓글을 달고 싶은 것을 찾았다면, 그것도 어렵지 않다.

여러분 자신의 포스트와 관련해서, 여러분은 다른 사람들이 댓글을 달았는지도 Me 페이지를 통해서 볼 수 있다. 이 화면의 오른쪽, 즉 여러분의 포스트 옆에 댓글 버튼이 있다. 이 버튼이 '+'라고 표시되어 있으면, 아직 아무도 그 포스트에 댓글을 달지

▶ 웹기반 사진은 이용할 수 없다. 만약 온라인에서 찾은 사진을 이용하고 싶다면, 먼저 핸드폰에 그것을 저장해야 한다.

않은 것이다. 여러분 스스로 자신의 포스트에 댓글을 달 수도 있다 – 여러분이 무척 외롭거나 혹은 노먼 베이츠 스타일의 내적인 대화를 할 생각이라면 말이다.

만약 누군가 댓글을 **달았다면**, 댓글 버튼 대신에 숫자가 나타난다. 이 숫자(그림 4-4)는 몇 개의 댓글이 달려 있는지를 표시한다.

그림 4-4 댓글 버튼은 각 포스트에서 몇 개의 댓글을 받았는지를 알려주도록 바뀌게 된다.

댓글을 보려면, 댓글 버튼을 누른다(실제 포스트가 아니라). 그러면 윈도우폰은 그림 4-5와 같은 화면을 표시한다.

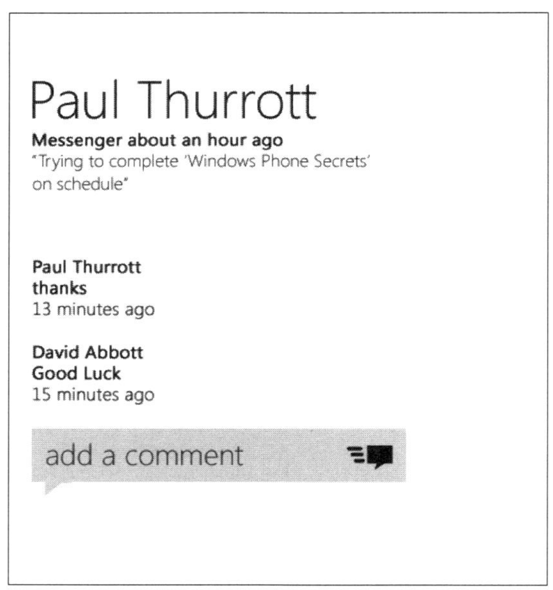

그림 4-5 사람 허브를 벗어나지 않고, 여러분의 포스트의 댓글들을 볼 수 있다.

물론 이 화면에서도 마찬가지로 대화를 이어갈 수 있다. 그렇게 하려면 댓글 박스를 누르고, 댓글을 입력한다.

> **Note** 이상하게도, 이 화면에서는 새로 고침 할 수 없다. 그래서 이 덧글 목록을 업데이트하고 싶다면, 핸드폰에 있는 뒤로 가기 버튼을 눌러 다시 한 번 원래 포스트에서 댓글 박스를 눌러준다. 윈도우폰은 포스트와 함께 이전에 보았던 것과 새로 추가된 모든 댓글들을 다시 로드 할 것이다.

사교적인 사람 되기: 가족, 친구들 및 지인들 연락처 관리하기

지금까지 여러분은 자신의 온라인 페르소나만을 관리할 수 있었다. 이제는 정말 여러분이 관심을 가지고 있는 사람들과 접촉하는 데 조금 시간을 보내고 싶을 것이다. 이것은 앞 섹션에서 잠시 살펴본 사람 허브를 통해서 할 수 있는데, 그 부분을 좀 더 자세히 살펴보기 전에 조금 물러서서, 우선 이러한 사람들이 여러분의 핸드폰에 어떻게 나타나게 되었는지를 알아보는 것도 유익할 것이다.

여러분은 핸드폰에 여러 개의 계정을 추가할 수 있다. 여러분의 가장 중요한 기본 Windows Live 계정뿐만이 아니라, 다양한 유형의 계정들도 그러하다. Outlook/Exchange 계정, 구글 계정, Yahoo! 메일 계정, 페이스북 계정 등등. 해당 계정이 표준 형태의 이메일, 주소록, 그리고/혹은 캘린더를 지원하기만 한다면, 사실 상상할 수 있는 모든 종류의 계정을 윈도우폰에 추가할 수 있다.

> **CROSSREF** 지원되는 다양한 계정 유형들은 15장에서 좀 더 자세히 다룬다.

마지막 부분이 핵심인데, 왜냐하면 다른 계정 유형들은 서로 다른 서비스들을 제공하기 때문이다. 그리고 사람 허브가 관리하는 것은 바로 사람들이기 때문어 이 장에서 신경 써야 할 것은 온라인 서비스와 핸드폰 사이에서 주소록 목록의 동기화를 지원하는 계정 유형들이다.

이러한 계정 유형들에는 Windows Live, **페이스북**, Outlook 그리고 **구글**이 있다. 이게 전부이다.

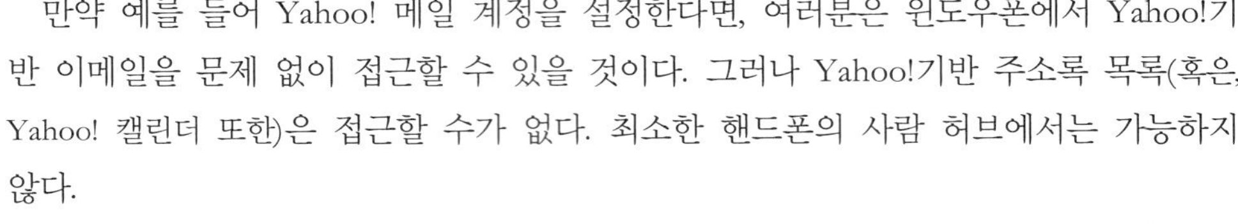

만약 예를 들어 Yahoo! 메일 계정을 설정한다면, 여러분은 윈도우폰에서 Yahoo!기반 이메일을 문제 없이 접근할 수 있을 것이다. 그러나 Yahoo!기반 주소록 목록(혹은, Yahoo! 캘린더 또한)은 접근할 수가 없다. 최소한 핸드폰의 사람 허브에서는 가능하지 않다.

몇몇 계정 유형들 – Windows Live(보조 계정들에 대해서만), Outlook, 그리고 구글 – 에 대해서 여러분은 어떤 서비스들을 핸드폰에 동기화 할지 지정할 수 있다. 그래서 이론적으로는 원한다면 주소록은 Outlook에서만 동기화하고, 캘린더는 구글에서만 동기화할 수도 있다. 혹은 그 반대나 다른 원하는 조합으로도 가능하다(또한, 물론 가능하긴 하지만 같은 유형으로 여러 개의 계정을 설정해서 너무 복잡하게 만들진 말도록 하자).

한 가지 계정 유형 – 페이스북 – 에 관해서는 특별한 설정 옵션이 필요치 않다. 만약 페이스북과 동기화하도록 선택한다면, 페이스북 기반 주소록, 사진 및 피드들이 **핸드폰으로 모두 동기화된다.** 여러분은 고르거나 선택할 수 없다.

여러분의 기본 Windows Live 계정도 마찬가지이다. 이 계정은 주소록, 캘린더(캘린더 애플리케이션에서 이 옵션을 직접 끌 수 있기는 하다), 사진, 피드 등 무엇이든 동기화할 것이다.(그러나 여러분은 직접 이메일 동기화를 활성화 혹은 비활성화시킬 수 있다. 이것도 직접 선택해야 한다.)

이 계정들의 설정을 보고, 편집하려면, 그것이 가능한 경우, 설정 인터페이스에 있는 이메일&계정 설정 화면으로 이동한다. 그림 4-6과 같이, 여러분은 내가 여러 개의 계정을 가지고 있는 것을 볼 수 있을 것이다. 그 중 세 개 – Window Live, 페이스북, Outlook – 는 핸드폰과 주소록을 동기화하도록 설정되어 있다.

10장에서 알 수 있겠지만, 마이크로소프트는 이상하게도 이메일을 위한 통합된 받은 편지함을 지원하지 않는다. 대신, 이메일 접속을 위해 설정한 모든 개별 계정은 자신의 이메일 애플리케이션(과 시작화면 라이브타일)을 가지고 있다.

더 이상한 것은, 이것이 윈도우폰이 주소록을 다루는 방법(혹은 캘린더)은 아니라는 것이다. 사실, 이것은 완전히 반대되는 방법이다. 주소록에 접근할 수 있는 계정을 얼마나 많이 설정하든, 윈도우폰은 그들을 하나의 단일한 화면에서, 단일한 주소록 목록으로 통합한다. 또한, 이 주소록은 핸드폰에서 시각적으로나 논리적으로 계정 유형별로 구분할 방법이 전혀 없다.

SETTINGS

email & account

(+) add an account
set up email, contacts, Facebook, and others

Windows Live
thurrott@live.com
email, contacts, calendar, photos, feeds

Facebook
thurrott@gmail.com
contacts, photos, feeds

Outlook
thurrott@gmail.com
email, contacts, calendar

Yahoo! Mail
thurrott@yahoo.com
email

Google
thurrottcom@gmail.com

그림 4-6 희망컨대, 핸드폰에 이렇게 많은 계정을 설정하지 않길 바란다, 너무 빨리 복잡해지므로.

이런 방식으로 작동하는 것이 이상하지는 않다. 하지만 이메일과 주소록을 이렇게 다른 방식으로 다루는 것은 이상하다. 그러나 이것이 여러분이 처한 상황이고, 또한 여러분이 극복해야 할 상황이다. 과연 이 주소록이 통합된 하나의 엄청난 목록을 한 화면에서 접근할 수 있을까? 이것을 사람 허브(People hub)라고 한다. 이제 이것이 어떻게 생겼는지 살펴보도록 하자.

사람 허브 이용하기

그림 4-7과 같은, 사람 허브는 윈도우폰에 주소록 동기화가 설정된 모든 계정들이 포함하고 있는 주소록들의 통합화면을 제공한다. 이 목록에는 최소한 기본 Windows Live 계정의 주소록은 포함되어 있을 것이다. 이 기본 계정에 대한 설정은 1장에서 살펴보았다. 그러나 많은 사람들이 핸드폰에 다른 계정들도 또한 설정해 놓는다.

▶ 이 화면은 수많은 다양한 곳으로부터 온 연락처들로 구성될 수 있다.

이 허브는 All(모두보기), What's New(새로운 소식), Recent(최근 연락한 사람들)의 세 개 섹션으로 구성된다.

- **All:** 이 목록은 들리는 그대로이다: 모든 연락처 목록을 표시한다.

- **What's New:** 이 목록은 주소록에 있는 지인들의 모든 온라인 활동에 대한 통합된 피드를 제공하는데, 여러분이 Windows Live 계정을 얼마나 잘 설정해 놓았는지에 따라 결정된다(1장에 설명되어 있다). (만일 페이스북 계정을 윈도우폰에 설정했다면, 이 목록에는 그 업데이트 내용들도 나타날 것이다.)

- **Recent:** 이 목록은 최근에 연락을 주고받았던 연락처로 빠르게 접근할 수 있는 방법을 제공한다.

All 목록은 여러분의 지인들에 관한 정보를 찾아 보기 위한 가장 기본적인 화면이므로, 먼저 All 목록부터 살펴보도록 하자.

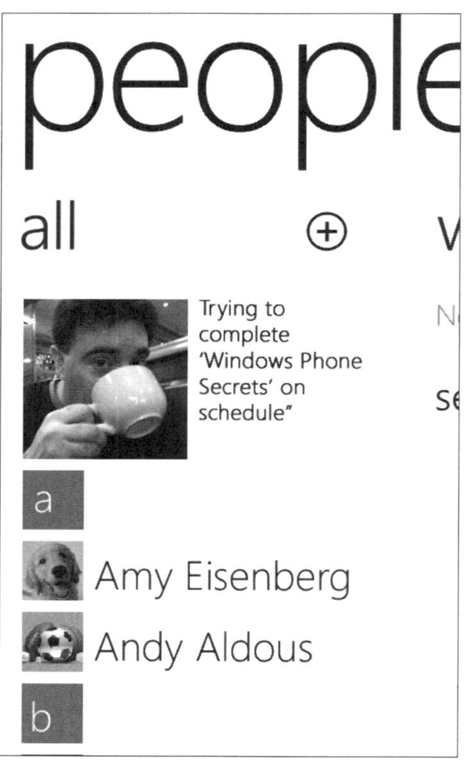

그림 4-7 사람 허브

연락처 찾기 및 교류하기

개별 연락처들을 찾기 위해서는 윈도우폰의 다른 목록들에서 하듯이, 화면에서 아래서 위로 손가락을 밀면서, 목록의 아래로 스크롤해 내려갈 수 있다. 이것은 잘 작동된다. 하지만 만일 여러분이 나처럼 많은 연락처들을 가지고 있다면, 아마도 멋진 윈도우폰 바로가기를 이용해서 찾는 편이 빠를 것이다. 연락처 대신에 색깔이 칠해진 글자 상자를 누른다. 그러면, 그림 4-8과 같은 화면으로 이동하게 된다.

이 격자 형태의 화면에서, 찾고자 하는 사람 이름의 첫 글자에 해당하는 문자를 선택한다. 그러면 주소록은 바로 해당 위치로 이동하게 된다.

만약 찾고 있는 사람을 정확히 알고 있다면, 검색을 이용함으로써 이 목록을 건너뛸 수 있다. 주소록을 살펴보는 대신에, 간단히 핸드폰의 검색 버튼을 누른다. 그러면 주소록 위로 검색창과 가상 키보드가 나타난다. 이제 찾으려고 하는 사람의 이름을 입력한다. 입력을 하면, 목록이 줄어들면서 그 검색 기준과 일치하는 이름들만 남게 된다. 이 화면은 그림 4-9와 같다.

▶ 기본적으로 사람 허브의 연락처는 성, 이름이 아니라 이름, 성으로 정렬이 된다. 그래서 Paul Thurrott이라는 이름을 찾는다면, T가 아니라 P를 누른다. 이 장의 뒷부분에서 살펴보겠지만, 정렬 방법은 바꿀 수 있다.

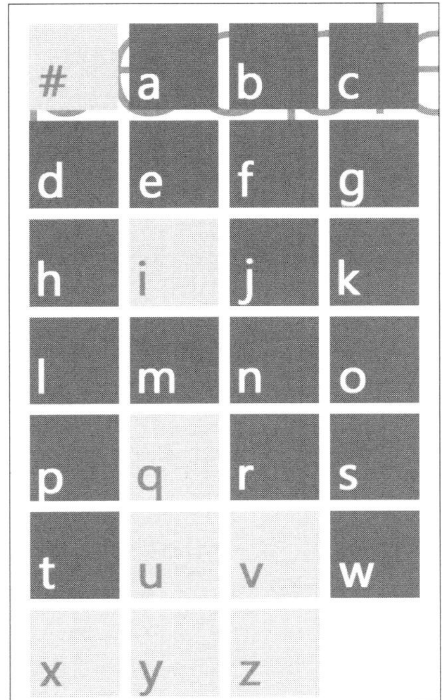

그림 4-8　이 색인 버튼 화면은 긴 목록에서 빠르게 이동할 수 있도록 도와준다.

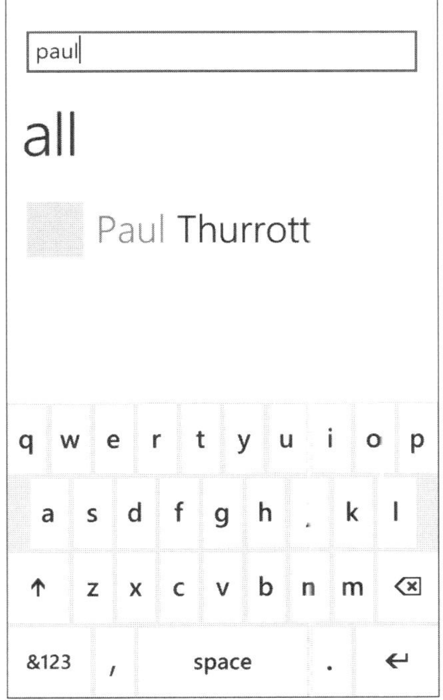

그림 4-9　원한다면, 특정 연락처를 검색할 수도 있다.

개별 연락처를 보려면, 연락처의 검색 결과 목록 내에 있는 All 또는 Recent 목록에 표시된 사람 이름을 누르면 된다. 그렇게 하면, 그림 4-10과 같은 화면을 보게 된다. 이 화면을 **연락처 카드**라고 부른다.

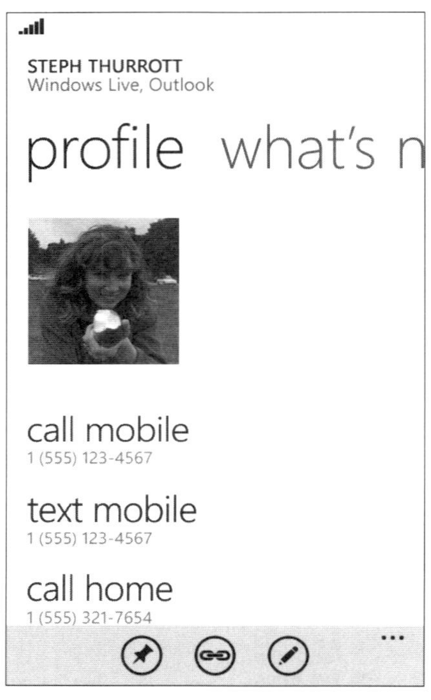

그림 4-10   연락처 카드는 각각의 연락처에 관한 정보를 제공한다.

이 카드에서, 여러분은 굉장히 많은 정보들에 접근할 수 있지만, 아마도 여러분이 보게 되는 대부분의 연락처 카드는 원래 가능한 정보의 일부분에 지나지 않을 것이다. 각각의 연락처 카드에서는 다음과 같은 항목들을 담고 있다.

▶ **사진:** 각 연락처에는 사진을 연결시킬 수 있다.(어떤 연락처들은 이미 그들의 카드와 연관된 사진들을 가지고 있을 수 있다. 왜냐하면, 이것은 페이스북 같은 연결된 서비스상에서 본인들에 의해 설정이 되었거나 혹은 그 연락처에 대해서 다른 곳에서 사진을 설정했을 수 있기 때문이다.)

▶ **이름:** 이름 항목은 실제로 이름과 성, 두 개의 항목이며, 하나나 그 이상의 읽을 수 있는 항목으로 결합되어 있다. 또한 선택적으로는 이름의 일부로서 가운

데 이름, 별명, 직책, 회사 및 접미사를 지정할 수도 있다.

▶ **전화번호:** 모든 연락처는 그와 관련된 여러 개의 전화번호들을 가질 수 있으며, 여기에는 한 개의 핸드폰 번호, 두 개의 집 번호, 두 개의 업무용 번호 및 회사, 호출기, 집 팩스, 사무용 팩스 등의 번호들이 포함된다.

▶ **이메일:** 마찬가지로, 각 연락처에는 개인용, 업무용 및 기타 등등 여러 개의 이메일 주소를 설정할 수 있다.

▶ **벨소리:** 특정 벨소리를 연락처에 할당할 수 있다. 이것은 벨소리를 통해서 누구로부터 전화가 왔는지 판단할 수 있기 때문에, 전화를 맞춤 설정하기에 좋은 방법이다.

▶ **주소:** 이 항목은 실제로 여러 분리된 항목들의 집합이다. 여기에는 번지/거리, 시, 도/주, 우편번호, 나라/지역 및 주소 유형(집, 회사 및 기타)들이 포함된다. 여러 개의 주소들을 설정할 수 있다.

▶ **웹사이트:** 이 항목에는 www.winsupersite. com과 같은 연락처의 웹사이트의 웹주소(URL)가 지정된다.

▶ **생일:** 각 연락처에 한 개의 생일을 설정할 수 있으며, 월, 일, 년도 정보가 포함된다.

▶ **메모:** 이 텍스트 항목은 연락처에 관한 임의의 정보를 넣을 수 있다.

▶ **기념일:** 각 연락처에 한 개의 기념일을 설정할 수 있으며, 월, 일, 연도 정보가 포함된다.

▶ **중요한 다른 사람:** 이것은 현재 연락처에 해당하는 사람의 남편, 아내 혹은 파트너를 입력할 수 있다. 그러나 단순한 텍스트 항목이므로 다른 연락처에 실질적으로 연결되지는 않는다.

▶ **아이들:** 위와 마찬가지이며, 여기에 원하는 텍스트를 추가할 수 있다.

▶ **사무실 위치:** 또 다른 텍스트 항목. 원하는 텍스트를 추가할 수 있다.

▶ **직위:** 예상대로 또 하나의 텍스트 항목. 원하는 텍스트를 추가할 수 있다.

추가적으로, 연락처 카드는 계정과 연결되어 있다(Windows Live, 구글, 기타 등등). 재미있게도, 하나의 연락처 카드에 두 개나 그 이상의 연락처를 연결할 수 있는데, 이것은 여러 개의 서비스에서 중복되는 연락처를 갖는 경우에 편리하다(예를 들어, 나 같은 경우에는 내 아내와 관련하여 페이스북과 나의 기본 이메일 계정 양쪽 모두에 분리된 연락처를 가지고 있다). 이와 관련하여 잠시 후에 살펴볼 기회가 있을 것이다.

연락처 카드 수정하기

연락처 카드의 정보를 수정하려면, 연락처 카드 툴바에 있는 수정하기 버튼을 누른다.

만약 연락처가 연결되어 있지 않으면 – 즉, 그 연락처가 오로지 한 계정에만 존재하는 유일한 연락처인 경우, 그림 4-11과 같은 화면이 나타난다. 여기에서 여러분은 정보를 추가하거나 변경하여 그것을 다시 본래의 계정에 저장함으로써 연락처와 관련한 각각의 항목들을 수정할 수 있다.

이중의 한 항목을 수정하려면, 간단히 그것을 누른다. 일반적인 항목 수정 화면은 그림 4-12와 같다. 수정 방법은 상당히 간단하다. 수정하고 싶은 항목을 선택하고, 가상 키보드를 이용하여 변경한다(날짜 항목과 같은 몇몇 항목들은 특화된 입력방식을 이용하기도 한다).

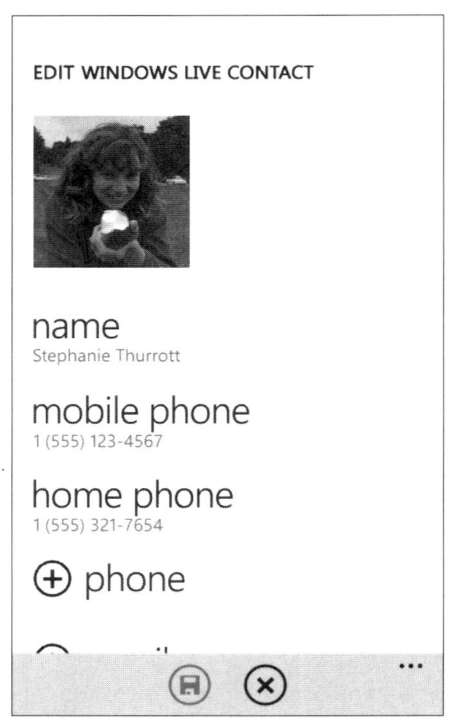

그림 4-11 연락처 카드의 수정 모드

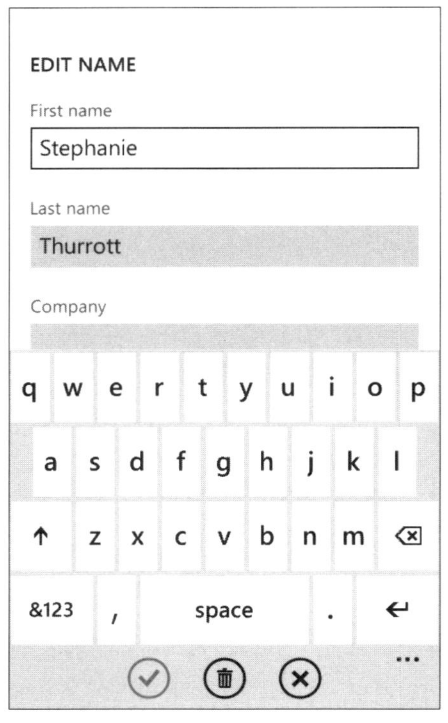

그림 4-12 연락처 카드에서 항목 수정하기

변경을 다 했으면 저장하기 버튼을 누른다. 이 유형의 연락처 카드어 대해서, 변경 사항들은 연락처가 어떤 서비스에 속해 있던지, 원래의 연락처에 저장될 것이다. 따라서 여러분이 PC나 윈도우 이메일 애플리케이션 혹은 다른 곳에서 이 연락처를 접속한다면, **변경 사항이 반영되어 있는 것을** 볼 수 있을 것이다.(아마도 더 중요한 것은, 이러한 변경들은 핸드폰의 '외부에서' 저장된다는 것이다. 그것들은 여러분의 윈도우폰 주소록에만 반영되는 것이 아니다.)

연결된 연락처 카드 수정하기

몇몇 연락처 카드들은 **연결되어** 있다. 이것은 실제로는 같은 사람이지만 서로 다른 계정에 두 개 이상의 연락처들을 가지고 있는 것을 의미한다. 만약 윈도우폰이 이러한 연락처 카드들 중에서 중복된 정보를 충분히 식별해낼 수 있다면, 자동으로 그들을 연결할 것이다. 이것의 장점은 명확하다. 사람 허브 내에 같은 이름으로 두 개 이상의 연락처를 가지고 있는 것보다는, 이 연락처들을 함께 연결해 놓는 것이 좀 더 현실을 잘 표현하는 것이다.

그러나 연결된 연락처들과 관련해서 몇 가지 문제가 있다. 예를 들어, 연결된 연락처 카드의 정보를 수정하고 싶다면, 실제 수정하려는 계정을 명시할 필요가 있다. 다행히도 이것은 간단하다.

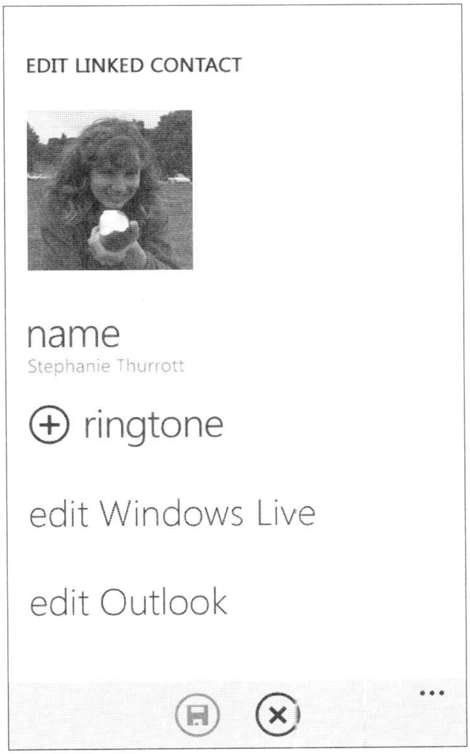

연결된 연락처의 툴바에서 수정 버튼을 누르면, 그림 4-13과 같은 화면이 표시된다. 여기에서, 여러분은 적절한 링크들 중 하나를 눌러서 수정하고자 하는 계정을 선택할 수 있다(Windows Live 수정, Outlook 수정, 기타 등등).

그 다음부터는 일반적인 방법으로 수정하면 된다.

그림 4-13 연결된 연락처를 수정하려면 단지 한 단계가 더 필요할 뿐이다.

페이스북 연락처 카드 수정하기

특별한 경우가 한 가지 더 있다. 페이스북 기반 연락처를 수정하려면, 윈도우폰은 다음과 같은 텍스트 알림 창을 띄운다. '핸드폰에서 페이스북 연락처 정보를 바꿀 수 없습니다. 그러나 연락처 카드에 표시되는 세부 내용은 수정할 수 있습니다.' 여기서 추가 버튼을 클릭하면, 일반 연락처 수정 화면이 나타나게 된다. 그러나 여기에 매우 중요한 차이가 한 가지 있다.

페이스북 정보를 수정하는 대신에, 윈도우폰은 여러분이 선택하는 계정(Window Live나 Outlook에 한하여)에 새로운 연락처를 생성한다, 그리고 그 계정을 페이스북 계정에 연결한다. 그래서 여러분이 수정을 하면 그 내용은 새롭게 연결된 계정으로 반영되지, 페이스북에 반영되지는 않는다. 하지만 최소한 핸드폰에 남게 되는 계정 정보를 생성하거나 수정할 수 있는 방법을 제공한다.

연락처 연결하기 및 분리하기

연결된 연락처에 대해서 몇 번 언급을 했었지만, 윈도우폰이 놓친 연락처들을 직접 연결하는 방법을 알아두는 것도 의미가 있을 것 같다. 물론 연결된 연락처를 분리된 채로 두고 싶다면, 이를 분리할 수도 있다.

한 연락처를 다른 연락처에 연결하려면, 우선 그들의 연락처 카드를 연다. 그리고 나서, 연결하기(Link) 툴바 버튼을 누른다. 윈도우폰은 추천 링크 목록(유사성에 기초하여)을 제공하게 된다, 혹은 다른 연락처를 선택하기 위해서 연락처 선택하기 링크를 누를 수도 있다.

분리하기도 또한 간단하다. 이번에는, 연결된 연락처 카드를 연 후, 연결하기 툴바 버튼을 누른다. 그러면 연결된 프로필들 목록이 나타난다. 이 링크에서 프로필 중 하나를 제거하려면, 그것을 누르면 된다. 연결을 끊기 전에 분리할 것인지 다시 한 번 물어볼 것이다.

연락처 카드 이용하기

여러분의 연락처들이 적절하게 설정되었다면, 각각은 전화번호, 이메일 주소, 실제 주소 및 다른 정보들의 조합으로 이루어져 있을 것이다. 특별히 놀라울 것은 없지만, 여러분은 이 정보를 이용하여 다른 여러 가지 작업을 할 수 있다. 그 방법에 대해서 이 책의 전반을 통해서 설명하고 있지만, 지금은 주소록에 관해서 살펴보고 있으므로, 어떠한 작업들이 가능한지 알아보는 시간을 갖는 것도 의미 있을 것이다.

▶ **핸드폰으로 지인에게 전화하기:** '핸드폰 번호로 전화하기(Call Mobile)', '집 전화번호로 전화하기(Call Home)' 혹은 이와 비슷하게 표시되어 있는 연락처의 전화번호를 누르면, 폰 애플리케이션이 실행되어 전화를 건다(그림 4-14).

> **CROSSREF** 윈도우폰의 전화 기능은 13장에서 다룬다.

그림 4-14 전화번호를 눌러 전화를 건다.

▶ **문자메시지 보내기:** 핸드폰에 문자 보내기(Text Mobile)을 선택하여, 윈도우폰 메시징 애플리케이션으로 문자메시지를 보낼 수 있다.

> **CROSSREF** 메시징은 14장에서 살펴본다.

▶ **이메일 보내기:** 이메일 보내기 링크를 누르면, 필요한 경우에는 윈도우폰이 여러분에게 계정을 선택하라고 묻는다, 그리고 나서 새 메일 화면이 실행되면 새 이메일의 제목, 내용을 입력할 수 있다.

 이메일은 10장에서 다룬다.

▶ **지도에서 지인의 위치 찾기:** 실제 주소를 가진 연락처들은 Bing에 포함된 내장 지도 애플리케이션을 통하여 지도에 표시될 수 있다. 집 주소 표시(혹은 비슷한) 링크를 누르면, 지도 애플리케이션이 열리면서, 그림 4-15와 같이 선택된 주소로 이동하게 된다. 거기에서 여러분은 지도 애플리케이션을 이용하여 현재 위치에서 부터 찾은 장소까지의 경로도 알아낼 수 있다.

CROSSREF   지도는 9장에서 살펴본다.

예전 주소록 불러오기

이를 위한 깔끔한 방법이 있다. 윈도우폰을 이용하여 예전 핸드폰으로부터 주소록을 불러올 수도 있다. 그렇게 하려면, 우선은 예전의 심(SIM) 카드를 새 윈도우폰에 넣어야 한다. 그리고 나서 윈도우폰에서 모든 프로그램, 설정, 애플리케이션, 그리고 사람(People)으로 이동한다. 여기서 심 카드의 주소록 불러오기를 누른다.

지인들의 새 소식 알아내기

강력한 주소록 기능뿐만 아니라, 사람 허브는 또한 What's New 피드를 제공하는데, 이 피드는 메신저 소셜 피드(이전의 What's New)와 페이스북 계정(만약 설정되어 있다면)으로부터 콘텐츠를 모은다. 이곳은 주소록의 지인들에게 어떤 일들이 일어나고 있는지를 한눈에 살펴볼 수 있는 곳으로, **그들이 어디에 그 정보를 올렸는지는 상관없다** (엄밀히 말하면 거의 Windows Live가 모든 온라인 서비스에 연결되는 것은 아니다). What's New 섹션은 그림 4-16과 같다.

▶ 여러분의 Windows Live 계정을 여러 온라인 서비스에 제대로 접속하도록 설정할 수 있다는 것을 기억하자.

그림 4-15 주소는 사람 허브로부터 직접 표시될 수 있다.

그림 4-16 What's New 섹션은 친구들 및 지인들의 활동을 쉽게 파악할 수 있는 방법을 제공한다.

어떤 새로운 소식들이 있는지 보려면 목록을 스크롤 해 내린다. 조금 더 보고 싶다면 아래쪽에 있는 이전 게시물 보기(Get Older Post) 링크를 누르고, 이 섹션의 아무 곳에서나 누르고 잠시 기다리면 새로 고침 메뉴가 나오고 이를 선택하면 가장 최신 소식들이 업데이트 된다. 이것들은 모두 정말 예상하는 대로 작동한다.

여러분이 할 수 있는 것들 중 가장 멋진 것 중 하나는, **그들의 소식에 댓글을 남겨** 서로 소통하는 것이다. 이렇게 하려면, 먼저 마음에 드는 소식을 찾아서 오른쪽의 댓글 박스를 누른다. 이 박스는 안에 '+' 표시를 담고

그림 4-17 지인의 소식에 댓글 달기, 이 경우는 페이스북으로부터.

있거나 혹은 해당 포스트에 몇 개의 댓글이 달려 있는지를 나타내는 숫자를 표시하고 있다. 위와 같이 하면, 댓글 박스가 그림 4-17처럼 열리고, 여기에 메시지를 입력할 수 있다.

최근 목록(Recent) 이용하기

사람 허브의 가장 오른쪽에는 최근 목록이라 불리는 세 번째 섹션이 있다. 말 그대로이다. 이것은 여러분이 가장 최근에 연락했었던 연락처들의 목록을 발생한 시간의 역순으로 제공한다. 최근 목록 섹션의 화면은 그림 4-18과 같다.

연락처를 시작화면에 고정시키기

대부분의 사람들은 자신에게 소중한 사람들이 있기 마련이며, 그들과 전화, 메시지 또는 다른 방법으로 정기적으로 연락을 취할 필요가 있다. 그 사람은 여러분의 남편이나 아내, 남동생, 여동생이나, 가장 친한 친구 혹은 다른 누군가가 될 수도 있을 것이다.

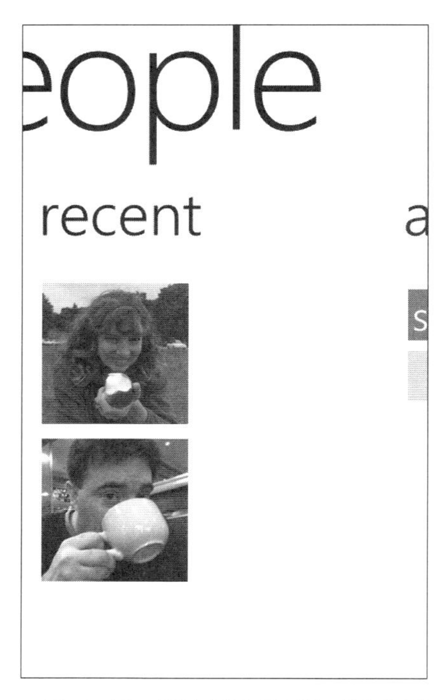

그림 4-18 최근 목록 섹션은 최근에 접촉했던 연락처들의 목록을 제공한다.

가장 최근에 연락을 취했던 사람들을 사람 허브의 최근 목록 섹션에서 볼 수 있으며, 가장 최근에 접근했던 연락처가 맨 위에 표시된다. 그렇지만 정말 특별한 사람에 대해서는 그 사람의 연락처 카드를 윈도우폰 시작화면에 고정시켜 놓는 것이 훨씬 편리할 것이다. 그렇게 해놓으면, 단 한 번의 클릭으로 그들에게 연락을 취할 수 있게 된다.

누군가를 시작화면에 고정시키려면, 사람 허브에 있는 최근 목록(Recent)이나 전체 목록(All) 섹션에 있는 그 혹은 그녀의 연락처 카드로 이동한다. 하지만 그 연락처를 한번 눌러서 자세한 정보를 보는 것이 아니라, 그 사람의 항목을 누르고 잠시 기다린다. 팝업메뉴가 나타나면 시작화면에 고정하기를 선택한다. 그렇게 하면, 윈도으폰은 시작화면으로 이동하게 되고, 이제 한 라이브타일로써 시작화면에 고정되어 있는 그 사람의 연락처를 확인할 수 있다(그림 4-19).

그림 4-19 정말 좋아하는 사람들을 바로 시작화면에 고정시킬 수 있다.

여기에서, 여러분은 그 라이브타일을 옮기거나 삭제할 수도 있는데, 양쪽의 경우 모두 그렇게 하려면 우선 타일을 누르고 잠시 기다린다.

사람 허브 설정하기

사람 허브에서는 단지 몇 가지의 설정 옵션만을 제공하며, 이것은 설정 화면에서 찾을 수 있다. 이 화면을 찾으려면, 모든 프로그램, 설정, 애플리케이션, 사람(People)으로 이동한다. 그림 4-20에서 볼 수 있듯이, 몇 가지의 옵션만이 가능하다.

▸ **목록 정렬 방법:** 이 옵션을 이용하여, 사람 허브의 전체 목록에 표시되는 이름들을 성 혹은 이름 중 어느 것으로 정렬할 것인지 결정할 수 있다.

▸ **이름 표시 방법:** 여기에서는 사람 허브의 전체 목록에서 이름을 표시할 때 어떤 순서로 할 것인지를 결정할 수 있다(성, 이름 혹은 이름, 성). 내 경우에는 성, 이름 순서로 설정해 놓았다.

▶ **심(SIM) 카드 주소록 불러오기:** 만약 여러분이 이전에 사용했던 핸드폰이 미국의 AT&T사(또는, 많은 다른 국가)에서 판매하는 것과 같은 GSM 유형 기기라면, 가입자 식별 모듈이나 심 카드를 이용했을 것이다. 스마트폰 이전의 전화기에서, 이 심 카드는 종종 주소록을 저장하는 데 이용되었기 때문에, 이 옵션을 이용하여 그러한 주소록들을 불러올 수 있다.

▶ **계정 추가하기:** 이 링크를 클릭하면 새 계정을 생성하는 마법사를 시작한다.

▶ **계정 목록:** 여기에서는 핸드폰에 설정된 계정들의 목록을 각각이 제공하는 서비스들(주소록, 이메일, 캘린더 등등)과 함께 확인할 수 있을 것이다.

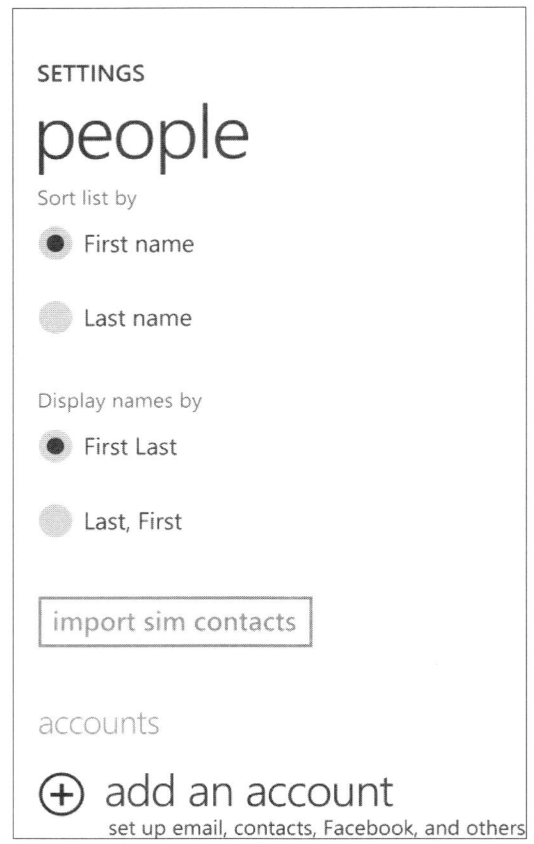

그림 4-20 사람 허브 설정

요약

사람 허브는 여러분 자신의 페르소나뿐만 아니라 주소록을 어디에서 가져왔는지에 관계없이 모두 한곳에서 관리할 수 있도록 제공하겠다는 마이크로소프트의 약속을 이행하고 있다. 이런 점에서, 이것은 표준 윈도우폰 허브라고 할 수 있는데, 상이하고 서로 연결되어 있지 않는 곳들에서 정보를 가져와 하나의 매력적인 화면에서 보고 이용할 수 있도록 해주기 때문이다.

사람 허브는 수많은 유용한 기능을 제공할 뿐만 아니라, 전화 기능이나 새 이메일, SMS 및 MMS 메시지, 그리고 심지어 누군가의 집으로 가는 경로까지도 얻을 수 있는 곳이다.

또한 사람 허브는 여러분이 친구들이나 다른 지인들과 연락을 할 수 있는 곳이기도 하다. 그래서 새로운 소식들을 얻기 위해 여러 웹사이트들을 이동해 다니는 대신에, 다른 사람들의 최신 소식을 얻고, 그들의 활동에 댓글을 다는데 사람 허브에 있는 What's New 피드를 이용할 수 있다. 한편, 여러분 또한 자신의 활동들에 누군가 댓글을 달아놓은 것을 확인할 수도 있으며 같은 방법으로 그에 응답할 수도 있다.

윈도우폰의 초기 기본 버전의 많은 부분이 기본 기능에서는 훌륭하지만 좀 더 전문적이고 복잡한 기능을 포함하지 않고 있는데, 사람 허브는 그러한 부분이 아니다. 여기서, 마이크로소프트는 통합과 결합을 제대로 해냈다.

디지털 기억: 사진 허브와 카메라 사용하기

이 장에서

▶ 사진 허브를 이용하여 사진 보기 및 관리하기
▶ 핸드폰 카메라로 사진과 비디오 찍기
▶ Zune을 이용하여 핸드폰과 사진 동기화하기
▶ 핸드폰의 사진을 PC에 복사하기
▶ 좋아하는 사진들에 태그달기
▶ 다른 사람들과 사진 공유하기
▶ 좋아하는 사진들로 핸드폰 맞춤 설정하기
▶ GPS 위치 포함하기 및 다른 설정들 구성하기

윈도우폰은 최첨단 제품에서 기대할 수 있는 유용한 기능들과 혁신적인 사용법, 현대적 기술품질을 가진 훌륭한 스마트폰 플랫폼이다. 그러나 만약 **이 핸드폰이 다른 경쟁제품들보다 훨씬 뛰어난 한 가지 면**을 골라야 한다면, 그것은 **디지털 사진을 즐기는 방식**일 것이다. 이 기능은 설계가 매우 잘 되어 있고, 가장 중요한 콘텐츠에 완벽하게 연결되기 때문에, 이것을 보고 있으면 항상 저절로 미소를 짓게 된다.

그렇다, 윈도우폰 기기는 디지털 사진과 비디오를 찍고, 그것들을 핸드폰에 저장하며, 다른 사람들과 온라인이나 PC를 통해 공유할 수 있도록 해주는 필수 디지털카메라를 제공한다. 누구나 그것을 기대하고 있다. 그리고 물론, 핸드폰에서 그런 사진들을 볼 수 있는 방법도 있다. 그것은 기본적인 기능이다.

윈도우폰이 이전의 모든 다른 모바일 사진 기능을 능가할 수 있는 이유는 여러분 자신의 사진뿐만 아니라 친구들이나 가족들에 의해 공유된 사진들을 그것도 아주 매끄럽게, 볼 수 있는 사람 허브 때문이다. 사람 허브는 또한 시작화면어 자동으로 표시되는 사진을 이용해서 여러분 자신의 상상대로 이 허브를 꾸밀 수 있도록 해준다.

137

그리고 이것이 미소가 떠오르기 시작하는 순간이다. 윈도우폰은 여러분의 사진과 여러분이 가장 관심을 가진 사람들의 사진을 담고 있는 바로 **여러분의** 핸드폰인 것이다. 또한 그 사진들은 놀랍고도 재미있는 방법으로 나타나며, 그 추억을 다시 한 번 즐기고 그 사진에 담긴 추억을 함께 만든 사람들과 교류하는 기회를 주기도 한다.

사진 허브 이용하기

사진 허브는 윈도우폰에서 가장 훌륭한 시각적인 경험 중의 하나이면서도 **이해하기가 정말 쉽다.** 여기에서 여러분은 사진들을 관리하거나, 보거나 공유할 수 있는데, 이 사진들은 핸드폰의 내장 카메라에서 찍은 것일 수도 있고, PC를 통해 동기화한 것일 수도 있으며, 온라인에서 여러분이 공유한 것 혹은 가장 흥미로운 부분인, 가족이나 친구들 혹은 지인들이 마찬가지로 온라인에서 공유한 것들일 수 있다.

다른 허브들과 마찬가지로, 이 사진 허브도 한 번에 한 화면 혹은 섹션만을 볼 수 있는 파노라믹 경험으로 표시된다(그림 5-1). 기본적으로, 왼쪽에서 오른쪽 방향으로 세 개의 섹션을 보게 된다. 기본 사진 갤러리들을 나열한 갤러리, 특별 갤러리(featured gallery), 그리고 지인들이 사진과 관련하여 온라인으로 올린 다이나믹한 피드를 표시하는 What's New.

그림 5-1 　 맞춤 설정을 하지 않은 윈도우폰 사진 허브의 기본화면

첫 번째 섹션에서는 All, Date, Favorites라는 세 개의 갤러리를 볼 수 있다.

▶ 그림 5-2와 같은 **전체(All)** 갤러리는 모든 사진 갤러리를 표시하는데, 여기에는
핸드폰에 저장된 사진들(카메라 롤, 저장된 사진 및 동기화된 사진) 뿐만 아니라
Windows Live에서 공유하고 있는 사진들 및 설정이 되어 있다면 페이스북 사
진들의 갤러리도 포함된다.

그림 5-2   All 갤러리는 핸드폰 내의 갤러리와 웹기반 사진 갤러리 모두를 표시한다.

▶ 한편 Date는 핸드폰에 저장된 사진들만을 디렉터리가 아닌 날짜별로 구성한다.

▶ Favorites 보기는 핸드폰에 저장된 사진 중 좋아하는 사진으로 표시된 사진들
만을 표시한다. 이 기능은 이 장의 뒷부분에서 설명하기로 한다.

어떤 갤러리에서든지 내부에 들어가면, 그림 5-3의 Date 화면에서처럼 썸네일 사진
들을 보게 된다(All 화면에서만이 개별 사진들이 아닌 폴더들이 표시된다).

개별 사진들을 보려면, 해당 썸네일을 눌러주면 된다. 사진은 사진 크기와 핸드폰 화면 간의 비율에 맞춰 화면을 채우게 된다(좀 더 자연스러운 가로 방향 사진을 보기 위해서 화면을 가로 방향 모드로 회전할 수도 있다). 각각의 사진들 사이를 이동해 다니기 위해서는 윈도우폰의 표준 터치 방법을 이용하면 된다. 화면을 손가락 끝으로 가볍게 밀어서 앞이나 뒤로 옮겨갈 수 있고, 두 번 누르거나 벌리고 오므려서 확대축소를 할 수 있으며, 뒤로 가기(Back) 버튼을 눌러 이 화면에서 빠져나갈 수 있다.

사진(혹은 사진의 썸네일)에서는 또한 누르고 기다리기 방법을 이용해서 다양한 메뉴들을 이용할 수 있다. 이 장의 여기저기에서 이 메뉴들을 살펴볼 것이다.

손가락으로 밀어서 사진 허브의 가운데 화면으로 가면, 핸드폰에 저장된 사진 갤러리 중 하나가 바로 접근할 수 있도록 나타나는 것을 볼 수 있다. 어떤 갤러리를 이런 방식으로 표시할지 결정할 수 있는 방법은 없다. 대신, 윈도우폰은 갤러리를 임의로 선택한다.

사진 허브의 맨 오른쪽에는 수수께끼 같은 기능인 What's New 섹션이 자리 잡고 있다. 그림 5-4 참조.

▶ 이상하게도 자동으로 사진을 넘기는 슬라이드쇼를 지원하지 않는다. 사진들을 보려면 직접 사진들 사이를 이동해 다니며 볼 수밖에 없다.

그림 5-3   Date 화면도 다른 사진 갤러리들 처럼 격자형으로 썸네일을 표시한다.

그림 5-4   What's New 섹션

이것은 사람 허브의 What's New 섹션처럼 작동하지만, 중요한 차이가 있다. 지인들의 모든 소셜 네트워킹 업데이트를 보는 대신에, 이 피드는 오직 사진과 관련된 업데이트만을 표시한다. 따라서 페이스북이나 Windows Live기반의 공유된 사진들, Flickr 상의 공유된 사진들 등을 볼 수 있다. 물론 여러분이 Windows Live에서 어떤 서비스를 설정했으며, 윈도우폰에서 어떤 계정을 설정했는지에 따라 달라진다.

> **CROSSREF** Windows Live 계정을 적절히 설정하는 방법에 대해서는 1장에서 설명하고 있다.

What's New 섹션에는 한 가지 중요한 문제가 있다. 이 섹션에서는 여러분이 친구들이나 다른 지인들이 온라인에서 올린 사진들을 쉽게 찾을 수 있도록 해주고 있지만, 그 사진들 중 어떤 것들은 허브 내에서 직접 볼 수가 없다. 즉, Windows Live와 페이스북 기반 사진들은 일반적으로 보인다. 그러나 Flickr나 몇몇 다른 간접 서비스(윈도우폰이 직접적으로 지원하지 않는)로부터의 사진을 클릭하면, 인터넷 익스플로러가 실행되어 웹상의 적절한 페이지로 이동하게 된다. 그렇지만 여러분은 What's New 섹션에서 포스팅 된 사진에 직접 코멘트를 달 수 있다. 이것은 Windows Live나 페이스북에서 공유된 것뿐만이 아니라 어느 사진에서나 가능하다.

카메라로 사진과 비디오 찍기

여러분이 만약 다른 스마트폰들이나 피처폰(feature phone), 셀폰(cell phone)에 있는 품질이 낮은 카메라에 익숙해 있다면, 일반적인 윈도우폰에서 볼 수 있는 카메라는 뜻밖일 것이다. 왜냐하면 이 기기들은 훌륭한 사진과 비디오들을 찍으며, GPS 위치서비스처럼 미래지향적인 기능들을 제공하기 때문이다. 여러분이 어떤 핸드폰을 가지고 있느냐에 따라서는 다른 카메라를 들고 다닐 필요가 없게 될 수도 있다.

윈도우폰 카메라의 하드웨어 기능 이해하기

이러한 전망의 핵심은 마이크로소프트의 윈도우폰에 대한 최소 하드웨어 표준이다. 여러분은 마이크로소프트가 기기 제조업체에게 모든 윈도우폰에 대하여 몇몇 최소 하드웨어 사양을 포함하도록 요구한다는 1장의 내용을 아마도 기억할 것이다. 카메라의 경우는 특히 최소 5메가 픽셀 해상도와, 플래시, 줌 및 자동 포커스기능, 사진 및 동영상을 지원해야 한다. 그리고 모든 윈도우폰에는 잠시 후 살펴보겠지만 한쪽 면에 전용 카메라버튼이 있어야 하며, 이 버튼은 완전 누르기 및 절반을 눌러 초점 맞추기를 모두 지원한다.

이 사양들이 실생활에서는 무엇을 의미할까? 메가픽셀과 관련하여 사람들은 종종 이 수치를 전체 사진의 화질과 혼동하는데, 왜냐하면 5메가픽셀이 4메가픽셀보다 더 많다(따라서 더 '좋다'로)는 사실을 이해하기는 어렵지 않기 때문이다. 하지만 항상 그렇듯이, 그것은 그보다는 좀 더 미묘한 차이가 있다. 픽셀의 사이즈, 즉 '인치 당 픽셀 수'는 물론 중요한 값이고, 인치당 더 많은 픽셀을 포함하는 카메라가 그렇지 않은 것보다 더 좋은 사진을(아마도) 제공할 수 있을 것이다. 렌즈의 질도 또 다른 요소이며, 당연히 카메라의 구성요소들의 품질에 따라 다양한 빛과 움직임 그리고 여러 상황들에서 다르게 반응할 수 있다.

하지만, PC에서 사용되는 MHz(이후에 GHz) 클록 속도처럼 요즘의 카메라들은 일반적으로 메가픽셀로 평가된다. 하지만 어느 한계를 넘어서면, 이것은 비교하기 위한 가장 정확한 방법이 아니게 된다. 하지만 이게 지금의 현실이다.

이 책을 쓰는 동안 내가 사용한 윈도우폰 프로토타입 디바이스는 2560×1920까지 사진을 찍을 수 있었다. 계산해보면 이것은 전체 4,915,200 픽셀이 되는데, 5메가픽셀이 대략 5백만 픽셀이므로 일리가 있다. 그것은 또한 1920×1080인 1080p HD를 훨씬 넘긴다. 따라서, 이 카메라로 찍은 사진들은 HD화면을 채울 수 있을 것이다(사실, 이 사진들은 어떤 식으로든 사이즈를 줄이거나, 잘라내야 한다). 그러나 이것이 어떻게든 좋게 보일 것이란 의미는 아니다. 다시 한 번 얘기하지만, '질'과 '해상도'는 같은 것이 아니다.

내 테스트 기기는 또한 예전 PC표준을 따라 VGA 해상도라 불리는 640×480 비디오 촬영이 가능하다. 640×480은 sub-HD 해상도 혹은 '표준 화질' 비디오라고 한다. 여러분의 윈도우폰에 있는 카메라가 내 현재 테스트 기기보다 훨씬 높은 해상도(와 높은 질의)의 비디오를 찍을 가능성이 – 아마도, 실질적으로, 매우 높게 – 있다. 사실, 나와 함께 이야기를 나누었던 기기 제조업자에 따르면, 일종의 HD 비디오 성능은 매우 일반적이 될 것이라고 한다. 대부분의 윈도우폰은 아마도 720p HD, 또는 1280×720

픽셀 해상도의 비디오 성능을 가지게 될 것이다. 따라서 비디오가 관심사라면, 그 요구사항에 맞는 핸드폰을 찾아보도록 한다.

줌이나 자동초점기능을 살펴보면, 몇몇 기기 제조업체들은 안이한 방법을 취하려는 것 같다. 모든 윈도우폰 카메라들은 줌 기능을 제공할 예정이지만, 많은 기기들이 아마도 렌즈를 이용한 줌이 아닌 **질이 좀 더 낮은** '디지털 줌'을 탑재할 것으로 보인다. (핸드폰의 소프트웨어 줌은 '실제(렌즈)' 줌이 작동하는 것을 흉내 낼 뿐이다. 그래서 클로우즈업을 하면 더욱 흐려진다. 마찬가지로, 디지털로 줌 된 사진을 찍을 때의 손떨림은 사진을 더 많이 흐려지도록 만든다.)

자동초점도 또한 좋은 기능이다. 하지만 여러분은 애플이 아이폰에서 제공하는 탭 투포커스(tap-to-focus)기능을 포함하여 좀 더 고급 포커스 기능들을 탑재한 윈도우폰을 볼 수 있을 것이다. 그러나 이것은 윈도우폰의 최소 사양에서 요구되는 것은 아니다.

자, 이제 사진과 비디오를 찍을 시간이 되었다, 카메라가 실제 생활 속에서 어떻게 작동하는지 살펴보기로 하자.

Pocket to Picture: 윈도우폰의 최고 카메라 기능

2010년 중반에, 아버지와 함께 폭스바겐 컨버터블을 몰고 전국을 횡단했던 적이 있다. 콜로라도에 도착했을 때, 우리는 도로 옆에서 사슴 한 마리를 발견했다. "빨리!" 아버지는 소리치셨고, 나는 길 한쪽에 차를 댔다. "사진 찍어!" 나는 아이폰 3GS를 더듬어 찾아서, 이 겁 많은 동물이 나무들 사이로 뛰어 들어가기 전에, 이 순간을 담기 위해 핸드폰을 앞으로 꺼내들었다. 아, 그렇지, 화면이 잠겨있어서, 일단 핸드폰을 켰다. 그러나 비밀번호로 잠겨 있어, 비밀번호를 정확하게 입력해야만 하는데, 최근에 보안 문제로 바꾸는 바람에 비밀번호가 헷갈렸다. 마침내, 아이폰의 홈 화면에 도달했지만, 카메라가 있는 화면은 아니었다. 필사적으로 오른쪽에서 왼쪽으로 화면을 밀면서 카메라 아이콘이 있을 거라고 생각되는 곳으로 이동하려고 애썼지만, 아이콘들이 격자형으로 놓여있는 아이폰 홈 화면의 바다에 빠져 버렸다. 드디어, 아이콘을 찾아냈고, 아이콘을 누르고 초조하게 카메라 애플리케이션이 로드되는 것을 기다려, 핸드폰을 눈에 가까이 갖다 대고, 바라봤지만……

아마 상상이 될 것이다. 나는 사슴의 뒷다리와 궁둥이 부분 약간과 꼬리가 희미하게 나온 사진을 찍었다. 내가 아이폰의 인터페이스와 씨름하면서 시간을 보내는 동안

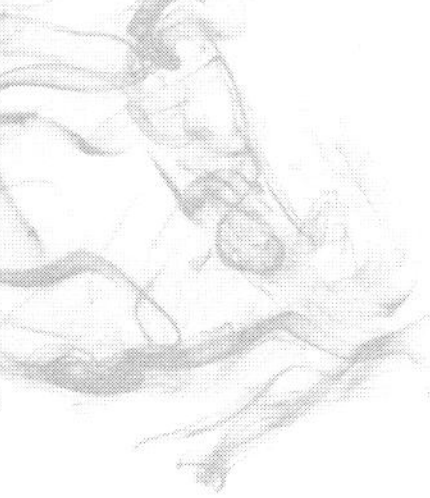

사슴은 유유히 사라져 버린 것이다.

마이크로소프트가 'pocket to picture'라고 부르는 새로운 기능 덕분에 이러한 상황이 윈도우폰에서는 일어나지 않을 것이다. 만약 이와 같은 상황에서 내가 윈도우폰을 가지고 있었더라면, 나는 간단히 핸드폰을 꺼내서, 카메라 버튼을 누르고, 사진을 찍었을 것이다. 그리고 이것은 핸드폰이 그 당시에 꺼져 있었다거나 비밀번호로 잠겨 있었다고 하더라도 그렇게 작동했을 것이다. 왜냐하면, 윈도우폰은 아이폰과는 다르게 실제로 카메라 버튼이 있기 때문이다. 그리고 그 카메라는 핸드폰에 로그인이 되어 있지 않아도 작동한다.

혁신적인가? 엄밀히 말하면 그렇지는 않다. 하지만, 핸드폰 카메라와 씨름을 해 본 대부분의 사람들은 방금 앞에서 언급했던 그런 경험을 해본 적이 있을 것이다. 그리고 여러분이 아이폰 사용자라면(였다면), 내가 무슨 얘기를 하고 싶은 것인지 잘 알 것이다. 이것은 흔하게 좌절감을 주는 일이다.

Pocket to picture는 간단하다. 핸드폰을 들어 카메라 버튼을 누르기만 하면 된다. 핸드폰이 꺼져 있든지(또는 비밀번호로 잠겨 있든지) 혹은 지금 핸드폰을 사용하고 있든지는 상관없다. 각각의 경우 모두, 거의 즉시, 카메라 애플리케이션 상태로 전환되어 사진 찍을 준비가 된다. 카메라 버튼을 눌렀을 때, 핸드폰이 꺼져 있었다면, 여러분이 버튼을 눌렀을 때부터 사진을 찍을 수 있는 상태가 되기까지 최대 2초 정도가 걸리게 될 것이다. 이미 핸드폰이 켜져 있는 상태였다면, 더 짧은 시간이 걸린다.

여기서 한 가지 주의 할 사항은 카메라 버튼을 누를 때, 그 누르는 정도이다. 주머니 속에서 카메라가 작동되는 것을 막기 위해, 카메라를 켤 때는 '완전히 누르기(full press)' – 버튼을 약 1초 동안 누르기 – 를 사용할 필요가 있으며, 카메라가 켜지면서 작게 '삐' 소리가 들린다. 만약 핸드폰을 이미 사용 중에 있다면, 절반누르기도 상관없다 그냥 건드리기만 하면 된다.

> **Note**   여러분이 아이폰에서 윈도우폰으로 넘어왔다면, 이전의 작업방식을 그리워할 수도 있을 것이다. 걱정할 필요는 없다. 프로그램 목록에 카메라 애플리케이션이 있으므로 그것을 이용하면 되는데, 아이폰의 카메라 앱과 똑같이 작동한다. 사실, 여러분이 정말로 그러한 향수에 젖는다면, 윈도우폰 시작화면에 카메라 애플리케이션을 고정시킬 수도 있으므로, 사진을 찍고 싶을 때마다, 그것을 찾으려고 손가락으로 화면을 뒤질 수도 있다.

사진 찍기

윈도우폰으로 사진을 찍는 것은 식은 죽 먹기이다(으흠). 핸드폰의 카메라 버튼이나 프로그램 목록에서 카메라 애플리케이션을 직접 구동시켜, 카메라 애플리케이션에 들어간다(그림 5-5). 그리고 나서, 핸드폰의 화면을 전자식 뷰파인더처럼 이용하면서, 화면에 담고 싶은 물체를 핸드폰으로 가리킨다. 그리고 버튼을 눌러 사진을 찍는다(여기서 버튼을 절반만 눌러 포커스를 맞출 수도 있다). 핸드폰은 오래된 카메라로 사진을 찍을 때 나는 소리를 내게 되고, 이제 사진이 핸드폰의 기억장치에 저장된다. 정말 간단하다, 그렇지 않은가?

그림 5-5 윈도우폰은 훌륭한 자동카메라다.

자, 사진 찍는 것은 이렇게 쉽다. 하지만, 카메라가 어떻게 작동하는지 완전히 익힐 수 있도록 시간을 갖고 연습하는 것이 좋다. 사진을 찍으면서 여러분이 할 수 있는 것들도 다양할 뿐만 아니라, 사진과 관련하여 설정할 수 있는 수많은 옵션들이 있다.

> **Note** 온라인에 자동으로 사진을 공유할 것인지를 묻는 팝업 화면이 나타날 수도 있다. 이 기능에 아직 익숙하지 않다면, 이 장의 뒷부분에 나오는 사진 공유하기 관련 내용을 참조하기 바란다.

일단, 카메라 애플리케이션이 실행되고 있는 동안 화면에서 무엇을 볼 수 있는지 생각해보자.

사진을 찍으려고 일반 가로 방향 모드로 열었다면, 화면의 오른쪽에서 몇 가지 온스크린 컨트롤을 보게 된다.(물론, 내게는 자연스러운 것이 여러분에게는 그렇지 않을 수도 있다. 카메라를 세로 모드로 열었다면 세 가지 컨트롤이 윈도우폰 화면의 아래에 고정되어 나타난다. 즉, 이 컨트롤들은 뒤로 가기, 시작 그리고 검색 버튼과 바로 맞닿는 화면의 측면에 위치한다. 만약 핸드폰을 다른 방향으로 돌려도, 이 컨트롤들은 거기에 계속 머물러 있게 된다.)

이 컨트롤들은, 위에서부터 아래로, 사진/비디오 스위치, 확대/축소 그리고 설정이다. 사진/비디오 스위치는 핸드폰을 사진과 비디오 모드 사이에서 전환해주며, 카메라가 항상 사진에 맞춰서 켜지므로 비디오를 찍고 싶다면 이것을 눌러주면 된다.

확대/축소는 예상대로 작동하지만, 여러분이 가지고 있는 기기의 하드웨어 성능에 따라서 카메라로 확대했을 때, 찍힌 사진의 질은 다양해진다. 간단히 얘기하면, 만약 여러분이 가진 윈도우폰이 단지 디지털(소프트웨어) 줌만을 지원한다면, 정말 중요한 추억을 이 카메라로 담기 전에 꼭 사진의 질을 테스트해볼 것을 권유하고 싶다.

잠시 후 사진 카메라 설정 화면을 살펴볼 것이다. 하지만 그 전에, 카메라 애플리케이션이 실행되고 있는 동안 화면의 왼쪽 면을 보자. 그러면 카메라 뷰파인더로 보고 있는 이미지의 한 부분이 아닌 뭔가의 가장자리 부분이 보일 것이다. 잘못 보고 있는 것이 아니다. 대신, 이것은 그래픽적인 단서로 여러분이 거기에서 보는 것은 여러분이 이전에 찍은 사진의 가장 오른쪽 부분이다. 이 부분을 손가락으로 눌러 끌어당기면 전화기로 이전에 찍었던 사진들을 넘기면서 확인할 수 있다. 그러므로 이것은 다음 사진을 찍기 전에 이미 찍은 사진이 정말로 제대로 찍혔는지 확인하기 위한 저치 있는 방법이다.

윈도우폰 카메라 및 배터리 수명

윈도우폰에서 사진 찍는 것에 관한 재미있는 이야기 한 토막–보통, 윈도우폰은 배터리 수명을 보존하기 위해 기기의 전원을 끄는 데 매우 적극적이다. 그러나 여러분이 카메라를 켜면, 기기가 꽤 오랫동안 켜진 채로 머물러 있다는 것을 알게 될 것이다. 이것은 의도적인 것이다. 마이크로소프트는 여러분이 카메라를 활성화시키면, 그것을 이용하려는 것이라고 이해하는데, 기기가 켜진 채로 있으면, 성능은 더 빨라진다. 물론 그 대신 배터리는 줄어들게 된다.

설정 버튼을 누르면, 사진 카메라 설정 화면이 대부분의 화면을 차지하면서 나타난
다. 그림 5-6 참조.

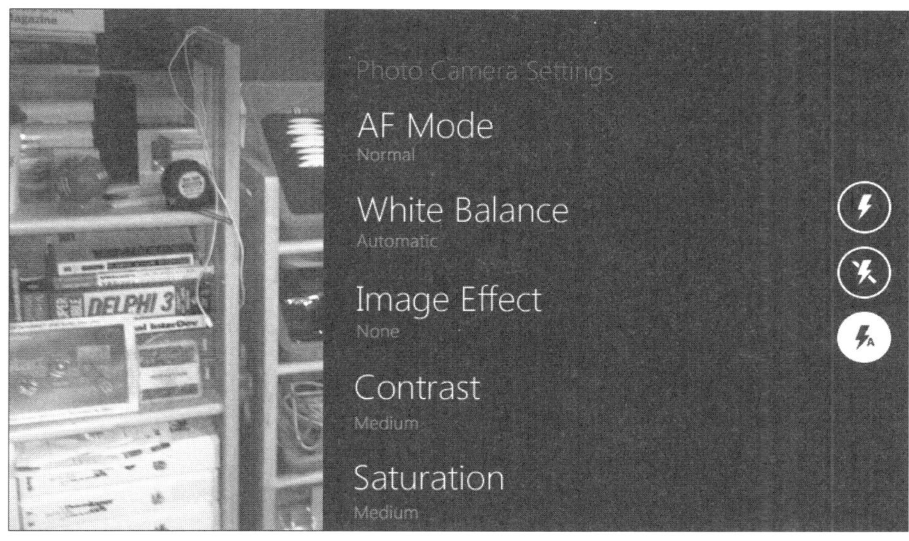

그림 5-6 사진 카메라 설정 화면

사진 카메라 설정에서는 여러분이 지정할 수 있는 많은 제어 기능들을 제공한다.
여기에서는 플래시 제어(오른쪽의 둥근 버튼) 및 어지러울 정도로 많은 설정 목록을 포
함하고 있다. 대부분의 사람들이 이들 중에서 몇몇 설정만을 시험해보려고 할 것이므
로, 우선 그것들을 먼저 살펴보기로 한다.

▸ **플래시 제어:** 윈도우폰은 세 가지 플래시 설정을 제공한다. 켜기, 끄기 그리고
  자동. 일반적으로 여러분은 이 설정을 자동으로 해놓으려 하겠지만, 특별한 경
  우에는 플래시를 직접 활성화 또는 비활성화시키는 것도 유용할 수 있다. 따라
  서 이 컨트롤이 어디에 위치해 있는지 알아두는 것은 중요하다.

▸ **사진의 화질:** 윈도우폰은 세 가지 사진 화질 옵션을 제공한다. 높음(기본), 중간
  그리고 낮음. 과연 여러분이 높음 이외의 다른 것으로 설정하고 싶어질지는 잘
  모르겠다. 하지만 최소한 높음으로 설정되어 있는지 확인하고 그렇게 남겨두자.

▸ **사진의 해상도:** 윈도우폰은 카메라의 하드웨어 특성에 따라 다양한 해상도를
  제공한다. 나의 테스트 기기에서는 VGA(640×480), 2M(2메가픽셀 혹은 1600×1200),

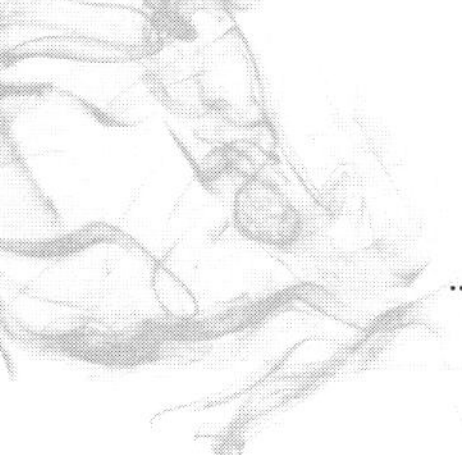

3M(2048×1536) 그리고 5M(2560×1920) 옵션이 가능하다. 일반적으로, 나는 가장 높은 해상도를 선호한다. 하지만 여러분이 원하는 것은 다를 수도 있을 것이다. 따라서 이 설정이 최적화되어 있는지 확인해 두도록 하자.

이러한 기본 설정 외에도 사진 카메라 설정은 다양한 고급 옵션들을 설정할 수 있도록 지원한다. 여러분이 이 옵션들에 대해서 잘 알고 있거나 시험해볼 시간이 있는 것이 아니라면 이 설정들을 그냥 바꿔보는 것은 추천하고 싶지 않다. 하지만 언제나 기본값으로 복원하기(Restore to Default) 링크를 이용해서 어떠한 변경을 했어도 원래대로 되돌릴 수 있다는 것을 알아두자.

▶ **AF mode:** 이 옵션은 카메라의 자동 포커스 기능이 어떻게 작동할지를 결정하는 것이다. 여러분은 일반(기본 설정)과 매크로 사이를 전환할 수 있는데, 매크로는 아주 작고 카메라에 매우 가까이 있는 물체에 초점을 맞추는 데 도움이 된다(꽃에 앉은 나비나 그와 비슷한 물체의 사진을 찍으려고 할 때).

▶ **화이트밸런스:** 이 옵션은 가능한 빛의 유형에 따른 보정을 위해 이용될 수 있는데, 다른 조명 유형들은 사진의 색을 부정확하게 할 수 있기 때문이다. 기본값은 자동으로써, 카메라가 자동으로 다양한 조명 유형들에 대해 보정을 시도한다. 혹은 **만약에 사진에서 제대로 된 색깔을 볼 수 없다면**, 백열등(incandescent), 형광등(fluorescent), 햇빛(daylight), 구름낀(cloudy) 중에서 직접 선택할 수도 있다.

▶ **이미지 효과:** 보통 윈도우폰 카메라는 어떤 이미지 효과도 카메라로 직접 찍은 사진에 적용하지 않는다. 내 생각에도 적용해서는 안 된다고 생각한다. 여러분은 나중에 원본 사진을 변형시키지 않고도 Windows Live Photo Gallery나 Google Picasa와 같은 PC용 무료 소프트웨어를 이용해서 이러한 효과들을 쉽게 적용시킬 수 있다. 하지만, 여러분이 뭔가 바꾸고 싶은 기분이라면, 윈도우폰은 사진에 단색(mono chromatic), 음화(negative), 세피아색(sepia), 고색(antique), 녹색 혹은 푸른색 효과를 적용시킬 수 있도록 지원한다.

▶ **명암대비(contrast):** 이 옵션은 핸드폰의 내장 카메라로 찍은 사진이 전체적으로 너무 색이 바랬거나(충분치 않은 명암대비) 너무 어둡게(너무 심한 명암대비) 나오는 문제를 보정하는 데 도움을 준다. 여러분은 최소, 낮음, 중간(기본), 높음, 최대 등의 설정 중에서 선택할 수 있다.

- **채도(Saturation):** 명암대비와 마찬가지로, 사진에서 색의 채도는 꺼놓을 수 있는데, 이 제어는 명암대비에서와 같은 옵션을 이용해서 디지털 방식으로 채도를 늘이거나 줄이도록 도와준다. 마찬가지로 기본 설정은 중간(Medium)이다.

- **선명도:** 이 옵션도 명암대비와 비슷하게 작동하지만, 사진의 선명도에 관계한다. 선명도를 높이면 여러분의 사진에 거칠고 이상한 효과가 나타나게 된다는 것을 기억하자.

- **노출 보정:** 일반적으로, 윈도우폰 카메라는 각 사진에 대해 자동으로 카로 노출 설정을 선택한다(노출은 사진이 찍히는 동안 카메라의 이미지 센서에 허용되는 빛의 양에 대한 측정치이다). 그러나 여러분은 어떤 특정 조건에서 사진이 너무 밝거나 어둡다는 것을 알 수 있다(대표적인 예가 정확하게 노출하기가 어려운 빛이 적은 눈 풍경이다). 이 설정을 이용하여, 자동으로 계산된 노출을 적용할 수 있는데, 줄이거나(최소, 낮음) 늘일(높음, 최대) 수 있다(기본 설정은 중간이다). 만약 여러분이 노출을 낮추면, 카메라로 잡는 빛의 양을 낮추는 것이고 노출을 추가하면, 사진에 빛을 추가하게 되는 것이다.

- **감도(ISO):** 이것은(기본적으로) 카메라가 사진을 찍는 속도에 대한 측정값이며, 윈도우폰에서 감도의 수치는 50에서 1600으로 그 전보다 두 배가 빠르다. 여러분이 조금 고참자라면, 여행 중에 다양한 상황에서 쓰기 위해 여러 가지 유형의 필름을 챙겼었던 것이 기억날 수도 있다. 야외 사진을 위해서는 200이나 400 같은 낮은 감도의 필름, 스포츠 이벤트를 위해서는 1600 같은 높은 감도의 필름을 이용했을 것이다. 기본값으로 윈도우폰은 자동으로 감도를 설정하는데, 일반적으로는 그대로 두는 것이 좋다. 낮 동안의 실내 사진에서는 160에서 200의 감도를 그리고 낮 동안의 실외사진에서는 40 정도까지 낮은 감도를 본 적이 있다.

- **측광(Metering):** 이 설정은 현재의 샷에 대해서 카메라가 빛의 레벨을 어떻게 결정할지 정하는 것이다. 기본으로는, 평균으로 설정되어 있는데, 이것은 가장 기본적인 측광 유형으로, 이미지 영역의 모든 빛을 고려한다. 다른 선택으로는 이미지 중앙 부분의 빛에 좀 더 가중치를 두어 측광하는 중점측광(Weighted)방식과 초점을 중심 부분의 작은 지점의 빛의 양으로만 측광하는 스폿측광(Spot)방식이 있다.

- **와이드 다이내믹 레인지(Wide dynamic range):** 역광조명 – 이미지에서 빛의 대

▶ 그러나 움직임이 있는 사진에서 조금 흐릿하게 나온다면, 수동으로 좀 더 높게 감도를 설정해볼 수도 있을 것이다.

부분이 대상의 뒤쪽으로부터 오는 – 은 오랫동안 일반, 프로 사진작가 모두를 따라다니는 역사적인 문제들 중 하나이다. 이 옵션은 자동으로 역광(창문이나 밝은 하늘과 같은)에 대해 보정을 해주며, 이미지가 좀 더 적절하게 노출되고, 실제에 가까울 수 있도록 도와준다. 활성화 또는 비활성화 할 수 있다.

비디오 찍기

비디오는 정지된 사진을 찍는 것과는 약간 다르게 작동한다. 우선, 사진/비디오 스위치 버튼을 눌러 카메라를 비디오 모드로 바꿔준다. 그리고 나서, 촬영을 시작하려면, 간단히 카메라 버튼을 누른다. 윈도우폰은 삐 하는 소리와 함께, 비디오 모드로 들어간다. 이 모드에서 확대/축소는 비활성화 되고, 그림 5-7과 같이 경과시간이 화면에 크게 표시된다. 촬영을 멈추려면, 카메라 버튼을 다시 한 번 눌러준다.

> **TIP** 비디오를 촬영하는 동안은 확대나 축소를 할 수 없으므로, 시작하기 전에 이것을 적절히 조절해두는 것이 좋다.

그림 5-7 윈도우 폰은 또한 비디오카메라로도 사용할 수 있다.

정지된 사진에서와 마찬가지로, 비디오 촬영 시에도 설정할 수 있는 다양한 옵션들이 있다. 비디오 모드에서 설정버튼을 누르면, 설정 목록이 이제 비디오에 관련된 것들도 바뀌어 있는 것을 볼 수 있다.

이 옵션들의 대부분은 대응하는 사진 설정과 일치한다.(그래서 예를 들어, 채도 옵션은 양쪽에서 유사하게 작동한다. 비디오 화질도 사진 화질과 마찬가지이다.) 플래시는 켜기와 끄기를 수동으로 전환할 수 있는데, 꽤 유용하다. 플래시를 켜면, 비디오를 녹화하고 있는 동안은 계속 켜져 있게 된다는 것을 기억하자.

만약 여러분이 이 옵션들을 잘 알고 있지 않다면, 이 옵션들을 그냥 그대로 남겨두도록 권하고 싶다. 다만 비디오 화질이 높음(High)로 설정되어 있는ㅈ 만 확인하자.

간편한 사진 미리보기 슬라이드쇼에서 비디오도 볼 수 있는데, 이 기능은 카메라 화면에서 손가락 왼쪽에서 오른쪽으로 밀어주면 접근할 수 있다. 이것은 또한 비디오의 길이도 보여준다.

비디오를 실행하려면, 커다란 재생 버튼을 누르면 된다.

사진 및 비디오 찾기

핸드폰의 카메라로 사진과 비디오를 찍은 후에는 이제 그것들을 감상하고(혹은 공유하고) 싶을 것이다. 물론, 그렇게 하려면 그것들이 어디에 있는지 알아야 있다. 윈도우폰은 사진 허브에 이 사진들을 저장하는데, 특별한 폴더인 카메라 롤에 저장한다. 이 폴더를 찾으려면, 사진 허브를 열어 All 링크를 누른다.

카메라 롤은 여기에서 첫 번째 폴더이며, 이 갤러리(그림 5-8)의 왼쪽 상단에 위치하고, 핸드폰에 저장된 다른 사진들(저장된 사진들과 PC로부터 동기화 한 사진들)의 바로 위에 나타나고, Windows Live 사진들로부터 온 웹 기반 사진 폴더의 위쪽에 있다.

카메라 롤 썸네일을 누르면, 사진과 비디오를 포함한 갤러리를 볼 수 있다. 그림 5-9 참조. 각각의 사진과 비디오를 눌러 그것을 볼 수 있고, 보고 있던 사진을 손가락으로 쓸어 넘겨서 다음 사진으로 이동할 수 있다.

그림 5-8 카메라 롤은 전체 갤러리에서 확인 할 수 있다.

그림 5-9 카메라 롤 갤러리에는 사진들과 비 디오들이 나란히 놓여 있다.

핸드폰과 PC 사이에서 사진 옮기기

어떤 시점이 되면, 이제 핸드폰과 PC 사이에서 사진들을 옮기고 싶어질 수 있다. 이 것은 양쪽 방향으로 다 가능하다. 핸드폰에는 내장 카메라로 찍었거나, 웹에서 저장한 사진들이 있고, 여러분은 이들을 고해상도 형식으로 백업을 하고 싶을 수 있다, 이 작 업을 위해서는 PC가 적격이다. 또 한편으로는, 여러분이 핸드폰에 넣어 가지고 다니 면서 감상하고 싶은 고화질 디지털 사진 모음이 있을 수도 있다.

양쪽 경우 모두, 사진을 전송하기 위해서는 핸드폰과 PC를 연결할 필요가 있다. 그 리고 윈도우폰에서는 오직 Zune PC 소프트웨어를 통해서만 가능하다. Zune이 원래 오디오/비디오 솔루션이기 때문에 이 소프트웨어에 대해서는 6장에서 전체적으로 다 루므로, 기본적인 사용법에 익숙하지 않다면 그 부분을 참조하는 게 좋을 것이다.

여기서, 여러분은 사진을 전송하는 목적으로만 Zune을 이용할 것이다. 따라서 먼저 적절하게 설정해놓아야 한다.

사진 전송을 위하여 Zune 설정하기

윈도우폰을 PC에 연결하면, Zune PC 소프트웨어가 실행될 것이다. 그렇지 않는다면, 윈도우 시작메뉴나 작업표시줄을 통해 Zune애플리케이션을 직접 실행시킨다. Zune

이 핸드폰을 찾아내면, 메인메뉴에 핸드폰 항목을 표시하고, 아마도 그림 5-10과 같은 핸드폰 개요 화면으로 이동할 것이다.

그림5-10 Zune PC 소프트웨어는 컴퓨터와 핸드폰 사이의 연결을 닫당한다.

Zune 설정을 위해서는 Zune 애플리케이션 윈도우의 오른쪽 위에 있는 설정 링크를 클릭한다. 그리고 나서, 핸드폰의 멀티미디어 기능 관련 옵션을 보기 위해 핸드폰, 사진&비디오로 이동한다. 이 화면은 그림 5-11과 같다.

다음과 같이 사진 전송과 관련하여 세 가지 메인 옵션이 있다.

▸ **불러오기 설정:** 기본으로, Zune은 핸드폰에 저장된 모든 사진과 비디오를 PC로 복사한다. 여기에는 핸드폰의 내장 카메라로 찍은 사진, 비디오들뿐만 아니라 웹에서 저장했던 사진들도 포함된다. PC로 전송된 후에 사진과 비디오들이 핸드폰에서 자동으로 삭제되도록 설정할 수 있다.

Note   여러분이 자동 불러오기 기능을 비활성화한다고 해서 나중에 핸드폰에서 PC로 사진들을 전송할 수 있는 방법이 없는 것은 아니다. 다음 섹션에서 설명하는 방법을 이용하면, 여전히 전송할 수 있다.

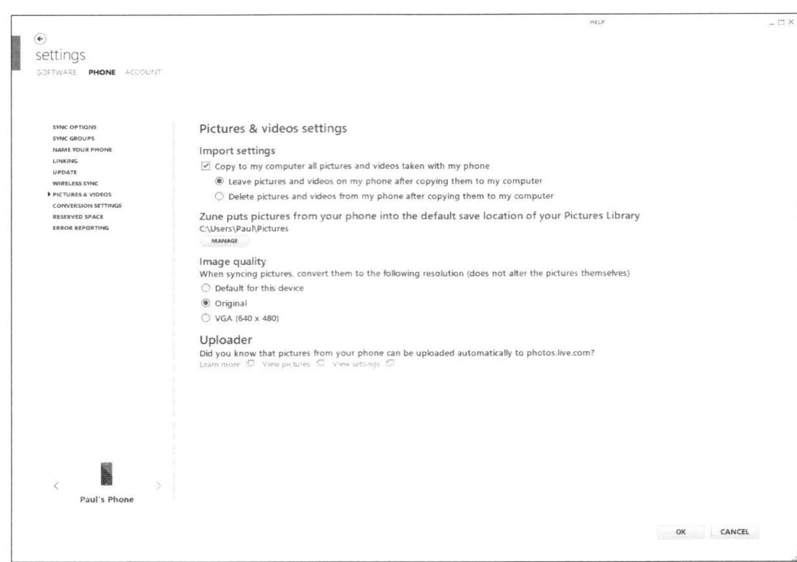

그림 5-11   이 화면에서는 윈도우폰이 사진 전송을 어떤 식으로 할지를 설정할 수 있다.

▸ **기본 저장 위치:** 기본적으로, Zune은 핸드폰에서 전송된 사진과 비디오들을 윈도우 7 사진 라이브러리의 기본 저장 위치에 저장할 것이다(이것은 일반적으로 C:\Users**username**\Pictures이다). 유감스럽게도, 이 설정을 바꿔서 대신 다른 곳에 전송된 사진과 비디오를 저장할 수는 없다. 하지만 Zune은 시스템 전체적으로 사진의 기본 저장 위치를 바꿀 수 있도록 해주는, 윈도우 7 라이브러리 관리를 위한 화면을 제공한다.

▸ **사진 화질:** 이 옵션은 PC에서 핸드폰으로 동기화 되는 사진들과만 관련되어 있으며, 그 반대는 아니다. 기본으로, Zune은 사진의 원래 크기와 화질 수준으로 동기화를 한다. 그러나, 필요하다면 기기의 저장 공간을 절약하기 위해 다른 해상도로 사진을 동기화 하도록 선택할 수도 있다. 이 옵션들에는 기본(일반적으로 800×480 또는 480×800)과 VGA(640×480) 등이 포함된다.

Zune의 사진 전송 옵션에 대한 구성을 마쳤으면, OK를 눌러 설정 화면을 빠져나온다.

사진을 PC에 복사하기

핸드폰에 저장된 사진들은 자동이든 혹은 수동이든 PC에 복사할 수 있다. 이것은 앞 섹션에서 설명한 불러오기 설정에 의해서 결정된다.

만약 여러분이 기본 설정인 자동 전송을 택했다면, 연결이 되자마자 Zune은 사진과(카메라로 찍은) 비디오들을 핸드폰으로부터 전송하게 된다. 사실, 이 작업은 종종 굉장히 빨리 진행되기 때문에, 이것을 알아채지 못할 수도 있다.

수동으로 전송하는 것을 택했다면, 핸드폰이 PC에 연결되어도 아무 일이 일어나지 않는다(음, 적어도 사진과 관련해서는). 그러나 여러분은 여전히 핸드폰에서 PC로 사진들(과 비디오들)을 전송할 수 있다. 그렇게 하려면, Zune PC소프트웨어에서 핸드폰 - 사진들(Phone - Pictures)로 이동한다. 그림 5-12와 비슷한 화면을 볼 수 있을 것이다.

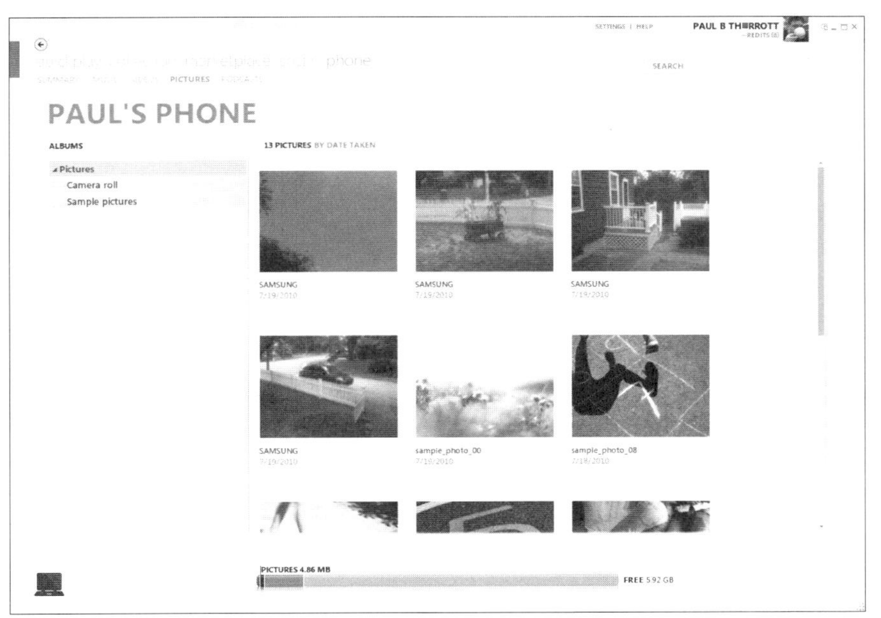

그림 5-12 Zune PC 소프트웨어를 이용하여 핸드폰상의 사진들을 살펴보고, 원하는 사진들은 컴퓨터로 전송할 수 있다.

직접 핸드폰에서 PC로 사진들을 전송하기 위해서는, Zune PC 소프트웨어에서 하나 혹은 그 이상의 사진들을 선택하고, 마우스 오른쪽 버튼을 클릭한 후, 내 컬렉션에 복사하기(Copy to My Collection)를 선택한다.

▶ 여러분은 또한 이와 같은 방법으로 핸드폰상의 다른 폴더들에서 사진들을 전송할 수 있다. 예를 들어, 웹으로부터 저장한 사진들은 저장된 사진들(Saved Pictures)이라는 폴더에 저장되어 있다.

내 비디오는 어디에 있을까?

여러분은 어쩌면 핸드폰의 내장 카메라로 찍은 비디오들이 '핸드폰 – 사진들' 아래에 있는 카메라 롤 앨범에 나타나지 않는 것을 알아차렸을 수도 있다. 걱정할 것은 없다. 그것들은 여러분의 PC에 있다. 핸드폰 – 비디오들을 확인해보면 된다. 여러분은 이 비디오들도 사진을 전송할 때와 같은 방법으로 직접 전송할 수 있다.

여러분이 어떻게 사진들을 전송했는지는 상관없이, 일단 전송이 완료되면 몇 가지 일들이 일어난다.

우선, 여러분의 사진들(과 비디오들)은 하드 드라이브의 어느 폴더로 복사가 되었다. 이 폴더는 보통 C:\Users**username**\Pictures에서 찾을 수 있다. 거기에서, 여러분은 '**핸드폰이름**으로부터'(**핸드폰이름**은 물론 여러분의 핸드폰이름이다. 내 PC의 경우, 이 폴더의 이름은 'From Paul's Phone 폴의 핸드폰으로부터'이다.)라는 이름의 폴더를 확인할 수 있을 것이다. **이** 폴더의 안에는, 최소한 한 개의 폴더 – 카메라 롤이라고 불리는 – 와 핸드폰에서 PC로 무엇이 전송되었느냐에 따라 다른 폴더들이 나타난다.

여러분이 핸드폰의 카메라로 찍고 PC로 전송하는 모든 사진(과 비디오)은 카메라 롤 폴더 내에서 찾을 수 있다. 그림 5-13 참조.

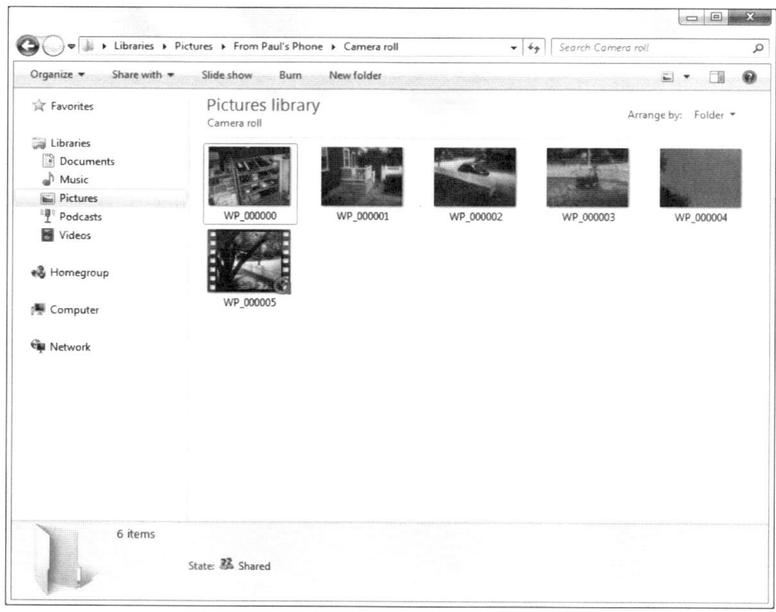

그림 5-13 핸드폰 카메라로 찍은 사진과 비디오는 카메라 롤 폴더에서 확인할 수 있다.

안타깝게도, 보이는 것처럼 Zune은 지능적으로 사진들의 이름을 짓는다거나 그들을 논리적으로 하위 폴더('마크의 생일파티'나 '휴가'와 같이)에 분리하는 방법을 지원하지 않는다. 그냥 단조로운 사진 목록이다.

Zune PC 소프트웨어의 내부에서는 뭔가 조금 다른 일들이 일어났다. 여러분이 불러들인 사진과 비디오들은 자동으로 Zune의 각각 사진과 비디오 라이브러리에 자동으로 추가되었다(Zune은 새 콘텐츠가 어느 폴더로 올라올지를 알아내기 의해 윈도우 7의 기본 라이브러리 기능을 이용한다). 따라서 Zune에서 '컬렉션 - 사진들'로 이동하면, 여러분이 방금 전에 불러들인 사진들을 볼 수 있을 것이다. 그림 5-14 참조.

그림 5-14 불러온 사진들과 비디오들은 Zune의 컬렉션 화면에 나타난다.

핸드폰의 사진을 꾸미기 위해 WINDOWS LIVE 사진 갤러리 이용하기

만약 Windows Live 사진 갤러리–훌륭한 프로그램이다–를 설치했다면, Zune에서 각각의 사진들에 대해 마우스 오른쪽 클릭을 할 수 있고, 다양한 방법으로 사진들을 편집하기 위해서 보정하기와 게시하기를 선택할 수 있다. 이 프로그램에서는 좋아하는 사진들에 대해 참고할 만한 사항들을 자막 형태로 입력할 수도 있고, 그 외에도 수많은 사진 관련 기능들을 포함한다. Windows Live 사진 갤러리는 무료 Windows Live 기본 패키지에 포함되는 프로그램으로 get.live.com에서 다운로드 할 수 있다.

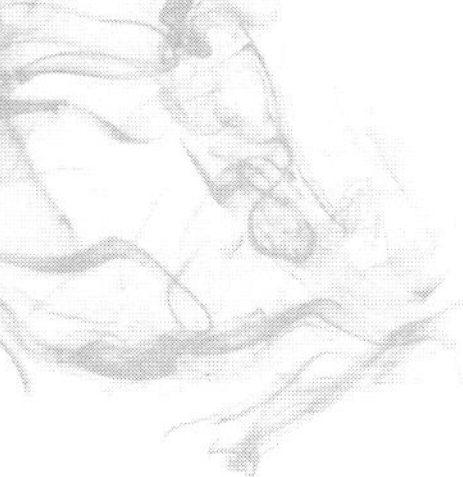

PC 기반 사진을 핸드폰으로 동기화하기

Zune PC 소프트웨어는 또한 PC에서 윈도우폰으로 사진을 전송하는 방법을 제공한다. 하지만, 이 기능은 여러분이 핸드폰에서 PC로 복사할 때 이용하는 간단한 전송 기능에 비해 훨씬 복잡하다. 왜냐하면 Zune은 PC 기반 사진 컬렉션의 특정 부분들이 핸드폰에서 항상 최신 정보로 유지되도록 하는 정교한 사진 동기화 기능을 제공하기 때문이다.

사진 동기화는 Zune PC 소프트웨어의 '설정 - 핸드폰 - 동기화 옵션'에서 설정한다 (핸드폰 관련 옵션을 보기 위해서는 핸드폰이 PC에 연결되어 있어야 한다는 것을 기억하자). 이 화면은 그림 5-15와 같다.

<table>
<tr><td>

▸ SYNC OPTIONS
  SYNC GROUPS
  NAME YOUR PHONE
  LINKING
  UPDATE
  WIRELESS SYNC
  PICTURES & VIDEOS
  CONVERSION SETTINGS
  RESERVED SPACE
  ERROR REPORTING

</td><td>

With "Items I choose", drag items in your collection to sync them with your device. Any changes you make to these items will be mirrored on your device. When you delete something, for instance, it will be removed from your device as well as your computer. To keep things on your device that you've deleted from your computer, choose manual sync.

Learn more about sync options

MUSIC	VIDEOS	PICTURES	PODCASTS
○ All	○ All	○ All	○ All
◉ Items I choose	◉ Items I choose	◉ Items I choose	◉ Items I choose
○ Manual	○ Manual	○ Manual	

☐ Don't sync songs rated ♥

Device options

[ERASE ALL CONTENT]   [FORGET THIS PHONE]

</td></tr>
</table>

그림 5-15 동기화 옵션은 미디어 파일들을 PC와 핸드폰 사이에서 어떻게 동기화할 것인지를 결정한다.

이 인터페이스는 6장에서 좀 더 자세히 다뤄진다. 하지만 여러분이 사진 동기화 옵션들에 관심이 있다면, 여기에는 세 가지 선택사항이 가능한 것을 확인할 수 있다. 전체(Zune 사진 컬렉션에 있는 모든 사진 동기화), **선택 항목**(여러분이 선택한 항목들에 대해서만 PC에서 변경 사항이 있으면 핸드폰에서도 변경됨), 그리고 수동(동기화에서 아주 세부적인 부분까지 관리하기를 원하는 사람들을 위한 것임)이다.

▸ 내 경우에는 보통 모든 미디어 유형에 대해서 선택 항목으로 넘겨둔다.

사진 동기화를 여러분이 원하는 대로 설정한 후에, Zune의 사진 컬렉션을 살펴보면서 동기화하고 싶은 사진들을 고를 수 있다. 여러분은 다양한 방법으로 콘텐츠를 핸드폰에 동기화 할 수 있는데, 가장 명확한 방법은 Zune 사진 컬렉션 화면에서 폴더나, 개별 사진 혹은 사진들의 그룹을 애플리케이션의 왼쪽 아래 코너에 있는 핸드폰 표시 아이콘으로 드래그 앤 드롭을 하는 것이다. 또는, 그림 5-16과 같이 각각의 항목들에서 마우스 오른쪽 버튼을 클릭하여, 'Sync with **Paul's Phone**, 폴의 핸드폰과 동기화'(여기서 **폴의 핸드폰**이라고 표시된 부분은 물론 여러분 핸드폰의 이름이 된다)를 선택한다.

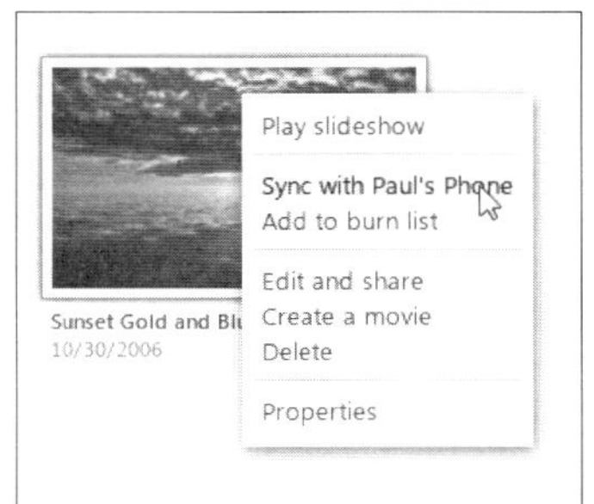

그림 5-16   마우스 오른쪽 버튼 클릭으로 사진 동기화 설정하기

이와 관련해서는 이게 전부이다. 여러분이 만약 폴더를 동기화 하면, 이후에 그 폴더의 콘텐츠에 적용되는 모든 변화들 – 추가, 삭제 혹은 이미 존재하는 파일에 대한 수정 – 은 다음에 동기화를 할 때 핸드폰에 반영된다.

사진 공유하기와 핸드폰 맞춤 설정하기

일단 내장 카메라로 사진들을 찍거나 웹으로부터 사진들을 저장하면서 윈도우폰에 사진들을 축적하고, PC와 그들을 동기화하고, 온라인 사진 갤러리에서 그 사진들을 감상하기 시작하면, 여러분은 이제 다음 단계로 나아가고 싶을 수도 있을 것이다. 여기에는 여러분이 좋아하는 사진들을 검색하고, 지인들과 사진들을 공유하며, 더 나아가 다양한 방법으로 이 사진들을 이용해 윈도우폰을 설정하는 것이 포함된다. 이 섹션에서는 이 모든 경우들에 대하여 살펴볼 것이다.

좋아하는 사진 찾기

여러분이 지난 몇 년 동안 디지털 뮤직을 관리하고 즐기는 데 얼마간의 시간을 투자해본 적이 있다면, 아마도 좋아하는 노래 목록을 구성하여 차후에 언제든지 여러 곡의 노래를 다시 함께 재생할 수 있도록 만들어두는 방법인 재생 목록의 개념에 익숙할 것이다. 윈도우폰에서는 사진에 대하여 즐겨찾기(Favorites) 갤러리라는 컬렉션 개념을 지원한다. 이 갤러리는 특별히 태그가 붙어있거나, 구별 지어 놓은 사진들을 모아서, 그 사진들이 본래 어디에 속해 있었는지와는 상관없이 함께 볼 수 있도록 해준다. 이런 식으로 마치 재생 목록처럼 작동한다. 이것은 또한 인터넷 익스플로러의 즐겨찾기(혹은 다른 브라우저들에서 볼 수 있는 북마크)목록과도 비슷하게 작동한다.

즐겨찾기 갤러리는 사진 허브의 첫 번째 섹션에서 접근할 수 있는데, 만약 여러분이 핸드폰을 이제 막 받았거나 혹은 이 기능을 아직 작동해본 적이 없다면, 이곳은 비어있을 가능성이 아주 높다(그렇지 않으면, 아마도 여러분의 핸드폰 제조업체가 몇 개의 이미지를 즐겨찾기로 표시해두었을 수도 있다).

자 이제, 즐겨찾기에 사진을 추가해볼 시간이다.

여러분이 즐겨찾기를 저장할 수 있는 곳이 두 군데 있다. 첫 번째는, 핸드폰에 저장된 사진들을 포함하고 있는 사진 갤러리들 - 카메라 롤, 저장된 사진들, 혹은 PC와 동기화된 폴더들 - 로, 어디서든 이미지 썸네일을 누르고 기다리면, 팝업메뉴가 나타난다. 즐겨찾기에 추가하기를 선택한다. 마찬가지로, 사진을 보고 있을 때 - 다시 한 번 확인하지만, 웹기반 사진이 아니라 핸드폰에 저장된 사진이어야 한다. 누르고 기다리기를 똑같이 수행할 수 있고, 즐겨찾기에 추가하기를 선택하면 된다.

일단 이런 방법으로 몇몇 사진들을 표시했으면, 사진 허브의 메인 섹션으로 이동해서, 즐겨찾기를 누른다. 여기에서 여러분은 사진들에 즐겨찾기 표시를 했던 순서로 정렬된, 좋아하는 사진들의 갤러리를 볼 수 있다. 여기에서도 다른 사진 갤러리들에서 했던 것과 마찬가지 방법으로 이 사진들과 상호작용을 할 수 있지만, 한 가지 중요한 차이가 있다. 즐겨찾기는 폴더가 아니며, 사진에 즐겨찾기 표시를 하는 것은 원래 위치에서 사진을 제거하는 것이 아니다. 대신, 즐겨찾기는 윈도우 데스크톱 버전의 **가상 폴더**처럼 행동한다. 즉, 즐겨찾기는 실제 사진들로의 **링크**(또는 바로가기)를 포함하고 있다. 이것은 가상이지 실제가 아니다.

사진 공유하기

자신의 사진들을 관리하고 감상하는 것도 충분히 즐거운 일이다. 하지만 사진들은 공유되어야 하는 법이다. 다행히도, 윈도우폰은 이를 위하여 몇 가지 방법을 제공한다.

직접 사진 공유하기

여러분의 연결된 계정을 통해 각각의(핸드폰) 사진을 직접 공유하고 싶다면 사진(또는, 갤러리에서 사진의 썸네일을)을 누르고 기다린 후, 공유하기를 선택한다. 그렇게 하면,

공유하기 페이지가 나타나는데, 여기에는 여러분이 설정했던 계정들에 따라 다양한 선택사항이 나열된다.

여기에는 다음과 같은 것들이 포함될 수 있다.

▶ **메시징:** 여러분은 핸드폰의 통합 메시징(SMS/MMS) 기능을 이용하여 핸드폰에 저장된 어떤 사진이든지 **주소록의 지인들**에게 공유할 수 있다.(기술적으로 봤을 때 꼭 연락처를 지정해야만 하는 것은 아니다. 상대방의 핸드폰 번호를 직접 입력하여, 마찬가지로 사진을 그 사람에게 보낼 수도 있다.)

▶ **이메일:** 설정해놓은 이메일 계정(Exchange/Outlook, Yahoo! 메일, Gmail, Hotmail과 같은)을 이용해 사진을 보낼 수 있다. 이 방법으로 공유한 사진들은 이메일의 첨부 파일로 보내진다.

▶ **페이스북에 업로드:** 이 옵션을 이용하여, 페이스북 계정에 사진을 업로드 할 수 있다. 만일 정말 재빠르다면, 사진이 업로드 되기 전에 이미 그 사진에 원하는 코멘트를 추가할 수 있는 빈 코멘트 박스를 누를 수 있을 것이다.(맞다, 정말 순발력을 발휘해야 한다. 만약 네트워크 연결 상태가 좋다면, 윈도우폰은 이 기회를 갖기도 전에 업로드 해버릴 것이다!)

▶ **SkyDrive에 업로드:** 이것은 페이스북의 공유하기와 동일하게 작동한다. 그러므로, 코멘트를 추가하려면 매우 서둘러야 한다.

***N*ote** 페이스북이나 SkyDrive로 공유된 사진은 또 다른 측면에서 공통점이 있다. 이 사진들은 풀사이즈가 아니다. 대신, 이 사이트들에 업로드 되는 사진들은 VGA 해상도에 가까운 버전으로 확인할 수 있다(내가 이 두 사이트들에 업로드 한 5메가픽셀 사진들은 720×540으로 축소되었다).

***T*IP** 여러분의 빠른 업로드(Quick Upload) 사이트로 페이스북이나 SkyDrive 중 하나를 선택할 수 있다. 이것이 하는 일은, 궁긍적으로, 지인들과 사진을 공유할 때 한 번의 클릭을 절약해주는 것이다. 그래서 사진 하나를 선택해서, 누르고 기다린 후, 다시 공유하기를 선택하고, 페이스북에 업로드 하기나 SkyDrive에 업로드 하기 중 하나를 선택하는 대신에, 사진을 선택하여, 누르고 기다린 후 바로 초기 팝업메뉴에서 페이스북에 업로드 하기나 SkyDrive에 업로드 하기 중 하나를 선택하는 것이다. 이 방법은 정말 '빠른 업로드'라고 할 수는 없고, 사실 '조금 빠른 업로드' 정도가 될 것이다.

Windows Live SkyDrive를 통해 직접 공유된 사진들은 모바일 사진(Mobile Photos)이라고 불리는 폴더에 업로드된다. 이 폴더는 온라인으로 photos.live.com에서 전체 앨범으로 이동해서 확인할 수 있다.

자동으로 사진 공유하기

수동으로 사진을 공유하는 방법이 가장 확실한 방법이다. 하지만 때로는 자동으로 사진들을 공유하도록 핸드폰을 설정하는 것이 훨씬 쉬울 수도 있다. 몇 가지 주의사항만 유의하면 그렇게 할 수 있다.

▶ 첫째, 이 공유 유형은 핸드폰의 내장 사진기로 찍은 사진들에만 적용된다. 다른 방법으로 저장된(혹은 웹기반) 사진들은 자동으로 공유할 수 없다.

▶ 둘째, 오로지 하나의 서비스, Windows Live SkyDrive에만 사진들을 자동으로 공유할 수 있다.

▶ 셋째, 여러분이 나중에 직접 추가하지 않는 한, 자동 공유된 사진에 자동으로 코멘트를 추가할 수 없다(물론 사진 허브에서 이것을 할 수 있다).

▶ 마지막, 수동으로 직접 공유할 때처럼, 이 기능에서도 웹에 여러분의 사진이 전체 해상도로 백업되지는 않는다. 배터리 수명과 대역폭에 대한 우려 때문이다. 대신, 같은 사진이지만 화질이 떨어지는 VGA 해상도에 가까운 버전을 얻게 된다.

이러한 문제들이 신경 쓰이지 않는다면, 사진들+카메라 설정 화면으로 이동하여 자동으로 사진을 공유시킬 수 있다. 이것을 찾으려면, 프로그램>설정>애플리케이션 그리고 나서 사진들+카메라로 이동해 간다. 그림 5-17과 같은 화면을 볼 수 있을 것이다.

이 기능을 활성화시키려면, 'SkyDrive로 자동 업로드하기(Auto Upload to SkyDrive)'를 켜기로 전환한다. 그러면, 윈도우폰은 이 기능이 여러분의 데이터요금제에서 계산되는 데이터통신을 이용할 것이라는 경고를 하게 된다. 아마도 여러분이 무선 사업자가 제공하는 무제한 데이터요금제를 이용하고 있는 것이 아니라면 신경이 쓰일 수도 있을 것이다.

이 화면에는 '옵션 선택하기'라는 하얀 박스가 있다. 이 박스를 눌러 친구들, 나에게, 모든 사람들(공개), 그리고 업로드하지 않기를 포함하는 선택 목록을 펼친다. 이것은 여러분이 업로드 하는 사진들을 누구와 공유할 것인지를 결정한다. 이 내용은 Windows Live의 기본 공유 옵션들과 일치하므로, 아마도 이해하기는 어렵지 않을 것이다. OK를 눌러 변경 사항을 적용시킨다.

그림 5-17 사진+카메라 설정

<table>
<tr><td>Note</td><td>다른 옵션들은 이 장의 끝부분에 나오는 사진+카메라 설정 화면에서 살펴본다.</td></tr>
</table>

Windows Live SkyDrive를 통하여 자동으로 공유된 사진들은 '윈도우폰 사진들(Windows Phone Photos)'이라는 폴더로 업로드 된다. 이 폴더는 온라인에서 phctos.live.com 그리고 전체 앨범으로 이동하여 확인할 수 있다. 이 폴더는 수동으로 직접 공유한 사진들이 위치해 있는 곳과는 다르다는 것을 기억하자. 그 사진들은 모바일 사진들(Mobile photos)에 있다. 왜 다른 방법으로 공유된 사진들이 SkyDrive의 다른 위치로 업로드 되는 것일까? 그 이유는 마이크로소프트만이 알고 있을 것이다.

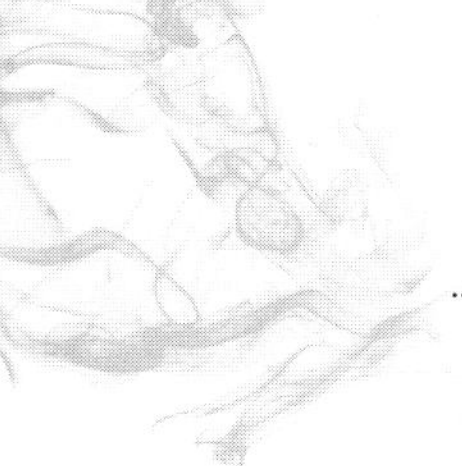

좋아하는 사진을 바탕화면으로 이용하기

여러분은 개성을 살린 자신의 사진이 윈도우폰의 잠금 화면에 나오도록 지정할 수 있다. 그리고 잘 선택해 놓으면, 핸드폰을 켤 때마다 미소를 지을 수 있을 것이다.

이러한 변경을 위해서 두 가지 방법을 이용할 수 있다. 먼저 설정에 있는 잠금&바탕화면 인터페이스를 살펴볼 수 있을 것이다. 하지만 이것은 조금 지루한 방법이다. 좀 더 그럴듯한 시나리오는 여러분이 핸드폰에서 사진을 살펴보고 있는 동안, 잠금 화면의 배경이미지로 이용하고 싶은 사진을 발견하게 되는 것이다.

그런 경우가 발생하면, 그 이미지를 눌러 전체화면으로 로드하고, 다시 사진 위를 누르고 잠시 기다려서 팝업메뉴가 나타나면 '바탕화면으로 이용하기(Use as Wallpaper)'를 선택한다.

그림 5-18과 같이, 사진을 잘라낼 수도 있다. 새 바탕화면을 보려면, 전원 버튼을 눌러 핸드폰을 끈다. 그리고 나서 다시 핸드폰을 켠다. 그림 5-19처럼, 윈도우폰 잠금 화면에 여러분이 맞춤 설정한 배경 이미지가 보일 것이다.

그림 5-18 새로운 배경 이미지를 선택할 때에는, 잠금 화면의 크기에 맞도록 이미지를 잘라낼 필요가 있다.

그림 5-19 잠금 화면의 이미지를 바꾸는 것은 윈도우폰에서 지원하는 많은 사용자정의 기능 중의 한 가지일 뿐이다.

사진 허브의 배경사진 바꾸기

이미 살펴봤었던 것처럼, 사진 허브의 매력 중 하나는 그 아름다운 배경화면이며, 이 것은 허브와 핸드폰의 시작화면에 있는 사진 라이브타일 양쪽에서 이용된다. 그대로 도 좋긴 하지만, 기본 배경화면 이미지는 시간이 지나면서 조금씩 싫증이 날 것이다. 다행이도 여러분은 원한다면 언제든지 이 이미지를 바꿀 수 있다.

일단 그 방법을 알게 되면, 이것은 정말 간단한 일이다. 여러분이 해야 할 일이라면 사진 허브의 빈 공간 어디에서든 – **거의** 아무 곳에서나, 이것은 What's New 섹션이나 다른 하위 화면에서는 작동하지 않는다 – 누르고 잠깐 기다리는 것인데, 잠시 후 그 림 5-20과 같은 팝업메뉴가 나타난다.

이 메뉴는 두 가지 항목, 배경 이미지 변경과 배경 이미지 자동 변경을 가지고 있 다. 만약 Change Background를 선택하면, 원하는 사진을 찾기 위해 로컬 사진 저장 소를 둘러볼 수 있는 사진 선택 화면이 나타난다. 사진을 선택하면서 사진을 잘라내 기할 수도 있다.

Change It for Me는 윈도우폰이 다른 사진을 임의로 선택하도록 하는 것이다. 첫 번째 옵션과 마찬가지로, 사진은 핸드폰에 저장되어 있는 사진들 중의 하나이다. 시간 이 지나면, 윈도우폰은 여러분을 위해 임의로 새로운 배경 이미지를 계속 선택하게 되 는데, 그 배경 이미지를 저장하고 있는 갤러리는 사진 허브의 중앙 섹션에 소개된다.

어느 쪽으로든, 선택을 마치게 되면, 이제 새롭게 장식된 사진 허브로 되돌아오게 된다(그림 5-21).

▶ 오직 핸드폰에 저장된 이미지들만 이용할 수 있다는 것을 다시 한 번 기억하자. 만약 웹 기반 사진을 바탕화면으로 이용하고 싶다면, 먼저 핸드폰에 그 사진을 다운로드 해야 한다.

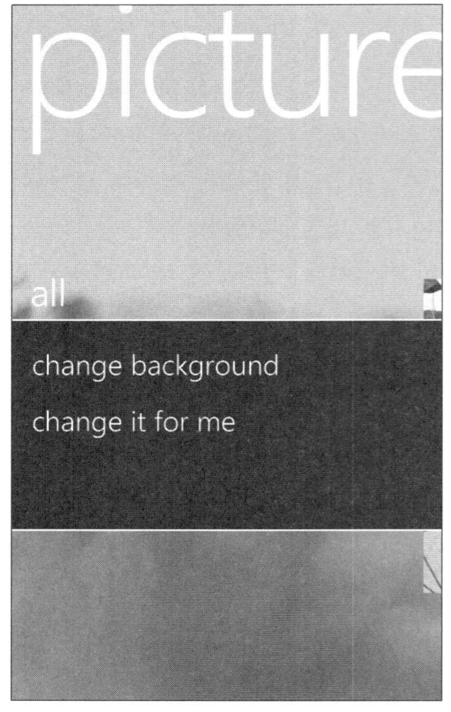

그림 5-20 사진 허브의 배경 이미지를 바꾸는 비밀스런 방법.

그림 5-21 새로운 배경 이미지로 단장된 사진 허브.

사진 허브 옵션 설정하기

몇몇 중요한 설정 옵션들을 제공하는 사진+카메라 설정화면을 살펴보지 않고서 윈도우폰의 사진 기능들에 대한 논의를 마칠 수는 없을 것이다. 이 화면은 조금 깊숙이 묻혀있다. 이것을 찾기 위해서는 프로그램, 설정 그리고 애플리케이션으로 이동해야 한다. 거기에서 여러분은 다음과 같은 옵션들을 볼 수 있을 것이다.

▸ **카메라 버튼으로 핸드폰 깨우기:** 이것은 윈도우폰의 'pocket to picture' 기능의 핵심으로써, 기본 설정으로는 켜짐으로 되어 있다.

▸ **사진에 위치정보(GPS) 포함시키기:** 윈도우폰은 구글 피카사(Picasa)나 구글 어스(Earth)등과 같은 최신 사진관리 솔루션에서 사진을 찍은 장소를 지도에 표시할

수 있도록 여러분이 찍는 각 사진에 GPS 기반 위치정보를 이용해 '태그를' 달 수 있다. 기본적으로 이 기능은 꺼져 있다.

▶ **SkyDrive에 자동으로 업로드 하기:** 선택에 따라 윈도우폰은 내장 카메라로 찍은 모든 사진을 낮은 해상도 버전으로 자동 공유하기 위해서 Windows Live SkyDrive에 업로드 할 수 있다. 이것은 배터리 수명에 영향을 줄 수 있고, 데이터 연결이 필요하기 때문에, 기본으로는 비활성화(꺼짐) 되어 있다.

▶ **업로드한 사진들의 위치정보 유지하기:** 직접이든 아니면 자동으로든 윈도우폰으로부터 사진을 공유한다면, GPS 기반 위치 데이터가 이 사진들에 포함되게 된다. 하지만, 개인 정보 보호를 이유로 이것을 원하지 않을 수도 있다. 그렇다면, 이 옵션을 끄면 된다(기본적으로는 켜져 있다).

▶ **빠른 업로드 계정:** Windows Live SkyDrive 또는 페이스북을 여러분의 빠른 업로드 계정으로 설정하여, 그 계정으로 조금 빠른 방법으로 사진들을 직접 공유할 수 있다.

요약

윈도우폰은 스마트폰 세계에서 비길 데가 없는 훌륭한 사진 서비스를 제공한다. 사진 허브라고 불리는 통합된 허브는 카메라, 로컬 저장소 그리고 다양한 웹서비스로부터 모든 콘텐츠를 한곳에 모아 보여준다. What's New 섹션은 여러분의 친구들과 지인들이 포스팅 하는 최신 사진들을 확인할 수 있게 해주고, 온라인 서비스들에 저장된 사진들을 포함하여 여러분 자신의 사진들을 볼 수 있는 다양한 갤러리들도 제공한다.

함께 제공되는 카메라는 사진 및 비디오 기능, 최고급 카메라들에서나 볼 수 있는 고급 기능들을 가진 정말 뛰어난 카메라이다. 또한, 특별한 'pocket to picture' 기능 덕분에, 심지어 핸드폰이 꺼져있거나 비밀번호로 잠겨 있다고 하더라도 즉석에서 언제든 사진을 찍을 수 있다.

윈도우폰은 훌륭한 Zune 소프트웨어와의 통합기능을 통해, 사진을 PC에서 핸드폰으로 동기화 하고, 핸드폰에서 PC로 사진(과 비디오)을 복사할 수 있다. 그리고, 어디서든 사진을 공유하고 싶다면, 윈도우폰은 거의 제한 없이 메시징, 이 메일, Windows

Live SkyDrive 그리고 페이스북을 통한 공유 기능들을 제공한다. 여러분은 또한 원한 다면 핸드폰의 카메라로 찍은 사진들을 자동으로 SkyDrive에 업로드 할 수 있다.

핸드폰의 사용자지정 설정과 관련하여, 윈도우폰은 잠금 화면의 바탕화면 이미지, 또는 심지어 사진 허브의 배경 이미지도 자신이 좋아하는 사진으로 변경할 수 있도록 해준다. 이 기능은 핸드폰을 정말 여러분 자신의 것이 될 수 있도록 해주는 것이다.

사진과 관련하여 윈도우폰이 할 수 없는 것이 정말로 별로 없다. 이 기능은 마이크로소프트의 스마트폰 플랫폼을 선택해야 하는 최고의 이유 중 하나이다.

Zune to Go: 음악 + 비디오

만약 여러분이 최고의 모바일 멀티미디어 기기를 원하고 있다면, 여기 좋은 뉴스가 있다. 윈도우폰은 단지 세계 최상급의 스마트폰만이 아니다. 윈도우폰은 또한 시장에 나와 있는 최고의 미디어 플레이어이기도 하다. 왜냐하면 통합적이면서 뛰어난 음악과 비디오 재생 기능을 포함하고 있기 때문인데, 훌륭하지만 그만큼 인정받고 있지 못하는 마이크로소프트의 Zune 온라인 서비스들에도 완벽하게 연결된다. 윈도우폰은 정말로 양쪽 모두에서 최고라고 할만하다.

윈도우폰은 수많은 유용한 음악과 비디오 기능들을 제공한다. 여러분은 이 기기에서 음악, 오디오북, 팟캐스트, TV쇼, 영화, 뮤직비디오, 심지어 FM 라디오를 모두 관리하고, 재생할 수 있다. 만약 Zune 패스를 구독하고 있다면, 저렴한 월수수료로 마이크로소프트의 수백만 개의 음악 컬렉션의 노래들을 직접 여러분의 기기에서 무선으로 들을 수 있다. 또한 Zune PC 소프트웨어를 이용하면, 윈도우즈에서 여러분의 디지털 미디어 컬렉션들을 관리하고, 콘텐츠를 핸드폰으로 동기화 할 수도 있고 심지어 원한다면 무선으로도 할 수 있다.

Zune 마켓플레이스를 통해서 유료 음악, TV쇼, 영화, 뮤직비디오뿐만 아니라 무료 팟캐스트를 검색하고, 구입하거나 다운로드 할 수 있다. 또한 원한다면, 이 방대한 온라인 스토어의 일부분을 핸드폰에서 직접 접속할 수도 있다. 이것은 여러분의 선택에 달려 있다.

여기서 멈추지 않는다. 폭넓은 확장성 덕분에, 여러분은 또한 판도라와 같은 써드 파티 솔루션을 통해 윈도우폰의 음악과 비디오 기능들을 향상시킬 수 있는데, 판도라는 개인의 취향에 딱 맞는 음악을 무선으로 핸드폰에서 직접 접근이 가능하도록 해주는 개인 맞춤형 인터넷 라디오 방송국을 제공한다. 시간이 흐르면서, 윈도우폰의 이미 훌륭한 내장 미디어 기능들을 더욱더 확장시켜 줄 수 없이 많은 애플리케이션과 서비스가 나타날 것이다.

여러분이 무엇을 원하던지 디지털 미디어에 관해서라면 윈도우폰은 모든 것을 제공해준다. 이 장에서는, 어떻게 시작해서 어떻게 이용하고 여러분을 위한 최적의 미디어 플레이어로 만들기 위해 어떻게 설정하는지를 알아보려고 한다. 그러나 그 첫 번째 단계는 PC를 켜서 Zune PC 소프트웨어를 살펴보는 것이다.

윈도우폰으로 ZUNE PC 소프트웨어 이용하기

마이크로소프트가 윈도우폰으로 만든 흥미로운 디자인 선택들 중 하나는, 윈도우폰이 PC/핸드폰의 통합이라고 할 만한 것을 그다지 많이 제공하지 않는다는 것이다. 사실, 여러분이 윈도우폰을 USB 충전 케이블을 이용하여 윈도우 기반 PC에 플러그를 꽂으면, 거기에서 여러분이 할 수 있는 것은 극히 적다. 심지어 드라이버를 다운로드 한 후에도, 윈도우폰은 윈도우 익스플로러에 아이콘으로 나타나지도 않을 것이다. 그래서 휴대용 하드 드라이브로 이용할 수도 없다. 또한 여러분이 전통적인 디지털 카메라(혹은 경쟁하고 있는 스마트폰들)로 하는 것처럼, 윈도우의 내장 사진 관리 소프트웨어를 이용하여 핸드폰에서 사진들을 다운로드 할 수도 없다.

여러분의 핸드폰을 윈도우 기반 PC에 연결해서 할 수 있는 일은 유일하게 한 가지 뿐이다. 마이크로소프트의 Zune PC 소프트웨어를 이용해 PC와 핸드폰 사이에서 콘텐츠 – 일반적으로 음악, 비디오 및 사진 등 – 를 동기화 하는 것이다. 따라서 이러한 목적들을 달성하기 위해서, Zune PC 소프트웨어를 통한 초기의 PC-윈도우폰 사이의 연결을 살펴본 후, 어떻게 이 PC 소프트웨어가 핸드폰으로 디지털 오디오 및 비디오 콘텐츠를 동기화하는 데 사용될 수 있는지 설명하려고 한다.

> ***CROSSREF*** 이 장에서는 오직 Zune PC 소프트웨어와 윈도우폰 사이에 음악과 비디오를 동기화 하는 방법에 초점을 맞출 것이다. 사진 다운로드와 통합에 관해서는 5장에서 설명하고 있다.

1장에서, 윈도우폰을 잘 이용하기 위해서는 Windows Live 계정을 Zune 계정에 연결하는 것이 좋다고 언급했었는데, 여러분이 그렇게 했기를 바란다. 다음 단계는 **최신 버전 Zune PC 소프트웨어의 다운로드와 설치**이다. 이 소프트웨어는 zune.net에서 찾을 수 있다.

> ***Note*** 재미있는 사실: 윈도우폰과 작동하는 최소 Zune PC 소프트웨어 버전은 4.7이다. 왜냐하면 윈도우폰 7이 나왔을 때, Zune의 버전이 4였기 때문이다-, 따라서(Zune의) 4와(윈도우폰의) 7을 결합시키면… 4.70이 된다.

그림 6-1과 같이, Zune PC 소프트웨어는 상당히 간단하다. 여러분이 만일 애플의 iTunes와 같이 불친절한 미디어/동기화 소프트웨어에 익숙하다면, 이 소프트웨어가 얼마나 예쁘고, 편리한지를 보고 충격을 받을 수도 있다.

여기서 Zune PC 소프트웨어의 모든 기능을 설명할 수는 없겠지만, 최소한 기본적인 내용을 살펴본다면, 이 소프트웨어가 어떻게 구성되고, 어떻게 작동하는지 이해하는 데 도움이 될 수 있을 것이다. 이 Zune PC 소프트웨어는 여러 화면들로 구성되어 있는데, 이 화면들은 애플리케이션의 왼쪽 상단에 놓인 메인 메뉴를 통해서 접근할 수 있다. 다음과 같은 화면들이 여기에 포함된다.

▶ 사실 PC에 핸드폰을 연결하기 전에 이 PC 소프트웨어를 설치하는 것이 가장 좋다, 왜냐하면 Zune PC 소프트웨어는 윈도우가 핸드폰과 제대로 동기화를 하는데 필요한 드라이버 소프트웨어를 포함하고 있기 때문이다.

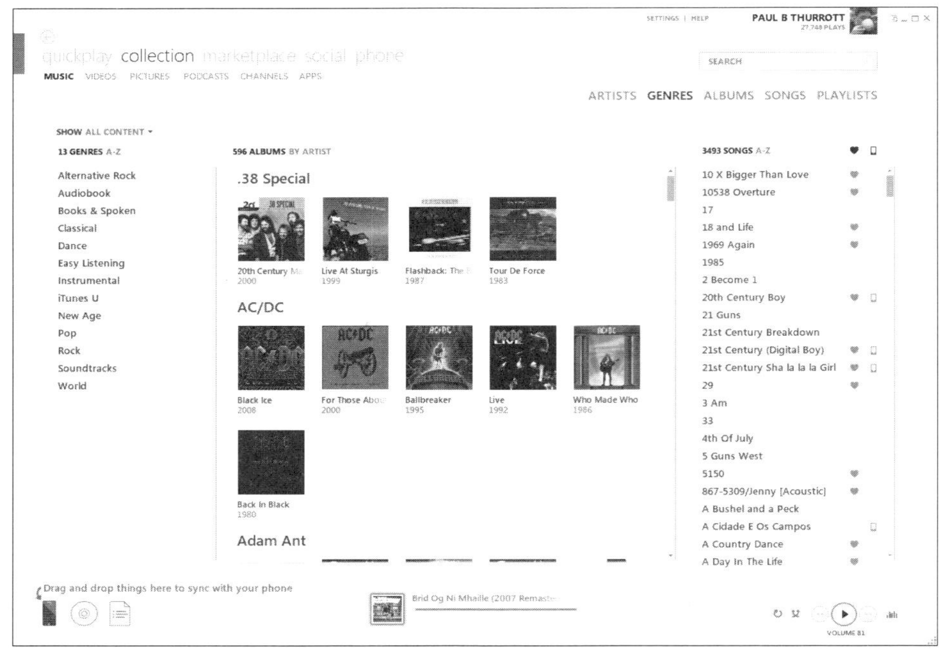

그림 6-1 Zune PC 소프트웨어

▶ **빠른 재생(QuickPlay):** 여러분이 만약 전체 미디어 컬렉션의 세세한 부분들까지 신경 쓰고 싶지 않다면, 빠른 재생은 컬렉션의 핵심 부분들을 빠르게 조작하기 위한 옵션을 제공한다. 여기에는 즐겨찾기 항목들(윈도우폰의 라이브타일이 시작 화면에 고정되는 것과 유사한 방법으로, 이 화면에도 고정시킬 수 있다), 새 미디어 항목들, 최근 접근한 미디어 항목들(히스토리라고 불린다), 그리고 스마트 DJ라고 불리는 미리 설정된 재생 목록들(전자 개인 라디오 스테이션 같은)이 포함된다. 그림 6-2에서 보이는 것처럼, 빠른 재생은 Zune PC 소프트웨어를 실행하면 표시되는 기본 화면이다.

> **TIP** 여러분이 몇 번 빠른 재생을 비활성화시키면, Zune은 다른 기본 화면으로 전환하고 싶은지 물어볼 것이다. 또한 설정(Settings), 일반(General)에서 시작화면을 여러분이 직접 변경할 수도 있다.

그림 6-2　빠른 재생(QuickPlay)

▶ **컬렉션:** 여기에서, 여러분은 음악, 비디오, 팟캐스트, 채널(지속적으로 업데이트가 되어, 오히려 라디오 방송국 같지만, Zune Pass 구독이 필요한 특정 테마의 재생 목록)과 모바일(윈도우폰 및 Zune HD) 앱들을 포함하는 전체 미디어 컬렉션에 접근할 수 있다.

각 미디어 유형은 다양한 화면 분류 기능을 제공한다. 예를 들어, 음악 섹션에서는 아티스트, 장르, 앨범, 노래, 재생 목록 사이에서 전환할 수 있다. 비디오에서는 All, TV, 영화, 기타 그리고 개인 목록을 제공한다. 이러한 화면들은 항상 보려고 하는 콘텐츠들에 최적화되어 있다. 음악 칼럼의 화면 중 아티스트에서 예를 들면, 아티스트 목록, 앨범 썸네일, 노래 목록을 포함하는 세 가를 볼 수 있는데, 항목을 선택할 때마다 이 화면들이 모두 바뀐다. 하지만 음악>앨범에서는 화면에 큰 앨범과 썸네일과 노래 목록 칼럼이 대신 표시된다. 음악>재생 목록과 같은 화면은 오직 텍스트 정보 칼럼만을 제공한다.

ZUNE은 편리하다

Zune PC 소프트웨어는 어떤 폴더를 '감시'할 것인지 결정하기 위하여 윈도우 7의 라이브러리 기능을 이용한다. 따라서 이것은 음악, 사진, 비디오 라이브러리들에 대해서도 작동한다. 이것은 또한 팟캐스트라고 하는 새 라이브러리도 윈도우 7에 추가한다. 만약 여러분이 윈도우에서 이들 중 어느 곳에 콘텐츠를 추가하면, 자동으로 Zune에 표시되고, 따라서 윈도우폰에도 동기화 될 수 있다. 이것은 미디어파일을 파일시스템에서 직접 애플리케이션으로 드래그 해야만 하는 애플의 iTunes와는 정반대이다. 즉, iTunes는 Zune처럼 파일시스템의 폴더들을 자동으로 감시할 수 없다.

▸ **마켓플레이스:** Zune 애플리케이션 내에서 마이크로소프트의 Zune과 윈도우폰용 온라인 스토어로 직접 접속할 수 있다. 애플이 아직은 두려워 할 이유가 없겠지만 – iTunes 스토어는 여전히 훨씬 더 많은 콘텐츠를 가지고 있다 – Zune 마켓플레이스(때에 따라 윈도우폰 마켓플레이스로 불리기도 한다)도 굉장히 많은 콘텐츠를 제공하고 있다. 마켓플레이스는 음악, 비디오(뮤직비디오, TV쇼, 영화), 팟캐스트(무료이며, 오디오와 비디오 두 종류가 제공된다), 채널(앞서 언급했듯이, Zune Pass 구독이 필요한 21세기 라디오 방송국들), 모바일 애플리케이션을 포함한다.

그림 6-3과 같은 Zune 마켓플레이스는 PC와 윈도우폰 양쪽으로부터 접근이 가능하다. 하지만 PC를 이용할 경우에는 몇 가지 장점이 있다. 우선, PC에서는 화면의 면적이 훨씬 널찍하기 때문에, 여러분이 무엇을 찾고 있느냐에 따라 좀 더 편할 수도 있다. 두 번째로, Zune 마켓플레이스의 모든 콘텐츠가 핸드폰에서 접근 가능한 것은 아니다. 핸드폰에서는 오직 음악과 모바일 애플리케이션만을 조회하고, 다운로드 할 수 있다. 이 스토어에 있는 나머지 다른 콘텐츠를 얻으려면, PC로 접속해야 한다.

▸ **소셜:** Zune 서비스들은 Window Live 계정에 연결되어 있기 때문에, 그 둘을 연결하여, 여러분의 친구들과 좋아하는 음악을 공유할 수 있다. 여러분이 Windows Live에 가지고 있는 연락처들은 또한 Zune에 연결되어 있어, 마이크로소프트의 음악애호가들을 위한 온라인 커뮤니티인 Zune 소셜에도 표시된다. Zune PC소프트웨어 소셜 화면에서 친구들의 음악과 관련된 최근 활동(말하자면, 어떤 아티스트, 어떤 노래, 어떤 앨범을 최근에 듣고, 또 자주 듣는지)을 볼 수 있고, 자신의 음악 히스토리와 선호 음악(그리고, 재미있게도 자신의 배지도 볼 수 있

는데, 이것은 Xbox Live의 도전 과제와 비슷하게 작동하지만 여기서는 게임 대신 음악에 대해서 적용된다)을 볼 수 있으며, 친구들와 메시지를 교환할 수도 있다.

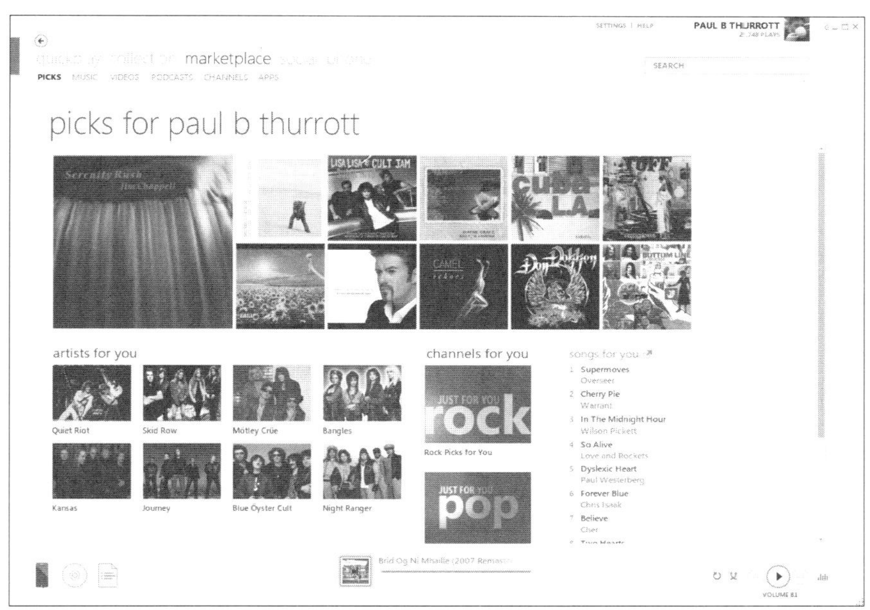

그림 6-3 Zune PC 소프트웨어에서 접속한 Zune 마켓플레이스

▶ **장치/핸드폰:** 윈도우폰이 있기 전에, 마이크로소프트는 여러 세대의 Zune 포터블 미디어 플레이어를 만들었는데, 여러분은 장치 섹션을 통해서 이러한 장치들을 관리 – 어떤 콘텐츠를 그들과 동기화 할지를 포함하여 – 할 수 있다. 여러분이 윈도우폰을 가지고 있다면, 그 장치가 연결되어 있는 동안 이 섹션은 폰(Phone)으로 표시될 것이다. 하지만 그것은 비슷한 기능을 제공한다. 이것은 윈도우폰/Zune PC 소프트웨어 서비스의 중요한 부분이기 때문에, 조금 뒤에 이 인터페이스에 관하여 좀 더 자세히 살펴볼 것이다.

> **TIP** 물론, Zune PC 소프트웨어와 관련하여 살펴볼 수 있는 것들은 많이 있다. 조금 더 알아보고 싶다면, Super Site for Windows에서 나의 Zune 소프트웨어 리뷰, 오버뷰 및 다른 기사들을 참조할 수 있을 것이다. winsupersite.com/digita media.

윈도우폰을 PC에 연결하기

Zune PC를 설치한 후 실행되면 기기와 함께 딸려왔던 USB 충전/동기화 케이블을 이용하여 이제 처음으로 윈도우폰을 PC에 연결할 수 있다. 윈도우는 적절한 드라이버를 검색하여 찾아낸다. 일단 이것이 완료되면, 자동으로 Zune PC 소프트웨어를 구동하는데, Zune PC 소프트웨어는 여러분이 핸드폰을 설정하도록 간단한 마법사 화면을 보여줄 것이다. 이 마법사의 첫 화면은 그림 6-4와 같은 모습이다.

그림 6-4   윈도우폰을 PC에 처음으로 연결을 하면, Zune이 실행되어 기기를 설정할 수 있다.

계속하려면 다음을 누른다. 다음 화면(그림 6-5)에서는, 여러분의 핸드폰 이름을 적절한 이름으로 바꿀 수 있다(**폴의 핸드폰** 혹은 어떤 이름이든).

▶ Zune PC 소프트웨어를 이용하면서 언제든 핸드폰의 이름을 바꿀 수 있다. 설정, 폰, 핸드폰 이름 변경으로 이동한다. 16장에서는 Zune PC 소프트웨어에서 제공하는 다른 핸드폰 설정에 관하여 설명한다.

그림 6-5 이 이름은 웹을 포함하여 윈도우폰 외부에서 여러분의 핸드폰이 참조될 때 이용된다.

다시 다음을 누르면, Zune은 윈도우폰에 대한 소프트웨어 업데이트가 있는지 살펴볼 것이다. 하기 전에, 소프트웨어에서 추천하는 업데이트가 있다면 조용하는 것이 좋다. 초기 설정을 마쳤다면, 다음을 클릭한다.

여기에서, Zune 소프트웨어는 그림 6-6과 같은 폰 개요 화면을 표시하며, 기기와의 콘텐츠 동기화가 실제로 시작하게 될 수도 있다. 동기화 멈추기(Stop Sync) 버튼을 바로 눌러서 이 작업을 멈출 수 있다. 아마 먼저 이 동작을 여러분이 원하는 대로 설정하고 싶을 것이다.

윈도우폰과 PC 사이의 자동 미디어 동기화 설정하기

여기에서는 미디어를 PC와 동기화하기 위해 윈도우폰을 설정하는 방법을 살펴본다. Zune PC 소프트웨어에서, 애플리케이션 창의 오른쪽 위 코너에 있는 설정 링크를 클릭한다. 그리고 나서, 폰(Phone)을 클릭한다. 그림 6-7과 같은, 이 화면은 여러분의 핸드폰과 관련한 설정 메뉴를 제공한다.

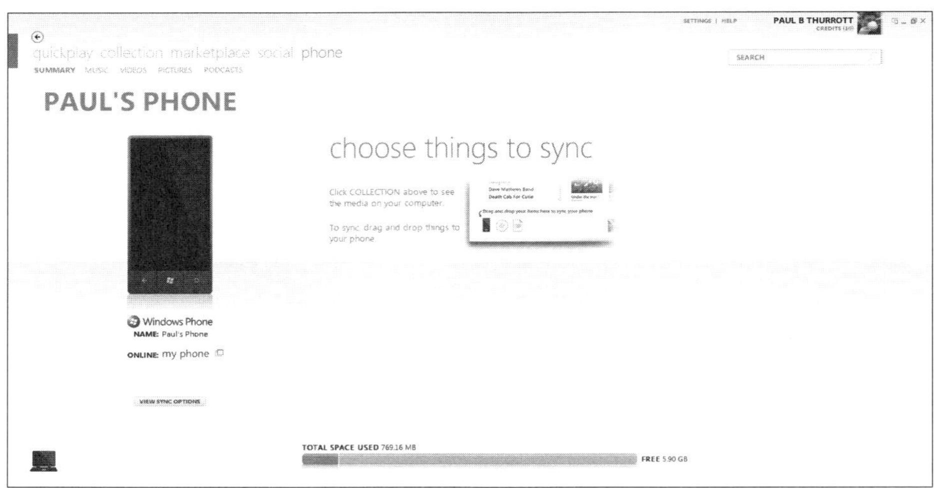

그림 6-6 이 화면은 PC와 핸드폰 사이에서 이동하는 콘텐츠의 요약 정보를 표시한다.

그림 6-7 Zune PC 소프트웨어의 윈도우폰 설정

가장 위에 있는(그리고 선택되어 있는) 설정인 동기화 옵션이 여러분이 찾고 있는 것이다. 여기서 여러분은 핸드폰을 어떻게 각각의 음악, 비디오, 사진, 팟캐스트 콘텐츠와 동기화할 것인지 설정할 수 있다.

> **Note** 여러분은 또한 이 인터페이스를 핸드폰을 사용하지 않기 위허, 미디어 컬렉션으로부터 연결을 해제하거나, 핸드폰 상의 모든 콘텐츠를 지우는 데 이용할 수 있다. 후자 쪽은 약간 무섭게 들리기도 하는데, 사실이 그렇긴 하다, 하지만 이것은 연락처 정보들과 같은 핸드폰의 다른 데이터도 지우는 것이 아니라 미디어 콘텐츠에만 적용된다. 그렇지만, 이 작업을 수행하기 전에는 내장 카메라로 찍은 사진들과 같이 중요한 정보들은 백업을 해두는 것이 좋을 것이다.

각각의 미디어 유형(팟캐스트는 제외하고)에 대하여 세 가지 옵션이 있다.

▶ **모두(All):** 모두를 선택하면, Zune PC 소프트웨어는 결정된 미디어 유형의 모든 단일 항목을 핸드폰과 동기화하려고 시도할 것이다. 하지만 여러분이 작은 미디어 라이브러리를 가지고 있거나, 핸드폰에 상당한 저장 공간을 가지고 있는 것이 아니라면, 이 선택은 피하는 것이 좋을 것이다.

▶ **내가 선택한 항목들(Items I choose):** 이 옵션을 선택하면, 어떤 콘텐츠도 자동으로는 기기에 복사되지 않는다. 하지만 나중에 컬렉션을 둘러보다가 미디어 파일을 애플리케이션 창의 왼쪽 아래 코너의 작고 어두운 아이콘으로 표시되는 전화기 위로 드래그 앤 드롭을 할 수 있다(걱정하지 마시라, 이 기능은 조금 뒤 좀 더 구체적으로 살펴볼 수 있을 것이다).

이것은 꽤 괜찮은 선택처럼 보이며, 또한 실제로도 그렇다. 하지만 이 유형의 동기화에 대해 한 가지 중요한 사항을 알아두어야 한다. **만약 _나중에 여러분이 동기화된 미디어 항목을 PC에서 삭제하거나**, 오래된 팟캐스트처럼 시간이 지남에 따라 자동으로 삭제된 항목이 있다면, **그 항목은 다음번에 동기화할 때 핸드폰에서도 자동으로 삭제될 것이다.**

▶ **수동으로(Manual):** 무엇이던 일일이 다 관리하고 싶어 하는 사람들을 위한 기능인 수동 동기화는 말 그대로 여러분이 직접 콘텐츠를 동기화해야 하기는 하

> ▶ 다행히도, 그 반대로 되지는 않는다. 만약 여러분이 어떤 항목을 핸드폰에서 삭제한다고 해도 나중에 동기화를 할 때 여러분의 컬렉션에서 삭제되지 않을 것이다.

지만, 핸드폰에 무엇을 넣을지 완벽하게 관리할 수 있도록 해준다. Zune은 이 과정에서 아무것도 관여하지 않는다(팟캐스트에서는 수동 동기화가 가능하지 않다는 것을 주의하자).

만약 여러분이 내게 조언을 원한다면, 나는 일반적으로 '내가 선택한 항목들(Items I choose)'을 이용하는 편인데, 기기의 동기화에 대한 기본 원칙을 세워두고 싶고, 그 후에는 Zune에게 이 번거로운 일을 맡겨 둔다. 이렇게 하는 것의 핵심은 재생 목록을 현명하게 생성하고, 시간이 흐르면서 업데이트되는 다른 콘텐츠들은 팟캐스트처럼 자동으로 동기화되도록 하는 것이다. 그럼 이 작업들에 관하여 살펴보기로 한다.

핸드폰으로 동기화할 미디어 선택하기

여러분이 작은 미디어 라이브러리를 가지고 있다거나, 혹은 엄청난 저장 공간을 가진 핸드폰을 가지고 있다고 하더라도, 이 섹션은 그냥 넘어가지 않는 것이 좋다. 여기에서는 여러분의 필요와는 관계없이 괜찮은 미디어 콘텐츠로 구성되는 적절한 컬렉션으로 핸드폰을 채워줄 몇 가지 전략을 소개한다.

재생 목록 이용하기

동기화하고 싶지 않은 수많은 음악 컬렉션들에서 동기화하고 싶은 음악 콘텐츠만을 분리하여 기기로 동기화하는 가장 좋은 방법은 재생 목록을 현명하게 생성하고 이용하는 것이다. Zune에서는 '일반'(혹은 '멍청한') 재생 목록과 자동 재생 목록의 두 가지 재생 목록을 지원한다. 두 가지 모두 컬렉션-음악-재생 목록에 생성된다.

▸ **일반 재생 목록**은 단순한 바구니와 같다. 여러분은 거기에 콘텐츠를 복사할 수 있고(드래그 앤 드롭을 이용하거나 Zune의 오른쪽 클릭 콘텍스트 메뉴를 통해서), 노래들의 순서를 재배치할 수 있으며(마찬가지로, 드래그 앤 드롭을 이용하여), 그리고 핸드폰에 그 노래들을 동기화 할 수 있다. 재생 목록 사용자 인터페이스에서 새 재생 목록(New Playlist)을 클릭하여 재생 목록을 생성한다. 이것은 그리 어렵지 않을 것이다.

▸ **자동 재생 목록** – 다른 곳에서는 스마트 재생 목록이라 불림 – 은 좀 더 똑똑하

고, 좀 더 흥미로운데, 자동 재생 목록은 좀 더 동적이기 때문이다. 즉, 자동 재생 목록에 있는 콘텐츠들은 특정 조건에 따라 시간이 지나면서 바뀔 수 있다.

몇 가지 경우들을 살펴보기로 하자.

예를 들어, 여러분은 좋아하는 노래들만 핸드폰으로 동기화하고 싶을 수도 있다. Zune은 귀엽고 작은 하트를 여러분이 어떤 노래를 좋아하는지 표시하는 데에 이용하는 3단계 노래 평가 시스템을 사용한다. 이 3단계 옵션은 좋아한다(Like, 하트), 좋아하지 않는다(Don't Like, 깨진 하트), 그리고 평가되지 않은(Not Rated, 하트가 비어있는)이다. 여러분이 좋아하는 노래들만으로 자동 재생 목록을 생성하려면, 새 자동 재생 목록(New Autoplaylist)을 클릭하여 그림 6-8과 같은 자동 재생 목록을 화면에 표시한다.

이 자동 재생 목록을 생성하는 방법은 간단하다. 만들려는 자동 재생 목록의 이름을 입력하고, 평가 항목을 '좋아한다'로 선택한다. 그리고 원한다면 노래 개수 제한을 100에서 다른 숫자(혹은 그냥 비워두면 무제한이 된다)로 바꾼다. OK를 클릭하면, 새 자동 재생 목록이 생성된다.

물론 좀 더 정교하게 구성할 수 있다. 여러분은 좋아하는 오페라와 록음악이 잡다하게 섞여 있는 것을 원하지 않을 수 있을 것이다, 그런 경우에는 장르에 맞춰 노래를 추가하거나 제거할 수 있도록 하는 장르 항목을 이용한다. 여기에서 가능한 경우의 수는 거의 무제한이다.

핸드폰으로 재생 목록 – 스마트 DJ와 채널도 포함하여 – 을 동기화하기 위해서는, 재생 목록에서 오른쪽 클릭을 하여, **폴의 핸드폰**(여기서 물론, **폴의 핸드폰** 부분은 여러분 핸드폰의 이름에 해당된다)과 동기화하기를 선택한다.

재생 목록을 넘어서: 스마트 DJ 목록과 채널

Zune은 또한 두 가지 다른 유형의 재생 목록을 지원한다. 앞에서 언급했던 스마트 DJ 목록과 채널이다. 양쪽 모두 라디오 방송국처럼 작동하는데, 여러분의 기호에 맞춰진 노래들의 재생 목록을 거의 임의로 생성한다. 그러나 스마트 DJ는 1회용(업데이트는 가능)의 정적인 재생 목록을 생성하는데, 채널은 시간이 흐르면서 바뀌도록 설계되었다. 스마트 DJ 목록은 여러분의 로컬 음악 컬렉션과, 만약 Zune Pass를 구독하고 있으면 Zune 마켓플레이스에서 이용 가능한 수백만 곡의 음악들에서 콘텐츠를 끌어올 수 있다. 채널은 반대로, Zune 패스가 필요하다. 스마트 DJ 목록은 음악(Music)에서 재생 목록 화면에 나타나고, 채널은 별도의 화면을 가지고 있다.

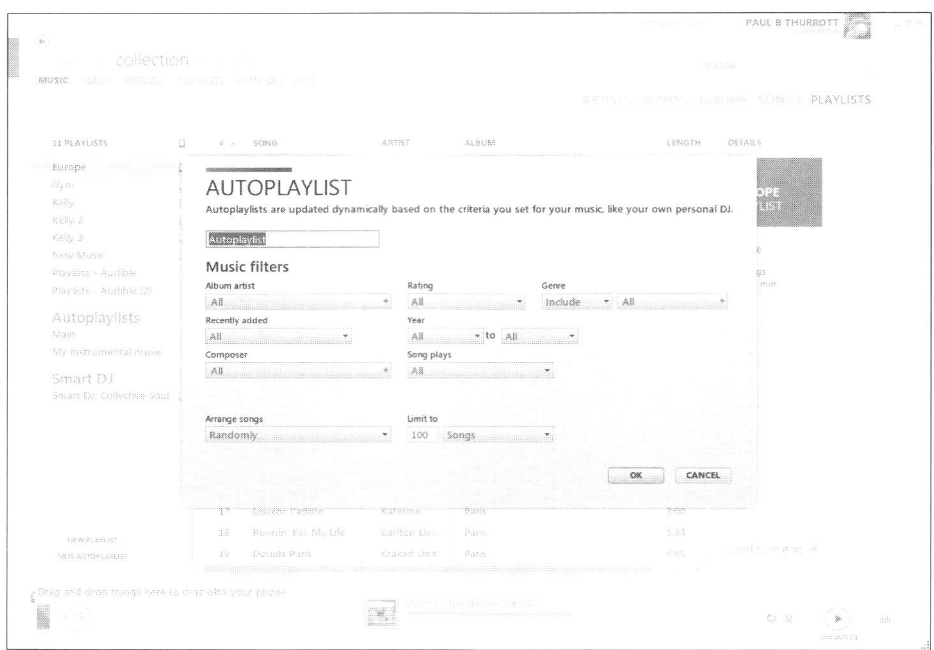

그림 6-8   Zune에서는 자동 재생 목록이라고 불리는, 똑똑한 재생 목록을 생성할 수 있다.

좋아하는 아티스트, 앨범, 장르를 드래그 앤 드롭으로 끌어넣기

만약 재생 목록을 만드는 것이 너무 지루하다면, 여러분의 컬렉션에서 좋아하는 콘텐츠를 간단히 드래그 앤 드롭으로 끌어서 특별한 윈도우폰 아이콘 위에 놓을 수도 있다. 이 윈도우폰 아이콘은 Zune PC 애플리케이션 창의 왼쪽 하단에서 찾을 수 있다(그림 6-9).

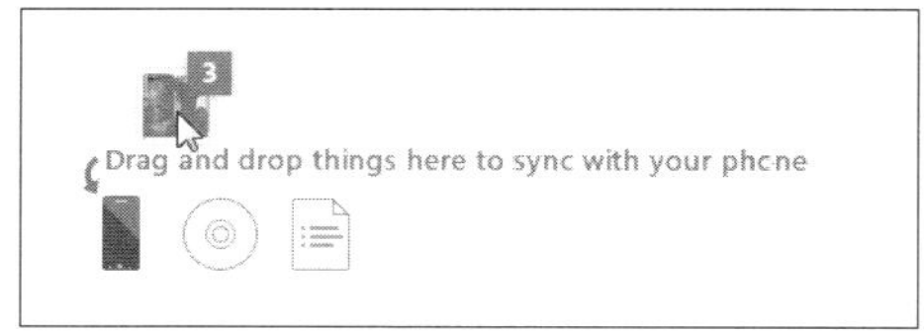

그림 6-9   콘텐트를 컬렉션에서 핸드폰으로 드래그 앤 드롭

이러한 작업은 각각의 노래, 아티스트, 앨범 그리고 장르에도 적용할 수 있다(마찬가지로 재생 목록에도 이용할 수 있다). 여러분은 또한 이 항목들에서 오른쪽 클릭하여 핸드폰으로 동기화할 수도 있다.

ZUNE 패스 고려해보기

진정한 음악애호가들, 그리고 여전히 정기적으로 음악을 구입하는 사람이라면, Zune

패스 구독을 고려해보는 것도 좋을 것이다. 저렴한 월 수수료 – 이 책을 쓸 당시 미국에서 14.95달러였는데, 곧 설명할 테지만, 가격은 그다지 비싼 편은 아니다 – 로 Zune 패스는 Zune 마켓플레이스에서 수백만 곡의 노래를 포함하는 마이크로소프트의 컬렉션으로부터 여러분이 원하는 만큼의 음악을 듣고, 다운로드 할 수 있도록 해준다. Zune 패스를 가지고 있게 되면, 스마트 DJ 같은 Zune 기능들은 좀 더 효율적으로 작동하는데, 그 이유는 훨씬 방대한 음악 컬렉션을 이용할 수 있기 때문이다. 그리고 채널은 실질적으로 Zune 패스가 필요하다.

Zune 패스는 또 다른 드러나지 않은 이유 때문에 특히 음악 애호가들에게 가치가 있다. 마이크로소프트의 굉장한 음악 컬렉션으로 그때그때 신속히 접속할 수 있을 뿐만 아니라, 가입자에게는 매달 노래 10곡의 이용권을 제공한다. 이 노래 이용권은 노래들을 이용할 수 있는 것인데, 노래를 1곡당 1달러에 구입하는 대신, 그들을 무료로 얻을 수 있다. 핵심 포인트는 여러분이 만일 많은 음악을 구입한다면, 어쨌든 새 음악을 구입하는 데 10달러 – 일반 앨범 한 장에 상당하는 가격인 – 가 들겠지만, Zune 패스의 한 달 구독료는 단지 5달러라는 것이다.(이것은 미국 내 이야기이다. 즉, 다른 나라의 가격이나 혜택은 다양할 것이다.)

Zune 패스는 또한 몇몇 의외의 곳들에서도 잘 작동한다. 예를 들어, 여러분은 PC의 웹브라우저를 통하여 전체 Zune 마켓플레이스 컬렉션(social.zune.net/home)에 접근할 수 있는데, Windows Live 계정으로 로그인해서, 원한다면 하루 종일 전체 길이의 노래를 들을 수 있다. 그래서 이것은 Mac 이용자들처럼(Zune PC 소프트웨어와 같은) PC 프로그램을 설치할 수 없는 곳에서 일하는 사람들을 위한 훌륭한 해결책이라고 할 수 있다.

웹용 Zune 플레이어는 그림 6-10과 같다. 또한 윈도우폰 사용자들을 위하여, Zune 패스는 전체 Zune 마켓플레이스의 음악 컬렉션을 네트

그림 6-10 작은 창 모드에서의 Zune 웹플레이어

워크 연결(3G나 Wi-Fi)이 되는 곳이라면 어디에서든 접속할 수 있는 방법을 제공한다. 이것은 여러분이 외부에 있을 때, 새로운 음악을 찾을 수 있는 멋진 방법이다(이 기능

은 이 장의 좀 더 뒤에서 살펴보기로 한다).

zune.net/zunepass에서 Zune 패스에 관한 더 자세한 내용을 확인할 수 있으며, 등록하면 14일간은 무료로 이용할 수 있다.

팟캐스트 구독하기

다른 최신 미디어 플레이어 솔루션들처럼, Zune 플랫폼도 팟캐스트를 구독하고, 관리하고, 재생하는 것을 지원하는데, 이것은 라디오 듣는 것을 좋아하지만 지역에 기반하지 않고 특정 관심 분야에 맞춰져 있는 콘텐츠를 원하는 사람들에게 유용한 옵션이다. 팟캐스트는 여러분이 라디오에서 들을 수 있는 것과 같은 오디오나 비디으의 녹음들이다. 어떤 것들은 대화 형식이고, 어떤 것들은 교육적이며, 다른 콘텐츠 유형과 마찬가지로 놀랄만한 것들도 있지만, 그 질은 천차만별이다.

그러나 라디오 방송국과는 달리 팟캐스트는 인터넷을 통해서 배포되고 실시간 라이브로 재생하기보다는 일반적으로 PC나 다른 기기에 다운로드 된다.

팟캐스트는 Zune 마켓플레이스의 팟캐스트 섹션에서 찾을 수 있다. 팟캐스트의 처음으로 이용해볼만한 곳을 찾고 있다면, 2006년부터 매주 제작해오고 있는 나의 팟캐스트 **Windows Weekly**를 겸손하게 추천하고 싶다. 나는 이 프로그램을 기술전문가(이자 다재다능한 나이스가이)인 레오 라포르테(Leo Laporte)와 함께 진행하고 있다. 오디오와 비디오 버전이 가능한데, 매주 마이크로소프트 관련 기술에 관해 이야기를 나눈다. 물론 윈도우폰도 포함된다. **Windows Weekly** 팟캐스트에 대해서는 winsupersite.com/potcast에서 더 많은 정보를 얻을 수 있으며, Zune PC 소프트웨어를 통해서도 쉽게 구독할 수 있다.

팟캐스트를 윈도우폰에 동기화하는 것은 간단하다. 팟캐스트 화면으로 이동하여, 원하는 팟캐스트(혹은 팟캐스트 에피소드)를 드래그 앤 드롭으로 여러분의 핸드폰에 넣는다. 짜잔!

비디오 콘텐츠 고르기

비디오를 여러분의 컬렉션으로 넣은 후, 그것을 핸드폰으로 가져오는 방법은 다양하다. 예를 들어, Zune 마켓플레이스로부터 영화를 구입하거나 빌릴 수 있고, TV 쇼 또는 뮤직비디오를 구입하는 것이 가능하며, 이들을 PC에서 핸드폰으로 동기화 할 수 있다. 적절한 소프트웨어와 방법을 알면 여러분은 PC로 DVD 영화들을 '복사'할 수 있고, 이들을 핸드폰으로 동기화 할 수도 있는 것이다(이것이 조금 어렵거나 무섭게 들린다면, winsupersite.com/digitalmedia에서 디지털미디어 핵심 시리즈를 참조한다). 웹에서 비디오를 다운로드 할 수도 있고, 또는 몇몇 샘플 비디오나 홈비디오를 이미 PC에 가지고 있을 수도 있을 것이다. 콘텐츠는 어디에나 있다.

물론, 비디오와 관련된 문제점은 그 파일들이 엄청나게 크다는 것이다. 헐리우드 영화의 일반 DVD 복사본은 고화질 형식으로 복사한다면 1GB에서 2GB의 저장 공간을 차지한다. 이런 파일을 윈도우폰에서 재생하는 것이다. 하지만 요즘 일반적인 핸드폰들의 저장 공간이 8GB에서 16GB 정도라는 것을 감안한다면, 복잡한 수학 계산이 없이도 충분히 용량에 대해 걱정할 만하다. 그래서, 여러분은 아마드 많지 않은 비디오들만을 일반 핸드폰에서 보고 있을 것이다.

이러한 이유로, 핸드폰으로 정말 동기화하고 싶은 비디오들에 대해서 까다롭게 선별하고, 또한 비디오 콘텐츠는 수동으로 직접 동기화할 것을 권하고 싶다. 여러분이 여행을 떠난다면, 이(꽤) 작은 핸드폰 화면으로 영화 아바타를 보고 싶을 수도 있을 것이다. 하지만 일상생활 속에서 그처럼 영화를 매일매일 넣어두고 다닐 필요가 있을까? 아마 아닐 것이다.

핸드폰에서 음악과 비디오 콘텐츠 즐기기

여러분이 윈도우폰을 이용해 보았다면, 마이크로소프트에서 **허브**라고 부르는 둘둘 말려있는 파노라마 형태의 강력한 사용자 인터페이스를 이해하고 있을 것이다. 윈도우폰에는 수많은 멋진 허브들이 있는데, 그 중에서 두 가지는 특히 디지털 미디어 콘텐츠를 즐기는 것과 연관이 있다. 5장에서 살펴본, 사진 허브와 이 장의 제목을 상기시키는 음악+비디오허브이다.

흔히, 음악+비디오 허브는 여러분의 핸드폰을 어떻게 설정해 놓았느냐에 따라 완전히 달라질 수 있다. 예를 들어, 어떤 PC 기반 디지털 미디어 콘텐츠와도 동기화시키지 않았다면, 그림 6-11과 같은 정말 비어 있는 UI를 보게 될 것이다.

하지만 일단 여러분이 최고의 포터블 디지털 미디어 플레이어로써 윈도우폰을 이용하기 시작했다면, 여러분의 음악+비디오 허브는 콘텐츠로 채워지고, 가능성을 폭발시킬 것이다. 그림 6-12에서, 여러분은 텅텅 빈 황무지와 같은 기본 화면과 진정한 음악+비디오 허브가 어떤지 그 차이를 발견할 수 있을 것이다.

그림 6-11 기본 음악+비디오 허브는 Zune 섹션을 포함하고 있는 것 외에 별다른 내용 없이 많이
비어 있다.

그림 6-12 일단 실제로 음악+비디오 허브를 사용하기 시작하면, 이 허브는 콘텐츠로 넘쳐나게 된다.

이 화면을 살펴보면, 음악+비디오 허브는 몇 가지 기본 섹션들로 구성되는 것을
알 수 있다. 여기에는 다음 섹션들이 포함된다.

- **Zune:** 이것은 핸드폰용 Zune 소프트웨어로, 음악, 비디오, 팟캐스트 콘텐츠를 검색할 수 있는 인터페이스들, FM 라디오, 그리고 Zune 마켓플레이스 연결로 구성되어 있다.

  Zune 인터페이스는 윈도우폰에서 음악과 비디오를 즐기는 데 꼭 필요한 구성 요소이기 때문에, 잠시 후에 이 소프트웨어에 대해 좀 더 자세히 살펴볼 것이다.

- **히스토리:** 최근에 들었던 앨범과 아티스트가 이 히스토리 섹션에 나타나게 되는데, 이것은 이 허브에서 두 개 혹은 그 이상의 화면에 걸쳐 확장될 수 있다. 또한, 지금 재생(Now Playing) 패널도 이 섹션에 나타나게 된다(이 장의 뒤쪽에서 지금 재생 패널도 살펴볼 것이다).

- **New:** 가장 오른쪽 섹션으로, 가장 최근에 핸드폰에 추가된 미디어 컬렉션을 볼 수 있다. 여기에는 음악, 비디오, 팟캐스트 또는 음악+비디오 허브에서 지원되는 모든 종류의 콘텐츠가 포함된다.

오디오북 동기화하기

만약 윈도우폰을 오디오북에 대해 작동하도록 설정했다면, 여러분은 또한 오디오북 항목도 볼 수 있을 것이다. 아쉽게도, 오디오북 동기화는 음악, 비디오 혹은 다른 콘텐츠에서처럼 매끄럽지는 않는데, Zune PC 소프트웨어를 통해서 이것을 수행할 수 없기 때문이다. 대신, 여러분은 오디오북들을 써드파티 PC 소프트웨어를 통해 Audible(audible.com) 같은 오디오북 회사에서 윈도우폰으로 '전송'해야 한다.

Note 좀 더 정확하게 말하자면, 음악+비디오 허브의 디자인은 Zune PC 소프트웨어의 빠른 재생 화면과 비슷하다. 물론 몇 가지 차이점이 있는데, 한 가지 핵심 포인트는 여러분이 좋아하는 항목들을 음악+비디오 허브에 '고정'시킬 수 없다는 것이다(즉, 핸드폰의 음악+비디오 허브에는 고정된 섹션이 없다). 하지만 아티스트, 앨범, 장르와 심지어 개별 노래들을 여러분의 윈도우 시작화면에 고정시킬 **수는 있다.** 그것이 개인 맞춤 기능이다!

외관상으로 보면, Zune 섹션은 간단한 텍스트 목록처럼 표시된다. 하지만 다른 두 기본 섹션들, 히스토리와 New는 그래픽 썸네일을 사용하여 개별 아티스트와 앨범들을 나타낸다.

여러분이 즐겼던 최근의 몇 개의 미디어 항목들을 표시하는 히스토리와 가장 최근에 추가된 미디어 항목들을 열거하는 New의 사용법은 상당히 명백할 것이다. 따라서 이제는 Zune 섹션 내의 다양한 항목들을 살펴볼 차례이다. 사실 Zune을 이전에 사용해본 적이 있는 사람은 거의 없을 테니 말이다.

ZUNE HD 사용자들을 위하여…

여러분이 Zune HD를 사용한 그 몇 안 되는 사람들 중 한 명이라면, 이 기기와 그 소프트웨어가 얼마나 훌륭한지 알고 있을 것이다. 윈도우폰의 Zune 소프트웨어는 Zune HD에 포함되어 있는 것에서 조금 업데이트 된 것일 뿐이다. 하지만 여러분이 알아두어야 할 두 가지 차이점이 있다.

▸ 첫째, Zune HD는 모든 윈도우폰이 가진 전용 뒤로 가기(Back) 버튼이 없었다. 그래서 뒤로 돌아가려면 화면 가장 위쪽 부분을 눌러야 했다. 현재는, 물론, 기기의 물리적인 뒤로 가기 버튼을 대신 이용한다(여러분이 만일 나처럼 가끔, 제목 부분을 누른다면, 유감스럽지만 아무 일도 일어나지 않는다).

▸ 둘째, 다양한 Zune 인터페이스에 있는 항목들 중의 몇몇은 어떤 이유에서인지 순서가 바뀌어졌다. 그래서 여러분이 만약 재생 목록, 노래, 장르, 앨범, 아티스트의 차례로 제공하는 음악 인터페이스에 익숙해 있다면, 윈도우폰이 그 대신 아티스트, 앨범, 재생 목록, 장르 그리고 노래를 사용하는 것을 발견하고는 놀랄 수도 있을 것이다. 이유? 오직 하늘에 계신 위대하신 모바일 신께서만 알고 계신다.

음악 화면 둘러보기

Zune 섹션에 있는 음악 인터페이스는 여러분이 예상하는 것처럼 기기에 저장되어 있는 모든 음악 콘텐츠로의 접속을 제공한다. 이 음악 인터페이스는 회전축을 기준으로 하는 목록 혹은 섹션 시리즈를 이용하여 콘텐츠로의 간단하지만 품격 있는 사용자 화면을 제공하는데, 각각은 독특한 화면 스타일을 사용한다. 여기에는 다음 목록들이 포함된다.

▸ **아티스트:** 그림 6-13과 같은, Zune 아티스트 목록은 여러분의 동기화된 음악들의 아티스트 목록을 알파벳순으로 접근할 수 있도록 해준다.

이 목록은 윈도우폰의 주소록에서 볼 수 있는 것과 같은 바로가기 기능을 제공한다. 알파벳순으로 살펴보기 위해서, 스크롤을 할 수 있지만 긴 목록으로 인해 지루할 것이다. 그래서 그 바로가기로써, 여러분은 대신 강조도어 있는 글자 상자를 누를 수 있다. 그러면 빠른 점프 격자형 화면이 나타나는데, 글자들이 격자 형태로 나열되어 있는 화면이다(그림 6-14). 이 글자들 중 하나를 눌러 목록의 더 아래로 이동한다. 예를 들어, 여러분이 아티스트 U2의 음악을 듣고 싶어 한다고 하자. 물론, 여러분은 직접 손가락으로 스크롤하여 아티스트 알파벳 목록 U까지 내려갈 수도 있을 것이다. 하지만 그 대신, 그냥 이 목록의 맨 위에 있는 '#'이나 'A'를 누른 다음 빠른 점프 격자화면의 'U'를 누른다. 자! 도착했다.

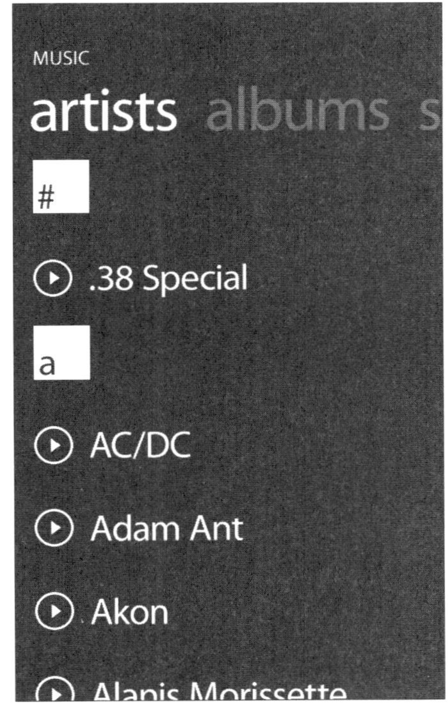

그림 6-13 아티스트 목록

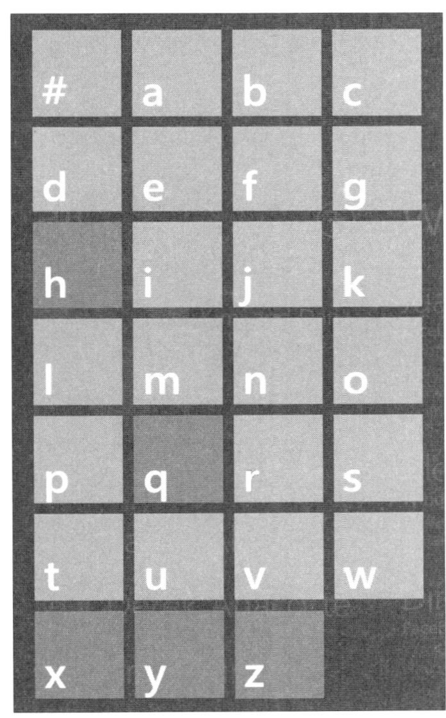

그림 6-14 바로가기 덕분에, 긴 아티스트 목록에서 바로 이동해 갈 수 있다

아티스트 목록에서 여러분은 다음의 두 가지 중에 한 가지를 할 수 있다. 아티스트 이름 왼쪽 옆에 있는 '재생' 아이콘을 누르면, Zune은 핸드폰에 있는 그 아티스트의 모든 음악을 재생하기 시작한다(지금 재생 화면은 이후에 다시 살펴볼 것이다).

또 하나는, 아티스트의 이름을 눌러 좀 더 자세히 살펴보는 것이다. 그렇게 하면, Zune은 그 아티스에 관한 상세 화면으로 전환하게 되는데, 여기에는 앨범,

노래, 소개 등이 포함된다. 뿐만 아니라, 대부분의 배경화면이 해당 아티스트의 매력적인 이미지로 채워진다. 이 아티스트 화면은 그림 6-15와 같다.

여기에서 이 앨범 목록은 여러분이 가지고 있는 그 아티스트의 모든 앨범들로 구성되며, 화면 하단에는 마켓플레이스 링크가 있다. 이것을 클릭하면, 이 앨범 목록은 Zune 마켓플레이스에서 이용 가능한 그 아티스트의 고든 앨범들이 나타나도록 확장된다. 여러분이 Zune 패스를 가지고 있지 않다면, 샘플들을 들을 수 있고, 앨범과 노래를 구입할 수 있다. Zune 패스를 가지고 있다면, 무선으로 전체 앨범과 노래들을 재생할 수 있다.

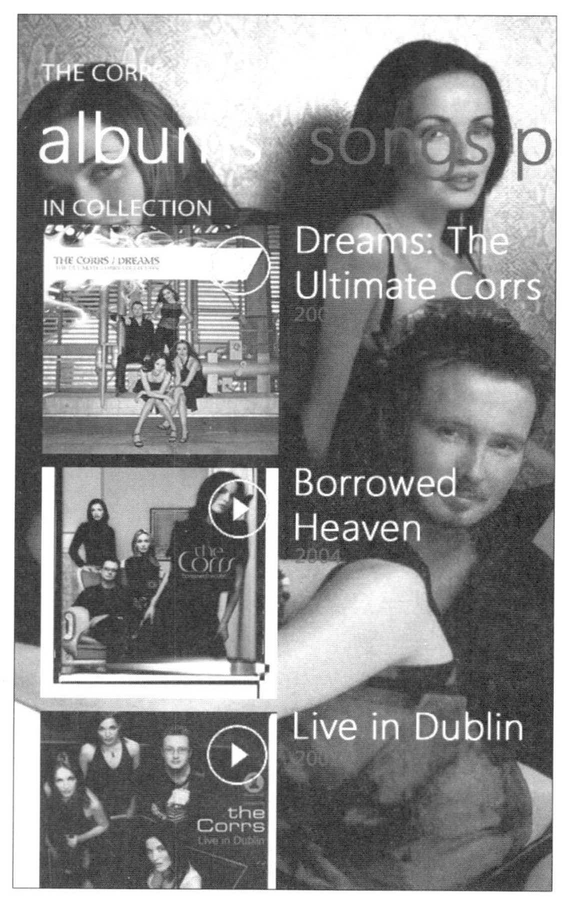

그림 6-15 아티스트 화면에서는 앨범들과 노래들을 찾을 수 있고, 소개를 읽을 수도 있으며, 아티스트의 멋진 이미지도 감상할 수 있다.

여기서도 마찬가지로, 재생 아이콘을 눌러 개별 앨범(이번에는 앨범이미지 위에 있다)을 재생할 수도 있고, 앨범 이름을 눌러서 각각의 노래들(짧게 서술된 리뷰도 읽을 수 있다)을 살펴볼 수도 있다.

노래 목록은 핸드폰에 있는 이 아티스트의 모든 노래를 나열한다. 앨범 목록과 마찬가지로, 마켓플레이스 링크가 목록의 하단에 위치하여, 이 링크를 통해 온라인 스토어에 연결하여, 마켓플레이스의 노래들을 목록에 추가할 수 있다. 물론, 일반적인 Zune 패스 관련 사항이 여기에서도 적용된다.

소개 섹션은 온라인 음악 전문가들로부터 모아진 그 밴드의 자세한 약력을 제공한다. 그래서 여러분은 좋아하는 밴드의 음악을 들으면서 그들에 관한 이야기를 읽을 수 있다.

▶ **앨범:** 또한 앨범 목록(그림 6-16)은 앨범이미지 썸네일을 포함하는 화려한 화면을 사용하며, 아티스트 목록과 동일한 바로가기와 즉시 재생 그리고 세부적으로 살펴보기 위한 링크도 제공한다. 앨범 이름을 누르면, 앨범과 리뷰 탭을 가진 새로운 화면으로 이동하게 된다.

앨범 탭에는 재생 컨트롤과 그 앨범에 수록된 노래 목록이 있다. 리뷰 탭은 현재 선택된 앨범에 대한 웹기반 리뷰를 텍스트 형태로 제공한다

> *Note* 만약 리뷰가 없다면, 이 화면에서 리뷰 탭은 나타나지 않는다.

▶ **노래:** 노래 목록은 아티스트 목록과 비슷하게 대부분 텍스트이지만, 한 가지 중요한 차이가 있다. 여기서는 각 노래 옆에 재생 아이콘이 없다. 대신, 노래 이름을 누르면, 노래가 바로 재생되고, 잠시 후 살펴볼 지금 재생 화면을 로딩 한다. 각각의 노래들에 대해 보다 더 깊이 들어가야 할 것은 없다는 측면에서 이해가 가는 부분이다.

노래 목록은 또한 목록 이동 바로가기 기능과 전체 목록을 임의로 재생할 수 있도록 상단에 편리한 '임의 재생(Shuffle All)' 버튼을 제공한다.

▶ **재생 목록:** 여기에서는, 핸드폰에 동기화시킨 재생 목록들(과 스마트 DJ 목록들)의 목록을 확인할 수 있다. 재생 목록 이름 옆에 있는 재생 버튼을 누르거나,

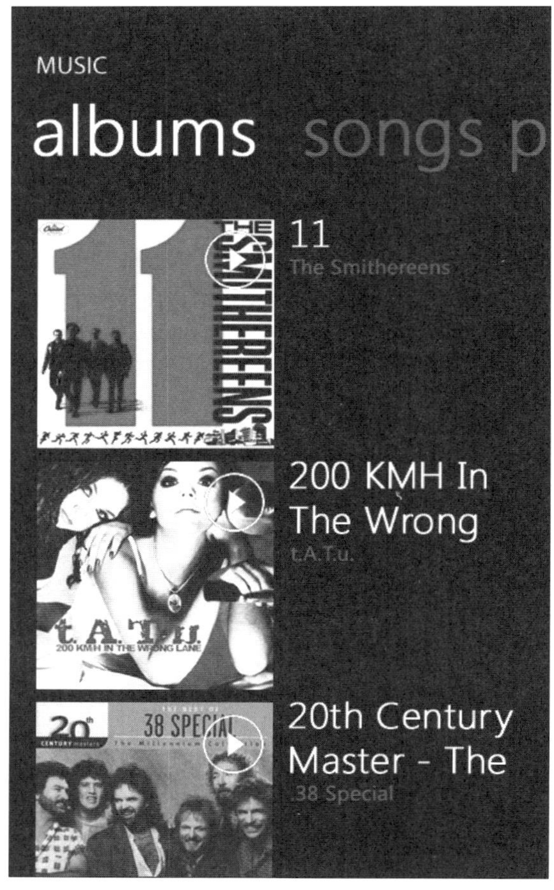

그림 6-16 Zune 앨범 목록

이름 자체를 눌러 목록에 포함된 노래들을 살펴볼 수 있다.

▶ 만약 여러분이
채널을 핸드폰에
동기화하고
있다면, 분리된
채널 항목도
음악에서 볼 수
있을 것이다.

▶ **장르:** 이것은 재생 목록과 비슷하게 작동한다. 장르 옆에 있는 재생 버튼을 눌러 해당 장르 전체를 재생할 수 있고, 또는 장르 이름 자체를 눌러 그 장르에 해당하는 노래들을 훑어 볼 수 있다.

지금 재생: 음악 재생 기능

음악 재생은 그 자체에 관해 별도로 논의되어야 할 만한 충분한 이유가 있다. 재생을 하기 위한 다양한 방법들이 있지만, 그것들은 보통 상당히 일관성이 있다. 앞서 살펴본 화면들에서, 아티스트 이름이나 앨범 이름, 노래, 재생 목록, 채널 혹은 장르 옆에 있는 재생 버튼을 누르면, 음악이 재생되기 시작하고, 화면은 그림 6-17과 같은 지금 재생 화면으로 전환된다.

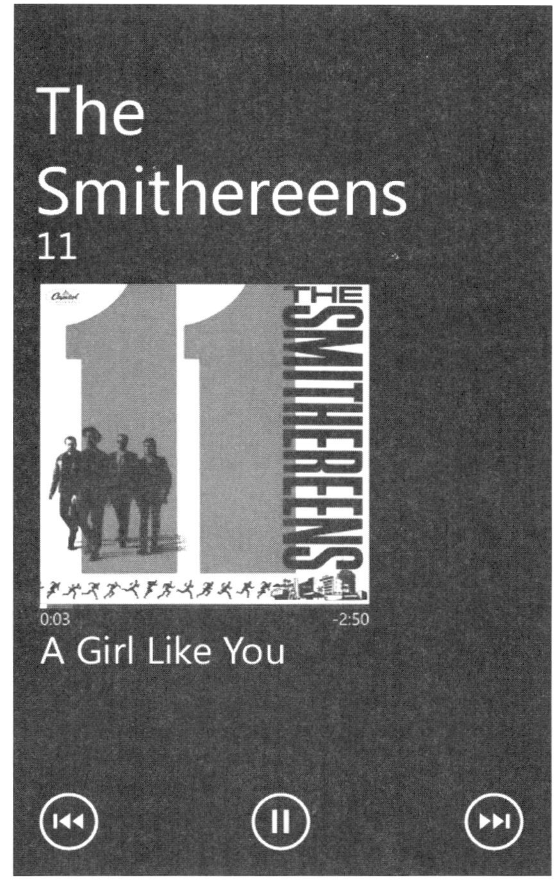

그림 6-17 지금 재생 화면

▶ 여러분이 만일 온라인에 연결되어 있고, Zune 마켓플레이스 상의 콘텐츠를 이용가능하다면, 지금 재생 화면은 아티스트에 대한 움직이는 이미지를 배경화면으로 표시할 것이다.

　이 화면은 매우 간단하지만 몇 가지 알아둘 만한 사항이 있다. 예를 들어, 화면 하단에서는 이전, 정지/재생, 그리고 다음 버튼을 제공한다. 하지만 여상할 수 있듯이 이전과 다음은 오직 지금 재생 목록(즉, 바로 지금 재생되고 있는 음악 곡록)에 실질적으로 다른 음악이 있는 경우에만 작동한다. 따라서 각각의 노래 옆에 있는 재생 버튼을 누르면, 지금 재생 목록은 단 한 곡만 포함한다. 그래서 이전이나 다음을 누르면 계속

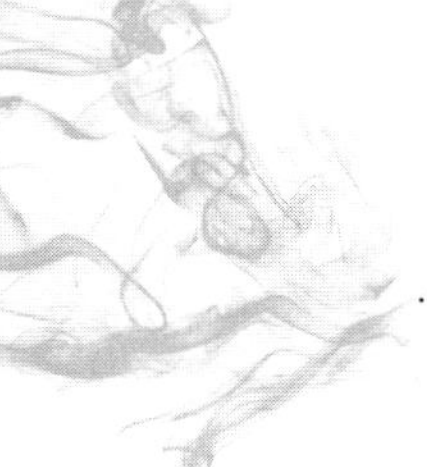

같은 노래를 새로 재생시키게 된다.

지금 재생 목록에 더 많은 콘텐츠 추가하기

지금 재생 목록에 좀 더 많은 콘텐츠를 추가하려면, 간단히 Zune 화면으로 돌아가 – 걱정할 것은 없다. 지금 나오는 노래는 계속 재생된다 – , 여러분이 이 지금 재생 목록에 추가하고 싶은 다른 것들 – 아티스트, 앨범, 노래, 재생 목록, 장르, 기타 등등 – 을 찾아본다. 하지만 그들을 그냥 누르거나 그 옆에 있는 재생 버튼을 누르는 대신에 해당 항목의 이름을 누르고 기다린다. 그러면 팝업 메뉴가 나타나는데, 지금 재생 목록에 추가하기(Add to Now Playing)를 선택한다.

지금 재생 옵션 자세히 살펴보기

잠깐 기다려보자. 지금 재생 화면에는 아직 좀 더 내용이 남아 있다. 화면에 표시되는 내용을 생각해보면, 아티스트 이름, 앨범 제목, 앨범 이미지(혹은 최소한 해당 앨범 이미지를 위한 공간), 노래 진행 상황, 그리고 노래 제목이 있을 것이다. 이 요소들의 대부분은 실질적으로 상호작용을 한다.

예를 들어, 아티스트 이름이나 앨범 제목을 누르면, 윈도우폰은 지금 재생도고 있는 음악 아티스트의 페이지로 이동해가서, 그 아티스트의 앨범, 노래 그리고 소개를 살펴볼 수 있도록 해준다.

만약 앨범이미지를 누르면, 다음의 세 가지 새로운 컨트롤이(일시적으로) 나타난다.

▸ 첫째는 **반복(Repeat)**으로, 켜기와 *끄기* 사이에서 전환할 수 있다.

▸ 둘째는 **좋아하는(Like)**으로, 현재 노래에 대한 여러분의 점수를 정하게 된다. 이 것을 누를 때마다 세 가지 상태가 반복되면서 전환된다(변경 사항은 PC에 다시 동기화된다).

▸ 세 번째 컨트롤은 **임의 재생(Shuffle)**으로, 켜기와 *끄기* 사이에서 전환할 수 있다. 켜져 있으면, 지금 재생 목록은 임의의 순서로 재생된다.

노래 이름을 누르면, 지금 재생 목록의 단순 텍스트 화면으로 이동하게 될 것이다. 원한다면 특정 노래로 바로 가기 위해서 각각의 노래를 누를 수 있다.

▸ 이상하게도, 여러분은 지금 재생 목록을 정리하거나, 각각의 노래들을 제거 혹은 이름을 바꿀 수가 없다. 대신, 간단히 다른 셀렉션 – 아티스트, 앨범 혹은 노래 – 을 재생시키면, 지금 재생 목록이 새롭게 선택된 노래들만을 포함해서 다시 설정된다.

지금 재생의 지속성

이 음악 재생에서 가장 흥미로운 것은 이것이 지속적이라는 점이다. 즉, 여러분은 음악을 듣기 위해 음악+비디오 허브에 계속 머물러 있을 필요가 없다. 게신, 잠시 와서, 어떤 음악을 재생시키고, 빠져나가 윈도우폰에서 다른 작업 – 인터넷 검색을 하거나, 메일에 답장을 쓰거나, 무엇이든 – 을 할 수 있다. 그 음악은 계속 자생되고 있을 것이다.

물론, 여러 가지 방법으로 재생을 제어할 수 있다. 그리고 음악을 듣는 중에 전화를 받게 되면, 재생되던 음악은 사라지면서 멈추게 된다. 전화가 끝나면, 음악은 다시 시작된다.

여러분이 음악을 재생하면서, 이메일을 읽고 있다고 가정해보자. 그런데 무슨 이유에선지, 이 음악 재생을 어떻게든 제어하고 싶다고 하자. 그렇게 하기 위해서, 윈도우폰에 있는 볼륨버튼을 하나 누른다. 그러면, 여러분이 어디에 있던지 혹은 잠금 화면에서조차도, 그림 6-18에서 보이는 것처럼 작은 볼륨 조절 상태 바가 나타난다.

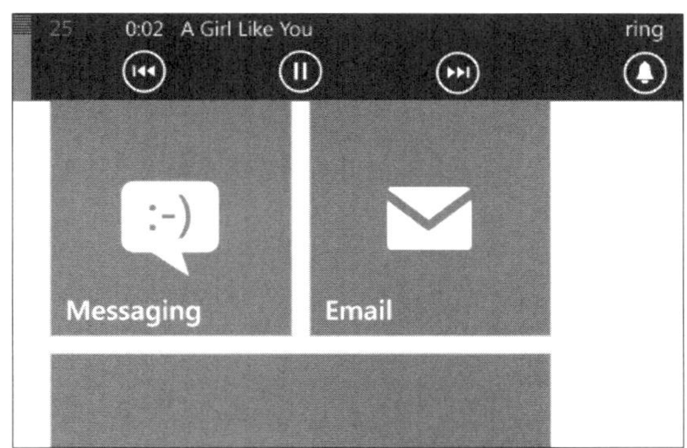

그림 6-18   음악 재생 생태 바로 여러분이 무엇을 하고 있던지 음악 재생을 제어할 수 있다.

이 간단한 화면에서, 여러분은 수많은 것을 할 수 있다. 지금 현재 재생되고 있는 음악을 정지할 수 있고, 이전 버튼을 이용하여 이전 노래로 전환할 수 있으며, 혹은 다음 버튼을 이용하여 재생 목록에 있는 다음 노래로 넘어갈 수도 있다. 하드웨어 볼륨 컨트롤을 이용하여, 볼륨을 높이거나 낮출 수 있다(0으로 낮추면 무음이 된다). 여러분은 또한 핸드폰의 벨소리를 일반과 진동 사이에서 전환할 수 있는데, 이것이 음악 재생에 영향을 주지는 않는다.

음악이 재생되고 있는 동안 음악+비디오 허브로 돌아가게 되면, 히스토리 섹션 (Zune 대신에)이 바로 나타나게 되는데, 여러분은 그림 6-19에서처럼 커다란 지금 재생 버튼을 볼 수 있을 것이다. 만약 이 버튼을 누르면, 지금 재생 화면이 전체화면으로 나타난다.

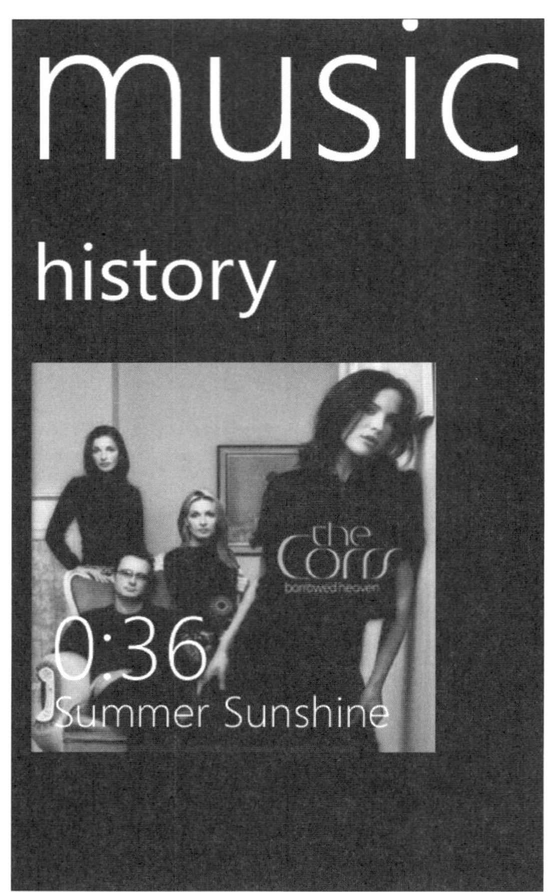

그림 6-19 지금 재생 버튼은 읽기 전용이지만, 그것을 누르면 지금 재생 화면으로 이동하게 된다.

비디오 감상하기

Zune 비디오 인터페이스는 PC로부터 동기화한 비디오 콘텐츠에 대한 단순한 화면과 더 단순한 윈도우폰 미디어 플레이어를 제공한다. 이 인터페이스는 Zune PC 소프트웨어의 비디오 컬렉션과 같은 분류로 나뉘는데, **전체, TV, 음악(뮤직비디오), 영화, 기타 그리고 개인(Personal)으로 분리된 섹션**으로 구성되어 있다.

　여기에는 기능이 그다지 많지는 않다. 여러분은 원하는 비디오를 찾기 위해 목록을 따라 스크롤을 할 수 있다. 해당 비디오를 누르면, 그림 6-20과 같이 전체 화면이나 거의 비슷한 화면으로 재생되기 시작한다. 또한 각각의 항목들을 누르고 기다려서 그들을 시작화면에 고정시킬 수도 있고, 기기에서 삭제할 수도 있다. 대략 이 정도이다.

그림 6-20　비디오는 전체 화면으로 재생되며, 특별한 재생 옵션들을 제공하지는 않는다.

　윈도우폰 미디어 플레이어를 통해 재생이 진행되는 동안 화면을 늘러 서 가지 컨트롤, 되감기(Rewind), 정지/재생(Pause/Play), 빨리 감기(Forward)를 쿨러올 수 있다. 되감기나 빨리 감기를 누르고 기다리면 현재 재생 중인 비디오의 앞쪽이나 뒤쪽으로 빠르게 이동할 수 있다.

> **Note**　음악과는 달리 비디오재생은 지속적이지 않다. 비디오를 보고 있다가 뒤로 가기나 시작을 누르거나 또는 재생 화면을 빠져나간다면, 비디오 재생든 멈추게 된다. 다음번에 여러분이 이전에 봤던 비디오를 재생하면, 이전에 봤던 곳에서부터 다시 시작할 것인지 물어보게 된다.

팟캐스트 즐기기

Zune 팟캐스트 화면(그림 6-21)도 마찬가지로 단순하여, 오직 오디오 팟캐스트와 비디오 팟캐스트 두 개의 섹션으로 나뉘어 있다. 양쪽 모두에서 여러분은 개별 팟캐스트 에피소드 안으로 더 들어가거나, 전체 팟캐스트를 재생(에피소드는 에피소드 번호에 따라 재생된다)하거나 혹은 개별 팟캐스트 에피소드를 실행할 수 있다.

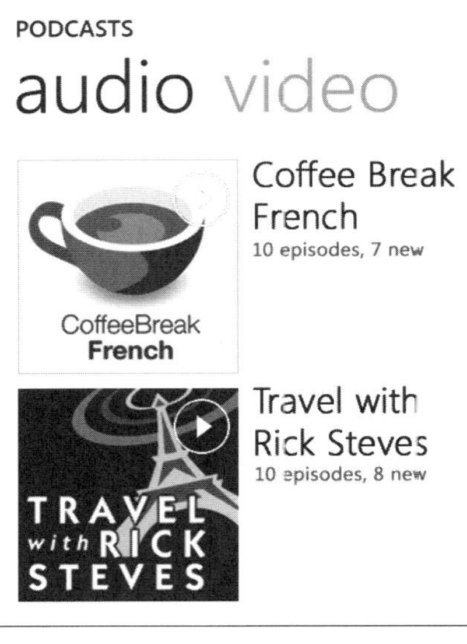

그림 6-21   Zune 팟캐스트

팟캐스트에는 몇 가지 미묘한 차이가 있다. 대부분 전문적으로 생성된 팟캐스트는 각 에피소드를 위한 설명 텍스트를 제공하는데, 이 텍스트는 에피소드 이름을 눌러 읽을 수 있다. 또한 팟캐스트는 '재생됨/재생되지 않음(Played/Not Played)'이라 불리는 표시 형태를 지원하는데, 이것은 어떤 에피소드를 여러분이 들었고(혹은 보았고), 어떤 것을 듣지 않았는지를 파악할 수 있도록 해준다. 팟캐스트 에피소드를 듣기(혹은 보기) 시작하면, 이것은 재생됨으로 표시된다. 여러분이 이것을 변경하고 싶다면, 더 보기(More)를 눌러 팟캐스트 에피소드의 세부 페이지에서 재생되지 않음으로 표시(혹은 재생됨으로 표시)를 누를 수 있다.

> **Note** 음악처럼 오디오 팟캐스트도 지속적이다. 그래서 여러분이 음악+비디오 화면을 빠져 나가거나 핸드폰을 꺼도 계속 재생될 것이다. 물론 비디오 팟캐스트는 지속적이지 않다.

라디오 듣기

Zune 라디오 기능은 상당히 간단하지만 몇 가지 흥미로운 기능들도 포함한다. Zune

섹션에서 라디오를 선택하면, 간단한 라디오 화면이 그림 6-22와 같이 표시된다.

이 화면에는 살펴볼 만한 요소들이 많진 않다. 화면의 중앙에는 가상 라디오 다이얼이 나타난다. 범위 내의 방송국을 찾기 위해서는, 화면 중앙의 왼쪽이나 오른쪽에서 손가락 끝으로 가볍게 밀면 라디오가 다음 이용 가능한 방송국을 찾을 것이다. 그리고 한 곳을 찾으면, 멈추게 된다.

라디오의 주파수를 맞추면, 해당 방송국에 대한 정보를 볼 수 있는데, 그 방송국이 RDS나 RT+signal을 제공하면, 현재 재생되고 있는 노래와 아티스트 이름도 볼 수 있다. 여러분은 화면 왼쪽 상단의 추가 버튼('+'와 별표처럼 생긴)을 눌러 현재 방송국을 여러분의 즐겨찾기 목록에 추가할 수 있다. 추가로, 일시정지 버튼이 화면 중앙의 하단에 나타난다. **이 버튼을 누르면 FM 라디오 재생이 일시적으로 멈춘다.** 이 버튼을 다시 누르면 다시 재생이 계속된다.

또한 화면 왼쪽 하단에는 즐겨찾기 버튼이 있다. 이것을 누르면 저장된 방송국 즐겨찾기 목록을 불러온다.

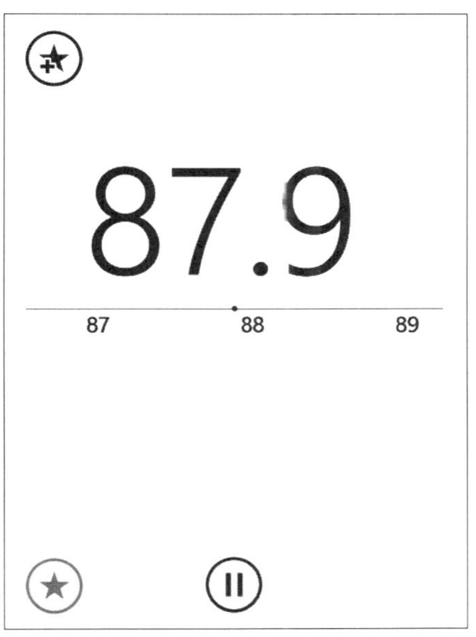

그림 6-22 Zune 라디오 기능

라디오 상에서 노래 구입하기

Zune 소프트웨어에 숨겨진 가장 멋진 기능 중 하나는 실제로 여러분이 라디오를 듣다가 노래를 구입할 수 있다는 것이다. 여기에서 핵심은 앞서 언급했던 RDS와 RT+signal 데이터이다. 현재 재생되고 있는 노래를 구입하려면, 방송국이 그러한 신호를 보내주어야만 한다(물론, 그 노래가 Zune 마켓플레이스에서 이용 가능한 노래여야 한다). 화면의 오른쪽 하단의 장바구니 버튼을 통해서 그러한 기능이 지원되는지 알 수 있을 것이다. 현재 재생되고 있는 노래를 구입하려면, 이 버튼을 누른다. 그러면 '장바구니에 추가 완료'라는 알림이 나타난다. 구입을 확실히 완료하려면, 다음 섹션에서 설명하는 것처럼 Zune 마켓플레이스에 방문한다. 여러분이 구입하려고 하는 것들은 메뉴의 장바구니 항목을 통해서 확인 가능하다.

> ▶ 그렇다. Zune 라디오는 여러분의 텔레비전의 DVR처럼 작동하여, 실시간 라디오를 일시 정지할 수 있도록 해주며, 나중에 다시 계속할 수 있다. 물론, 아주 나중은 아니다. 하지만 전화를 받는다거나 하는 것을 조절할 정도의 시간은 충분하다.

> $\mathcal{N}_{ote}$ 음악과 팟캐스트처럼 라디오 방송도 지속적이어서, 음악+비디 오 허브를 빠져 나가거나 핸드폰을 꺼도 계속 재생된다.

다른 미디어 콘텐츠가 일반적으로 핸드폰의 스피커를 통해서 재생되거나 이어폰이 연결된 경우 이어폰을 통해 재생되지만, 라디오에서는 직접 각각의 출력 유형을 전환할 수 있다. 그렇게 하려면, 화면의 중앙에서 팝업 메뉴가 나타날 때까지 누르그 기다린다. 그리고 나서 '라디오모드>이어폰(또는 라디오모드>스피커)'을 눌러 출력을 전환한다.

마켓플레이스에서 콘텐츠 구입하기

Zune 마켓플레이스는 디지털 음악(구입), 뮤직비디오(구입), TV쇼(구입 및 대여), 영화(구입 및 대여), 팟캐스트(무료, 오디오와 비디오 형태)를 위한 마이크로소프트의 온라인 상점이다. Zune 마켓플레이스의 사용은 일반적으로 PC나 Zune 소프트웨어 상에서가 더 편하지만, 마이크로소프트는 윈도우폰 Zune 마켓플레이스에서도 마찬가지로 기본 기능을 제공한다. 이 섹션에서는 양쪽을 모두 잠시 살펴보기로 한다.

PC에서의 ZUNE 마켓플레이스

PC에서는 훌륭한 Zune PC 소프트웨어를 통해 Zune 마켓플레이스에 접속할 수 있다. 그림 6-23에서 볼 수 있는 것처럼, 이 소프트웨어는 새로운 음악, TV쇼, 영화 및 다른 콘텐츠들을 발견할 수 있는 시각적으로 화려한 방법을 제공한다.

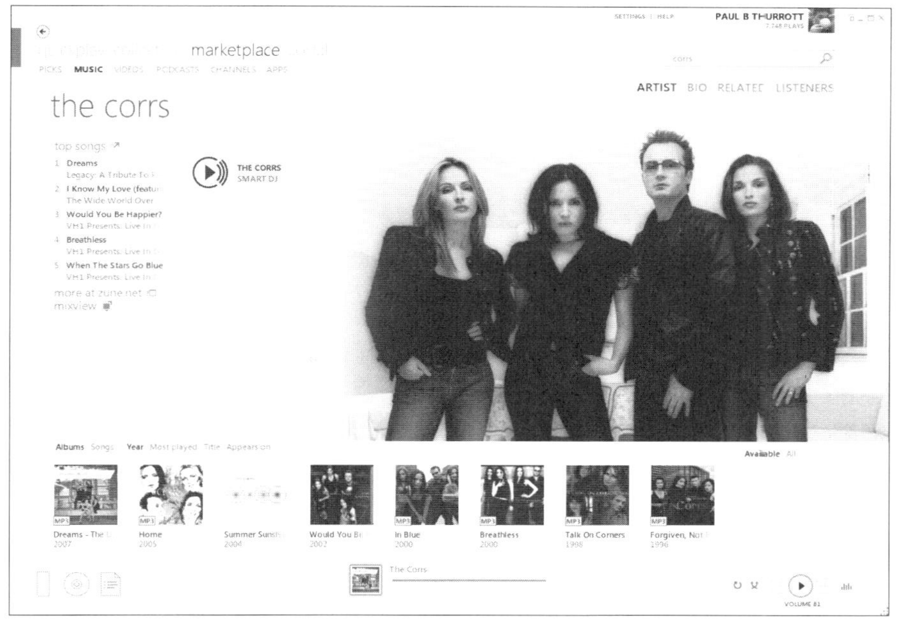

그림 6-23 Zune 마켓플레이스는 이 아티스트 초기화면처럼 화려한 화면을 제공한다.

PC 상의 Zune 마켓플레이스에서 콘텐츠를 구입하는 것은 전반적으로 매우 간단하다. 하지만 다음과 같이 몇 가지 알아두어야 할 사항들이 있다.

▶ 마이크로소프트 포인트. 무슨 이유에서인지 마이크로소프트는 Zune 마켓플레이스에서 달러나 지역 통화로 항목들에 가격을 매기지 않는다(핸드폰에서 하는 것처럼). 대신 이 회사는 여러분이 자신의 고유한 환율을 가진 마이크로소프트 포인트(Microsoft Points)라는 소액 결제 시스템을 이용하도록 하고 있다. 여러분은 다양한 액수(미국에서는 400 마이크로소프트 포인트가 4.99달러, 800포인트는 9.99달러, 1600포인트는 19.99달러 그리고 4000포인트는 49.99달러이다)의 마이크로소프트 포인트를 미리 구입할 수 있다. 혹은 무언가를 구입하려는데 그 금액이 모자라면, 구입 도중에 마이크로소프트 포인트를 살 수도 있다.

***N**ote* 마이크로소프트 포인트는 또한 마이크로소프트의 게이머들을 위한 온라인 상점인 Xbox Live 마켓플레이스에서 구입할 때도 쓰인다. xbox.com/en-US/live/microsoftpoint.htm에 방문하여 웹에서 포인트를 미리 구입할 수 있다.

▸ **가격은 얼마일까? 사거나 대여할 수 있을까?** 콘텐츠 구입에 대해서 애기하자면, Zune 마켓플레이스는 종종 아이템의 가격을 처음에 알려주지 않는다. 이것은 특히 영화에서 문제가 되는데, 어떤 영화들은 대여만이 가능하고, 어떤 것들은 구입과 대여 모두가 가능하다. 또 어떤 영화들은 고화질(HD)이나 표준화질(SD) 형태의 구입이 가능하다. 실질적으로 그 내부에 들어가 보기 전에는 알 수가 없다. 하지만 내부에 들어가더라도 구입하기나 대여하기 버튼을 눌러야만 그 가격을 알 수 있다.

참고삼아 말하자면, HD 옵션의 영화를 구입하면, 영화의 HD와 SD 양쪽 버전을 제공받게 된다. HD 버전은 PC(혹은 곧 알 수 있겠지만 Xbox 360을 통해 HDTV에서)에서 재생이 가능하고, SD 버전은 윈도우폰(여러분이 굳이 그렇게 하고 싶다면)과 동기화된다.

▸ **불편한 대여 기능.** 영화를 대여하려고 하면, 그림 6-24와 같은 이상한 화면이 나타나는데, 여러분이 좀 더 적은 호환 기기를 가지고 있다면 여러분의 화면은 아마 덜 혼란스러울 것이다.

여기에서는 어떤 일이 일어날까? 애플의 iTune 스토어와는 달리, Zune 마켓플레이스에서 영화를 렌트하려면, 여러분은 어떤 기기에서 그 영화를 보려고 하는지 선택 – 대여를 하려고 하는 순간에 – 해야 한다(호환 가능한 기기에는 PC, Zune HD 혹은 윈도우폰이 포함된다). 어느 쪽이든 나중에 다시 마음을 바꿀 수는 없다. 여러분이 윈도우폰을 선택한다면, 그것을 PC에서는 볼 수가 없다. 이유? 나도 그것이 규칙이라는 것밖에는 모른다.

그림 6-24 Zune 마켓플레이스는 영화를 대여하는 것을 어렵게 만든다. 이 부분게 대해서는 나도 더 이상 뭐라고 할 말이 없다.

윈도우폰에서의 ZUNE 마켓플레이스

PC 기반 Zune 마켓플레이스와 비교했을 때, 윈도우폰에서 이용할 수 있는 Zune 마켓플레이스 버전은 상당히 기능이 떨어진다. 사실 나는 PC 기반의 형제보다 나은 한 가지 점을 제외하고는 이 서비스를 별로 좋아하지 않는다.

첫 번째 문제는 콘텐츠이다. 여러분은 오직 이 핸드폰용 Zune 마켓플레이스에서 음악 콘텐츠만을 둘러볼 수 있고, 뮤직비디오, TV쇼, 영화나 팟캐스트는 찾을 수 없다. 이것은 윈도우폰 사용자가 온라인에서 새로운 콘텐츠를 찾으려면 그들의 소중한 시간을 PC에 쓰도록 하기 때문에 이 서비스의 유용성을 심각하게 해친다.

둘째로, 인터페이스가 PC의 마켓플레이스 서비스에 비해 훨씬 덜 광범위하다는 느낌을 준다. 이것은 단지 작은 화면의 문제가 아니다. 이용 가능한 음악 콘텐츠에 대한 선택이 정말 제한적이다. PC에서는 채널들, 재생 목록들, 상위 100곡의 노래들, 뮤직비디오들, 수많은 장르, 새 앨범들, 추천곡들, 노래 차트, 앨범 차트, 재생 목록 차트를 모두 하나의 풍성한 화면에서 찾아 볼 수 있다.

윈도우폰에서는 좀 더 흩어져 있고 제한적이다. 그림 6-25처럼 Zune 마켓플레이스 화면은 금주의 아티스트, 추천 아티스트들(텍스트 목록 형태), 새 앨범(썸네일과 함께), 앨범 차트(텍스트) 그리고 장르에 대한 섹션들 또는 칼럼들을 포함하그 있다. 그리고 그게 전부이다.

만약 여러분이 윈도우폰의 Zune 마켓플레이스에서 제공하는 것들을 자세히 알고 싶다면, 검색을 해야 할 필요가 있다. 여러분이 지금쯤은 이미 예상하고 있겠지만, 핸드폰의 검색 버튼을 눌러서 그림 6-26과 같은 간단한 마켓플레이스 검색화면을 불러 내야 한다는 것을 의미한다.

그림 6-25 윈도우폰의 Zune 마켓플레이스

그림 6-26 핸드폰의 검색버튼을 누르던 여러분이 좋아하는 노래를 찾기 위하여 Zune 마켓플레이스을 검색할 수 있다.

다행히도 이 결과 목록은 상당히 풍부하다. 하지만, 현재 버전의 윈도우폰 Zune 마켓플레이스는 새로운 음악을 찾는 데는 별로 좋지 않다. 여러분이 우연히도 마이크로소프트가 매주 다루는 아주 소수의 아티스트들을 좋아하는 것이 아니라면 말이다.

> *Note*   앞서 언급했던 것처럼, 핸드폰으로 마켓플레이스에 접근할 때 한 가지 매우 좋은 것이 있다. Zune 마켓플레이스의 윈도우폰 버전에서는 노래들이 마이크로소프트 포인트가 아닌 달러(혹은 여러분의 실제 통화)로 표시된다.

> *Note*   여러분은 어쩌면 윈도우폰의 Zune 소프트웨어의 여러 화면들의 하단에 마켓플레이스 링크를 제공하여 마이크로소프트의 온라인 스토어에 있는 비슷한 콘텐츠를 살펴볼 수 있도록 하던 것을 기억하고 있을 수도 있다. Zune 마켓플레이스에서의 검색 결과 목록 및 다른 화면들은 그 반대의 접근 방법을 취하는데, 하단에 컬렉션 링크를 제공하여 여러분은 자신의 컬렉션 내에서 유사한 항목들을 찾을 수 있다. 멋지다!

왜 ZUNE은 다른가?

2006년부터 Zune 플랫폼을 소개해오면서, 마이크로소프트는 다른 경쟁자들의 전략의 핵심부분들을 따라하면서도 항상 그들 – 말하자면 애플, 처음에는 아이팟 플레이어 그리고 나중에는 아이폰도 – 로부터 다양한 방식으로 자신을 차별화하려고 노력해왔다. 그 결과들은 Zune의 몇몇 기술적 성공과 함께 흥미로웠다. 하지만 지금까지 애플의 i-시리즈는 시장에서 Zune과는 거의 비교도 안 될 정도로 성공적이었다.

우선 첫째로, Zune은 언제나 다른 사람들과 전자적으로, 무선으로, 웹에서 자신의 취향을 공유하는 음악 애호가들을 위한 커뮤니티였다(진짜 처음 Zune 플레이어에서는 다른 Zune 플레이어들에게 무선으로 보내는 또는 '뿌리는' 방식을 가지고 있었지만, Zune 사용자들이 너무 적어서 공유할 사람들이 없게 되면서 이 기능은 사라지게 되었다).

2007년, 마이크로소프트는 지금과 같이 훌륭한 PC 소프트웨어로서의 전통이 시작된 Zune 2를 소개했고, 이전의 소셜 기능들을 드라마틱하게 확장시킨 Zune 소셜이 태어났다. Zune 3에는 채널(팟캐스트와 재생 목록의 최고 기능들을 조합한), Wi-Fi 동기화, 기기에서 직접 접근 가능한 스토어 등이 추가되었다. 그 다음 Zune 4에서 마이크로소프트는 Zune HD 플레이어에서의 멀티터치 기능과 Xbox Live 통합의 시작을 알렸다.

오늘날 Zune 플랫폼은 좀 더 성숙해졌고, 매우 강력하며, 항상 그랬던 것처럼, 경

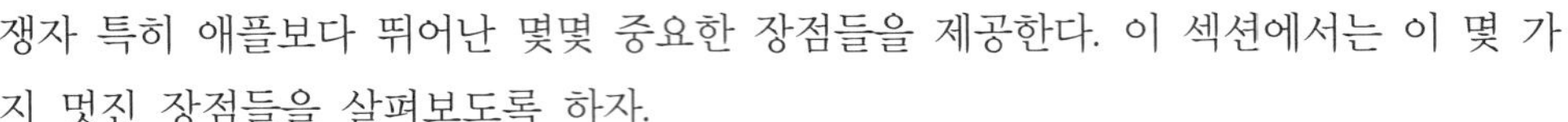

쟁자 특히 애플보다 뛰어난 몇몇 중요한 장점들을 제공한다. 이 섹션에서는 이 몇 가지 멋진 장점들을 살펴보도록 하자.

무선 Zune Pass

여러분이 만약 음악 애호가라면, Zune Pass를 선택하는 것은 전혀 어려운 결정이 아닐 것이다. 특히 여러분이 최소한 CD 한 장 정도의 음악을 매달 구입해왔다면 말이다. 하지만 Zune 패스의 몇몇 이점들은 확연히 드러나지 않는데, 윈도우폰의 경우에 특히 그렇다.

윈도우폰은 이전의 호환기종들(즉, Zune 미디어 플레이어들)과는 차이가 있는데, 윈도우폰은 3G 무선 연결을 가지고 있어 거의 언제나 인터넷에 연결될 수 있기 때문이다. 따라서 윈도우폰을 가진 사람이라면 누구나 무선으로 Zune 마켓플레이스의 음악 컬렉션을 살펴보거나 검색할 수 있으며, 30초 간 노래의 샘플들을 들을 수 있다.

만약 Zune 패스를 가지고 있다면, 더 좋다. 마켓플레이스를 검색할 때, 30초 샘플이 아닌 노래의 전 부분을 들을 수 있다. 게다가 핸드폰의 지금 재생 목록에 마켓플레이스 기반 노래들도 추가할 수 있고, 밖으로 돌아다니면서 스트리밍 재생 목록을 만들 수 있다. 그렇게 하려면, 마켓플레이스에서 일단 노래를 찾아서, 누르고 잠시 기다린 후, 팝업 메뉴가 나타나면 지금 재생 목록에 추가하기(Add to Now Playing)를 선택한다. 오프라인에서도 들을 수 있도록 노래를 핸드폰으로 다운로드 하고 싶다면? 대신 다운로드 하기를 선택한다.

아이폰에서 한번 그렇게 해보시라.

Wi-Fi 미디어 동기화

처음에 핸드폰과 PC를 동기화 할 때에는 USB 케이블을 통해서 해야 하지만, 이후에 하는 동기화는 무선으로 그리고 자동으로 홈 Wi-Fi 네트워크를 통해 수행될 수 있다. 따라서 앞으로 언제든 여러분의 핸드폰이 홈 Wi-Fi 네트워크에 연결되면, 여러분이 동기화 하고 싶어 하는 최신 음악, 비디오, 팟캐스트 그리고 그 밖의 콘텐츠들이 무선을 통해 자동으로 동기화 된다.

이 기능을 설정하려면, 핸드폰을 PC에 연결하고 보통 때처럼 동기화 한다. 그리고 나서, Zune PC 소프트웨어에서, 설정을 선택하고, 핸드폰 그리고 나서 무선 동기화를 선택한다. 그리고, 어떤 Wi-Fi 네트워크를 자동 Wi-Fi 미디어 동기화를 하는 데 이용할 것인지를 결정하는 짧은 마법사 화면을 거치면 된다. 이렇게 간단하다.

다시 한 번, 이것을 아이폰에서 시도해 보시라.

> **Note** Wi-Fi 동기화가 어떻게 작동하는지 살펴보자. 여러분이 외출했다가 집으로 들어왔다고 하자. 핸드폰은 자동으로 집의 무선 네트워크(혹은 여러분이 Wi-Fi 동기화를 위해 설정해 놓은 네트워크)에 자동으로 접속한다. 하지만 핸드폰을 전원에 연결시켜 놓지 않으면 동기화는 실행되지 않는다. 전원을 연결하고 10분 후, 윈도우폰은 조용히 PC와 무선으로 동기화를 하게 된다.

언제나 가능한 비디오 구입

여러분이 영화나 TV 콘텐츠를 Zune 마켓플레이스에서 구입할 때, 마이크로소프트는 이후에 그 콘텐츠가 어떤 Zune 호환용 기기에서든 이용 가능하도록 해준다. 여기에는 PC(Zune PC 소프트웨어를 통해서), Xbox 360(비디오 및 음악을 위한 내장 Zune 소프트웨어 솔루션을 포함하고 있는), Zune HD 같은 휴대용 기기 및 윈도우폰이 포함된다. 이 비디오들은 다운로드나 실시간 재생 양쪽 모두로 이용할 수 있다. 따라서 여러분은 PC에서 영화를 구입해서, 거실로 걸어가 Xbox 360을 구동시킨 후, 그 영화를 재생하는 것이다. Zune 마켓플레이스에서 바로 여러분의 HDTV로 말이다. 또한, 만일 그 영화가 HD로 가능하다면, 그것은 1080p HD로 재생될 것이다. 사실, 이것은 감동적인 기능으로, 애플은 아직 지원하지 않는다.

여러분은 비디오 컬렉션의 구입목록(Purchased) 섹션을 통해서 Zune PC 소프트웨어에서 재생 가능한(또는 다운로드) 비디오 콘텐츠를 조회할 수 있다. 그림 6-27에서 볼 수 있는 것처럼, 이전에 구입한 콘텐츠는 작은 Wi-Fi 표시를 달고 있는데, 이것은 그 셀렉션을 재생하거나 다운로드할 수 있다는 것을 의미한다.

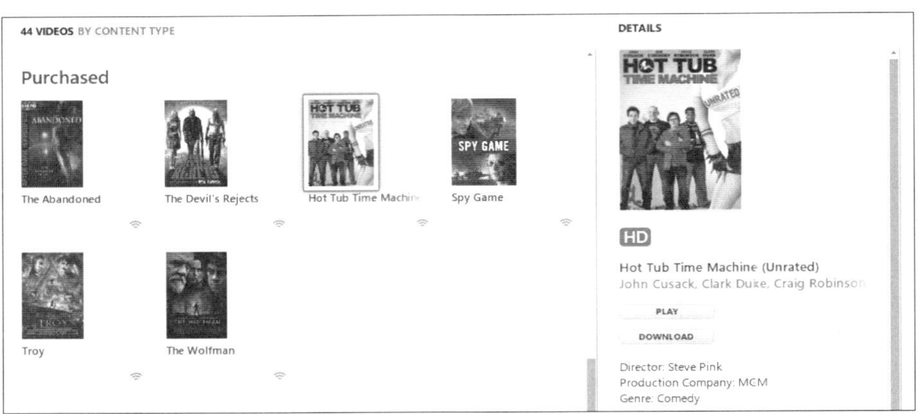

그림 6-27 이전에 구입했던 콘텐츠는 기기에서 기기로 여러분을 따라다니기 때문에 나중에 언제든 재생(또는 다운로드)할 수 있다.

> **Note** 몇 대의 PC든 Zune PC 소프트웨어를 설치할 수 있고, 여러분의 Window Live 계정으로 각각 로그인 할 수 있지만, 그들 중 단지 세 대에서만 예전에 구입한 콘텐츠를 다운로드하거나, Zune 패스 음악을 다운로드 하도록 설정할 수 있다. 그러나 다른 PC들에서도 이미 구입한 콘텐츠와 음악을 Zune 마켓플레이스에서나 웹에서 재생만 하는 것은 여전히 가능하다.
>
> 마찬가지로, 오직 세 대의 기기(Zune 그리고/혹은 윈도우폰)만이 동시에 Window Live 계정으로 접속할 수 있다.
>
> 만약 여러분의 계정과 연결된 PC들과 기기들을 변경하고 싶다면, Zune PC 소프트웨어에서 설정, 계정, 컴퓨터와 기기로 이동한다. 매달 오직 한 대의 PC와 한 대의 기기만을 계정에서 제거할 수 있다는 것을 기억하자.

Zune의 유연성

Zune PC 소프트웨어의 가장 좋은 점 중 하나는 애플의 융통성 없는 iTunes 소프트웨어처럼 여러분의 기기를 오직 단일한 PC에만 연결하도록 강요하지 않는다는 것이다. 물론 일반적으로 하나의 PC를 미디어 동기화를 위해서 윈도우폰에 연결되도록 설정할 것이다. 하지만 만약 여러 대의 PC를 가지고 있다면, 여러분은 윈도우폰을 다른 PC들에도 연결하여, 게스트권한으로 콘텐츠를 복사해주고 복사하 받을 수 있다.

믿기 어렵겠지만 잘못 들은 것은 아니다. 이것은 분명한 사실이다. 같은 Windows Live 계정으로 각각에 로그인해 놓았다면 윈도우폰은 두 대 이상의 PC들 사이에서 콘텐츠를 서로 간에 복사해주는 다리 역할을 할 수 있다.

다시 한 번, **이것을** 아이폰에서 시도해 보시라. 사실, 귀찮게 시도할 필요도 없다. 작동하지 않을 테니까.

애플에 보내는 작은 사랑

아이폰, 아이팟, 아이패드, iTunes와 iTunes 스토어를 포함하는 애플의 i-시리즈도 마찬가지로 Zune에서보다 유리한 몇몇 장점들을 가지고 있다는 것을 언급하는 것도 의미가 있을 것이다. 첫 번째의 혹은 가장 중요한 것은 콘텐츠이다. Zune 마켓플레이스도 상당히 잘 갖추고 있지만, 풍부한 음악, 영화, TV쇼, 애플리케이션, 팟커스트, iTunes U(e-learning), 오디오북 및 E-북 등을 제공하는 iTunes 스토어에 비교하면 마이크로소프트가 제공하는 것은 한적한 평일 오후의 한산한 골목 농장가게처럼 보인다. 애플의 제품들은 또한 하드웨어 액세서리의 측면에서도 훨씬 더 잘 지원되는데 호환 케이블, 도크(docks), 케이스, 헤드셋, 파워 및 싱크 어댑터, 스피커 그리고 다른 장치 등의 다양하고 많은 제품들이 있으며 대부분이 애플 제품들에서만 작동하도록 특별히 설계되었다.

그렇다면 불쌍한 윈도우폰 사용자들은 무엇을 해야 할까? 자, 그렇게 나쁘지만은 않다. 우리는 Zune 마켓플레이스를 통하여 거대한 디지털 미디어 컬렉션과 윈도우폰의 성장하는 컬렉션-특정 애플리케이션들도 마찬가지로-에 접속할 수 있다. 애플의 iTunes 스토어에서 노래(다른 콘텐츠는 안 된다)를 자유롭게 구입할 수 있으며, 그 콘텐츠들이 어떤 방식으로든 디지털로 보호되어 있는 것은 아니기 때문에 그것을 우리의 기기에서도 마찬가지로 이용할 수 있다(그것도 고품질로). 그리고 또한 윈도우폰이 Zune 기능을 넘어서는 많은 다른 유용한 장점들을 가지고 있다는 것을 기억해두는 것도 중요할 것 같다. 이론의 여지는 있겠지만, 무엇보다도 그것이 바로 우리가 지금 여기에 있는 이유일 것이다, 맞나?

더 많은 음악: 판도라와 다른 서비스들

더 나아가기에 앞서, 윈도우에 탑재된 Zune 소프트웨어와 서비스들이 여러모로 단지 시작에 불과하다는 것을 언급할 필요가 있을 것 같다. 사실, 마이크로소프트는 다른 회사들이 함께 참여하여 그들 자신의 디지털 미디어 애플리케이션들과 서비스들을 음악+비디오(Music+Videos)에 만들기를 고대하고 있다. 그리고 그들이 그렇게 할 때, 이러한 경쟁 솔루션들은 오늘날 Zune이 하고 있는 것과 같은 정도의 통합서비스를 제공할 수 있을 것이다.

이것은 무엇을 의미할까? 내부적으로는 윈도우폰의 Zune 소프트웨어는 윈도우폰의 표준 미디어 코덱 및 플레이어를 이용한다. 그래서 여러분이 Zune으로부터 노래나 비디오를 재생시켰을 때, 그게 무엇이든 나타난 것이 Zune 플레이어가 아니라 그것은 윈도우폰 플레이어이다. 그리고 그 플레이어 소프트웨어는 다른 애플리케이션에서도 마찬가지로 이용할 수 있다. 이것은 단지 Zune만을 위한 것이 아니다.

이러한 통합은 이 장에서 설명했던 많은 부분에서도 마찬가지이다. 써드파티들은 음악+비디오 허브의 밖에서도 음악 재생(엄밀히 말해, 오디오 재생)이 계속 지속되도록 해주며, 윈도우폰의 다른 서비스들보다도 맨 앞에 나타나는 상태 바 플레이어의 이점을 잘 활용할 수 있을 것이다. 그들은 또한 사용자들에게 다른 서비스들을 통해서 들을 수 있는 노래들을 구입할 수 있는 기능을 Zune 마켓플레이스에 추가할 수도 있을 것이다.

이러한 통합 유형의 기준이 되는 예가 바로 판도라 음악 서비스(pandora.com)이다. 판도라는 기본적으로 온라인 라디오 방송국으로 무료와 유료버전이 있으며, 여러분이 좋아하는 아티스트와 장르에 기초하고 있는 방송국(stations)이라 부르는 동적인 재생 목록들을 제공한다.

사용자들은 물론 웹을 통해서 판도라에 접속할 수 있지만, 이 회사에서는 이 서비스 외에도 아이폰, 안드로이드, 윈도우 모바일 등과 같은 수많은 스마트폰 플랫폼을 위한 전용 모바일 클라이언트들도 만들어왔다. 여러분이 이 글을 읽을 때쯤이면, 아마도 윈도우폰에서도 이용 가능한 버전이 만들어졌을 것이다.

물론, 판도라는 앞으로 1년 내에 윈도우폰에 탑재될 수많은 써드파티들의 음악과 비디오 애플리케이션 및 서비스들 중의 하나일 것이다. 그리고 다른 모바일 플랫폼들에서와는 다르게, 마이크로소프트가 윈도우폰에서 전반적으로 제공하는 놀라운 확장 기능은 특히 음악+비디오에서 마치 윈도우폰의 일부처럼 느껴질 정도로 놀랍고 통합적인 서비스를 만들 수 있도록 지원할 것이다.

> **Note** 써드파티 미디어 플레이어에게 도움을 줄 또 다른 중요한 특징은 그들이 불필요한 일로 시간을 낭비할 필요가 없다는 것이다. 윈도우폰에서 이용할 수 있는 모든 미디어 재생은 내장 미디어 플레이어를 통해 발생한다. Zune 인터페이스조차도 자신의 고유한 플레이어가 아닌 이 플레이어를 사용한다. 이 시스템 미디어 플레이어의 흥미로운 점은 WMDRM과 PlayReady 같은, 첫 번째 것만이 Zune과 호환된다, 다수의 디지털 저작권 관리(DRM, digital rights management) 시스템들과 호환되는 점이다. 따라서 이 기술들을 이용하는 서비스들–Real Rhapsody, Amazon On Demand 등등–은 그들의 제품을 윈도우폰에 매우 쉽게 이식할 수 있을 것이다.

요약

제품을 개봉해보면, 윈도우폰은 여타 다른 스마트폰과 견줄 수 없는 뛰어난 디지털 미디어 서비스를 제공한다. 음악+비디오 허브에서의 깊은 통합성, 훌륭한 Zune 미디어 기능, 무선 Zune Pass나 Wi-Fi 미디어 동기화 등의 독특한 윈도우폰만의 특징들과 차후 제공될 써드파티 애플리케이션과 서비스들 간의 통합 덕분에, 윈도우폰은 음악 및 비디오 애호가들을 위한 명백한 선택임이 분명하다.

물론 마이크로소프트 플랫폼은 몇몇 영역에서는 부족한 부분이 있다. 그중 가장 핵심이 되는 부분이 아마도 애플의 iTunes 스토어에서와 같은 방대한 콘텐츠일 것이다. 아마 현실적으로 빠른 시일 내에 그렇게 될 것이라고 기대할 수는 없지만, 이 점은 마이크로소프트가 시간이 지나면서 격차를 좁히길 희망하는 부분이다.

괜찮다. 적어도 내 개인적인 견해로는, 윈도우폰에서의 풍부한 미디어 서비스들은 더 큰 장점이다. 이것이 바로 윈도우폰의 본질적인 장점들 중에 최고로 꼽을 만한 바로 그 기능이다. 이것은 디지털 미디어 혁명이다.

즐기기-Having Fun : 윈도우폰과 게임

비디오게임 산업의 초창기부터, 게이머들은 어디서나 게임을 할 수 있기를 바라왔다. 1980년대 초반에, 우리는 LED 라이트와 삑삑 소리를 내는 손바닥 크기의 Mattel football 게임에 감동했었다. 1980년대 후반에는 닌텐도가 흑백 화면을 특징으로 한 게임보이(GameBoy)와 함께 상륙했다. 모바일의 전사들이 엑셀에서 숫자 계산하기보다는 자주 PC 기반 노트북에서 카드게임이나 지뢰 찾기를 하고 있는 동안, 차세대 휴대용 게임기는 오늘날 인기 있는 닌텐도의 DS와 소니의 PSP 유닛으로 그 정점에 올랐다.

스마트폰의 세계에서, 애플의 앱스토어 개발은 아이폰의 터치스크린 인터페이스를 기반으로 한 모바일 게이밍의 새로운 물결을 불러일으켰다. 인기는 있었지만, 아이폰 게임은 비교적 보잘 것 없는 하드웨어와 다중 플랫폼 개발 지원이 없는 등 제한적이다. 만약 개발자들이 아이폰 게임을 다른 스마트폰에 이식하길 원한다면, 스스로 알아서 해야 한다. 애플은 개발자들에게 아이폰에서도 실행되는 다중 플랫폼 게임을 만들도록 허용하지 않는다.

결과적으로 시장은 두 가지로 나뉘었고 오직 최고의 그리고 자금이 충분한 게임들만이 다양한 모바일 플랫폼에 이식이 되었다. 다행히도, 마이크로소프트는 해결책을 가지고 있으며, 심지어 이 소프트웨어 거인의 하드웨어 파트너들이 아직 한 대의 윈도우폰을 팔기도 전에, 그것은 모바일 게임과 애플리케이션 개발자들 모두에게 매력적인 해결책이다. 그 전략은 간단하다. 우선, 윈도우폰에 킬러 게임기가 되기 위한 하드웨어 역량을 부여하는 것이다. 그리고, 개발자들이 윈도우폰만이 아니라 마이크로소프트의 베스트셀러인 윈도우와 Xbox 360 플랫폼에서도 마찬가지로 작동하는 게임을 만들도록 하는 것이다. 이것이 말 그대로 윈-윈 전략인 것이다.

윈도우폰: 훌륭한 모바일 게임 플랫폼

윈도우폰의 최소 하드웨어 사양을 살펴보면, 갑자기 한 가지 생각이 떠오른다. 이것이 킬러 모바일 게임 기기처럼 보인 것이다. 그리고, 그것은 단순한 우연의 일치가 아니다. 마이크로소프트가 그의 이전 모바일 플랫폼인 윈도우 모바일을 멸망시킨 하드웨어의 다양성을 제어할 것을 결정했을 때 더 거대한 목표를 추구하기로 결정했다. 그래서 윈도우폰 기기들은 모두 상당히 만만치 않은 몇몇 하드웨어를 포함하고 있다.

다음 하드웨어 사양이 바로 거기에 포함된다.

- 1GHz 또는 더 빠른 마이크로프로세서.

- 하드웨어 가속이 되는 3-D 그래픽을 위한 DirectX9 호환 그러픽 프로세스 유닛, 혹은 GPU.

- 최소 256MB 램과 8GB 이상의 플래시 기억장치.

- 네 개나 그 이상의 접촉 포인트를 가진 정전용량 방식의 터치 기반 화면과 800×480(WVGA, 훨씬 더 일반적인)과 480×320(HWVGA)의 두 개의 해상도만 지원.

- 가속도계(accelerometer).

이 각각의 구성요소들은 전용 게임기의 규격서를 보는 듯하다. 이 구성요소들 하나하나가 다 여러분의 핸드폰에 들어있는 것이다.

하드웨어 측면에서 보면, 윈도우폰은 훌륭한 게임 플랫폼이다. 윈드우폰은 개발자들이 원하는 기능을 제공할 뿐만 아니라 또한 개발자들에게 일관된 대상을 제공해준다. 왜냐하면 하드웨어 사양이 기기에 관계없이 동일하기 때문이다. 수많은 프로세서 아키텍처, 수많은 CPU 클록 속도, 수많은 화면 해상도, 그 밖의 다른 차이점들을 가진 윈도우 모바일로는 여러 기기에서 제대로 작동하는 아주 간단한 거임을 만드는 것조차 거의 불가능했었다. 윈도우폰에서는 이것이 그냥 가능만 한 것이 아니라 쉽기까지 하며, 기본 하드웨어 요구사항이 정말 최고급이기 때문에, 개발자들이 최저 공통 사양에 맞출 필요가 없다.

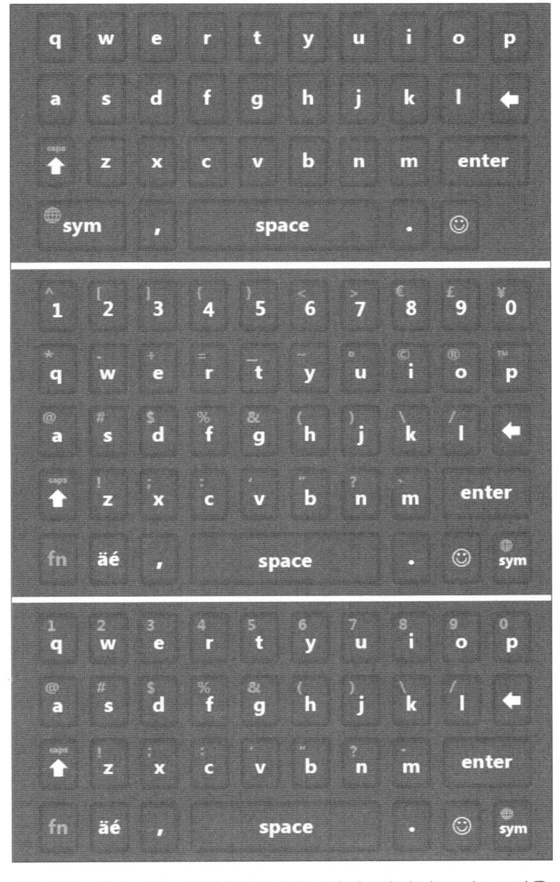

▶ 빠진 것이 있다면 게임에서 유용할 수 있는 하드웨어 키보드일 것이다. 몇몇 윈도우폰 기기는 그림 7-1과 같은 하드웨어 키보드를 탑재하게 된다. 하지만 개발자들이 그 하드웨어를 예측할 수는 없으므로, 대부분의 게임들은 키보드가 없다고 가정할 것이다.

그림 7-1 몇몇 윈도우폰은 키보드를 포함하겠지만, 게임 개발자들이 그것을 확신할 수는 없다. 위의 사진은 마이크로소프트가 지원하는 하드웨어 키보드 유형들 중의 일부이다.

상황은 점점 더 좋아지고 있다. 개발자들은 좀 더 쉽게 기존의 PC와 Xbox 360 게임들을 윈도우폰으로 이식할 수 있을 것이다. 그들은 이 세 개의 시스템에서 도두 작동하는 게임을 만들 수 있을 것이다. 또한 그들은 게이머들이 서로 다른 플랫폼에서 함께 게임을 할 수 있는 특정 종류의 게임도 만들 수 있을 것이다. 초반에는 이러한 상호작용이 윈도우폰과 윈도우 기반 PC에서만 일어날 것이다. 하지만 시간이 지나면서 이것은 Xbox 360으로도 확장될 것이다.

다중 플랫폼 게임의 미래

이것이 의미하는 바를 오해하지는 말자. 윈도우폰 게이머들이 Call of Duty XXIV에서 PC게이머들을 살상하는 일이 조만간 일어나지는 않을 것이다. 이론적으로는 개발자들이 윈도우폰 게이머들과 PC 게이머들이 함께 실시간으로 경쟁할 수 있는 게임을 만들어내는 것이 가능하지만 최소한 근시일 내에 그것이 일상적인 일이 되지는 않을 것이다. 대신, 이 다중 플랫폼 게임의 첫 세대는 Battleship, Checkkers, Backgammon 같은 턴-방식 게임이 될 것이다. 그런 게임에서는 윈도우폰 플레이어가 핸드폰에서 자기 차례를 진행하고, 그 후에 PC 경쟁자가 PC에서 자신의 차례를 진행할 수 있을 것이다.

또 다른 가능한-비록 가능성이 낮긴 하지만- 시나리오는 두 개의 가능한 플랫폼들 사이에서 게임을 분할하는 것이다. 여러분이 회사에서 퇴근하여 집으로 가는 동안 윈도우폰에서 슈터의 싱글 플레이어 캠페인에서 게임을 하고 있는 중이다(당연히 운전을 하지 않을 경우). 여러분이 집에 도착하면, PC 앞에 자리 잡고 앉아 같은 게임의 PC버전을 실행시키고, 핸드폰에서 어느 부분까지 하다가 그만두었는지 확인하는 것이다.

마침내, 마이크로소프트(그리고, 아마도 써드파티들)는 또한 더 큰 콘솔용 게임들을 노완하는 윈도우폰 게임들(과 다른 경험들)을 만들었다. 예를 들어, 윈도우폰에서 Halo Waypoint 앱은 Halo 팬들에게 비록 그들이 실질적으로 Halo 게임을 핸드폰에서(아직?) 할 수는 없지만 그들이 원하는 가장 최신의 Halo 정보를 제공할 것이다. 또한 Xbox 360의 Crackdown 시리즈 팬들은 아마도 콘솔 타이틀의 일종의 동반자라고 할 수 있는 윈도우폰 전용 게임인 Crackdown 2: Project Sunburst를 즐길 것이다. 이것은 360에서의 Crackdown 게임들처럼 보이거나 플레이를 하는 것은 아니지만, 게이머들이 그들이 좋아하는 게임 환경 중 한 곳에서 계속 활동할 수 있도록 하기 위해 핸드폰의 특별한 기능들-Bing 지도 같은-의 이점을 활용하고 있다.

벌써 기대되는가?

윈도우폰, 윈도우, Xbox 360 사이에서의 이 게임 상호작용의 핵심은 윈도우폰, 윈도우 PC, 그리고 Xbox 360 콘솔에 존재하는 진화하고 있는 소프트웨어 기술이다. 여기에는 다음과 같은 세 가지 핵심사항이 포함된다.

▸ **실버라이트(Silverlight):** 기본적으로 애플리케이션 프레임워크와 마이크로소프트 닷넷(.NET) 기반 실행 환경은 코드 라이브러리를 관리했다. 실버라이트는 또한 윈도우폰 OS를 위한 기초이기도 하다. 그래서 개발자들이 윈도우폰 애플리케이션을 만들면, 실버라이트에서도 실행 가능하게 된다. 그리고 많은 게임들, 특히 캐주얼게임들은 마찬가지로 이 환경 내에서 만들어진다. 윈도우폰 애플리케이션들과 마이크로소프트가 윈도우와 웹을 위해 창조한 실버라이트 환경에는 어느 정도의 이식성이 존재한다.

▸ **XNA:** 가장 고급의 성능 좋은 윈도우폰 게임들은 XNA 기술로 제작될 텐데, 이것은 또한 닷넷 기반이면서 2D와 3D 게이밍을 위해 최적화된 프레임워크와 실행 환경, 그리고 XNA 게임 스튜디오라 불리는 통합 개발 툴을 포함하고 있다. XNA 게임들은 윈도우폰, 윈도우, Xbox 360(Zune HD도 마찬가지로)을 대상으로 할 수 있으며, 개발자들은 무료로 윈도우폰, 윈도우, Zune HD를 대상으로 할 수 있다. XNA는 단일한 개발 환경을 제공하여 개발자들에게 좀 더 쉽게 개발할 수 있도록 해준다. 그래서 개발자들은 플랫폼들 사이에서 쉽게 코드를 재사용할 수 있는데, 전체 게임 엔진조차도 재사용할 수 있고, 혹은 심지어 같은 게임들을 지원되는 플랫폼들 사이에 이식할 수도 있다.

▸ **Xbox Live:** 마이크로소프트의 Xbox 360을 위한 놀라운 온라인 게임 서비스는 게이머를 위해 광범위한 기능들을 제공하는데, 여기에는 대진표 짜기, 게이머 포인트를 가진 게임 내의 도전 과제, 친구 목록, 게임 내의 그리고 게임 외부와의 통신 기능, 리더보드 및 기타 등등의 멀티 플레이어 게임(에간 제한적이지는 않은)도 포함된다. 이것은 약간 어색한 이름을 가진 Games for Windows-LIVE를 통해 특정한 윈도우용 게임과 작동하며, 이제는 윈도우폰과도 마찬가지로 작동한다.

윈도우폰의 게임들을 살펴보면, 기본적으로 두 가지 유형의 게임이 있다. Xbox Live의 일부분인 것들과 그렇지 않은 것들이다. 그리고 Xbox Live 타이틀이 좀 더 전문적이라고 쉽게 생각할 수도 있지만, 그것은 너무 확대 해석하는 것이다. 나는 이런 방향으로 생각한다. 누구든 윈도우폰을 위한 게임을 작성할 수 있고, 그러한 게임들은 개발자들이 바라는 만큼 세련되었을(혹은 아니거나) 수 있다. 하지만 도전 과제나 리더 보드 같은 기능들을 이용하고 싶은 게임들은 Xbox Live의 일부가 되어야 한다. 또한 마이크로소프트에 의해 제어되고 세세하게 관리되는 온라인 서비스의 일부가 되려면, 몇몇 따라야 할 제약들도 있다. 일반적으로 얘기하면, 대형 개발자들은 Xbox Live 기능들을 이용하겠지만, 반면에 개별 개발자들은 그렇지 않을 것이다. 하지만 그것은 일 반론일 뿐이다.

Xbox Live는 윈도우폰 게임 서비스에서 굉장히 중요하기 때문에, 이 재미있는 온라인 서비스에서 어떤 일이 일어나는지 지금부터 잠시 여러분에게 보여주려고 한다. 그리고 나서 윈도우폰에서 Xbox Live의 어떤 부분들이 이용 가능한 것인지 살펴보고, 그 다음은 핸드폰에서 여러분의 모든 게임 활동들을 위한 중심점이 되는 게임 허브로 옮겨갈 것이다.

XBOX LIVE 이해하기

Xbox Live – 또는 마이크로소프트가 쓰기 좋아하는 형태인 'Xbox LIVE' – 는 2002년에 오리지널(360 이전) Xbox 콘솔의 기능으로 시작되었다. 그 초기로 돌아가 보면, **Halo**와 **Halo 2** 멀티 플레이어 게임을 위한 필수적인 수단이었고, 지금 우리가 Xbox Live와 연결지어 생각하는 많은 핵심 기능들은 마이크로소프트의 이 초기 Halo 게임에서의 경험으로부터 발전되어 나온 것이다.

최신 Xbox Live 서비스는 2005년에 Xbox 360의 출시와 함께 활기를 띠게 되었다 (여러분이 Games for Windows-LIVE에 친숙하다면, 본질적으로 이 서비스는 마이크로소프트가 지배하는 PC 플랫폼에서도 마찬가지로 거의 완전한 Xbox Live 경험을 지원한다는 것을 알고 있을 것이다). 마이크로소프트는 Xbox 360 게이머들이 오늘날에도 여전히 즐기고 있는 핵심 기능들과 경험들을 제공하며 훌륭하게 Xbox Live를 향상시켰다.

마이크로소프트는 또한 두 가지 유형의 Xbox Live 계정을 지원하는데, 무료 실버 계정과 유료 골드 계정이다. Xbox Live 골드 회원들은 특권을 위해서 1년에 약 50달러를 지불하며, 절반이 조금 넘는 가입자가 이에 해당된다(그리고 거의 3천만 명의 사람들이 매일 Xbox Live를 이용한다는 점을 감안하면, 매년 꽤 많은 돈이 오가는 시장이다).

물론 Xbox Live 골드 가입자들은 그들의 노력에 대해서 무언가를 얻어가야 한다. 마이크로소프트는 유료 고객들에게 두 개의 깔끔한 카테고리로 나뉘는 몇 가지 특별한 기능들을 제공하고 있다. 멀티 플레이어 온라인 게임들(Xbox 360의 전통적인 절대적 지지자)과 앞을 내다보는 멀티미디어와 소셜 네트워킹 기능들(Xbox 360을 위한 하나의 잠재적인 미래인)이다.

게임플레이 측면에서 Xbox Live 골드 가입자들은 온라인 멀티 플레이어 게임, 그룹과 그룹 채팅 기능, 그리고 비디오 채팅 기능 등을 이용할 수 있다. 그들은 또한 Xbox 360 콘솔에서 Netflix 영화 스트리밍(Netflix 가입 필요), Sky Player(영국만 가능), 페이스북과 트위터 접근, Last.FM 인터넷 음악 스트리밍, Zune 음악 및 비디오 접근 등도 가능하다.

여러분이 Xbox Live에 가입하려면, Xbox Live 계정을 생성해야 한다. 이것은 Window Live ID를 생성하는 것을 의미하는데, Xbox Live – Windows Live, Zune, 그리고 다른 마이크로소프트의 서비스들처럼 – 도 마찬가지로 같은 인증 서비스를 이용한다. 따라서 가입할 때, 무엇이던 여러분 자신의 이메일 계정을 이용할 수 있으며, Xbox Live는 그 이메일 주소를 Windows Live ID로 만들게 된다. 여러분이 Hotmail이나 MSN 혹은 어딘가를 통해서든 이미 Windows Live ID를 가지고 있다면, 간단히 이미 존재하는 그 계정을 이용할 수 있다. 1장에서 Window Live ID를 적절히 관리해야 할 필요성에 대해 설명했었다. 그러므로 여기에서는, 여러분이 이미 앞부분어서 설명했던 대로 하였으며 게임을 위해서 같은 계정을 사용한다고 가정할 것이다.

> **Note** 여러분은 윈도우폰에서 오직 한 개의 '기본' Windows Live ID를 가질 수 있다. 이 계정은 주소록과 캘린더 동기화, 피드(사람 허브와 사진 허브에서), 마켓플레이스 접근(Zune, 애플리케이션들, 게임들) 그리고 이 장에서 설명하게 될 게임 허브를 통한 Xbox Live 접근을 위해서 이용된다.

Xbox Live 계정

각 Xbox Live 계정은 다음과 같은 일반적인 특징들로 구성된다.

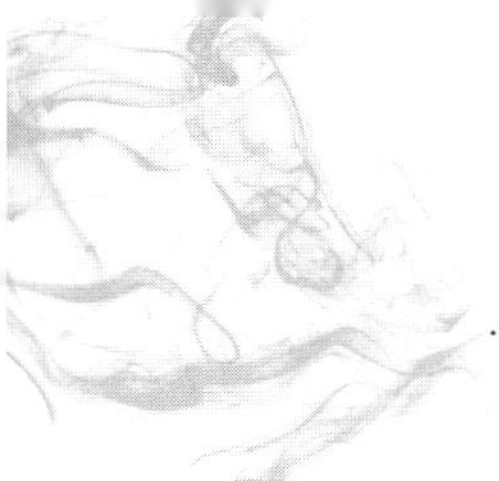

▸ **게이머태그(Gamertag):** 이것은 Xbox Live에서의 여러분의 신원, 혹은 이름으로, 여러분이 Windows Live 계정에 설정해 놓은 이름과 매치된다. 만약 그 이름이 마음에 들지 않는다면, 바꿀 수도 있다, 하지만 마이크로소프트는 아이들이 자신의 이름을 계속 바꾸는 것을 막기 위해 거기에 10달러를 청구하고 있다.

> **Note** 내 경우에는 Xbox Live 게이머태그와 관련된 세 개의 Windows Live ID를 가지고 있다. 내가 가장 자주 이용하는 계정은 간단히 Paul Thurrott이고, 이 특별한 이름은 내 원래의 Hotmail 계정에 연결되어 있다. 그리고 또한 Paul B Thurrot 게이머태그도 가지고 있는데 이것은 기본 Windows Live 계정과 연결되어 있으며, 이 책을 쓰는 동안 테스트 목적으로 생성한 WinPhone Paul 게이머태그가 있다. 여러분도 이렇게 할 필요는 없다. 하나의 Windows Live ID와 게이머태그를 생성하고 유지해서 앞으로도 수년 동안 그 아이디를 보존하도록 하자.

▸ **게이머 존(Gamer Zone):** 이 항목은 여러분이 어떤 유형의 게이머인지를 나타내는 것인데, 레크리에이션, 프로, 가족, 언더그라운드로 설정할 수 있다.

▸ **게이머 사진(Gamer Picture):** 이것은 온라인에서 여러분을 나타내는 작고, 심플한 사진이다(그림 7-2). Xbox Live 실버 게이머는 하나의 게이머 사진을 가지고 있으며, 이것은 모든 사용자들에게 보인다. Xbox Live 골드 게이머는 친구들을 위해서 한 장 그리고 일반 다른 사람들을 위해서 한 장 이렇게 두 장을 가질 수 있다. 만약 여러분의 Xbox 360 콘솔에 비디오카메라를 가지고 있다면, 그것을 이용하여 직접 게이머 사진을 찍을 수도 있는데, 이것은 친구들에게만 보인다.

▸ **좌우명:** 좌우명은 여러분이 누구이며, 무엇을 지지하는지를 21자의 간단한 문장으로 표현한다. 내 경우에는 '끝은 허무하다'나 '졌다(Pwned)'같은 재치 있는 문구를 사용했다.

▸ **아바타:** 2009년 초, 마이크로소프트는 여러분의 Xbox Live 계정에 또 다른 그래픽적인 표현을 추가시켰는데, 이 만화 같은 캐릭터의 형태를 아바타라고 불렀다. 닌텐토 Wii의 유사한 'Mii' 캐릭터들에 기반을 두었으며, 아바타는(어느 정도는) 여러분을 닮도록 디자인 할 수 있다. 전형적인 아바타의 모습은 그림 7-3에서 볼 수 있다.

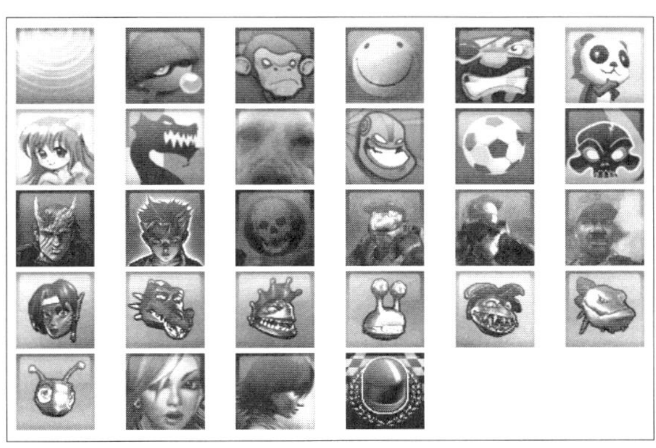

그림 7-2   게이머 사진은 저해상도 아이콘이랑 비슷하여, 약간 지루하다.

그림 7-3   아바타는 게이머 사진보다 훨씬 더 움직임이 있으며, 여러분의 실제 모습을 좀 더 표현할 수 있다.

▶ **이름:** 실제 이름이나 원한다면 별명.

▶ **자기소개:** 499자로 이루어진 텍스트 박스.

▶ **지역:** 실제로는 40자까지 가능한 설명을 입력하는 단순 텍스트 항목.

▶ **개인 정보 보호 설정:** 다양한 개인 정보 설정에 대해서 정교하기 제어할 수 있는데, 여기에는 음성 및 문자, 화상 통신, 프로필, 온라인 상태, 비디오 상태, 친구 목록, 게임 히스토리, 멤버 콘텐츠, Xbox 마케팅, 파트너 마케팅과 관련된 것들이 포함된다.

▶ **프로필:** Xbox Live 프로필은 게이머태그, 게이머 존, 게이머 사진, 좌우명, 아바타, 이름, 자기소개, 지역, 그리고 앞에서 설명한 개인 정보 보호 설정들로 구성된다.

▶ **명성:** 이것은 1부터 5까지의 단계를 가진 명성 점수이다. 모든 Xbox Live 회원은 3에서 시작하면 여러분의 명성은 경험치(게임을 많이 하면 할수록 명성은 올라간다)와 온라인에서 다른 게이머들이 여러분에 대하여 불평을 하는지에 의해서 올라가거나 내려갈 수 있다(여러분이 잘못된 행동을 하면 할수록, 더 많은 사람들이 불평을 하게 되고, 명성도 점점 깎이게 된다).

▶ **게이머 점수:** 각각의 Xbox Live 게임은 곧 살펴보겠지만 게이머 포인트를 개별 도전과제에 할당할 수 있다. 이 포인트는 여러분의 게이머 점수에 적용되며, 0에서부터 시작된다. 많은 하드코어 게이머들은 도전 과제를 제공하지 않는 멀티플레이어 매치에서만 게임을 해서 굉장히 낮은 게이머 점수를 갖고 있기도 하

지만, 일반적으로 얘기하자면 여러분의 게이머 점수가 높으면 높을수록, 더 많이 경험했다는 것을 나타낸다. 마찬가지로, 높은 게이머 점수를 가진 사람들은 '도전 과제 포인트광'이거나 혹은 사기꾼일 수 있다.

▸ **게이머 카드:** Xbox Live 게이머 카드(그림 7-4)는 여러분의 게이머태그, 게이머 사진, 명성, 게이머 점수 그리고 게이머 존을 통합시켜서 하나의 쉽게 볼 수 있는 Xbox Live 계정 혹은 게이머 페르소나의 개요로 만든다.

그림 7-4 Xbox Live 게이머 카드

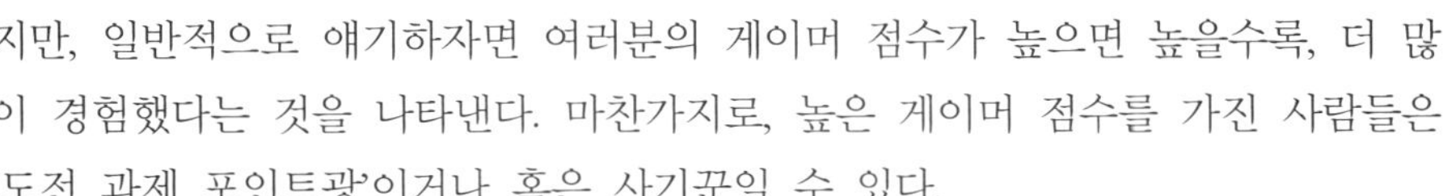

TIP 여러분이 특히 활동적인 Xbox Live 회원이라면, 본인의 온라인에서의 성취를 세상과 공유하고 싶을 수도 있다. 그렇게 할 수 있는 한 가지 방법은 여러분의 게이머 카드의 그래픽적 화면을 웹페이지나 블로그에 끼워 넣는 것이다. 마이크로소프트는 그 방법을 다음 주소에서 설명하고 있다. xbox.com/myxbox/embedgamercard.htm.

▸ **선택에 따라서는 Windows Live 메신저 통합도 이용할 수 있는데, 그렇게 하면 PC에서 친구들과 실시간으로 채팅을 할 수 있다.**

▸ **메시지:** 이메일과 비슷한 시스템을 이용하여, Xbox Live 멤버들은 서로 문자, 오디오, 비디오 채팅으로 메시지를 주고 받을 수 있다. 이 메시지들은 일반 이메일 시스템들(Windows Live ID와 관련된 이메일을 통하여)을 통해서 보내지는 것은 아니지만, 그것들을 Xbox 360에서 보거나 응답할 수 있고, 문자메시지 같은 경우는 Zune PC 소프트웨어에서도 마찬가지로 볼 수 있다.

▸ **친구 목록:** 페이스북이나 다른 소셜 네트워킹 서비스들처럼, 온라인에 있는 다른 사람들과 '친구가 될' 수 있는데, 친구 요청을 주고받거나, 친구들이 온라인에서 지금 무엇을 하고 있는지 볼 수도 있고, 친구에게 메시지를 보낼 수도 있다. Xbox Live 친구 목록은 온라인 여부에 의해 정렬이 되어, 온라인 상태인 친구들이 먼저 목록에 나타난다.

▸ **플레이어 목록:** Xbox Live는 또한 여러분이 최근에 게임을 했던 플레이어를 찾아서 나중에 다시 그들에게 재대결을 요청하거나 피드백(긍정적 또는 부정적)을 보내거나 혹은 친구 요청을 할 수 있다.

▸ **게임 목록:** Xbox Live는 또한 최근에 여러분이 플레이했던 게임들뿐만 아니라 이미 플레이했던 게임에서 받은 도전과제를 포함하여 최근에 받은 도전 과제들을

추적한다. 친구들은 여러분 계정을 살펴보면서 여러분이 플레이했던 게임들을 알 수 있고, 어떤 도전 과제를 받았는지 그들 자신의 결과와 비교해볼 수도 있다.

만일 Xbox Live 계정들에 문제가 있다면 – 있을 것이다, 그것은 바로 프로파일과 게이머 카드의 많은 정보들이 **현재는 Xbox 360 콘솔에서만 편집이 가능하다**는 점이다. 그래서 비록 어떤 웹브라우저에서든 xboxlive.com에 로그인 할 수 있어도, 여러분은 Xbox Live 계정 정보를 볼 수만 있고 그 대부분은 수정할 수가 없다. 이것이 의미하는 바는 간단하다. 여러분이 Xbox Live가 처음이라면 아마도 윈도우폰 때문에 가입을 했을 것이다. 그리고 Xbox 360 콘솔은 가지고 있지 않을 것이므로, 여러분의 계정은 조금 빈약해 보일 것이다.

그림 7-5를 살펴보자. 여기에서 여러분은 빈 아바타에 아직 친구가 없는 새로 생성된 Xbox Live 계정을 볼 수 있다. Xbox 360을 갖지 않는 한 이것을 더 멋지게 꾸밀 수 있는 방법은 별로 없다. 차후에 바뀔 수 있길 기대해본다.

> ▶ 마이크로소프트는 핸드폰에서 Xbox Live 계정 편집이 가능할 것이라고 하는데, 아마 여러분 이 글을 읽고 있을 시점에는 가능할 것이다.

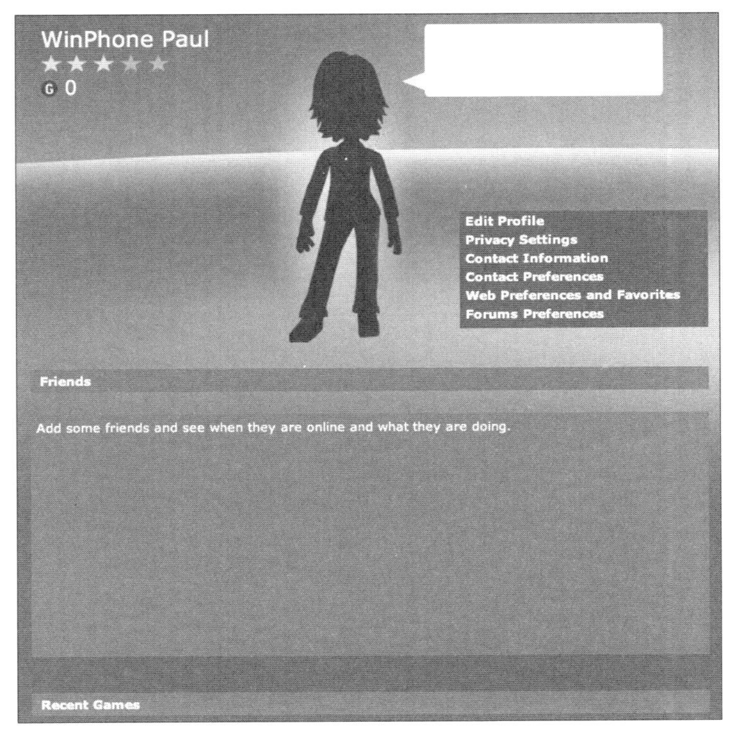

그림 7-5 여러분이 볼 수 있는 쓸쓸한 모습을 한 계정 하나. Faul.

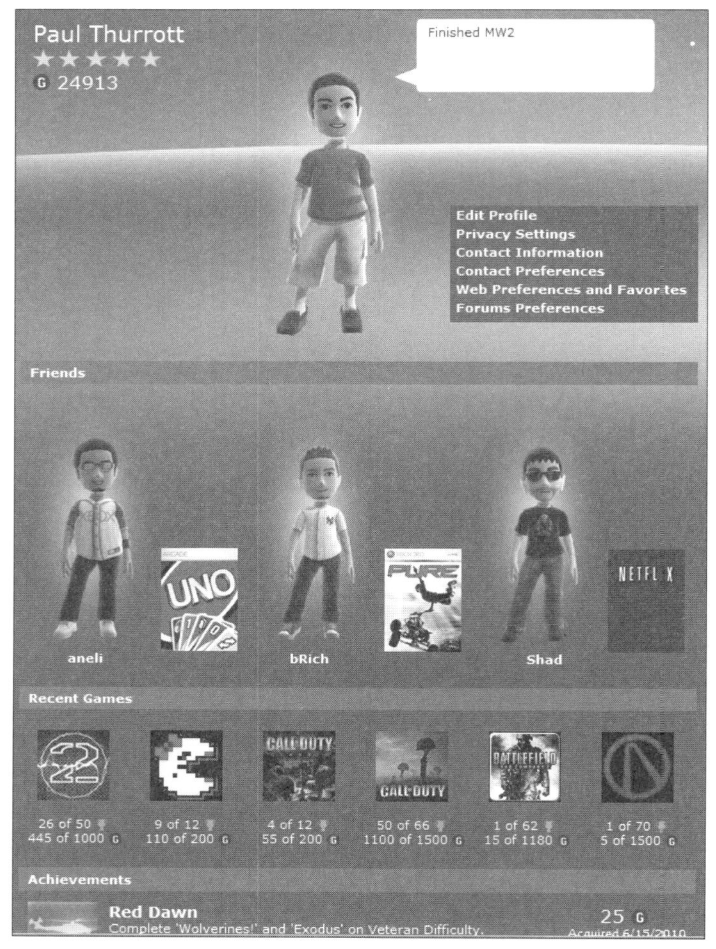

그림 7-6 이 계정은 Xbox 360 이전부터 이용했었다.

좀 더 잘 꾸며진 Xbox Live 계정은 그림 7-6과 같다.

게임과 도전 과제

Xbox Live에 가입하는 가장 큰 이유 중의 하나는 게임이다. 이것은 이전의 Xbox 360 콘솔에서와 마찬가지로 윈도우폰에서도 그러하다(어느 정도는 윈도우 PC의 Games for Window-LIVE도 마찬가지다). 물론, Xbox Live는 몇몇 멀티미디어와 소셜 네트워킹 기능을 콘솔에서 제공하지만, 이 서비스를 이용하는 실제 이유는 온라인에서 사람들을 만나고 서로 겨루어 볼 수 있기 때문이다.

이 온라인 경쟁은 두 가지 일반적인 형태를 띤다. 한 가지는 여러분이 싱글 플레이어 게임이나 싱글 플레이어 도전과제에서 다른 사람들이 하기 전에 먼저 더 높은 전체 게이머 점수를 달성하기 위해 암묵적으로 친구들이나 다른 사람들과 경쟁하는 것이다. 또한 명백히 다른 사람들과 온라인 멀티 플레이어 게임들을 통해서 경쟁할 수도 있다. Xbox 360에서 이러한 게임들 중 가장 일반적인 것들이 **Call of Duty, Gears of War, Halo** 시리즈 같은 온라인 저격 게임이다. 하지만 Xbox Live에는 그 밖에도 굉장히 인기 있는 온라인 게임 유형들이 많이 있다.

만일 여러분이 경쟁을 좋아한다면, 아마 바로 Xbox Live의 도전 과제 시스템에 끌릴 것이다. Xbox 콘솔에서는, 각 게임이 일반적으로 1000 과제 포인트까지 받을 수 있도록 주어지는데, 꽤 많은 개별 도전 과제를 통해서 받을 수 있다. 도전 과제를 수행하여 게임에서 레벨이나 다른 임무를 완수하면, 콘솔은 도전 과제의 이름이 포함하고 있는 정말 인기 있는 도전 과제 해결 메시지(그림 7-7)를 팝업으로 보여준다. 좀 더 자세한 내용을 알고 싶다면 Xbox 콘솔에 있는 버튼을 누를 수 있는데, 여

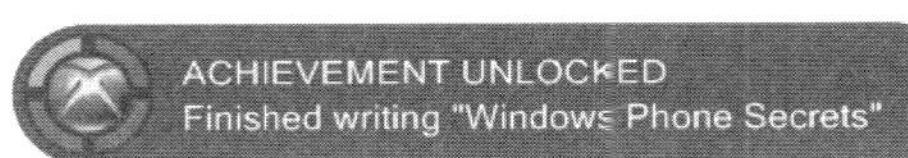

그림 7-7 Xbox 360에서 받을 수 있는 최고의 통보

기에는 여러분이 얼마나 많은 도전 과제 포인트를 얻었는지와 도전 과제에 대한 설명이 포함되어 있다. 또한 도전 과제 포인트가 어떻게 적용되었는지 보기 위해 전체 게이머 점수를 확인해 볼 수 있다.

Xbox 360에서는 서로 다른 유형의 게임들이 서로 다른 전체 도전 과제 포인트를 얻게 된다. 대부분의 정식 판매용 게임들은 앞서 언급했던 것처럼 1000점까지 제공한다(이것은 Windows-LIVE용 정식 판매용 게임들도 마찬가지이다). Xbox Live 마켓플레이스에서 콘솔로 다운로드 되며 일반적으로 정식 판매용 게임들보다 작고 덜 복잡한 Xbox Live 아케이드 게임들은 200점까지 제공될 수 있다. 추가적으로 각 게임 유형은 애드온 레벨(level add-on)같은 다운로드 가능한(보통 유료임) 콘텐츠를 통해서도 추가 도전 과제 포인트를 할당할 수 있다. 그래서 정식 판매용 게임은 애드온을 통하여 쿼터 당 250의 도전과제 포인트까지 추가할 수 있다. Xbox Live 아케이드 게임은 50 포인트를 더 추가할 수 있지만, 오직 한 번만 가능하다.

Xbox Live 게임들은 또한 리더보드(leaderboards)라는 기능을 지원하는데, 이것은 개별 게임에서만 의미 있는 순위 목록이다. 예를 들어, Call of Duty 같은 저격 게임

에서는, 최고 전체 포인트, 최고 전체 승리, 게임 유형별 최고 승리 등에 대한 리더보드 목록이 있다.

윈도우폰에서의 XBOX LIVE: 완전한 서비스는 아니다

Xbox Live는 정말 멋진 서비스이다. 그리고 윈도우폰은 그러한 서비스를 제공할 수 있을 만큼 충분히 강력한 첫 번째 스마트폰 – 종류에 관계없이 실제 첫 번째 모바일 기기 – 이다. 하지만 마이크로소프트는 핸드폰에서 Xbox Live 기능들 중 선택된 기능들만을 제공하지, Xbox 360에서처럼 완벽한 기능을 제공하지는 않고 있다.

여기에는 Xbox 360에서의 많은 게임 외적인 Xbox Live 기능들이 이미 다른 방법으로 윈도우폰에 존재한다는 것을 포함해서 여러 가지 이유가 있다. 그 중 일부는 일리가 있다. 마이크로소프트가 점차적으로 윈도우폰에서 이용할 수 있는 Xbox Live의 기능들을 늘릴 가능성도 있지만, 여러분은 일단 어딘가에서는 시작을 해야 하고, 윈도우폰이 콘솔(과 윈도우)에서 찾을 수 있는 게임을 위한 Xbox Live 기능들의 상당한 부분을 확실히 제공하고 있다.

다음과 같은 Xbox Live 기능들을 윈도우폰에서 이용할 수 있다.

▶ **게이머태그:** 프로필 정보를 포함하고 있음. 이름, 게이머 점수, 게이머 사진 등. 이미 잘 알고 있는 것처럼, 여러분의 핸드폰은 Windows Live ID를 통해서 여러분에게 연결되어 있고, 이것은 또 여러분의 게이머태그에 연결되어 있다.

▶ **아바타:** 여러분(과 윈도우폰 게임들)은 계정에 연결된 아바타에 접속할 수 있는데, 이것은 Xbox 360에서처럼 움직이는 3D 객체는 아니고 정지된 이미지이다.

> **Note** 마이크로소프트는 향후에 윈도우폰에서도 움직이는 3D 버전 아바타를 지원할 수 있도록 할 것이라고 한다.

▶ **친구 목록:** 게임 초청과 비교를 위한.

▶ **도전 과제:** 윈도우폰 게임은 게임 타이틀 당 200 포인트까지 제공할 수 있는데,

> ▶ Xbox 360에서 여러분은 한 번의 로그인으로 멀티플레이어 게임 목적의 분리된 화면을 위하여 프로파일을 네 개까지 가질 수 있다. 내 생각에는 당연해 보이는 이유로 윈도우폰은 한 개의 프로파일만을 지원한다.

226

게임당 5에서 20 어워드로 다양하다. 각 도전 과제는 이름, 설명, 사진과 연결되어 있다. 이것들은 콘솔 및 PC용 도전 과제들과 함께 Xbox 360과 윈도우에 나타나는 실제 도전 과제들임을 기억하자.

▶ **리더보드:** 그들의 콘솔 기반 형제들처럼, 윈도우폰의 Xbox Live 게임들도 게임 내의 리더보드를 지원할 수 있어서, 친구들과 경쟁하기, 점수 비교하기 등을 할 수 있다. 윈도우폰과 다른 플랫폼들 양쪽 모두에서 실행되는 게임들에 대해서는, 윈도우폰 리더보드는 분리된 개체(즉, 이것은 핸드폰 버전 게임에 대한 것이다)이다.

▶ **미리 보기:** 이것은 윈도우폰의 특징으로, Xbox Live 게임은 사용자들이 완전한 게임을 무료로 다운로드 하는 미리 보기 모드를 제공한다. 하지만 특정 기능들 – 레벨과 같은 – 은 개발자에 의해서 잠겨 있다. 게임 내에서 사용자는 게임 내에서 직접 전체 버전 게임의 잠금을 풀 수도 있는데, 그에 대한 비용은 지불해야 한다.

> **Note** 앞서 언급했듯이, 미리 보기 모드는 Xbox Live 게임의 특징으로 좀 더 중요한 점은 아마도 하나의 게임이 윈도우폰 상의 Xbox Live를 이용하기 위해서는 미리 보기 모드를 제공해야만 한다는 점일 것이다.

▶ **게임 초대:** 이것은 실제로는 핸드폰의 메일 애플리케이션을 통해서 처리되는데, 잠시 후 설명하겠지만 게임 허브 내에서 직접 보고 답장을 할 수 있다. 윈도우폰 전반에서 이용되는 사람 허브의 주소록 선택기를 이용하여 초대하고 싶은 수신자를 선택할 수 있다.

게임 허브 이용하기

윈도우폰에서, 게임 허브는 여러분의 모든 기기상의 게임 활동을 위한 중심이며, 게임을 하고, Xbox Live 프로파일과 도전 과제를 살펴보고, 게임 초대를 보거나 보내며,

새로운 게임을 시도해보거나 구입하고, 새로운 게임이나 게임 관련 이벤트에 관하여 좀 더 배우는 곳이다. 그림 7-8에서 볼 수 있듯이 게임 허브는 윈도우폰에서의 전형적인 파노라마 서비스로서, 손가락으로 쓸어 넘기며 왼쪽에서 오른쪽으로 회전시킬 수 있는 다중 화면 인터페이스를 제공한다.

그림 7-8   게임 허브.

▶ 게임 허브
콘텐츠의 많은
부분이 웹 기반
정보에 의존한다.
따라서 만약
그것이 오래된
내용이거나 혹은
새로운 업데이트가
있는지 확인해보고
싶다면, 간단히
게임 허브의 아무
곳이나 누르고
기다린다. 그리고
나서, 나타나는
팝업메뉴에서
새로 고침
(Refresh)을
선택한다.

게임 허브에는 네 개의 기본 섹션 혹은 칼럼이 있다. 컬렉션(Collection), 스포트라이트(Spotlight), Xbox Live와 요청(Requests)이다. 이들 각각에 대해서 살펴볼 것인데, 다시 말해 두지만, 윈도우폰에서는 두 개의 서로 다른 게임 유형을 플레이할 수 있다. Xbox Live 게임과 Xbox Live 이외의 게임이다. 두 게임 유형 모두 게임 허브를 통해서 접근되지만, 컬렉션 화면에서 조금 다르게 표시되고, 게임 마켓플레이스에서도 조금 다르게 광고가 된다.

컬렉션

여러분이 처음으로 게임 허브에 접속하게 되면, 그림 7-9와 같은 컬렉션 화면이 표시된다.

이 화면에서는 여러분이 다운로드한 게임들과 핸드폰에 설치한 게임들을 모두 살펴볼 수 있으며, 목록의 하단쯤에서는 또한 마이크로소프트가 홍보하는 선별된 게임들을 볼 수 있다. 게임들은 가장 최근에 플레이했던 타이틀이 제일 먼저 나오도록 정렬되며, 여러분이 Xbox Live와 비-Live 게임 양쪽을 모두 가지고 있다면, 여기에서는 그냥 서로 섞여 있게 된다.

즉, Xbox Live 게임들은 그림 7-10에 보이는 것처럼 Xbox Live 태너를 달고 있어 눈에 띈다(이 장의 다른 곳에서 언급했었던 것처럼, 이 게임들은 다른 비-Live 게임들보다 추가적인 기능들을 제공한다).

그림 7-9   컬렉션 화면

그림 7-10   Xbox Live 게임은 비-Live 게임들과는 명백히 구분된다.

이 섹션의 다른 게임들 영역 아래에 게임 마켓플레이스에서 마이크로소프트가 현재 추천하는 게임을 광고한다. 여러분은 또한 게임 마켓플레이스에 당문하기 위해 게임 더 보기(Get More Games) 링크를 눌러 살펴볼 수도 있다(게임 마켓플레이스 기능은 이 장의 뒷부분에서 설명하고 있다).

게임을 시작하려면, 간단히 썸네일을 누른다.

스포트라이트

마이크로소프트는 스포트라이트 화면에서 Xbox Live와 관련한 뉴스들을 목록 형태로 제공한다. 여기에는 게임에 대한 팁, 새 게임에 대한 광고 그리고 다른 관련 정보들 (그림 7-11)을 포함하고 있다.

스포트라이트 화면에 있는 개별 항목을 누르면, 인터넷 익스플로러가 실행되어 더 많은 내용을 살펴볼 수 있다(그림 7-12).

▶ 스포트라이트는 또한 여러분이 이미 구입한 게임에 대한 소프트웨어 업데이트를 알려주는 용도로도 이용될 수 있다. 이러한 업데이트들은 윈도우폰 마켓플레이스에 방문할 때에도 표시될 것이다.

그림 7-11 스포트라이트 화면

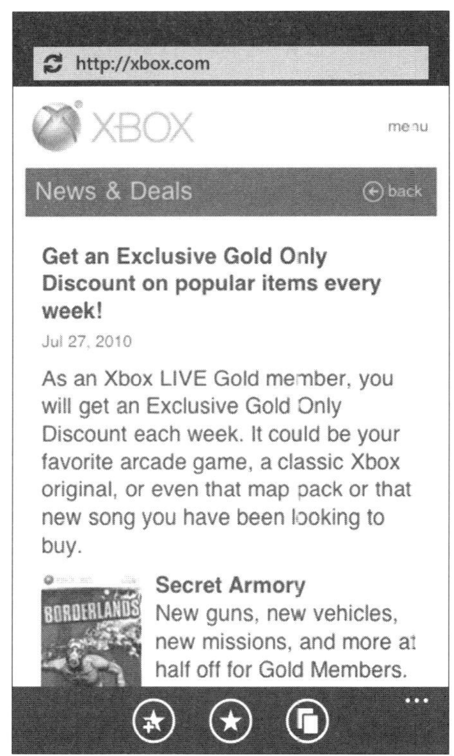

그림 7-12 스포트라이트에 있는 개별 항목의 내용을 IE를 통해서 본 모습

Xbox Live

이 섹션에서 여러분은 Xbox Live 계정의 몇 가지 기본 정보를 살펴볼 수 있는데, 여기에는 아바타, 게이머태그, 이름, 게이머 점수, 그리고 여러분이 얻었던 마지막 도전

과제가 포함된다. Xbox Live는 다중 플랫폼이기 때문에 도전 과제는 Xbox 360, 윈도우, 윈도우폰과 같이 지원되는 다른 플랫폼으로부터 가져온 것일 수도 있다. Xbox Live 섹션은 그림 7-13과 같다.

이 화면에 나오는 많은 항목들은 웹기반 콘텐츠로의 링크들이다. 여러분은 좀 더 자세한 내용을 살펴보기 위해 아바타, 게이머태그/**이름**/게이머 점수, 또는 가장 최근의 도전 과제를 누를 수 있다.

윈도우폰에서는 오직 전체 Xbox Live 기능들의 일부분만을, 혹은 마이크로소프트가 표현하듯이 윈도우폰에서 의미가 있는 Xbox Live 기능들만을 지원한다는 것을 기억하자(이들의 기능적 차이는 이 장의 앞부분에서 설명하였다).

명백한 차이점들 중 하나는 바로 아바타이다. Xbox 360 콘솔에서 여러분의 아바타는 상당한 움직임이 있기 때문에, 화면에 그를 내버려두면 재미있게 즈변을 뛰어다닐 것이다. 윈도우폰에서는, 적어도 아직은, 아바타에 움직임이 덜하다. 사실, 그것은 정적인 PNG 이미지이다.

> **Note** 여러분은 내 아바타의 정적인 이미지를 이 주소에서 확인해볼 수 있다. avatar.xboxlive.com/avatar/Paul%20B%20Thurrott/avatar-body.png 여러분의 아바타를 찾아보려면, 간단히 내 게이머태그(Paul%20B%20Thurrott) 부분을 여러분 자신의 것으로 바꿔 넣으면 된다. %20이라는 문자는 여러분의 게이머태그에 있는 공백을 대신하는 데 이용한다.

요청

게임 요청은 전화나 메시지, 음성 메시지가 왔을 때와 같은 온스크린 상태 바를 이용하는데, 핸드폰으로 뭔가 다른 것을 하고 있을 때 그것을 일시적으로 중단시킬 수도 있으며, 여러분이 하고 있던 것을 그만두고 게임을 선택할 수 있는 기회를 준다. 만약 이와 같은 알림을 무시하거나, 또는 이 요청들이 들어왔을 때 핸드폰을 확인할 수 없는 상황이었다면, 이 미해결된 게임 초대와 다른 요청 관련 알림은 게임 허브로 넘어가게 된다. 이들은 요청 섹션에서 확인할 수 있다(그림 7-14).

그림 7-13 Xbox Live 화면에서의 본인의 아바타와 게이머 정보

그림 7-14 요청(Requests)

▶ 게임 허브
라이브타일은 숫자
표시를 달 수
있는데 이것은 아직
확인하지 않은
알림을 표시한다.
따라서 그림
7-15처럼 여러분이
처리하지 않은 두
개의 요청을 가지고
있다면
라이브타일에
2라는 숫자가 표시
되어있는 것을 볼
수 있을 것이다.

다음과 같은 세 가지 종류의 요청 유형들을 확인할 수 있다.

▶ **초대:** 누군가 여러분에게 온라인게임에서 그들에게 합류할 것을 요청하면 초대가 이루어진다.

▶ **차례 알림(Your Turn):** 윈도우폰은 백가몬(Backgammon), 스크래블(Scrabble)등과 같은 비동기 턴-방식의 게임들을 위한 기능을 제공한다. 이러한 게임에서 두 플레이어가 따로따로 번갈아가면서 순서를 주고받는데, 이 인터페이스를 통해서 자신의 순서임을 각자에게 알려준다. 이것은 멋진 아이디어로, 비록 매우 평범한 게임이라도 시간이 지나면서 다른 사람들과 함께하는 사회적 경험으로 만들어준다.

그림 7-15 새로운 요청을 받으면 게임 라이브타일은 그것을 표시한다.

▸ **확인(Nudge):** 만약 누군가 여러분으로부터 한동안 응답을 받지 못하면, 그들은 이 넛지를 보낼 수 있는데, 이것은 그들이 여러분을 기다리고 있다는 것을 친절히 상기시켜주는 것이다.

게임하기

언제든 게임을 하기 위해서는 컬렉션 화면에서 썸네일을 누른다.

물론 게임은 특별한 경험이다. 몇몇 게임들은 대부분의 생산성 게임에서 표준이 되는 세로 방향 모드에서만 작동하는 반면, 다른 게임들 – 아마도 거의 대부분의 – 은 가로 방향 모드에서만 작동한다. 전형적인 3D 액션게임은 그림 7-16과 같다.

그림 7-16 Xbox 360을 참고로 한다면, 3D 저격 게임은 윈도우폰에서 일반적일 것이다.

대부분의 게임들은 가상 컨트롤 기법을 제공하기 위해 기기의 터치스크린에 의존하는데, 이러한 컨트롤들은 게임에 따라 다양할 것이다. 만일 게임이 그 해당 게임으로 다른 게이머들을 초대할 수 있는 방법을 제공하거나, 비슷한 요청을 제공한다면, 그 기능도 게임 개발자에 의해 구현되는 것이므로, 마찬가지로 타이틀마다 다양할 것이다.

게임을 플레이하는 동안에, 여러분은 시스템의 다른 곳에서 이용되는 표준 슬라이드-다운 알림 창이나 혹은 상태 바를 이용하는 전화 수신, 음성 메시지, 문자메시지에 대한 알림에 의해 방해를 받을 수 있다. 이것은 여러분이 이미 친숙하게 느끼는 방법으로 작동할 것이다.

가장 간절히 고대하는 알림은 물론 도전 과제일 것인데, 이것은 Xbox Live 호환 게임들에서 제공된다. 도전 과제 알림은 다른 윈도우폰 알림들처럼 작동하며, 그림 7-17과 같은 상태 바를 이용한다. 여러분은 이 상태 바를 눌러 게임을 멈추고, 도전 과제에 관하여 더 자세히 살펴볼 수 있다.

그림 7-17   게임 내의 도전 과제

마켓플레이스에서 더 많은 게임들 찾아보기

만약 다운로드 – 무료, 데모, 유료 타이틀들이 가능하다 – 가 가능한 게임들을 둘러보고 싶다면 윈도우폰 마켓플레이스에 접근해야 한다. 이것은 핸드폰이나 Zune PC 소프트웨어를 통해서 가능하다. 16장에서 Zune PC 소프트웨어 기능어 대해서 설명하므로, 여기에서는 핸드폰 상에서의 방법에 대해서 살펴보기로 한다.

만약 게임을 윈도우폰에서 찾고 있다면 마켓플레이스로 들어갈 수 있는 두 가지 주요 방법이 있다. 모든 프로그램에 있는 마켓플레이스 전용 애플리케이션을 이용할 수 있다. 또는 게임 허브를 통하여 마켓플레이스의 애플리케이션을 실행할 수 있다. 컬렉션 화면 하단에 있는 게임 더 보기(Get More Games) 링크를 클릭하면 된다.

마켓플레이스의 게임 영역(그림 7-18)은 끊임없이 진화하고 있는 게임 타이틀들의 모음으로써, 추천 게임, 인기 게임, 새로운 게임, 무료 게임 및 게임 장르나 모든 게임과 같은 일반적인 분류들로 나뉜다. 언제든 핸드폰의 검색 버튼을 눌러 마켓플레이스 내에서도 검색할 수 있다.

마켓플레이스의 다른 애플리케이션들처럼 각각의 게임은 자신의 페이지에 짧지만 다양한 정보들을 표시하는데, 이 정보에는 이름, 개발자, 가격, 설명, 스크린샷, 평가, 리뷰 그리고 관련 게임들이 포함된다(그림 7-19). 여러분은 이 게임을 공유 – 이메일이나 메시징을 이용하여 – 할 수 있고, 구입할 수 있으며, 경우에 따라서는 시험해볼 수도 있다. 원한다면 평가 점수와 리뷰를 남길 수도 있다.

▶ 핸드폰에서 마켓플레이스로 들어가는 세 번째 방법은 음악+비디오 허브의 Zune 영역이다. 하지만 그 링크는 애플리케이션이나 게임이 아닌 단지 음악 콘텐츠로의 접근만을 제공한다.

그림 7-18 게임 마켓플레이스

그림 7-19 특정 게임 페이지

요약

강력한 CPU, GPU, 고급 디스플레이 등 뛰어난 최소 하드웨어 사양 덕분에 윈도우폰은 시중의 최고 모바일 게임 플랫폼들과 경쟁할 능력을 갖추고 있다. 하지만 이 하드웨어가 만일 그 장점을 이용할 소프트웨어가 없었다면 그냥 버려졌을 것이다. 이제 윈도우폰은 개발자들을 위한 인상적인 툴들과 기술들 그리고 아이폰과 안드로이드는 넘볼 수조차 없는 다중 플랫폼 전략으로 심지어 경쟁자들을 뛰어넘어 크게 앞서나가고 있다.

이와 더불어 윈도우폰을 뒷받침하는 온라인 게임 관련 서비스들 – Xbox Live와 윈도우폰 마켓플레이스 – 을 생각해본다면, 마이크로소프트의 새로운 모바일 작품이 게임 세계에 진정한 변화를 만들어낼 것이라는 것을 알 수 있다. 마이크로소프트의 인기 있고 검증된 서비스와의 이러한 깊은 통합성은 게이머들이 도전 과제와 친구 목록, 게임 요청, 그 밖의 다른 인기 있는 Xbox 기능들을 어디서든 즐길 수 있다는 것을 의미한다. 또한 차세대 게임들로 인해 게이머들은 심지어 윈도우 PC와 Xbox 360 콘솔의 플레이어들과 함께 턴-방식 게임들을 플레이 할 수 있게 될 것이다.

다른 경쟁자들보다 윈도우폰을 선택할 수많은 훌륭한 이유들이 있다. 하지만 모바일 게임은 그 중에서도 단연코 최고의 이유이다.

웹 서핑하기

이 장에서

▶ 웹 서핑을 위해 인터넷 익스플로러 사용하기
▶ 기본적인 브라우저 사용과 웹 서핑 이해하기
▶ 현재 페이지에서 텍스트 찾기
▶ 즐겨찾기 이용하기
▶ 웹페이지를 첫 화면에 고정시키기
▶ 웹사이트 공유하기
▶ 탭 이용하기
▶ 사진 및 파일 보기, 공유, 저장하기
▶ 인터넷 익스플로러 설정하기

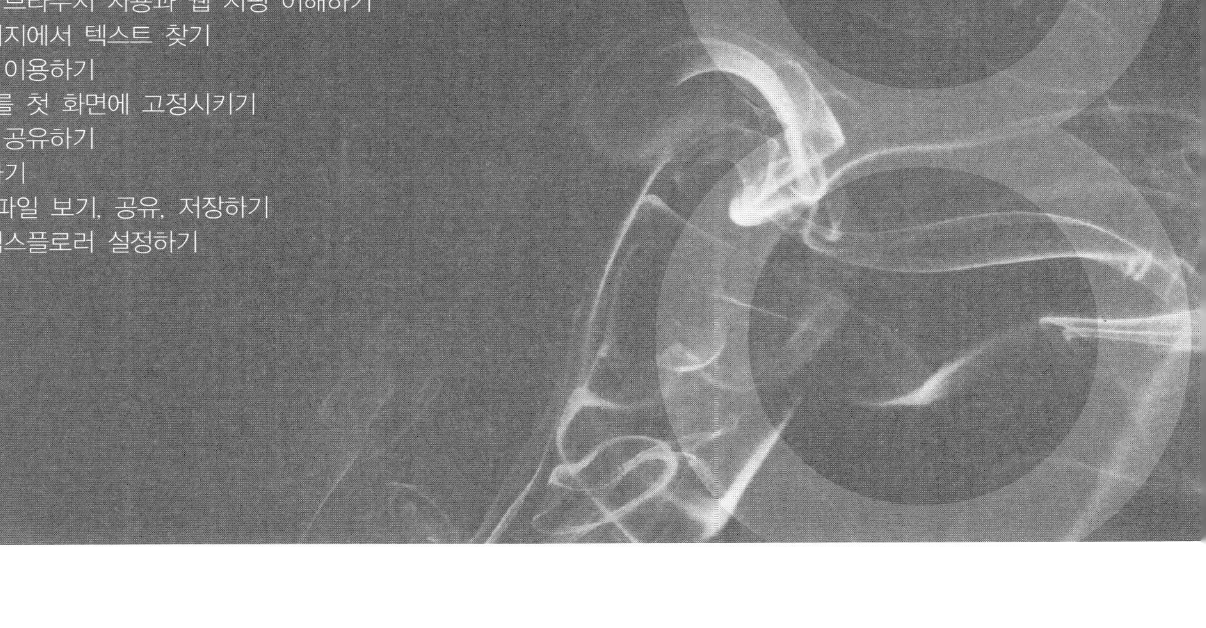

애플의 아이폰이 뭔가 이룩해놓은 것이 있다면, 그건 바로 사용자들이 스마트폰에서 더 이상 불완전한 웹브라우저로는 만족할 수 없도록 만들어 놓았다는 것이다. 이것은 모바일 웹뿐만 아니라 일반 웹페이지를 잘 보여주고, 스마트폰의 기계적 한계 내에서도 잘 작동하는 것을 의미한다.

이것은 꽤 간단해 보이지만 항상 그랬던 것은 아니다. 최근 좋은 모바일 웹브라우저를 탑재한 기기들이 확산됨에 따라 웹사이트의 주인들은 이 기기를 타깃으로 한 작은 스크린에 맞는 새로운 형태의 웹 애플리케이션들을 제공하고 있다.

여러 면에서 모바일 웹 애플리케이션 마켓은 원래 모바일 애플리케이션(응용프로그램) 마켓만큼이나 역동적이다. 그리고 이런 애플리케이션과는 달리 웹 애플리케이션은 각 스마트폰 OS별로 다시 만들어질 필요가 없기 때문에 배포나 우지도 더 쉽다.

이에 대한 마이크로소프트의 솔루션은 PC 데스크톱에서처럼 인터넷 익스플로러로 불린다. 과거에 출시된 윈도우 웹브라우저에 기반을 둔 윈도우폰 인터넷 익스플로러는 여러분이 기대하는 모든 기본 웹 브라우징 기능을 제공하며, 추가로 윈도우폰에만 있는 기능들과 깊이 통합되어 있다.

모바일 웹의 (짧은) 역사

모바일 웹브라우저는 – 모바일 기기나 PC 외의 기기를 위해 디자인된 웹브라우저들 – 사실 전통적 PC 기반의 형제만큼이나 오래됐다. 그러나 바로 최근까지도 만족스럽지 못했던 것이 사실이다. 우리가 PC에서 기대하고, 받고 있는 웹 서핑 경험들과는 완전히 달랐기 때문이다.

마이크로소프트는 모바일 브라우저 시장에서 개척자였기 때문에 이런 상황에 대한 비난을 더 짊어져야 했다. Windows CE, Pocket PC 그리고 윈도우 모바일 등, 초기 Windows CE 멤버들의 한계로 인하여 모바일 버전 인터넷 익스플로러는 일반 웹 대신에 특별히 제작된 모바일 웹사이트에 접근하도록 디자인이 되었다. 불행히도, 모바일 기기의 시장이 작아 선택의 폭도 모바일을 인식하는 웹사이트로 한정되는 결과를 가져왔다. 그래서 사용자들은 단순한 기능만을 제공하는 작은 화면을 통해 웹 서핑을 할 수밖에 없었다. 그 결과는 전혀 만족스럽지 않았다.

지난 몇 년간 마이크로소프트와 그 외의 브라우저 제작자들은 적절한 스케줄에 맞춰 모바일 제품들을 업데이트했다. 그러나 모바일 브라우저들은 항상 데스크톱 제품에 비해 뒤떨어졌고, 기술적인 몇몇 부분에서는 수년이 뒤처지기도 했다. 또한 웹사이트의 소유자들이 사이트를 그 당시의 작은 PDA나 스마트폰에 맞춰 거의 조정하지 않았기 때문에 일반 웹사이트와 모바일 웹사이트의 갭은 커져만 갔다.

물론 약간의 기술 혁신도 있었다. 다양한 써드파티 브라우저 메이커들이(특히 Opera 같은) 모바일 사용자들에게 좀 더 데스크톱에서와 비슷한 경험을 제공하려고 노력했다. 그러나 데스크톱 브라우저들이 무료인 상황에서 종종 이런 제품들은 꽤 비싸게 느껴졌다. 거기에 돈을 지불할 의지가 있는 고객은 그다지 많지 않았다.

그리고 바로 그때 아이폰이 나타났다. 2007년 애플에서 아이폰을 발표할 당시, 애플은 무엇보다도 Mac OS X과 윈도우에서 사용되던 데스크톱 브라우저 Safari를 기반으로 완전한 기능을 가진 모바일용 Safari를 제공할 것을 약속했다. 그리고 이것은 기능이 크게 축소된 Safari가 아니었다. 대신, **이 아이폰 버전 브라우저는 거의 완전히 데스크톱 버전과 똑같은 웹페이지를 보여주었다.**

Safari가 처음에 어느 정도 흠이 있긴 했지만, 당시에 다른 어떤 모바일 브라우저보다 훨씬 뛰어났다(사실, 여러 면에서 Safari는 여전히 최고다). 그러나 Safari가 특히 성공적이었던 두 가지 핵심 부분이 있다.

▶ 인기는 있지만 신뢰성이 떨어지는 서비스인 Adobe Flash나 Sun의 Java가 아이폰용 Safari에서는 지원되지 않는다. 이것이 훌륭한 결정이었는지 아닌지는 아직도 결론이 나지 않았다.

▶ 첫째, 사파리의 인기로 웹사이트 제작자들이 결국 스마트폰과 같은 작고 빠른 모바일 기기에서도 적절히 작동할 수 있도록 웹사이트를 디자인하도록 만들었다는 것이다.

▶ 둘째, 아이폰용 Safari가 데스크톱용 Safari와 같은 기본 렌더링 엔진을 사용했기 때문에, 스마트폰 상에서 사실상 처음으로 일반 웹페이지를 정확히 표시해냈다. 이것은 모바일 사용자에게 완전히 새로운 세상을 열어준 것이다.

지금은 우리가 스마트폰에서 당연하게 여기는 것들이지만, 다음의 내용들은 사파리의 몇몇 기능들의 도움을 받은 것이다. 사파리는 웹사이트 영역(단락이라던가 텍스트 칼럼, 혹은 사진들)에서 두 번 가볍게 누르는 것을 이용하여 화면에서 자동으로 줌을 실행시킬 수 있었고, 손가락을 벌려줌을 하거나 드래그하면서 스크롤하는 기능을 제공했다. 화면의 가로, 세로 모드를 모두 지원해줌으로써, 폰을 돌려서 현재 웹페이지를 여러 다른 방향으로 볼 수 있도록 해주었다. 이 모든 기능들이 유사하게 – 아니, 그냥 동일하게 – 윈도우폰에서 작동한다(사실상 현재의 모든 다른 모바일 브라우저에서도).

윈도우폰용 인터넷 익스플로러 버전에서는 이전 세대 Windows Mcbile 6.5나 Zune HD의 인터넷 익스플로러 모바일 제품들보다 조금 향상된 모습을 보여준다. 그래서 만약 여러분이 그러한 브라우저들이나 아이폰의 Safari에 익숙하다면, 윈도우폰의 인터넷 익스플로러도 매우 유사하다고 느낄 것이다.

모바일 IE 버전들 간의 차이점

차이점들이 당연히 있다. 대략적으로 말하자면, Find On page(페이지 내 찾기), 사진의 저장 및 공유, 그 외에 마이크로소프트의 포터블 미디어 플레이어에서 가능하지 않았던 기능들 등, 윈도우폰에서의 IE는 Zune에서의 IE보다 좀 더 완벽한 기능을 갖추고 있다. 이상하게도, Windows Mobile 6.5용 IE에 있던 많은 유용한 기능들이 윈도우폰 IE에서는 없어졌다. 예를 들어, 이용 중 모바일과 데스크톱 사이의 렌더링 모드를 바꾸는 기능이라든가, 텍스트 사이즈 조절, copy & paste 혹은 그 외의 기능들이 그러하다. 이런 이유로 인터넷 익스플로러가 윈도우폰과 마찬가지로 굉장히 심플하게 디자인되었다는 것이다. 앞으로 나오겠지만, IE는 몇몇 기본적인 공유기능을 제공한다. 그러나 몇 가지 예외 사항과 더불어 나중에 다른 곳에서 이용하기 위해 데이터를 기록하거나 저장하기에 썩 좋지는 않다.

윈도우폰 상의 인터넷 익스플로러의 핵심은, 개인적인 생각으로는, 사람들이 현대 모바일 웹브라우저에서 기대하는 모든 멀티터치 기능들을 가지고 아이폰 같은 검색 경험을 제공한다는 것이다. 잠시 후 살펴보겠지만, 몇몇 주요 부분에서 부족한 것은 사실이다. 그러나 이 브라우저는 '일반' 웹페이지를 잘 표시해주고, 발전된 텍스트 렌더링과 다른 현대 기술들의 덕분으로 작동도 순조로워 보인다.

윈도우폰에서 인터넷 익스플로러 사용하기

여러분이 이미 아이폰의 Safari나 구글의 안드로이드 브라우저에 익숙하다면, 윈도우폰용 인터넷 익스플로러 또한 편안하게 느낄 것이다. 그림 8-1에서 보이듯이, 이 브라우저도 다른 브라우저와 똑같이 보이고, 작동한다. 주소창이나 유용한 검색기능들과 연결된 애플리케이션 바와 같은 표준 UI 컴포넌트를 제공한다.

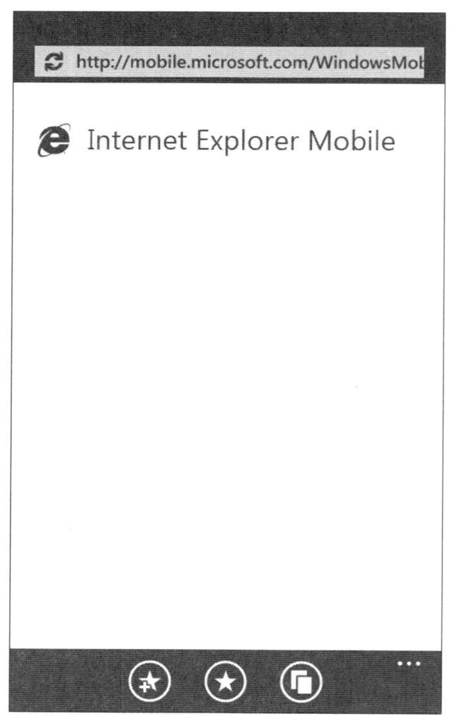

그림 8-1 윈도우폰에서의 인터넷 익스플로러

> *Tip*   인터넷 익스플로러는 윈도우폰 시작화면에 디폴트로 나와 있다. 만약 보이지 않는다면, 오른쪽 상단에 있는 화살표를 눌러 프로그램 목록(More Programs)에서 찾을 수 있다. 시작화면에 인터넷 익스플로러를 추가하려면 프로그램 목록상에 있는 인터넷 익스플로러 항목을 살짝 누른 후 기다린다. 이때 팝업 메뉴가 나타나면 시작화면에 고정하기(Pin to Start)를 선택한다.

모바일 웹에서 웹 서핑하기

인터넷 익스플로러에서는 멀티 터치와 드래그 등의 모바일의 모든 7 능을 지원을 하고 있지만, 페이지 이동은 PC 기반의 웹브라우저에서처럼 작동한다. 여러분은 다음 기본 이동 동작들을 따라해 볼 수 있을 것이다.

- **페이지 스크롤과 줌:** 웹페이지 내에서 스크롤이나 확대/축소는 윈도우폰의 다른 곳에서 작동하는 방법과 같다. 화면을 드래그하여 위나 아래로 페이지를 스크롤할 수 있고, 손가락을 오므리거나 두 번 살짝 눌러주면 확대나 축소를 할 수 있다.

- **주소 직접 입력:** 여러분은 화면 아래의 가상 키보드(그림 8-2)를 이용해서 주소창에 웹페이지 URL을 입력할 수 있다. 리턴을 누르면, 웹페이지의 로딩이 시작된다.

  여러분이 주소창에 타이핑을 하게 되면, 팝-다운 리스트가 추천 웹사이트와 함께 나타난다. 이 사이트들은 여러분이 타이핑하는 내용을 기반으로 추천 된다. 만약 여러분이 **www.goo**를 타이핑하고 있다면 인터넷 익스플로러는 google.com과 같은 사이트를 추천하게 된다.

> *Note*   여러분이 인터넷 익스플로러에서 어떤 웹페이지를 로드(혹은 리로드)하면, 브라우저는 진행 상태를 애니메이션으로 보여준다. 주소창 뒤쪽으로 진행상태 바가 움직이는 것이 보일 것이다. 색깔은 여러분의 윈도우폰 테마 색과 일치한다(기본색은 파란색이다).

여러분은 또한 주소창에 있는 URL을 부분적으로 편집할 수 있다. 이것은 URL 전체를 지워서 다시 시작하는 것이 아니라 일부만 바꾸기를 원할 때 편리하다. URL을 편집할 때에는 일단 주소창을 한 번 두드린다. 그러면 그림 8-3에서 보여지는 것처럼, 전체 URL이 선택이 되는데, 쉽게 전체를 지우고 처음부터 입력할 수 있다.

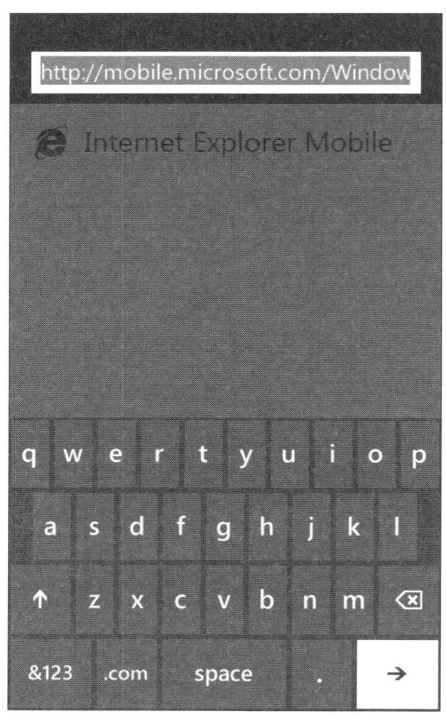

그림 8-2   인터넷 익스플로러는 데스크톱의 브라우저처럼 특정 웹 주소를 직접 입력할 수 있는 주소창을 제공한다.

그림 8-3   전체 선택 시에는 URL을 한 번 가볍게 누른다.

만약 처음부터 다시 시작하기를 원하지 않는 경우에는, 주소창을 다시 한 번 누른다. 그러면 두드린 위치에 얇은 커서가 나타난다(물론, 고릴라처럼 큰 손가락이라면 레이저 같은 정확성을 제공하지는 않는다). 그림 8-4에서 확인할 수 있다.

그림 8-4 커서를 표시하기 위해서 한 번 더 눌러 준다.

커서를 새로운 위치로 옮기기 위해서 주소창을 누르고 잠시 기다린다. 그렇게 하면 새로운 I-beam 커서가 주소창 위쪽에 나타나는 것을 볼 수 있다(그림 8-5). 오른쪽이나 왼쪽으로 움직이면 좀 더 선명하게 볼 수 있다. I-beam 커서는 주소창의 살짝 위에 위치하는데, 그 이유는 손가락으로 누르게 되면 이 컨트롤을 손가락이 방해하기 때문이다. 화면 아래로 손가락을 옮겨보자, I-beam 커서는 좀 더 정확하게 위치를 나타낼 수 있도록 주소창으로 내려올 것이다.

그림 8-5 커서를 움직이면, 초록색 선택 I-beam 커서가 나타난다.

이 I-beam 커서가 나타나면, 여러분은 손가락으로 그 커서를 주소창 주변에서 드래그하여 원하는 곳에 놓을 수 있다. 손가락이 화면을 벗어나면, I-beam 커서가 메인 커서로 바뀐다. 그러면 이제 커서의 현재 위치에서 화면 키보드를 이용하여 텍스트를 추가, 삭제할 수 있다.

> **WARNING**   윈도우 같은 데스크톱 OS나 아이폰, 안드로이드와 같은 다른 모바일 시스템에서는 텍스트의 일부를 선택할 수 있지만 윈도우폰에서는 지원하지 않는다(결과적으로, 주소창에서나 혹은 IE의 다른 부분들에서 텍스트를 잘라 내거나, 복사 혹은 붙여넣기를 할 수 없다). 이 제약사항은 큰 이슈이다. 완전히 새로운 모바일 플랫폼으로서 윈도우폰은 높은 점수를 받지만, 몇 가지 중요한 기능들을 지원하지 않는다.

▶ **가로방향 모드(Landscape mode)**: 다른 윈도우폰 애플리케이션과 마찬가지로 인터넷 익스플로러도 디폴트인 세로방향 모드(portrait mode)와 회전시켰을 경우인 가로방향 모드(landscape mode)에서 작동한다. 여러분은 가로방향 모드를 더 선호할지도 모른다. 왜냐하면 가로방향 모드에서 좀 더 여유 있는 수평적인 공간을 제공하고, 그림 8-6에서 보여지는 것처럼, 좀 더 읽기 쉬운 형태로 풀사이즈 웹사이트를 보여주기 때문이다.

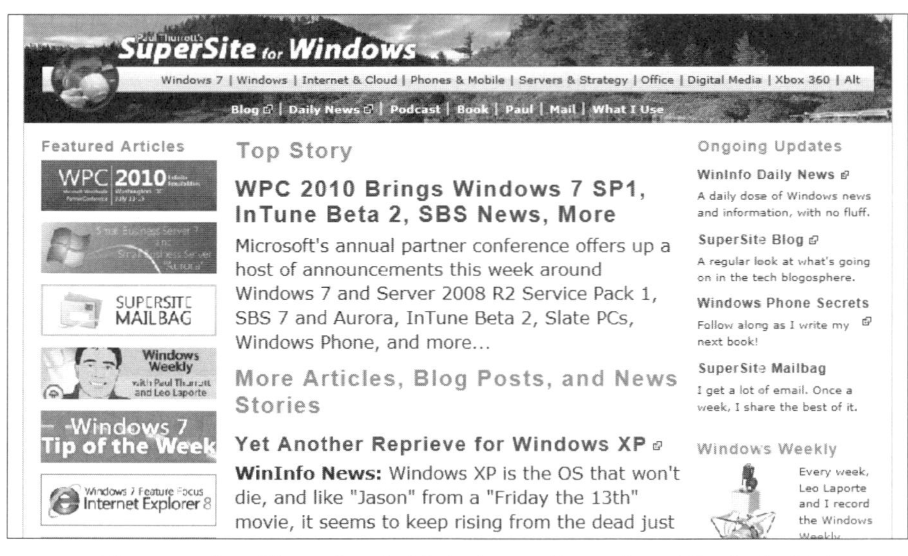

그림 8-6   가로방향 모드는 여러분이 필요로 하는 곳에 공간을 더 제공한다.

> **WARNING** 그러나 이 가로방향 모드에서의 문제점은 주소창과 애플리케이션 바를 포함한 화면 컨트롤을 잃게 된다는 것이다. 한편으로는 데스크톱의 IE 버전에서의 전체 화면을 보여주지만, 또 한편으로는 여러분이 원할 수 있는 기능들을 숨겨 버린다는 것이다. 따라서 그 기능들이 필요하다면 다시 세로방향 모드로 돌아갈 수밖이 없다.

▶ **Refresh and Stop:** 주소창에 있는 리프레시 버튼을 누르는 것으로 현재 웹페이지를 리프레시할 수 있다. 페이지가 로딩되는 동안, 이 리프러시 버튼은 페이지 로딩을 멈출 수 있는 스톱 버튼으로 바뀐다.

▶ **Back:** 앞서 방문했던 웹사이트로 돌아가길 원할 경우에는 – 아마 이 방법을 좋아하게 될 것이다 – 윈도우폰 자체에 있는 Back 버튼을 누르면 된다. 맞다, **IE 자체에는 Back 버튼이 없다.** 그것을 대신해서 폰에 있는 버튼을 이용하는 것이다.

▶ **Forward:** 이전에 방문했다가 되돌아왔던 페이지로 다시 가고 싶은 경우에는, More 메뉴('...' 점 3개 버튼을 누르면 나온다)에 숨어 있는 Forward 명령을 이용해야 한다(데스크톱 브라우저에서는 이 Foward 버튼이 메인 툴바의 Back 버튼 옆에 표시되어 있다). Forward 기능을 현재 이용할 수 없는 경우, 메뉴에는 보이지만 회색으로 표시된다.

안전한 웹 서핑

웹 여기저기를 검색하다 주소창에 작은 자물쇠 아이콘이 나타날 때가 있다. 이는 현재 열람하고 있는 웹페이지가 인터넷 인증기관에 의해서 검증된 안전한 웹사이트라는 것을 의미한다. 이것은 데스크톱의 브라우저와 유사하게 작동하며, 악의를 가진 웹사이트가 종종 해당 사이트가 안전한 것처럼 브라우저가 믿도록 하는 것이 가능하긴 하지만, 대부분의 경우에 이런 자물쇠 아이콘이 있는 사이트들은 신뢰할 수 있다.

▶ **Save passwords:** PC 기반의 브라우저와 마찬가지로 인터넷 익스플로러에서도 로그인이 필요한 사이트들을 위해 패스워드를 자동으로 저장할 수 있다. 사실, 이것은 디폴트 설정이다(IE 세팅에서 이 설정을 바꿀 수 있다).

▶ 뭔가 빠진 걸 눈치챘는가? 그렇다. 인터넷 익스플로러에는 홈페이지의 개념이 없다. 브라우저를 처음 실행하면 간단히 빈 페이지가 표시된다. 그 이후에는 마지막으로 본 페이지가 표시된다.

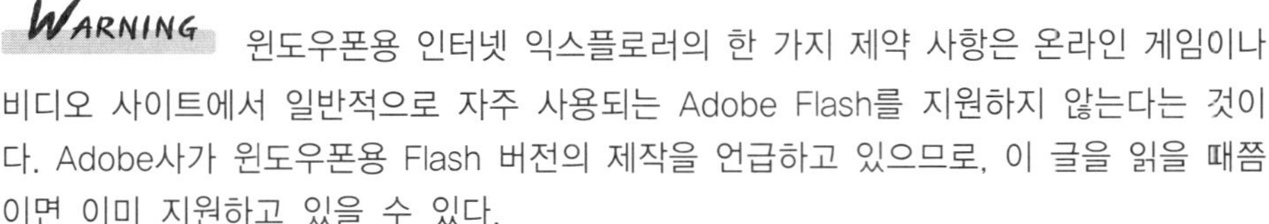

WARNING 윈도우폰용 인터넷 익스플로러의 한 가지 제약 사항은 온라인 게임이나 비디오 사이트에서 일반적으로 자주 사용되는 Adobe Flash를 지원하지 않는다는 것이다. Adobe사가 윈도우폰용 Flash 버전의 제작을 언급하고 있으므로, 이 글을 읽을 때쯤이면 이미 지원하고 있을 수 있다.

웹 검색하기

사람들이 웹에서 하는 가장 일반적인 활동은 Google이나 Bing과 같은 검색 엔진을 이용하여 정보를 검색하는 것이다. 윈도우폰에서 두 가지 방법을 제공한다. 폰의 앞부분에 위치하는 검색 버튼을 통해 통합 Bing 검색 기능을 이용할 수 있다. 또는 여러분이 직접 인터넷 익스플로러에서 – google.com과 같은 – 검색엔진 웹사이트를 방문하여 거기에서 검색하는 것이다. IE에 기본적으로 탑재된 검색엔진은 없다 – 대신, 윈도우폰에 Bing이 탑재되어 있다. 그리고 브라우저에서 '디폴트' 검색인진을 바꿀 수가 없는데, 이유는 아예 존재하지 않기 때문에 그런 것이다.

CROSSREF 만일 웹 검색이-혹은 다른 형태의 검색 – 윈도우폰에서 어떻게 작동하는지 알아보고 싶다면, 통합 Bing 기능을 설명하고 있는 9장을 참조한다.

현재 페이지에서 텍스트 찾기

검색엔진을 통해 검색을 한 후에, 많은 사람들이 종종 신경 쓰지 않거나 잊어버리지 되는 두 번째 단계가 있다. 그것은 바로, 검색 결과 리스트를 얻어 그들 중에서 한 사이트로 옮겨가게 되면 이제 수많은 텍스트로 차 있는 기사와 대면하게 된다는 것이다. 여러분이 진짜 원하는 것을 그 페이지 내에서 찾아내기 위해 다시 한 번 검색을 해야만 한다.

물론 웹페이지 내에서 정보를 검색하고 싶은 다른 이유들도 있을 것이다. 그게 무엇이든 간에 그 결과는 마찬가지이다. 어쩌면 모바일 웹에서는 이 기능이 더 많이 이용될 수도 있다. 왜냐하면 작은 디스플레이 화면에서 긴 텍스트 기사를 처음부터 끝까지 스크롤 하는 것은 더 번거롭기 때문이다.

다행히도, 인터넷 익스플로러에서는 현재 표시된 웹페이지 상에서 텍스트를 찾는 손쉬운 방법을 제공한다. 또한 인터넷 익스플로러의 데스크톱 버전과 마찬가지로 '페이지 내 찾기(Find On Page)'라고 불린다.

페이지 내 찾기를 실행시키기 위해서는, More 버튼을 누른 후 팝업 메뉴에서 페이지 내 검색을 눌러준다. 그림 8-7과 같이 페이지 내 찾기 인터페이스는 텍스트 박스와 가상 키보드로 구성되어 있으며 상당히 간단하다. 해당 페이지에서 여러분이 검색하고자 하는 텍스트를 타이핑해 넣기만 하면 된다.

페이지 내 찾기에 검색어를 입력하는 도중에 바로 검색이 되지는 않는다. 그러나 일단 리턴 키를 누르면 텍스트 박스와 가상 키보드는 사라지고, 페이지 내 찾기는 새로운 기능들을 제공하게 된다. 여러분의 검색어와 매치되는 첫 번째 텍스트가 초록색으로 표시되며, 그림 8-8과 같이(비록 이 스크린 샷이 칼라는 아니지만), 스크린 아래쪽에 있는 이전, 다음 버튼을 이용하여 매칭되는 텍스트들 사이에서 움직일 수 있다.

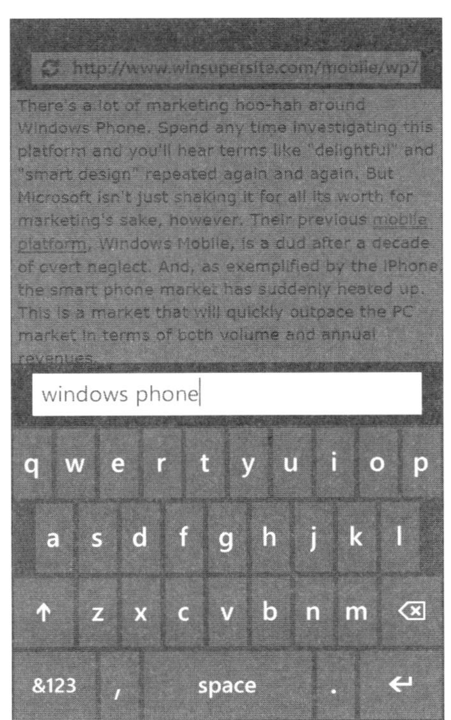

그림 8-7 페이지 내 찾기(Find On Page)를 이용하여 현재 웹페이지상에서 텍스트를 찾을 수 있다.

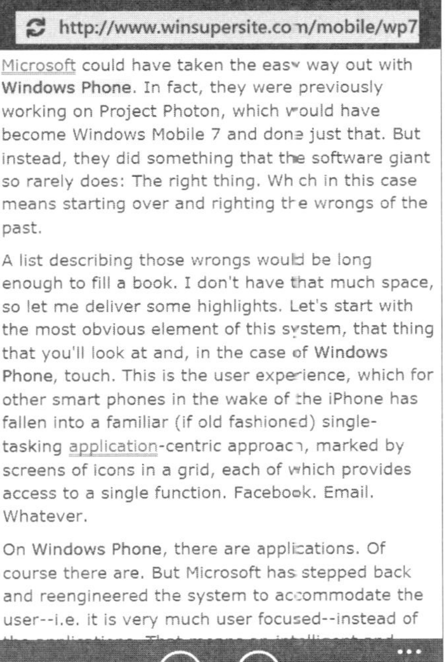

그림 8-8 페이지 내 찾기는 검색된 검색어를 색으로 강조하며, 그 검색된 검색어들 사이에서 이동할 수 있다.

매칭되는 다음 텍스트로 가려면, 다음 버튼을 눌러준다. 이것을 하다보면, 매칭되는 현재 항목은 초록색으로, 다른 항목들은 노란색으로 표시되는 것을 볼 수 있다. 또한 매칭되는 항목들 중에서 뒤쪽으로 돌아가려면 이전을 누르면 된다.

페이지 내 찾기에서 나가려면, Back 버튼을 눌러 준다.

즐겨찾기 이용하기

다른 웹브라우저들과 마찬가지로, 인터넷 익스플로러도 웹페이지 주소나 URL(Uniform Resource Locators)의 바로가기를 로컬에 저장해두는 북마크 개념을 지원한다. 그러나 마이크로소프트는 몇 가지 이유를 근거로 북마크라는 용어를 이용하지 않는다. 대신, 이러한 바로가기를 즐겨찾기(Favorites)라고 부르고 있다.

이름과는 무관하게, 이 개념은 매우 익숙할 것이다. 그리고 윈도우폰의 인터넷 익스플로러에서는 즐겨찾기와 관련하여 두 가지 중요한 애플리케이션 바 버튼을 제공한다. 이것은 마이크로소프트가 PC 데스크톱에서뿐만 아니라 모바일 공간에서도 즐겨찾기를 중요시하고 있다는 것을 알 수 있다.

즐겨 찾는 사이트 추가하기

이 버튼들 중 첫 번째는 추가하기 버튼으로 IE 애플리케이션 바의 가장 왼쪽에 있는 버튼이다. 이 버튼을 누르면 그림 8-9에서처럼 현재 보이는 웹페이지를 즐겨찾기 리스트에 추가할 수 있도록, 즐겨찾기 추가화면이 표시된다.

간단하게 즐겨찾기 이름을 바꿔주고(필요한 경우에), OK를 눌러 저장한다.

즐겨찾기 (및 히스토리) 보기

저장해둔 즐겨찾기 웹사이트나 최근에 방문했던 사이트의 목록을 조회하려면, 즐겨찾기 애플리케이션 바 버튼을 눌러준다. 이 버튼은 왼쪽에서 두 번째(별모양의)에 위치해 있다. IE는 그럼 즐겨찾기 센터를 표시한다. 그림 8-10 참조.

그림 8-9   자주 이용하는 웹페이지를 여러
분의 즐겨찾기 리스트에 추가할 수 있다.

그림 8-10   IE의 즐겨찾기 센터

Note   이름이 왜 즐겨찾기가 아니라 즐겨찾기 센터로 되어있는지 궁금하신 분들도 있을 것이다. 거기에는 두 가지 이유가 있다. 첫째는, 이것이 데스크톱 IE 버전의 즐겨찾기 센터 이후에 만들어졌다는 것이고, 두 번째는 데스크톱 기반 버전과 마찬가지로, 즐겨찾기 센터가 단지 즐겨찾기만 저장하는 것이 아니라 웹브라우저의 히스토리도 함께 저장하는 곳이기 때문이다.

즐겨찾기 목록, 또는 섹션에서 여러분은 이동하고 싶은 웹사이트를 눌러 주면 된다.

*T*IP 히스토리 목록에서 이전에 방문했던 웹페이지들에 접근할 수 있다. 단지 목록을 스크롤해서 원하는 페이지를 누르면 된다. 또한 전체 검색 히스토리—개별 항목이 아니라—도 그림 8-11에서 보이는 것처럼, 삭제(휴지통) 버튼을 눌러 삭제할 수 있다. 이 결정을 다시 한 번 확인하기 위해 물어볼 것이다.

즐겨찾기 관리하기

각 즐겨찾기를 편집하거나 삭제하기 위해서는 해당 즐겨찾기의 이름을 누르고 잠시 기다린다. 몇 초 후 그림 8-12처럼 콘텍스트 메뉴가 나타난다. 이 메뉴에서 여러분은, 항목을 편집하거나 – 이름 혹은 URL을 바꾸기 – 또는 삭제할 수 있다.

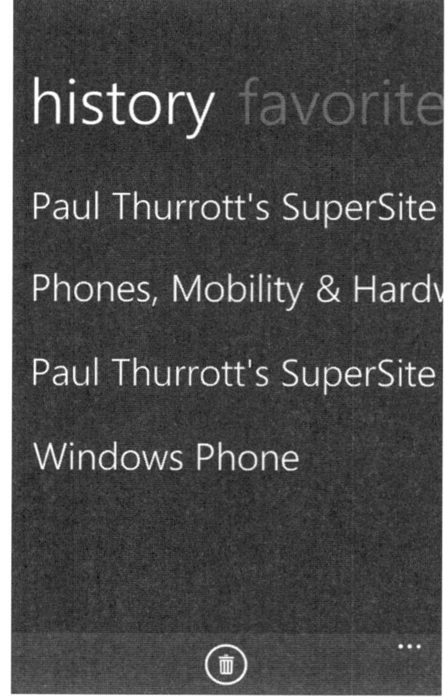

그림 8-11 히스토리 목록에서 최근에 방문했던 웹페이지들의 목록을 보거나 삭제할 수 있다.

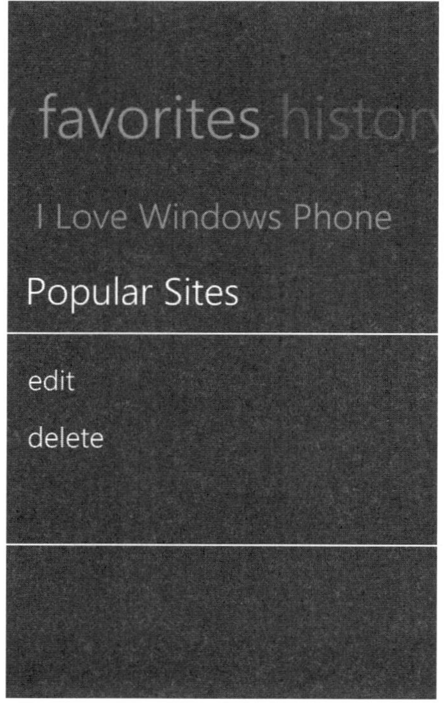

그림 8-12 손가락 누르기로는 오른쪽—클릭을 하는 것이 불가능한 일이었다고 한다.

WARNING 삭제하기를 누르면 다시 한 번 확인하지 않기 때문에 이것을 주의해야한다.

TIP 윈도우폰 스크린이 공간적으로 여유가 있지 않기 때문에, 여러분은 아마도 몇몇 미리 지정되어 있던 즐겨찾기(마이크로소프트나, 폰 메이커 혹은 통신사업자 은의로 이 리스트에 추가한)를 삭제하고 싶을 것이다. 과연 MSN 웹사이트로의 빠른 접근이 필요할까? 아마 아닐 것이다.

웹사이트를 시작화면에 고정시키기

윈도우폰 시작화면에는 애플리케이션들뿐만 아니라 다른 항목들도 바로가기로 고정할 수가 있다. 이 항목들 중에는 개개의 웹페이지들도 있다. 인터넷 익스플로러의 간단한 인터페이스를 이용하면, 윈도우폰의 시작화면에서 편리하게 자주 방문하는 사이트들을 접속할 수 있다.

Note 이 고정된 바로가기들은 브라우저에 저장된 즐겨찾기 목록과는 관계가 없다는 것을 주의하도록 한다. 시작화면에 고정되는 웹사이트들이 자동으로 즐겨찾기 목록에 기록되지도 않고, 즐겨찾기에 있는 웹사이트가 시작화면에 자동으로 고정되지도 않는다. 이 두 가지는 완전히 분리되어 있다.

웹페이지를 시작화면에 고정하기 위해서, 인터넷 익스플로러로 그 페이지를 찾아간다. 그리고 More 애플리케이션 바 버튼을 누르고, 그림 8-13에 보이는 것처럼, 시작화면에 고정(Pin to Start)을 눌러준다.

IE는 닫히고, 여러분이 방금 전 화면 아래에 추가한 웹페이지를 나타내는 새로운 라이브타일과 함께 시작화면이 나타난다(그림 8-14). **이 타일은 해당 웹페이지를 나타내는 썸네일**(페이지 전체의 레이아웃을 검토할 수 있게 페이지 전체를 작게 줄여 만든 이미지)**을 이용해 표시되며, 설명 텍스트는 없다.**

여기서부터 여러분은 이 라이브타일에 몇 가지 액션을 취할 수 있다. 첫째로, 라이브타일을 누른 채로 기다린다. 그렇게 하면 시작화면이 편집 모드로 들어간다. 이 모드에서, 다른 타일들은 약간 작아져 보이고, 고정 취소(핀을 제거하는) 표시가 그림 8-15에서처럼 라이브타일 오른쪽 상단에 나타난다.

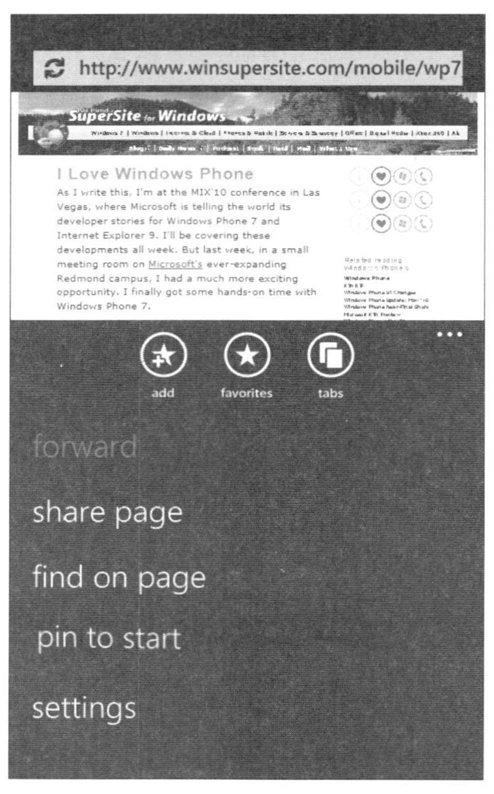

그림 8-13 More 메뉴에서 현재 웹페이지를 첫 화면으로 고정할 수 있다.

그림 8-14 자주 접속하는 웹페이지가 시작 화면에 추가된다.

그림 8-15 편집 모드에서, 선택된 라이브 타일에는 고정 취소 표시가 나타난다.

라이브타일을 삭제하거나 고정을 취소하려면 고정 취소 표시를 클릭한다. 어떤 경고도 없이 라이브 아이콘이 바로 제거되고, 시작화면은 편집 모드에서 빠져나오게 된다.

라이브타일의 위치를 변경하려면, 간단히 그 타일을 드래그하여 원하는 위치에 놓으면 된다. 다른 타일들은 재배열이 필요하게 되면 자동으로 재배치가 된다.

> **TIP** 편집 모드에서는 다른 라이브타일들을 선택할 수도 있는데, 이 기능은 여러분이 선호하는 위치에 타일들을 배치할 때 필요할 수 있다. 하나의 라이브타일을 선택하면, 그것은 풀사이즈가 되고, 고정 취소 표시가 나타난다.

편집 모드에서 나가기 위해서는 시작화면의 빈 공간이나 백 버튼을 누르면 된다. 일단 웹페이지가 시작화면에 고정되면, 그 라이브타일을 눌러 여러분은 언제든 인터넷 익스플로러를 통해서 해당 페이지로 즉시 접속할 수 있다. 이 라이브타일은 다른 라이브타일처럼 작동하지만, 그냥 IE를 실행만 시키는 것이 아니라 적절한 페이지로 이동까지 시켜준다.

웹사이트 공유하기

즐겨찾기를 저장하고, 자주 찾는 웹사이트를 시작화면에 고정시키는 것에 더하여, 여러분은 또한 유용한 웹페이지를 다른 사람들과 공유할 수 있다. 우선 공유하려는 웹페이지로 이동한 후 인터넷 익스플로러 애플리케이션 바의 More 버튼을 누르고, SHARE PAGE(페이지 공유)를 누른다. 그러면 그림 8-16과 같은 Share page가 나타난다.

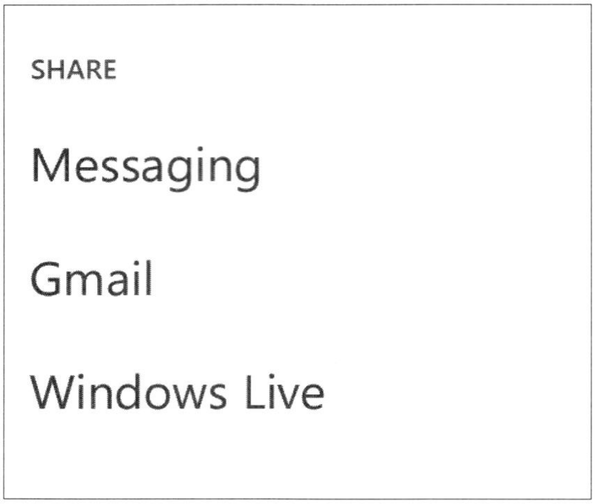

SHARE

Messaging

Gmail

Windows Live

그림 8-16   IE는 유용한 웹사이트를 다른 사람들과 쉽게 공유할 수 있도록 해준다.

---

*T*IP   공유 가능 목록을 확인한다. 윈도우폰에서 사용하기 위해 설정해놓은 서비스들과 어카운트들이 보일 것이다. 메시징 옵션-SMS나 텍스트 메시징을 통한 공유를 위해-은 항상 볼 수 있고, 그 밖의 옵션들, Windows Live, Outlook 그 외의 것들은 적절한 어카운트를 설정해놓았을 경우에만 나타난다.

해당 페이지를 공유하고 싶은 계정을 누른다.

만약 메시징을 선택했다면, 메시징 애플리케이션이 받는 사람 필드가 선택된 채로 열리고, 그림 8-17처럼 가상 키보드가 화면에 나타난다. 웹페이지의 이름과 클릭 가능한 URL이 미리 준비된 텍스트 메시지로 제공된다. 여기에서 공유할 상대방의 이름을 입력하는데, 입력하는 동안 윈도우폰은 주소록의 이름들을 불러와 자동 완성(auto-fill)을 하게 된다(또한, 여러분은 +표시처럼 생긴 주소록 버튼을 눌러, 직접 목록에서 공유할 상대방을 선택할 수 있다).

보내기 버튼을 눌러 텍스트 메시지를 보내고, 유용한 웹페이지를 공유한다.

만약 Windows Live나 Gmail 혹은 Exchange와 같은 이메일 타입의 계정을 선택한다면, 윈도우폰은 상대방 이름이나 주소를 추가할 수 있도록 받는 사람 필드가 강조된 상태로 이메일 메시지를 오픈한다. 제목 라인은 웹사이트 이름으로 자동으로 채워진다. 내용 부분에는 수신자가 해당 웹사이트를 방문할 수 있도록 URL이 포함된다.

▶ 원한다면 또한 받는 사람 필드 부분에 전화번호를 넣을 수도 있다.

물론 이메일은 원하는 형태로 편집할 수 있다.

　Back 버튼을 누르게 되면 이메일 화면을 빠져나가게 되고, 메시지는 저장되지 않는다(혹은 보내진다).

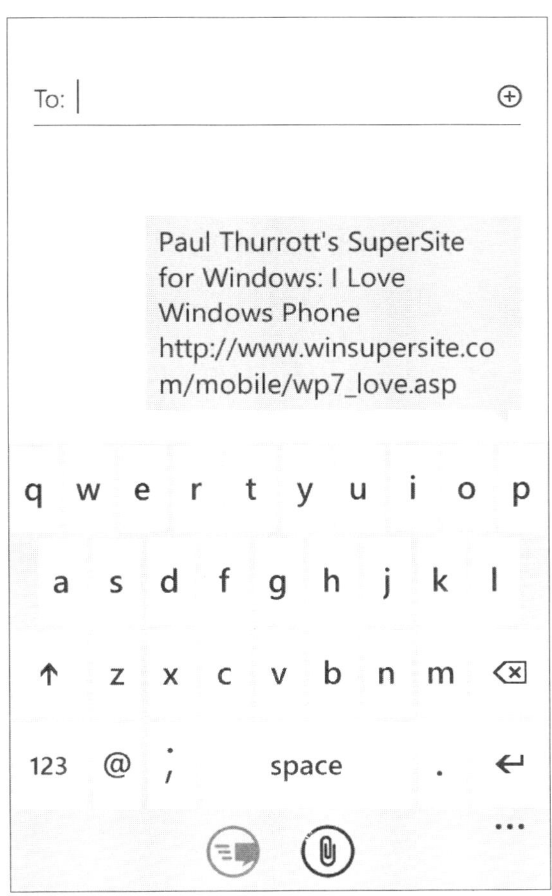

그림 8-17　메시징으로 웹페이지 공유하기

Tab 이용하기

파워 모바일 유저로서 여러분은 동시에 여러 개의 웹페이지를 열고 싶어질 것이다. 데스크톱 기반 브라우저에서는 보통 여러 개의 창을 띄우고 또 한 가의 브라우저 창 내에서도 여러 개의 탭을 이용한다. 브라우저 탭은 하나의 창에서 여러 개의 웹페이지들을 열 수 있도록 해주며, 브라우저의 창들 사이에서 이동하는 것이 아니라 한 개의 창 내에서 여러 웹페이지들 사이를 옮겨 다닐 수 있게 해준다. 웹브라우저 탭의 전형적인 예를 그림 8-18에서 볼 수 있다.

그림 8-18   인터넷 익스플로러 데스크톱 버전에서의 브라우저 탭

윈도우폰 인터넷 익스플로러 버전은 강력하지만, 기기의 기계적으로 제한된 스크린 사이즈 내에서 작동해야만 한다. 또한 윈도우폰 OS의 범위 내에서 작동해야 한다. 그래서 이 브라우저는 멀티플 윈도우 기능을 제공하지 않는다. 왜냐하면 윈도우폰이 데스크톱 윈도우 버전에서처럼 프리플로팅(free-floating) 윈도우를 지원하지 않기 때문이다. 그렇지만 탭 기능은 제공한다.

그러나 윈도우폰의 IE에서는 탭을 약간 다르게 표시한다. 여기서는 인터넷 익스플로러가 탭 목록을 화면 윗부분에서 보여주는 것이 아니라, 각각의 웹페이지들을 한눈에 보면서 선택할 수 있도록 해주며, 그것을 누르면 바로 선택이 된다. 그렇게 하는 이유는 바로 실용성 때문이다. 이 목록은 귀중한 스크린의 공간을 너무 많이 차지하게 되고, 사용자가 더 많은 탭들을 추가할수록, 각각의 페이지를 식별하거나 탭들 사이를 이동해 다니기는 어려워질 것이다.

기계적 제약에 맞추기 위해, 인터넷 익스플로러는 대신 애플리케이션 바에서 탭 버튼을 제공한다(왼쪽에서 세 번째 버튼이다).

> **TIP**   만약 여러분이 두세 개의 탭을 열었다면, 탭 버튼은 열린 탭들의 수를 버튼 안에 표시한다. 그래서 만약 두 개의 브라우저 탭이 열려있다면, 버튼에 2라는 작은 숫자가 나타난다. 세 개의 탭이 있다면, 3이 나타나는 식으로(한 개의 탭만 열려있다면 숫자는 나타나지 않는다).

이 버튼을 누르면, 그림 8-19와 같이 탭 표시 화면이 나타난다.

이 화면은 격자 형태로 아이콘을 나타내는데, 하나하나가 열려 있는 브라우저 탭을 나타낸다. 각 아이콘은 두 가지 방법으로 해당 웹페이지를 식별할 수 있도록 하는데,

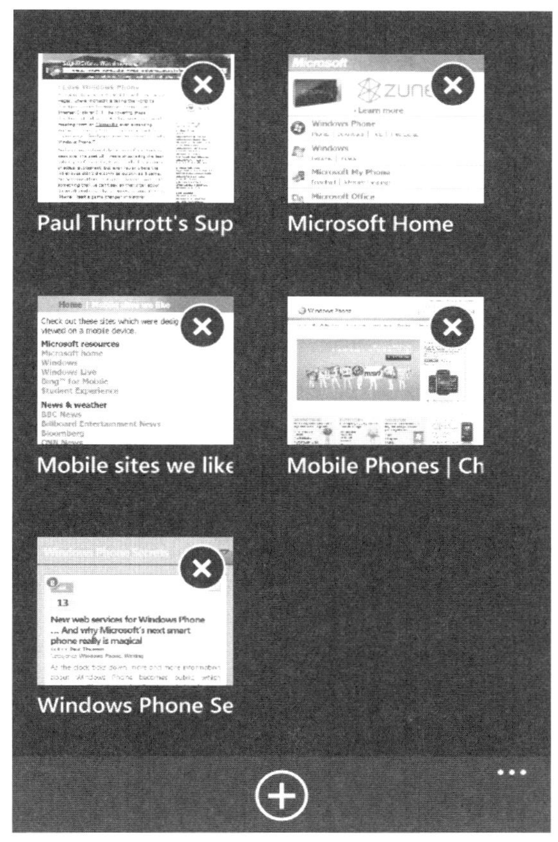

그림 8-19 탭 인터페이스는 열려 있는 브라우저 페이지 사이를 쉽게 오갈 수 있도록 해준다.

페이지의 썸네일을 표시하거나 아이콘 아래에 텍스트로 페이지의 제목을 표시한다.
(혹은, 제목의 일부분. 긴 웹페이지 이름은 잘리게 된다.)

새로운 브라우저 탭을 추가하려면, 스크린 하단에 있는 애플리케이션 바의 추가(+)
버튼을 눌러준다. 그러면 새로운 브라우저 탭이 열리고, 그 탭에는 빈 페이지가 표시
된다. 여기에서 주소창에 수동으로 주소를 타이핑하거나 혹은 즐겨찾기에서 주소를
선택해서 새로운 웹페이지로 이동할 수 있다.

다른 탭으로 이동하기 위해서는 간단히 탭 표시 화면에서 적절한 아이콘을 눌러주
면 된다. 그러면 바로 해당 탭으로 전환된다.

탭을 삭제하려면, 해당 아이콘의 오른쪽 위 코너에 있는 닫기 표시(×)를 눌러준다.
이때는 경고 없이 바로 탭이 닫히고(그러므로 닫기 표시를 누를 때는 주의를 요함), 남아

▶ 브라우저 탭은
6개까지 열 수
있으며, 그 이상은
열 수 없다.
6개의 탭이
열려 있으면, 탭
화면에는 추가
버튼이 회색으로
비활성화된다.

있는 아이콘들은 적절히 재배치된다.

> **TIP** 만약 실수로 탭 표시 화면에 들어갔다면, 간단히 Back 버튼을 눌러 보그 있던 페이지로 돌아올 수 있다.

웹에서 사진 복사 및 공유하기

윈도우폰이 텍스트의 선택이나 복사, 붙여넣기에 관해서는 많은 것을 지원하지 않지만, 웹상에서 찾은 사진들을 저장하고 공유하는 방법은 제공한다. 일단 여러분이 원하는 사진을 찾았으면, 그 그림을 살짝 누르고 잠시 기다린다. 그럼 그림 8-20에서처럼, 팝-업 메뉴가 Save Picture(사진 저장)와 Share(공유)의 두 가지 선택 사항과 함께 나타난다.

- **Save Picture:** 이것은 선택된 사진을 윈도우폰에 저장하는 기능이다. 이런 식으로 저장된 사진들은 저장된 사진(Saved Pictures) 폴더에 저장되는데, 이 폴더는 Picture hub(5장에서 다룬)에서 찾을 수 있다. Pictures로 가서, All, 그리고 Saved Pictures에서 저장한 사진을 찾을 수 있다. 그림 8-21 참조.

- **Share:** 이 옵션은 8장의 앞쪽에서 이미 설명했던 공유 인터페이스(Share interface)를 불러오는데, 여러분이 (MMS) 메시징이나 이메일 혹은 설정된 다른 계정을 통해서 그 사진을 공유하도록 지원한다. 여기서 특별히 놀랄만한 사항은 없다.

파일 보기 및 다운로드 하기

윈도우폰에서는 파일을 기기로 다운로드하거나 저장하는 것을 제한적으로만 지원한다. 그리고 이것이 **오직 폰과 클라우드(웹) 사이에서만 존재하는 기능이라는 것**을 꼭 이해해야 한다. 직접적으로 기기에서 PC로 혹은 그 반대인 PC에서 기기로 카피하는 방법은 없다. 따라서 대부분의 파일 타입을 위한 매개체로 웹을 이용하는 것이 필요하다.

가장 큰 예외 사항은 바로 사진이다. 8장에서 이미 언급했듯이, 웹상의 파일들을

그림 8-20 웹에서 사진을 가져오는 것은 사실 꽤 간단하다.

그림 8-21 웹으로부터 저장한 사진들은 기기에 저장되고, Pictures hub를 통해서 쉽게 이용할 수 있다.

인터넷 익스플로러를 이용해서 저장할 수 있다. 그리고 그것들을 Zure PC 소프트웨어를 이용해서 PC로 카피할 수 있다. 이 과정은 6장에서 설명한 바 있다.

그러면 다른 파일 타입들은 어떨까? 여기에 가장 흔히 쓰이는 파일 타입들과 함께, 웹상에서 인터넷 익스플로러를 통해 그 파일들을 액세스할 경우 그 파일들이 윈도우폰과 상호작용하는(혹은 상호작용을 하지 않는) 내용을 소개한다.

▶ **Office 문서들:** 클릭을 하면, 워드 문서, 엑셀 스프레드시트, 혹은 파워포인트 문서들이 적절한 오피스 모바일 애플리케이션과 함께 열리게 된다. 그러나 이 문서 파일들이 자동으로 기기에 저장이 되는 것은 아니다. 만약 그 파일을 로컬 영역에 카피하고 싶다면 애플리케이션에서 More 버튼을 누른 후, Save As를 누른다. 오피스 모바일 애플리케이션에 관한 더 자세한 내용이나 윈도우폰이 온라인 문서들과 어떻게 상호작용하는지에 관한 내용은 12장에서 찾을 수 있다.

▸ **PDF:** 윈도우폰에서는 Adobe사의 인기 포맷인 PDF 파일을 토거나 다운로드할 수 없다. Adobe에서 윈도우폰 용 리더 애플리케이션을 제공하거나 아니면 호환 가능하도록 지원하게 된다면 가능하다. 그러나 기본적으로 PDF 파일을 열려고 시도한다면 그림 8-22와 같은 메시지를 보게 된다.

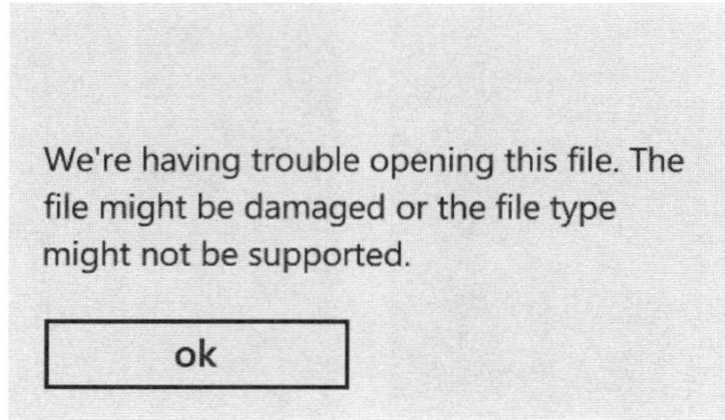

그림 8-22 유감스럽게도, 윈도우폰에서는(아직) PDF 파일 볼 수 없다.

▸ **Text:** 인터넷 익스플로러에서 text 파일 링크를 클릭하면, 이 파일이 바로 브라우저에 표시된다. 그러나 폰에 이 파일을 다운로드 할 수는 없다.

▸ **Audio/video:** Windows Media Video(WMV), Windows Media Audio(WMA), MP3나 혹은 지원되는 다른 오디오, 비디오 파일 타입을 클릭하면, 이 파일들은 바로 로드되어 플레이된다. 윈도우폰에서 지원하는 오디오, 비디오 포맷에 관한 내용은 6장에서 찾을 수 있다.

▸ **ZIP:** 놀랍게도, 윈도우폰은 내재적으로 ZIP 파일들을 열고 그 내용을 열람하도록 지원한다. 그래서 만약 ZIP 파일 안에 윈도우폰에서 호환이 되는 파일 타입이 있다면 적절하게 작동하게 된다. 예를 들어, 오피스 문서들을 다운 받아, 그 파일을 읽고, 알맞은 오피스 모바일 애플리케이션에서 그 파일들을 편집할 수 있다. 그림 8-23에서 윈도우폰의 ZIP 지원 화면을 볼 수 있다

▸ **EXE:** 윈도우폰은 EXE(실행)파일을 어떻게 조작하는지 모른다. 이 파일들은 일반적으로 윈도우의 데스크톱 버전에서 볼 수 있는 파일 형태인데, 바이러스나 악성코드를 옮기는 데 이용될 수 있다. 윈도우폰에서는 이것이 문제가 되지 않을 것이다.

그림 8-23 윈도우폰은 표준 ZIP 파일을 열 수 있다.

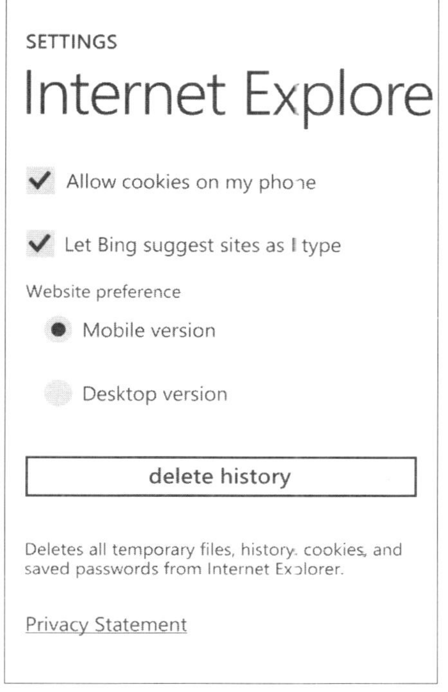

그림 8-24 여기에서 여러분은 인터넷 익스 플로러에 관계된 수많은 특징들을 설정할 수 있다.

인터넷 익스플로러 설정하기

대부분의 윈도우폰 애플리케이션처럼, 인터넷 익스플로러도 다양한 브라우저 설정을 변경할 수 있는 인터페이스를 제공한다. 여러분은 두 가지 방법으로 이 인터페이스에 접근할 수 있다. 그 첫 번째 방법은, 애플리케이션에 있는 More 메뉴를 표시해서 설정을 누르는 것이다. 다른 방법으로는 윈도우폰 UI의 설정으로 가서, 애플리케이션을 클릭, 그리고 인터넷 익스플로러를 선택하는 것이다. 양쪽 모두 그림 8-24의 화면에 도달하게 된다.

다음과 같은 옵션들이 가능하다.

▸ **폰에서 쿠키 허용하기:** 이 옵션은 디폴트로 체크되어(따라서 활성화 됨) 있는데, 웹사이트들이 사용자에 관한 정보를 브라우저에 저장하도록 허용하여, 해당 웹사

이트에서는 이를 이용하여 사용자들에게 좀 더 편리한 기능을 제공한다. 이 기능의 전형적인 사용방법 중의 하나가 세션 정보를 저장하여 여러분이 방문했던 사이트를 다시 방문할 때 수동으로 로그인을 할 필요가 없도록 하는 것이다.

> **Note** 좀 더 정교한 브라우저–아이폰을 포함한 모든 데스크톱 브라우저–들은 여러분이 방문하는 웹사이트들에서 만들어지는 쿠키들과 다른 웹사이트에서 만들어지는 쿠키들을 구별 짓는다. 왜 이것이 중요한 것일까? 여러분은 아마도 뉴욕 타임즈에서 여러분이 그들의 웹사이트에서 무엇을 하는지 알고 있어도 상관없을 것이다. 그러나 여러분의 검색 습관 정보를 그 사이트에서 광고주들이 저장하는 것은 괜찮지가 않을 것이다. 이 후자의 케이스가 다른 웹사이트에서 만들어지는 쿠키를 의미한다. 이것을 선택할 수 있다면 좋을 것이다.

▸ **입력시 검색어 추천 허용**: 인터넷 익스플로러는 디폴트로 주소창에 타이핑을 하면 웹사이트를 제안하게 된다. 이 옵션은 이 기능이 귀찮거나 도움이 되지 않는다고 생각된다면 비활성화시킬 수 있다.

▸ **웹사이트 설정**: 인터넷 익스플로러는 모바일 모드(디폴트)와 데스크톱 모드, 이 두 가지 기본 디스플레이 모드에서 작동한다. 모바일 모드에서 IE는 가능한 경우에 한하여 여러분이 방문하는 사이트의 모바일 버전을 자동으로 로드한다. 그러나 데스크톱을 선택한다면, 모바일 버전은 무시하고 '일반'버전 웹사이트에 접속한다. 이것은 웹사이트의 모바일 버전에서 원하는 내용을 제공하지 않을 경우 유용하다.

▸ **히스토리 삭제**: 이 버튼은 모든 임시 파일들, 히스토리 검색, 쿠키 및 저장된 패스워드를 폰으로부터 삭제한다. (임시 파일들, 히스토리 검색, 쿠키 혹은 저장된 패스워드의 개별적인 삭제는 이 옵션에서 제공하지 않는다. 다시 말해, 전부 삭제하거나 아무것도 삭제하지 않거나.)

▸ **개인 정보 보호 정책**: 클릭하면, 웹상에 있는 마이크로소프트의 개인 정보 보호 정책 현재 버전 페이지로 이동한다.

> **빠진 기능들**
>
> 흔히 이용하는 웹 기능들 중에서 인터넷 익스플로러가 제공하지 않는 것들이 있다. 내장된 Bing 검색 기능의 덕택으로-9장에서 논하게 된다- 브라우저에 검색 엔진 개념이 없으며, 따라서 여러분은 검색 엔진을 바꿀 수가 없다. 시각화된 사기 방지(anti-fraud) 제어 기능이나, ActiveX, JavaScript와 같은 기술들을 비활성화시키는 방법이 없다. RSS 피드에 대한 지원이 없으며, 팝업 방지 기능이 없다.

요약

다른 스마트폰 플랫폼과 마찬가지로 윈도우폰도 모바일 웹사이트와 일반 버전 웹사이트 양쪽을 모두 지원할 수 있는 웹브라우저를 통하여 웹을 체험할 수 있는 길을 제공한다. 인터넷 익스플로러가 애플의 Safari만큼 강력하지는 않지만, 괜찮은 렌더링 엔진, 탭 기능, 즐겨찾기, 페이지 내 찾기 그리고 그 밖의 다른 기본 기능들을 가진 최고 수준의 브라우저라고 할 수 있다.

인터넷 익스플로러는 또한 멀티터치, 제스처(gesture), 가로 보기를 지원하며, Bing 서비스와 깊이 연동되어 있고, 다양한 서비스들을 이용하여 쉽게 웹 정보들을 공유하고, 사진과 문서를 보고, 저장하는 능력을 가진 훌륭한 윈도우폰의 필수 프로그램이다. 시작화면에 개별 웹페이지를 고정하고, 기기를 켤 때마다 빠르고 쉽게 이용하는 방법도 제공한다.

마지막으로, 인터넷 익스플로러는 여러분이 웹 기반 서비스들을 접근할 수 있는 단지 하나의 길이다. 다음 장에서 알 수 있겠지만, 몇몇 윈도우폰의 가장 통합적인 웹 경험들은 사실 Bing과 같은 전용 애플리케이션들을 통해서 더 얻을 수 있다.

즐기기-Having Fun : 윈도우폰과 게임

윈도우폰과 같은 스마트폰의 좋은 점 중 하나는 어디서든 항상 지니고 다닐 수 있다는 것이다. 3G 네트워킹과 Wi-Fi 기능으로 인해 언제나 인터넷에 접속해 있을 수 있고, 통합 GPS 하드웨어로 인해 위치 인식이 가능해짐에 따라, 이제 사용자는 스마트폰으로 주변의 무엇이든 찾을 수 있게 되었다. 이것은 많은 상황에서 유용하게 쓰이는데, 예를 들어 주변에서 좋은 레스토랑을 찾는다거나, 극장의 영화 시간표를 검색할 때도 쓸 수 있다.

마이크로소프트는 윈도우폰에서 검색을 가장 중심적이고 중요한 기능으로 생각하기 때문에 기기 앞의 맨 오른쪽에 검색 버튼을 두고 있다. 이 검색 버튼은 윈도우폰 전체에 걸쳐 수많은 상황과 서로 다른 애플리케이션에서 작동하며, 또한 **항상 Bing 애플리케이션에 연결되어 있거나** 인터넷상의 Bing 온라인 서비스에 연결되어 있다.

사실 **검색**이란 용어가 **Google**과 동의어가 되어 있는 상황에서, Bing이 얼마나 우수한지, 윈도우폰에 깊이 연동되면 연동될수록 얼마나 잘 작동하는지를 알게 된다면 놀랄 수도 있다. Bing은 지역 정보를 검색하고 싶을 때, 전통적 웹, 뉴스, 이미지를 검색하고 싶을 때 바로 곁에 있을 것이다. 또한 폰에 있는 주소록이나 전화 히스토리 심지어 OneNote의 노트들을 검색하고 싶을 때에도 바로 곁에 있을 것이다. Bing은 그냥 폰에 존재하는 하나의 애플리케이션이 아니다. 이것은 깊이 연동되어있는 서비스다. 9장에서는 이 모든 것에 대하여 다룰 것이다.

BING: 검색을 위한 다른 길

다른 스마트폰들에서는 여러분이 어느 유저 인터페이스에 있느냐에 다라 검색이 다르게 다루어진다. 예를 들어, 애플의 아이폰에서는 시작 화면 왼쪽에 브이는 전용 검색 화면을 통해서 폰 내의 검색을 제공한다. 이 기능에서는 주소록이나 iPod 콘텐츠, e-mail 및 캘린더 항목들과 같은 폰 상의 데이터 저장소를 검색하는 데 쓰인다. 그러나 만약 웹 검색을 하려고 한다면, 먼저 Safari를 실행시키고 Safari의 검색 필드에 접속해야 한다. 만약 어떤 목적지나 여행 루트를 검색하고 싶다면 일단 지도를 실행시켜야 한다. 이들 모두 다르게 작동하며, 다른 곳에 배치되어 있다. 사용자의 입장에서는 어떤 상황에서 어떤 애플리케이션을 이용해야 하는지 알고 있어야 하는 것이다.

마이크로소프트는 윈도우폰에서 다른 방식의 검색 기능을 제공한다. 이를 웹 기반 검색 엔진의 이름을 따서 Bing이라 부르는데, 그냥 다르기만 한 것이 아니라 더 좋다고 할 수 있다. 거기에는 여러 가지 이유가 있다.

▸ **Bing은 언제나 이용가능하다.** 모든 윈도우폰의 앞쪽에 위치한 전용 하드웨어 검색 버튼 덕분에, 어디에서 검색을 할 수 있는지 바로 알 수 있다.

▸ **Bing은 항상 일관적이다.** Bing 검색 서비스는 어떤 유저 인터페이스에서나 유사하게 – 많은 경우에는 동일하게 – 나타난다. 때문에 서로 다른 애플리케이션들에서 서로 다른 인터페이스에 익숙해질 필요가 없다(뒤에서 다루겠지만, 이는 애플리케이션들 사이에 차이점이 존재하는 경우도 있다는 의미한다).

▸ **Bing은 연동된다.** 여러분이 어디에 있든 검색 버튼을 누르면, 수행하려는 작업의 맥락 내에서 검색이 수행된다. 또한 잘 만들어진 – 마이크로소프트에서 만든 것이 아닌 – 써드파티 애플리케이션들에서도 Bing을 검색 용도로 이용할 수 있다.

▸ **Bing은 연결되어 있다.** Bing 온라인 서비스와의 연결 덕분에 언제든지 검색 포커스를 바꿀 수 있다. 회사 Apple을 검색했다가 지역 애플 대리점으로 포커스

를 바꿀 수 있으며, (그럴 일은 없겠지만) 동네에서 사과를 산다거나, 사과파이 요리법을 검색할 수도 있다. 그 가능성은 무궁무진하다.

(검색)버튼 하나가 모두를 지배한다

이미 앞에서 언급했듯이, **모든 윈도우폰이 그림 9-1처럼 검색 버튼을 가지고 있다.** 기기의 앞면 오른쪽 하단에 있는 이 버튼을 누를 때마다 Bing의 검색 기능을 이용할 수 있다.

그림 9-1 모든 윈도우폰은 검색 버튼을 가지고 있다.

한 가지 재미있는 것은 이 검색 버튼을 어느 화면에서 누르느냐에 따라 윈도우폰 검색 버튼은 조금씩 다르게 작동한다는 것이다. 대부분의 경우에는, 이 버튼을 누르는 것만으로 Bing에 연결된다. 다음과 같은 애플리케이션에서 그런 방식으로 작동한다. 메시징, 달력, 인터넷 익스플로러, Xbox Live, 사진, Music+Video, Office, Me.

그러나 상황에 따라 동작이 좀 다르다. 만약 전화기나 People hub를 이용하면서 검색 버튼을 누른다면, 주소록 데이터베이스를 검색하는 검색창이 애플리케이션 상단에 나타날 것이다.

메일에서 검색 버튼을 누르면, 현재 사용하고 있는 계정과 관련된 여러 메일박스들을 검색할 수 있는 검색창이 나타난다.

지도와 Marketplace는 비슷하게 작동하는데, 윈도우폰에 통합된 검색창이 애플리케이션 상단에 나타난다.

마이크로소프트 Office는 조금 독특하게 작동한다. 대부분의 경우에, 검색 버튼을 누르면 Bing 애플리케이션에 연결이 된다. 그러나 Excel, OneNote, Word는 스프레드시트, 노트, 워드 문서 내에서 텍스트를 찾을 때 각각의 애플리케이션 내의 찾기 기능을 이용한다.

애플리케이션이 애플리케이션 내 검색을 제공하는 경우에 대해서는, 더 상세한 작동 방식이 해당 장에 설명되어 있다.

BING 인터페이스 이해하기

처음 Bing 애플리케이션을 실행하면, 그림 9-2와 같은 확인창이 나타난다.

이때에 허용하기(Allow)버튼을 누르는 것은 중요하다. 그 이유는 Bing이 여러분의 위치를 알아야 자신의 일을 잘 수행할 수 있기 때문이다. 내부적으르 Bing은 위치를 알아내기 위하여 전화기의 GPS에 접근한다. 왜냐하면 Bing이 제공하는 수많은 결과들이 지역 정보를 포함하고 있기 때문이다.

이 확인창을 지나면, 그림 9-3과 같은 화면이 나타나고, 앞으로는 Bing이 실행되면 바로 이 화면으로 이동한다. 그림에서 볼 수 있는 것처럼, Bing은 매우 예쁘고, 그림 같은 이미지를 백그라운드로 제공하는데, 이 이미지는 매일 바뀐다.

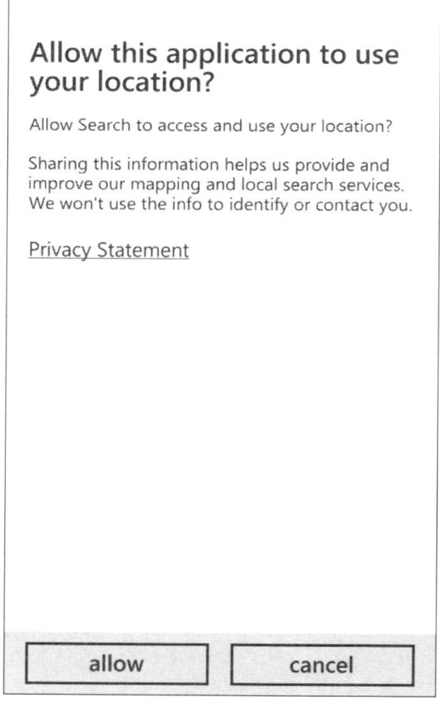

그림 9-2 Bing은 여러분이 어디에 있는지 알고 싶어 한다. 잘 작동하기 위해서는 위치 정보가 필요하다.

그림 9-3 Bing 애플리케이션에서는 그날의 Bing 이미지를 특징으로 삼고 있다.

Note 윈도우폰의 Bing 애플리케이션에서 볼 수 있는 이미지는 웹에서 bing.com에 접속했을 때 보이는 이미지와 같은 것이다. 이 아름다운 사진들은 사용자들 사이에서 굉장히 인기가 많아서, 마이크로소프트가 윈도우의 데스크톱 버전의 Bing 바그라운드 테마로 공개한 것이다. 많은 사이트에서 이 이미지들을 가져가 사용했는데, 그 중에서 제일 괜찮은 사이트 중 하나가 istartedsomething.com/bingimages이다.

물론, Bing 애플리케이션에서 단지 예쁜 사진들만 제공하는 것은 아니다. 이 애플리케이션에서는 또한 아래와 같은 기능들을 지원한다.

▶ **검색 창:** Bing 애플리케이션 상단에는 검색 창이 있다. Bing은 검색어를 자동으로 확인하여, 적절한 카테고리(웹, 지역 혹은 뉴스)에 따라 결과를 표시한다.

Tip Bing의 검색 필드에 검색어를 타이핑하면, 그림 9-4에서처럼, 추천 검색어들이 자동으로 완성된다. 이것은 많은 시간을 절약해주는데, Bing은 여러분이 타이핑하려는 것을 정확하게 추측해냈을 때 특히 그러하다.

▶ **음성 검색:** 모든 윈도우폰에는 마이크가 있기 때문에 – 결국은 전화니까 – 텍스트를 타이핑하는 대신 음성으로 검색하는 기능을 제공한다. 검색 필드 오른쪽에 있는 마이크와 비슷하게 생긴 음성 검색 아이콘을 누르기만 하면 된다. 그림 9-5에 보이는 것처럼, 윈도우폰에서 음성 검색은 폰 전체에서 사용되는 음성 명령 기능처럼 작동한다.

그림 9-4 검색 필드에 타이핑을 하면 Bing은 추천 검색 목록을 제공한다.

그림 9-5 폰에서 음성으로 검색이 되다니... 대단한 기능이다.

▶ **이미지 호출하기**: 그 날의 Bing 사진을 자세히 살펴보면, 작고 네모난 호출 박스를 스크린 여기저기에서 볼 수 있다(이것은 Bing이 실행된 후 몇 초 후에 나타난다). 이 박스들은 해당 이미지에 관한 좀 더 많은 정보를 제공한다. 더 많은 정보를 원한 다면 그 박스들 중 하나를 누른다. 그러면 그림 9-6과 같이 팝업 정보가 나타난다.

> *Note* 이 각각의 팝업들은 또한 링크이기도 하다. 그래서 호출 텍스트를 누르면 웹에서 해당 사진에 대한 좀 더 자세한 정보를 찾을 수 있다. 이 호출 텍스트 사진과 관련된 단서를 담고 있다. 만약 지금 무슨 사진을 보고 있는 것인지 혹은 사진 뒤에 숨어 있는 기발한 생각이 무엇인지 아직 잘 모르겠다면 호출 텍스트를 클릭하자, 그러면 좀 더 많은 정보를 얻을 수 있다.

그림 9-6 아름다움과 지능 두 가지를 모두 가진 Bing을 제공하는 마이크로소프트에게 신뢰를 보내자.

▸ **사진 출처:** 오늘의 Bing 사진의 출처를 알아내는 또 다른 방법이 있다. 이 정보를 보려면 화면 오른쪽 하단을 누른다. 그러면 Bing은 사진의 제목이 무엇인지, 어느 사진 보관함에 그것이 속해있는지를 팝업으로 알려준다.

다른 스마트폰에서 BING

다른 모바일 시스템들—아이폰, 안드로이드 혹은 마이크로소프트의 이전 모바일 OS인 Windows Mobile—에서 Bing 애플리케이션은 home 버튼, back, forward 버튼, 다양한 수동 검색 타입 등 수많은 기능들을 포함한다. 그러나 윈도우폰을 위해서는 마이크로소프트는 자신의 디자인 철학에 따라 많은 것을 단순화시켰다. 윈도우폰은 훨씬 간결하게 보인다. 하지만, 걱정할 것은 없다. 또한 모든 기능을 담고 있으니까.

BING 이용하기

Bing 애플리케이션을 실행시키려면 윈도우폰 앞쪽에 있는 검색 버튼을 누른다(사실 이것이 Bing을 실행시키는 유일한 방법이다. Bing은 다른 애플리케이션들처럼 프로그램 목록에서도 나오지 않는다).

Bing은 모든 기능을 가진 검색 서비스이면서, 여러분이 필요로 하는 검색 타입이 무엇인지 자동으로 탐지하려고 애쓰고 종류에 따라 적절한 결과로 보여준다. Bing 애플리케이션에서 직접 수행된 대부분의 검색은 세 가지 카테고리 중 하나로 나타난다. 웹, 지역 그리고 뉴스. 이들이 검색 결과에 나오는 카테고리 필터들이다.

Bing은 여러분이 무엇을 검색하려 하는지 이해하려고 애쓴다.

여기서 재미있는 사실은, Bing은 여러분이 검색하려는 것이 무엇인지를 추측하여 적절한 default view(기본 화면)를 제공하려고 한다는 점이다. 만약 프랑스 혁명 기념일에 **프랑스 혁명 기념일 Bastille Day(7월 14일)**를 검색한다면, Bing은 default view로 뉴스 결과를 리턴할 것이다. 그렇지만 **윈도우폰 시크릿(Windows Phone Secrets)**을 검색한다면 default view로 Web 결과를 보여줄 것이다. 물론 Bing이 항상 원하는 대로 결과를 보여주지는 않는다. 그러나 view를 바꾸는 것은 어렵지 않다, 이 내용은 바로 뒤에 나온다.

윈도우폰의 다른 인터페이스와 마찬가지로, Bing도 검색 결과에 하나의 축을 중심으로 좌우로 드래그할 수 있는 인터페이스를 이용한다. 이 경우에, Bing의 검색 결과는 세 단, 혹은 세 개의 섹션으로 편성된다. 그리고 좌우 드래그를 통해 이동할 수 있다. 그것은 무엇을 검색하길 원하느냐에 따라 다른 순서로 정렬되지만, 어쨌든 이 세 섹션이 표시된다.

▸ 그 첫 번째는 웹이며, 관련된 웹 기반 검색 결과들을 목록으로 제공한다.

▸ 두 번째 섹션은 지역으로서 왼쪽으로 드래그하면 나타난다. 이것은 지역 비즈니스나 그 외 정보들을 제공한다.

▸ 다시 한 번 드래그 하면, News 섹션 검색 결과가 나타난다.

이 세 섹션의 검색 결과 화면은 그림 9-7과 같다.
다음 섹션에서는 수행 가능한 서로 다른 검색 유형들을 살펴본다.

웹 검색하기

Bing은 표준 웹 검색 기능을 제공하는데, 라이벌 웹 검색 엔진인 구글이나 야후와 비슷하게 작동한다. 웹을 검색하기 위해서는 일단 Home에서 검색 버튼을 누르면, 이제 Bing 검색이 시작된다. 검색 필드에 검색어를 입력한다. 앞으로 알 수 있겠지만, Bing은 여러분이 타이핑을 하는 동안 추천 검색어를 제공한다. 제공된 곡록에서 하나를 선택하거나, 검색어를 다 입력했다면 엔터키를 누른다.

검색하려는 항목이 지역 정보나 뉴스 아이템으로 잘못 해석될 여지가 전혀 없다면 (예를 들어, **푸에르코 피빌 puerco pibil**, 영화 Once Upon a Time in Mexico에 나와 유명해진 환상적인 돼지고기 바비큐 요리), Bing은 이미 화면에 표시되어 있는 웹 섹션에 검색 결과를 표시할 것이다, 그림 9-8과 같이. 그렇지 않다면, 왼쪽이나 오른쪽으로 드래그해서 웹 검색 결과를 확인할 수 있다.

결과 화면 내에서 이동하는 것은 간단하다. 검색 목록을 이미 익숙해진 방법으로 스크롤하면 된다. 흥미로운 검색 결과가 있다면 간단히 그것을 눌러준다. 그러면 해당 웹페이지는 Bing이 아니라 인터넷 익스플로러에서 표시된다(그림 9-9).

여기서 몇 가지 액션을 취할 수 있다. 만약 그 페이지가 찾고 있던 것이거나 그렇진 않더라도 가치가 있다고 생각되면 나중에 이용하기 위해 그 페이지를 저장할 수 있다. 그런 경우에는 인터넷 익스플로러 툴바에서 추가 버튼을 누른다. 그러면 그림 9-10과 같이 즐겨찾기 추가하기 화면이 나타나고, 원한다면 즐겨찾기 이름이나 URL 도 편집할 수 있다.

그림 9-7 Bing은 검색결과를 세 개의 카테고리로 분류하여 표시하며, 그 카테고리 사이는 좌우 드래그로 옮겨다닐 수 있다.

그림 9-8 Bing은 입력한 검색어에 적절한 형태의 검색 결과 화면을 제공하기 위하 노력한다.

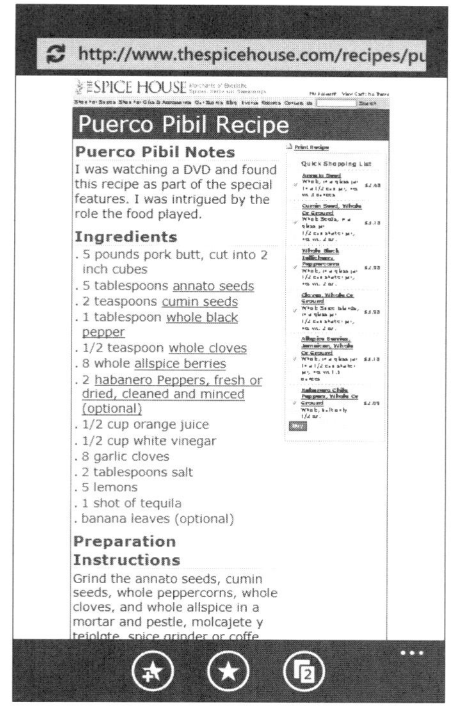

그림 9-9 Bing은 검색 결과 목록에서 웹 링크를 클릭하면 인터넷 익스플로러를 연다.

그림 9-10 인터넷 익스플로러를 이용하여, 마음에 드는 검색 결과를 즐겨찾기에 추가할 수 있다.

만약 이 링크를 다른 사람과 이메일, 메시징 혹은 Facebook과 같은 소셜 네트워킹 서비스를 통해 공유하고 싶다면, More 버튼을 누르고, 다시 Share Page(페이지 공유하기)를 누른다. 그러면 윈도우폰 공유 화면이 나타나는데, 이 내용은 다른 장에서 살펴본 바 있다(IE에 관해 살펴본 8장에서도 이 내용을 살펴봤다).

만약 Bing의 검색 결과 목록으로 되돌아가고 싶으면, 폰의 Back 버튼을 누른다. Bing의 메인 화면으로 가고 싶다면, 폰의 검색 버튼을 누른다.

뉴스 읽기 및 검색하기

점점 더 많은 PC와 모바일 웹 사용자들이 뉴스를 조회하기 위해서 검색엔진을 찾고 있다. 그래서 Bing도 Google처럼 편집자에 의해서 만들어진 것이 아니라, 전적으로 알고리즘에 의해 지정되는 새로운 뉴스 서비스를 제공한다.

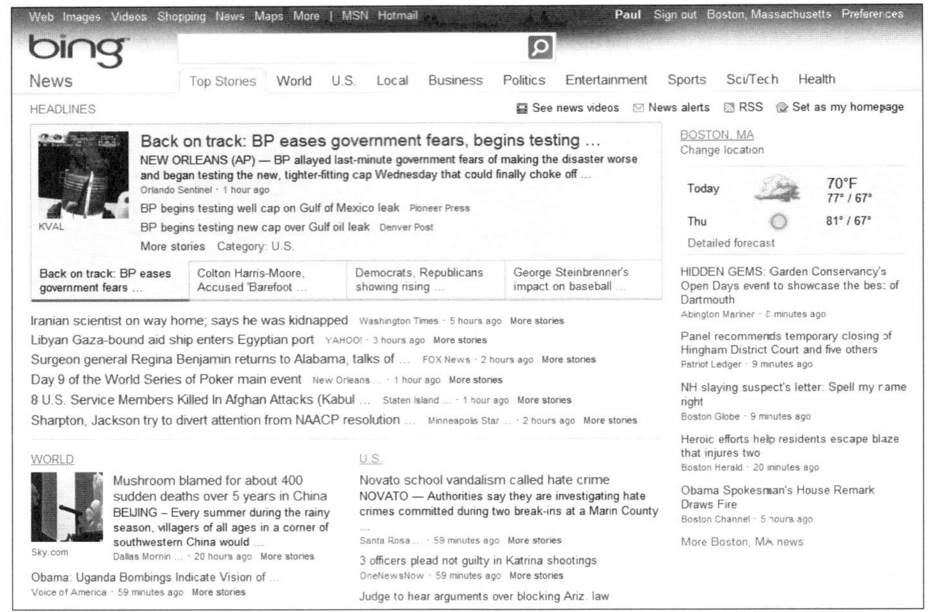

그림 9-11 Bing News에서 현재의 뉴스들을 살펴 볼 수 있다.

윈도우폰의 Bing 애플리케이션은 이와 같은 방법으로 이 사이트를 볼 수 있도록 해주지는 않는다. 대신, Bing은 뉴스 항목들을 검색할 수 있도록 해준다. 이것은 여러분이 어딘가에서 새로운 소식 – 화산이 폭발했다거나 스포츠 이벤트가 있다거나 – 을 듣고 좀 더 알아보기 위해 검색할 경우에 유용하다.

Bing에서 뉴스를 검색하려면, 먼저 Bing 애플리케이션을 실행하고, 그 다음 적절한 검색어를 입력한다. 검색 결과 페이지가 나타나면 뉴스 섹션으로 옮겨 간다. Bing의 뉴스 검색 결과 화면은 그림 9-12를 참고한다. 이제 검색된 뉴스 목록을 스크롤해서 살펴보고, 흥미 있는 뉴스를 눌러주면 된다.

그림 9-12 Bing의 뉴스 서비스는 윈도우폰 UI의 강점을 잘 이용하고 있다.

지역에서 정보찾기

스마트폰을 가장 잘 이용하는 방법 중의 하나는 외부에 있을 때 지역 정보를 검색하는 것이다. 이 정보들에는 레스토랑, 영화, 쇼핑, 쇼핑 관련 서비스, 교통, 호텔, 병원,

약국, 관광, 스포츠 이벤트 등 상상할 수 있는 모든 것이 포함된다. 만약 여러분이 이러한 지역 정보를 찾아야 하는 경우가 발생한다면, 윈도우폰은 가장 훌륭한 친구이다. 그리고 여러분이 사용하게 될 서비스가 바로 Bing 지역 정보이다.

다른 검색 유형들처럼, 지역 검색도 Bing 애플리케이션의 검색 필드를 통해 수행한다. 검색 결과가 디폴트로 지역 섹션을 표시하지 않을 경우에는, 지역 섹션으로 드래그하여 옮겨 가면 된다.

근처 상점 찾기 대 온라인 쇼핑

쇼핑과 **온라인 쇼핑**을 의미하는 **쇼핑 관련 서비스**를 혼동하지 말자. 그 차이는 다음과 같다. 지금 여러분이 근처에 있는 상점을 찾는다고 할 때 이용하는 것이 Bing 지역 검색이다. 그런데 만약 웹에서 무언가를 구입하려고 해도 Bing을 이용하게 될 것이다, 왜냐하면 Bing이 가장 좋은 가격을 찾아주기 때문이다. 그러나 그것을 위해서는 Bing 쇼핑 서비스를 이용해야 한다. 이에 관해 이 장의 뒷부분에서 설명한다.

▶ Bing에 위치정보 접근을 허용하지 않는다면, Bing은 지역 검색 결과를 제공하지 않는다. 대신, 그림 9-13과 같은 화면이 표시된다. 여기에서, 위치 인식 허용하기를 누르면 이 기능은 활성화된다.

그림 9-13 개인 정보 보호가 너무나 중요하다? 지역 검색 No!

실제 현실에서는 어떻게 작동할까? 여러분이 지금 어떤 도시에 있고, 해산물 레스토랑을 근처에서 찾는다고 하자. Bing을 실행시킨다, 그리고 검색 필드에 **해산물(seafood)**이라고 입력하고 엔터를 누른다. Bing은 그 지역의 지도와 함께 주변의 레스토랑 목록을 표시할 것이다. 그림 9-14 참조.

> *Note* 주의하자. 그 결과들 중 몇몇은 광고이다. 목록 앞에 있는 작은 깃발을 보면
> 그 차이를 알 수 있다. 지역 검색 결과는 숫자(1, 2 등등)가 쓰여 있는 깃발로 표시되고,
> 'A'라는 글자를 가지고 있는 것이 광고이다. 광고를 누르면 인터넷 익스플로러가 실행되
> 지만, 지역 검색 결과를 누르면 완전히 다르게 작동한다.

지역 검색 정보를 선택하면, Bing은 이 결과에 대한 더 많은 정보를 새로운 형태로
화면에서 보여준다(그림 9-15).

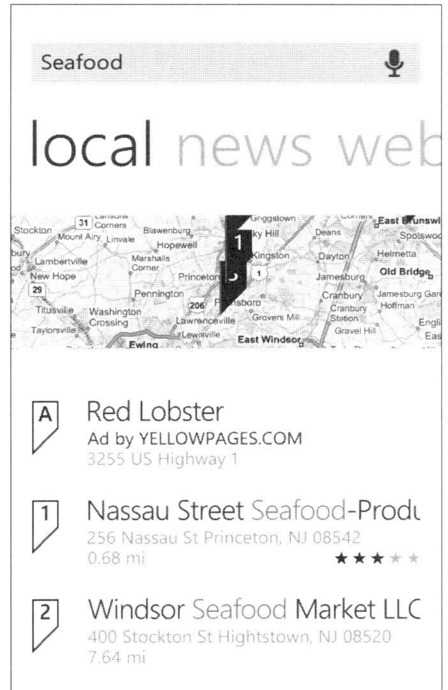

그림 9-14 지역 검색 결과는 종종 지도와 함께 표시된다.

그림 9-15 Bing은 지역 상점에 관한 많은 정보를 제공한다.

여기에서 – Bing의 쇼핑 모드와 닮은– 다음 섹션들 사이를 드래그로 이동할 수 있다.

▸ **About:** 이 섹션은 해당 업체의 다음과 같은 관련 정보를 열거한다. 주소, 평점
(리뷰 기반으로), 가는 방법(다음 섹션에서 살펴볼 지도와 관련된), 전화번호 그리고

웹사이트. 이 각각의 항목들은 모두 라이브 링크(live link)를 제공하여, 하당 항목을 누르면 각각 다른 서비스로 이동한다. 예를 들어, 전화번호를 눌렀다면, 그 번호로 바로 전화를 건다. 그림 9-16참조.

▸ **Reviews**: 리뷰 섹션에서는 유명한 웹사이트들로부터 모아진 리뷰들을 볼 수 있다(그림 9-17). 어떤 상품을 비교할 때에는, 그 리뷰들을 잘 훑어보고, 평가해야 한다. 때때로 평점을 왜곡하는 가짜 리뷰들도 있기 때문이다.

▸ **Nearby**: 그림 9-18과 같이 Nearby 섹션에서는 근처의 다른 업체들을 보여준다.

그림 9-16 Bing의 정보 화면은 단지 보기만을 위한 것이 아니다. 각 항목을 누르면 다른 액션이 실행된다.

그림 9-17 여러분이 어떤 장소에 대한· 정확한 정보를 알 수 있도록 Bing은 웹으로부터 리뷰들을 모은다.

이 섹션들을 포함한 모든 것들은 누르면 더 많은 정보들을 볼 수 있다는 것을 기억하자. 만약 리뷰 섹션에 있는 리뷰를 선택한다면, 인터넷 익스플로러가 실행되면서 그

리뷰가 실려 있었던 웹페이지를 로드 한다. Nearby 섹션에서는 지도를 클릭할 수 있는데, 이 지도를 누르게 되면 해당 장소 주변을 더 자세히 볼 수도 있고 – 그림 9-19와 같이 – 혹은 열거된 위치 정보를 눌러서 추가 정보를 얻을 수도 있다. 이것들은 모두 서로 상호작용을 한다.

때때로 여러분은 매우 구체적인 무언가를 찾을 수도 있다. 어느 특정 레스토랑의 상품권을 가지고 있다거나, 특정 업체를 찾고 싶은 경우에는 해당 장소의 정확한 이름으로 Bing에서 검색하는 것이 훨씬 빠르다. 검색 필드에 찾으려는 시설이나 위치의 이름을 넣고 엔터를 치면 된다.

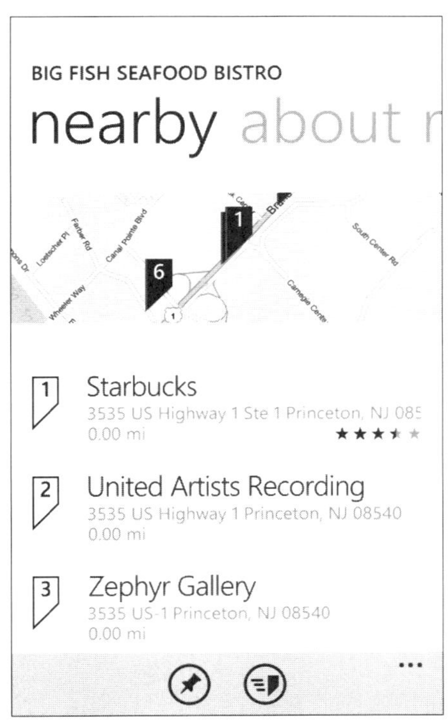

그림 9-18 저녁 식사 후 커피 한 잔을 마시거나 영화를 보고 싶은가?

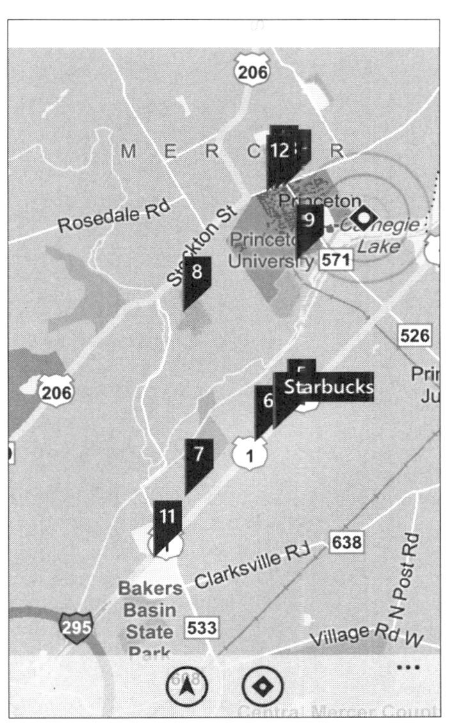

그림 9-19 Bing 지도를 이용하여 현재 위치에서 어떻게 원하는 곳으로 갈 수 있는지 알아낼 수 있다.

Bing 지도 이용하기

아마도 앞 섹션에서 나왔던 예쁜 Bing 지도를 보고 지도 서비스에 더해 생각해봤을 것이다. 마침내 윈도우폰이 Bing으로 구동되는 정말 괜찮은 지도 서비스를 탑재했다. 이 서비스에 접속하는 두 가지 방법이 있다. 첫째, 간단히 Bing 애플리케이션에서 검색을 하는 것이다. 그렇게 하면 그림 9-20과 같이 검색 결과의 위에 지도 썸네일이 나타난다. 이 썸네일을 누르면 Bing은 **지도 모드**로 전환한다.

그림 9-20   Bing은 위치를 찾기 위한 지도 썸네일을 제공한다. 그 썸네일을 누르면 Bing 지도를 이용할 수 있다.

둘째, 별도의 애플리케이션인 Bing 지도를 실행시키는 것이다. 이것은 모든 프로그램 목록에서 가능한데, 만약 이 애플리케이션을 자주 이용할 것 같다면, 시작화면에 지도를 고정시킬 수도 있다.

각각의 경우 모두, Bing 지도는 기대했던 대로 작동한다. 개인적으로는 지금까지 스마트폰에서 제공되는 지도 서비스 중에서 가장 매력적인 모바일 지도 서비스라고 생각한다.

> *TIP* 지도를 조작하는 방법은 다른 윈도우폰 애플리케이션과 동일하다. 화면을 드래그하여 스크롤 할 수 있고, 손가락으로 오므렸다 벌렸다 하면서 화면을 축소하거나 확대할 수 있다.

다른 지도 서비스들처럼, Bing 지도 서비스도 두 가지 방법 중 하나로 작동한다. 지금 여러분의 현재 위치와 주변 정보를 알아내거나, 혹은 다른 장소로 가는 방법을 찾는 데 이용하는 것이다.

> *TIP* 사실, 세 번째 가능성도 있다. 다른 장소의 정보를 찾는 데 지도를 이용하는 것이다. 예를 들어 미국에 있으면서 프랑스 파리를 살펴보길 원한다고 하자. Bing 검색을 이용하여, 프랑스 파리를 검색하면 검색 결과의 맨 위 항목이 바로 지드 썸네일이다. 그 썸네일을 눌러 빛의 도시 파리를 탐험한다. 혹은 지도 내에서, 기기의 검색 버튼을 눌러 검색 필드를 불러낸다. 프랑스 파리를 입력하고 엔터를 친다. 자, 이제 출발.

이 두 가지 모드를 자세히 검토하기 전에, 지도에서 이용 가능한 옵션들을 한번 살펴보자. 왜냐하면 이 옵션들이 화면의 모습을 크게 바꿀 수 있기 때문이다. 이 옵션들을 보려면, 애플리케이션 바에서 More 아이템을 누른다. 그림 9-21에서처럼 여러 가지 옵션을 볼 수 있다.

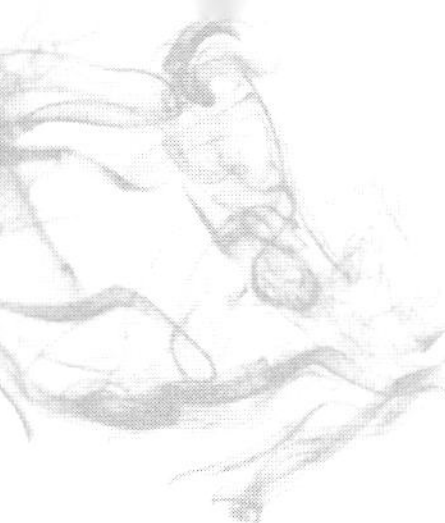

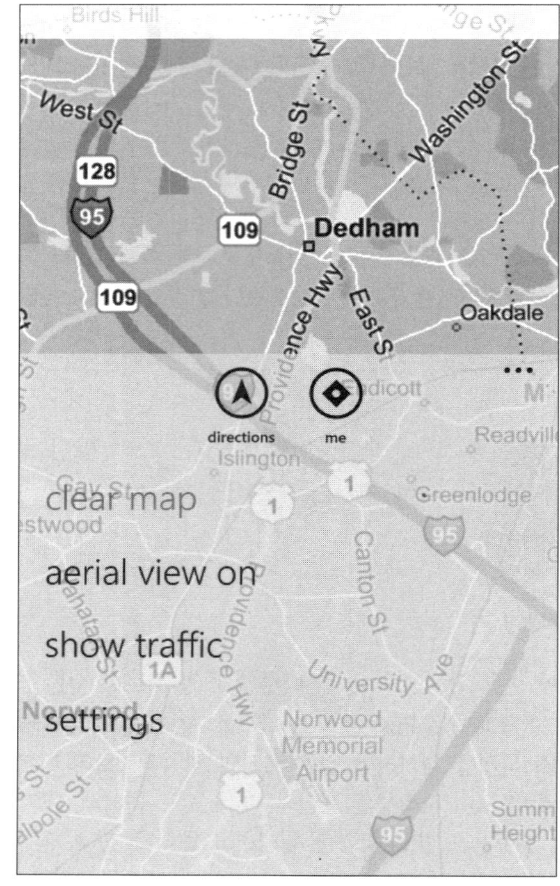

그림 9-21　지도에 있는 서로 다른 옵션을 이용하여 애플리케이션의 모습을 바꿀 수 있다.

여기에는 다음과 같은 옵션들이 있다.

▶ **스카이뷰:** 디폴트로, 지도는 평면, 그래픽 뷰 스타일을 보여준다. 그러나 항공보기를 활성화시키면 – 항공보기 옵션을 켜서 – 지도는 위성사진 스타일르 보여준다. 그림 9-22에서 기본 뷰 스타일(왼쪽)과 항공 보기 스타일(오른쪽)을 나란히 확인할 수 있다.

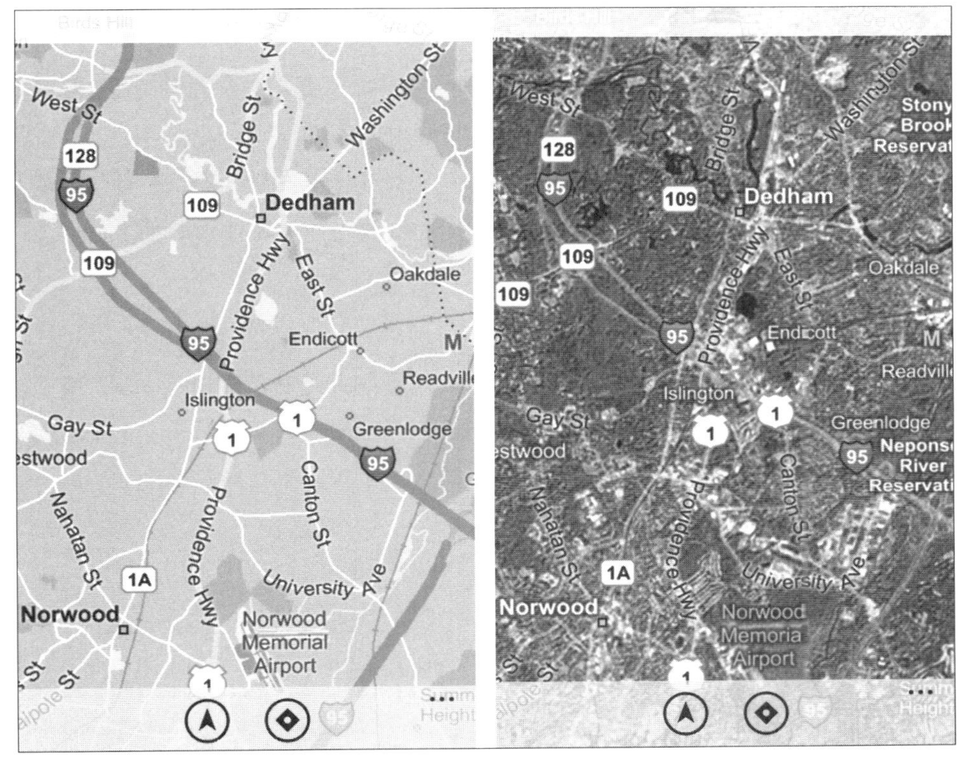

그림 9-22 항공보기가 꺼졌을 때(왼쪽)와 켜졌을 때(오른쪽)의 지도.

▶ **교통량:** 교통량 보기를 누르면, 주요 도로의 위에 교통량 상태를 나타내는 초록색, 노란색, 빨간색 라인을 볼 수 있다. 초록색은 교통량이 별로 없는 곳, 노란색은 약간의 교통량이 있는 곳, 빨간색은 교통체증이 있는 곳을 나타낸다.

자, 이제 두 가지 지도 모드를 살펴볼 차례이다.

지도 애플리케이션과 전원 관리

윈도우폰이 전원 관리에 있어 꽤 적극적이기 때문에 여러분이 지도를 이용하고 있을 때는 다른 때보다 좀 더 오래 전원이 켜진 채로 머물고 있는 것을 느낄 것이다. 이는 기기가 지도를 이용하고 있을 때는 위치 정보에 접속할 필요가 있다고 가정하기 때문이다. 또한 많은 경우에, 차에 있을 경우와 같이, 기기에는 전원이 연결되어 있을 것이다.

현재 위치 찾기

Bing 지도에서 현재 위치를 찾으려면 Me 툴바 버튼을 누른다. 두 개의 버튼 중 오른쪽에 있는 다이아몬드 모양의 버튼이다. 그러면, 지도는 현재 보고 있는 장소에서 날아올라 현재 위치로 줌인되는 재미있는 애니메이션을 보여준다. 정확한 위치를 찾으면, 그림 9-23과 같이 노란색 원이 지도에서 계속 퍼져나가는 것처럼 표시된다.

경로 찾기

특정 장소로의 경로를 찾기 위해서, 경로 찾기 버튼을 누른다.(귀엽게도, **스타트렉**에 나오는 계급 휘장처럼 생겼다. 스타트렉광이 아니라면 그냥 화살표라고 하자.) 그러면 경로 찾기 모드로 들어간다(그림 9-24).

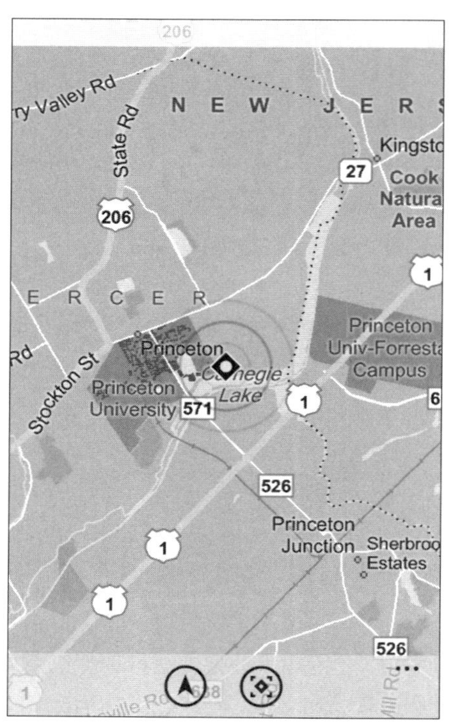

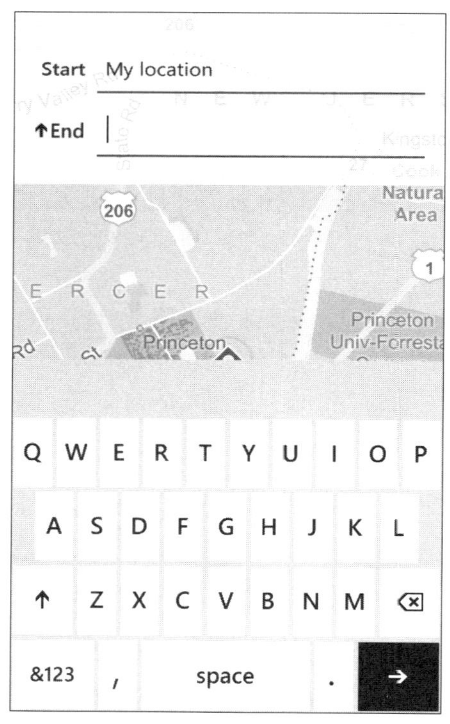

그림 9-23 도망갈 수는 있다. 그러나 숨을 수는 없다… 지도에서는.

그림 9-24 지도는 편리한 경로 찾기 모드를 제공하여 여기서 나가는 길을 알려준다.

여기서는 흥미로운 일들이 많이 일어난다. 첫째, 출발지는 자동으르 나의 위치로 설정된다. 지도는 지금 현재 위치에서 다른 위치로 가는 경로를 검색한다고 추정하기 때문이다. 둘째, 도착지를 선택한 후, 도착지점을 입력하면 적절한 루트를 찾는다.

꼭 출발지가 내 위치로 고정되어 있는 것은 아니다. 출발 위치를 바구려면. 일단 출발지를 누른다. 그럼 자동으로 내 위치 위에 입력할 수 있도록 표시된다. 그럼 장소 이름이나 우편번호를 입력한다(도착지도 마찬가지이다).

도착지의 왼쪽에 작은 화살표가 있다. 이것을 누르면, 출발지와 도착지의 의치가 바뀐다. 이 기능은 지도를 이용하여 해당 위치로 이동했다가 다시 되돌아올 때 유용하다.

이제 루트를 짤 준비가 되었다면, 가상 키보드의 엔터키를 누른다. 지도는 잠시 생각하고 나서 목록 형태로 루트가 표시된 새로운 화면을 보여준다. Z-각의 단계들이 모두 루트에 표시된다. 그림 9-25를 참고.

윈도우폰 인터페이스에서와 같은 방법으로 이 목록도 스크롤할 수 있다. 또한 경로의 개별 단계를 누르면 지도와 목록도 함께 움직인다.

화면의 위쪽에 걷기와 운전하기 아이콘이 있다는 것도 기억하자. 장거리일 경우 지도는 운전경로를 검색한다고 추정할 것이다. 그러나 걷기 아이콘을 선택하면 지도는 걷기 모드로 바꿔준다.

그 밖의 윈도우폰에서 지도 사용하기

전체 프로그램 목록에서 수동으로 지도를 실행시킨다거나, Bing을 통해서 실행되는 것 이외에 윈도우폰의 다른 곳에서도 이 애플리케이션을 실행할 수 있다. 사실상 주소가 나오는 곳이면 어디서든 주소를 눌러 지도를 실행시키고, 해당 주소로 이동할 수 있다.

가장 확실한 예는 다양한 온라인 서비스들로부터 모은 주소를 열거해주는 사람 허브이다. 이미 4장에서 이 중요한 서비스를 설명했었는데, 여러분이 주소록을 보고 있다면 거기에는 지도에서 확인할 수 있는 주소 정보가 있다. 그 주소를 누르면 지도에서는 그림 9-26과 같이 **작은 깃발**에 주소를 넣어 표시해준다.(항상 클릭가능하다. 이 깃발을 누르면 위치에 대한 상세정보와 주변의 업체 정보를 찾아준다. 이래서는 유용하지 않으려야 않을 수가 없다.)

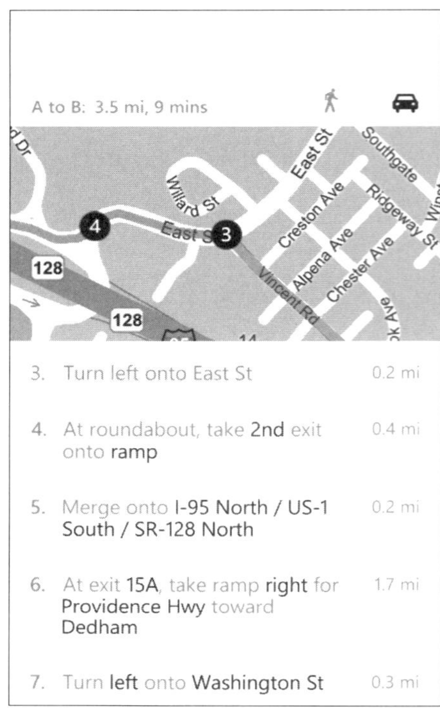

그림 9-25   지도와 함께라면 어디로든 갈 수 있다.

그림 9-26   친구의 주소를 지도상에서 확인한다.

이미지 검색하기

(PC 기반)웹의 Bing에 익숙한 사용자라면, 그 독특한 레이아웃 덕분에, 마이크로소프트의 검색 서비스가 이미지를 찾거나 표시하는 데 확실히 좋다는 것을 알고 있을 것이다. 그런 결과로 Bing은 특히 유명인의 팬클럽들 사이에서 성공을 거두었다. 물론 내가 그들 중 하나라고 주장하지는 않겠지만, 왜 그들이 Bing에 매료되었는지 이해할 수 있다. PC 기반 이미지 검색 기능은 그림 9-27에서 볼 수 있다.

그림 9-27 PC에서의 Bing 이미지 검색

> **Note** Bing의 이미지 검색이 너무 좋아서, Google이 2010년에 Google 이미지 검색에 기능을 모방해 넣었다.

윈도우폰에서 Bing은 PC에서의 기능을 흉내 내려고 하지 않는다. 그보다도, 아예 이미지 검색을 지원하지 않는다. 사실 다른 모바일 플랫폼에서 마이크로소프트의 Bing이 이 기능을 지원하는 것을 생각한다면 좀 이상한 일이다.

그럼 무엇을 제공할까? 한번 윈도우폰에서 Bing으로 이미지를 검색해보시라.

이상하고 또 놀랍게도, 여러분은 일반 Bing 웹사이트를 인터넷 익스플로러를 통해 이용하고 있다. 사실, 바로 images.bing.com로 이동하여 완전히 똑같은 PC 인터페이스를 확인할 수 있다, 그러나 스마트폰의 작은 화면을 수용하기 위해 약간 어긋나 있다, 그림 9-28과 같이.

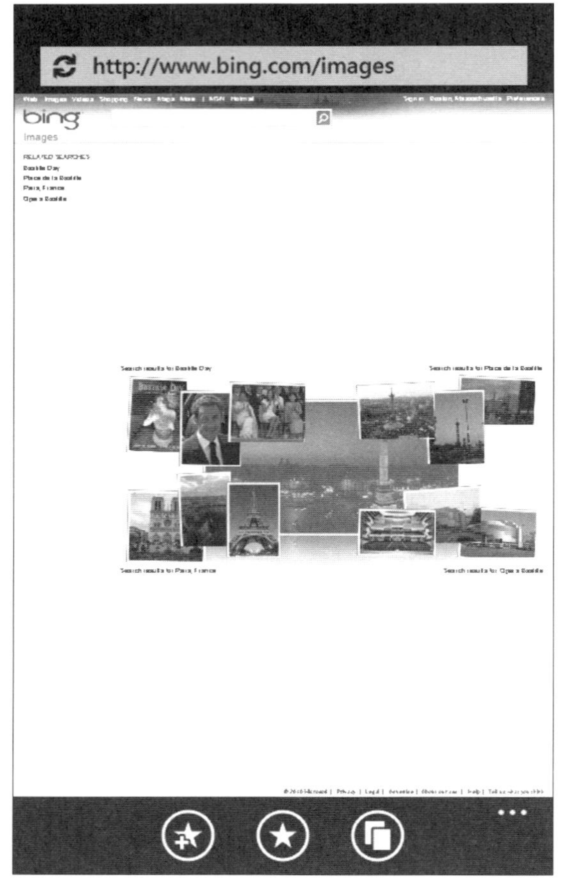

그림 9-28   익숙한가? 윈도우폰을 이용하여 웹에서 이미지를 찾으려면 Bing 웹사이트를 이용해야 한다.

여러분이 만약 폰에서 '일반' 웹을 이용하는 것에 반대한다면, 다른 선택도 있다. 마이크로소프트는 m.bing.com에서 꼭 필요한 요소만 모아놓은 모바일 버전을 제공한다. 만약 윈도우폰의 인터넷 익스플로러로 여기에 접속한다면 그림 9-29와 같은 화면을 볼 수 있다.

여기에서(앞서 말했던 **프랑스 파리** 같은) 토픽과 관련한 이미지들을 검색할 수 있다. 그러면, 모바일 Bing 사이트는 검색 결과를 웹, 이미지, 뉴스 그리고 지역 정보로 분리한다. 이미지 링크를 누르면 모바일 Bing 버전의 이미지를 보여준다. 그림 9-30 참조. 이 화면이 일반 웹 버전 화면만큼 예쁜 것은 아니다 — 사실 전혀 예쁘지 않다. 그러나 맡은 바 책임은 완수한다.

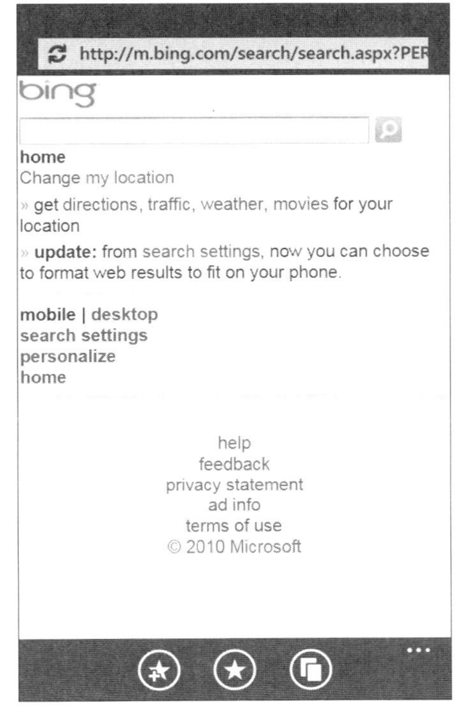

그림 9-29 Bing 모바일 사이트

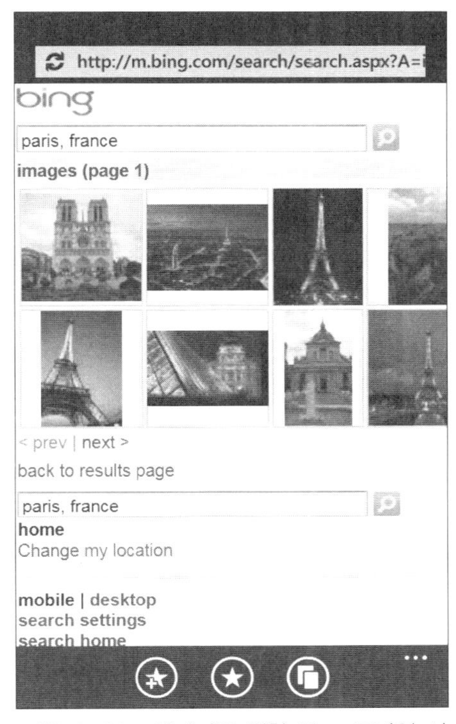

그림 9-30 이미지를 위한 Bing 모바일 사이트

> **CROSSREF** 이 사이트를 설명하는 데 많은 시간을 할애하진 않겠다. 한 가지만 언급하자면, 이 웹사이트는 바탕화면 이미지나 그 밖의 폰을 위한 이미지를 찾는 데 최고의 장소라는 것이다. 이 내용은 5장에서 사진 허브를 설명하면서 언급하고 있다.

온라인 쇼핑

Bing의 훌륭한 기능들 중에 윈도우폰에서 지원되지 않는 것을 들자면 쇼핑이 가장 먼저 떠오른다. PC 웹에서 Bing의 쇼핑 서비스(bing.com/shopping)는 타의 추종을 불허한다. 사실 이것이 서비스를 이용하는 가장 큰 이유 중의 하나이다. 이것은 지역 검색처럼 작동하는 듯 보이지만, 유아용품, 미용/향수, 도서/잡지, 카메라. 의류/신발, 컴퓨터 및 주변기기 등과 같은 제품 유형과 관련한 카테고리를 가지고 있다. 각각의 카테고리들 내부에는 마찬가지로 하부 카테고리들이 있다. 예를 들어 Computirg 카테고리 안으로 들어가 보면, 컴퓨터, 입력장치, 모바일 기기, 프린터 등등의 항목들을 볼 수 있다(이 하부 카테고리들은 종종 또다시 추가적인 하부 카테고리들을 가지고 있어 더 깊숙이 들어갈 수 있다). 그림 9-31에서 Bing 쇼핑 서비스를 살펴볼 수 있다.

검색 결과가 특히 흥미롭다. 많은 다른 검색 형태들과 같이 기계적인 텍스트 목록들보다, Bing 쇼핑은 제품의 이미지들을 포함하여 더욱 시각화된 결과 목록을 제공한다. 그림 9-32 참조. 물론 그렇다고 이미지 검색처럼 그림만 나오도록 설계된 것은 아니다. Bing 쇼핑에서는, 하위 페이지로 이동하지 않더라도 제품 사진과 평점을 비롯한 다양한 정보들을 볼 수 있다.

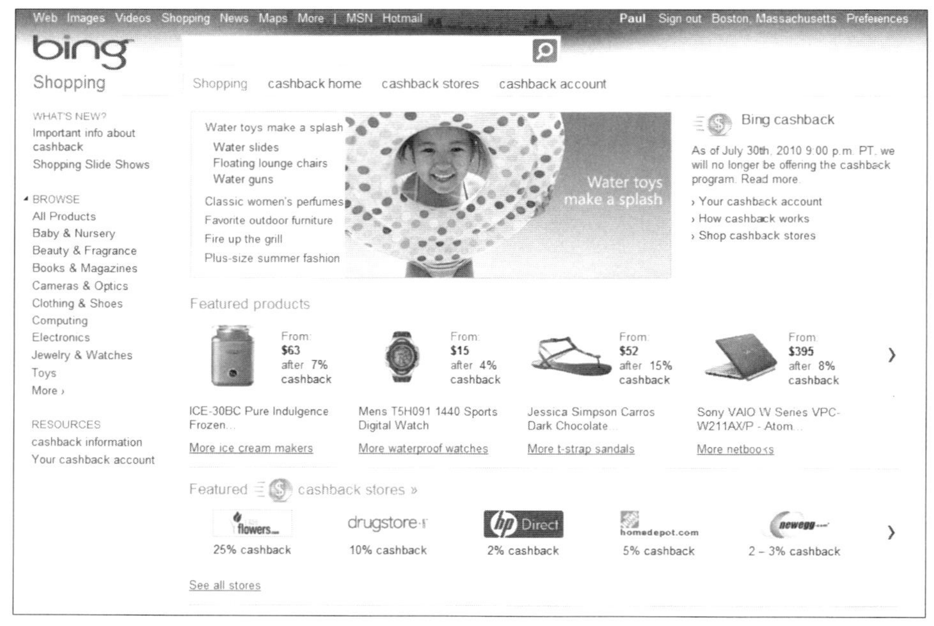

그림 9-31 PC상에서의 Bing 쇼핑

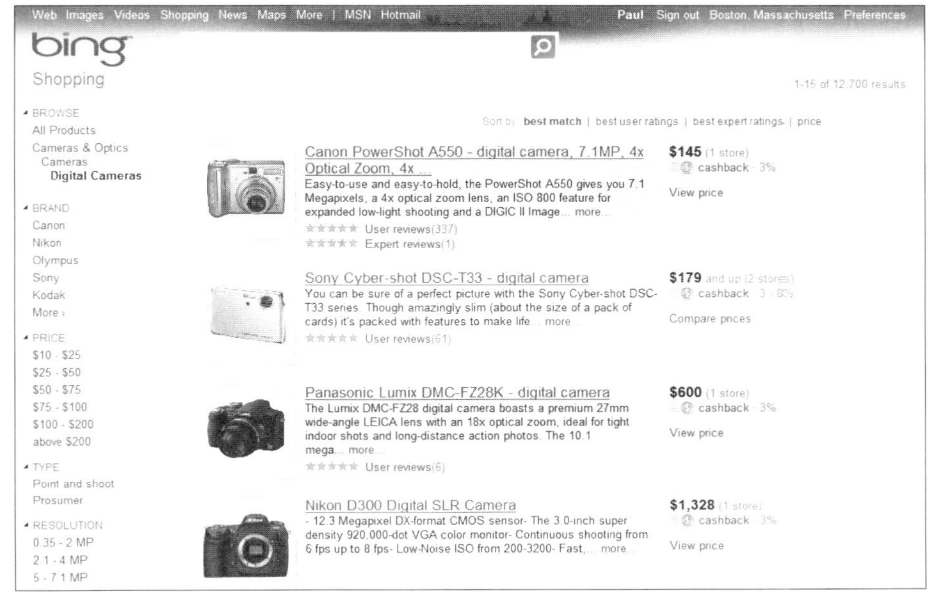

그림 9-32 Bing 쇼핑의 검색 결과는 이미지를 포함하고 있어, 찾고자 하는 제품들을 볼 수 있다.

Bing 쇼핑은 또한 웹사이트 왼쪽 메뉴에 유용한 필터들을 제공한다. 여러분은 제품 브랜드나, 가격대, 유형 또는 제품 유형마다 달라질 수 있는 그 밖의 카테고리들로 정렬할 수 있다.

개별 항목을 클릭해서 들어가면 각 제품별로 평점, 리뷰, 가격별 구입가능한 곳, 스코어카드, 제품 이미지, 세부사항 등을 포함하는 각 제품에 관한 풍부한 정보를 접할 수 있다. 그림 9-33에서 잘 보여주고 있다.

이제 구입할 준비가 되면, Where to Buy(제품을 살 수 있는 곳)를 누른 후, 선택한 상점 옆에 표시되어 있는 Go to store(상점으로 가기) 링크를 누른다. 이제 그 제품을 온라인으로 구매할 수 있는 해당 사이트의 제품 페이지로 이동하게 된다.

웹 기능들은 이처럼 모든 것이 좋다. 그런데 이것이 윈도우폰 모바일과 얼마나 관계가 있을까? 별로 없다. 이미지 검색에서처럼, 사실 일반 Bing 웹사이트에 방문해서 윈도우폰을 통해 쇼핑 검색을 해도 된다. 따라서 앞에 설명한 모든 것은 윈도우폰에서 똑같은 방법으로 작동 한다 – 비록 작은 화면을 통해서이지만. 단, 이 검색들을 인터넷 익스플로러에서 수행한다면.

이 시점에서 빠져 있는 것이 모바일 웹 쇼핑 서비스이다. 이미지 검색과는 다르게 Bing의 모바일 버전 페이지에는 쇼핑서비스가 없다. 일반 풀 버전을 이용해야 한다.

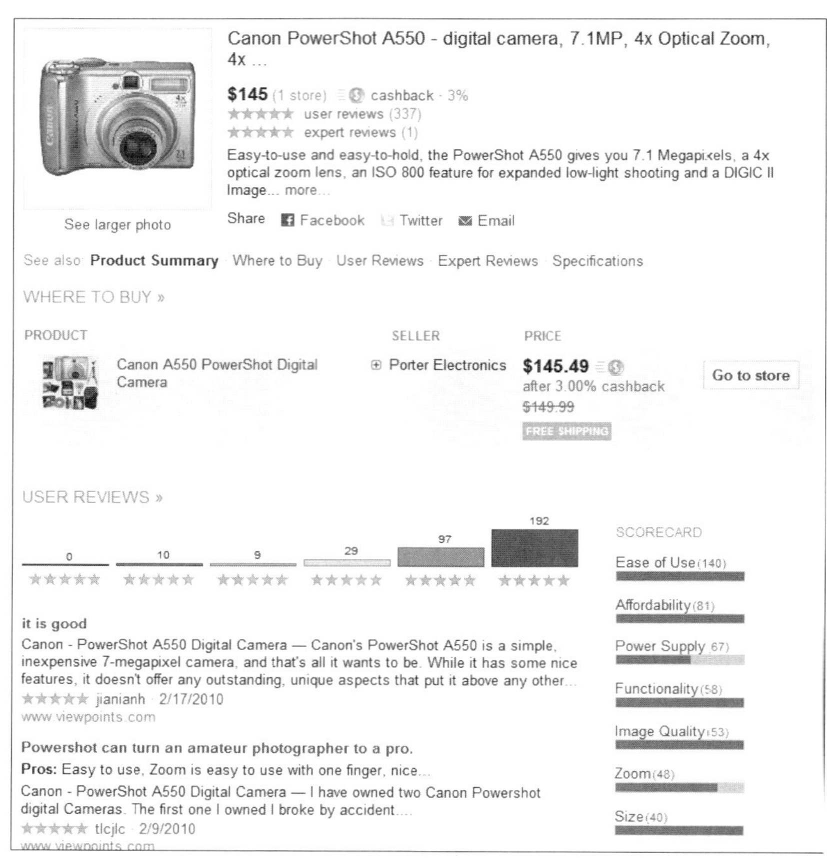

그림 9-33 Bing 쇼핑의 제품 목록은 풍부한 정보들로 가득 차 있어, 근거 있는 선택을 하도록 도와
준다.

일기예보 얻기와… 그 외의 것들

Bing으로 검색할 수 있는 수많은 것들 중에 가장 깔끔한(이론의 여지는 있겠지만) 방법
중의 하나가 마이크로소프트가 즉석 답변(instant answer)이라고 부르는 서비스를 이용
하는 것이다. 가장 명확한 예가 바로 일기예보이다.

현재 위치의 날씨 정보를 찾기 위해서 Bing 애플리케이션을 열고 날씨를 검색 필
드에 입력한다. Bing은 잠시 후, 그림 9-34와 같이 웹 검색 결과의 맨 위에 멋진 날씨
정보를 표시할 것이다.

그림 9-34   Bing은 일기예보를 비롯한 몇몇 즉석 답변을 제공한다.

물론, 다른 곳들의 날씨도 찾을 수 있다. 간단히 날씨와 함께 위치 이름(혹은 우편번호)을 Bing의 검색 필드에 입력한다. 그럼, 위치는 바뀌지만 동일한 형태로 디스플레이가 된다.

> **TIP**   만약 일기예보를 얻을 수 있는 좀 더 편리한 방법을 찾는다면, 윈도우폰의 마켓플레이스에서 날씨와 관련된 많은 애플리케이션을 찾을 수 있다. 혹은 간단히 Bing 검색 결과에 나오는 날씨 화면을 눌러 지정된 지역의 일기예보가 나오는 MSN 사이트(인터넷 익스플로러에서)를 로드할 수도 있다. 일기예보를 시작화면에 고정시키고 싶은 경우에는, More를 누르고, 시작화면에 고정하기를 누른다.

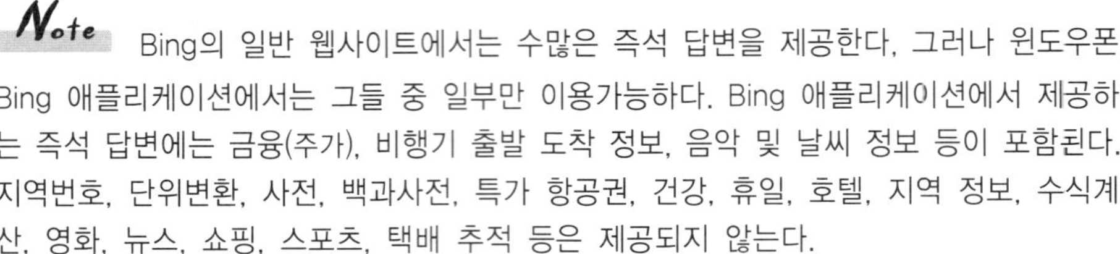

> **Note** Bing의 일반 웹사이트에서는 수많은 즉석 답변을 제공한다. 그러나 윈도우폰 Bing 애플리케이션에서는 그들 중 일부만 이용가능하다. Bing 애플리케이션에서 제공하는 즉석 답변에는 금융(주가), 비행기 출발 도착 정보, 음악 및 날씨 정보 등이 포함된다. 지역번호, 단위변환, 사전, 백과사전, 특가 항공권, 건강, 휴일, 호텔, 지역 정보, 수식계산, 영화, 뉴스, 쇼핑, 스포츠, 택배 추적 등은 제공되지 않는다.

Bing 설정하기

Bing은 소수의 설정 옵션만 제공하지만, 잠시 설정 인터페이스를 살펴보는 것도 나쁘지 않을 것이다(이것은 Bing이 아니라 검색이라고 불린다는 것을 잊지 말자). 이 옵션은 다음을 포함하고 있다.

▶ **위치정보.** 디폴트로 Bing은 여러분의 현재 위치를 이용해서 검색하도록 설정되어 있다. 이것은 특히 영화나, 지역 정보 혹은 뉴스를 검색할 때 편리하다. 그러나 때때로 여러분은 다른 위치로 검색하고 싶을 수 있다. 얼마 앞으로 다가 온 여행이나 오늘밤 다른 도시로의 외출을 위해 정보를 찾을 수도 있다. 그런 경우, 간단히 위치를 수동 입력하도록 Bing을 설정하고, 그 위치를 알려주면 된다. 그렇게 하고 나면 다음부터는 현재 내 위치가 아니라 해당 위치를 적용하여 검색하게 된다.

▶ **입력 시 추천 검색어 사용하기.** 디폴트로 활성화 되어 있는 이 옵션은 여러분이 검색어를 입력할 때 Bing이 그것을 모니터하여 적절한 추천을 해준다. 이 옵션을 비활성화시키면, 추천 검색어를 보여주지 않는다.

추가적으로, 히스토리 삭제 버튼(Delete History button)이 있는데, 폰에서 이전에 입력했던 모든 검색어를 삭제한다. 이 버튼을 누르면 확인을 위해 다시 한 번 물어본다.

요약

Bing은 윈도우폰에 있어서 수수께끼 같은 존재이다. 한편으로 이 애플리케이션은 마이크로소프트의 경쟁사들에서 만들어진 플랫폼을 포함하여, 다른 플럿폼의 Bing에는 있는 몇몇 기능들이 빠져 있다. 그러나 마이크로소프트는 Bing을 윈도우폰에 깊이 통합시킴으로써 이를 보완하고 있다. 윈도우폰에서 Bing은 그냥 애플리케이션이 아니다. Bing은 폰 전체와 유기적으로 연결되어 있다.

모든 윈도우폰에 포함된 전용 검색 버튼 덕분에, Bing은 언제든지 이용가능하다. 말 그대로 어디에 있던, 무엇을 하고 있던 손가락 터치 하나로 이용할 수 있는 것이다. 이것이 바로 여러분이 지금까지 기대해왔던 웹, 지역, 뉴스 검색 등의 핵심 기능을 제공한다. 또한 즉석 답변이나 음성 검색 기능, 내비게이션 및 경로 기능을 가진 지도 통합 서비스 등도 지원한다.

Bing에서 부족한 몇 개 부분은 해당 서비스의 웹 버전에서 보충할 수 있다. 이미지나 쇼핑 검색은 인터넷 익스플로러를 이용하여 웹 버전의 Bing에서 검색할 수 있고, 몇몇 검색 유형은 스마트폰과 같은 모바일 기기의 작은 화면에 맞춰진 버전으로도 검색할 수 있다. 종합적으로 이야기하자면, 여러분이 무언가를 찾고 있다면, Bing은 그것을 가능하게 해줄 것이다.

이메일 관리하기

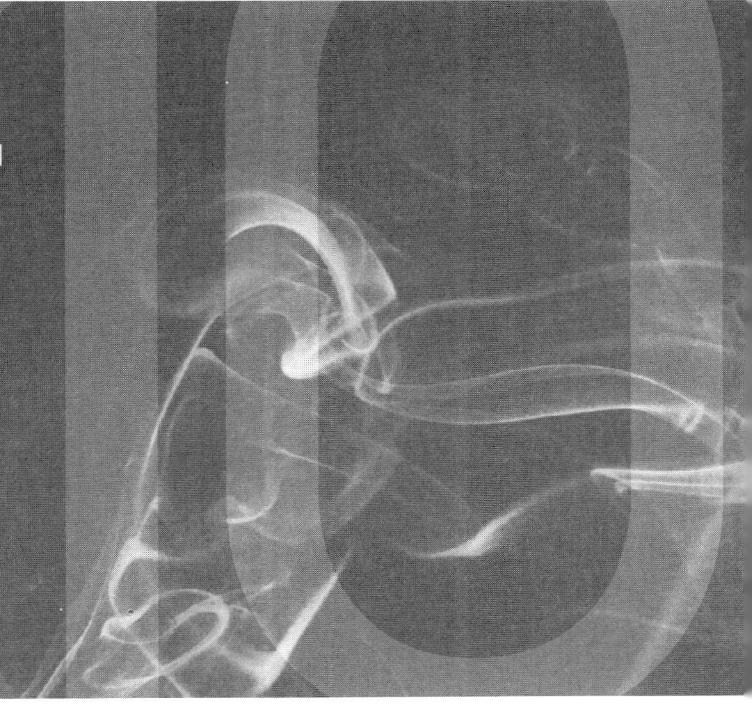

스마트폰이 스마트한 것 같다고 느껴지도록 만드는 많은 기능들 중에서, 이메일이 가장 중요한 기능 중에 하나이다. 사실, 이메일은 신기하게도 바쁜 일상생활에 잘 들어맞는다. 특히 많은 이메일을 받는 사람들에게는 더 그렇다. 윈도우폰은, 특히, 모바일 이메일을 위한 훌륭한 기능을 제공한다.

윈도우폰 메일 애플리케이션은 이메일 관리를 위해 필요한 모든 것을 지원한다. 여기에는 최적화된 사용자 화면과 다양한 이메일 계정 유형 그리고 같거나 다른 유형의 다중 계정에 대한 지원도 포함된다. 메일 애플리케이션은 일반적인 이메일 기능인 플래그(깃발표시) 메시지나 긴급 메시지, 파일 첨부, 참조 및 숨은 참조 그리고 텍스트 및 그래픽 이메일 등을 지원한다. 또한 세로, 가로 화면 모드로 작동하므로 원하는 대로 이용할 수 있다.

메일에서 흥미로운 것은 **메일의 다중 계정은 콘택트나 달력의 다중 계정과는 좀 다르게 작동한다**는 것이다. 이 장의 윈도우폰 메일을 살펴보면서, 왜 그러한지 그리고 어떻게 이 특이한 제약 사항을 피해 작업할 수 있는지 알게 될 것이다.

PUSH IT: 모바일 이메일 살펴보기

비록 무선 네트워크의 보급으로 마침내 모바일 통신이 흥미롭고 실용적이며, 지금에서는 필수불가결한 것이 되었지만, 사실 그 역사는 모바일 기기만큼이나 오래되었다. 초기 PDA는 PC 연결이 필요한 모바일 이메일이나 드물게는 메시지 송수신을 위해 모바일 모뎀을 이용하는 간단한 커뮤니케이션 솔루션을 제공했다.

모바일 이메일의 첫 돌파구는 Research In Motion(RIM-캐나다 무선기기 회사)으로부터 나왔다. RIM은 PDA가 아니라 무선호출기, 즉 단문전송을 위한 통신 네트워크를 이용하는 소형 모바일기기를 가지고 시작했다. PDA가 전화기능을 추가한 스마트폰으로 발전된 것처럼, 이 무선 호출기는 점차 이메일과 웹 서핑, 텍스트 메시징, 주소록 관리 및 다른 기능들을 도입한 블랙베리 라인으로 발전되었다.

무선 시장에서 RIM의 초기 서비스는 몇몇 분야에서 흥미로운 특징을 가지고 있었고, 이메일이나 주소록, 캘린더에 '푸시(push)기능'을 지원했던 최초의 회사였다. 푸시 이전에, 모바일 기기들은 무선으로 서버에 새로운 데이터가 있는지 주기적으로 확인하고, 뭔가 변경 사항이 있으면 이를 동기화했다. 그러나 푸시기술은 훨씬 더 효율적인 방법으로 같은 목표를 달성했다. 클라이언트가 무턱대고 스케줄에 맞춰 변경 사항이 있는지 확인하는 대신에, 변경사항이 있을 때에만 클라이언트에게 변화된 내용을 보내 주었다. 이 결과로 기기의 전체적인 배터리 수명이 나아졌는데, 그 이유는 무선 통신을 지속적으로 보낼 필요가 없어졌기 때문이다.

블랙베리의 푸시 기술은 정말 성공적이었고, 다른 업체들도 RIM을 모방하여 비슷한 기능들을 제품에 도입하였다. 마이크로소프트는 2007년 Exchange Server와 윈도우 모바일 제품 라인에 푸시 지원을 추가하였고, 애플도 첫 번째 아이폰에 시험적으로 추가하였다(그 이후 애플은 아이폰에서의 푸시 지원을 늘렸다).

오늘날, 모든 스마트폰에서 이메일 뿐 아니라 주소록, 캘린더에서도 푸시 기능에 대한 지원은 필수가 되었다. 또한 윈도우폰은 프리-푸시기술을 지원하는데, 이는 푸시 기반 이메일 지원에 있어서 특히 최적화 되어 있다. 따라서 이메일 계정이 여러 가지 방법으로 설정될 수 있을 때, 가능하면 **푸시 옵션을 선택하는 것이 가장 바람직하다.**

> **Note** 윈도우폰에서는 Exchange ActiveSync[EAS]라는 기술을 통해 푸시 이메일을 지원한다. 이것은 Exchange 계정뿐만 아니라 Gmail이나 다른 이메일 서비스에서도 작동한다. 이미 많은 업체가 EAS를 지원하고 있고, 점점 더 많은 곳에서 지원하게 될 것이므로 여러분이 사용하는 이메일 제공업체도 이를 지원하는지 확인해보자.

계정과 이메일 이해하기

1장에서 Windows Live 아이디를 생성하고 적절하게 설정하는 것이 윈드우폰 서비스에서 왜 중요한지 설명했었다. 윈도우폰에 자신의 아이디로 로그인을 하면 전화기 자체에 계정을 생성하게 된다. 그리고 이 Windows Live 계정이 **기본** 계정으로 취급된다. 왜냐하면 이 계정은 다양한 웹 기반 서비스들과 상호작용을 하기 때문이다. 이 서비스들은 윈도우폰의 핵심적인 기능들이고 더 중요하게는 지정된 계정에 특화된 서비스를 하게 된다. 기본 계정을 통해서만 이용할 수 있는 웹 서비스들은 메신저 소셜 피드(People and Pictures hub의 새로운 소식 목록에 공개되는), Xbox Live 계정, 마켓 플레이스 계정 (Zune 기반 콘텐츠뿐만 아니라 애플리케이션이나 게임을 위한), Zune Pass 구독, OneNote 노트-동기화, Windows Live 사진 포스팅, Find My Phone(16장에서 다룸) 등이 있다.

이 기본 계정은 또한 주소록을 사람 허브와 일정을 캘린더 애플리케이션과 동기화 시키기도 하고, 마찬가지로 이메일도 그렇게 할 수 있다. 이러한 서비스들은 기본 계정뿐만이 아니라 다른 계정 유형에서도 가능하다. 따라서 여러분이 설정한 계정의 유형(들)에 따라, 이메일, 주소록, 캘린더 데이터를 제공하는 여러 개의 서비스들을 가지게 될 수도 있다.

이메일은 이러한 서비스들 중에서 가장 기본이 되는 서비스라고 할 수 있다. 왜냐하면 서로 다른 계정 유형들 사이에서 가장 보편적이기 때문이다. 사실, 계정 유형들을 살펴보면, Facebook을 제외하고는 모두 이메일을 제공하고 있다는 것을 알 수 있다. 그 중 몇몇은 **오로지** 이메일만 제공하기도 한다.

이 사실을 윈도우폰의 또 다른 재미있는 사실과 결합시키면 – 하나의 전화기에 같은 유형의 서로 다른 계정을 설정할 수 있다는, 이 작은 기기에서 얼마나 많은 이메일을 취급할 수 있는지를 알 수 있을 것이다. 그러므로 이를 잘 설정해 놓는 것이 좋을 것이다.

계속 하기 전에, 이메일&계정 설정 화면에서 설정할 수 있는 계정 유형들을 한번 살펴보도록 하자.

▶ **Windows Live:** 이 계정 유형을 기본 계정(이메일, 주소록, 캘린더, 사진, 피드 등)으로 설정할 수 있고, 혹은 이메일, 주소록 그리고/혹은 캘린더 동기화를 시키는 2차적인 '일반' 계정으로 설정할 수도 있다. 하지만 최소한 하나의 Windows Live 계정을 가져야 하며 이것은 기본 계정으로서 기능한다. 물론 여러 개의 다른 Windows Live 계정들도 설정할 수 있다.

▶ **Outlook:** Exchange-type server를 위해 디자인되었는데, 이 계정 유형은 이메일, 주소록, 그리고/혹은 캘린더 데이터와 작동한다. 그러나 이것은 Exchange만을 위한 것은 아니다. 사실, Outlook 계정 유형은 EAS를 지원하는 다른 계정에 대해서도 작동한다. 그리고 이것은 Gmail/Google 캘린더, 마이크로소프트의 Hotmail 등 놀라울 정도로 많은 서비스들에서 지원된다.

▶ **Yahoo! Mail:** 이 계정 유형은 이메일만을 위한 것으로, IMAP 프로토타입을 이용하여 서버의 이메일과 폰에서 보이는 이메일을 동기화시킨다. IMAP은 10년 전에 일반적으로 쓰였던 낡은 POP3-스타일의 이메일 계정보다 우수하다. 그러나 EAS와는 달리 오직 이메일만을 취급한다.

▶ **Google:** 마이크로소프트는 구글의 Gmail(이메일과 주소록)과 캘린더를 별도로 지원한다. 왜냐하면 이 서비스는 너무 인기가 있기 때문이다, 그러나 Outlook 옵션을 사용하여 이 계정 유형을 설정하는 것 또한 그리 어렵지 않다. 내부적으로는 EAS를 이용하는 방법과 같은 방법으로 계정이 설정된다.

▶ **다른 계정 혹은 고급 설정:** 만약 이용하고 있는 이메일 계정이 위의 카테고리에 속하지 않는다면, 이 두 옵션 중 하나를 이용하여 윈도우폰에 계정을 설정할 수 있다. 두 옵션은 비슷하게 동작하고, 이메일만(주소록이나 일정은 지원하지 않음) 지원하며, 지원되는 접속 프로토콜에 관계 없이(POP3, IMAP 혹은 다른 프로토콜) 시중의 거의 모든 이메일 계정에 대해 작동한다.

자, 다시 한 번 정리해보자. 여러분은 기본(Windows Live-기반) 계정을 설정해야 하고, 같은 유형의 다중 계정을 포함하는 여러 개의 계정을 이용할 수 있다. 유형에 따라, 이 계정들은 이메일, 주소록, 캘린더를 포함한 다른 서비스들을 제공할 것이다.

좋다. 그러나 여기에 단점이 있다. 주소록과 캘린더 서비스에서 윈도우폰은 다중 서비스로부터의 콘텐츠를 한곳에서 보도록 하는 단 하나의, 통합된 서비스를 제공한다. 주소록은 사람 허브가 바로 그곳이고 캘린더는 캘린더 애플리케이션이 그곳이다. 이 두 경우 모두, 여러 계정의 데이터를 한곳에서 보고, 관리할 수 있다.

하지만 이메일은 이렇게 작동하지 않는다. 사실, 이메일은 주소록이나 캘린더와는 완전히 반대되는 방법으로 다루어진다. 더 중요하게는, 윈도우폰이 이메일을 취급하는 방법은 또한 윈도우폰의 통합 서비스 철학에도 반한다는 것이다. 간단히 얘기하자면, 윈도우폰에는 아이폰이나 구글 안드로이드 등의 다른 스마트폰에서와 같은 일반적인 통합된 받은 편지함 같은 것이 없다. 대신, 각각의 설정된 이메일 계정을 위한 각각의 메일 애플리케이션이 생성된다.

조금 비생산적으로 들릴 수도 있다. 그리고 분명히 논란의 여지는 있다. 그러나 윈도우폰이 그렇게 작동한다는 주장은 없다. 그러므로 불평을 하기보다는, 현실적인 해결책을 찾아보도록 하자. 그리고 믿든 안 믿든, 사실 그 해결책이 있다(아래의 박스창 안에 설명되어 있다). 물론 완벽하지는 않다. 하지만 상황에 따라, 큰 차이를 가져다 줄 수도 있다.

한 개의 이메일 계정을 이용하면서 여러 계정으로부터 모든 이메일을 가져오도록 윈도우폰 설정하기

자, 여러분이 나처럼 여러 개의 이메일 계정을 가지고 있지만, 각각의 이메일 계정들이 별도의 인터페이스를 필요로 하는 다중 이메일 계정으로 설정하는 것을 원하지 않는다고 하자.

이것을 해결하는 방법으로서, 먼저 이 계정들 중 어떤 계정이 여러분에게 가장 중요한지 결정한다. 그리고 나서 그 계정을 서버에 있는 다른 계정들의 메일을 가져오는, 말하자면, '마스터(master)' 계정으로 이용하는 것이다. 과연 이러한 기능이 다른 서비스들에서도 제대로 작동할까? 내 경험으로는 구글의 Gmail과 마이크로소프트의 Hotmail 서비스 모두에서 잘 작동한다. 게다가, 그 둘 모두 무료이고 무제한 용량까지 제공한다.

웹 인터페이스를 이용하여 여러분의 마스터 이메일 계정이 위와 같이 작동하도록 설정할 수 있다. Gmail(gmail.com)에서는 '환경 설정', '계정 및 가져오기'에서 찾을 수 있다. 'POP3를 사용하여 메일 확인'이라는 섹션이 있는데, 여기에서 연결할 계정을 설정할 수 있다.

〈표 계속〉

> 〈표 계속〉
>
> Hotmail(hotmail.com)에서는 옵션, 옵션 더 보기, '다른 계정에서 메일 받기 보내기'에서 찾을 수 있다.
>
> 만약 마스터 이메일 계정이 다른 계정의 메일을 받아오는 기능을 지원하지 않으면 대신 각각의 계정에서 마스터 계정으로 메일을 포워드할 수 있다. 이것은 계정마다 천차만별 이다.
>
> Gmail에서는 '환경 설정', '전달, POP 다운로드, IMAP액세스'에서 찾을 수 있으며, Hotmail에서는 '옵션', '옵션 더 보기', '다른 계정에서 메일 받기/보내기'에서 찾을 수 있다.
>
> 이 방법은 완벽하지는 않다. 여러분이 웹 상의 모든 이메일 계정을 하나의 마스터 계정 으로 모은 후 윈도우폰에서는 오직 그 마스터 이메일 계정만 접속하도록 설정한다면, 이 메일이 '어디에서' 온 것인지, 또 어떤 계정을 이용하여 답변을 해야 할 것인지 알 수 없게 된다. 이것이 본인에게 큰 문제가 되지 않는다면, 그렇게 해도 좋을 것이다. 만 약 문제가 된다면, 여러분은 통합되지 않은 받은 편지함을 받아들여야 할 것이다. 아니 면 다른 방법으로, '마스터' 이메일 계정을 위한 모바일 웹 화면이 인터넷 익스플로러 브라우저에서 잘 작동하는지 살펴볼 수도 있을 것이다. 항상 거기에서 메일을 접속할 수도 있을 것이다(물론 이렇게 한다면, 메일 애플리케이션이 제공하는 알림 기능은 사용하지 못하게 될 것이다).

물론, 모든 이메일 계정을 각각 따로 접속하고 싶을 수도 있다. 그렇다면, 마이크로 소프트가 의도하는 대로 이용하면 된다. 여러분이 생성한 각각의 이데일 계정에 대해, 새로운 이메일 애플리케이션이 모든 프로그램 목록에 생성된다. 물론 자유롭게 그것 을 원하는 만큼 시작화면에 고정시킬 수도 있다. 이 책을 쓰는 동안 나는 동시에 여 러 개의 이메일 계정을 설정했고, 잘 작동하고 있다.

이 장의 뒷부분에서는 이메일을 단일 개체로 취급하게 될 것이다. 왜냐하면 이메일 에 어떻게 접속하느냐에 관계없이 – 하나의 통합된 계정을 이용하든 아니면 개개의 애플리케이션을 가지는 다중 메일 계정을 이용하든, 한 번에 하나의 이메일 애플리케 이션에만 접속할 수 있기 때문이다.

> $\mathcal{N}ote$ 만약 단 하나의 계정만 사용하고 있고, 그것이 기본 Windows Live 계정이라면, 이메일 기능이 활성화되어 있는지 확인할 필요가 있다. 종종 이것이 활성화되어 있지 않기 때문이다(주소록과 캘린더는, 이상하게도, **자동**으로 설정되어 있다). 이를 확인하기 위해서는, 이메일&계정 설정 화면으로 가서, Windows Live를 누르고 동기화 기능(Content to Sync) 아래의 이메일 체크박스를 체크한다. 사실, 계정이 최적화 되어 설정되어있는지를 확인할 필요도 있다. 더 자세한 정보는 이 장의 뒷부분에 나오는 '메일과 이메일 계정 구성하기'를 살펴보자.

메일 이용하기

여러분이 만약 사진이나 음악+비디오 등에서 제공하는 화려한 그래프 사용자 인터페이스를 즐긴다면, 윈도우폰 메일 애플리케이션(그림 10-1)은 충격으로 다가올 수도 있다. 마이크로소프트가 이메일에서 가장 기본이 되는 기능인 메일 읽기에 최적이라고 주장하는 밝은 흰색 바탕에 검은색 텍스트의 기본 화면은 조금 삭막한 느낌을 준다. (이것은 또한 왜 같은 텍스트 기반의 캘린더가 검은색 바탕에 흰색 텍스트를 기본으로 쓰는지에 대해서도 설명이 되지 않는다. 넘어가자...)

이 애플리케이션의 첫인상을 극복하려고 노력해보자. 왜냐하면 이것은 굉장히 효율적이고, 기능이 많은 이메일 솔루션이기 때문이다. 몇 분만 사용해 보견 금방 이 애플리케이션을 좋아하게 될 것이다. 여러분이 과거에 다른 플랫폼에서 도바일 이메일 솔루션을 이용해보았다면 아마 쉽게 그 이유를 이해할 것이다.

이 성공의 핵심은 윈도우폰의 회전축을 기반으로 한 화면 이동과, 단일 화면 애플리케이션 사용자 인터페이스로서 메일 애플리케이션에서 효과적으로 이용된다. 폴더 기반 인터페이스로 여러분을 지루하게 만들기보다는 – 기억하자, 윈도우폰은 여러분에게 윈도우폰이 작동하는 방법을 이해하도록 강요하는 것이 아니라 여러분이 생각하는 대로 작동한다는 것을 – 모든 이메일, 읽지 않은 메일, 플래그 메일. 긴급 메일등과 같이 일반적으로 꼭 필요한 분류를 보여준다.

> **Note** 그렇지만, 메일 애플리케이션은 물론 여러분의 이메일 솔루션이 이용하는 편지함-기반 저장시스템의 범위 내에서 작동해야 한다. 따라서 이 화면들은 조금 다른 방법으로 분류된 받은 편지함의 내용을 보여준다. 다른 편지함들을 보려면 애플리케이션 바에서 폴더 버튼을 누른다.

메일은 모두 보기('모든 이메일을 보는') 화면에서 시작된다. 화면을 회전시켜 이동하면 쉽게 다른 화면으로 전환할 수 있다. 그림 10-2와 같이, 예를 들어 '읽지 않은 메일' 화면의 경우 현재 읽혀지지 않은 상태인 메일들만 표시된다.

그림 10-1   메일

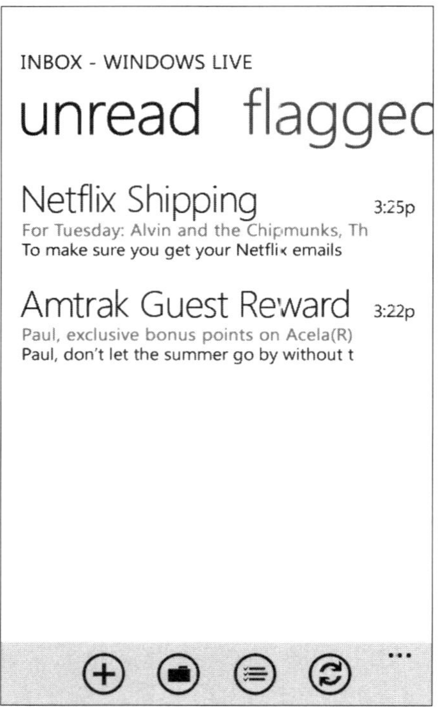

그림 10-2   읽지 않은 메시지 보기 화면에는 읽음으로 표시되지 않은 메시지들만 나타난다.

> **Note** 만약 Gmail을 이용하고 있다면, 플래그 이메일의 축소된 버전이 별표 표시된 이메일인지 궁금할 것이다. 여러분은 웹 기반 Gmail에서 특별한 메시지나 후속 조치가 필요한 메일에 대해 시각적으로 상기시켜줄 수 있도록 별표를 표시할 수 있다. 불행히도, 무슨 이유에서인지 별표 메시지는 플래그 메시지로 나타나지 않는다

플래그 화면은 **플래그 표시**가 된 메시지들을 보여주는데, 이 플래그 기능은 수많은 메일 애플리케이션과 서비스들에서 굉장히 자주 이용되는 마이크로소프트의 발명품이다. 마이크로소프트 세계에서는 플래그 메시지가 '후속 조치'가 필요한 메시지로 통용된다. 그래서 이메일에 플래그를 '설정'하거나 플래그를 지워 '해제'시킬 수 있다. 그러나 열심히 일하는 일벌이라면 이 플래그 메시지에 필요한 후속조치 를 취했다는 의미인, '완료(complete)'로 표시할 것이다.

그림 10-3, 플래그(후속조치가 필요한) 메시지와 완료(후속조치가 취해진) 메시지를 볼 수 있다.

긴급(Urgent) 메일 화면에서는, 발신자에 의해서 우선순위가 급한 메일로 표시가 된 메시지를 볼 수 있다. 기본적으로 이메일은 일반 우선순위로 표시되어 보내진다. 반면에, 드문 경우이지만, 윈도우폰의 메일 서비스를 포함하는 몇몇 이메일 솔르션에서는 낮은 우선순위로 분류하는 것도 가능하다. 이것이 플래그 메시지와는 어떻게 다를까? 기본적으로 두 가지가 다르다. 첫째, 거의 모든 이메일 솔루션에서 긴급 메일의 기능을 지원한다는 점에서 사실상 이것은 산업 표준이라고 할 수 있다. 드 번째, 앞서 언급했지만, 이 평가는 플래그 이메일의 경우처럼 수신자가 평가하는 것이 아니라 발신자에 의해서 적용된다.

이 긴급 메일은 그림 10-4에 보여지는 것처럼, 긴급 메일은 느낌표로 표시되어, (적어도 발신자에게는) 이 메일이 중요하다는 것을 알려준다.

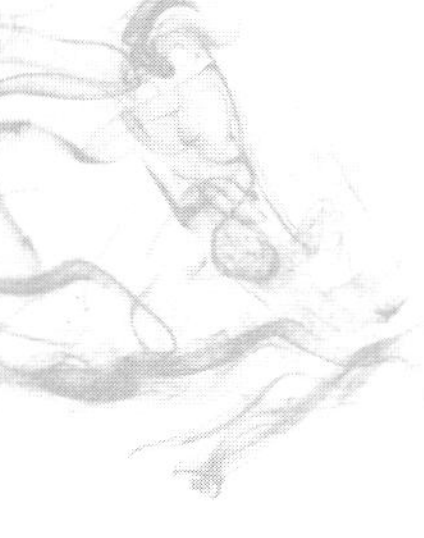

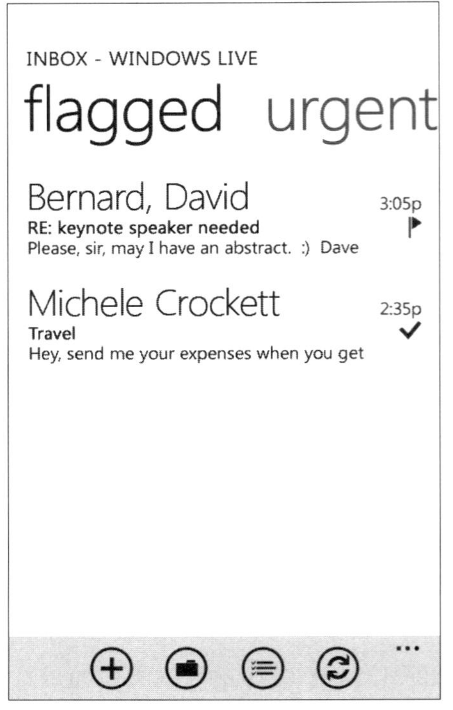

그림 10-3 플래그 이메일과 완료 이메일

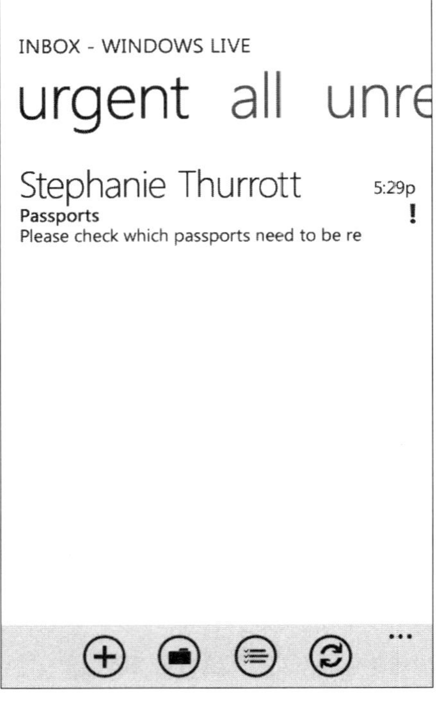

그림 10-4 긴급 메일은 최소한 보내는 사람에게는 중요한 메일이다.

다시 모두 보기(All) 화면을 보면, 다른 메일 화면들의 집합이라는 것을 알 수 있다. 여기에는 플래그 메시지도 있고, 긴급으로 표시된 메시지도 있으며, 읽은 메일 혹은 읽지 않은 메일들이 함께 모여 있다. 각각은 서로 다른 방법으로 표시된다. 예를 들어, 읽지 않은 메시지는 다른 읽은 메시지들과는 조금 다르게 나타난다. 이 메시지들은 제목 라인이 굵고 하이라이트 색깔로 표시된다. 그림 10-5와 같이.

그림 10-5 읽지 않은 메일(위)과 읽은 메일(아래)은 시각적으로 차이를 알 수 있다.

추가적으로, 어떤 이메일은 첨부 파일이 포함되어 있는데, 이것은 발신자가 하나 혹은 그 이상의 외부 파일을 메시지에 첨부하여 보낸 것이다. 전형적인 첨부 파일로는 Office 문서, ZIP 파일, 사진 등이 있다. 첨부 파일을 포함하는 메일에는 클립 표시가 붙어있다. 그림 10-6 참조.

그림 10-6　첨부 파일을 포함한 메시지는 클립 표시로 구분된다.

어느 이메일 화면이든 예상대로, 손가락을 좌우로 드래그하여 화면 사이를 이동할 수 있다. 또한 하나 또는 그 이상의 메일 메시지에 대해 어떤 작업들을 수행할 수 있고 메일을 보낼 수도 있다. 이것에 대해서는 다음에 살펴보기로 한다

이메일 선별하기

여러분이 얼마나 많은 이메일을 받는지 모르지만, 나는 매일 수백 통의 이메일을 받는다. 그것들을 모두 읽을 수도 없고, 그러고 싶지도 않다. 그 이유 또한 상당히 현실적이고 누구에게나 마찬가지일 것이다. 내가 받는 메일의 많은 부분이 의도하지 않게 온라인에서 가입하게 된 메일링 리스트이거나 광고들과 같이 원하지 않는 것들이다. 물론 아직도 때때로 스팸메일을 받는다. 나이지리아의 은행 사기꾼들이 다른 나라로 옮겨가 여전히 잘 지내는 건 분명한 것 같다.

여기서 한 단계 올라간 이메일들이 바로 받고 싶기는 하지만 많은 주의를 기울일 필요가 없는 이메일들이다. 예를 들어 기술 동향들에 대해 알려주는 구글과 Bing의 뉴스들이 거기에 해당한다. 그리고, 이제 진짜 일과 관계된 이메일들이 있다. 내 경우엔, 수많은 독자들의 이메일들이다. 이 이메일들은 조사나 생각들을 요하기도 하고 때때로 답장이 필요한 경우도 있다.

어떤 종류의 이메일을 받든지 많은 양의 이메일을 다루는 한 가지 전략은, 특히 그 날을 시작할 때, 메일을 분류하거나, 메일 목록을 훑어보고 나서 여러 이메일들에 대해 한꺼번에 작업을 수행하는 것이다. 그리고 이것이 윈도우폰의 메일을 포함한 좋은 모바일 이메일 솔루션이 제공하는 탁월한 기능이다.

윈도우폰에서 이메일을 선별하기 위해서, 먼저 메일 애플리케이션을 실행시킨다. 언제나처럼 모두 보기(All) 화면이 나타날 것이다.

우선, 원하지 않는 메일을 지운다. 이것을 효과적으로 하기 위해서, 애플리케이션 바의 선택 버튼을 누른다. 이것은 체크된 항목들의 목록처럼 생겼고, 네 개의 버튼 중에 세 번째 버튼이다. 그리고 나면 화면에 약간 변화가 생기는데, **이메일 메시지의 제목 옆에 선택 박스가 추가된다.** 그림 10-7 참조.

▶ 이 선택 모드로 들어가는 숨겨진 방법이 또 있다: 아무 이메일의 메시지 제목의 왼쪽 부분을 누르는 것이다.

그림 10-7   선택 박스를 이용하여 여러 개의 이메일에 동시에 작업을 수행할 수 있다.

이제, 목록을 스크롤해 내려가면서 지워도 될 만한 메시지를 찾아낸다. 그 메시지의 선택 박스를 눌러준다(그림 10-8). 이제 다 되었다면, 이 메시지들에 대해 한꺼번에 다양한 작업을 수행할 수 있다. 그러나 현 단계에서의 목표는 이 원하지 않는 게일을 완전히 삭제하는 것이다. 그러므로 애플리케이션 바에서 삭제 버튼을 누른다. 휙! 선택된 메시지들이 사라졌다.

이 작업이 여러분의 읽지 않은 메일 목록을 많이 줄여주었기를 바란다. 내 경우에는, 그 다음으로 하는 일이 메일을 읽고, 별도의 작업은 필요 없지만 저장하고 싶은 메시지들을 잘 분류해 넣는 것이다. 일반적으로 이 작업은 앞에서처럼 대량으로 할 필요는 없지만, 가능하긴 하다. 준비가 되면 삭제 버튼 대신 이동 버튼을 누르고, 이 메시지들을 옮기고 싶은 편지함을 팝업 창에서 선택한다(이 목록은 이메일 계정에 따라 서로 다른데, 왜냐하면 각 이메일 계정과 서비스마다 조금씩 다른 편지함 구조를 이용하며, 별도의 편지함을 직접 생성했을 수도 있기 때문이다).

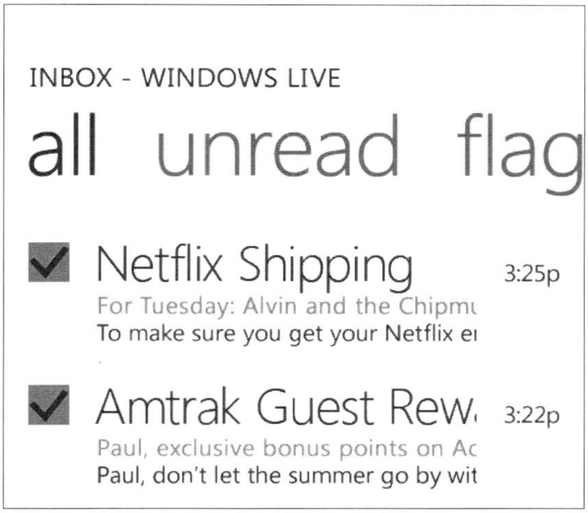

그림 10-8 일단 여러 개의 메시지를 선택하면, 그 메시지들을 한 번에 삭제할 수 있다(혹은 다른 동작을 수행할 수도 있다).

여러 개의 메시지에 다음과 같은 동작들을 수행할 수 있다.

▶ **삭제:** 앞서 언급되었던 것처럼, 선택된 메시지가 완전히 삭제된다.

▶ **이동:** 받은 편지함에서 지정한 편지함으로 메시지들을 이동한다.

▶ **읽음:** 이것은 선택된 메시지가 읽은 것으로 표시되게 한다(읽지 않았더라도).

▶ **읽지 않음:** 이것은 선택된 메시지가 읽지 않음으로 표시되도록 한다(사실 읽었다고 하더라도).

▸ **플래그 지정:** 이것은 선택된 메시지를 플래그 된 것으로 표시한다.

▸ **완료:** 이것은 선택된 플래그 지정된 메시지를 완료된 것으로 표시한다.

▸ **플래그 제거:** 이것은 플래그 지정된 혹은 완료된 메시지의 해당 표시를 제거한다(혹은 '언플래그됨', 또는 다른 일반 이메일 메시지처럼 표시한다)

여러분의 아침 이메일 선별 작업은 내가 설명한 것에서 약간 벗어날 수도 있다, 그러나 중요한 메시지들에 대해 실질적으로 시간을 투자하기 전에 이러한 작업을 하는 것은 정말로 큰 도움이 되는 것 같다. 일단 이렇게 하고 나면, 이제 여러분은 메시지를 읽거나, 필요에 따라서는 메시지에 답변할 준비가 된다.

Note 메일은 세로, 가로모드 둘 다에서 작동하는 애플리케이션 중의 하나이다. 그래서 만약 가로의 넓은 공간을 선호한다면, 전화기를 어느 방향으로든 90도 돌린다. 그러면 그림 10-9와 같은 모습을 볼 수 있다. 주의할 점은 애플리케이션 바는 항상 고정된 채로 이전, 시작, 검색버튼과 맞닿은 화면의 측면에 위치하고 있다. 그러나 이 버튼들은 시각적으로 회전하여 항상 올바른 방향을 유지한다. 꽤 좋은 기능이다.

그림 10-9 가로 화면 모드에서의 메일

이메일 읽기

각각 이메일의 본문을 읽으려면, 간단히 메일의 제목 부분을 누른다(이것은 그 어떤 메일 화면에서든 동일하게 작동한다). 그러면 해당 메일 본문이 전체 화면으로 표시된다. 그림 10-10 참조.

Note 이 개개의 메일 본문 보기 화면은 또한 가로 모드에서도 작동한다. 그림 10-11 참조. 어떤 이메일은 이 방향으로 읽는 것이 쉬울 수도 있다.

그림 10-10 이메일 메시지

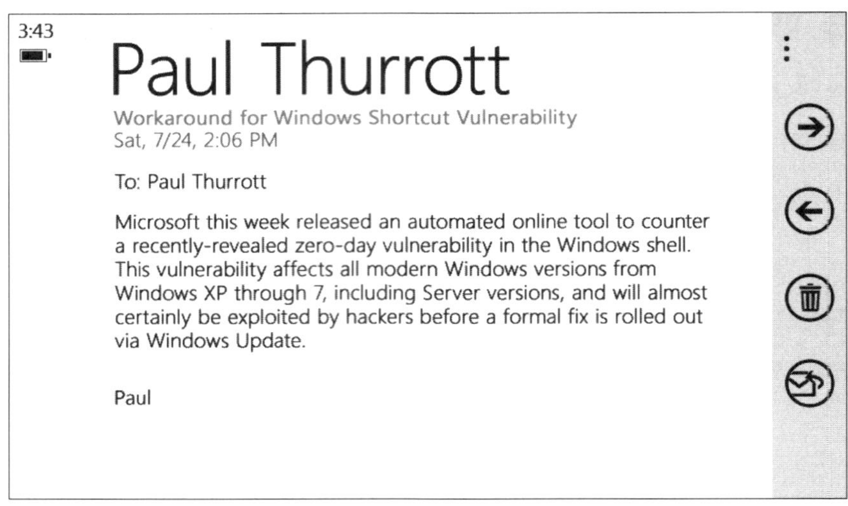

그림 10-11 가로 화면 모드에서의 이메일 메시지

물론, 이메일 본문 보기 화면에서도 스크롤을 할 수 있다. 그래서 만약 메일 본문이 전화기의 제한된 화면에서 조금 어색한 모습을 하고 있다면(그림 10-12), 그 전체적인 내용을 보기 위해서 정말 스크롤을 해야 할 때도 있다.

크기가 잘못 맞춰진 이메일 본문에 대처하는 또 다른 방법이 있다. 예를 들어, 윈도우폰에서 메일은 손가락을 오므리고 벌리거나 두 번 눌러 확대 축소하기 기능을 제공한다. 따라서 손가락을 이용하여 이메일 사이즈를 조정해볼 수 있다. 그러나 이메일 내용이 화면에 완전히 보여지면 이제 이메일 메시지를 읽는 것이 쉽지 않게 되는 것을 알 수 있다. 폰트가 너무 작기 때문이다. 이 예는 그림 10-13에서 확인할 수 있다.

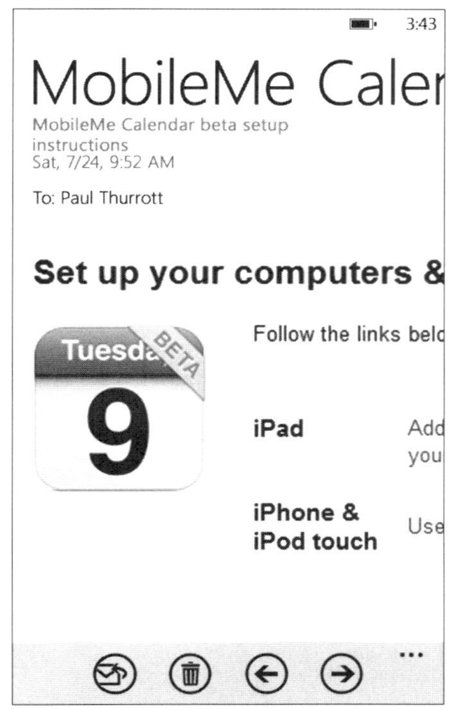

그림 10-12 어떤 이메일 본문은 모바일 환경을 위해 만들어지지 않은 것들도 있다.

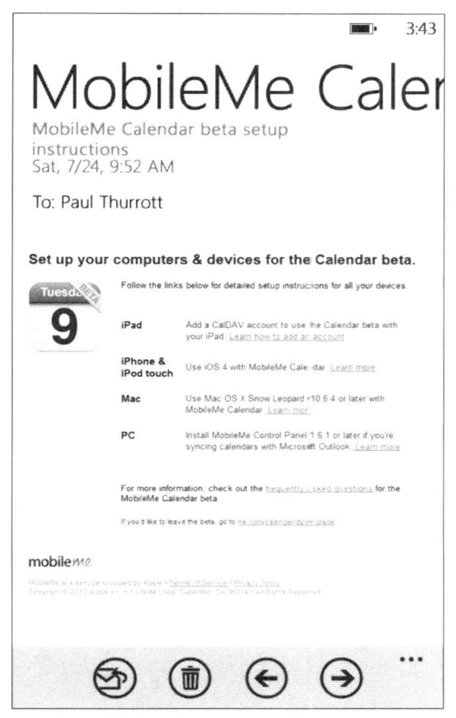

그림 10-13 '잘 맞춰'졌다그 해서, 꼭 잘 보이는 것은 아니다.

만약 주소록에 사진이 설정되어 있는 사람으로부터 이메일을 받게 되면, 꽤 멋진 기능을 보게 된다. 그 주소록에 있는 사진이 이메일의 위쪽에 나타난다. 그림 10-14 참조.

만약 외부 사진이 포함된 이메일을 받게 되면 – 이메일에 첨부된 것이 아니라 웹사이트를 통해 링크되어 있는, 기본적으로 이 이미지들은 화면에 표시되지 않는다. 그림 10-15 참조. 이것은 개인 정보 보호에 대한 우려 때문이다. 스팸 메일 발신자는 이런 외부 이미지들이 보여지는지 추적하는 이메일을 보낼 수 있다. 이것은 그들이 메일을 보내는 주소가 유효한 것임을 입증해주어서, 그 메일 주소로 새로운 스팸 메일이 쏟아지는 사태를 불러온다.

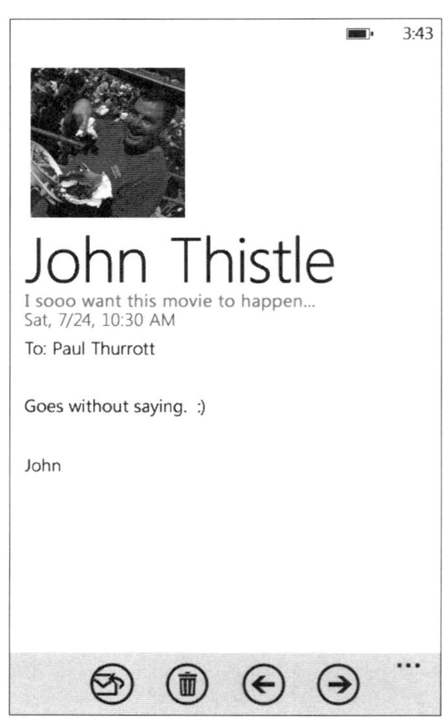

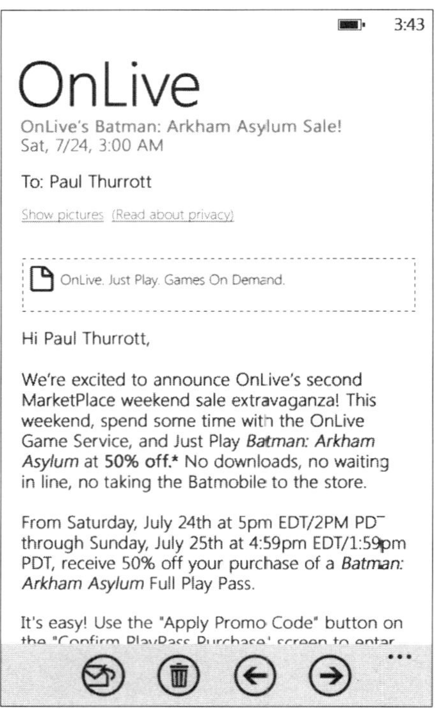

그림 10-14 주소록에 있는 사람으로부터 온 메시지는 주소록 사진을 이용하여 꾸며진다.

그림 10-15 이메일에서 외부 이미지는 기본적으로 차단된다.

> **Note** PC 데스크톱에서도 마찬가지로 그러한 이미지들은 보안상의 이유 때문에 표시되지 않는다. 이메일 본문에 실제로는 위험한 악성코드를 포함하는 고의로 변형된 이미지가 링크 되었을 수 있기 때문이다. 상당히 폐쇄적인 윈도우폰 환경에서 이것은 훨씬 덜 우려스럽다. 적어도 지금은.

물론, 이메일에서 외부 이미지 표시를 활성화시킬 수도 있다. 그러나 이것은 이메일 하나하나에 대해서 수행해야 한다. 그렇게 하려면, 이메일 본문 위쪽에 있는 이미지 표시 링크를 누른다. 그러면 이메일 본문의 이미지들을 로드해서 그림 10-16과 같이 다시 한 번 이메일을 표시한다.

첨부 파일을 포함하는 이메일은 헤더 정보 아래에 첨부 표시가 나타난다(그림 10-17). 이 표시를 누르면– 혹은 첨부 표시 옆의 텍스트– 그 첨부 파일을 다운로드 한다

(마이크로소프트는 실수로 누르는 것을 막고, 대역폭을 보호하기 위해 첨부 파일을 자동으로 다운로드 하지 않는다). 일단 그렇게 하면, 첨부 표시는 새로운 표시로 해당 첨부 파일을 나타낸다(워드 문서를 나타내는 작은 워드 아이콘, 압축 파일의 ZIP 파일 아이콘, 이미지 파일을 나타내는 사진 아이콘 등이다). 이제 첨부 파일을 열 수 있다. 첨부 파일 아이콘이나 텍스트를 누르면 된다.

그림 10-16 같은 이메일에 이미지가 로드된 모습.

그림 10-17 첨부 파일을 열기 전에 다운로드를 해야 한다.

파일의 유형에 따라 서로 다르게 처리된다. 몇몇 일반적인 첨부 파일은 다음과 같다.

▶ **오피스 문서:** 워드 문서, 엑셀 스프레드시트, 파워포인트 프레젠테이션은 적절한 오피스 모바일 애플리케이션에서 열린다. 여기에서 그 문서를 보거나 혹은 나중에 이용하기 위해 전화기에 저장할 수 있다.

▶ **텍스트 파일:** 이메일 첨부로 보내진 텍스트 파일은 워드 모바일에서 열린다.

▶ **사진 파일:** 일반적 이미지 파일 유형은 윈도우폰의 내부 이미지 뷰어에서 열린다. 이 이미지를 누르고, 잠시 기다리면 이 이미지를 전화기에 저장하거나 잠금 화면을 위한 백그라운드 이미지로 설정할 수도 있다.

▶ **음악과 미디어 파일:** 일반 멀티미디어 파일 유형은 윈도우폰 시스템의 미디어 플레이어에서 재생된다.

▶ **ZIP 파일:** 윈도우폰은 ZIP 압축 파일을 **기본적으로 지원한다.** 메일에서 이런 파일을 오픈하면, 그림 10-18과 같이 전체 화면에서 ZIP 파일의 내용을 볼 수 있다. 여기에서, 보통 때처럼 ZIP 파일 내에 있는 각각의 파일을 열어 볼 수 있다.

▶ Adobe PDF와 같이 일반적으로 자주 쓰이는 파일 포맷 중의 몇몇은 윈도우폰에서 지원되지 않는다. 그러나 저장회사나 무선전화 사업자가 이 지원을 추가하거나 혹은 다운로드 할 수 있는 추가기능을 이용할 수 있을 가능성은 있다.

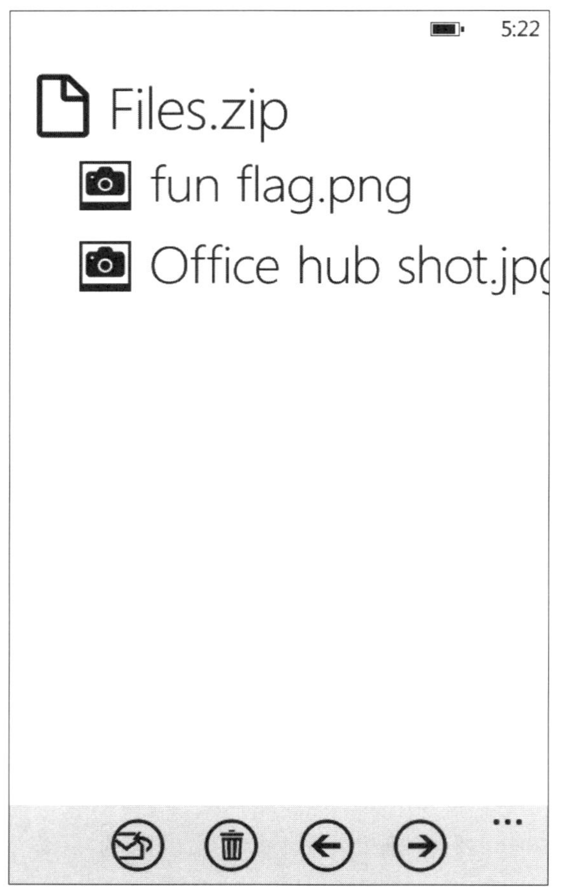

그림 10-18 윈도우폰은 기본적으로 ZIP 파일을 지원한다.

이메일을 간단히 볼 수 있는 것과 함께, 다음과 같은 여러 가지 작업을 수행할 수 있다.

- **답장하기:** 일반적으로 PC나 웹 기반 이메일 솔루션에서는 회신 전체 회신, 전달 버튼이 현재 메시지에 대해서 다양한 방법으로 답장할 수 있도록 해준다. 윈도우폰은 물론 PC보다 훨씬 작은 화면에서 작동을 한다. 그래서 이 세 가지 옵션이 하나의 애플리케이션 버튼, 즉 답장하기로 압축이 되었다. 이것은 정말 자주 쓰이는 중요한 기능이기 때문에 다음 섹션에서 별도로 다루도록 한다.

- **삭제하기:** 애플리케이션 바의 삭제 버튼을 눌러 현재 메시지를 삭제한다.

- **이전 혹은 다음 이메일 읽기:** 이전(왼쪽 화살표, the Newer) 버튼을 눌러 바로 다음에 위치한 최근 메시지를 표시한다. 혹은 다음(오른쪽 화살표, the Older) 버튼을 눌러 바로 다음에 위치한 오래된 이메일 메시지로 이동한다

- **플래그 변경:** 이 옵션은 More 목록을 눌러 이용 가능하며, 현재 메시지의 상태를 플래그 지정이나, 완료 혹은 플래그 지정되지 않음으로 설정할 수 있다.

- **읽지 않음으로 표시하기:** 메일의 본문을 보게 되면, 자동으로 서버에 읽음 표시가 된다. 그러나 이 옵션을 이용하여 그 메시지를 읽지 않음으로 표시할 수 있다.

- **이동하기:** 이 옵션으로 현재 메시지를 현재 위치에서 다른 편지함으로 옮길 수 있다.

이메일에 답장하기

만약 어떤 이메일 메시지에 대해 답장을 하거나 다른 곳으로 전달하기를 원한다면, 애플리케이션 바에 있는 답장하기 버튼을 누른다. 그러면, 원본 메시지에 따라서 두 개 혹은 세 개의 옵션이 나타난다.

이 옵션들은 다음과 같다.

- **회신:** 이 옵션은 원본 이메일을 보냈던 사람에게만 보내는 답장 메일을 생성한다.

- **전체 회신:** 이 옵션은 원본 이메일을 보냈던 사람뿐만 아니라 그 메일에 수신자로 포함되었던 다른 사람들에게도 보내는 답장 메일을 생성한다.(이는 원본 메시지에서 수신자 혹은 참조(CC)에 포함되었던 사람들을 의미한다. 참조에 관해서는 다

음 섹션에서 설명한다.) 이 전체 회신 옵션의 경우는 원본 메일이 두 사람이나 그 이상의 수신자들에게 보내졌을 경우에만 나타난다.

Note 대부분의 이메일 솔루션에서는 전체 회신(Reply All) 대신 전체에게 회신 (Reply to All)이라는 용어를 사용한다.

▶ **전달:** 이 옵션은 말 그대로 현재 이메일을 한 명이나 혹은 그 이상의 제 3자에게 전달하는 것이다. 이것은 이 메시지를 받는 사람이 원본의 메시지에서 수신자로 포함되어 있었던 사람이 아니라는 점을 제외하면 회신(혹은 전체 회신)과 마찬가지로 작동한다.

수신자 부분을 제외하면, 회신, 전체 회신 그리고 전달하기는 모두 동일하게 작동한다. 수신자 필드에서 수신자를 추가하거나 제거할 수 있고(다음 섹션을 참고), 제목을 편집할 수 있으며, 메시지 본문에 원하는 내용을 추가할 수 있고 그 아래에는 설정된 서명이 오고 맨 마지막에는 원본 메시지가 추가된다. 마찬가지로 첨부파일도 선택적으로 추가할 수 있다. 전형적인 이메일 회신 화면은 그림 10-19와 같다.

회신이나 전체 회신을 하게 되면, 제목 필드가 **텍스트에서 RE: 텍스트로** 바뀐다. 메시지 전달의 경우에는 제목 필드가 **FW: 텍스트**로 바뀐다.

이메일 작성하기

읽고, 분류하고 이메일에 답장을 보내는 것도 필요하지만 때로는 자신의 이메일을 새롭게 작성해야 할 때가 있다. 당연히 윈도우폰 메일 애플리케이션에서는 이것을 간단히 처리할 수 있다.

어느 메일 화면에서든 새 메일 쓰기(+)버튼을 누른다. 그러면 그림 10-20과 같은 새 메일 메시지 화면이 나타난다.

그림 10-19 어떤 이메일에 답장을 할 때에는 수신자 필드와 제목, 그리고 메시지 부분을 편집할 수 있고, 선택적으로 첨부 파일을 추가할 수 있다.

그림 10-20 새 이메일 작성.

이 화면에서 다음의 사항을 구체적으로 지정해 넣을 수 있다.

▶ **메시지 수신자:** 위쪽에 있는 '받는 사람:'에 이 이메일을 받을 하나 또는 그 이상의 주소록 연락처(혹은 원하는 이메일 주소)를 넣을 수 있다. 다음 두 가지 중 한 가지 방법으로 연락처를 입력할 수 있다. 첫 번째 방법은 간단히 주소나 이름을 입력하기 시작하면 윈도우폰에서 이미 주소록에 등록된 내용을 바탕으로 자동-완성할 연락처들을 추천할 것이다. 그림 10-21 참조.

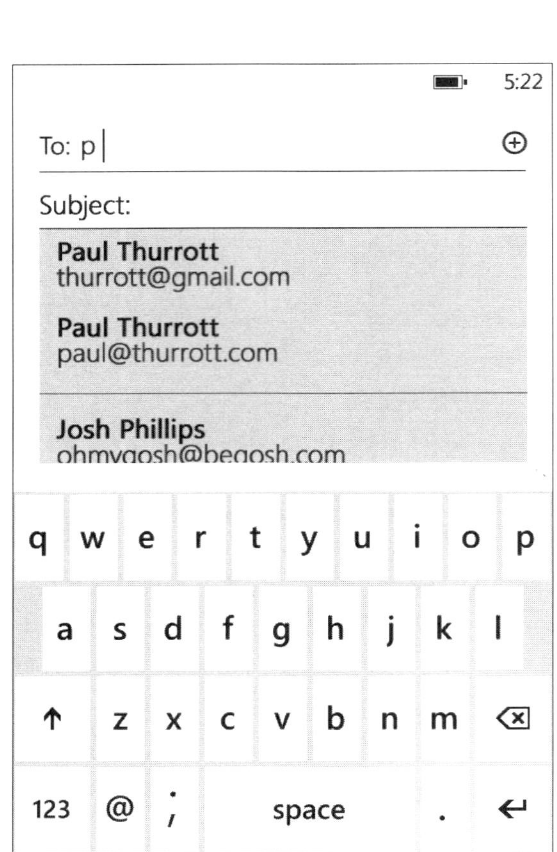

그림 10-21 일단 받는 사람 필드에 입력을 시작하면, 자동-완성할 연락처를 추천해준다.

두 번째는 여러 소스로부터 연락처를 모아 하나의 목록으로 만든 사람 허브에서 연락처를 선택하는 것이다. 연락처를 선택하려면, 받는 사람 필드 오른쪽 끝에 있는 작은 추가('+') 버튼을 누른다. 그러면 그림 10-22처럼 연락처 선택 화면이 나타난다.

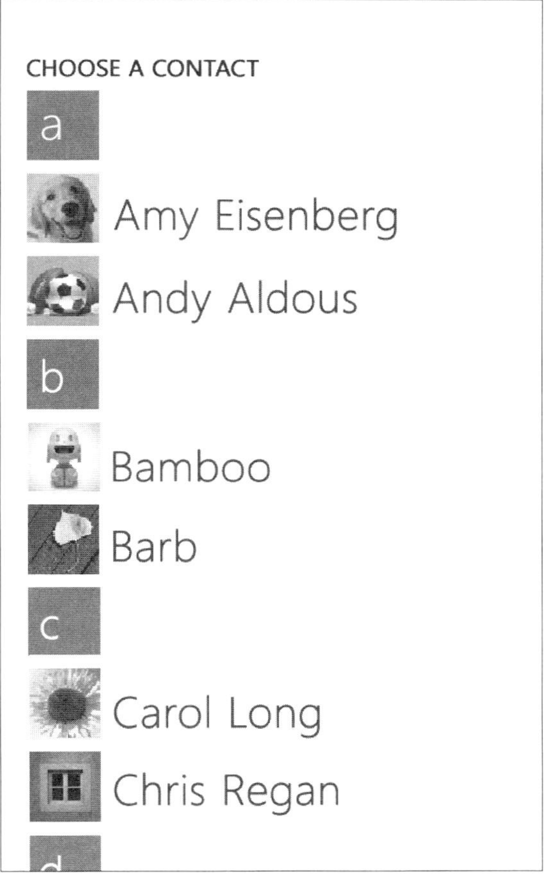

그림10-22 이 화면에서는 한 번에 한 명의 수신자만 선택할 수 있다.

이 화면에서, 평소처럼 스크롤을 해서 원하는 연락처를 눌러준다. 만일 연락처에 두 개나 그 이상의 이메일 주소가 설정되어 있다면, 원하는 이메일 주소를 선택하도록 창이 나타날 것이다.

만약 여러 명의 수신자를 명시하고 싶을 경우에는 이 과정을 필요한 만큼 반복해 주면 된다. 또한 수신인을 필요에 따라 참조(CC) 혹은 숨은 참조(BCC)로 넣는 것도 일반적이라는 것을 알아 두자. 이 옵션들은 이 섹션의 뒷부분에서 설명한다.

▶ **제목 필드:** 여기에는 이메일 메시지에 대한 간략한 한 줄 정도의 설명을 넣을 수 있다. 이것은 간단 명료한 것이 좋다. 예를 들어, 내 경우에는 "애플과 애플 제품에 대한 당신의 입장은 정보도 부족하고 정확하지도 않다. 좀 더 정확히 이

▶ 만약 입력한 특정 수신자에 대한 생각이 바뀌었다면, 받는 사람 필드의 그 이름을 눌러, 팝업 메뉴에서 제거하기를 선택한다.

야기하자면 당신은 덩치 큰 바보다.”와 같은 장황한 제목 대신에, “당신은 그런 사람이다.”와 같은 제목의 이메일을 받는 것을 선호한다(방법은 다양하다).

▸ **이메일 본문:** 여기서 여러분은 마음속의 이야기를 입력하고, 입력하고 도 입력할 수 있다. 이메일 본문은 원하는 길이만큼 쓸 수 있으며, 여러 개의 단락으로 구성할 수 있다.

▸ **사진 첨부:** 이메일 작성 화면에서 애플리케이션 바의 첨부 버튼을 누르면 전화기에 있는 다양한 사진 갤러리(자세한 내용은 5장 참조)들을 이동해 다닐 스 있는 사진 선택 화면이 나타나고, 그 중에 하나의 사진을 선택하여 첨부할 수 있다 – 유감스럽게도, 문서나 다른 종류의 파일은 안 된다. 내장 카메라로 사진을 찍어, 그것을 첨부할 수도 있다.

> ***Note***   여러 개의 사진을 첨부하려면 이를 반복하면 된다.

> ***Tip***   만약 문서나 다른 파일을 이메일을 통해 보내고 싶다면 어떻게 할까? 걱정 마시라. 할 수 있다. 단지 여기에서 할 수 없을 뿐이다. 예를 들어 워드 문서를 보내고 싶다면 워드 모바일–12장에서 설명됨–에 내장된 보내기 기능을 사용하고, 대상을 이메일 계정으로 선택한다. 같은 기능을 윈도우폰 여기저기에서 찾을 수 있고, 따라서 해당 기능에 대해 이 책의 적절한 장에서 다루어진다.

▸ **우선순위:** More 메뉴에 숨겨진 우선순위 옵션으로 이메일의 우선순위 레벨을 높음, 일반(기본), 혹은 낮음으로 설정할 수 있다. 그렇지만 이 옵션을 남용하지는 말자.

▸ **참조와 숨은 참조 수신자:** More 메뉴에 숨어 있는 또 다른 옵션이 ‘참조와 숨은 참조 보이기’이다. 이 옵션을 눌러서 켜면 두 개의 새로운 필드, ‘참조:’와 ‘숨은 참조:’가 이메일 메시지의 ‘받는 사람:’ 필드와 제목 사이에 추가된다. 이들은 눌러서 수신자를 추가할 수 있다는 점에서 ‘받는 사람:’ 항목과 비슷하게 작동하지만, 약간 다르게 행동한다. 여러분이 참조(CC: ‘carbon copy’)에 추가하는 수신자들은 ‘받는 사람: 수신자들’과 마찬가지로 이 메일을 받는 모든 수신자들에게 보

여진다. 그 차이점은 바로 참조 수신자들이 이 메일의 주된 타깃으로 여겨지는 것이 아니라 단순히 편의에 의해 '참조되는' 사람들인 것이고, 그래서 그들도 현재 상황에 대해 알고 있다는 것이다.

한편 숨은 참조(BCC: 'blind carbon copy')에 포함된 사람들도 메일은 정상적으로 받게 된다. 그러나 다른 수신자들에게는 그들이 '받는 사람:'이나 '참조:' 목록에 있는지는 보이지 않게 된다.

메일 보내기와 받기

기본적으로 메일은 여러분의 이메일 계정에 접속하여, 지정된 일정어 따라 이메일을 동기화한다. 언제든 애플리케이션 바에 있는 동기화 버튼을 눌러 수동으로 동기화시킬 수도 있다. 하지만 동기화 스케줄이 최적으로 설정되어 있지 않을 수도 있다. 이것을 확인하려면, 이 장의 뒷부분에 나오는 '메일 설정 및 이메일 계정'을 참조하자.

다른 편지함 보기

이 장의 시작 부분에서 간단히 언급했었지만 메일 애플리케이션은 메일 서비스의 받은 편지함 폴더의 내용을 보여주는데, 기본적으로 상단의 회전축을 기준으로 메일이 분류된다. 어떤 사람들은 이 편지함 기반 이메일 관리 시스템을 굉장히 많이 이용하는데, 그래서 다른 편지함들에 중요한 이메일을 저장해 놓고 있을 수 있다. 그러한 경우에는 다른 편지함들을 보기 위해서 이동을 해야 한다.

그 방법은 다음과 같다. 메인 메일 보기 화면에서 편지함 버튼을 누른다. 그러면 그림 10-23과 같이 화면에 표시된다. 여러분은 핸드폰에서 이미 접속했던 편지함(기본으로, 받은 편지함)들과, 모든 편지함 보기라는 이름 그대

그림 10-23 편지함 목록 화면을 통해서 이 메일 서비스의 다른 이메일 편지함으로 이동 할 수 있다.

로 작동하는 옵션을 볼 수 있다.

모든 편지함 보기를 누르면, 편지함 내용이 확장되어 서버상의 이용 가능한 모든 이메일 편지함들을 보여준다. 이 내용은 서비스마다 차이가 있는데, 각 이메일 서비스가 조금씩 다른 편지함 구조를 제공하기 때문이다. 물론 메일을 좀 더 잘 분류하기 위해서 직접 만들어 놓은 편지함들도 있을 것이다. 최소한 임시 보관함, 보낸 편지함, 지운 편지함 등과 같은 편지함은 볼 수 있을 것이다.

다른 편지함에서 이메일을 보려면 그 편지함을 누른다. 해당 편지함에 맨 처음으로 들어왔을 경우에는, 이 편지함을 동기화하기라는 링크 화면이 나타난다. 그 링크를 누르면 편지함의 내용이 동기화 될 것이다. 추가적으로, 나중에는 이 편지함 목록 화면에 다시 방문하게 되면, 모든 편지함을 표시할 필요 없이, 받은 편지함과 함께 이 편지함이 나타나게 된다.

이메일 검색하기

마이크로소프트 Bing 검색 기능의 통합성 덕분에 – 자세한 내용은 9장에서 다루고 있다 – 어느 편지함 화면에서도 이메일 검색을 위해 전화기의 내장 검색 버튼을 이용할 수 있다. 단지 검색 버튼만 눌러주면 된다. 그렇게 하면 검색창이 화면 상단에 나타나고, 가상 키보드가 표시되어 검색어를 입력할 수 있다(그림 10-24).

> **Note** 검색은 현재 편지함에서만 가능하다. 만약 다른 편지함에서 이메일을 검색하고 싶다면, 앞서 한 방법으로 해당 편지함으로 이동해 가야 한다.

이 검색창에서, 여러분은 이메일을 보냈던 사람의 이름('John', 'Paul' 또는 뭐든지)이나, 제목 또는 이메일 본문 텍스트를 검색할 수 있다. 또한 정확히 원하는 메일을 찾는 데 도움이 되도록, 입력을 하는 동안 계속 검색 결과의 수가 줄어들게 된다.

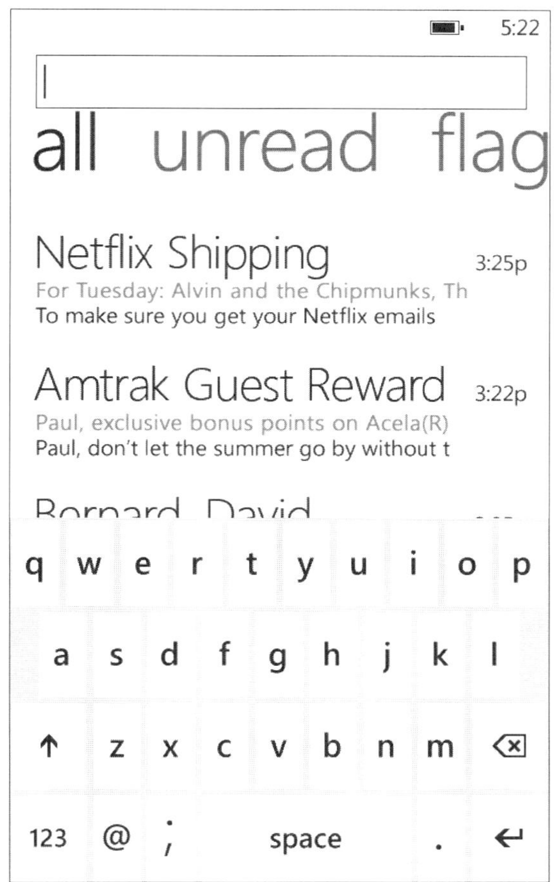

그림 10-24 버튼을 눌러 받은 편지함을 검색한다.

오프라인에서 작업하기

드문 경우이긴 하지만 완전히 네트워크 – 3G데이터 네트워크든 Wi-Fi 무선 네트워크든 – 에서 분리되어 있는 경우에도 메일을 이용할 수 있다. 그 이유는 받은 편지함의 내용이(선택에 따라 다른 편지함들도) 전화기에 동기화되어 있어, 네트워크에서 분리된 오프라인 상태에서도 표시가 되기 때문이다. 그래서 여전히 새로운 이메일을 작성하거나, 메일에 답장을 하고, 메일을 분류하고, 다른 작업을 수행하는 것이 가능하다. 바뀐 내용들은 일단 전화기에만 존재하지만 다시 온라인으로 접속하게 되면, 이 바뀐 내용들이 서버 쪽으로 자동으로 동기화된다.

메일 설정과 이메일 계정

이미 앞서 살펴 본 것처럼, 여러분이 윈도우폰에서 설정하는 각각의 이메일 계정은 서로 다른 버전의 메일 애플리케이션을 통해 접속한다. 그래서 만약 여러 개의 이메일 계정을 설정했다면, 모든 프로그램 메뉴에 Gmail, Hotmail, Outlook, Yahoo!Mail (혹은 여러분이 사용하는 이름 어떤 것이든) 등의 이름을 가진 여러 개의 메일 애플리케이션을 가지게 된다. 이것은 일상 속에서 메일을 사용하는 데 있어 흥미로운 영향을 미칠 뿐만 아니라 – 자신의 모든 매일을 읽기 위해서는 서로 다른 애플리케이션들에 접속해야만 한다는 것이다 – 설정해야 할 여러 개의 계정을 가지게 된다는 것을 의미하는 것이기도 하다. 나의 경험에 비추어 얘기하자면, 아마도 시간을 투자하여 제대로 설정하고 싶어질 것이다.

그 이유는 간단하다. 이메일 계정을 생성하면(혹은 이메일 서비스 접속을 포함하는 어떤 계정), 윈도우폰은 다양한 옵션들에 기본 값을 적용하게 된다. 그리고 이 옵션들은 여러분의 필요로 하는 최적화된 설정이 아닐 수 있다. 그래서 한번은 각각의 이메일 계정의 설정들을 검토하고 싶을 것이다. 물론 여러 개의 메일 계정을 가지고 있을 경우에는 번거롭고 지루한 일이다. 그러나 계정들 중 하나가 자동으로 메일을 다운로드하지 않는다는 것을 발견하는 순간, 이 단계들이 필요하다는 것에 동의하게 될 것이다.

각각의 이메일 계정에 대해서 다음 두 가지 중 하나의 방법으로 설정을 할 수 있다. **가장 명백한 방법은 모든 프로그램, 설정, 이메일&계정으로 가서, 수정하고자 하는 계정을 고르는 것이다**(이렇게 할 수도 있겠지만 더 나은 방법이 있다).

혹은 첫 번째 방법 대신에, 시작 화면 기반의 라이브타일을 통해서든 아니면 모든 프로그램 목록을 통해서든 직접 이메일 계정을 실행시키고 More 버튼을 눌러 설정을 선택한다. 그러면 이메일 계정 설정 화면이 그림 10-25와 같이 나타난다.

왜 이런 복잡한 과정을 밟는 것일까? 왜냐하면 이 화면에는 첫 번째 방법을 통한 설정 화면에서는 찾을 수 없는 하나의 추가 옵션을 가지고 있기 때문이다(이메일 서명을 이용하기). 만약 기본 옵션인 – 윈도우폰에서 보내진 메시지입니다 – 를 바꾸고 싶다거나, 사용하지 않고 싶다면, 여기에서 설정할 수 있다. 만약 위의 첫 번째 방법을 이용한다면 이 옵션은 찾을 수가 없다.

여기에서, 커다란 동기화 설정 버튼을 누른다. 그러면 좀 더 상세한 설정 화면이 표시된다(사실, 이것이 첫 번째 방법에서 보게 될 화면이다). 이 화면에는 다양한 설정 옵션

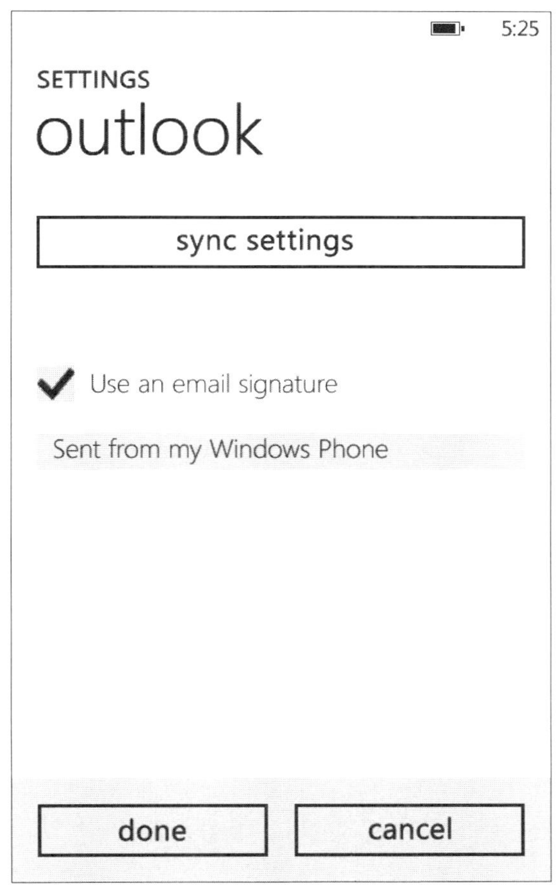

그림 10-25   이메일 계정 설정

들이 있는데, 대부분은 명확한 옵션들이다. 그러나 이 중 몇 개는 굉장히 중요하지만 잘못 설정되어 있는 것들이 있다. 다음과 같은 옵션들이다.

▸ **새 콘텐츠 다운로드:** 이 옵션은 얼마나 자주 이메일 서버와 메일을 동기화할 것 인지를 결정하는 옵션이다. 이것은 계정 유형에 따라 달라진다. 여를 들어, Yahoo!Mail의 경우는 단지 매 15분 또는 30분, 1시간, 2시간 또는 수동으로 동 기화하기만을 선택할 수 있다(이상하게도 Yahoo!Mail에서는 **매 2시 간마다**가 기본설 정으로 되어 있다).

더 세련된 이메일 서비스 – Exchange ActiveSync와 유사한 기술을 통해 '푸시' 이메일 지원을 제공하는 – 는 추가적인 선택 사항을 제공한다(**메 일이 도착하면**과 같은). 이것은 Windows Live, Outlook, Google을 포함하는 계정 유형들에서 최상의 선택이다.

▶ **…로부터 이메일 다운로드:** 이 옵션은 얼마나 이전까지 이메일들을 동기화할 것인지를 결정하는데, 시간이 오래되면 오래될수록 필요한 대역폭과 저장 공간도 더 커지게 된다. 가능한 선택 사항으로는 3일 전, 7일 전, 2주 전, 한 달 전 및 언제든지가 있다(그러나 모든 계정이 이 모든 선택사항들을 제공하는 것은 아니다). 대부분의 계정 유형이 **7일 전**을 기본으로 하고 있다.

일단 한 계정에 대한 설정을 검토하고 바꿨다면, 이제 다른 이메일 계정들에 대해서도 같은 작업을 하고 싶을 것이다. 내가 그랬듯이 여러분들도 각 이메일 계정이 해당 유형에 따라 조금씩 다른 기본 설정을 가진다는 것을 확인할 수 있으며, 약간의 조정이 필요할 것이다.

요약

윈도우폰 테스트를 통해서, 메일 애플리케이션이 이 시스템의 강점 중에 하나라는 것을 알 수 있었다. 물론 통합 받은 편지함의 필요성을 잘 알고 있고, 마이크로소프트가 향후에 그러한 업데이트를 제공해줄 것을 기대한다. 그러나 현재 상태로도 메일은 가장 좋아했던 스마트폰인 아이폰과 비슷한 수준이고, 훌륭한 분류기능 등을 포함해 필요한 대부분의 이메일 기능을 지원한다.

윈도우폰이 아이폰보다 더 나은 점은 작은 화면의 효율적 이용과 자유스러움, 그리고 효율적인 텍스트 기반 인터페이스이다. 이메일은 순수하게 텍스트를 기반으로 한 서비스이기 때문에, 마이크로소프트는 화면의 화려함을 추구하지 않음으로써 모바일 공간에서 독특한 솔루션을 만들어냈다. 윈도우폰 자체와 마찬가지로 이것도 완벽한 것은 아니다. 그러나 윈도우폰 메일은 내가 지금까지 본 것들 중에 가장 생산적인 모바일 이메일 솔루션이며, 이 새로운 플랫폼을 차별화시키기 위한 핵심기능이다.

캘린더로 스케줄 따라잡기

이 장에서

▶ 온라인 캘린더 이해하기
▶ Windows Live 캘린더 이용하기
▶ 잠김 화면과 홈 화면에서 캘린더 정보에 접속하기
▶ 윈도우폰의 캘린더 애플리케이션 이용하기
▶ 약속 및 알림기능 이용하기
▶ 캘린더 설정하기

강력한 Exchange와 Windows Live 기반 캘린더 솔루션에 이어, 마이크로소프트는 윈도우폰 이용자들을 위해 새로운 캘린더 애플리케이션을 제공해왔다. 윈도우폰 캘린더는 좀 더 완전한 기능을 가진 다른 캘린더들과 비교한다면 상당히 단순화된 서비스로, 기기의 작은 화면에 대한 제약도 잘 극복하고, 단순함이라는 현대 컴퓨팅 철학에도 잘 어울린다.

이 장에서는 캘린더 서비스를 살펴볼 예정이다. 팝업이나 잠김 화면 알림 기능, 맞춤형 시작화면 버튼 및 캘린더 애플리케이션 내의 능률적인 일정 화면 등 윈도우폰에서 캘린더가 어떻게 작동하는지 확인해 보도록 하자. 일정 관리에 관해서라면 윈도우폰은 최고의 선택이라고 할 수 있다.

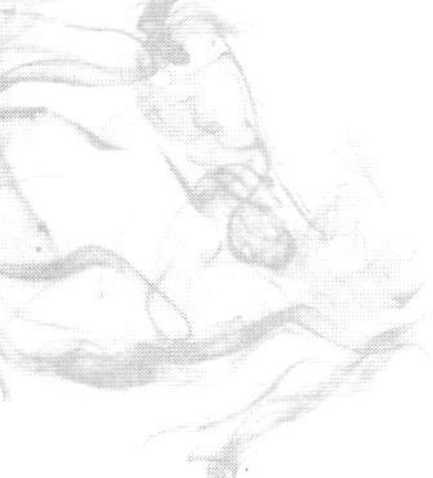

온라인 캘린더

윈도우폰은 사실 처음부터 아니 그 이전부터 캘린더를 제공해왔다. 그래서 윈도우폰이 캘린더라는 이름의 훌륭한 일정 관리 애플리케이션을 탑재했다는 것은 그리 놀랄 만한 일이 아니다.

> **Note** 이 장에서는 **캘린더**(대문자 'C'로)라는 용어를 자주 이용하는데, 이것은 일반적인 의미의 달력을 이야기하는 것이 아니라 윈도우폰에서 제공하는 캘린더 애플리케이션을 지칭하는 것임을 기억하자.

캘린더는 단순히 일정 관리 애플리케이션이 아니다. 이것은 하나 혹은 그 이상의 온라인 캘린더들과 협력하여 작동하도록 설계된, **연결된** 온라인 캘린더이다. 이 온라인 캘린더들에는 마이크로소프트의 Exchange뿐만 아니라 애플이나 구글 등에서 제공하는 차세대 표준 웹 캘린더들이 포함된다. 또한, Windows Live 팬이 있다면, 캘린더는 마이크로소프트의 무료 고객-지향 캘린더인, Windows Live 캘린더(종종 Hotmail 캘린더로도 불리는)와도 잘 작동한다. 이 책의 초반에 추천했듯이 Windows Live 계정을 설정했다면 – 물론 했겠지만 – 여러분은 이미 Windows Live 캘린더를 가지고 있다.

캘린더가 **지원하지 않는** 것에는 PC 기반 캘린더인 마이크로소프트 Outlook, 모질라 Sunbird 및 다른 애플리케이션들이 있다. 뿐만 아니라 현재 야후에서 제공되는 것과 같은 비표준 캘린더들과도 작동하지 않는다. 전자의 경우 그 이유는 간단하다. Zune PC 소프트웨어를 이용한 미디어 동기화를 제외하고, 윈도우폰에서는 사실상 PC와의 연동을 제공하지 않는다. 여러분의 데이터가 만약 개별 애플리케이션에 갇혀 있다면, 이제 21세기로 옮겨갈 때이다, 스케줄 정보를 웹에 저장하도록 하자.

이런 점을 감안하여, 나는 여러분이 Windows Live 캘린더를 윈도우폰 캘린더 애플리케이션과 함께 이용하고 있다고 가정할 것이다. 물론 다른 캘린더들도 마찬가지로 이용할 수 있다(그 훌륭한 Windows Live 캘린더를 **쓰지 않겠다면**).

온라인 캘린더들의 일반적 기능

캘린더에 대해 깊이 살펴보기 전에, 잠시 온라인 캘린더의 몇 가지 이점에 대해서 알아보자.

▶ **유용성:** 온라인 캘린더는 이벤트나 미팅, 약속 등과 같은 스케줄 정보를 생성, 편집, 유지보수할 수 있도록 해줘서, 스케줄을 쉽고 체계적으로 관리할 수 있다. 또한 주어진 온라인 캘린더 솔루션 안에서 여러 개로 분리된 일정을 생성할 수 있어 여러분이 일정을 좀 더 고민해보고 싶다거나 직업적, 개인적 혹은 다른 이유로 일정을 분리해서 생성하고 싶다면, 원하는 대로 할 수 있다.

> *Note*   여러분은 웹 상에서 위와 같이 할 수 있다. 다만 윈도우폰 캘린더 애플리케이션에서 한 가지 중요한 제약이 있다면 어떤 온라인 캘린더 솔루션에서도 **오직** 기본 캘린더와만 동기화를 할 수 있다는 것이다. 따라서 여러 개의 캘린더 솔루션에 캘린더를 연결할 수는 있지만, 오직 각각 캘린더에서 기본 캘린더만 '볼'수 있고, 동기화를 할 수 있다.

데이터를 가둬두지 말고 연결하자

이미 밝혔듯이, 여러분은 외부의 다른 캘린더들(웹-기반 캘린더들)과의 연결 없이도 캘린더를 소위 독립적 애플리케이션으로 이용할 수 있다. 하지만 여러 가지 이유로 인해 추천하고 싶진 않다. 가장 명백한 이유는 만약 그렇게 이용한다면, 여러분이 저장한 내용은 핸드폰 내에 잠겨 있게 되고, 외부에서는 접근할 수 없다는 것이다. 따라서 만약 여러분이 핸드폰을 잃어버리거나, 핸드폰을 가지고 있지 않는 상황에서 스케줄 정보가 필요하다면, 아마 방법이 없을 것이다. 데이터를 가둬두지 말자. 핸드폰을 최소한 하나의 온라인 캘린더에 연결하여-구글 캘린더나 Windows Live 캘린더를 추천하고 싶다. 둘 다 무료이며 잘 작동한다- 여러분이 어디에 있던지 스케줄 정보를 항상 이용할 수 있도록 하자.

▶ **공유:** 온라인 캘린더를 이용하여 스케줄 정보의 일부나 혹은 전체를 다른 사람들과 공유할 수 있다. 대부분의 온라인 캘린더들은 개인 정보를 제어할 수 있는 몇 가지 방법을 지원하고 있어, 여러분은 어떤 정보를 누구와 공유할지를 결정

할 수 있다. 또한 여러분의 캘린더에 있는 이벤트들로 다른 사람들을 초대할 수 도 있다.

▶ **이동성:** 모바일 기기의 통합과 양방향 무선 동기화 덕분에 여러분은 어디서든 스마트폰이나 다른 인터넷에 연결된 기기를 이용하여 캘린더어 접속할 수 있다. 이것은 캘린더나 혹은 모바일 웹 클라이언트와 같은 풍부한 기능을 가진 전용 애플리케이션을 통해 가능하다.

> **Note** 이메일, 주소록 혹은 캘린더에 이용되는 **푸시 기술**을 들어 본 적이 있을 것이 다. 그렇다, 윈도우폰도 푸시를 지원한다. 이것은 핸드폰의 소프트웨어가 마음대로 이메 일이나 주소록 혹은 캘린더 데이터베이스에 접속해 정보를 가져오는 대신에, 필요할 경 우에 서버가 연결된 클라이언트에게 정보를 '넣어(푸시)'주는 것을 의미한다. 따라서 만약 스케줄에 변경사항이 있거나 임박한 이벤트가 있으면 핸드폰–기반 캘린더는 즉시 업데 이트된다. 푸시는 단지 빠르기만 한 것이 아니라, 기기의 배터리 수명어도 더 좋다.

▶ **공지 및 알림 기능:** 온라인 캘린더는 스케줄 상의 다가오는 이벤트에 대해 알림 기능이 있어 이를 설정할 수 있다. 이 알림 기능은 기본적인 알림 설정이 있지만 자신의 설정을 만들 수도 있다. 또한 다양한 방법으로 알림을 받을 수 있는데, 이메일이나 혹은 윈도우 데스크톱의 알림 팝업 또는 문자 메시지가 가능하다.

▶ **데스크톱 동기화:** 모바일 기기와 작동하는 것에 추가하여, 온라인 캘린더는 마 이크로소프트 Outlook이나 Windows Live 메일(메일이라는 이름에도 불구하고, 캘 린더 기능을 제공한다)과 같은 강력한 PC-기반의 애플리케이션에서도 온라인 캘 린더를 이용할 수 있다.

▶ **무료(일반적으로):** 접속을 하면, 때때로 PC 웹 브라우저 상에서 웹 광고들을 보 기도 하지만, 대부분의 온라인 캘린더 – 구글 캘린더와 Windows Live 캘린더를 포함한 – 들이 완전히 무료이다. 그러나 몇몇 온라인 캘린더들 – 예를 들어, 마이 크로소프트 Exchange나 애플의 MobileMe – 같은 경우는 무료가 아니다. 내 경 험으로는 이렇게 좋은 무료 서비스(사실 많은 경우에 더 우수하기도 하다)들이 있 는 상황에서 돈을 지불해야 하는 서비스를 사용하는 것이 잘 이해가 되지 않는

다. 그러나 일 때문에 Exchange를 이용해야 하더라도 걱정할 것은 없다. 윈도우 폰과 잘 작동한다.

▶ **무료 공개 캘린더들:** 온라인 캘린더에서 이용되는 오픈 웹 표준이 가져다 주는 장점들 가운데서 제대로 받지 못하는 것 중 하나가 수없이 널려 있는 무료 공개 캘린더들이다. 여러분은 자신의 캘린더에 그것들을 **등록**할 수 있다. 지역 날씨 혹은 휴일, 스포츠 팀 스케줄 등 다양한 무료 캘린더들이 있다.

T_{IP} 공식적으로, 온라인 캘린더는 '인터넷에서 캘린더나 스케줄 서비스의 상호 정보 교환이 가능하도록 하는' iCal 혹은 iCalendar 표준을 따르는 캘린더이다. iCal 지지자들은 모든 캘린더들이 하나의 공개된 표준를 따라야 한다고 제안하고 있다. 이것은 정말 좋은 아이디어로서 실제 세계에서도 잘 작동한다. iCal 포맷에 대한 좀 더 자세한 정보를 원한다면 IETF 웹사이트에서 확인 할 수 있다(ietf.org/rfc/rfc2445.txt).

Windows Live 캘린더 이용하기

앞에서 언급했듯이, 마이크로소프트의 온라인 캘린더는 Windows Live 캘린더라고 불린다. 그림 11-1에서 보이는 것처럼 일, 주, 월 및 일정 목록 화면, 다중 캘린더 지원, 캘린더 등록 및 배포 기능과 공유 기능까지 Windows Live 캘린더는 온라인 캘린더들 중에서도 꽤 전형적인 모습을 하고 있다고 할 수 있다.

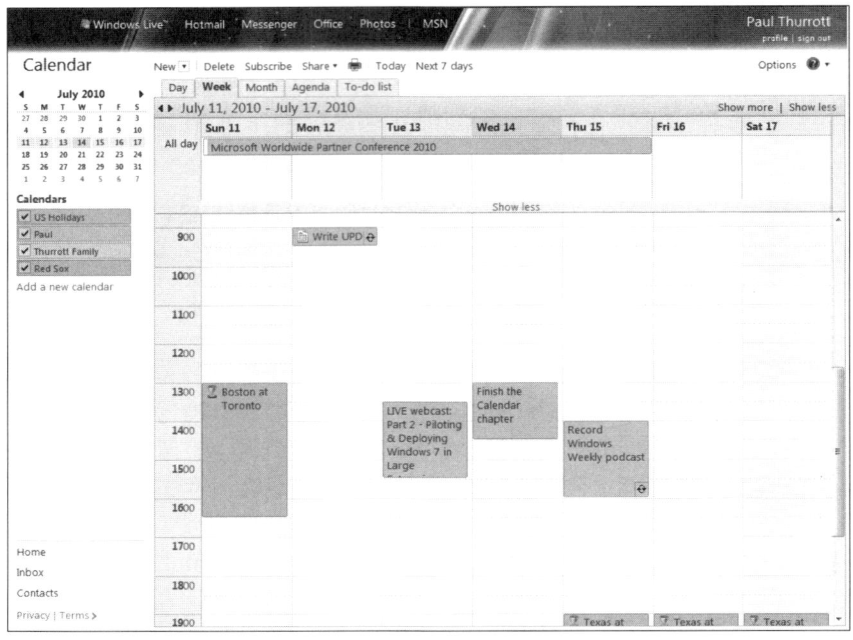

그림 11-1 Windows Live 캘린더

Windows Live 캘린더는 또한 모바일 웹 버전(그림 11-2)에서도 이용 가능한데, 아이폰이나 안드로이드, 윈도우폰에서 핸드폰 기반 웹브라우저를 통해 접근할 수 있다. 또한 Outlook이나 Windows Live 메일과 같은 윈도우의 데스크톱 애플리케이션에서도 접근할 수 있다.

1장으로 돌아가 보면, 다양한 소셜 네트워크와 여러분이 가입되어 있는 여러 온라인 서비스에 접속할 수 있는 Windows Live 계정을 생성하고 설정하는 것이 윈도우폰 사용자에게 왜 중요한지를 설명했었다. 2장에서는, 모든 온라인 데이터와 연결된 기기의 다양한 서비스를 이용하기 위하여 윈도우폰으로 계정에 로그인하는 방법을 배웠다. 이 계정은 또한 Windows Live 캘린더와도 연결되어 있는데, 여러분이 Windows Live 계정으로 핸드폰에 접속했기 때문에, 캘린더 애플리케이션에는 Windows Live 캘린더의 기본 캘린더에 등록된 스케줄 정보가 보이게 된다.

여러분이(핸드폰의) 캘린더를 이용하여 Windows Live 캘린더(웹의)에 접속하면, 당연히 최신 정보를 보게 될 것이다. 그런데 폰에서 수정을 하게 되면, 이 변경 사항은 웹 버전의 캘린더에 반영이 된다. 그 반대도 물론 마찬가지이다: 어떤 변경 사항이 Windows Live 캘린더에서 생기게 되면 마찬가지로 캘린더 애플리케이션에 반영된다.

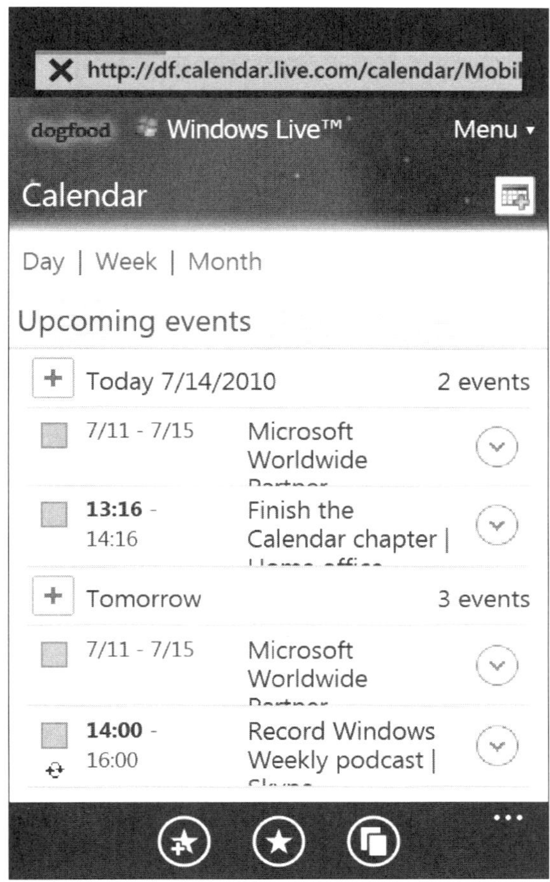

그림 11-2 Windows Live 캘린더의 모바일 웹 화면

　　Windows Live 캘린더는 매우 간단하고, 스마트폰을 가진 사람이라면 누구나 일정
관리 프로그램을 이용해 본 적이 있을 것이다. 그러므로 여기에서는 바로 핸드폰에
있는 서비스에 접속하기 전에 여러분이 Windows Live 캘린더에서 일하게 될 몇 가
지 기능들을 살펴보기로 한다.

▸ **여러 개의 캘린더 생성에 대해 고려하기**: 내 경우에는 모든 이벤트들에 대해서
　　하나의 캘린더(그 이름을 Paul이라고 가정하면)에 담아 이용하는 것을 선호하지만,
　　여러분은 이벤트의 카테고리별(**일** 관련 캘린더 혹은 **개인** 캘린더와 같이)로 여러 개
　　의 캘린더를 생성하고 싶을 수도 있다. 사람마다 각자의 일하는 스타일이 다르듯
　　이 어떤 형태로 이용할 것인지는 여러분에게 달려 있다. 그러나 각 캘린더는 웹

기반 Windows Live 캘린더(혹은 다양한 데스크톱 클라이언트와 핸드폰에서)에서 자신만의 고유한 색을 가질 수 있어서, 그 색깔을 보면 어떤 이벤트 유형인지 바로 이해할 수 있도록 해준다. Windows Live 캘린더 작업창에서 캘린더 추가하기를 눌러 그림 11-3과 같은 화면이 나오면 새 캘린더를 생성할 수 있다.

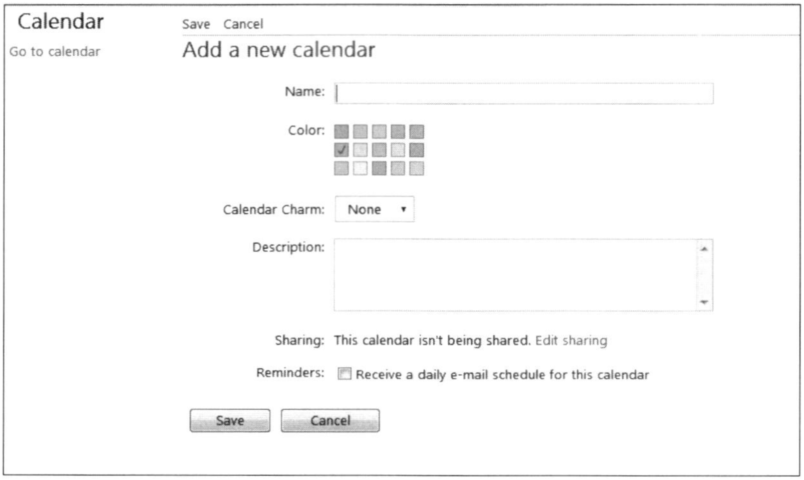

그림 11-3 새 캘린더 추가하기

물론, 이전에 언급했던 것처럼, 캘린더 애플리케이션의 오직 기본 캘린더에만 접속할 수 있다. 마이크로소프트가 이 이상한 제약 사항을 곧 바로잡을 것으로 보지만, 어쨌든 다중 캘린더 사용을 위해 Windows Live나 구글 캘린더에서 보조 계정을 생성해서 해결할 수 있다. 그러면, 각각의 계정을 동기화 전용 캘린더로 윈도우폰에 설정하여 한 기기에서 다중 무료 캘린더를 이용할 수 있다. 이것이 좀 지루하게 들릴 수도 있겠지만, 한번 그렇게 계정을 설정하고 나면, 이제 윈도우폰의 단일 사용자 화면에서 그 캘린더들을 접속할 수 있다.

▶ **캘린더 공유 설정하기:** Windows Live 캘린더는 각 캘린더 별로 수많은 공유 옵션을 제공한다. 이 공유 화면(그림 11-4)을 이용하기 위해서는, Windows Live 캘린더 작업창에서 캘린더 이름을 클릭한 후, 공유 편집을 클릭한다.

기본 설정은 이 캘린더 공유 안함(비공개로 유지)이다. 그러나 선택적으로 캘린더를 설정할 수 있는데, 주소록 목록을 통하거나, 또는 가급적이면 **보기-전용 링크**를 통해, 특정한 사람들과 공유할 수 있다.(Windows Live 캘린더에서는 세 가지 링크 유형이 제공되는데 HTML, ICS, RSS이다. 대부분의 캘린더 애플리케이션에서 ICS 버전 링크를 기대한다.)

또한 여러분의 캘린더를 모두에게 공개할 수도 있다. 그러나 여러분이 집에 없으니 좀 더 쉽게 도둑질하라고 광고하고 싶은 것이 아니라면, 이것을 추천하고 싶지는 않다.

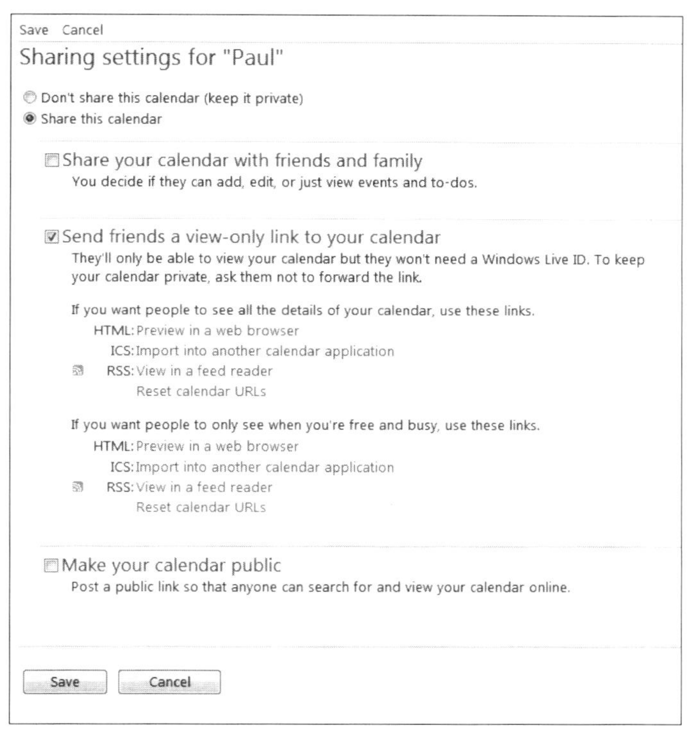

그림 11-4 Windows Live 캘린더 공유 설정

▶ **다른 캘린더 등록하기:** 앞서 얘기했듯이, 이용 가능한 수많은 공개 캘린더들이 있고, 그것을 어디에서 볼 수 있는지만 알면, 쉽게 등록할 수 있다. 많은 온라인 캘린더 리소스가 있는데, 그 중 최고는 애플의 iCal 라이브러러(www.apple.com/downlaods/macosx/calendars)라고 할 수 있다. 이 라이브러리에는 프로 스포츠 스케줄, 세계의 휴일, 영화 상영 등의 자료들이 있다. 또 다른 훌륭한 리소스로는 iCalShare(www.icalshare.com)가 있는데 이용할 수 있는 굉장히 많은 목록이 카테고리 배열별로 나열되어 있다.

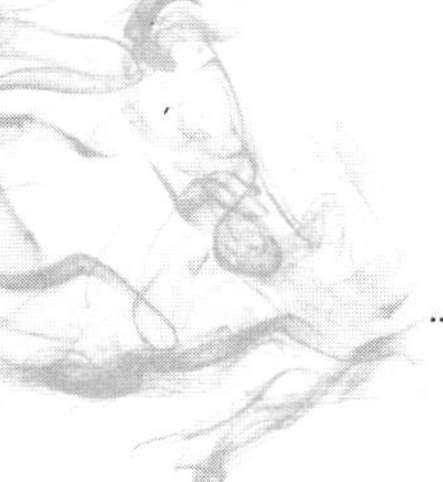

이러한 사이트들을 이용하여 원하는 캘린더를 찾을 때까지 다양한 캘린더들을 살펴볼 수 있다. 보스턴의 메이저리그 야구팀의 스케줄과 관련한 수많은 캘린더들이 있는데, 나는 레드삭스의 팬이다. 그림 11-5처럼, 내 Windows Live 캘린더에 레드삭스 팀의 스케줄을 추가하는 화면을 볼 수 있다. Windows Live 캘린더의 위에 있는 등록 링크를 클릭하여 캘린더를 등록할 수 있다(나는 거기에 빨갛게 적절한 칼라도 설정해 주었다).

그림 11-5 공개 캘린더를 등록해서, 알고 싶은 일정들을 확인 할 수 있다.

자, 여기까지 재미있는 내용들을 살펴봤다. 이제 핸드폰으로 옮겨가서 이것들이 실제로 어떻게 작동하는지 살펴보도록 하자.

간편하게 스케줄 확인하기

캘린더 애플리케이션으로의 숏컷(바로가기)은 윈도우폰 홈 스크린에 기본으로 고정되어 있는데, 일반 라이브타일의 '두 배 너비'의 정사각형이라기보다는 직사각형에 가까운 라이브타일이다. 그 이유는 캘린더 라이브타일 상에 여러분의 다음 일정 정보를 텍스트 형태로 표시하고 있기 때문이다. 이것은 여러분이 다른 타일들에서 보았던 단

340

순한 알림 기능과는 조금 다르게 작동한다. 그래서 다가오는 일정의 가수를 숫자(1, 2, 3 등과 같은)로 나타내는 대신에, 그림 11-6처럼 다음 일정에 대한 세쿠 정보를 실질적으로 표시한다.

캘린더 라이브타일은 다음 일정에 관한 다음의 세 가지 정보를 분ㄹ하여 제공한다.

▸ **제목:** 그 일정에 주어진 이름.

▸ **장소:** 그 장소가 어디인지.

▸ **언제:** 그 약속 시간이 언제인지.

그림 11-6 캘린더 라이브타일은 다음 스케줄에 대한 세부 정보를 잘 도현해준다.

추가적으로, 캘린더 라이브타일은 현재 날짜를 요일(축소된 형태로, 월, 화 등)과 이 달의 날짜(17) 형태로 제공한다. 그래서 만약 6월 17일 월요일이라면, 캘린더 라이브타일은 월 17을 표시한다(이 축약형은 만약 미국 이외의 지역으로 윈도우폰을 설정했다면 다르게 나타날 것이다).

다가올 다음 일정에 대한 세부 사항을 알려 주는 것은 정말 유용한 정보이다. 그러나 마이크로소프트는 여러분의 캘린더가 **정말** 중요하다고 생각하기 매문에 윈도우폰의 잠김 화면에서도 바로 볼 수 있는 일정 정보를 제공한다. 그래서 아직 핸드폰에 접속을 하지 않았더라도, 화면을 잠시 쳐다보는 것만으로 다가올 이벤트에 대한 정보를 얻을 수 있다.

놀랍게도, 이 정보는 캘린더 라이브타일에서 볼 수 있는 것보다 덜 세부적일 뿐이다. 윈도우폰의 잠김 화면을 바라보면, 화면 중앙에 큰 글씨로 표시된 날짜와 시간을 볼 수 있다. 화면 하단에는 작은 글씨로 받지 못한 전화/보이스 메일 그리고 읽지 않은 메일의 수가 전화와 메일 아이콘 옆에 각각 표시되어 있다. 비록 작은 글씨이긴 하지만 이 두 항목 사이에서 여러분은 다음 일정에 대한 정보를 확인할 수 있다. 이것은 제목과 시간을 포함하고 있는데, 정말 잘 표현해 놓았다. 이 예를 그림 11-7에서 확인할 수 있다.

그림 11-7 다음 일정에 대한 정보를 바로 윈도우폰 잠김 화면에서 확인할 수 있다.

> **Note** Windows Mobile 6.5에서 마이크로소프트는 잠금을 풀면 바르 전화, 캘린더, 메시지 혹은 다른 서비스로 갈 수 있는 잠김 화면을 만들었다. 불행히도, 이 유용한 기능을 윈도우폰에서는 이용할 수 없다. 대신, 화면 잠김을 풀고 새로운 홈 화면으로 가면, 시간, 날짜, 캘린더, 전화/메시지 그리고 이메일 정보를 볼 수 있다.

캘린더 사용하기

간편하게 볼 수 있는 기능은 꽤 흥미롭다. 그러나 결국에는 캘린더 애플리케이션을 사용하게 될 것이다. 다행히도 이 애플리케이션은 완전한 기능을 가지고 있고, 윈도우폰의 일반적인 경우처럼 이 화면도 굉장히 단순하지만 모든 필요한 기능을 – 스케줄 관리의 측면에서 본다면 – 가지고 있다는 것을 확인할 수 있다.

> *Note* 이 캘린더 사용자 화면에서 한 가지 '기묘한 점'이 있다. 메일 애플리케이션의 사용자 화면이 흰색 바탕에 검은 글씨 기법을 이용하는 것에 반해, 캘린더는 검은색 바탕에 흰색(과 컬러) 글씨를 제공한다. 만약 여러분의 윈도우폰 테마 색상의 배경을 흰색으로 택했다면, 캘린더는 검은색(과 컬러) 글씨에 흰색 바탕을 이용할 것이다(이 책에서는 스크린 샷이 명확하게 나타나도록 흰색 바탕에 검은색 글씨 테마를 이용하고 있다).

캘린더를 실행시키면, 맨 처음으로 그림 11-8과 같은 화면을 볼 수 있다.

이 사용자 화면은 간단 명료하다. 화면 상단에는 하루 일과(day)와 일정(agenda)의 두 옵션으로 구성된 회전축이 있다. 이것이 두 개의 기본 화면 옵션이다. 중앙에는, 화면의 많은 부분을 차지하는 실제 캘린더를 볼 수 있는데, 이것은 어떤 화면을 선택하느냐에 따라 달라진다.

화면 하단의 애플리케이션 바에는 세 개의 버튼이 있다.

▸ **오늘:** 이 버튼을 누르면 오늘 날짜가 표시되는데, 현재 화면에서 가능하다면 현재 시각까지도 표시된다.

▸ **새 일정:** 이 버튼은 새 일정 작성 화면을 표시한다.

▸ **월:** 이 세 번째 버튼을 누르면 캘린더가 **월간 화면**으로 바뀐다, 그림 11-9, 회전축과 애플리케이션 바는 생략된다. 약속이 있는 날짜에는 작고, 읽기가 좀 어려운 텍스트가 있다는 것을 기억하자.

> *TIP* 이 월 화면에서는, 해당 날짜를 '확대'하기 위해 화면의 날짜를 누를 수 있다. 그러면 이전에 보고 있던 화면이 어떤 것이었느냐에 따라 일간 화면 혹은 일정 화면 중에 하나로 표시된다.

▸ 월 화면에서 이전 혹은 다음 달로 옮겨가려면 간단히 달력에서 아래쪽(이전 달)이나 위쪽(다음 달)으로 드래그하면 된다(예상처럼 오른쪽, 왼쪽이 아니라).

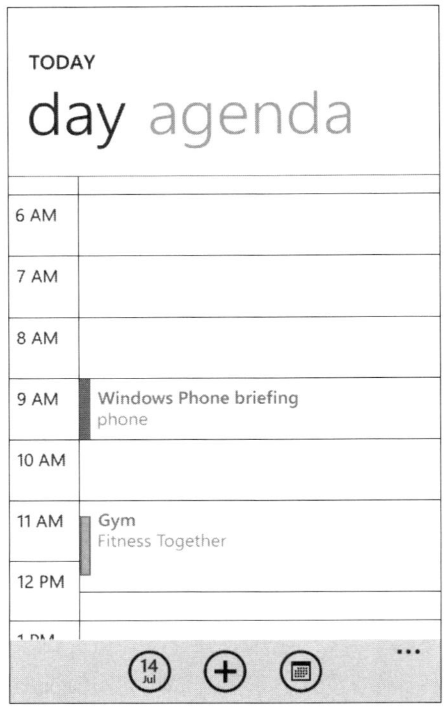

그림 11-8 윈도우폰 캘린더 애플리케이션.

그림 11-9 캘린더 월간 화면을 전체 화면으로 봤을 때.

> **Note** 단순함을 위해서, 캘린더는 데스크톱/웹 캘린더에서는 일반적인 주간 화면을 포함하지 않는다. 캘린더는 또한 이상하게도, 가로 방향 보기 모드는 지원하지 않는다. 주간 화면은 또한 특별한 의미가 있기 때문에, 다음 버전을 기대해본다.

일반 캘린더 화면으로 돌아가려면 Back 버튼을 누르면 된다.

또한 네 번째 숨겨진 설정 화면이 있는데, More(...)버튼을 누르면 볼 수 있다. 이 화면에서는, 그림 11-10과 같이, 어떤 캘린더를 표시하고, 각각의 캘린더에 어떤 색깔을 할당할지를 관리할 수 있다.

각각의 캘린더에 대해서, 켜기/끄기 스위치와 함께 색상 옵션을 볼 수 있다. 가능한 색상으로는 민트색, 남색, 보라색, 자홍색, 분홍색, 오렌지색, 갈색, 초콜릿색, 잔디색, 금색, 청록색 그리고 바다색이 있다. 또는 간단히 기본 색상으로 둘 수도 있다. 그러면 자동으로 여러분이 설정한 시스템 테마에 따라 캘린더 색상이 결정된다.

메인 캘린더 화면으로 돌아와서, 상단의 회전축에서 손가락으로 가볍게 오른쪽으로 드래그하면 일정 화면이 나타난다. 일정 화면은, 그림 11-11과 같은, 일정을 살펴볼 수 있는 텍스트 목록 형태이다. 일간 화면과 같은 옵션을 제공하며, 향후 일정을 보려면 아래쪽으로 스크롤을 하고, 더 자세한 정보를 보려면 해당 일정을 클릭한다.

TIP 다른 윈도우폰 애플리케이션들처럼, 윈도우폰 통합 보이스 커맨드 기능을 이용해 캘린더를 실행시킬 수 있다. 그렇게 하려면, 시작 버튼을 잠시 누르고 있다가 핸드폰에 '캘린더 열기(Open Calendar)'라고 말한다. '뉴 어포인트먼트(new appointment)'와 같이 얘기해보면, 아마 '뉴엘 포인트먼(Newell Pointman)'이나 그 비슷한 것을 찾고 있는 모습을 확인하게 될 것이다. 어떤 것들은 기존 방식으로 두는 것이 나을 때가 있다.

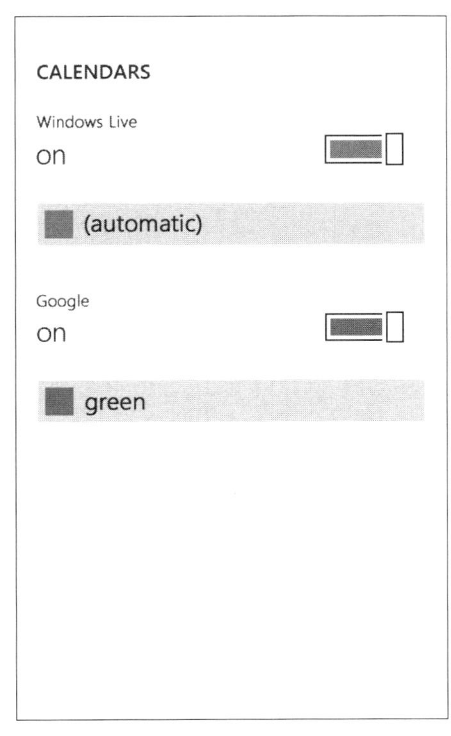

그림 11-10 캘린더들 설정 화면

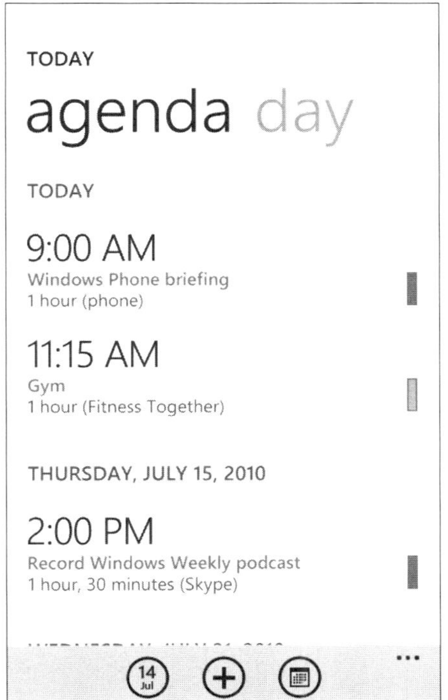

그림 11-11 일정 보기 화면

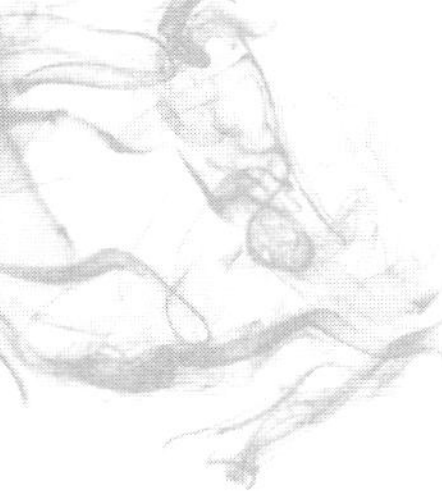

> ### 캘린더는 할 일 목록을 지원하지 않는다
>
> 캘린더에서 빠져 있는 한 가지 중요한(그리고 명백한) 기능이 있다. 캘린더는 Exchange 의 할 일 목록이나 Windows Live 캘린더에서의 To-Do 항목을 지원하지 않는다. 다시 얘기하지만, 이것은 마이크로소프트가 버전 2에서 추가해야 할 것으로, 어쨌든 현재로 서는 지원되지 않는 기능이다.
>
> 묘하게도, 나는 몇 년 전에 구글 캘린더로 바꿨는데, 그때는 구글 캘린더에서 할 일 목 록을 제공하기 이전이었다, 그래서 그때 '할 일'과 '일정'을 구분하는 것을 그만 두었다. 이것이 물론 여러분이 찾고 있는 해결책은 아니겠지만, 이 방법이 나에게는 잘 맞았고, 우연히 윈도우폰에서도 잘 이용하고 있다. 내 모든 할 일 들을 일정으로 설정해서 이용 하면 되기 때문이다.

일정 및 알림 기능 이용하기

이쯤해서 이제 개별 일정들을 다루어야 할 필요를 느끼게 될 것이다. 예상대로 캘린 더는 일정의 생성 및 보기와 관련한 유용한 기능뿐만 아니라, 다가오는 일정들에 대 한 알림 기능도 제공한다.

새로운 일정 생성하기

핸드폰에서 바로 새로운 일정을 생성하려면, 캘린더 애플리케이션 바에서 새 일정 (New Appointment) 버튼을 눌러준다. 그러면 새 일정 작성 화면이 그림 11-12와 같이 실행된다.

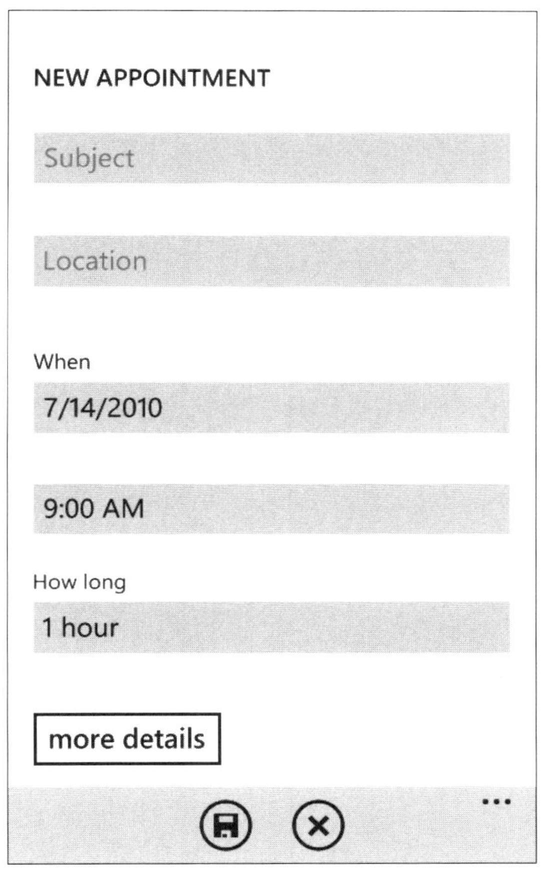

그림 11-12 새 일정 작성 화면

이 화면에서는 다음과 같은 항목들을 제공하는데, 각각이 모두 생성하려는 일정과 관련한 세부 정보들을 조금씩 담고 있다.

▶ **제목:** 이 항목은 생성하려는 일정의 이름을 나타내고, 보통 '마크와 회의' 혹은 '스테프와 점심'처럼 짧고 서술적이다.

▶ **장소:** 제목과 마찬가지로, 짧고 서술적인 텍스트로 채워지며, 보통 장소(주소나 대략적 위치) 혹은 전화의 경우에는 전화번호나 기타 전화 정보를 입력한다.

▶ **계정:** 이 필드는 매우 중요한데, 해당 일정을 추가하고 싶은 캘린더를 선택하는 것이다. 이 항목을 누르면, 화면이 확장되어 설정된 계정들 중 캘린더를 지원하는 계정 유형들(Windows Live, 구글, Outlook 등)을 보여준다. 만약 하나의 캘린

▶ 제목과 장소 항목은 작아서, 짧은 텍스트를 입력하는 것이 좋다. 그러나 필요하다면 많은 양의 내용으로 상세히 입력할 수도 있다. 권하고 싶지는 않지만, 필요하다면 그렇게 이용할 수도 있다.

더 계정만 가지고 있다면, 계정 항목은 표시되지 않는다.

▶ **언제(날짜)**: 언제 항목의 첫 번째 필드는 날짜로 채워진다. 이 필드를 누르면, 윈도우폰 날짜 선택기가 나타난다, 그림 11-13 참조.

날짜를 선택하려면, 일, 월, 년도 항목을 각각 위나 아래로 스크롤 한다. 각 항목을 선택하면, 박스 옵션이 마술처럼 나타난다(그림 11-14).

그림 11-13 전체 화면 날짜 선택기를 이용하여 새로운 일정의 날짜를 선택할 수 있다.

그림 11-14 각 항목을 선택하면 날짜 선택기가 밝은 색으로 표시된다.

▶ **언제(시각)**: 날짜 항목과 마찬가지로 시간 항목도 슬라이딩 '선택기' 화면을 제공하는데, 물론 각각 시, 분, 오전/오후 항목을 선택할 수 있다. 이것은 날짜 선택기와 동일하게 작동한다.

▶ **얼마동안(How long)**: 이 항목은 일정의 지속 시간을 결정한다. 이 항목을 누르면, 시간을 결정하는 화면이 나타난다. 그림 11-15와 같이 0분, 30분, 1시간, 하

루 등의 다양한 시간들 중에서 선택할 수 있다.

▶ **세부사항:** 이 버튼을 누르면 아래와 같은 몇 가지 추가 항목들이 나타난다.

▷ **알림:** 여기서는 언제 핸드폰이 해당 약속에 대해서 여러분에게 알려주도록 할 것인지를 설정한다. 기본으로는 15분으로 설정되어 있는데, 이것은 **해당 약속이 시작되기 15분 전에** 상기시켜 달라는 의미이다. 그러나 이것을 없음에 서 1주일 사이의 여러 선택들 중 하나로 설정할 수 있다.

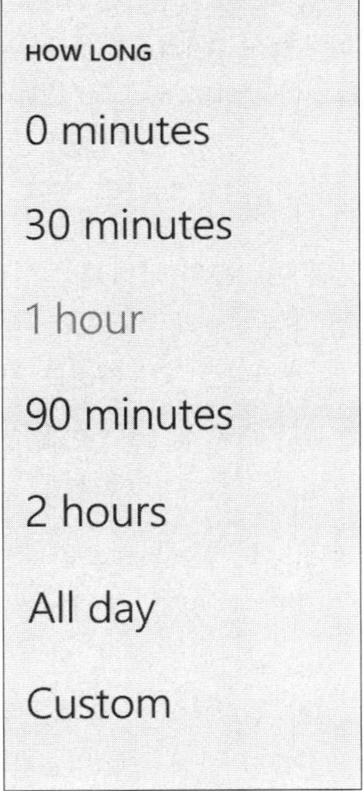

그림 11-15 그 일정은 얼마나 걸릴까?

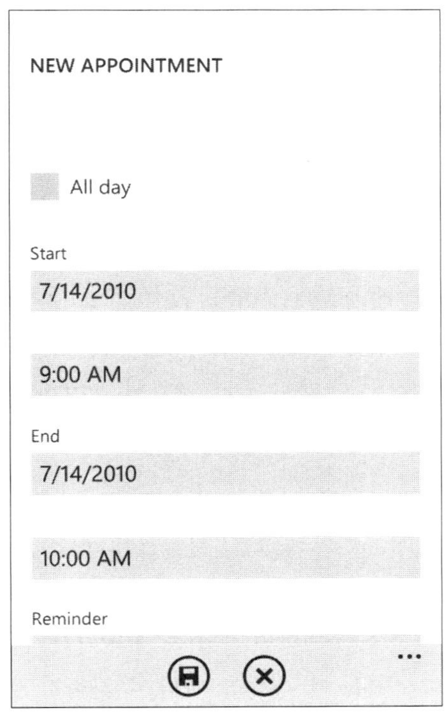

그림 11-16 약간 번거롭기는 하지만, **시작 과 끝 시각을 다른 날짜로 지정하는 것도** 가능하다.

▶ 일정의 시작과 끝 시각을 서로 다른 날짜에 지정하기 위해서 사용자지정 (custom) 항목을 누른다. 언제 항목이 시작과 끝으로 대체되어 표시된다. 그림 11-16 참조.

▷ **반복:** 이 항목은 해당 약속이 반복이 되는 경우에 설정한다. 기본으로는 설정 되어 있지 않다. 그러나 규칙적으로 어떤 일을 반복하고 싶을 수도 있다. 예 를 들어, 매주 월요일 같은 시간에 운동하러 가고 싶은 경우처럼 말이다. 몇 가지 설정이 가능한데, 한 번(기본설정), 매일, 주중 매일, **매주 지정된 요일**(지

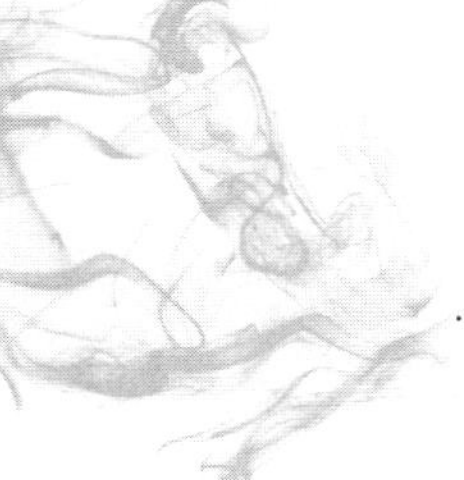

정된 **요일**은 현재 일정의 요일을 의미, 예를 들어 **수요일**), 매달 **지정된 일자**(현재 일정의 일자, 예를 들어 14일) 혹은 **매년**(**월**과 일자는 현재 일정의 월, 일을 의미한다, 예를 들어 **7월 7일**)과 같은 선택이 있다.

***T*IP**   뭔가 빠진 것 같지 않은가? 맞다. 좀 더 상세한 반복 설정을 할 수 없다. 예를 들어, 여러분은 매주 월, 수, 금요일 같은 시간에 운동하러 갈 수도 있다. 그렇지만 그것을 윈도우폰에서 쉽게 설정할 수가 없다, 월, 수, 금요일에 각각 다른 반복 설정을 해야 하기 때문이다. 만약 좀 더 복잡한 반복 설정이 필요하다면, 핸드폰이 아니라 해당 캘린더 서비스에서 일정을 만드는 것을 고려해보자. 예를 들어 Outlook과 구글 캘린더에서 이 복잡한 유형의 일정을 좀 더 잘 다룰 수 있을 것이다(Windows Live 캘린더에서는 할 수 없다).

▷ **상태:** 여기서는 일정이 발생하는 시간 동안의 여러분의 상태를 설정할 수 있다. 일정 없음, 미정, 다른 용무 중(기본설정) 혹은 자리 비움으로 설정할 수 있다. 이 항목은 여러분이 만약 다른 사람과 캘린더를 공유하려고 할 경우에 중요한데, 특히 회사 동료가 공유할 일정을 잡으려는데, 여러분이 참석 가능한지를 알아야 할 때 그렇다.

▷ **참석자:** 이 항목은 추가하기 버튼을 제공한다. 이 버튼을 누르면, 해당 일정에서 꼭 필수 혹은 선택적인 참석자들을 지정할 수 있고, 이 참석자들은 초대 이메일을 받게 되어, 본인이 참석할 수 있는지를 확인할 수 있게 된다. 각 옵션을 클릭하면 주소록 선택기가 실행되는데, 주소록에서 참석자를 선택할 수 있다. 다 선택을 하면, 추가하기 버튼에 선택한 참석자들이 표시된다.

▷ **비공개:** 이 체크 박스는 기본적으로 왼쪽에 체크되지 않은 채 놓여 있는데, 기본 설정은 공개(비공개가 아닌)이며 캘린더를 공유하고 있는 사람들과 이 정보가 공유된다. 이것을 비공개로 표시하게 되면 공유하지 않겠다는 의미로, 캘린더를 공유하고 있는 사람들에게조차 보이지 않는다.

▷ **설명:** 제목과 장소 항목은 일반적으로 짧은 텍스트를 써넣고, 설명이 바로 실질적으로 세부적인 일정 정보를 원하는 만큼 자세히 채워 넣을 수 있는 무제한 텍스트 박스이다.

새 일정을 저장하려면, 애플리케이션 바에서 저장 버튼을 누른다(이 버튼은 플로피 디스크를 닮았다). 작성하려던 일정을 취소하려면, 취소(X)버튼을 누른다. 만약 어떤 항목에든 정보를 입력했는데 취소하려고 한다면, 캘린더는 입력했던 정보들이 삭제될 거라는 경고메시지를 띄운다.

일단 일정이 저장되면, 현재 캘린더 화면에 그것이 표시된다. 그림 11-17, 일간 화면에 새 일정의 제목과 장소가 표시되고 있다.

<table>
<tr><td>8 AM</td><td></td></tr>
<tr><td>9 AM</td><td>Windows Phone briefing
phone</td></tr>
<tr><td>10 AM</td><td></td></tr>
</table>

그림 11-17 일간 화면은 한눈에 알아볼 수 있는 정보를 제공한다.

만약 일정 화면으로 옮겨가면, 지속 시간도 볼 수 있다. 두 개 화면은 컬러 코드 표시를 제공하기 때문에 해당 일정이 어느 캘린더에 연결되어 있는지 알 수 있다. 또한 일정 화면의 각 일정 옆에는 색칠된 사각형 표시가 있어, 해당 일정이 어디에 속하는지와 일정이 없는지(바깥선이 있는 사각형) 혹은 바쁜지(채워진 사각형)를 알려준다.

생성된 일정의 상세보기

일간 화면이나 일정 화면에서 일정을 눌러 이미 생성된 일정에 접근할 때, 조금 다른 화면을 보게 된다. 전체 항목 화면이 아니라, 그림 11-8처럼 읽기 전용의 일정 상세화면이 나타나는 것이다. 이 화면에서는 그 일정에 대한 세부 내역들을 볼 수 있다.

여기서는 단순히 일정을 체크하는 것 이상의 두 가지 중요한 옵션이 있다. 애플리케이션 바의 편집 버튼(펜처럼 생긴)을 눌러 일정을 편집할 수 있다. 그러면 일정 편집 화면이 나타나는데, 해당 항목들이 이미 채워져 있다는 것을 제외하면 새 일정 작성 화면과 동일하게 작동한다. 또한, 일정을 지울 수 있는데, 삭제 버튼(휴지통처럼 생긴)을 누르면 된다.

그림 11-18　일정 상세 보기 화면은 좀 더 간결하고, 읽기 쉽게 표시된다.

알림 기능 다루기

알림 기능은 정말 예상하는 대로 작동한다. 알림 기능을 설정한 약속이 있으면, 핸드폰의 화면 – 필요에 따라서는 핸드폰을 켠다 – 위에 알림이 나타나면서, 벨이 울린다 (다음 섹션에서 벨을 울릴지의 여부를 설정하는 방법을 살펴본다). 이 팝업 알림 기능은 그림 11-19와 같은데, 핸드폰에서 무엇을 하고 있는지와는 상관없이 나타난다.

　여기서 두 가지 선택이 있다. 다시 울림 또는 해제. 만약 다시 울림을 누르면 알림 기능 창이 사라졌다가 5분 후에 다시 나타난다. 만약 해제를 누르면, 더 이상 나타나지 않는다.

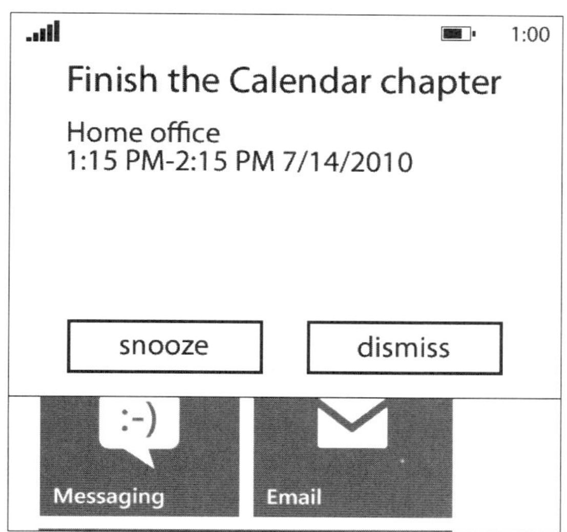

그림 11-19 약속 알림 기능은 핸드폰으로 무엇을 하고 있든지 그 위로 나타나기 때문에, 어떤 형태로든 처리해주어야 한다.

캘린더 설정하기

여러분은 윈도우폰 설정 화면에 수많은 캘린더 설정 옵션이 있을 거라고 기대하고 있을지도 모른다. 재밌게도, 그렇지 않다. 설정으로 가서 애플리케이션을 보면, 캘린더는 목록에도 없다는 것을 알 수 있다. 그러나 캘린더 관련 설정이 있긴 하다. 어디에 있는지만 알면 된다.

이것을 찾으려면, 설정 화면 대신에 벨소리 & 소리(Ringtones & Sounds)로 이동한다. 그림 11-20에 표시되어 있다.

목록의 아래쪽으로 스크롤하면 일정 알림(그림 11-21)에 '...대한 스리 켜기(Play a Sound for...)'라는 옵션을 볼 수 있다. 기본 설정으로 체크가 되어 활성화 되어 있는데, 일정 알림이 소리를 내는 것을 원하지 않는다면, 체크를 해제할 수 있다.

전체 진동 옵션(이 목록의 맨 위에 있으면 기본으로 켜져 있다)이 일정 알림에도 적용이 된다는 것을 알아두자.

▶ 이상하게도, 각 일정 알림에 특정 벨소리를 할당할 수 있는 방법은 없다.

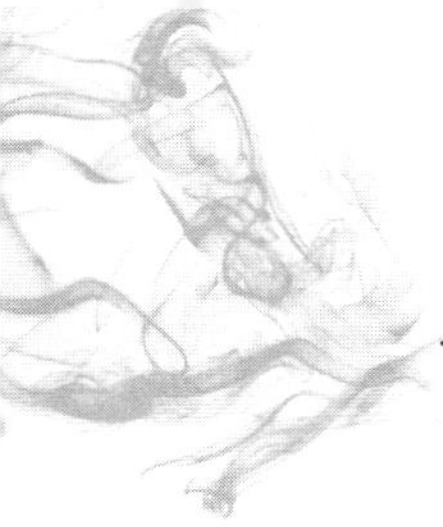

그림 11-20 벨소리 & 소리 설정 화면.

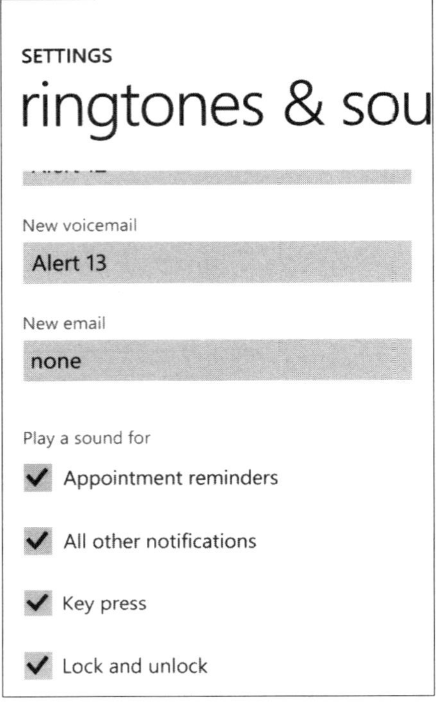

그림 11-21 유일한 캘린더 관련 옵션이 화면 하단에 위치하고 있다.

요약

윈도우폰의 캘린더 애플리케이션은 다중 온라인 캘린더와 몇 가지 기본 화면들, 풍부한 일정 기능과 알림 기능을 제공하는 괜찮은 솔루션이다. 이 애플리케이션은 또한 잠금 화면과 홈 화면에서 심플한 화면을 제공하고 기기의 통합 네이티브 보이스 커맨드 기능을 가진 훌륭한 윈도우폰의 구성요소이다.

더 중요한 것은 아마도 캘린더가 개인 사용자나 비즈니스 사용자 모두에게 아주 이상적인 윈도우폰의 광범위한 생산성 솔루션의 단지 일부일 뿐이라는 사실일 것이다. 캘린더뿐만 아니라 거의 모든 종류의 이메일 계정을 복수로 설정할 수 있고, 여러 서비스로부터 파생되는 통합 주소록으로 사람 허브를 설정할 수 있으며, 오피스 허브를 통해 오피스 문서들을 보고 편집할 수 있다.

여러분은 이 기능들과 더불어 흥미진진한 엔터테인먼트 서비스들을 통해 진정한

즐거움을 맛볼 수 있다. 핵심은 캘린더가 윈도우폰이라는 커다란 퍼즐의 괜찮은 일부
이지만, 단지 일부에 불과하다는 것이다.

오피스 모바일로 작업하기

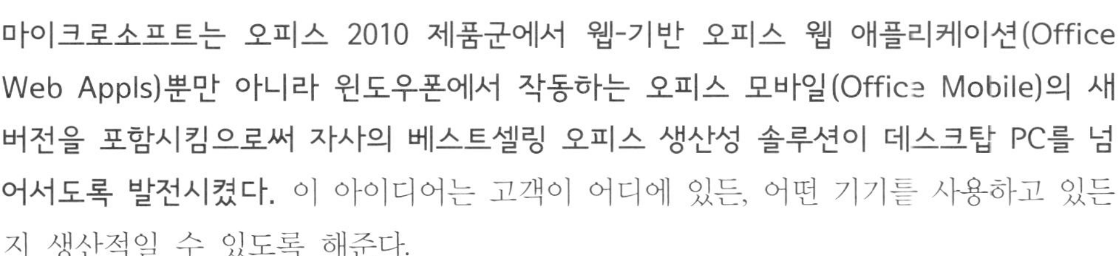

마이크로소프트는 오피스 2010 제품군에서 웹-기반 오피스 웹 애플리케이션(Office Web Appls)뿐만 아니라 윈도우폰에서 작동하는 오피스 모바일(Office Mobile)의 새 버전을 포함시킴으로써 자사의 베스트셀링 오피스 생산성 솔루션이 데스크탑 PC를 넘어서도록 **발전시켰다.** 이 아이디어는 고객이 어디에 있든, 어떤 기기를 사용하고 있든지 생산적일 수 있도록 해준다.

물론 이것이 마이크로소프트가 스마트폰 OS를 위해 내놓은 첫 번째 오피스 버전은 아니다. 그러나 지금까지의 제품 중에서 가장 완전한 기능을 가지고 있다. 메모 작성, 회사 문서 저장소(repositories)로의 무선 연결, 훌륭한 워드 문서 및 스프레드시트, 프레젠테이션 보기 기능과 기본 편집 기능까지 **모바일 기기에 가장 잘 닿는 작업들에 역점을 둔 덕분에,** 이제 오피스 모바일은 마이크로소프트 오피스 사용자들에게 최고의 동반자라고 할 수 있다.

또한 터치와 제스처 지원, 가상 키보드와의 통합, 실시간 추천 기능 및 멋지고 새로운 허브(hub) 기반 화면까지 오피스 모바일은 윈도우폰만의 특별한 장점들도 가지고

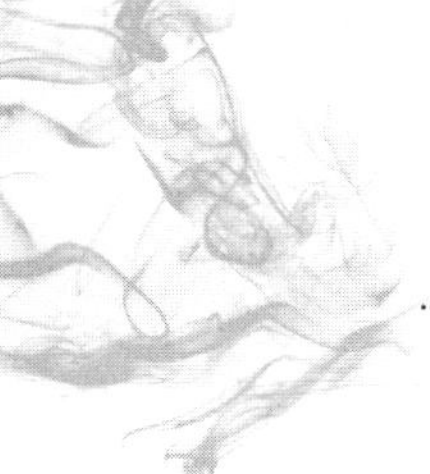

있다. 따라서 오피스 모바일은 다른 표준 윈도우폰 애플리케이션들처럼 보이고, 그렇게 작동한다.

이 장에서는, 오피스 허브를 살펴보는데, 여기에는 OneNote 모바일, 워드 모바일, 엑셀 모바일, 파워포인트 모바일 및 SharePoint 워크스페이스 모바일 컴포넌트가 포함되어 있으며, SharePoint 2010-기반 문서 저장소를 통해 문서들에 접속하고 동기화하는 방법을 알아본다. 또한 마이크로소프트 SkyDrive-기반 오피스 웹 애플리케이션을 이용하는 독자들을 위해, 비록 제한적인 형태이긴 하지만, 해당 서비스에서 클라우드-기반 문서들에 어떻게 접근할 수 있는지도 살펴본다.

오피스 패밀리의 작은 구성원에 대한 소개

초기에 포켓 오피스라고 별명이 붙은("포켓에 오피스라도 있는 거야? 아니면 그냥 나를 봐서 행복한 거야?"라고), 마이크로소프트의 모바일 버전 오피스는 포켓 PC 플랫폼의 일부로서 10년 전에 데뷔했다. 그것은 원래 포켓 Outlook, 포켓 워드, 포켓 엑셀로 구성되었고 수년이 지나 파워포인트와 OneNote 애플리케이션도 추가되었다. 포켓이란 이름은 결국 좀 더 프로페셔널하게 들리는 오피스 모바일로 바뀌게 되었다.

> ### 독점이 아니라면 제품의 일괄 판매는 괜찮다
>
> 첫 출시 이래로, 마이크로소프트는 항상 각 포켓 PC/윈도우 모바일/윈도우폰 등에 오피스 모바일 버전을 탑재해왔다. 전통적인 윈도우 PC-기반 버전에서와는 다르게 모바일 소프트웨어에서는 왜 이 애플리케이션들을 묶어서 파는 것일까? 두 가지 이유를 들 수 있을 것이다. 첫째는, 마이크로소프트는 모바일 플랫폼을 장악해본 적이 없다, 따라서 독점 금지와 관련한 제품 일괄 판매 이슈와 관련해서는 걱정할 필요가 없었다. 두 번째는, 오피스가 마이크로소프트 모바일 플랫폼에 나타났을 때는, DataViz사의 인기 애플리케이션 Documents to Go를 포함한 수많은 좋은 오피스 생산성 솔루션들이 이미 이용가능한 상태였다.

윈도우폰 이전 버전에서는, 오피스 모바일은 이메일, 캘린더, 주소록 관리 등 여러 애플리케이션으로 나뉜 Outlook을 제외한(윈도우폰에서도 마찬가지이다) 윈도우 모바일

-유형 애플리케이션의 전통적인 제품군으로 제공되었다.

> **CROSSREF** 이메일은 10장에서, 캘린더는 11장에서, 그리고 주소록 관리(새로운 사람 허브를 통한)는 4장에서 다루고 있다. 만약 여러분이 이전 윈도우 모바일 버전에서 윈도우폰으로 옮겨오는 거라면, 이 서비스들이 모두 드라마틱하게 바뀌었다는 생각이 들 것이다. 또한 이 장에서 설명하게 될 오피스 애플리케이션은 굉장히 친근하겠지만, 그것들을 접속하는 방법–오피스 허브(hub)를 통한–은 확실히 윈도우폰의 독특한 특징이다.

윈도우폰에서, 오피스 기능은 허브(hub) 또는 파노라마 형태의 서비스로 제공되는데, 몇 개의 화면에 걸쳐 놓여 있다. 그림 12-1에서 볼 수 있는 것처럼, 오피스 허브를 하나의 개체로 봤을 때, 각각 고유한 오피스 기능을 제공하는 다양한 섹션들 혹은 칼럼들로 이루어진 포괄적이고 넓은 가로 화면을 이용하는 서비스이다.

그림 12-1 하나의 파노라마 형태로 보이는 오피스 허브

오피스 허브는 왼쪽에서 오른쪽 순서로 다음과 같은 섹션들을 제동한다.

▸ **OneNote:** 가장 먼저 그것도 중앙에 위치하는, 결과적으로 매우 중요해진, 서비스가 OneNote 모바일로서, 메모와 메모 작성 기능을 빠르게 접속할 수 있도록 해준다.

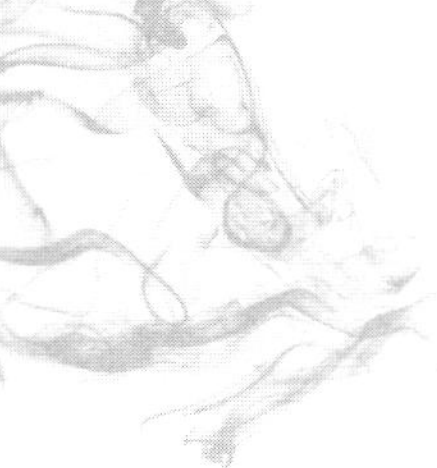

▸ **문서들:** 여기서 여러분은 새로운 워드 문서, 엑셀 스프레드시트 및 파워포인트 프레젠테이션을 생성할 수 있다. 또한 핸드폰에 저장되어 있는 이런 종류의 문서들에 접근할 수 있다.

▸ **SharePoint:** 직장에서 SharePoint 문서 저장소를 이용한다면, 여러분의 핸드폰을 자동으로 서버에 연결하도록 설정해서, 핸드폰으로 문서들을 쉽게 읽고, 편집하며 오프라인에서도 작업할 수 있도록 할 수 있다.

SKYDRIVE 통합?

만약 여러분이 열악한 환경에서 고생스럽게 일해오지 않았다면, 오피스 허브가 오피스 웹–기반 문서들에 쉽게 접속할 수 있도록 SkyDrive 섹션을 제공하지 않는 것이 굉장히 놀라울 것이다. 나 또한 거기에 놀랐다, 그러나 이 장의 뒤쪽에서 살펴보겠지만, 여전히 오피스 허브에서 무선으로 SkyDrive 기반 문서들을 다운로드 하거나, 읽고 편집할 수 있다. 단지 아주 완벽하지 않을 뿐이다.

오피스 모바일에서 할 수 있는 것과 없는 것

예상할 수 있는 것처럼, 윈도우폰 화면의 주어진 제약으로 인해, 오피스 모바일은 PC-기반 오피스 버전이나 오피스 웹 애플리케이션의 경쟁자가 되지는 못한다. 그러나 이것은 그런 의도로 만들어진 것이 아니다. 대신 마이크로소프트는 오피스 모바일을 오피스 사용자가 언제 어디서든 이용할 수 있는 동반자로 생각한다. 그러므로 윈도우 폰에서 오피스 모바일을 사용할 때 그러한 사실과 그것이 무엇을 의미하는지 이해하는 것이 매우 중요하다고 생각한다.

즉, 여러분은 **이 솔루션의 현실적 제약을 받아들이고,** 무엇이 가능하고 가능하지 않는지를 이해할 필요가 있다.

할 수 있는 것

오피스 모바일은 화려하고 복잡한 문서를 포함한 오피스 문서들을 언제 어디서나 보기에 훌륭한 도구이다 – 이제부터는 특별히 워드문서라고 명시하지 않는 한, 엑셀 스프레드시트, 파워포인트 프레젠테이션 및 OneNote도 포함한다. 만약 찾고 있는 것이 문서 리더라면, 오피스 모바일은 환상적인 솔루션으로, 오피스 2010의 PC용 애플리케이션에서 이용되는 최신 문서 포맷과도 호환된다.

오피스 모바일은 또한 어디서든 화려한 오피스 문서들도 편집할 수 있는 훌륭한 솔루션이다. 이 기능과 관련한 한 가지 이슈는 오피스 모바일이 최신 오피스 애플리케이션 버전에서 지원되는 좀 더 복잡한 문서 레이아웃을 정확하게 도시하지 못한다는 것이다. 그러나 조금 뒤 알 수 있겠지만, 이 이슈들은 일반적으로 피해갈 수 있고, 요소들이 정확히 화면에 표시되지 않을 때에도 기본 서식을 잘 유지해준다. 원하는 것이 만약 문서를 읽고, 가볍게 편집하는 것이라면, 오피스 모바일은 꽤 잘 작동한다.

오피스 모바일은 여러분의 핸드폰과 업무용 SharePoint 문서 저장소 사이의 오피스 문서들을 동기화 하는 데 훌륭한 솔루션이다. 이것은 또한 기밀문서 보안을 위해 이용되는, 기업-지향 정보 권한 관리(Information Rights Management-IRM) 기술을 따르고 이해한다.

여러분이 OneNote 사용자거나-마이크로소프트가 여러분을 그렇게 만들고 싶어 하는 것이 분명하다 – 메모 작성하는 것을 좋아하는 사람이라면, 윈도우폰의 OneNote 모바일은 최상의 메모 작성 솔루션이다.

Note 윈도우 모바일에 있던 몇몇 기능이 사라졌다는 것을 언급하는 것도 의미가 있을 것이다. 여러분은 더 이상 직접 핸드폰과 PC 사이에서 메모들을 동기화 할 수 없다. 마이크로소프트는 윈도우폰과 PC 간의 동기화를 위해 윈도우 모바일 디바이스 센터 (혹은 다른 생산성 애플리케이션)를 이용하도록 허용하지 않기 때문이다. 하지만 여전히 윈도우 Live SkyDrive를 통해서 메모를 PC와 간접적으로 동기화할 수 있다. 그 방법은 이 장의 뒷부분에서 살펴보자.

할 수 없는 것

앞의 내용들이 오피스 모바일에서 할 수 있는 것들이었다. 그렇다면 제약 사항은 무엇일까?

오피스 모바일은 SkyDrive-기반 오피스 문서들에 접속하는 데 있어서 약간 부족하고, 웹과 핸드폰을 동기화하는 데는 많이 부족하다.

만약 워드 혹은 엑셀 문서를 새로 작성하려고 한다면, 오피스 모바일은 괜찮은 해결책이다, 단지 웹이나 PC에서는 가능한 좀 더 복잡한 서식 설정 옵션이 부족할 뿐이다. 그리고, 이 문서들을 외부에 저장한다면, 나중에 그 문서들을 윈도우나 웹에서 다시 편집하면서 쉽게 복잡한 서식들을 추가할 수 있다.

하지만, 어디서든 새로운 파워포인트 프레젠테이션을 생성하고 싶다면, 그다지 도움이 되지 않는다. 파워포인트 모바일에서는 새로운 프레젠테이션을 생성할 수 없기 때문이다(그렇지만, 물론 간단히, 비어있는 프레젠테이션은 생성하고, 나중을 위해서 그 문서를 핸드폰에 저장할 순 있다. 저장하기 기능을 지원하기는 한다).

오피스 허브 이용하기

이전의 윈도우 모바일 버전에서는, 각각의 오피스 모바일 애플리케이션들에 개별적으로 접근할 수 있었다. 즉, 워드 모바일, 엑셀 모바일, 파워포인트 모바일 혹은 OneNote 모바일(혹은 Outlook-기반 이메일, 캘린더 및 주소록 서비스)을 찾아서 개별적으로 실행할 수 있었다. 윈도우폰에서는 더 이상 이런 방법을 이용하지 않는다. 사실, 이메일이나 캘린더, 주소록 등 윈도우폰에 내장된 기능을 제외하면, 오피스 허브 외에 개별적인 오피스 애플리케이션이 없다. 따라서 만약 워드나 엑셀, 파워포인트, OneNote 혹은 SharePoint Workspace 기능을 이용하고 싶다면, 이제 오피스 허브를 통해서 해야 한다.

오피스 허브를 시작화면에 고정하기

기본 설정으로는 오피스 허브가 윈도우폰 시작화면에 고정되어 있지 않다, 그러니 오피스 허브 라이브타일을 아마 추가하고 싶을 것이다. 그렇게 하려면, 모든 프로그램(시작화면에 있는 오른쪽 화살표 버튼을 누른다)으로 가서, 오피스 2010을 찾아, 누르고 잠시 기다린다. 여기서 팝업 메뉴가 나타나는데, 시작화면에 고정하기를 선택하면 된다. 오피스 허브 라이브타일이 시작화면 하단에 추가된 것을 확인할 수 있을 것이다, 화면에서 위치를 바꾸고 싶다면 어디로든 옮길 수 있다.

앞에서 언급했듯이, 오피스 허브는 네 개의 섹션으로 구성되어 있으며, 5개의 오피스 모바일 기능을 제공한다. OneNote 모바일, 워드 모바일, 엑셀 모바일, 파워포인트 모바일 그리고 SharePoint Workplace 모바일이다. 각각의 서비스에 대해서는 다음 섹션에 차례로 살펴보기로 한다.

OneNote 모바일로 노트 작성 및 아이디어 캡쳐, 동기화하기

만일 여러분이 마이크로소프트의 훌륭한 노트-작성 서비스인 OneNote에 익숙하지 않다면, 오피스 허브의 바로 첫 번째 섹션에 이 애플리케이션이 강조되어 나타나 있는 모습을 보고 조금 충격을 받았을 수도 있다. 그러나 그것은 의도된 것이다. 마이크로소프트는 특정 부류 – 학생들과 같은 – 에서의 급속히 증가하는 사용 추이 등을 기반으로 OneNote가 언젠가는 오피스제품군들 중에서 가장 많이 사용되는 제품이(현재는 워드와 Outlook이다) 될 것이라고 보고 있다. 그것을 가능하게 하는 또 다른 전략 중 하나가 윈도우폰의 오피스 허브에서 가장 중요한 핵심 위치를 OneNote에 주는 것이다.

여러분이 OneNote의 임무를 생각해 본다면 이해가 될 것이다. 말하자면 OneNote는 아이디어 저장고인 셈이다, 생각난 아이디어를 바로 적어 놓고, 나중에 워드 문서나 파워포인트 프레젠테이션 같은 갖춰진 문서에서 다시 사용할 수 있는 것이다. 핸드폰에서 OneNote는 목록이나 사진 심지어 핸드폰의 마이크를 이용해 녹음한 음성 파일까지도 포함할 수 있는 훌륭한 메모 작성 도구이다. 이러한 메모들은 마이크로소프트의 무료 클라우드 서비스인 윈도우 Live SkyDrive에 동기화시킬 수 있고, 거기서 다시 OneNote의 PC-기반 버전으로도 동기화시킬 수 있다.

윈도우폰에서 다양한 오피스 모바일 애플리케이션들이 개별적으로 실행되지는 않는다는 것을 기억하자. 워드 모바일, 엑셀 모바일, 파워포인트 모바일, SharePoint Workplace 모바일 및 OneNote 모바일을 개별적으로 실행시킬 방법은 없다. 대신, 이 애플리케이션들에 오피스 허브라는 하나의 화면을 통해서 접근할 수 있다. 또한 OneNote 모바일이 이 서비스들 중에서 가장 핸드폰에 적합한 서비스이기 때문에, 맨 첫 화면에 나타나는 것은 일리가 있다. 여러분이 OneNote 모바일 때문에 오피스 허브를 찾게 될 가능성이 분명히 있을 것이다.

이제 좀 충격이 가라앉았을 것이다.

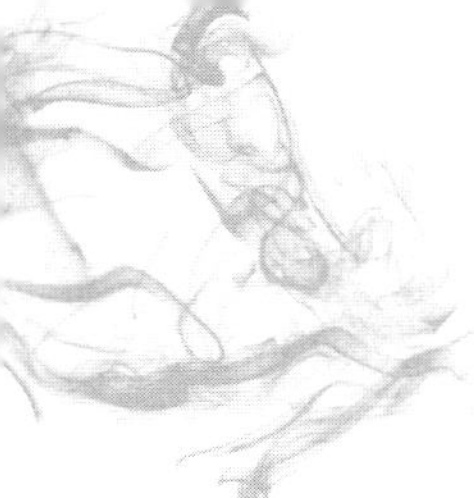

ONENOTE 모바일로 메모 작성하기

OneNote 모바일을 시작하기위해서는 먼저 오피스 허브를 열고 새 메모 버튼을 누른다. 그러면 비어있는 새 메모 화면이 나타날 것이다, 그림 12-2 참조.

여기서 제목 필드를 선택해 제목을 입력하거나, 바로 본문을 입력해 넣을 수도 있다. OneNote는 가상 키보드를 이용해 작성할 수 있으며, 서식 메뉴 항목(애플리케이션 바에서 More, 서식을 누른다)을 통해 몇몇 서식 유형도 제공한다. 그림 12-3처럼, 굵은체, 이탤릭체, 밑줄 및 취소선 스타일을 추가하거나 제거할 수 있고, 텍스트 강조표시(노란색으로만)도 가능하다.

> **Note** 모든 OneNote 모바일 서식 설정은 하나의 스위치로 볼 수 있다. 예를 들어 처음 텍스트 강조표시를 누르면, 노란색 강조표시가 활성화 된다, 그래서 이후에 입력하는 글자들에도 모두 적용된다. 이 서식을 끄려면, 서식 페이지를 다시 열어서 텍스트 강조표시를 다시 한 번 눌러주면 된다.

OneNote 모바일이 정말 제 기량을 발휘할 때는 바로 목록을 생성할 때이다.(OneNote 목록 또한 스위치 기능이다. 한번 이 옵션을 선택해서 목록을 활성화시키고, 목록을 다 썼다면 다시 한 번 그 옵션을 선택해 주어 비활성화시킨다.) 그림 12-4와 같이 목록 애플리케이션 바 버튼을 눌러 기본적인 번호 목록을 쉽고, 빠르게 생성할 수 있으며, 엔터를 치면 자동으로 각 라인에 번호가 붙게 된다.

또한 불릿 목록(숫자 대신 점이 나타나는 목록)도 생성할 수 있는데, 이것은 애플리케이션 바 버튼에는 나와 있지 않다. 불릿 목록을 이용하려면, More를 눌러 불릿 목록을 선택한다.

그림 12-2 OneNote의 새 메모.

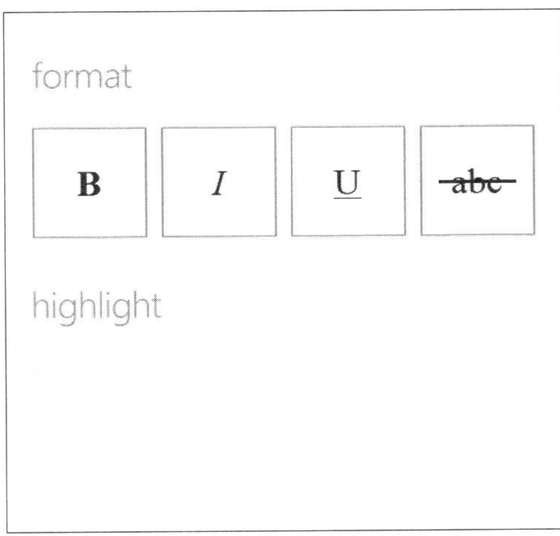

그림 12-3 OneNote 모바일은 가장 기본적인 서식만 제공한다.

More 메뉴에서는 또한 실행 취소, 다시 실행, 들여쓰기 늘리기, 들여쓰기 줄이기와 같은 간단한 편집 기능들도 확인할 수 있다.

OneNote 쓰기 화면에서 텍스트 입력 커서를 임의로 움직이기 위해서는, 손가락으로 화면의 어느 곳이든 누르고 잠시 기다린다. 1, 2초 후에 I-빔 커서가 손가락 위로 나타나는 것을 쉽게 알 수 있다. 그림 12-5 참조.

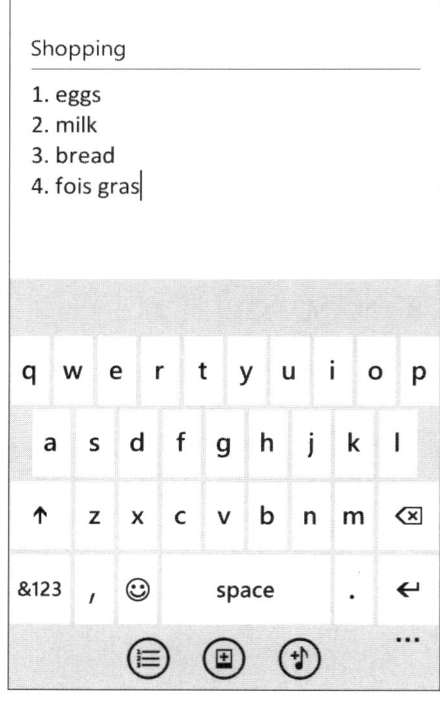

그림 12-4   OneNote 모바일의 진정한 장점은 쉬운 목록 만들기이다.

그림 12-5   처음에는 이상하게 느낄 수 있지만, 한번 알고 나면 쉽게 텍스트 입력 커서를 움직일 수 있다.

▶ 이 작은 화면에서 큰 영역을 차지하고 있는 가상 키보드를 없애고 화면을 보고 싶다면, Back 버튼을 누르면 된다. 그러면 거의 전체화면으로 메뉴를 볼 수 있을 것이다(물론 애플리케이션 바는 여전히 남아있다).

손가락을 움직여보면 손가락 약간 위쪽에 I-빔 커서가 함께 움직이는 것을 볼 수 있다. I-빔 커서 – 손가락이 **아니라** – 를 텍스트를 삽입하고 싶은 곳에 위치시키고 손가락을 떼면, 일반 텍스트 입력 커서가 그 위치에 나타난다.

> **Note** OneNote 모바일은 오직 세로 모드에서만 작동한다. 윈도우폰을 가로 보기 모드로 회전시켜도, OneNote는 움직이지 않는다. 이것은 워드 모바일과 엑셀 모바일에서도 그렇다. 파워포인트 모바일은 반대로 **오직** 가로 모드에서만 열린다.

메모에 사진 추가하기

OneNote 모바일은 또한 메모에 사진을 추가하는 쉬운 방법을 제공한다. 사진 애플리케이션 바 버튼을 누르기만 하면 된다. 그러면 사진 허브가 나타나고, 핸드폰에 저장된 사진들을 선택할 수 있다. 이 사진들에는 핸드폰의 카메라(Camera Roll)로 찍은 사진들이나, 웹으로부터 다운로드한 사진들(저장된 사진들) 혹은 PC에서 옮겨온 사진들이 포함된다.

아쉽게도 일반적으로 사진 허브에 표시되는 연결된 사진들은 여기에서 선택할 수 없다. 만약 인터넷에서 추가하고 싶은 사진을 찾았다면, 그 사진을 먼저 핸드폰에 저장해야 한다.

> **Note** OneNote 모바일은 사진의 포맷이나 크기 조절, 편집과 관련한 기능은 제공하지 않는다. 이 기능이 필요하다면, 메모를 SkyDrive(이 장의 뒷 부분에서 설명한다)에 동기화 해서 OneNote 웹 애플리케이션이나 PC의 OneNote 2010에서 편집한다.

메모에 음성 녹음 추가하기

텍스트 메모도 물론 좋다. 그렇지만 밖에서 핸드폰으로 작은 화면을 보면서 자세한 메모를 작성할 수 없을 때도 종종 있을 것이다. 그런 경우에는 음성 녹음이 더 좋을 수 있다.

메모에 음성 녹음을 추가하려면, 간단히 오디오 애플리케이션 바 버튼을 누른다. 그러면, 그림 12-6처럼 음성 녹음 화면이 나타나고, 마이크를 통해 이야기할 수 있다.

그림 12-6 OneNote 모바일에서는 음성을 녹음해서 메모에 붙여 놓을 수 있다.

녹음이 끝나면 Stop을 누르면 된다. 음성 녹음한 것은 메모 페이지에 짧은 텍스트 설명과 함께 작은 아이콘으로 나타난다. 이 아이콘을 누르면, OneNote 모바일은 이 파일을 열 것인지 묻게 된다. 이것을 열면 윈도우폰에서는 내장 디디어 플레이어로 음성 녹음 내용을 들려준다.

메모 저장하기

OneNote 모바일(실질적으로 모든 OneNote 버전에서)에서 멋진 기능 중 하나가 바로 메모를 저장하는데 신경 쓸 필요가 없다는 것이다. 자동으로 저장된다. 그래서 만약 Back 버튼을 눌러 메모를 빠져나오면, OneNote 모바일은 자동으로 그것을 저장하고 제목을 메모 이름으로 사용한다.

윈도우 LIVE SKYDRIVE와 메모 동기화하기

오피스 모바일이 마이크로소프트의 개인 사용자용 윈도우 Live SkyDrive 웹 저장 서비스를 통해 워드 문서나 엑셀 스프레드시트, 파워포인트 프레젠테이션 파일로 쉽게 접근할 수 있는 방법을 확실하게 지원하지는 않지만, 윈도우폰의 OneNote 모바일과 SkyDrive 사이의 OneNote – 기반 메모들을 자동으로 동기화시키는 방법은 제공한다.

게다가, OneNote 2010 윈도우 버전에 있는 유사한 기능 덕분에, 여러분의 PC또한 동기화할 수 있다. 따라서 PC의 OneNote 2010이나 SkyDrive의 OneNote 웹 애플리케이션 혹은 윈도우폰의 OneNote 모바일, 이 세 환경에서 작성한 메모는 자동으로 이 세 환경 사이에서 동기화할 수 있다. 이것을 설정하는 것은 정말 간단하다.

실시간 동기화를 할 수 있도록 OneNote 모바일을 설정하려면, 오피스 허브를 실행시킨다. OneNote 섹션에서 All 버튼을 누른다. 그러면 페이지 화면이 그림 12-7과 같이 표시되는데 핸드폰의 OneNote에 있는 모든 메모 목록이 나타난다.

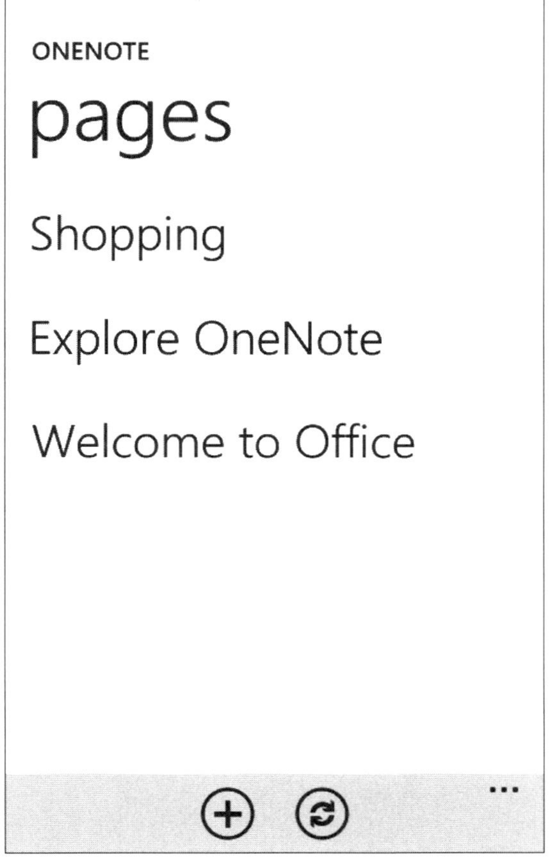

그림 12-7 OneNote 페이지가 메모 목록을 표시하고 있다

그리고 나서, 새로고침(Refresh) 애플리케이션 바 버튼을 누른다. 이번이 처음으로 하는 것이라면, 그림 12-8과 같이 SkyDrive와 메모를 동기화 할 것인지 묻는 창이 나타날 것이다.

Yes를 클릭하면 자동으로 윈도우 Live SkyDrive와 자동 동기화가 시작된다. OneNote 모바일은 온라인 서비스에 접속하여 핸드폰의 메모를 웹과 동기화시킨다.

첫 동기화가 완료되면, OneNote는 Notebook이라는 새로운 섹션을 표시한다. 이 섹션으로 이동하면, OneNote 모바일이 Personal(Web)이라는 웹-기반 notebook을 생성했다는 것을 알 수 있다. 그림 12-9 참조.

여기서 notebook으로 클릭해 들어가서 각 메모들을 살펴볼 수 있다. 중요한 것은,

새로운 메모를 생성하면, 웹과 자동으로 동기화가 된다는 사실이다.

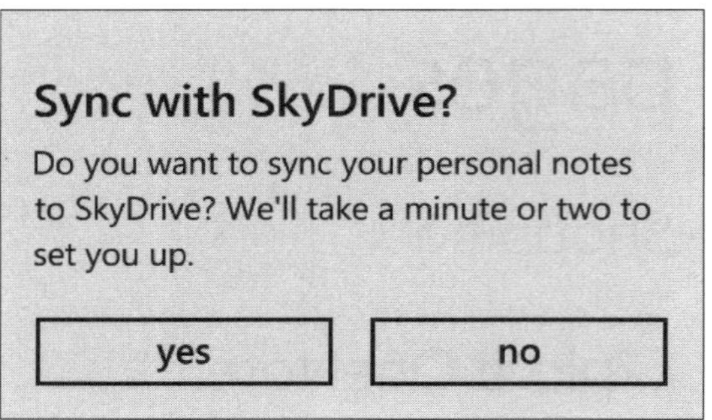

그림 12-8 핸드폰 상의 메모를 SkyDrive와 동기화하시겠습니까? 그렇다, yes를 누르자.

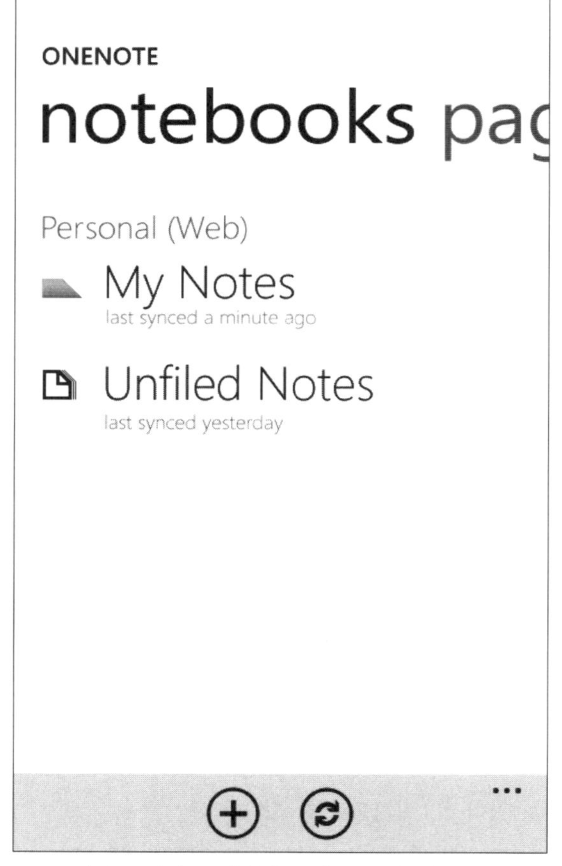

그림 12-9 일단 SkyDrive와의 동기화를 설정하고 나면 쉽게 웹기반 notebook에 접근할 수 있다.

잘 작동하는지 확인해보려면, PC 웹브라우저에서 office.live.com에 접속하여, 필요하다면 Windows Live 계정으로 로그인한다. 그림 12-10에서와 같이, Personal(Web)이라는 이름의 새로운 OneNote notebook이 보일 것이다.

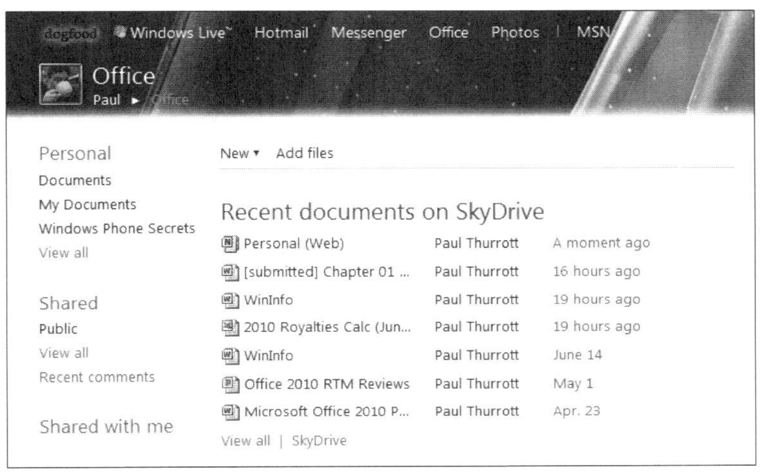

그림 12-10 일반 웹 화면으로 보는 동기화된 notebook.

이 notebook을 열면 여러분이 핸드폰에서 생성하고 편집했던 노트들을 볼 수 있다. **웹에서 뭔가 변경을 하면 핸드폰으로 동기화된다(그 반대의 경우도 마찬가지이다).** 이것은 물론 편집된 메모뿐만 아니라 어떠한 변경 사항이든 다 포함된다. 예를 들어 웹에서 메모나 메모 섹션의 이름을 변경한다면, 그 변경 사항이 윈도우폰에도 마찬가지로 적용된다.

아직 OneNote를 사용해본 적이 없다면, OneNote 모바일은 사용해보고 싶도록 만들기에 충분할 것이다. 하지만 이 애플리케이션의 데스크톱 버전(그림 12-11)은 한층 더 강력하고, 마찬가지로 윈도우 Live SkyDrive와의 자동 동기화 설정도 간단하다. 이 세 서비스 – 윈도우의 OneNote 2010, 윈도우폰의 OneNote, 그리고 웹의 SkyDrive – 를 결합한다면, 여러분은 메모 관리를 위한 최고의 조합을 얻게 될 것이다.

> ▶ 변경사항이 보이지 않는다면, Notebook 화면에서 간단히 새로고침을 누른다. 많은 경우 동기화를 하기위해 우선 메모를 닫아야 한다.

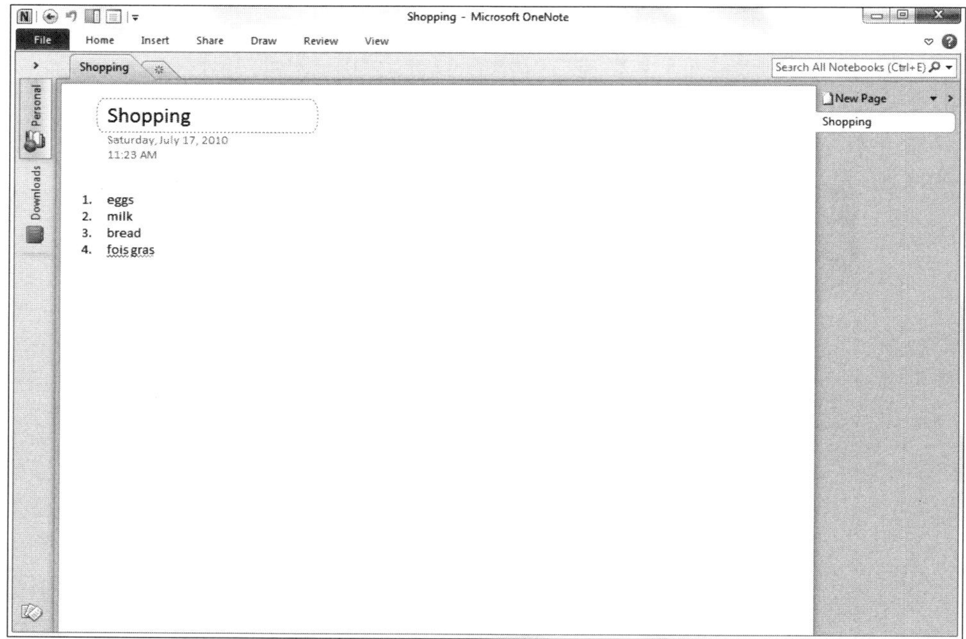

그림 12-11   데스크톱 OneNote 버전도 SkyDrive를 통해서 메모를 자동 동기화시킬 수 있다.

워드 모바일 체험하기

OneNote 모바일이 기본 편집 기능을 제공한다면, 마이크로소프트의 윈도우폰 기반 워드 프로세싱 서비스인 워드 모바일은 좀 더 많은 서식 기능 및 추가적인 기능들을 제공하는 한 단계 위의 서비스라고 할 수 있다. OneNote가 너무 제한적인 것 같거나 또는 간단히 마이크로소프트 워드 문서를 외부에서 열어야 할 상황이라면, 워드 모바일이 바로 그 자리를 채워준다.

여러분이 워드 프로세싱의 기본적인 사항들에는 익숙하다고 가정하고, 워드 모바일(그림 12-12)이 OneNote 모바일의 텍스트 편집 기능을 어떻게 확장시키는지 살펴보기로 하자.

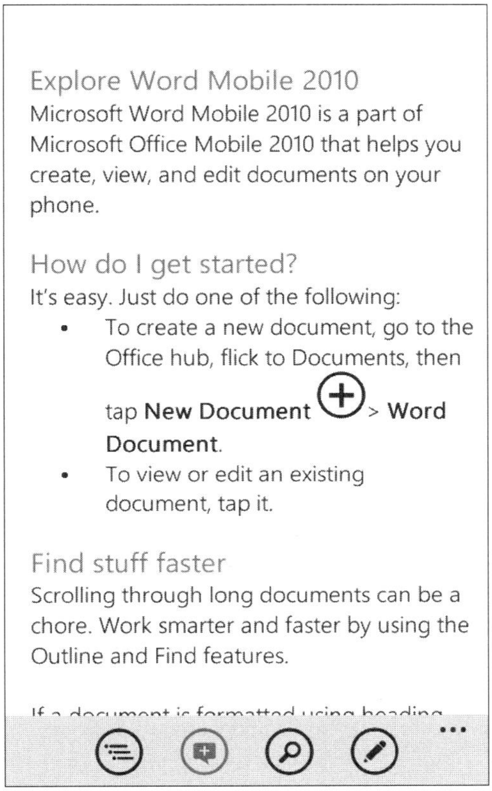

그림 12-12   워드 모바일.

> **어느 쪽을 이용해야 할까. ONENOTE 모바일? 아니면 워드 모바일?**
>
> OneNote 모바일이 워드 모바일보다 우수한 몇 가지 기능들에 대해 생각해볼 수 있을 것이다. 데스크톱 버전의 워드에서는 워드 문서에 비교적 쉽게 사진이나 오디오 파일 같은 미디어들을 추가할 수 있지만, 워드 모바일에서는 그렇게 할 수 없다. OneNote 모바일은 이와 대조적으로 메모에 음성 녹음이나 사진을 추가하는 기능이 있다. 또한 블릿 목록이나 숫자 목록도 제공하는데, 이 두 기능은 워드 모바일에서 적절히 표시는 되지만 추가할 수는 없다.

텍스트를 구성하는 추가적 방법들

워드 프로세싱 문서들은 보여지기 위한 것이지 단지 메모나 다른 문서들을 위한 배경 자료가 아니기 때문에, 워드 모바일은 OneNote 모바일과 비교하여 좀 더 추가적인 텍스트 서식 기능들을 제공한다. 워드 모바일은 별도의 서식 애플리케이션 바 버튼을 포함하고 있어, 이 기능들을 쉽게 이용할 수 있다.

서식 버튼을 누르면, 서식 화면이 나타난다. OneNote 모바일에서 볼 수 있는 서식 기능들에 추가하여, 워드 모바일에서는 글씨 크기를 늘리고, 줄일 수 있도록 큰 글씨 버튼과 작은 글씨 버튼이 추가되어 있다. 두 가지 강조 표시 색깔(초록색, 붉은색)도 추가되어 있으며, 갈색, 라임색, 붉은색의 세 가지 글씨 색상도 있다.

문서 구조 화면에서 작업하기

워드 모바일은 또한 문서 구조 화면 모드를 제공하는데, 화면을 반으로 나누어 위쪽은 원래의 워드 문서를 보여주며, 아래쪽에는 적당히 들여쓰기가 된 제목들을 통해 문서의 구조를 표시해 준다. 그림 12-13 참조.

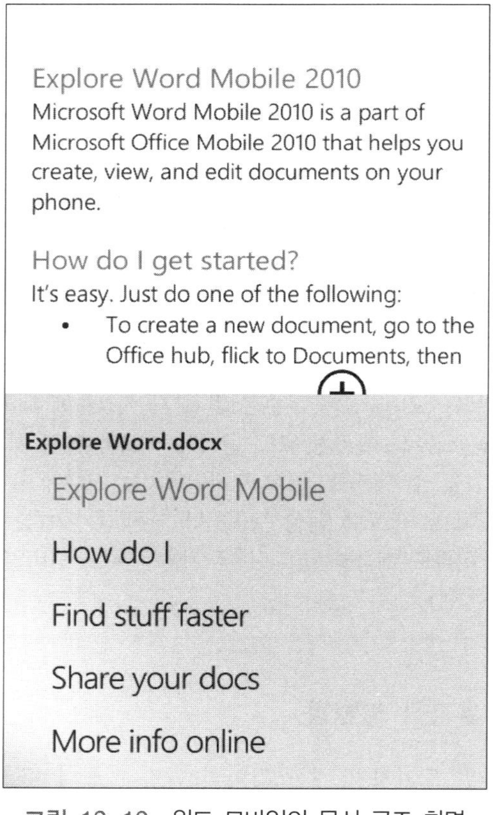

그림 12-13   워드 모바일의 문서 구조 화면

문서 구조 화면에서는 표시된 문서의 섹션들을 통해서 빠른 이동을 할 수 있다. 문서의 다른 위치로 옮겨가려면, 문서 구조 화면 창에서 제목을 눌러즈면 된다.

Back 버튼을 누르면 문서 구조 화면에서 빠져나온다.

코멘트 보기와 추가하기

워드 모바일이 데스크톱 워드 버전에서 지원하는 변경 이력 관리의 전체 기능을 지원하지는 않지만, 한 가지 유용한 관련 기능은 제공한다. 바로 인라인 코멘트 기능이다. 이 도구를 이용하여, 말 그대로 지금 읽고 있는 텍스트에 대해서 로멘트를 넣을 수 있다. 그래서 동료나 다른 공동 작업자가 그 코멘트를 보고, 필요에 따라 적절한 조취를 취하거나 코멘트를 삭제할 수 있다.

워드 문서에 코멘트를 추가하기 위해서는, 문서에서 일단 코멘트를 넣고 싶은 곳으로 가서, 커서를 적절한 위치에 놓는다. (기억하자. I-beam이 나타날 때까지 잠시 누르고 기다린 다음, 적절한 곳에 위치시킨다.)

그리고 나서, 코멘트 버튼을 누른다. 코멘트 편집 창이 그림 12-14와 같이 나타나면, 코멘트를 작성할 수 있다. 다 됐으면, Back을 누른다.

문서에서 텍스트 찾기

워드 모바일은 현재 표시된 문서 내에서 찾기 기능을 제공한다. 이상하게도 여러분은 이를 위해 핸드폰의 검색 버튼이 아니라 내장된 찾기 애플리케이션 바 버튼을 이용한다.

만일 인터넷 익스플로러(8장 참조)에서의 페이지 내 찾기 기능에 익숙하다면, 워드의 찾기 기능을 바로 이해할 수 있을 것이다. 찾기 버튼을 누르고 텍스트 창에 찾고 싶은 텍스트를 입력한다. 엔터를 누르면, 검색된 텍스트의 첫 번째 단어가 강조 표시되고(그림 12-15 참조), **다음으로 매치되는 단어들로 이동할 수 있도록 다음 버튼이 나타난다.**(찾기 기능은 조금 제한적이다. 다음 버튼 외에 이전 버튼이 없기 때문에, 문서에서 이전 단어로 이동해 갈 수가 없다. 또한 다른 위치의 검색된 단어들은 동시어 강조 표시가 되지 않는다. 오직 현재 선택된 결과만 강조되어 표시된다.)

이 화면을 빠져나오려면 Back을 누른다.

그림 12-14 워드 모바일에서는 워드 문서에 코멘트를 넣을 수 있다.

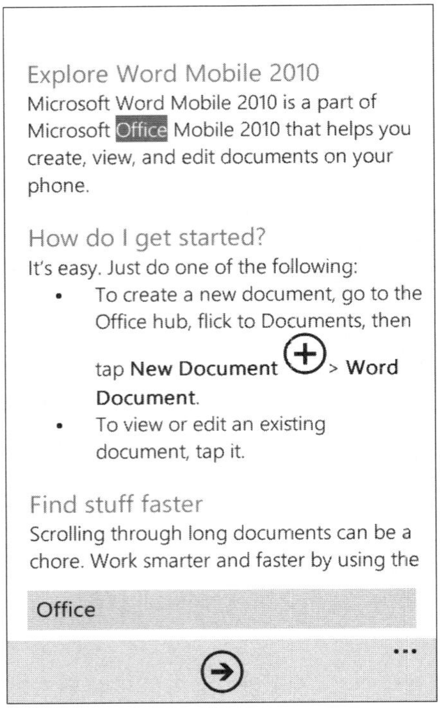

그림 12-15 워드 문서 내에서 쉽게 텍스트를 찾을 수 있다.

맞춤법 검사하기

▶ 여러분은 또한 핸드폰에 내장된 맞춤법 교정기에 단어를 추가할 수도 있다. 철자가 틀린 단어에 강조표시 (잠시 누르고 기다리기)를 한 후, 추천 단어들 앞에 있는 '+' 버튼을 눌러준다.

워드 모바일은 유용한 자동 맞춤법 검사 기능을 제공하는데, 이것은 워드(및 다른 오피스 애플리케이션들) 데스크톱 버전의 자동 맞춤법 검사와 유사하다. 단어의 철자가 틀리면, 그 아래에 꼬불꼬불한 선이 나타난다(그림 12-16).

이 기능은 핸드폰에서 텍스트를 입력하면 항상 작동하는 윈도우폰의 자동 교정 기능과 협력하여 작동한다. 차이는 이 맞춤법 체크 기능은 여러분이 놓쳤을지도 모를 단어를 표시해준다는 것이다. 철자를 교정하려면, 틀린 단어를 눌러 강조표시를 하고, 가상 키보드 위쪽에 나타난 자동-교정 단어들 중 하나를 선택하면 된다.

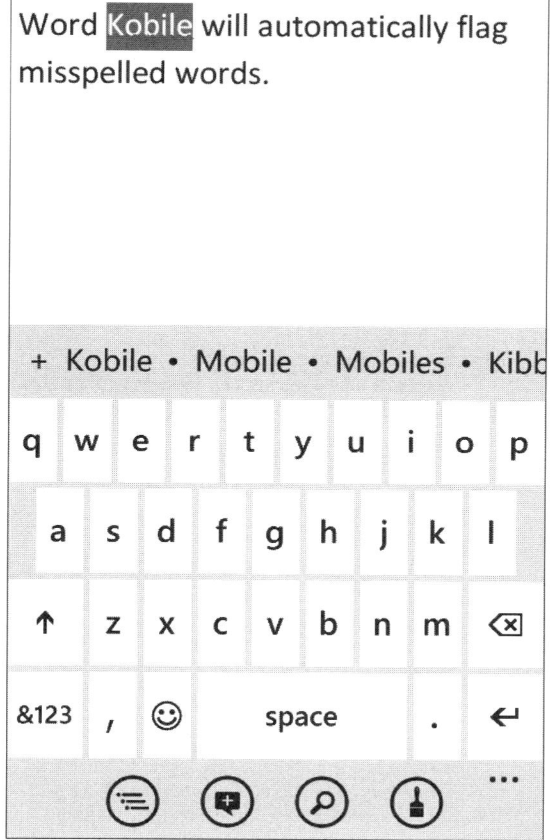

그림 12-16 철자가 잘못된 단어는 교정이 필요하다.

워드 모바일에서 빠져있는 것

여기에 몇 가지 빠진 기능들이 있다. 예를 들어, 워드 모바일은 철자가 틀린 단어에 표시를 해줄 만큼 똑똑하지만, 문법적으로 도와주지는 못한다. 또한, 윈도우폰의 워드 모바일은 윈도우 모바일의 워드 모바일에서는 가능한 기능 몇 가지가 빠져있다. 그것들 중 가장 중요한 것이 텍스트 정렬과 단어 수 세기와 같은 서식 기능이다

엑셀 모바일로 숫자 다루기

엑셀은 숫자를 다루는 기술에 있어 세계적으로 유명하며, 엑셀 모바일은 어디서나 스

프레드시트를 보고 생성하며, 편집할 수 있는 방법을 제공함으로써 스마트폰 영역에서 그 전통을 이어가고 있다. 엑셀 모바일은 그림 12-17에서 확인할 수 있다.

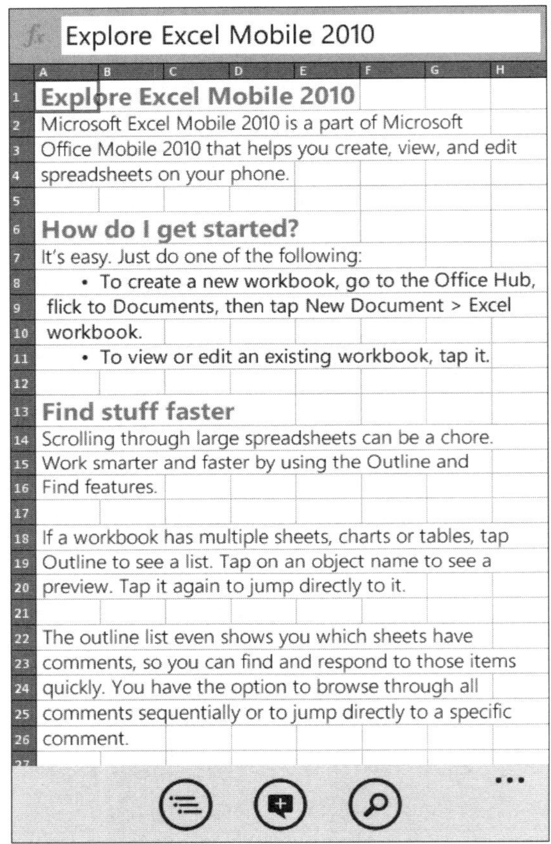

그림 12-17 엑셀 모바일 2010

> **Note** 엑셀 용어에서 스프레드시트는 기술적으로 하나의 워크북으로 불리는데, 이 워크북은 하나나 그 이상의 워크시트를 포함하고 있다. 워크시트는 엑셀의 데스크톱 버전에서 탭으로 표시된다. 잠시 후 알 수 있겠지만, 이 요소들이 엑셀 모바일에서는 조금 다르게 표시된다.

여기에서는 여러분이 엑셀 모바일로 할 수 있는 몇 가지 내용들을 살펴본다. (정말

몇 가지만이다. 비록 엑셀 모바일이 데스크톱 버전의 기능들 중 작은 부분만을 제공하지만,
훌륭한 기능들을 놀랄 만큼 풍부하게 가진 애플리케이션이다.)

서로 다른 워크시트 접근하기

여러분이 워드 모바일의 문서 구조 화면에 익숙하다면, 엑셀 모바일에서도 같은 애플
리케이션 바 버튼을 제공하는 것을 보고 흥미로울 것이다. 그러나 엑셀에서는, 문서
구조 화면이 좀 다르게 작동한다. 워드에서처럼 제목들을 이용해서 문서 내에서 이동
해 다니는 것이 아니라, 현재 로드된 워크북의 서로 다른 워크시트들 사이에서 이동
해 다닐 수 있도록 해준다.

그림 12-18에서 엑셀의 문서 구조 화면을 볼 수 있다.

▶ 엑셀 모바일은
또한 찾기 버튼을
제공하는데, 워드
모바일의 찾기
기능과 똑같이
작동한다.

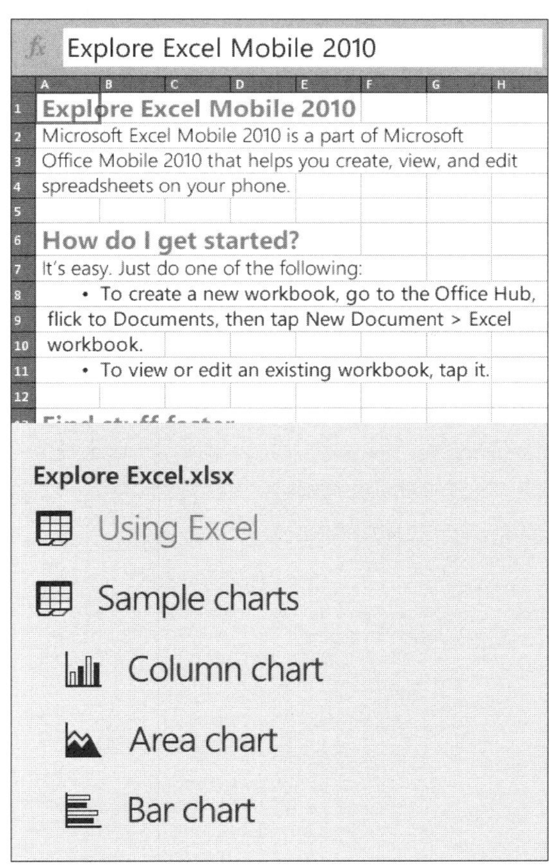

그림 12-18 문서 구조 화면에서는 워크시트들 사이를 이동해 다닐 수 있다.

워크북 생성 및 탐색

엑셀 모바일에서 새 엑셀 워크북을 생성하면, 세 개의 워크시트를 포함하는 빈 워크북을 얻게 된다. 이것을 확인해 보려면, 문서구조 애플리케이션 바 버튼을 누른다.

워드 모바일처럼, 엑셀 모바일도 간단한 코멘트 기능과 찾기 기능을 제공한다. 이 기능들은 워드 모바일과 거의 동일하게 작동하며, 대체로 명확하다. 또한 보내기(메신저나 이메일 계정을 통해), 저장, 다른 이름으로 저장하기 등 기본이 되는 필수 작업들을 수행할 수 있다.

셀을 선택하려면, 셀을 누르면 된다.

셀의 내용을 편집하려면, 셀을 선택하고 화면의 상단에 위치해 있는 입력창 즉, 수식 입력줄(formula bar)을 누른다. 여기에서는, 텍스트나 숫자를 입력할 수 있으며, 함수 버튼(fx)을 누르면 함수의 결과가 셀에 표시된다.

여러 개의 셀들을 선택하려면, 우선 가상 키보드가 보이지 않도록 해야 한다. 그러기 위해서 일단 Back 버튼을 누른다. 이제, 셀 범위에서 첫 번째 셀로 지정할 셀을 누르고 잠시 기다린다. 팝업메뉴에서 셀 선택하기를 누르고, 그 셀로부터 드래그 하여 원하는 범위만큼 이동 후 셀을 선택한다. 화면을 따라 손가락으로 드래그 해야 한다. 제대로 했다면 그림 12-19와 같은 화면이 나타난다.

함수 기능 이용하기

엑셀 모바일은 몇 가지 내장 함수들을 포함하는데, 여기에는 합계(SUM), 평균(AVERAGE), 개수(COUNT), 최대(MAX) 및 최소(MIN)가 포함되고, 고급 옵션에서는 다른 함수들도 제공된다. 데스크톱 엑셀에서처럼 함수를 적용할 수 있다. 셀을 선택하고, 함수 버튼을 누른 후, 리스트에서 함수를 선택한다(그림 12-20).

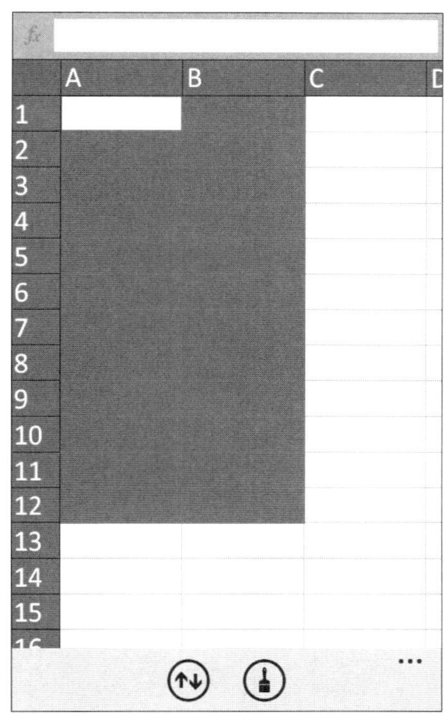

그림 12-19 여러 개의 셀 선택하기.

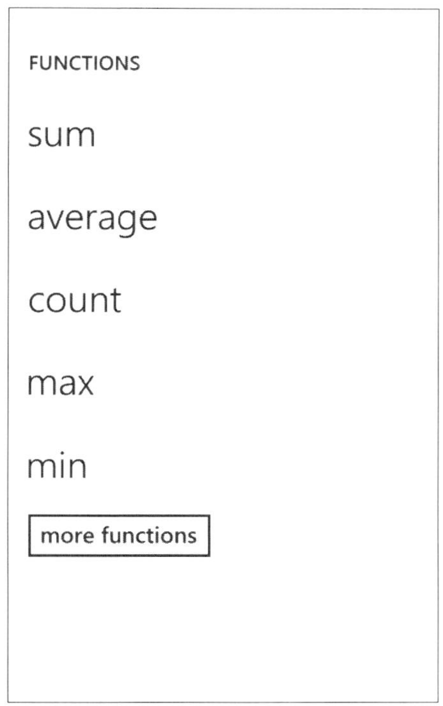

그림 12-20 엑셀 모바·일 함수들.

그러면, 수식 입력줄에는 계산을 위해 필요한 변수들을 설명하는 함수의 공식이 자동으로 채워진다. 각각의 변수를 누르고, 그 다음 셀을 눌러 공식을 채울 수 있다. 또는 간단하게 직접 입력해 넣을 수도 있다. 다 되었으면, 가상 키보드에서 엔터키를 누른다. 엑셀 모바일에서 함수가 실행되어, 선택된 셀에 정확히 계산돈 값이 표시된다(그림 12-21).

데스크톱 버전 엑셀에서처럼, 이 계산들은 그때그때 바로 수행되기 때문에, 함수에 포함되는 셀의 값이 바뀌면, 그에 따라 계산된 셀의 값도 바뀌게 된다.

셀 서식 이용하기

엑셀 모바일은 워드 모바일의 서식 기능과 유사한 몇몇 기본 서식 설정 기능을 지원하지만, 몇 가지 다른 점들이 있다. 글자색 설정은 동일하다. 그러나 강조 표시 대신에 비슷한 기능을 수행하는 채우기 색 설정을 지원한다. 즉, 한 가지 색깔(빨간색, 노

▶ 이러한 서식 유형들에 있어 다양성이 좀 부족하다. 날짜를 선택할 순 있지만, 그 날짜를 어떤 스타일로 할 것인지, 혹은 회계에서 특정 통화는 지원되지 않는다.

란색, 초록색)을 골라 현재 선택된 셀의 배경색으로 채우는 것이다.

엑셀 모바일은 텍스트 서식 설정과 관련해서 단지 기본적인 것들만 제공한다. 굵은체, 이탤릭체 그리고 밑줄. 그 외에 세 가지 자주 이용되는 숫자 서식 유형이 있다. 날짜, 회계(즉, 통화나 'dollar') 그리고 퍼센트이다. 단일 셀이나 셀 범위를 선택할 수 있고, 서식 유형을 적용할 수 있다.

이 서식들은 각각의 단일 셀이나 선택된 셀 범위에 적용 가능하다는 것을 기억하자.

차트 이용하기

워크시트의 데이터를 이용해 차트를 생성하려면, 셀 범위를 선택하고 More 애플리케이션 바 버튼을 누른 후 차트 삽입(Insert Chart)을 선택한다. 그러면 차트 삽입 화면이 나타난다. 그림 12-22 참조.

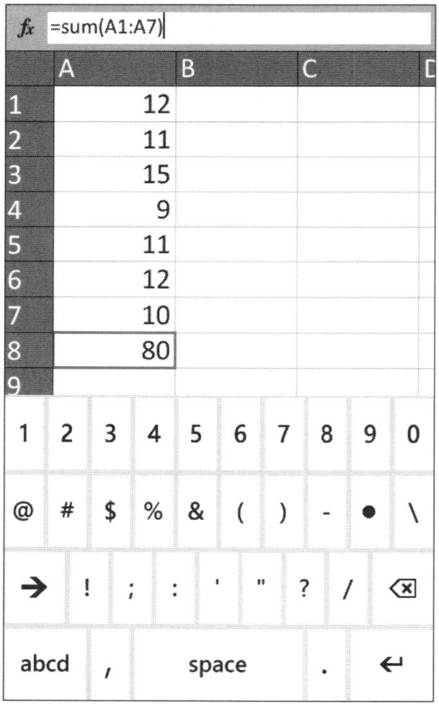

그림 12-21 더하기가 된다!

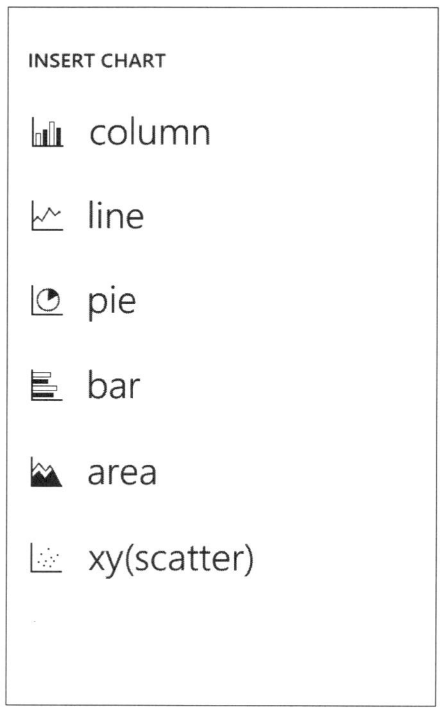

그림 12-22 엑셀 모바일은 다양한 차트 유형을 지원한다.

목록에서 차트유형을 선택하자. 엑셀 모바일은 그 차트를 담은 새로운 차트 워크시트를 생성할 것이다. 그림 12-23은 간단한 파이 차트를 보여준다.

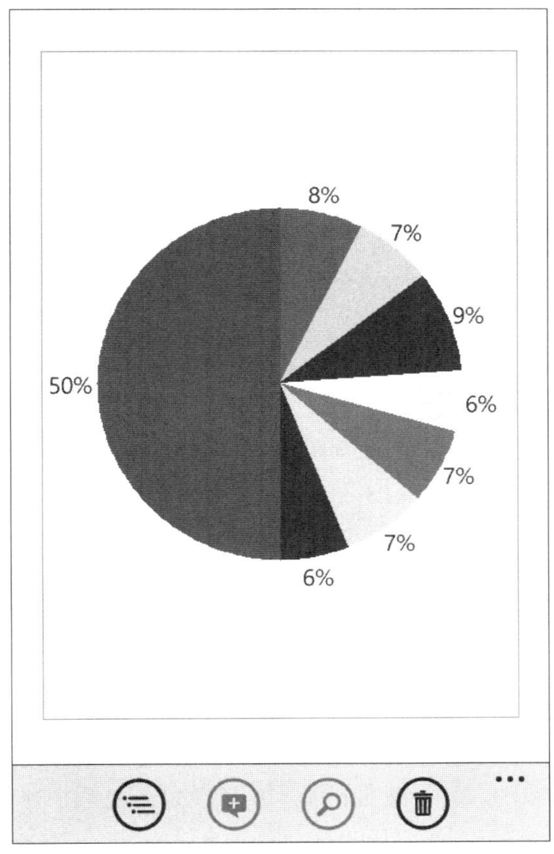

그림 12-23 파이 차트.

> **Note** 일단 생성이 되고 나면 차트의 포맷이나 스타일을 바꿀 수 없다.

자, 엑셀 모바일은 이정도면 충분하다. 앞에서 언급했듯이, 이 애플리케이션에는 참 많은 기능들이 있는데, 여러분이 엑셀 전문가라면, 이 작은 모바일 애플리케이션이 얼마나 많은 일들을 할 수 있는지에 놀랄 것이다.

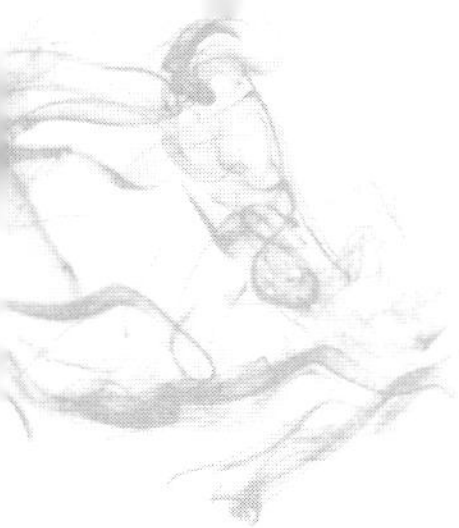

파워포인트 모바일로 어디서나 프레젠테이션 보기 및 편집하기

파워포인트 모바일은 다른 오피스 모바일 애플리케이션들과는 조금 다르게, 새 프레젠테이션을 핸드폰에서 만들 수 없다. 대신, 다운로드나 간단한 편집 혹은 기존 프레젠테이션을 저장할 수는 있다. 파워포인트 모바일은 또한(세로 방향이 아닌) 가로 방향 화면에서 작동하는 유일한 오피스 모바일 애플리케이션이다. 사실, 오직 가로 방향으로만 작동한다. 파워포인트 모바일 화면은 그림 12-24와 같다.

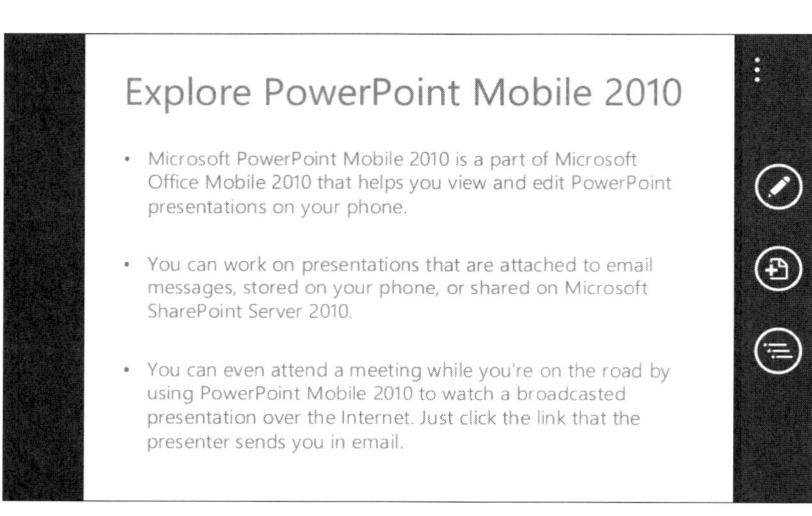

그림 12-24 파워포인트 모바일 2010.

이 가로 방향 때문에 파워포인트 모바일은 다른 오피스 모바일 애플리케이션들과는 좀 다르게 작동한다. 예를 들어, 애플리케이션 바는 기본으로 숨겨져 있다. 이것을 표시하려면, 오른쪽 화면 끝부분을 눌러준다(바로 뭔가를 누르지 않을 경우에는 다시 자동으로 숨겨진다). 파워포인트 모바일은 단지 몇 가지 옵션들을 제공하는데, 매우 제한적이다:

▶ **편집:** 편집 모드를 활성화시키면, 각 슬라이드 내에서 텍스트 박스 사이를 이동하면 내용을 편집할 수도 있다. 텍스트 박스를 선택하면, 파워포인트는 가상 키보드가 화면에 80%를 차지하는 묘한 편집 화면으로 이동한다. 편집을 마쳤으면 완료(Done)를 누른다.

편집 모드에서는 또한 슬라이드들 사이를 이동하며, 슬라이드를 옮기거나 숨길 수 있으며, 노트를 추가할 수도 있다. 이 옵션들은 모두 편집 모드 상태에서 애플리케이션 바를 통해 이용할 수 있다.

▶ **메모:** 데스크톱 파워포인트처럼 이 작은 모바일 파워포인트도 프레젠테이션의 개별 슬라이드에 메모를 입력할 수 있다. 메모 애플리케이션 바 버튼을 눌러 현재 슬라이드에 메모를 추가할 수 있다.

▶ **문서 구조 화면:** 다른 오피스 모바일 애플리케이션들처럼, 파워포인트 모바일도 문서 구조 화면을 제공하는데, 슬라이드 제목 목록을 통해 쉽게 개별 슬라이드로 이동할 수 있다.

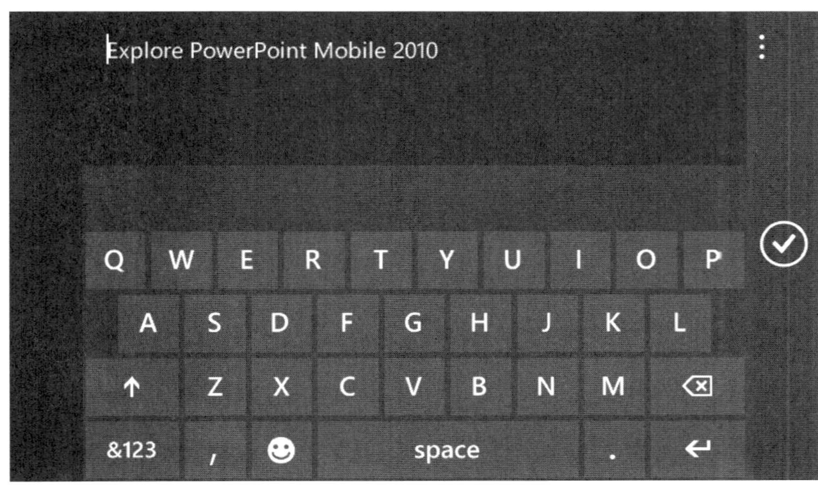

그림 12-25 파워포인트 편집 모드.

대략 이 정도이다. 파워포인트 모바일은 이전 윈도우 모바일에 탑재되었던 버전과 비교해도 많은 부분이 빠져 있다. 이전 버전에서는 화면 전환 시 효과 및 애니메이션, 프레젠테이션 재생 방법 등을 추가하고 변경할 수 있었다. 또한 스마트폰을 PC 기반 프레젠테이션과 무선으로 연결되는 스마트한 프레젠테이션 기기로 이용할 수 있는 방법도 제공했다. 윈도우폰 사용자들은 향후 업데이트를 기대해보도록 하자.

온라인 문서 접근하기

여러분도 미래 컴퓨팅이 모바일과 온라인의 결합이라고 생각한다면, 마이크로소프트의 모바일 플랫폼과 다양한 온라인 서비스들이 통합된 형태로 많은 것을 제공하리라는 것은 어쩌면 자명해 보인다. 그것은 이 책을 공부해 나가면서 더 확실해질 것이다. 윈도우폰은 놀랄만한 수의 마이크로소프트 및 써드파티 서비스들에 연결하고, 이 연결들은 다양한 방법으로 윈도우폰을 흥미진진하게 만든다.

그러나 웹에 저장된 오피스 기반 문서들에 접근하는 방법에 있어서, 마이크로소프트의 개인 사용자용 툴과, 기업용 툴은 확실히 다른 방법을 이용한다. 한 가지는 자동적이며, 완벽하지만 업무적 필요에 따라 가격이 매겨진다. 다른 하나는 무료이면서 모든 사람이 이용할 수 있지만 또한 제한적이다.

무료 버전부터 살펴보도록 하자.

윈도우 Live SkyDrive 이용하기

윈도우 Live SkyDrive는 마이크로소프트의 온라인 저장 서비스로 윈도우 Live 계정을 가진 사람이라면 25GB의 웹 기반 저장 공간을 무료로 이용할 수 있다. 정말 많은 공간처럼 보이지만 – 정말 그러하니까, 마이크로소프트는 사용자들이 이 저장 공간을 쉽고 효율적으로 사용하지 못하도록 최선을 다하고 있다. 예를 들어 PC와 웹 사이에서 사용자들이 드래그엔 드롭으로 파일을 옮기는 것을 막아 놓아, 데스크톱의 윈도우 익스플로러를 통해서 SkyDrive 저장소에 접근할 수 있는 방법을 제공하지 않는다.

마찬가지로 윈도우폰에서도 핸드폰과 SkyDrive 사이의 문서를 동기화시킬 수 있는 완벽하고 편리한 방법이 없다. 그러나, 마이크로소프트는 기업용 SharePoint 서비스에서는 이 기능을 제공한다. 왜 이런 차이가 있을까? 간단하다. SkyDrive가 무료인 반면, 법인 고객들은 SharePoint를 사용하는 데 있어 마이크로소프트에 직간접적으로 많은 돈을 지불하고 있기 때문이다. 그래서 더 많은 혜택을 보는 것이다.

> *Note*   SharePoint/윈도우폰 통합이 어떻게 작동하는지는 다음 섹션에서 살펴본다.

가진 자들과 덜 가진 자들의 세상에서, SkyDrive 사용자들은 확실히 덜 가진 그룹에 속한다. 그러나 윈도우폰에서 SkyDrive 문서를 접속할 수 있는 방법이 완전히 없는 것은 아니다. 단지 조금 복잡할 뿐이다. 여기에 그 방법이 있다.

SKYDRIVE 문서에 연결하기

첫 단계는 PC나 핸드폰을 이용해 office.live.com에 있는 SkyDrive 문서 저장소에 연결하는 것이다. 인터넷 익스플로러로 이 사이트에 접속하고, 아직 자동-로그인 설정이 되어있지 않다면 윈도우 Live 계정으로 로그인한다.

> *Tip*   PC에서는 위의 사이트에서 웹 기반 워드, 엑셀, 파워포인트 및 OneNote 등 오피스 웹 애플리케이션에도 접속할 수 있다.

이 사이트를 이전에 이용하거나 혹은 설정한 적이 있는지에 따라 다양한 방법으로 보인다. 온라인 문서 기능과 관련해서 SkyDrive에 처음 접속하는 것기라면, 개인 혹은 공유와 같은 몇 가지 저장 폴더들 외에는 비어 있을 것이다. 그렇지 않으면 그림 12-26과 같이 폴더와 문서의 목록이 나타난다.

> *Note*   이전에 SkyDrive를 이용해본 적이 없다면, PC 브라우저에서 몇 개의 문서 파일을 추가해 보는 것도 좋을 것이다. SkyDrive의 업로드 기능을 이용해서 이기 PC에 저장되어 있는 문서를 사이트로 복사하거나 또는 오피스 웹 애플리케이션에서 새로운 문서 파일 몇 개를 생성할 수도 있을 것이다. 이렇게 해서 최소한 이용할 수 있는 파일을 다련할 수 있다.

브라우저에서 SKYDRIVE 오피스 문서 보기

축소된 형태로 읽기 전용 모드에서 워드, 엑셀 또는 파워포인트 문서를 보기 위해서는, SkyDrive 화면으로 이동하여 적절한 파일을 누른다. 그러면 그림 12-27과 같이, 매우 제한적인 오피스 웹 애플리케이션을 통해 브라우저에 표시된다.

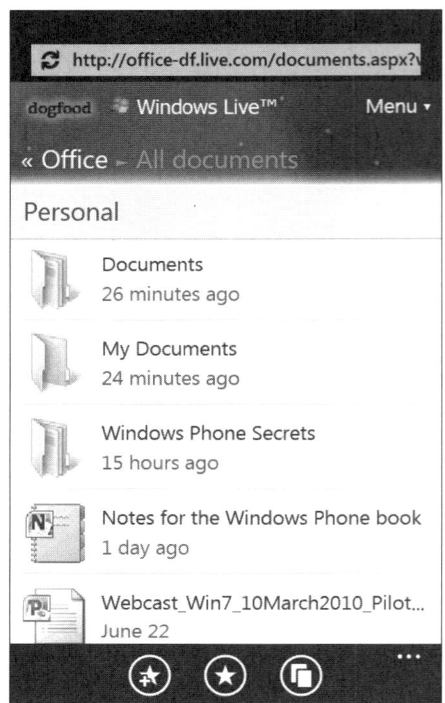

그림 12-26 SkyDrive는 오피스 문서를 저장하고 정리하는 데 이용된다.

그림 12-27 모바일 인터넷 익스플로러로 오피스 문서들을 볼 수 있다.

오피스 모바일로 SKYDRIVE 오피스 문서 보기

오피스 문서들을 브라우저에서 직접 볼 수 있다는 것은 멋진 일이다, 그렇지만 복잡한 문서들에는 제한적이어서 – 특히 엑셀 스프레드시트와 파워포인트 프레젠테이션의 경우 – 아주 정확하게는 표시하지는 못한다. 이를 극복하기 위해, 그리고 좀 더 강력한 오피스 모바일 애플리케이션에서 이 문서를 보기 위해, 문서를 핸드폰으로 다운로드 할 수 있다.

문서를 다운로드하려면, 오피스 문서 페이지 상단에 있는 다운로드 링크를 클릭한다. 그러면 그림 12-28과 같은 재미있는 화면이 나타난다. 파일을 다운로드 하려면 아이콘을 눌러준다.

여기서는 익스플로러를 통해서 보는 것보다 훨씬 정확하게 문서를 볼 수 있다. 그러나 여기서 그냥 Back 버튼을 누르면 IE로 되돌아가고, 문서가 핸드폰에 저장되지는 않는다.

핸드폰에 SKYDRIVE 오피스 문서 저장하기

문서를 핸드폰에 저장하고 싶을 수도 있다. 그렇게 하려면, More를 누른 후, 다른 이름으로 저장하기를 눌러준다. 그러면 오피스 허브 화면에 저장하기(Save to Office hub)가 그림 12-29처럼 표시된다. 필요에 따라 문서에 이름을 설정해즈고 저장하기를 누른다.

그림 12-28 무선을 통해 오피스 모바일 애플리케이션에서 오피스 문서가 열리고, 표시된다.

그림 12-29 핸드폰에 문서를 저장할 수도 있다.

파일이 저장되었는지 확인하려면, 시작 버튼을 누른 후 오피스 허브를 실행시킨다. 문서들(Documents) 섹션으로 스크롤 해 가면(그림 12-30), 저장된 문서가 목록의 맨 위에 위치한 것을 확인할 수 있다.

그림 12-30 오피스 허브의 문서들 목록에서 저장된 문서들을 확인할 수 있다.

윈도우폰/SKYDRIVE 통합에서 할 수 없는 것

바로 다음과 같은 부분에서 윈도우폰/SkyDrive의 통합성이 다소 떨어진다. 예를 들어, PC 버전 SkyDrive 웹사이트는 PC에서 웹으로 문서를 업로드 하기가 매우 쉬운 반면에 윈도우폰에서는 그렇지 못하다.

그렇다면 문서를 윈도우폰에서 SkyDrive로 어떻게 보낼까?

유감스럽게도 직접적으로는 할 수 없다. 만일 좀 지루하더라도 PC를 부쿳적으로 0 용할 수 있다면, 할 수 있다.

그 방법은, 윈도우 Live 계정으로 해당 문서(혹은 문서들)를 메일로 보낸다. 그리고 PC

(표 계속)

> (표 계속)
>
> 에서 이메일을 열어 웹상의 Hotmail이나 원하는 이메일 애플리케이션을 통해 PC에 그 파일을 저장한다. 그리고 나서, 인터넷 익스플로러에서 SkyDrive 파일 업로딩 화면을 이용해 그 파일(들)을 웹에 업로드한다.
>
> 하지만, 이렇게 하게 되면, 여러분은 동기화에서의 좋은 점들을 다 놓치게 된다–자동화 및 버전 관리 혹은 파일 체크 아웃 등, 그러나 적어도 작동은 한다. 희망컨대 마이크로소프트가 SharePoint 통합 정도의 완벽성을 SkyDrive에서도 제공하길 바란다. 행운을 빌어보자.

SharePoint 사용하기

SharePoint 문서 저장소를 이용하는 사용자들에게 윈도우폰의 상황은 윈도우 Live SkyDrive에서보다 훨씬 밝고, 확실히 좀 더 완벽성을 갖추고 있다. 왜냐하면 마이크로소프트가 오피스 허브에 잘 만들어진 SharePoint 클라이언트를 포함시켰기 때문이다.

SharePoint는 마이크로소프트가 만든 가장 성공적인 플랫폼 중 하나이다. 이것은 윈도우 서버 버전에 인스톨 되는 서버 제품으로, 비즈니스 유저에게 공동 작업 및 웹 기반 출판 기능을 제공한다. 사실, SharePoint는 팔방미인 형태의 솔루션으로, 이것이 그 엄청난 성공의 이유 중 일부분을 차지한다. 기업들은 SharePoint를 웹사이트, 웹 포털, 인트라넷 및 엑스트라넷, 문서 관리 시스템, 위키, 블로그 그리고 다른 웹 콘텐츠 유형 사이트를 생성하는 데 사용한다.

또 하나, 기업 분야에서의 중요한 SharePoint의 성공요인은 그 **셀프서비스**이다. 이것은 문서 공유나 다른 용도로 사이트를 설정하고 싶은 사용자들이 이미 다른 일들로 바쁜 관리자나 IT 전문가들의 도움 없이 간단한 웹 인터페이스를 통해 즉시 원하는 작업을 할 수 있다는 것을 의미한다. 일단 관리자가 간단한 권한 관리 모델을 이용해서 SharePoint를 설정하면, 나머지 회사 직원들은 자유롭게 자신의 일을 할 수 있다.

여기에서 SharePoint에 대한 전체적 개요를 제공하지는 않을 것이다. 여러분은 SharePoint에 대한 접근 권한을 가지고 있거나 혹은 그렇지 않다. 만약 가지고 있다면 운이 좋다고 할 수 있다, 윈도우폰이 훌륭한 SharePoint 통합 기능을 가지고 있기 때문이다. 가지고 있지 않다면, 여러분은 향후 SkyDrive 통합의 모습이 어떨지 그 단서로써 이 SharePoint 통합을 살펴볼 수 있을 것이다. 사실 사용자의 관점에서는 SkyDrive

와 SharePoint는 문서 저장과 접근이라는 의미에서 비슷하게 작동한다. 왜 윈도우폰이 훨씬 더 뛰어난 SharePoint 통합을 탑재했는지는 불분명하다.

여기에서는 여러분이 윈도우폰에서 SharePoint로 할 수 있는 것들이 대해 설명한다.

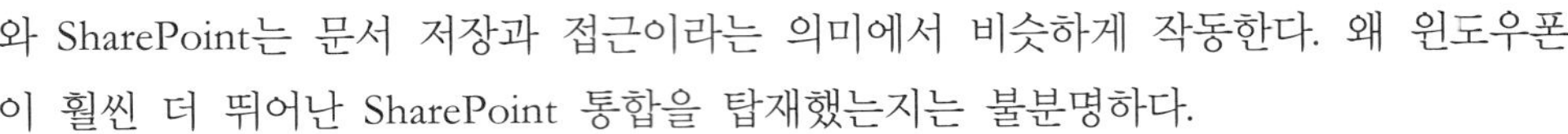

WARNING 윈도우폰은 오피스 2010 정도의 기능을 제공하며, SharePoint의 가장 최신 버전과 작동하도록 설계되었다, 이 책을 쓸 당시 가장 최신 버전은 SharePoint 2010이었다. 마이크로소프트가 이후에 윈도우폰을 이전 SharePoint 버전들과도 작동하도록 업데이트 했을 가능성도 있지만, 현재로서는 SharePoint 2010이 유일한 선택이다.

SITES, LIBRARIES, AND LISTS, 맙소사

SharePoint 전문 용어를 많이 쓰고 싶지는 않다. 그러나 'SharePoint에 저장된 문서들'이란 용어를 생각하면, 내 머릿속에서는 즉시 '문서 저장소(document repositories)'라고 번역이 된다. 왜냐하면 실제로 그런 용어를 사용하기 때문이다. 그렇지간 SharePoint 팬들—그런 사람들이 있다—은 SharePoint가 자신만의 용어를 가지고 있다고 지적할 것이다. 그 용어들에는 무엇보다도, SharePoint **sites**(웹사이트처럼 브라우저나 내장된 클라이언트 소프트웨어를 통해서 접속함), **libraries**(서버 기반 문서 모음), 그리고 **lists**(알림이나 파트 리스트 등의 SharePoint용 목록)가 포함된다.

▶ 여러분은 관리자나 헬프데스크에 정확한 URL을 문의해야 할 수도 있다. 보통 SharePoint URL은 일반 http:// servername 형태를 따른다. 접속에 문제가 있다면 대신 http://server name/?Mobile =1을 시도해본다.

SHAREPOINT 사이트에 연결하기

윈도우폰에서 SharePoint 클라이언트는 SharePoint 워크스페이스 모바일로 불리며, 오피스 허브의 중요한 부분을 차지하고 있다. 사실 SharePoint는 오피스 허브 파노라마의 50% 혹은 두 섹션을 차지하고 있다.

아직 SharePoint 사이트에 연결해보지 않았다면, Open URL 버튼을 눌러 시행해볼 수 있다. 그리고 여러분의 SharePoint 서버 주소를 입력한다. 사용자 이름, 비밀번호와 도메인 이름을 묻는 창이 나타난다.

> **WARNING** SharePoint 워크스페이스는 SharePoint 비밀번호를 저장할 것인지 묻게 되는데, 그렇게 하면 어디서든 사이트에 접속할 때 비밀번호를 입력할 필요가 없게 된다. 그러나 이것은 여러분이 핸드폰에 잠김 설정을 이미 해두었을 경우 하는 것이 좋다. 누군가 그 핸드폰을 훔치거나 회사의 비밀 정보를 여러분 핸드폰을 통해 빼가는 걸 방지하기 위해서이다.

연결을 하면, SharePoint 워크스페이스는 여러분이 이용할 수 있는 다양한 서버 라이브러리들과 목록들을 표시한다. 그림 12-31 참조.

무엇이 이용가능한지 알아보려면, 라이브러리나 혹은 다른 위치로 이동한다. 그러면, 그림 12-32와 같은 문서들의 목록을 볼 수 있다.

여기에서는 다음에 설명하는 작업들을 포함한 수많은 일들을 할 수 있다.

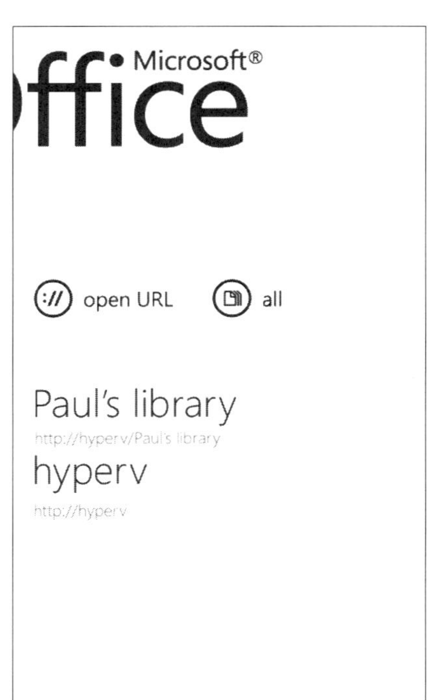

그림 12-31 연결됨. 이제 어디서나 Share Point 문서들을 열람할 수 있다.

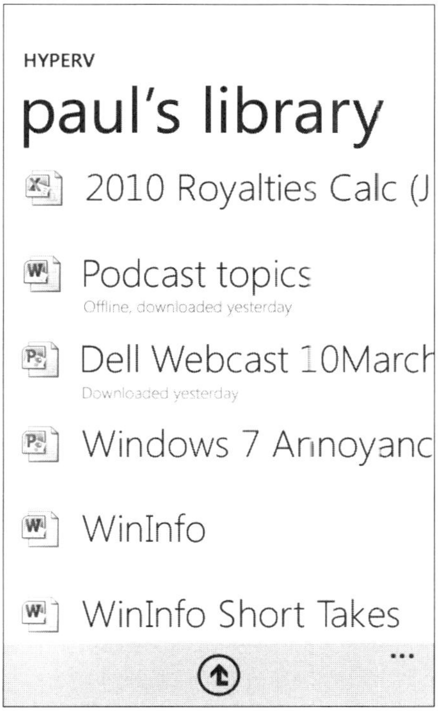

그림 12-32 SharePoint 문서들, 윈도우폰에서 열람할 수 있다.

현재 위치를 북마크 하기

More 메뉴에서 지원되는, 이 링크 북마크 하기(Bookmark This Link)를 이용하면 SharePoint 워크스페이스 링크 목록에 현재 SharePoint 위치의 북마크나 바로 가기를 생성할 수 있다.

이것은 최근에 접속한 SharePoint 위치들 목록을 포함하고 있는 SharePoint 워크스페이스의 두 번째 섹션에 추가된다. (이 새 아이템은 여러분이 SharePoint에 처음 접속했을 때 자동으로 생긴 북마크 아래에 나타난다.) 이 북마크는 라이브타일이나 인터넷 익스플로러의 즐겨찾기처럼 작동하는데, 그것을 누르면 바로 그 위치로 이동한다.

SHAREPOINT 문서 다운로드 하기

SharePoint 문서를 핸드폰으로 다운로드 하려면, 문서의 이름을 누르고 기다린다. 그러면 그림 12-33과 같은 팝업 메뉴가 나타난다. 이제 다운로드를 누른다.

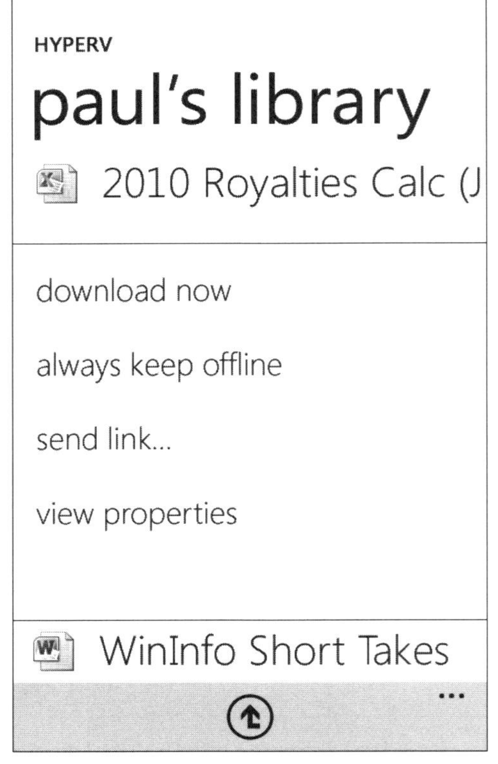

그림 12-33 각 SharePoint 문서들과 관련된 옵션을 보려면 잠시 누르고 기다린다.

문서 이름 아래에서, 그 문서가 다운로드 되는 데 얼마나 걸릴지에 대한 메시지를 볼 수 있는데, 결국 그 메시지가 '다운로드 됨'으로 바뀌게 된다. 이제 이 문서는 오피스 허브의 SharePoint 워크스페이스 모바일 섹션에서 언제든지 접근할 수 있다. SharePoint 첫 번째 화면에서 최근에 이용했던 문서 목록을 제공한다.

SAHREPOINT 문서 보기

현재 SharePoint 라이브러리(library)에서 문서를 보려면, 목록에서 간단히 그 문서를 누른다. SharePoint 워크스페이스는 서버에 접속하여 그 문서를 다운로드하고, 이제 그 문서를 볼 수 있게 된다.

> **Note** 다른 곳(SharePoint 오피스 웹 애플리케이션이나 PC용 워드, 엑셀 또는 파워포인트)에서 편집된 SharePoint 문서를 열려고 시도하면, 핸드폰에서는 이전에 열린 적이 있기 때문에, 그 문서의 새 버전을 대신 열 것인지 묻는다.

▶ 언제든 여러분이 Share Point 문서를 보거나 편집할 때면, 그 문서의 복사본이 핸드폰에 저장된다. 최근 접근한 문서 목록은 오피스 허브에 있는 SharePoint 워크스페이스의 두 섹션 중 첫 번째 섹션에서 유지된다.

SHAREPOINT 문서 편집하기

다운로드 된 문서들은 또한 편집할 수 있다. 워드 모바일이나 파워포인트 모바일에서는, 편집 애플리케이션 바 버튼을 눌러 편집을 시작한다. 엑셀 모바일에서는 즉시 편집을 시작할 수 있다.

SAHREPOINT 문서에 변경 사항 저장하기

SharePoint 문서를 변경하고 그 문서를 닫으면, 해당 문서를 저장할 것인지 묻게 된다. '예'를 선택하면 핸드폰의 복사본뿐만 아니라, 서버 상의 문서(실제 그 문서의 원본)에도 변경 사항이 저장된다. 이 작업을 처음 하는 거라면, 사용자 이름을 입력하라는 창도 뜬다.

> **Note** 좀 더 정확하게 말하자면, 여러분이 핸드폰에서 서버의 어떤 파일을 수정하는 경우 자동으로 서버와 동기화 된다. 만약 오프라인 상태에서―비행기 안에서처럼― 편집을 했다면, 이 변경사항은 나중에 다시 재연결을 했을 때, SharePoint에 동기화가 된다.

동료에게 링크 보내기

여러분이 SharePoint 문서를 편집한 후 그 변경 사항에 관해서 동료 – 업무적으로 협력하고 있는 – 와 연락을 취하고 싶다면, 바로 SharePoint 워크스페이스 모바일 내에서 할 수 있다.

그렇게 하기 위해서, 라이브러리 화면에서 문서이름을 누르고 기다린다. 팝업 메뉴가 나타나면, 보내기 링크를 누른다. 윈도우폰은 보내기 방법(Send From) 화면을 표시하는데, 문자 메시지(표준 SMS 문자 메시지)이나 설정된 이메일 계정들 사이에서 선택할 수 있다. 양쪽의 경우 모두, 편집된 문서의 웹 URL이 본문에 자동으로 표시된다.

특정 파일을 오프라인에서도 이용하기

SharePoint의 개별 문서에 오프라인에서도 항상 그 문서들을 이용할 수 있도록 표시를 할 수 있는데, 여기서 오프라인은 '여러분이 서버에 접속되어 있지 않을 때'를 의미한다. 이렇게 하면 접속이 끊어진 상태에서도 작업할 수 있는 오프라인용 복사본을 가지게 된다.

그렇게 하려면, SharePoint 라이브러리로 가서 표시하고 싶은 문서를 찾는다. 그리고, 그 문서의 이름을 누르고 기다려서, 팝업 메뉴가 나타나면 오프라인에서 항상 유지(Always Keep Offline)를 선택한다. 이제 해당 문서는 핸드폰에 보관된다. 그렇지만 걱정할 것은 없다. 이 오프라인 문서에 변경 사항이 생기면 여전히 서버로 동기화된다. 만약 변경 시 서버에 연결된 상태라면 변경 사항이 즉시 동기화된다. 그렇지 않다면, 변경 사항들이 나중에 연결이 될 때 동기화될 것이다.

오피스 모바일 설정하기

오피스(이상하게도, 오피스 2010이라고 표시되어 있다) 설정 화면을 잠시 살펴보면, 몇 가지 유용한 설정 항목들을 확인할 수 있는데, 그 내용은 다음과 같다.

- ▸ **사용자 이름:** 오피스 모바일은 설정되어 있는 핸드폰의 사용자 이름을 이용하도록 되어있지만 내 경험으로는 사실 그랬던 적이 없는 것 같다. 만약 여러분이 아직 이 정보를 설정하지 않았다면 – 오피스 모바일이 필요한 경우에 여러분에

게 물을 것이다 – 여기에서 하면 된다.

▸ **SharePoint**: SharePoint 워크스페이스 모바일과 관련해서 많은 옵션들이 있다. 이 옵션들에는 모든 SharePoint 임시 파일과 히스토리를 삭제하기 위한 캐시 삭제, 간단한 파일 충돌 관리 인터페이스, 최신 통합 접근 관리 시스템(Unified Access Gateway, UAG, 마이크로소프트의 서버-사이드 보안 제품으로, 필요하다면 시스템 관리자가 이 정보를 제공해 줄 것이다)을 위한 설정 등이 포함된다.

▸ **OneNote**: 여기서는 OneNote 모바일을 Windows Live SkyDrive 노트들과 자동으로 동기화 할 것인지를 결정한다. 이것은 간단한 On/Off 옵션으로, On으로 설정되면, 노트 페이지를 열거나 저장할 때마다 혹은 노트 섹션을 열 때마다 동기화가 된다.

요약

오피스 모바일은 여러 면에서 윈도우폰의 정수라고 할 만한 솔루션이다. 여러 개로 분리된 애플리케이션들을 제공하기보다, 마이크로소프트는 파노라마 형태의 오피스 허브를 제공한다. 여기서 메모를 작성하여 그것을 웹과 동기화시킬 수 있고, 워드 문서와 엑셀 스프레드시트의 생성 및 편집, 파워포인트 프레젠테이션의 보기 및 편집, 그리고 온라인 SharePoint 저장소와 무선 동기화 등을 할 수 있다.

오피스 모바일은 또한 이상하게도 낡은 윈도우 모바일에서 작동하던, 이전 버전에서도 지원되던 몇몇 기능을 윈도우폰용 버전에서는 지원하지 않는다. 이유는 여러 가지가 있는데, 가장 큰 이유는 새로운 모바일 플랫폼을 단순화(몇몇 부분에서는 **너무 단순화된**)시키고자 하는 마이크로소프트의 열망 때문일 것이다. 하지만 현실은 몇몇 아주 중요한 기능들을 놓치게 되는 결과를 낳고 말았다. 시간이 지나면서 이 문제들을 수정하길 기대한다.

마지막으로, 그럼에도 불구하고 오피스 모바일은 정확히 마이크로소프트가 약속했던 모습 그대로이다. 특히 윈도우 오피스 2010 최신 버전과 새로운 오피스 웹 애플리케이션 및 Windows Live SkyDrive와 SharePoint 2010의 온라인 저장 기능을 잘 이용하는 오피스 사용자들에게는 훌륭한 모바일 동반자이다. 완벽하지는 않지만, PC 데스크톱, 웹, 핸드폰이 철저히 통합될 미래를 향해 중요한 한 걸음을 내디뎠다고 보인다.

전화 걸기 및 음성 메시지 이용하기

이 장에서

- ▸ 어떤 계정 유형이 주소록을 지원하는지 이해하기
- ▸ 전화 걸기와 받기
- ▸ 연락처를 이용하여 전화하기
- ▸ 키패드와 스피커 폰 이용하기
- ▸ 통화 중 소리 끄기 및 대기로 설정하기
- ▸ 통화 전환하기
- ▸ 전화하는 동안 다른 작업하기
- ▸ 받지 못한 전화와 음성 메시지 다루기
- ▸ 블루투스를 이용해 핸즈프리 헤드셋 연결하기
- ▸ 핸드폰과 음성 메시지 설정하기

여러분이 어떤 생각을 하고 있을지 짐작이 간다. 수백 페이지와 여러 장들을 지나 이제야 **전화기**로서의 윈도우폰에 관해 논하겠다니? 처음에는 정당한 비판처럼 들릴지도 모르겠지만, 다시 한 번 생각해보자. 비싼 데이터 요금, 컴퓨터 같은 처리 능력, 풍부한 써드파티 애플리케이션 및 관련 기능들, 대부분의 사람들은 전화기로서보다는 '스마트'한 측면의 스마트폰을 이용하고 있다. 사실, 최근 스마트폰 이용자들에 관한 설문 조사에 따르면, 전화 기능이 스마트폰을 이용하는 사람들의 주요 5가지 활동에도 포함되지 않는다는 것은 그리 놀라운 사실이 아니다. 심지어 문자메시지 조차도 – 다음 장에서 소개되는 – 전화를 걸고 받는 것보다 더 자주 이용된다.

그렇다고 전화 애용자들이 걱정할 필요는 없다. 윈도우폰으로 당연히 전화를 잘 걸고 받을 수 있기 때문이다. 사실 수년간의 이 핵심 기능에 대한 경험을 가지고, 마이크로소프트는 최상의 전화 기능을 가진 윈도우폰을 제작했다. 윈도우폰은 통합 음성 메시지, 스피커폰, 착신 전환 및 통화 중 대기 기능, 핸즈프리 블루투스 헤드셋 통합, 그리고 풍부한 벨소리 및 진동 옵션 또한 지원한다. 심지어 현재 연주 중인 노래나 게임 소리를 꺼서 중요한 전화에 집중할 수 있도록 하고, 그 전화를 끊고 나면 다시 모든 것이 원상복귀 될 수 있도록 해줄 만큼 똑똑하다.

누군가는 이렇게 말할 수도 있을 것이다. 실제 전화 기능에 관한 한, 마이크로소프트가 자신의 **스마트**함을 이 스마트폰에 넣어 놓은 것 같다고 말이다.

주소록 계정 설정하기

이미 설명했듯이, 윈도우폰에는 설정할 수 있는 다양한 계정 유형이 있다. 이 계정 유형들은 여러모로 차이가 있다. 이 계정들 중에서 기본 Windows Live 계정은 좀 특별한데, 메신저 소셜 피트를 통해 어떤 웹 서비스들이 여러분의 핸드폰에 연결될지를 결정하기 때문이다. 이 계정은 또한 Zune, Xbox Live, Windows Live Photos, 내 핸드폰 찾기 등을 포함한 매우 다양한 마이크로소프트의 서비스들에 연결되어 있다.

이 특별한 기본 계정뿐만 아니라, 서로 다른 유형의 복수 계정을 설정할 수 있도록 지원한다. 이 계정 유형들에 관해서는 다른 장에서 좀 더 자세히 다루지만, 어떤 계정 유형들이 주소록을 지원하는지 여러분들이 다시 한 번 상기할 수 있도록 짧게 살펴보기로 한다. 왜냐하면 이 기능은 전화를 걸거나 받는데 이용되는 사람 허브(People hub)와 통합 주소록의 기본이 되기 때문이다.

주소록 지원을 포함하는 계정 유형들은 다음과 같다.

▶ **Windows Live:** 이 계정 유형은 여러분의 기본 계정(이메일, 주소록, 캘린더, 사진들, 피드들 등등을 지원하는)이나 또는 이메일, 주소록 그리고/혹은 캘린더를 지원하는 보조 '일반' 계정으로 설정할 수 있다. 하지만 기본 계정으로 작동하는 최소 한 개의 Windows Live 계정은 꼭 가지고 있어야 한다. 또한 여러 개의 다른 Windows Live 계정들도 마찬가지로 설정할 수 있다.

▶ **페이스북:** 윈도우폰은 페이스북 계정을 명백히 지원하지만, 무엇을 동기화 할 것인지에 대한 제어는 할 수 없다. 만약 페이스북 계정을 활성화시키면, 윈도우폰은 이 서비스의 주소록, 사진, 피드들에 연결한다. 몇 가지 페이스북 기능만 사용하는 건 가능하지 않고, 특정 주소만을 동기화 한다거나 하는 제어를 할 수 없다. 결국 다 사용하거나 아니면 아예 사용하지 않거나이다.

▶ **Outlook**: Exchange-유형 서버를 위해 설계된, 이 계정 유형은 이메일, 주소록, 그리고/혹은 캘린더 데이터와 작동한다. 그러나 이것은 Exchange만을 위한 것은 아니다. 사실 Outlook 계정 유형은 내부적으로 엑스체인지 액티브싱크(EAS)라는 기술을 이용하는 어떤 계정과도 작동한다. Gmail/구글 캘린더, 마이크로소프트 Hotmail, 및 기타 등등의 수많은 서비스들이 이 기술을 이용하는 계정들에 해당된다.

▶ **구글**: 마이크로소프트는 구글의 Gmail(이메일과 주소록)과 구글 캘린더가 인기가 있기 때문에 이 서비스를 별도로 지원하고 있다, 하지만 Outlook 옵션을 이용하여 계정을 설정하는 것도 그다지 어렵지 않다. 이 계정은 내부적으로 EAS를 이용하여 같은 방법으로 설정되기 때문이다.

전화 걸기와 받기

윈도우폰에서는 전화를 걸고 받는 전화기와 관련된 기본적인 기능을 폰(Phone)이라는 애플리케이션을 통해 제공한다. 이 애플리케이션이 비록 필요에 따라서는 다른 애플리케이션과 동시에 실행되도록, 전문 용어로 **멀티태스킹(multitasking)**이라고 불린다. 설계되어 있기는 하지만 메일, 캘린더 등의 다른 내장 애플리케이션들과 큰 차이는 없다.

멀티태스킹과 윈도우폰

실제로 윈도우폰이 멀티태스킹을 지원하느냐와 관련하여 논란이 있다. 사실 지원한다. 그렇지만 기본적으로는 오직 마이크로소프트가 제공하는 애플리케이션에서만 이 기능을 지원한다. 하지만 마이크로소프트는 시간이 지나면 진정한 써드파티 멀티태스킹을 지원할 수 있도록 하겠다고 약속했다. 멀티태스킹은 몇 개의 작업들을 동시에 실행하는 것을 의미한다. 예를 들어, 만약 여러분이 뮤직+비디오의 Zune 소프트웨어를 통해 음악(혹은 오디오 Podcast)을 들으면서 다른 애플리케이션(게임이 아닌)으로 옮겨가도, 그 음악이 계속 연주되고 있는 것이다. 마찬가지로, 다른 작업을 하면서 전화 통화를 할 수도 있다. 그리고 만약 어떤 애플리케이션을 이용하고 있는 중에 전화벨이 울리면, 하던 일을 멈추지 않고도 전화를 받을 수 있다. 다른 형태의 멀티태스킹은 좀 더 알아채기 힘들다. 예를 들어 여러분이 다른 작업을 하는 동안 인터넷 익스플로러가 웹사이트를 로딩하거나 파일을 다운로드 하는 것을 들 수 있다.

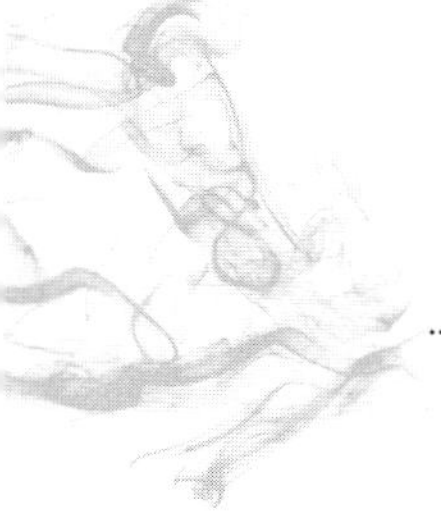

다양한 방법으로 폰 애플리케이션에 접근할 수 있지만, 가장 눈에 띄는 것은 폰 라이브타일이다. 이 폰 라이브타일은 그림 13-1과 같이 시작화면의 맨 위에 위치해 있다.

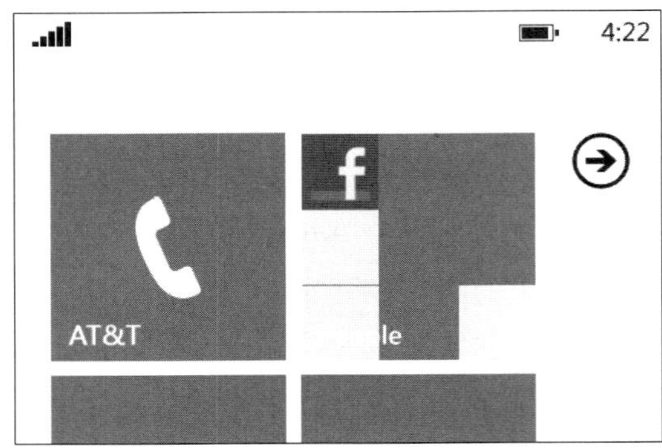

그림 13-1   폰 애플리케이션 라이브타일

▶ 만약 폰이
비행기 모드로
되어 있다면, 폰
라이브 타일은
네트워크에
연결되어 있지
않기 때문에
'전화기 꺼짐
(Phone off)'
으로 표시된다.

이 라이브타일은 무선 네트워크 사업자의 이름을 표시할 뿐만 아니라 다른 상태 정보들도 제공한다. 만약 한 통이나 그 이상의 받지 못한 전화가 있을 경우, 이 타일은 전화기 아이콘 옆에 받지 못한 전화의 수를 표시한다. 또한 한 통이나 그 이상의 음성 메시지가 기다리고 있는 경우에도, 작은 음성 메시지 아이콘(레코드 테이프처럼 생긴)이 전화기 아이콘 아래에 표시된다.

폰 라이브타일을 누르면, 이 폰 애플리케이션이 실행된다. 그림 13-2와 같이, 폰은 단일 화면 애플리케이션이며, 다른 내장 애플리케이션들과는 달리, 회전축을 기준으로 하는 화면 기능을 제공하지 않는다. 대신, 화면에는 전화 통화 목록이 표시되고, 애플리케이션 바 버튼들을 통해서 이용할 수 있는 몇몇 다른 옵션들이 표시된다.

전화 통화 목록은 말 그대로를 의미한다. 이것은 연락처들, 음성 메시지 및 전화를 받았거나 걸었던 번호들의 목록을 표시한다. 걸었던 전화는 발신으로 표시되고 받은 전화는 수신으로 표시된다. 받지 못한 전화는 눈에 띄도록 핸드폰 테마 색상으로 강조 표시된다. 그림 13-3 참조.

윈도우폰의 다른 목록에서처럼 통화 목록도 스크롤 할 수 있다.

이 목록의 연락처 중 하나로 전화를 하고 싶다면, 해당 항목 옆에 있는 전화기 아이콘을 누른다. 항목 이름을 눌렀을 때, 그 항목이 연락처라면, 연락처 정보 화면으로 이동하게 된다.

이 폰 애플리케이션 화면에서는 음성 메시지로 접근할 수도 있고, 직접 전화를 걸기 위한 키패드를 불러올 수도 있고, 사람 허브의 통합 주소록에 접속할 수도 있다.
이들 모두가 중요한 작업이기 때문에, 각각에 대해 하나씩 살펴보기로 한다.

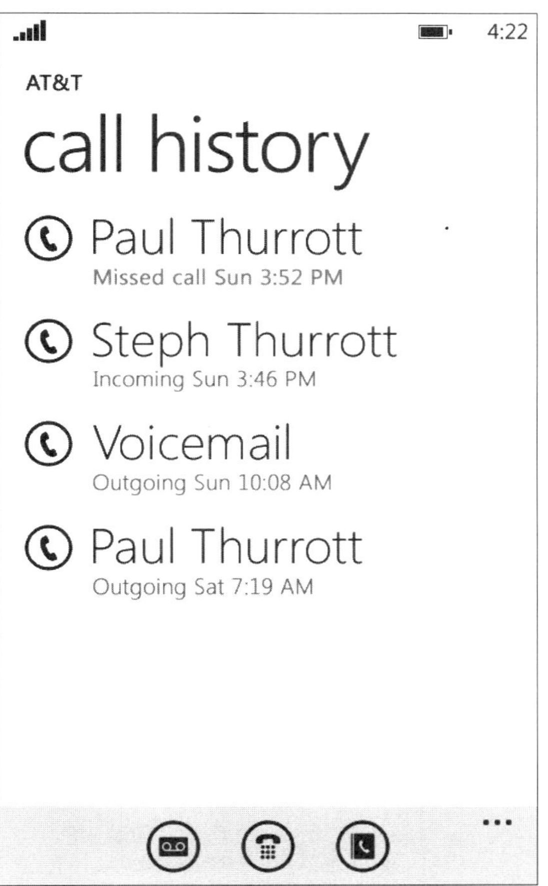

그림 13-2 폰 애플리케이션은 단일 화면으로 상당히 간단하다.

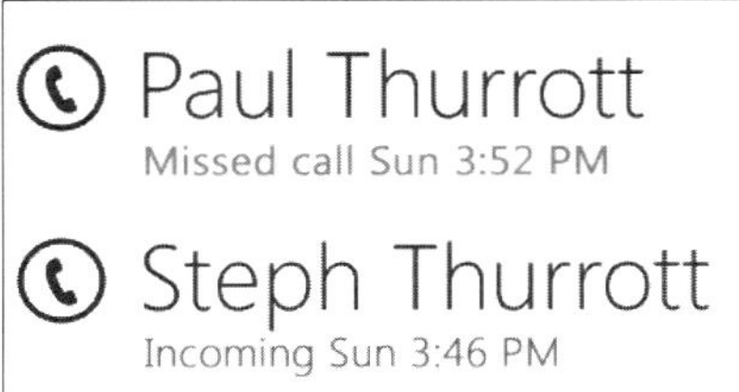

그림 13-3 받지 못한 전화는 전화 통화 목록에 뚜렷하게 표시된다.

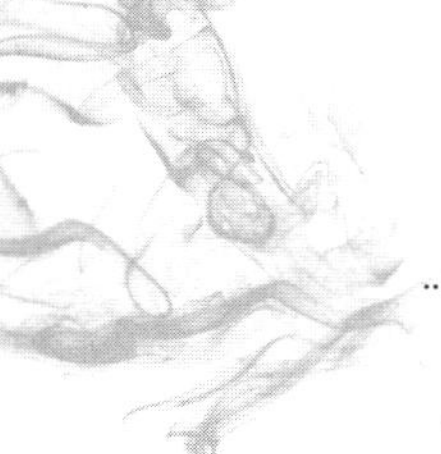

연락처로 전화걸기

주소록 기능은 어떤 스마트폰에서든 전화 서비스에서의 명백한 핵심 기능이다. 윈도 우폰에서도 이 기능은 기대하는 바대로 작동한다. 여러분은 사람 허브에서 주소록 목록을 통해 검색할 수 있고, 그 사람에게 전화를 걸려면 전화번호 링크를 누르면 된다. 혹은 직접 폰 애플리케이션에서 쉽게 접근할 수 있는데, 사람들 버튼을 누르면 같은 화면이 나타난다. 즉, 그림 13-4와 같이 사람 허브의 모두 보기 목록(All)을 바로 불러오게 되는 것이다.

이제는 익숙해진 방법으로 전화를 걸고자 하는 연락처를 찾기 위해 아래로 스크롤 (혹은 문자 단축 버튼을 이용한다) 해 내려간다. 그리고 목록에 있는 상대방 이름을 누른다. 그러면 그 사람의 연락처 정보가 나타난다. 그림 13-5와 같은 모습이다.

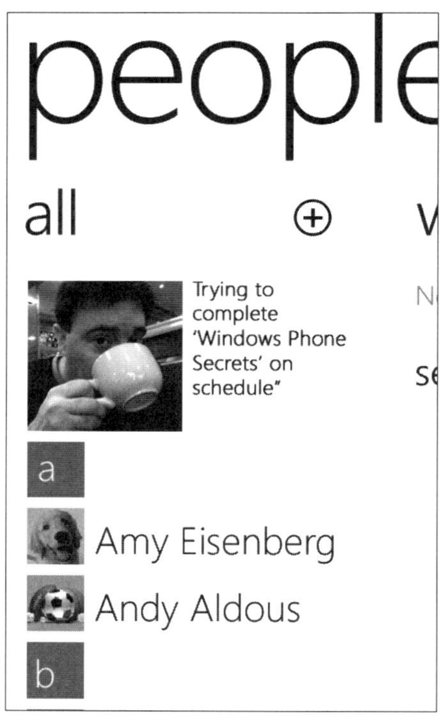

그림 13-4 폰 애플리케이션에서 바로 사람 허브(People Hub)의 모두 보기 목록에 접근 할 수 있다.

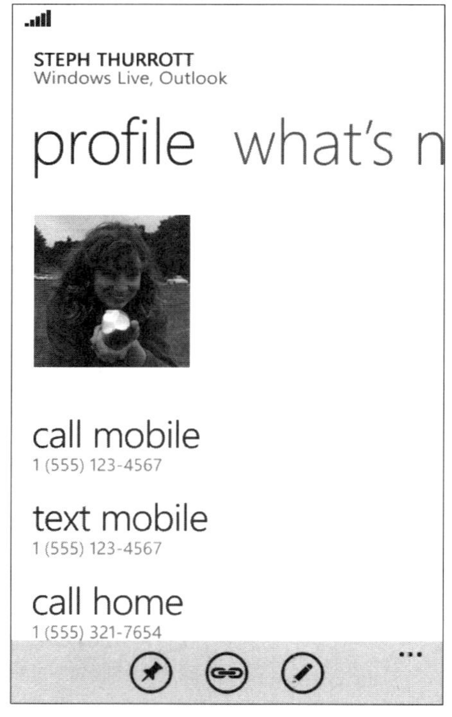

그림 13-5 대부분의 연락처 정보 화면에는 눈에 띄는 전화 링크를 가진 전화번호들을 포함하고 있다.

대부분의 많은 연락처들은 연락처 정보에 한 개나 그 이상의 전화번호를 포함하게 된다. 그리고 각각의 전화번호는 핸드폰, 집 전화, 회사 전화 등의 전화번호 링크로 표시된다. 전화 걸기를 원하는 곳을 선택해 누른다. 그러면 윈도우폰 전화 통화 화면이 그림 13-6처럼 나타난다. 이 중첩 화면은 현재 화면 위에 나타난다.

그림 13-6 윈도우폰 전화 통화 화면

여기서는 핸드폰을 보통 전화 통화를 하듯이 이용할 수 있다. 통화가 끝나면, 종료 버튼을 눌러 전화를 끊는다.

이 전화 통화 화면에 두 개의 추가 버튼이 보일 것이다. 키패드와 More 옵션 버튼이다. 이들을 살펴보기로 하자.

키패드 이용하기

핸드폰의 키패드에 접속하는 이유에는 일반적으로 두 가지가 있다. 전화 통화 도중에 일련의 숫자를 입력해야 할 때, 예를 들면 자동 응답 전화에 연결되어 선택을 하기 위해 1, 2 또는 다른 숫자를 눌러야 하는 경우가 있을 수 있다. 다른 한 가지는 주소록에 없는 전화번호를 직접 입력하려고 할 때이다.

전화를 걸기 위해 키패드에 접근하려면, 화면에 나타나 있는 키패드 버튼을 누르면 된다. 그러면 이 화면이 전체 화면으로 확장되면서, 커다란 키들을 가진 가상 키패드를 표시한다(그림 13-7).

전화번호를 직접 입력하길 원한다면, 키패드에 바로 접근할 수도 있다. 그렇게 하

▶ 전화통화를 하면서 키패드를 동시에 사용하는 경우라면, 핸드폰의 스피커폰을 이용하는 것도 종종 유용하다. 그러면 전화 내용도 들으면서 키패드도 누를 수 있다. 스피커폰 기능은 이 장의 뒤쪽에서 다룬다.

기 위해서는, 폰 애플리케이션을 실행하여 키패드 애플리케이션 바 버튼을 누른다. (이것은 중앙에 있는 작고 귀여운 핸드폰 모양의 버튼이다.) 그러면, 화면에는 그림 13-8과 같은 커다란 키패드가 나타난다. 여기에는 몇 가지 옵션들이 더 있다.

▶ 첫째, 우리들의 할머니들께서 30년 전에 하셨던 것처럼, 다른 전화에 직접 전화를 걸 수 있다. (완전히 똑같지는 않다. 30년 전에는 지역 번호가 필요 없었으니까.) 일단 번호를 누르고, 전화 걸기를 누른다. 만약 입력하는 번호가 주소록에 등록된 것이 아니라면, 해당 번호와 연결된 이름이 없기 때문에, 전화 통화 화면에는 이름이 나타나지 않는다. 대신, 그림 13-9와 같이 번호만 표시된다.

> **Note** 이런 방식으로 전화번호를 누르게 되면, 핸드폰에서는 옛날 방식의 전화 걸 때 나는 기계음이 들릴 것이다.

그림 13-7 전화 통화 화면의 키패드

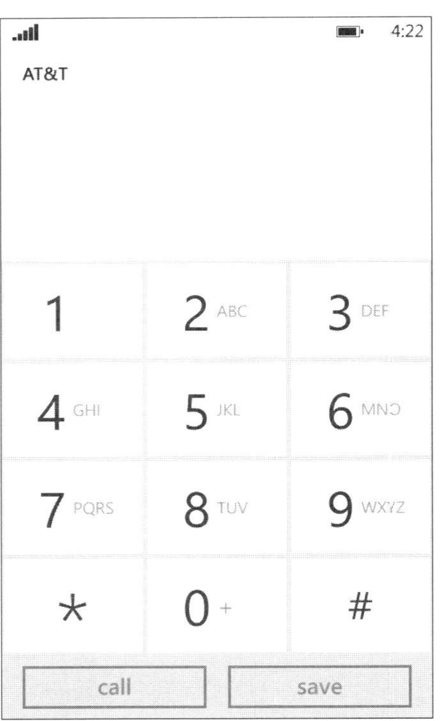

그림 13-8 직접 키패드에서 전화를 걸 경우, 몇 가지 추가 옵션이 나타난다.

그림 13-9 주소록에 등록된 번호가 아닌 경우에는 번호의 소유자 대신 숫자가 그대로 표시된다.

▶ 필요하다면 키패드를 새로운 전화번호를 저장하는 데 이용할 수도 있다. 그렇게 하려면, 해당 전화번호를 입력한 후 전화하기 대신 저장하기를 누른다. 그림 13-10과 같은 주소 선택 화면이 나타난다. 여기서 이 전화번호를 이미 존재하는 연락처(예전 번호를 대체하기 위해)에 넣거나 아니면 새로운 연락처를 생성할 수 있다.

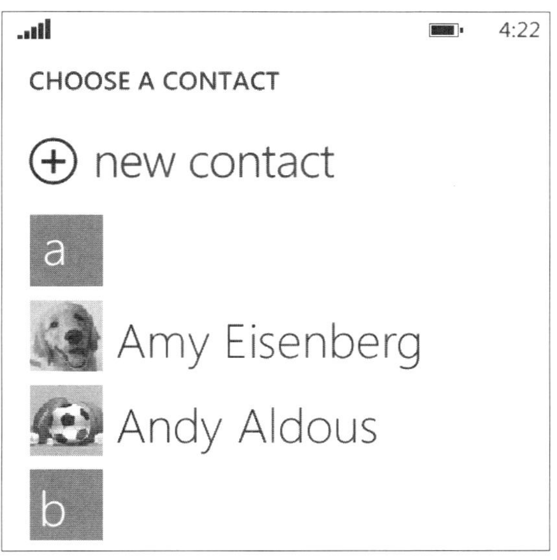

그림 13-10 새 전화번호를 기존의 연락처에 저장하거나 또는 새로운 연락처를 생성할 수 있다.

More 옵션 이용하기

전화 통화를 하고 있는 도중에, 스피커폰 이용하기, 무음으로 통화하기, 대기 상태로 두기 혹은 첫 번째 전화를 끊지 않은 상태로 두 번째 전화 걸기 등과 같은 작업을 하고 싶을 수도 있다. 이 작업들은 모두 More 옵션 버튼을 통해서 가능한데, 전화 통화 화면에서의 아랫방향 화살표 버튼이 이것이다(이것은 통화를 하고 있는 중에만 볼 수 있다).

이 옵션들에 접근하려면, More 옵션 버튼을 누른다. 전화 통화 화면에 그림 13-11처럼 옵션들이 표시된다.

다음 섹션에서는 이 각각의 옵션들을 살펴보기로 한다.

스피커폰 사용하기

기본으로 전화 통화 시에는 화면 상단에 위치한 작은 스피커가 이용되는데, 소리를 잘 듣기 위해서는 핸드폰을 귀 가까이에 놓아야 한다. 그러나 특별한 경우에는 – 키패드를 이용하는 경우라든지 – 통화 소리도 들으면서 핸드폰에서 다른 작업을 동시에 해야 할 경우도 있을 것이다. 이런 경우가 바로 스피커폰이 필요한 때이다.

스피커폰 모드로 접근하려면, 통화 화면의 More 옵션에 있는 스피커 버튼을 누른다. 그러면 스피커폰 기능이 활성화 되었다는 의미로 스피커 버튼이 강조 표시되고, 핸드폰의 스피커와 마이크가 조금 다르게 작동할 것이다. 이제 핸드폰을 머리에서 떼고, 여러분 앞쪽 어느 곳에 핸드폰을 놓는다(이 스피커폰 모드 상태에서 핸드폰을 머리 옆에 두면, 소리가 커서 시끄러울 것이다). 핸드폰은 화면 상단의 작은 스피커를 이용하는 대신에 사운드 출력을 위한 더 큰 스피커(기기에 따라서는 하나 이상의 스피커들이 있을 수도 있다)를 이용하게 된다. 그리고 내장 마이크는 여러분의 입과 핸드폰 사이의 추정 거리에 대한 범위를 확장한다.

스피커폰은 스위치처럼 작동한다. 이 기능을 해제하려면 스피커 버튼을 다시 눌러준다.

통화 중 무음 설정하기

만약 통화 중에 무음 – 즉, 통화 상대가 여러분의 전화기로부터 아무것도 들을 수 없도록 하는 것 – 으로 설정하고 싶다면 무음 버튼을 누른다. 그러면 무음 버튼이 강조 표시되고, 전화 통화 화면 위에는 무음 중(ON MUTE)라는 텍스트가 표시된다. 그림 13-12 참조

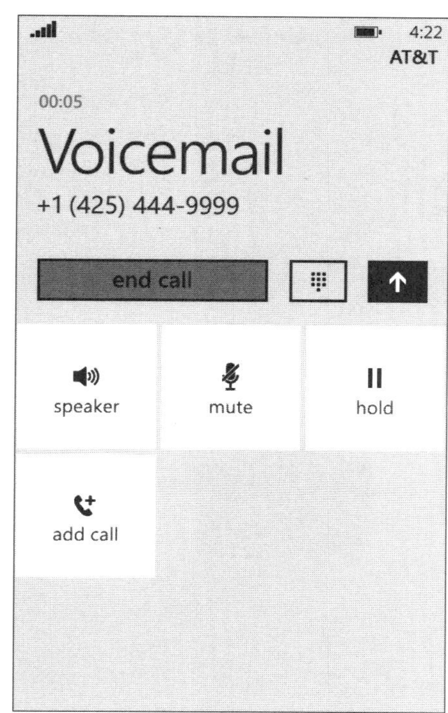

그림 13-11   More 옵션 버튼으로 기타 추가 기능을 이용할 수 있다.

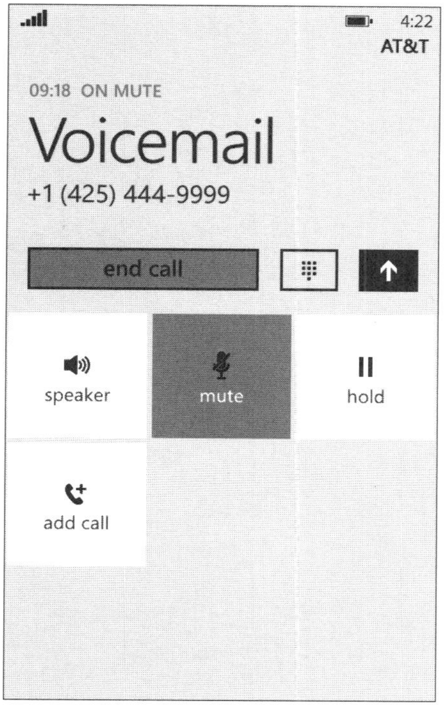

그림 13-12   무음으로 통화하기.

무음 설정을 해도 상대방으로부터 **들려오는** 소리는 무음이 되지 않는다. 이것은 그렇게 의도된 것이다. 무음 설정은 예를 들어 컨퍼런스 중인 경우, 그 니용을 여러분이 들을 순 있지만, 여러분 주변에서 나는 소음들이 다른 사람들을 방해하지 않도록 하려는 경우를 위한 것이다.

무음 설정도 스위치처럼 작동한다. 무음 설정을 해제하려면 다시 그것을 눌러주면 된다.

통화 중 대기 모드로 설정하기

양쪽 전화를 무음으로 설정하고 싶다면 통화 중 대기 모드로 설정할 수 있다. 이것은 전화를 끊는 것이 아니다. 대신, 양쪽 모두 이 대기모드를 해제할 때까지 아무것도 들을 수 없다. 이 기능을 켜려면, 대기 버튼을 누른다(그림 13-13).

▶ 무음과 스피커 설정은 서로 배타적이지 않기 때문에, 양쪽을 함께 설정할 수 있다. 그래서 여러분 자신의 소리는 나지 않지만, 소리 출력은 외장 스피커로 나오도록 할 수 있다.

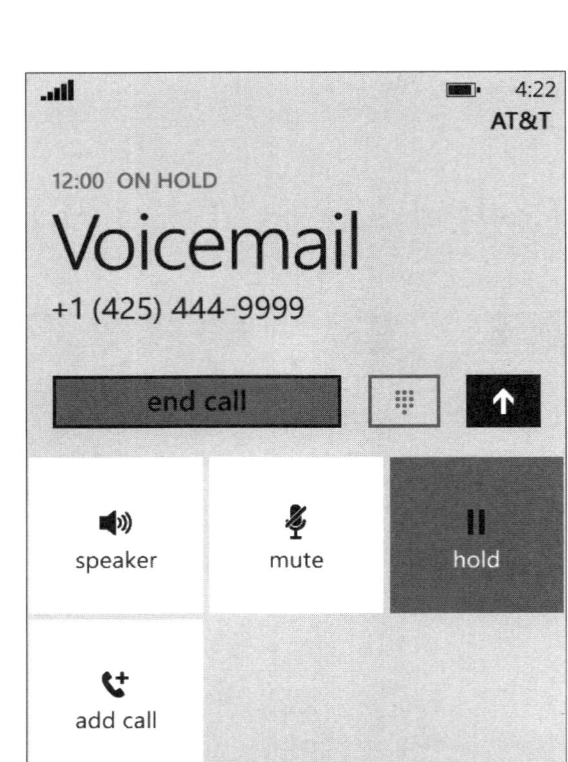

그림 13-13   여러분이 전화를 걸 때마다 케이블 회사에서 하는 것처럼, 대기 모드로 설정하기.

첫 번째 전화를 끊지 않고 두 번째 전화 걸기

끝으로 윈도우폰은 현재 통화하고 있던 전화를 대기 모드로 바꾸고, 두 번째 전화 통화를 할 수 있도록 하는 통화 추가하기(Add Call)라는 재미있는 기능을 지원한다. 두 개의 전화 통화가 연결되어 있을 때, 여러분은 그 사이를 오가며 통화할 수 있다(세 사람이 동시에 연결해서 전화로 회의를 할 수는 없다).

이것은 다음과 같이 작동한다. 전화를 하는 동안 전화 통화 화면의 More 옵션 버튼을 누른다. 그리고, 통화 추가하기를 누른다. 그러면 현재 전화 통화는 대기 모드가 되고, 화면 상단에는 대기 중(ON HOLD)이라는 작은 텍스트가 표시된다. 그림 13-14 참조.

그림 13-14 전화 사이를 옮겨 다니려면, 일단 첫 번째 전화가 대기 모드로 설정되어야 한다.

이제 메인 화면이 폰 애플리케이션의 전화 통화 목록으로 바뀐다. 여기서 여러분은 목록에서 연락처나 번호를 선택할 수 있고, 혹은 다른 전화번호를 직접 입력하기 위해 키패드 버튼을 누를 수 있으며, 사람 허브에서 연락처를 선택하려면 사람(People) 버튼을 누르면 되고, 음성 메시지를 듣기 위해 음성 메시지를 누를 수도 있다(음성 메시지는 이 장의 뒷부분에서 다룬다).

어떤 방법으로 하든지 결국에는 다른 사람과 통화를 할 수 있다. 화면 상단에 작은 통화 상태 바가 나타나 있는 것을 확인할 수 있다. 이 바를 통해서 두 전화 통화 사이에서 전환할 수 있다. 전환하려면 이 상태 바를 누르면 된다(그림 13-15). 이 두 통화 중 하나가 끝나면, 작은 상태 바가 사라지고 일반 전화 통화 화면으로 돌아온다.

그림 13-15 통화 상태 바를 이용해, 두 개의 서로 다른 전화 통화 사이를 전환할 수 있다.

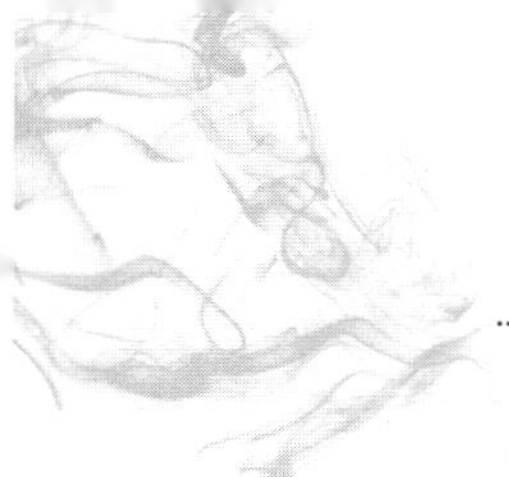

통화 중에 다른 작업하기

앞에서 언급한 바와 같이 폰 애플리케이션으로 멀티태스킹을 할 수 있는데, 즉, 전화 통화를 하는 중에 다른 작업을 할 수 있다는 의미이다. 이 기능을 살펴보려면, 전화 통화를 스피커폰으로 해놓고(상대방의 말소리를 듣지 않을 정도로 무례해지고 싶지는 않을 것이다), 시작 버튼을 누른다. 그러면 화면이 시작화면으로 바뀌게 되는데, 그림 13-16과 같이 화면 상단에는 작은 통화 상태 바가 표시되어, 원래 크기의 전화 통화 화면으로 접근할 수 있도록 해준다. 이 상태 바를 누르면 일반 통화 화면으로 돌아가게 된다.

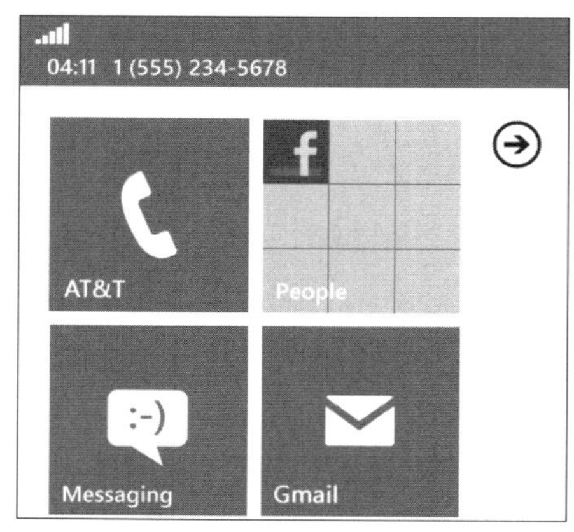

그림 13-16 작은 전화 통화 상태 바는 또한 통화 중에 다른 애플리케이션들을 이용할 수 있도록 해준다.

통화 화면으로 돌아가려는 게 아니라면 계속 하던 일을 하자. 이메일을 체크하거나, 웹을 살펴보거나, Bing을 검색하거나, 캘린더를 살펴볼 수도 있고, 전화 통화를 하면서 수많은 다른 작업들을 할 수 있다. 결국에는 물론 전화 통화를 끊고 싶을 수도 있다. 그렇다면 작은 전화 통화 상태 바를 누른 후, 전화 끊기를 누른다. 참, 간단하다.

전화 받기

대부분의 전화 통화들은 물론 다른 사람들로부터 걸려온 것이다. 그리고 그 순간 무엇을 하고 있었느냐에 따라 전화에 대한 반응이 약간씩 다르다.

전화가 꺼져(잠겨 있거나)있는데 전화가 온다면, 화면이 켜지면서 전화 수신 벨이 울린다. 화면 하단에는 전화를 걸어온 번호와 함께 수신 전화(INCOMING CALL)라는 텍스트가 나타난다. 만약 그 번호가 주소록에 있는 번호 중 하나라면, 발신자의 이름이 나타나는데, 사진도 있다면 함께 표시된다. 이 화면은 그림 13-17과 같다.

살짝 떨리고 있는 화면 아래쪽에는 위로 올리기(Slide up)라는 텍스트가 나타난다. 화면을 위로 밀어 올리면, 응답하기(Answer)와 무시하기(Ignore) 두 개의 버튼이 나온다. 이 두 버튼의 사용법은 명백하다. 그런데 여기서 아무것도 수행하지 않게 되면,

전화는 결국 멈추고 음성 사서함으로 넘어가게 된다.

전화가 왔을 때, 다른 작업을 하고 있는 중이었다면 화면이 조금 달라진다. 여러분은 같은 이름과 전화번호, 사진을 보게 되지만, 응답하기와 무시하기 커튼이 바로 나타나서, 화면을 위로 올릴 필요가 없어진다(그림 13-18).

그림 13-17 일어나세요! 전화가 왔습니다.

그림 13-18 방해해서 죄송하지만, 전화가 왔습니다.

만약 이미 전화 통화 중인데 다른 전화가 온 것이라면, 그림 13-19와 같은 조금은 놀라운 화면을 보게 된다. 여기에서 여러분은 수신된 전화에 대한 정브와 함께 세 가지 선택 옵션을 갖게 된다. 응답하기, 무시하기 그리고 전화 끊고+응답하기이다. 마찬가지로 이 세 가지도 명백하다. 그럼에도 불구하고 참 인상적인 화면이다.

▶ 전화가 왔을 때 음악을 듣고 있었다면, 음악은 조용해지면서 멈춘다. 전화 통화가 끝나면, 여러분이 플레이하지 않아도 음악은 다시 자동으로 나타나 시작된다. 나이스!

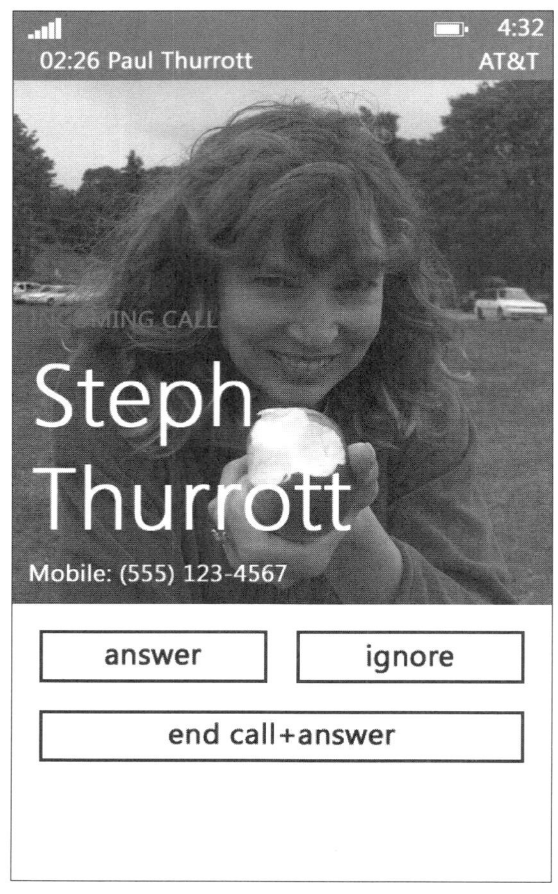

그림 13-19   세 가지 선택 사항 중 무엇을 선택할지는 생각이 좀 필요하다.

부재중 전화 다루기

항상 전화를 받을 수 있는 것은 아니기 때문에 때로는 수신 전화에 대해 응답을 못할 때가 있다. 바빴을 수도 있고, 벨을 듣지 못했을 수도 있을 것이다. 혹은 전화기가 좀 멀리 있었거나 통화 중이었을 수도 있다. 이유야 어찌 되었든 전화를 받지 못했다. 그렇지만 자책할 필요는 없다.

> **Note** 만일 여러분이 직접 무시하기 버튼을 눌러 수신 전화를 받지 않았다면, 이 부분의 설명과는 관계가 없다. 여기서는 일부러 받지 않는 것이 아닌 받지 못한 전화에 관한 내용이다. 즉, 전화가 왔을 때 말 그대로 전화기 자체를 무시했을 수도 있다. 그러한 경우는 전화기를 건드리지도 않았기 때문에 정말 그 통화를 놓친 것이다.

나중에 핸드폰을 켰다고 하자. 무엇을 볼 수 있을까?

전화를 받지 못한 상태에서 핸드폰을 켜면, 잠김 화면 왼쪽 아랫부분에서 작은 핸드폰 아이콘 옆에 숫자가 표시된 것을 볼 수 있다. 이 숫자는 여러분기 받지 못한 통화의 수를 의미한다.

핸드폰의 잠김을 풀고 시작화면을 보면, 폰 라이브타일에도 마찬가지로 수신하지 못한 전화의 수를 나타내는 숫자가 표시되어 있다. 이 타일을 누르면, 폰 대플리케이션이 시작되는데, 이번에는 한 통의(혹은 그 이상의) 받지 못한 전화가 바로 통화 목록의 맨 위에 나타난다. 그러면 그 번호로 다시 전화를 할지, 만약 음성 메시지가 남겨져 있다면 그것을 확인할 것인지 선택할 수 있다.

음성 메시지를 확인하는 방법은 바로 다음 섹션을 참고하자.

음성 메시지 이용하기

윈도우폰은 폰 애플리케이션을 통해서 기본 음성 메시지 기능을 제공한다. 여러분은 언제든지 음성 메시지 애플리케이션 바 버튼을 눌러 음성 사서함에 전화를 걸 수 있다. 이 번호는 무선 사업자에 의해 자동으로 설정되는데, 필요하다면 그 번호를 직접 바꿀 수도 있다. 물론 음성 메시지의 사용 방법도 무선사업자에 따라 다양하며, 윈도우폰에서 별도로 제공하는 것은 아니다. 음성 메시지를 확인할 때어는 음성 메시지 시스템의 음성 메뉴들을 선택해야 하기 때문에 자동으로 통화 화면어 키패드가 나타난다. 그림 13-20 참조.

새 음성 메시지를 받으면 많은 일들이 일어난다. 일반적으로 여러분은 부재 중 전화도 함께 받은 셈이 되는데, 그래서 잠김 화면과 시작화면의 라이트타일 모두에 부재중 전화수가 한 통 늘어난다. 새로운 음성 메시지가 도착하면, 벨이 울리고 화면 상단에는 메시지의 도착을 알리는 작은 상태 바가 표시된다. 또한 잠김 화면과 시작화면에는 음성 메시지가 도착했다는 것을 알리는 작은 음성 메시지 표시가 핸드폰 아이콘에 추가된다.

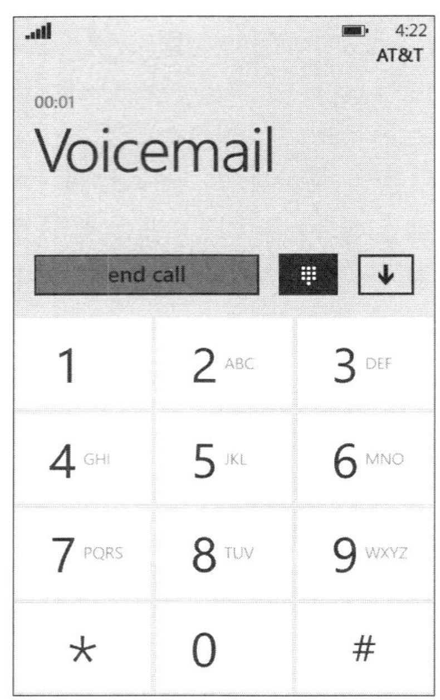

그림 13-20 음성 사서함에 전화를 걸면 자동으로 키패드가 나타난다.

또한 폰 애플리케이션 내의 음성 메시지 애플리케이션 바 버튼도 바뀌는데, 몇 통의 음성 메시지가 기다리고 있는지 그 숫자가 추가된다. 그림 13-21을 참조한다.

그림 13-21 이곳이 얼마나 많은 음성 메시지가 기다리고 있는지 눈으로 확인할 수 있는 유일한 곳이다.

블루투스 다루기

윈도우폰은 일반 내장 전화 기능에 추가하여, 마이크와 이어폰이 결합된 작은 무선 헤드셋을 핸드폰에 연결하는 데 주로 이용되는 블루투스도 지원한다. 블루투스는 단

거리 기기 사이에서 무선으로 연결하기 위한 산업 표준으로서 속도가 비교적 느린 편이기 때문에 Wi-Fi나 3G 유형의 무선 연결에 대한 경쟁자라고 할 수는 없다. 그러나 블루투스의 편리함과 무선 헤드셋의 저렴함 때문에 블루투스는 핸드돈과 이제는 스마트폰에서도 필수 기능이 되었다.

블루투스가 다른 유형의 기기들과 연결되는 방법은 일련의 블루투스 **프로파일들에** 의해서 정의된다. 일반적인 핸드폰들, 엄밀히 말해 윈도우폰과 관련하여 특히 의미 있는 것이 한 가지 있다. 그것은 핸드폰과 핸즈프리 헤드셋 사이의 통신과 제어를 위한 블루투스 프로파일이다.

윈도우폰은 최신 블루투스 버전(블루투스 2.1+EDR)과 다음과 같은 특정 블루투스 프로파일들을 제공한다.

- ▸ **핸즈프리 프로파일**(Hands-Free Profile, HFP) 1.5: 일반적으로 자동차에서 핸즈프리 인터페이스를 위해 이용된다.

- ▸ **헤드셋 프로파일**(Headset Profile, HSP): 가장 일반적인 BT 프로파일, HSP는 무선 헤드셋을 지원한다.

- ▸ **블루투스용 고음질 프로파일**(Advanced Audio Distribution Profile, A2DP) 1.2: 이 프로파일은 블루투스를 통해서 고음질 모노, 스테레오 오디오 재생을 제공한다.

- ▸ **오디오/비디오 리모트 제어 프로파일**(A/V Remote Control Profile, AVRCP) 1.0: 이 프로파일을 통해 블루투스 기기를 리모트 제어에 이용할 수 있다. 윈도우폰은 가장 기본적인 리모트 제어 기능들(재생, 일시 정지, 멈춤 등)만 제공하고 있다.

- ▸ **전화번호부 액세스 프로파일**(Phone Book Access Profile, PBAP): 이 프로파일은 블루투스 호환기기가 다른 블루투스 호환기기와 주소록 데이터를 교환할 수 있도록 해준다. 주로 자동차 키트에 이용되어, 차량용 디스플레이 상에 연락처 이름을 표시한다.

윈도우폰에 블루투스 헤드셋을 연결 혹은 **페어링**(pairring)시키려면, 모든 프로그램, 설정 그리고 블루투스를 누른다. 이 화면에서 일단 블루투스를 켠다. 블루투스가 켜지면, 설정 페이지는 '검색 중'이란 메시지를 표시한다.

헤드셋을 연결하려면 우선 헤드셋의 전원을 켠다(헤드셋마다 방법이 다르므로, 해당 기기에서 제공하는 설명서를 참조한다). 헤드셋의 일반 기기명과 '페어링하기(tap to pair)'

▸ 블루투스가 활성화되면, 핸드폰 화면 상단 중앙에 블루투스 로고가 표시된다.

417

라는 설명을 포함하는 블루투스 설정 페이지가 나타난다.

잠시 후, 헤드셋은 실제 이름을 윈도우폰에게 알려주고, 검색된 장치 목록에는 일반 기기명 대신에 실제 이름으로 표시된다.

연결하려면 헤드셋의 이름을 누른다. 장치의 이름 아래에 있는 설명이 '연결 중'으로 바뀐다.

몇 초 후, 장치들이 연결되고, 장치 이름 아래에는 '연결됨'으로 표시된다. 그림 13-22 참조.

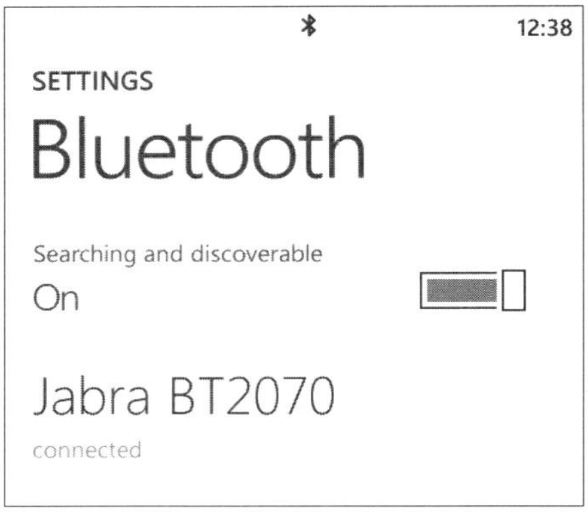

대부분의 핸즈프리 헤드셋들은 비슷한 방식으로 작동한다. 헤드셋 장치가 켜지고, 핸드폰과 연결되고, 전화가 오면, 핸드폰 화면의 응답하기 버튼 대신에 재빨리 헤드셋의 전원 버튼을 누른다. 그러면 이제 핸드폰의 마이크와 스피커가 아닌 헤드셋으로 통화를 할 수 있게 된다.

그밖에, 핸드폰의 내장 하드웨어와 헤드셋 사이를 전환할 수도 있다. 핸드폰에서 프로그램의 응답하기 버튼을 눌러 대답하면, 나중에 헤드셋의 전원 버튼을 눌러 통화를 헤드셋으로 전환할 수 있다.

그림 13-22   윈도우폰과 핸즈프리 헤드셋의 연결.

> **WARNING**   블루투스의 사용은 핸드폰의 배터리 수명에 영향을 끼칠 수 있기 때문에, 이 기능을 사용하고 있지 않다면, 혹은 헤드셋 없이 작업이 가능한 상태라면 블루투스 설정 페이지에서 블루투스를 비활성화시켜 놓는 것이 좋다.

전화와 음성 메시지 설정하기

전화 기능은 윈도우폰에서 필수적인 기능이기 때문에, 제대로 설정되어 있는지 확인하는 것은 매우 중요하다. 몇몇은 예상 가능한 곳에 있지만, 이상하게도 많은 설정들이 여기저기에 분산되어 있다. 하지만 특정 전화 관련 기능들은 간편하게 설정할 수 있는 것들도 있다. 여기서 이 경우들을 모두 살펴보기로 한다.

간편히 바꿀 수 있는 설정

몇 가지 전화 기능들은 즉시 바꿀 수 있는데, 벨소리나 전화 통화에 영향을 주는 음량이 거기에 포함된다. 이것은 쉽게 바꿀 수 있다. 음량을 조절하려면 음량 조절(Volume Up or Volume Down) 버튼을 누른다. 그러면, 새로운 상태 바가 화면 상단에 나타나게 된다. 이 상태 바는 현재 음량뿐만 아니라 몇 가지 다른 정보들도 표시한다 (그림 13-23 참조).

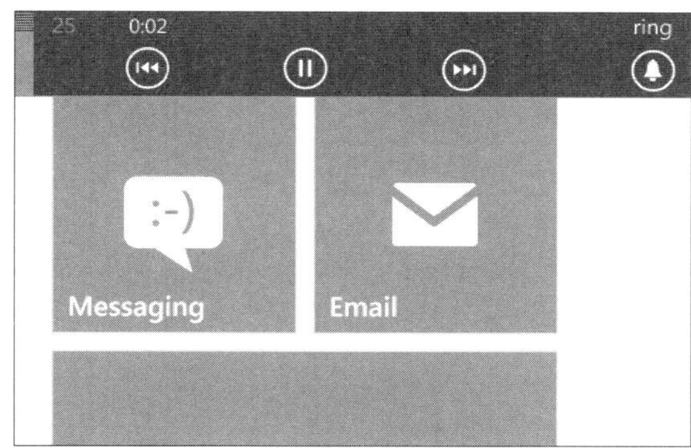

그림 13-23 음량 상태 바에서는 음량, 미디어 재생 및 벨소리를 바로 설정할 수 있다.

이 상태 바의 중앙에는 핸드폰의 미디어 재생 소프트웨어와 관련된 몇 가지 미디어 재생 제어키가 있다. 이 내용은 6장에서 다룬다. 여기에 또 다른 항목이 있는데, 상태 바의 오른쪽에서 핸드폰의 벨소리를 벨소리와 진동 중(기본은 양쪽 모두)에서 골라 선택할 수 있다. 이 설정은 보통 벨소리로 되어 있는데, 이 버튼을 누르면 진동으로 바뀐다.

이렇게 간단히 벨소리나 진동으로 전환할 수 있다. 음량키를 누르그, 음량 상태 바에서 음량 버튼을 누른다. 이것은 급히 벨소리를 꺼야할 때, 가장 좋은 해결책이다. 그렇다면 무음과 같은 제 3의 모드로 바꾸고 싶다면 어떻게 해야 할까? 이 경우에는 핸드폰이 벨소리도 울리지 않고, 진동하지도 않는다. 이 기능에 숨겨진 비밀을 이해하고 싶다면 계속 읽어보자. 이 기능은 곧 살펴보게 될 벨소리와 사운드 설정 페이지에서 찾을 수 있다.

전화 및 음성 메시지 설정

전화와 음성 메시지와 관련한 좀 더 자세한 설정을 살펴보려면, 모든 프로그램, 설정, 애플리케이션으로 가서 폰 애플리케이션을 누른다. 그림 13-24와 같은 화면이 나타날 것이다.

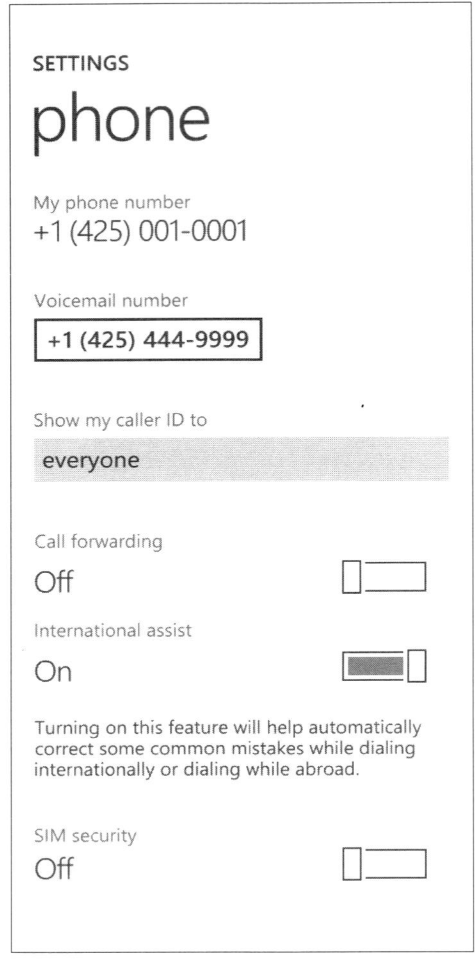

그림 13-24 전화(및 음성 메시지) 설정들

이 설정 화면에서는 다음과 같은 다양한 옵션들을 확인하고 설정할 수 있다.

▸ **전화번호:** 여러분의 핸드폰 번호는 무선 사업자에 의해서 결정되기 때문에, 여

러분 스스로 이것을 바꿀 수는 없다. 그렇지만, AT&T 등에서 이용하는 글로벌 모바일 시스템(GSM) 유형의 무선 네트워크를 이용하고 있다면, SIM(Subscriber Identity Module)카드를 교체함으로써 핸드폰 번호(와 다른 기능들)를 암묵적으로 바꿀 수 있다. 버라이즌 와이어리스사(Verizon wireless)에서 제공하는 것과 같은 CDMA유형 네트워크들은 SIM카드를 이용하지 않고, 기기 자체에 핸드폰 정보를 입력한다.

▶ **음성 사서함 번호:** 이 번호는 무선 사업자에 의해 설정된다. 그러나 구글 보이스 (Google Voice)와 같은 써드파티 음성 메시지 서비스를 이용하고 있다면, 이 번호를 바꾸고 싶을 수도 있다. 이 항목은 핸드폰 번호 항목과는 달리 편집할 수 있다.

▶ **발신자 표시:** 발신자 표시는 번호, 이름 중 하나나 혹은 두 가지 모두를 표시하여 발신자를 식별하도록 하는 서비스이다. 이것은 여러분이 누군가에게 전화를 걸 때 여러분의 전화가 어떻게 표시될지를 결정하는 항목으로 사용한다. 가능한 선택 사항으로는 모두에게 발신자 표시(이름과 번호)하기(기본 설정), 발신자 표시 제한, 주소록에 있는 사람들에게만 표시하기가 있다. 어떤 사람들은 발신자 정보를 제공하지 않는 전화에 대해서 차단 해놓는 경우도 있다는 것을 기억하자. 따라서 여러분이 발신자 표시 제한으로 설정한다면, 누군가에게는 전화를 걸 수 없을 수도 있다.

▶ **착신 전환:** 이것은 여러분의 전화를 선택된 다른 전화번호로 자동으로 전환시켜주는 서비스이다. 이 옵션은 기본 설정으로 꺼져 있다. 이 옵션을 켜면, 새로운 전화번호를 입력하라는 창이 뜬다. 그 번호는 적합하던 그렇지 않던, 혹은 여러분의 것이던 아니던 상관없이 그냥 전화번호이면 된다.

▶ **국제전화 지원:** 기본적으로 활성화 되어 있는 이 기능은 전화를 걸 때 자주 발생하는 실수를 바로잡아 주는데, 특히 국제전화 시에 그러하다. 예를 들어, 이 기능이 켜 있으면 여러분이 한국에서 전화를 걸 경우 전화번호 앞에 국가번호인 82를 붙이지 않아도 된다. 혹은 여러분이 외국에 있을 때나 국내에서 외국으로 전화를 걸 때, 이 기능이 자동으로 빠진 국가 코드나 기타 흔히 빼먹는 번호를 자동으로 채워준다. 간단히 얘기하자면 이 기능을 켜놓지 않을 이유가 없다.

▶ **SIM 카드 보안:** 만약 여러분이나 무선 사업자가 보안을 위해 미리 SIM 카드 (GSM 기기에서만 가능하다)에 PIN 코드로 설정했다면, 이 옵숀을 통해 SIM의

▶ 발신자 표시와 착신전환 기능은 여러분이 사용하는 무선 사업자에 의해 지원되어야만 가능한 기능이다. 만약에 지원이 되지 않는다면, 이 기능들은 회색으로 비활성화 되어 있을 것이다.

잠김을 풀고 SIM 카드를 핸드폰에서 사용할 수 있다. 대부분의 미국용 SIM 카드들은 기본으로 이 기능을 이용하지 않는다(주의, 이 옵션은 여러분의 SIM 카드에서 PIN 기반 보안을 활성화시키는 데는 사용할 수 없다).

벨소리와 사운드

앞서 살펴본 전화 관련 설정 외에도, 윈도우폰은 별도의 벨소리와 사운드 설정 페이지를 설정 메뉴에서 제공한다. 그림 13-25와 같이, 이 화면에서는 벨소리와 진동 기능 및 전화가 왔을 때 재생될 벨소리 선택 등과 같은 수많은 핸드폰 관련 기능들을 설정할 수 있다.

그림 13-25 벨소리와 사운드 설정에서는 전화와 관련한 몇 가지 기능들을 추가로 확인할 수 있다.

벨소리와 진동 둘 다 각각 독립적으로 켜지거나 꺼질 수 있다. 이것은 앞서 살펴본 음량 상태 바의 벨소리/진동 전환과는 약간 다르다. 하지만 그들은 사실 서로에게 영향을 미친다. 그러므로 그들이 어떤 식으로 서로에게 영향을 미치는지 이해하는 것이 중요하다.

- **벨소리 켜기, 진동 켜기:** 이 기본 설정에서는, 벨소리와 진동이 모두 활성화된다. 그래서 전화가 오면, 벨소리는 소리(이 화면에서 찾을 수 있는 벨소리 옵션에 의해 정해진 벨소리를 사용하여)를 내고, 핸드폰은 진동하게 된다. 음량 버튼을 누르면 음량 상태 바가 나타나고, 벨소리의 상태를 벨소리(벨소리도 나고 진동도 울림)와 진동(진동만 이용함) 사이에서 전환할 수 있다.

- **벨소리 켜기, 진동 끄기:** 이 설정에서는 오직 벨소리만 활성화된다. 전화를 받게 되면, 벨소리는 울리지만, 핸드폰은 진동하지 않는다. 그리고 음량 상태 바에 접근하여, 벨소리 상태를 벨소리와 무음 사이에서 전환할 수 있다.

- **벨소리 끄기, 진동 켜기:** 이 설정에서는, 전화가 오면 핸드폰이 진동(그렇지만 벨소리가 울리지는 않는다)을 한다. 음량 상태 바에서 벨소리 상태를 진동과 벨소리 사이에서 전환할 수 있다.

- **벨소리 끄기, 진동 끄기:** 이 설정에서는 전화가 왔을 때 소리뿐만 아니라 진동도 울리지 않는다(그러나, 지금 무언가 일어나고 있다는 것을 알리기 위해 화면에서는 여전히 전화가 수신되었다는 표시를 할 것이다). 음량 상태 바에서 벨소리의 상태를 무음과 벨소리 사이에서 전환할 수 있다.

추가적으로, 이 설정 페이지에서는 몇 가지 듣기 좋은 벨소리들 중에서 하나를 기본 벨소리로 선택할 수 있다.

블루투스 차임벨

많은 핸즈프리, 블루투스 헤드셋들은 핸드폰과 별개로 작동하는 전화 수신 알림 기능을 자체적으로 제공한다. 그래서 만약 그런 헤드셋을 사용하고 있고, 벨소리와 진동 기능은 모두 꺼두었다고 해도, 전화가 왔을 때 헤드셋에서는 여전히 어떤 소리를 내어 알려 줄 것이다. 이것은 일리가 있다. 일반적으로, 조용히 해야 할 상황에서는 벨소리와 진동 기능을 꺼둔다. 그러나 아무도 여러분 귀 안의 헤드셋에서 벨소리가 나고 있는 것을 듣지는 못할 것이다.

요약

윈도우폰을 사용하는 대부분의 사용자들이 맨 처음으로 전화가 오면 무엇을 해야 할지 쉽게 알게 될 것이다. 하지만 음성 메시지나 스피커폰 혹은 다른 기능들을 이용하는 방법들에 대해서는 갈피를 못 잡았을 수도 있다. 그러므로, 윈도우폰이 전화와 관련하여 어떤 기능들을 제공하는지 실생활에서 어떻게 작동하는지를 이해하고 나면, 그 기능들을 십분 활용할 수 있게 된다. 이 장에서 여러분에게 그 올바른 방향을 제시했기를 바란다.

윈도우폰은 단순한 전화 그 이상의 것이다. 다음 장에서는 문자 및 멀티미디어 메시지 보내기와 받기를 포함하여 이 플랫폼이 지원하는 전통적 모바일 폰 기능에 대해 좀 더 살펴보기로 한다.

문자 및 멀티미디어 메시지 주고받기

우리는 모두 아주 작은 키보드 위로 등을 구부린 채 엄지손가락으로 재빨리 타이핑을 하는 밀레니엄 세대들을 본 적이 있을 것이다. 잘 모르는 사람들은 이 젊은이들이 단지 온라인 서비스나 핸드폰에 빠져 편협한 세계로 점점 후퇴하고 있다고 생각할 것이다. 하지만, 놀라지 마시라. 이 젊은이들은 사실 이전의 어떤 세대들보다도 훨씬 사회적이다. 이들은 핸드폰에 있는 수많은 커뮤니케이션 서비스를 이용해서 친구들이나 가족들 – 혹은 그냥 아는 사람들 – 과 계속 연락을 주고받던 중이다.

윈도우폰은 상상 가능한 모든 통신 기술을 지원하는데, 그것도 상당히 독특하고 혁신적인 방법들로 지원한다. 그렇지만 핸드폰에서 가장 자주 이용되는 통신 기능은 아무래도 공중의 무선 신호로 주소록에 있는 사람들에게 텍스트나 멀티디어 메시지를 보내는 메시지 주고받기일 것이다. 메시지 주고받기는 스마트폰에 있는 수많은 활동 중에서 가장 많이 이용하는 것으로, 이것은 왜 모든 메이저 무선 사업자들이 전화(무선) 요금제와 인터넷(데이터) 요금제에서 메시지 요금제를 분리해 놓았는지를 설명해 준다.

가장 중요한 것은, 메시지를 잘 이용하기 위해서 20대의 최신 정보에 능통한 사람일 필요가 없다는 것이다. 사실, 메시지 주고받기는 나이를 불문하고 스마트폰을 가진 모든 사람들에게 중요한 기술이다. 여러분들은 아이들이 잘 알고 인정하는 언어와 커뮤니케이션 모델을 이용해서 여러분의 아이들과 연락을 주고받을 수 있다. 또한 할머니, 할아버지들도 가족사진을 다른 사람들과 효과적으로 공유하는 데 이것을 이용할 수 있다. 그러니 그 작은 가상 키보드로는 **전쟁과 평화**를 입력할 수 없을 거라고 걱정할 필요가 없다. 아무도 그것을 바라지 않는다. 그러나 이 기능이 얼마나 유용한지 윈도우폰에서 이것이 얼마나 잘 구현되었는지 놀라게 될 것이다. 사실, 많은 사람들에게 실제로 전화를 주고받는 것보다 메시지를 주고받는 기능이 스마트폰에서 더 중요하기도 하다. 이제 그 시끌벅적한 내용이 무엇인지 살펴보도록 하자.

모바일 메시지 이해하기

현대 모바일 메시징 기술의 역사는 후에 국제 표준이 된 세계 무선 통신 시스템(GSM)이 처음 소개된 1980년대 초반으로 거슬러 올라간다. 그렇다, 그 GSM, 미국의 AT&T와 세계 대부분의 무선 사업자들이 사용하는 무선 전화 시스템 표준이다. 그 당시 GSM은 무엇보다도 무선통신, 전자통신 및 우편 분야를 책임지는 유럽우편전기통신주관청회의(CEPT)에서 분파된 산하기관이었다.

오늘날에도 여전히 많이 사용하고 있는 이 초기 모바일 메시징 기술을 단문 메시지 서비스(SMS)혹은 간단히 **문자 메시지**라고 부른다. 문자 메시지라는 이름이 말해주듯, SMS는 텍스트에 관한 것이며, 1980년대 초기에 이용되던 오래된 기술을 돌이켜 생각해보면 그 이유를 알 수 있을 것이다. 문자 메시지는 정말 기본적이고, 인기가 있어서 그들이 사용했던 근본적인 기술과는 관계없이 사실상 모든 이동통신사에서 이것을 적용했다. 그리고 거의 80퍼센트의 핸드폰 가입자들이 이 기술을 어떤 형태로든 이용하고 있다고 추정된다. 2008년에는 전 세계적으로 **4억** 통의 SMS 메시지가 보내졌다.

오늘날, SMS 메시지는 스마트폰에서 이용하는 가장 일반적인 메시지 주고받기 형태 중의 하나이다. 다른 하나는 MMS 멀티미디어 메시지 서비스이다. MMS는 여러 측면에서 SMS를 확장한 형태라고 할 수 있다. 첫째로, MMS는 160자 이상의 문자 메시지를 허용함으로서 초기 SMS의 구현 한계를 확장한다. 두 번째로는, 메시지에서 멀티미디어의 전송을 제공한다. 여기에는 사진이나 비디오, 오디오 파일들이 포함된다.

내부적으로 MMS는 SMS와는 조금 다르게 작동하는데, 전통적 이메일 시스템이 사용하는 첨부 시스템에 기반하고 있다. 또한 대상 수신 전화기가 MMS 파일을 직접 처리 가능한지 여부를 확인하는 기능도 있다. 그래서 만약 그럴 수 없다면, 메시지는 보통 웹사이트로 전송되어 핸드폰에는 그 사이트의 링크가 보내진다. 그런 방법으로, 수신자는 웹브라우저를 이용하여 보내진 내용을 확인할 수 있다. 혹은 그 정보를 적어두었다가 PC에서 확인해볼 수 있다.

메시지의 비용

SMS는 정말 널리 이용되고 있기 때문에 대부분의 이동통신사들은 전화 요금, 데이터 요금과 분리해서 요금을 청구한다. 이 세 가지 기능이 스마트폰의 기본 요금을 구성하고 있으며, 보통 셋 중에서는 메시지가 가장 싸지만-무제한 메시지라고 하더라도- 계속적으로 합산이 된다. 그러므로 꼭 기억해 두어야 할 것은, 메시지는 이용할 때마다 요금을 지불하므로, 무제한 요금을 이용하고 있는 게 아니라면 남용하지 않도록 주의해야 한다.

여러분이 메시지를 많이 보내지 않는다고 생각된다면 이 기능을 배재시킬 수도 있을 것이다. 다음과 같은 이유로 나는 이것을 권장하지는 않는다. 첫째, 다른 사람들이 여러분에게 메시지를 보내는 것을 막을 수가 없다, 때문에 원하든지 원하지 않든지, 기본 메시지 요금에 가입되어 있지 않다면, 받은 메시지 각각에 대해 요금을 지불해야 한다. 두 번째, 메시지는 정말 놀라운 서비스이다. 다른 사람들과 연락을 주고받는 데 굉장히 유용하고, 훌륭한 방법이다. 이 서비스는 종종 직접 전화를 하는 것보다 빠르고 쉽다.

일단 이 서비스를 이용하기 전에 메시지 주고받는 비용이 얼마인지 해당 이동통신사에 꼭 확인해보는 것이 좋다.

Note 모바일 메시지는 일상에서 점점 더 일반적이 되어가고 있다. 2003년에 처음 SMS 메시지를 받았던 기억이 난다, 내 핸드폰에서 처음 듣는 소리가 나서 약간 의아했었다. 나에게 어떤 친구를 어떤 시간에 어떤 곳에서 만나라고 하는 꺼나 긴 메시지를 읽고, 내 생에 첫 번째 SMS 메시지 답변을 보냈었다. 나는 'OK'라는 의미에서 'K'를 입력하고는 보내기를 눌렀었다. 그 이후로는 일상적인 일이 되었다.

윈도우폰에서 문자 주고받기

현대 스마트폰에서는 SMS와 MMS 메시지를 모두 쉽게 다룰 수 있다. 친구나 가족 혹은 다른 지인들이 안드로이드나 아이폰 혹은 윈도우 기반 폰을 이용한다면, 그들과 메시지를 주고받는 데에 아무런 문제가 없을 것이다. 사실, 오늘날 스마트폰 이용자들 – 윈도우폰 이용자를 포함하여 – 의 관점에서 보면 이 기기들은 메시지를 참 간편하게 지원한다. 아무도 SMS와 MMS를 구분해서 생각하지 않는다. 왜냐하면 두 가지 모두 하나의 서비스를 통해서 이용하기 때문이다. 윈도우폰에서도 당연히 이 서비스를 문자 서비스라고 부른다.

> ***Note*** 윈도우폰은 MMS 메시지에 대해서 약간의 제약을 가지고 있다. 예를 들어 윈도우폰의 내장카메라로 비디오를 찍을 수 있지만, MMS를 통해 비디오를 보내는 것은 지원하고 있지 않다. 마찬가지로, 오디오 파일도 MMS로 보낼 수 없다.

메시지 애플리케이션 이용하기

메시지 애플리케이션은 일반적으로 시작화면에 메시지 라이브타일을 이용해 실행한다. 그림 14-1처럼, 이 라이브타일은 메시지 아이콘 바로 옆에 숫자를 표시해서 현재 읽지 않은 메시지의 숫자를 보여준다.

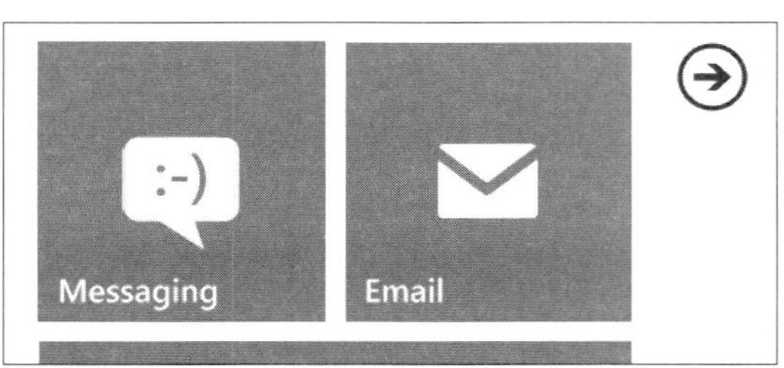

그림 14-1 메시지 라이브타일

메시지 애플리케이션은 메일 애플리케이션과 비슷하게 생겼고, 비슷하게 작동하지만 한 가지 큰 차이가 있다. 메일이 하나의 회전축을 기준으로 여러 개의 화면을 제공하는 반면 메시지에서는 그림 14-2에서 보여지는 것처럼 대화 목록으로 구성된 심플한 단일-화면만을 제공한다.

이 대화 목록은 최신 내용이 가장 위에 오도록 위에서 아래로 정렬되어 있다. 메일과 비교해서 또 다른 차이점을 찾을 수 있을 것이다. 메시지를 통해서 대화를 나누었던 각 연락처들은 목록에 단 한 번만 나오게 된다. 따라서 아무리 많은 메시지를 주고받았다고 해도, 같은 연락처가 중복되어 여러 개의 엔트리로 나오지는 않는다.

메시지 보내기

메시지를 보내려면, 새 메시지 툴바 버튼을 누른다. 그러면 메시지 작성 창이 그림 14-3과 같이 나타난다.

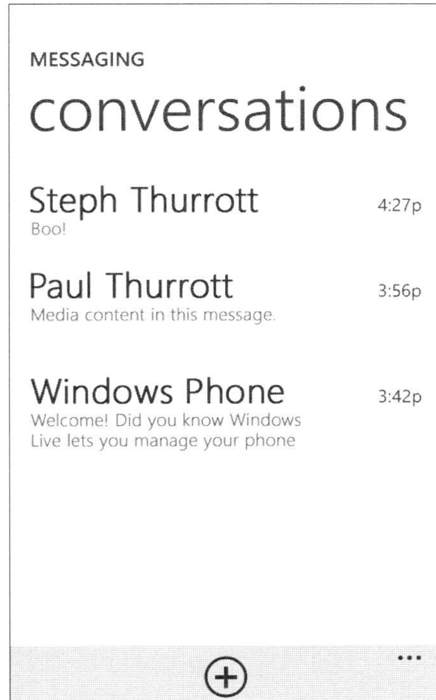

그림 14-2 메시지 애플리케이션은 다른 윈도우폰 애플리케이션과 마찬가지로 이해하기 쉽다. 오직 하나의 화면만을 제공한다.

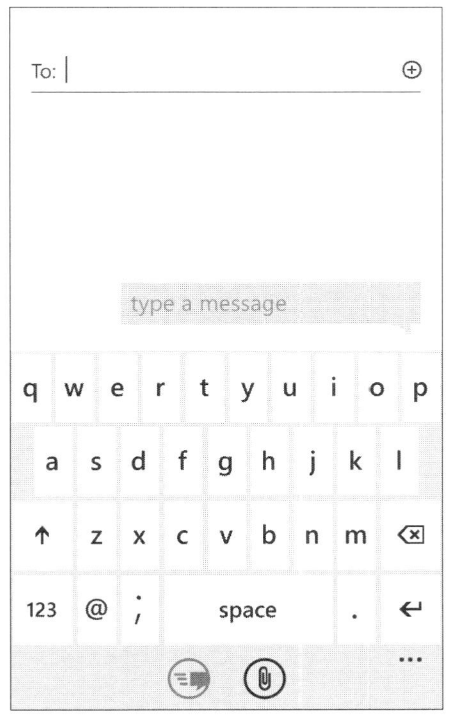

그림 14-3 메시지 작성 창은 한 명 혹은 여러 명의 수신자들, 메시지 내용 그리고 선택 사항인 첨부 파일로 구성되어 있다.

여기에서는 메시지를 보내기 위해 다음과 같은 작업을 수행할 수 있다.

▶ **한 명 혹은 여러 명의 수신자 선택하기:** 수신자 필드에서는 한 명이나 그 이상의 수신자들을 추가할 수 있다. 이것은 세 가지 기본적인 방법으로 가능하다.

　▷ 간단히 이름을 입력하기 시작하면, 윈도우폰은 여러분이 입력하고 있는 동안 연락처를 그때그때 입력되는 내용에 맞춰 자동으로 추천해준다. 그림 14-4 참조.

　▷ 수신자 필드의 오른쪽 끝에 위치한 주소록('+')버튼을 눌러, 주소 선택 화면이 나오면 목록에서 선택한다.

　▷ 직접 핸드폰 번호를 적어 넣을 수도 있다. 만약 이 번호가 이미 주소록에 있는 번호라면, 자동으로 연락처 이름이 채워지게 된다. 그렇지 않다면 수신자 필드에 그 번호가 남아있게 된다(그 번호가 올바른 번호라면, 잘 작동할 것이다).

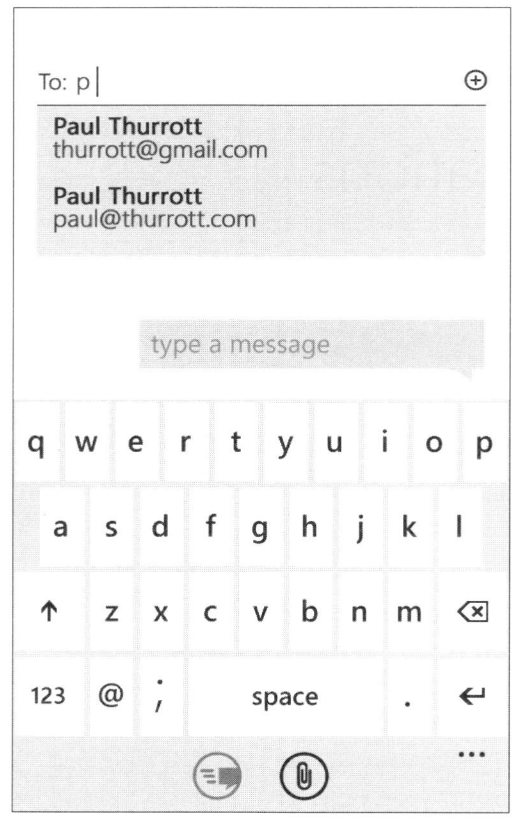

그림 14-4 수신자 필드에 이름을 입력하고 있으면, 윈도우폰은 통합 주소록에서 입력하고 있는 이름과 일치하는 것을 찾게 된다.

▶ **메시지 입력하기:** 가상 키보드 위에 '메시지를 입력하세요.'라고 쓰인 검은색 텍스트 박스가 보인다. 이것을 누르면, 그 박스가 강조되면서 메시지를 입력할 수 있게 된다.

만약 웹 주소를 입력하면 자동으로 클릭할 수 있는 하이퍼링크로 바뀌게 된다. 참 똑똑하게도 microsoft.com과 같이 조금 잘려진 웹 주소도 정확하게 찾아낸다. 이 기능은 받거나 보내는 메시지 모두에서 작동한다.

▶ **개별 메시지 보내기:** 원하는 때에 언제든 입력한 메시지를 보내기 툴바 버튼을 눌러 보낼 수 있다. 그렇게 하면 입력한 메시지는 전송이 되고, 그림 14-6처럼 메시지 박스에 보이게 된다.

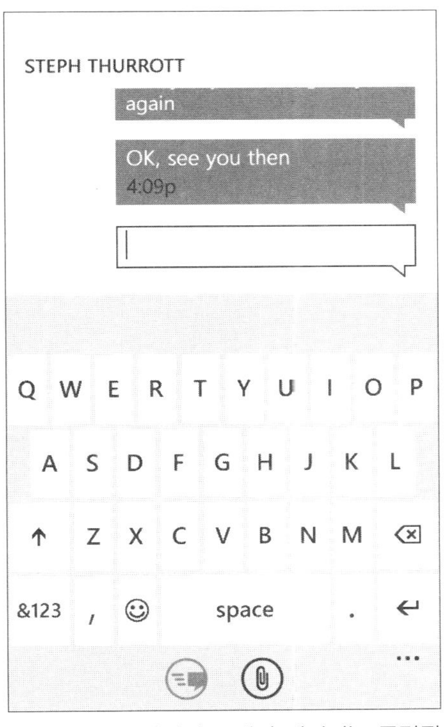

그림 14-5 긴 메시지의 경우 자동으로 어느 핸드폰에서든 작동하는 160자 메시지로 분리된다.	그림 14-6 각각의 보내진 메시지는 독립된 메시지로 대화 내에 나타난다

▶ 메시지는 엄밀히 얘기하자면 160자 이내에 맞춰야 한다. 그래서 이 한계를 초과하게 되면, 윈도우폰은 자동으로 그 메시지를 여러 개의 메시지로 나눠 각각을 분리해서 보내게 된다. 그림 14-5 참조.

▶ **사진 첨부하기:** 언제든지 첨부하기 툴바 버튼을 누르면 메시지에 사진을 첨부할 수 있다. 그러면, 사진 선택 화면이 나타나고(그림 14-7), 핸드폰에 저장되어

있는 다양한 사진들을 살펴볼 수 있게 된다(웹-기반 사진 갤러리에 저장된 사진들이 아니라, 오직 핸드폰 안에 있는 사진만 보낼 수 있다는 것을 기억하자). 문자와 사진을 하나의 메시지에 조합해서 보낼 수 있다. 그러나 어느 것이 먼저 추가되었는지와 상관없이 사진은 항상 문자 '위쪽에' 나타난다는 사실을 알아두자.

WARNING 몇몇 이동통신사에서는 미디어 콘텐츠 보내기를 지원하지 않는다. 그런 경우에는 그림 14-8과 같은 메시지가 나타난다. 만약 이 메시지가 나타났고, 뭔가 잘못되었다는 생각이 든다면 해당 통신사에 문의해보도록 하자.

그림 14-7 사진을 보내기 위해 사진 갤러리에서 사진들을 살펴본다.

432

그림 14-8   MMS를 이용할 수 없습니다!

▶ **사진 삭제하기:** 만약 실수로 잘못된 사진을 첨부했고, 아직 보내지 않았다면, 제거하기 툴바 버튼('-')을 눌러 그것을 삭제할 수 있다. 이 버튼은 첨부하기 버튼을 대체해서 나타나는 것으로, 이미 늦어서 삭제할 수 없다면, 첨부하기 버튼이 다시 나타난다.

답장 메시지 받기

다른 사람들이 여러분의 문자 메시지에 답장을 했을 때, 혹은 여러분에게 새 문자 메시지를 보냈을 때, 여러분은 몇 가지 방법으로 그것을 알 수 있다. 예를 들어, 만약 이미 메시지 애플리케이션 안에서 누군가와 대화 중이고, 그 상대방이 여러분이 보낸 메시지에 답변한다면, 그 답변들은 바로 아래에 나타난다. 그림 14-9 참조.

화면에서 여러분의 메시지는 화면의 오른쪽에 인접해 있는 반면, 상대방의 답변은 화면의 왼쪽에 맞닿아 나타난다.

물론 어떤 종류의 메시지를 받았는지에 따라 다른 액션을 수행할 수 있다. 문자 메시지라면 화면에서 간단히 읽을 수 있고, 더 이상 할 수 있는 건 없다. 만약 누군가 사진을 보냈다면, 사진을 누르면 전체 화면으로 볼 수 있고, 손가락으로 두 번 누르거나 벌려서 이미지를 확대할 수 있다. 받은 메시지를 핸드폰에 저장하려면, 이미지를 누른 후 잠시 기다려서, 팝업 메뉴가 나타나면 핸드폰에 저장하기를 선택한다.

윈도우폰에서 오디오와 비디오 메시지를 보낼 수는 없지만, 받는 데는 아무 문제가 없다. 이 유형의 메시지들은 링크로 표시된다(그림 14-10). 오디오 메시지를 듣거나, 비디오 메시지를 보려면, 해당 링크를 클릭한다. 그러면 파일이 윈도우폰의 전체 화면에서 미디어 플레이어로 플레이된다.

또한 이런 메시지에 대해 원하는 텍스트나 사진으로 답장할 수 있다.

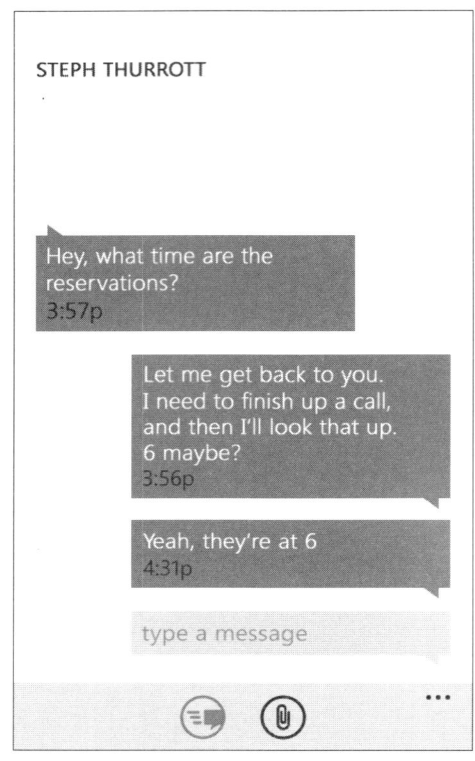

그림 14-9 다른 사람들이 보낸 메시지는 좌우로 엇갈려서 표시되므로 누가 무엇을 보냈는지 알 수 있다.

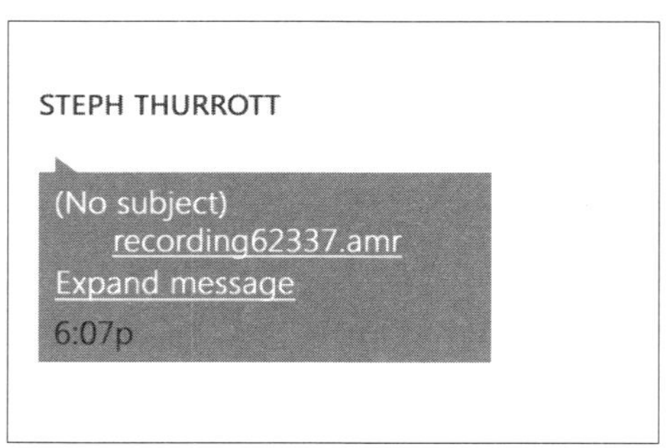

그림 14-10 오디오와 비디오 메시지들은 링크로 표시된다.

다른 작업 중에 메시지 받기

종종 여러분은 핸드폰을 이용하고 있지 않거나, 핸드폰으로 다른 작업을 하고 있을 때 메시지가 도착하는 것을 볼 수 있다. 이런 경우 윈도우폰은 새로운 메시지가 도착했음을 알려주어, 즉시 답변하거나 적어도 무슨 일이 일어났는지 확인할 수 있도록 해준다.

만약 핸드폰이 잠겨 있거나 꺼져 있을 때 새 메시지가 도착한다면, 윈도우폰은 잠김 화면을 보이면서 스크린에 불을 켜고 알림 소리를 낸다. 화면 위쪽의 알림 바에 문자메시지의 내용과 발신자를 표시한다(그림 14-11).

메시지 애플리케이션에서 문자 메시지를 보거나 답장을 하려면 **핸드폰을 켜야 한다**. (만약 알림 바를 누르면, 무엇을 해야 하는지를 보여주며, 잠김 화면이 아래로 움직이며 사라진다. 확실하게 메시지 알림이 보이는 상태에서 잠김을 풀면 바로 메시지 애플리케이션이 실행된다. 그렇지 않을 경우, 핸드폰이 잠김 상태 이전으로 돌아간다.)

만약 메시지를 받았을 때, 다른 작업을 하고 있는 중이었다면, 알림 소리를 내고, 알림 바가 현재 보고 있는 화면 위로 겹쳐서 표시된다. 그러나 이때, 알림 바는 클릭할 수 있다. 그래서 이 알림 바를 누르면, 바로 메시지 애플리케이션의 해당 대화 화면으로 이동하게 된다. 나이스!

메시지 내역과 메시지 관리하기

여러분은 언제든지 메시지 애플리케이션을 실행시켜 각각의 메시지를 눌러 다시 읽어 볼 수 있다. 또한 이전에 이미 메시지를 보냈던 사람에게 새로운 메시지를 보낼 수도 있다. 만약 이미 저장된 내역이 있는 사람에게 새로운 메시지를 보내면, 이미 존재하는 내역에 새로운 메시지가 추가된다.

메시지를 계속 주고받으며 시간이 흐를수록, 메시지 애플리케이션의 메시지 내역이 이제 더 이상 신경 쓸 필요가 없거나, 불필요한 메시지들로 점점 가득 차게 된다. 어떤 경우건 개별 메시지 내역을 삭제하는 것은 간단하다. 삭제하려는 메시지를 누르고 기다린다, 팝업 메뉴가 나타나면 삭제하기를 선택한다. 그림 14-12 참조.

그림 14-11 핸드폰이 꺼져 있거나 잠긴 경우, 메시지가 잠김 화면 위쪽의 알림 바에 나타난다.

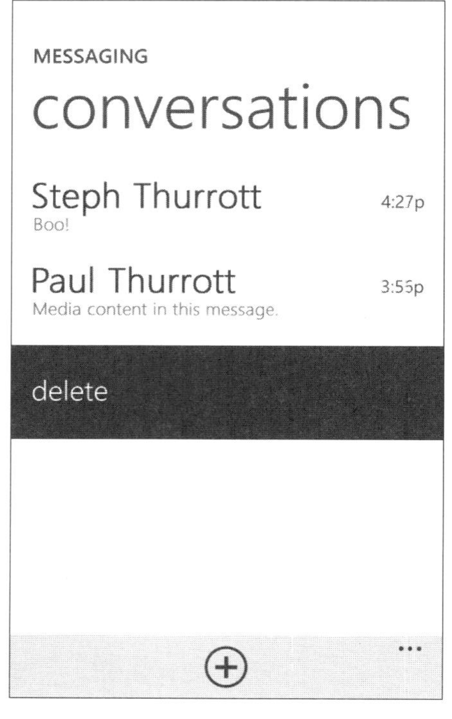

그림 14-12 한 번에 전체 내역을 모두 삭제할 수도 있다.

▶ 다른 사람에게도 의미 있는 메시지를 전달하려고 할 때도 누르고 기다리면 나오는 메뉴를 이용하면 된다. 이때는 삭제 대신에 전달을 선택하는데, 이 경우에는 선택된 메시지의 내용이 포함된 메시지 작성창이 나타난다.

정말 전체 내역을 삭제하길 원하는지 다시 한 번 확인한다.

재미있게도, 메시지 내역 내의 개별 메시지를 지우는 것도 가능하다. 그렇게 하려면, 메시지 내역을 열어, 삭제하려는 메시지를 누르고 잠시 기다린다. 삭제하기를 선택해 누른다. 다시 한 번, 윈도우폰은 정말 삭제할 것인지를 확인할 것이다. 그림 14-13.

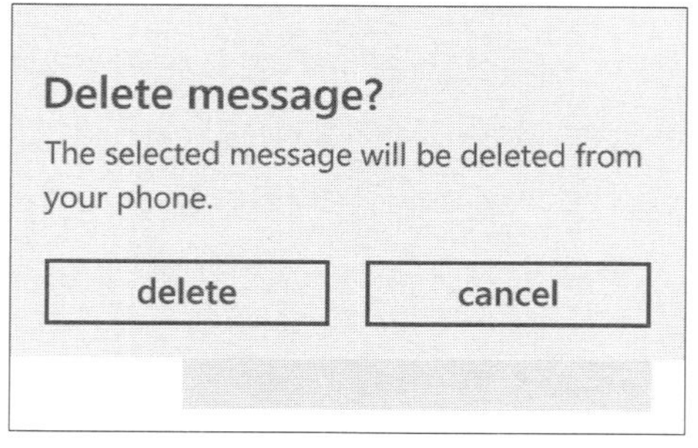

그림 14-13 윈도우폰은 메시지 내역이나 개별 메시지를 삭제하기 전에 확인한다.

436

메시지 애플리케이션 설정하기

메시지 애플리케이션에서는 설정할 수 있는 옵션이 매우 적다. 애플리케이션 내의 More 메뉴나 일반 폰 설정 화면을 통해 접근할 수 있는 메시지 애플리케이션 설정 화면(그림 14-14)에서 몇 가지 선택 사항을 볼 수 있다.

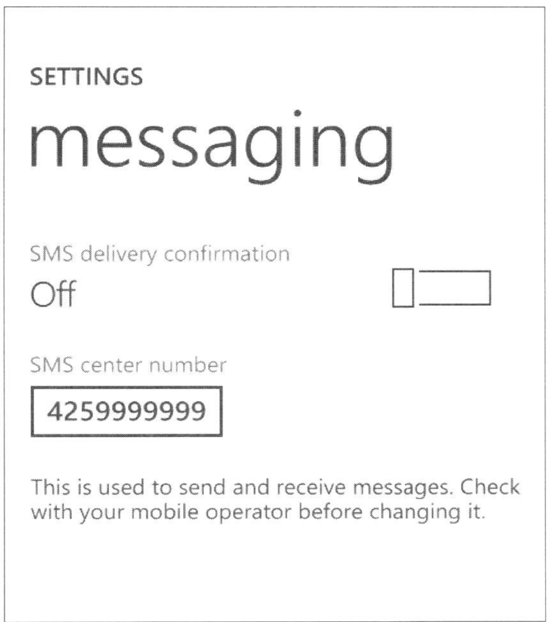

그림 14-14   메시지 애플리케이션 설정

선택 사항은 다음과 같다.

▶ **SMS 전송 확인:** 이 옵션은 기본 설정으론 꺼져 있는데, 만약 내가 보낸 메시지가 상대방에게 잘 전해졌는지에 대한 확인 알림을 받고 싶다면 활성화시킬 수 있다. 물론 조금 성가셔질 수도 있고, 모든 이동통신사에서 제공하는 것도 아니다.

▶ **SMS 센터 번호:** 문자 메시지를 보내려면, 핸드폰이 적절한 SMS 메시지 센터 번호로 설정되어 있어야 한다. 일반적으로, 이 번호는 이동통신 사업자에 의해서 자동으로 설정되며, 편집해서는 안 된다.

> **TIP** 문자 메시지 요금제를 이용하고 있지는 않지만 메시지를 보내고 싶은 경우에는, 세계 여러 나라들에서 가능한 무료 메시지 센터 번호를 체크해볼 수 있다. 그런 목록 중의 하나를 이 사이트에서 찾을 수 있다. www.smsfre.com/SMS-Mesaging-Centers.htm

문자메시지를 넘어서

윈도우폰에 있는 내장 메시지 애플리케이션 외에, 써드파티 개발자들도 다양한 메신저(IM-instant messaging) 애플리케이션을 개발하고 있을 것이다. 이 애플리케이션들은 Windows Live 메신저, AOL 메신저, 야후!메신저, 구글 Gtalk 등의 PC-기반 메신저 솔루션과 통합되며, 윈도우폰에서 어디서나 다른 사람들과 커뮤니케이션 할 수 있는 또 다른 길을 제공해준다.

이런 종류의 메신저는 핸드폰의 데이터 연결을 이용한다는 것을 제외하면 SMS와 MMS 메시지처럼 작동한다, 따라서 문자 메시지의 이용 한도 대신에 데이터 이용 한도에 대해 제약을 받게 된다. 이것은 가입한 요금제의 종류에 따라 장점과 단점을 모두 가지고 있다.

이 책을 쓰고 있을 당시에는 테스트 할 수가 없었지만, 아마 이 글을 읽을 때쯤이면 윈도우폰용 Windows Live 메신저 클라이언트를 이용해볼 수 있을 것이다. 메신저는 Windows Live 주소록과의 통합 서비스를 지원하며, 메신저 소셜('What's New')피드 및 다른 Windows Live 서비스를 지원한다. 그러나 기능면에서 가장 중요한 것은 메시지 애플리케이션처럼 사진 보내기가 가능하다는 것이다.

모바일용 Windows Live 메신저나 다른 모바일 애플리케이션에 관한 더 자세한 내용은 마이크로소프트의 explore.live.com/windows-live-mobile에서 살펴볼 수 있다.

요약

윈도우폰에서의 메시지 기능이 여타 다양한 메신저 솔루션으로 앞으로도 급격히 확장될 가능성이 있지만, 모든 스마트폰 및 전 세계 대부분의 핸드폰에서 지원되는 문자 메시지(SMS)와 멀티미디어 메시지(MMS)를 훌륭히 지원하는 내장 메시지 애플리케이션은 이미 굉장히 만족할 만한 수준이다. 이 내장 메시지 애플리케이션 덕분에 외출 중에도 친구, 가족 및 다른 사람들과 쉽게 메시지를 주고받을 수 있다. 메시지 애플리케이션은 윈도우폰에 포함되어 있는 가장 간단한 애플리케이션 중 하나지만, 또한 가장 자주 이용될 애플리케이션 중의 하나일 것이다.

핸드폰 설정 자세히 살펴보기

이 장에서

- ▶ 설정 인터페이스의 중요성 이해하기
- ▶ 핸드폰에 비밀번호 잠금 설정하기
- ▶ 잠금 상태일 때 어떤 기능이 작동할지 결정하기
- ▶ 어떤 상황에서 소리를 낼 것인지 설정하기
- ▶ 비행기에서 윈도우폰 이용하기
- ▶ Windows Live 계정 및 그 외 계정들 설정하기
- ▶ 지역, 표시형식 및 언어 관련 설정 옵션 살펴보기
- ▶ Wi-Fi로 핸드폰 동기화하기
- ▶ 핸드폰 초기화하기

이 책에서 여러 기능들을 살펴볼 때, 개별 애플리케이션이나 시스템 기능의 설정 인터페이스를 필요할 때마다 살펴보았다. 그러나 윈도우폰에는 이메일이나 캘린더처럼 카테고리로 깔끔하게 나뉘어져 있지 않는 수많은 설정 옵션들이 있다. 하지만 그것들은 여전히 중요하고 알아 둘 필요가 있다.

따라서 이번 장에서는 지금까지 그냥 무시됐을 수도 있는 이 유용한 설정 화면들에 관해 좀 더 깊이 살펴보려고 한다. 명확한 것들도 많고, 이미 다른 장에서 다룬 것들도 있기 때문에 여기서 하나하나 모든 화면을 다 설명하지는 않는다. 대신, 아직까지 다루어지지 않은 몇몇 핵심 기능들을 살펴보도록 하자.

이 기능들은 다음과 같다. 핸드폰에 비밀번호를 설정하고, 핸드폰이 잠금 상태인 동안 할 수 있는 것과 없는 것을 설정하기, 핸드폰이 특정 상황에 대해 소리를 낸다면 어떤 소리를 낼지 결정하기, 비행기에서 안전하게 걱정 없이 핸드폰 이용하기, Windows Live 계정뿐만 아니라 윈도우폰이 지원하는 모든 이메일 계정 유형에 대해 설정하기, 윈도우폰에서 가능한 지역, 표시 형식 및 언어 설정 선택들을 살펴보기,

Wi-Fi를 통해 동기화하기, 핸드폰을 초기화하고 처음부터 다시 시작해야 할 시점을 알아채기 등 온갖 종류가 다 섞여 있는 목록이다. 그러나 어떤 점에서는 이번 장이 이 책을 통틀어 **시크릿** 북 시리즈의 정신에는 가장 잘 맞는다고 할 스 있다. 이제 살펴보도록 하자.

핸드폰이 잠겨있을 때 어떻게 할지 설정하기

내 개인적인 경험에서 우러나온 조언을 하나 하자면 **핸드폰을 비밀번호로 잠그라고** 얘기하고 싶다. 나중으로 미루거나, 다시 한 번 생각할 것 없이 지금 바로 하자. 핸드폰은 사적인 정보들로 가득 찬 매우 개인적인 기기이다. 또한 여러툰이 핸드폰을 업무용 이메일, 주소록, 캘린더 및 문서들과 동기화시키고 있다면 핸드폰에는 회사의 중요한 정보들이 담겨 있을 수 있다. 사전에 조심하는 것이 좋다.

핸드폰의 잠금과 잠금 해제

핸드폰에 잠금 설정을 하는 것은 사용하려고 할 때 잠금을 해제하는 것만큼이나 간단하다. 잠금 설정을 하려면, 모든 프로그램으로 이동해서 설정, 잠금 및 바탕화견으로 간다. 그림 15-1과 같이, 이 화면에서는 여러분이 원하는 근사한 바탕화면을 선택할 수도 있지만, 지금 우리의 관심사는 이것이 아니다. 여기서는 또한 핸드폰 잠금과 관련한 몇 가지 다른 기능들도 설정할 수 있다.

윈도우폰은 정확히 한 가지 종류의 비밀번호만을 제공한다. 네 개의 숫자로 된 PIN으로 아마도 여러분이 ATM 카드에 이용하는 것과 유사할 것이다. 같은 PIN 번호를 사용할 수도 있다 – 물론 보안 전문가들은 이런 조언에 질색하겠지만, 하지만 정말로 중요한 것은 여러분이 그 번호를 기억해야 하고, 다른 사람들은 쉽게 예측하지 못하는 것이어야 한다.

핸드폰에 잠금 설정을 하려면, 비밀번호 옵션을 켠다. 그리고 나서 비밀번흐/PIN에 사용하려는 숫자를 입력해 넣는다. 윈도우폰은 여러분이 정확히 입력했는지 확인하기 위해 두 번 입력해 넣도록 할 것이다.

일단 비밀번호를 설정했다면, 화면 시간제한 설정(Screen Time Out) 옵션을 살펴보자. 이 설정은 30초, 1분, 3분 혹은 5분으로 설정할 수 있는데, 여러분이 마지막으로 핸드폰 화면을 누른 이후에, 얼마 동안이나 화면을 활성화 상태로 둘지를 결정하는 설정이다. 일단 시간이 흐르면, 화면이 꺼지고(걱정할 것은 없다, 핸드폰은 켜져 있으니) 잠금 설정이 활성화된다.

이제 잠든 핸드폰을 깨우고 – 이후에도 마찬가지다 – 잠금 화면에서 손가락으로 쓸어 올리면 비밀번호를 입력하라는 창이 나온다. 그림 15-2 참조.

그림 15-1 잠금 & 배경화면 설정

그림 15-2 비밀번호로 보호된 잠금 화면은 행복한 잠금 화면이다.

잠금 설정된 화면 구성하기

비밀번호로 핸드폰 잠금 설정을 하는 것은 상당히 쉽게 찾을 수 있다. 그러나 화면이 잠겨있을 때 작동하도록(혹은 작동하지 않도록) 설정할 수 있는 몇몇 추가 기능이 있는

데, **이 기능들은 잠금 & 바탕화면에서 접근할 수 없어서,** 그들을 발견하려면 정말 샅샅이 찾으러 다녀야한다.

▸ 첫 번째가 핸드폰의 통합 카메라이다. 기본적으로 기기의 카메라 버튼을 누르면 핸드폰이 깨어나도록 설정할 수 있다. 그러나 경우에 따라서는 그렇게 설정하고 싶지 않을 수도 있다. (나는 이것이 다루기가 쉽고 편리하다고 생각하지만, 누구나 자기 방식이 있는 법이다.) 이 기능을 비활성화시키려면, 모든 프로그램으로 가서 설정, 애플리케이션을 누른 후, 사진+카메라(Pictures+Camera)를 누른다. 이 설정 화면에서 첫 번째 옵션이 바로 카메라 버튼이 핸드폰을 깨우는 것을 허용하기이다. 이 옵션을 끄고 싶다면, 끄기로 바꾸면 된다.

▸ 두 번째는 윈도우폰의 놀라운 음성인식(Speech) 기능이다. 핸드폰이 켜져 있는 상태에서, 시작 버튼을 몇 초 동안 눌러 음성인식 화면을 실행시킨다. 명령어를 이야기한다 – '캘린더(open calendar)', '스테프 집전화(call Steph at home)' 등 – 화면이 바뀌면서 윈도우폰은 명령을 수행한다. 빠진 게 있다면 배틀스타 갤럭티카에 나오는 싸일론처럼 '당신의 명령에 따라'라고 답하지 않는 것뿐이다.
기본적으로 핸드폰이 잠겨 있을 때는 이 음성인식 기능이 작동하지 않는다. 그래서 핸드폰이 꺼진 상태에서는 시작 버튼을 몇 초간 누르고 있어도 아므 일도 일어나지 않는다. 하지만 모든 프로그램, 설정, 음성인식으로 이동하면, 잠금 상태에서 음성인식 이용하기라는 옵션을 찾을 수 있다. 이 옵션을 체크하면, 이제 이용할 수 있다. 그러나 핸드폰 잠금 상태에서 음성인식을 활성화시키는 것은 이전에 살펴본 카메라 설정처럼 깔끔하지는 않다. 왜냐하면, 이 기능은 특정 핸드폰 디자인이나 사용 패턴에 따라서, 핸드폰이 주머니나 가방에 들어 있다가 버튼이 눌려 음성인식 기능이 우연히 실행될 수도 있기 때문이다. 이러한 포켓 다이어링에 대해 들어봤을 수도 있다. 이 기능이 유용하다고 성각되면, 으선 테스트를 먼저 해보는 것이 좋을 것이다. 그리고 혹시, 이상하게 배터리가 빨리 닳거나, 잘못 걸린 전화를 받은 사람이 없는지 주의를 기울이자.

▸ 마지막으로, 마이크로소프트는 내 핸드폰 찾기(Find My Phone)라는 무료 서비스를 제공하는데, 윈도우폰을 잃어버렸거나 도난 당했을 경우에 도와주는 기능이다. 이 내 핸드폰 찾기 서비스는 16장에서 다루지만, 이 서비스와 관련하여 핸드폰에 잠금 설정을 한 상황에서 흥미로울 수 있는 몇 가지 설정이 있다.

내 핸드폰 찾기는 사실 실제로 여러분의 핸드폰을 **찾을** 때 가장 잘 작동한다. 물론 여러분이 웹에서 직접 잃어버리거나 도난 당한 핸드폰을 찾을 수도 있겠지만, 시간은 계속 흘러간다. 이를 위해 모든 프로그램, 설정, 내 핸드폰 찾기로 가면 두 가지 옵션을 활성화시킬 수 있다.

▷ 첫째, 더 나은 추적을 위해 '내 위치를 주기적으로 저장하기(Save My Location Periodically for Better Mapping)' 옵션은 핸드폰을 잃어버릴 가능성이 있다는 생각이 든다면 반드시 설정해야 하는 옵션이다.

▷ 둘째, 푸시 알림 이용하기인데, 이 기능은 이점보다는 문제가 더 많을 수도 있다. 여러분의 위치 정보를 핸드폰에서 내보내는 것은 배터리를 많이 쓸 수 있는데, 만약 많이 움직이는 경우라면 특히 더 그러하다. 이 기능은 배터리 소모를 훨씬 앞당길 수 있다.

여러분은 내 핸드폰 찾기와 화면 잠금 설정하기가 무슨 관계가 있는지 의아할 것이다. 내 핸드폰 찾기 웹서비스에서, 여러분이 할 수 있는 작업 중 하나가 핸드폰의 화면을 원격으로 잠글 수 있다는 것이다. 그러나 걱정할 필요는 없다. 여러분은 이미 화면 잠금 설정을 해 두었기 때문이다. 이게 바로 올바른 방법이다.

사운드 설정하기

통신을 위해 설계된 기기로써, 윈도우폰은 수많은 소리를 낸다. 어떤 형태의 알람이나 기기의 신호음을 발생시키는 상황은 상당히 많다 – 새 이메일, 음성 메시지, 새 문자 메시지, 일정 알림, 새 알람 및 알람 일시 정지. 심지어 가상 키보드를 누르는 것도 기본적으로는 작은 소리를 낸다.

때로는 너무 많은 것 같은 느낌도 든다. 다행히도, 여러분은 어떤 조건에서 핸드폰이 소리를 내도록 할 것인지, 어떻게 내도록 할 것인지를 설정할 수 있다. 13장에서 다룬 음량 상태 바를 이용해서 바로 설정할 수 있지만, 그것은 오직 몇 가지 사운드와 어떤 특정한 상황에 대해서만 영향을 준다. 만약 이 문제의 핵심까지 파고들고 싶다면, 벨소리&사운드 설정 화면으로 이동해야 한다. 이 화면은 그림 15-3과 같고, 모든 프로그램, 설정, 벨소리&사운드로 접근할 수 있다.

그림 15-3 벨소리와 사운드

이 화면에서는 다음과 같은 옵션들을 설정할 수 있다.

▶ **소리:** 이 설정은 켜거나 끌 수 있다.

▶ **진동:** 이 설정도 켜거나 끌 수 있다.

CROSSREF 핸드폰의 벨소리와 진동 그리고 음량 상태 바는 서로에게 흥미로운 영향을 주고받는다. 이 내용은 13장에서 다루고 있다.

▶ **전화 벨소리:** 이것은 전화벨이 울릴 때 나는 소리이다. 몇몇 듣기 좋은 사운드 들 중에서 고를 수 있다. 그러나 윈도우폰은(현재) 자신의 벨소리를 만들거나 불 러오는 방법을 제공하지 않고 있다. 오늘날 벨소리 서비스는 굉장히 큰 비즈니 스이기 때문에, 이 기능이 추가되리라는 것을 믿어도 좋을 것이다.

▶ **새 문자 메시지:** 이것은 새 문자(혹은 멀티미디어) 메시지가 도착했을 때 나는 소리이다. 전화 벨소리처럼 몇 가지 훌륭한 선택이 주어지는데, 이 선택은 전화 벨소리 형태 대신 알림음 형태이다. 이 또한 본인이 만든 알림음을 이 선택 목 록에 추가할 수는 없다.

▶ **새 음성 메시지:** 이 옵션은 새 문자 메시지처럼 작동하며, 같은 알림음 목록을 이용한다(새 음성 메시지가 감지되었을 때 발생하는 소리이다).

▶ **새 이메일:** 이메일에 대해서도 마찬가지로 작동한다. 또한 같은 알림음 목록을 이용한다.

▶ **일정 알림을 위한 소리:** 여기에서는 체크박스를 통해 켜거나 끌 수만 있다. 그 러므로 일정 알림을 위해서 어떤 소리를 사용할 것인지는 설정할 수 없다.

▶ **모든 다른 알림을 위한 소리:** 또 다른 켜기, 끄기 옵션, 마찬가지로 소리를 선택 할 수는 없다.

▶ **터치음 소리:** 이것은 내가 핸드폰 설정을 할 때, 가장 먼저 비활성화를 시키는 옵션이다. 가상 키보드에 익숙해지려고 할 때라면, 키를 누를 때마다 소리가 나는 것이 의미가 있을 수도 있다. 그러나 결국에는 귀찮은 기능이라고 느낄 것이다.

▶ **잠금 및 해제 시 소리:** 이 켜기, 끄기 옵션으로는 여러분이 핸드폰을 직접 잠그 거나 해제할 때 짧고 부드러운 소리를 낼 것인지 결정한다. 핸드폰이 자동으로 잠기는 경우는 소리를 내지 않는다.

비행기에서 윈도우폰 사용하기

많은 스마트폰들이 비행기 모드(Airplane Mode)라는 모든 무선 기능에 대한 특별한 단 일 켜기-끄기 스위치를 가지고 있는데, 윈도우폰도 이 점에 있어서는 다를 바가 없다.

이런 이름이 주어진 이유는 항공사들이 비행기가 활주로에서 주행 중이거나 비행 중인 동안에는 무선 장비의 사용을 금하고 있기 때문이다. 그러나 핸드폰 사용자들은 비행 중에 음악 재생이나 게임 같은 핸드폰의 비 네트워킹 기능을 이용하고 싶을 것이다. 그래서 비행기 모드가 나오게 되었다.

윈도우폰에서 이 설정을 찾으려면, 모든 프로그램, 설정 그리고 비행기 모드를 누른다. 그림 15-4와 같이, 이 화면에서는 통신(Radio) 켜기/끄기 스위치를 볼 수 있다.

그림 15-4 비행기 모드.

켜기로 해놓은 경우에는 핸드폰의 무선망(음성 및 문자), Wi-Fi, 블루투스 통신이 정상적으로 작동하고, 각각의 설정 화면(무선망, Wi-Fi, 블루투스 각각)을 통해 설정을 바꿀 수 있다. 따라서 비행기 모드가 비활성화되면, 자유롭게 다른 기능들을 활성화시키거나 비활성화시킬 수 있다.

끄기 상태로 하면, 이 세 가지 통신 유형이 일제히 정지한다. 핸드폰이 비행기 모드로 되어있으면, 작은 비행기 모드 아이콘이 그림 15-5와 같이 상태 바에 나타난다.

그림 15-5 비행기 모드에서는 상태 바에 작은 비행기 모드 아이콘이 나타난다.

WARNING 이상하게도, 비행기 모드로 설정한 상태에서도 **여전히** 무선망, Wi-Fi 와 블루투스를 개별적으로 활성화시킬 수 있고, 예를 들어 Wi-Fi를 활성화시킨 후에도 비행기 모드로 남아 있는다. 내 생각에 이것은 잘못된 디자인 결정이다. 더욱이, 이것은 비행기 모드의 전체 핵심을 완전히 무시하는 것이기도 하다.

TIP 물론 이 각각의 통신 설정은 배터리 수명에 영향을 미친다, 그래서 일반적으로는 사용하지 않는 통신은 비활성화시켜 놓는 것이 좋은데, 그렇지 않으면 불필요한 배터리 누수가 생기기 때문이다. 그런 면에서 블루투스는 간단히 선택할 스 있는데, 블루투스가 필요할지(무선, 핸즈프리 헤드셋에) 말지는 아주 명백하기 때문이다. 만약 필요하지 않다면 그냥 끈 채로 두면 된다. Wi-Fi도 비활성시켜야 할 대상 중의 하나이다; Wi-Fi에 규칙적으로 접속하지 않는다면 꺼두고, 필요할 때 직접 활성화시키자.

계정 설정하기

윈도우폰에서 맨 처음으로 다룬 내용인 Windows Live 계정에 로그인 하는 것을 기억할 것이다. 하지만 대부분의 사람들이 다른 계정들 또한 가지고 있다. 여기에는 이메일, 캘린더, 주소록 및 다른 서비스들과 관련된 계정들도 포함되며, 다양한 온라인 서비스에 연결되어 있다.

Note 실수하지 말자. 윈도우폰은 **온라인** 연결성에 관한 한 최고이다. 하지만 윈도우 모바일의 이전 버전과는 달리, 윈도우폰에서 Outlook이나 다른 데스크톱 전용 이메일 클라이언트를 이용해 PC용 이메일 계정과 '**동기화**'를 할 수 있는 방법은 없다. 윈도우폰에서 이용하기 위해 설정하는 모든 계정은 웹에 존재해야 한다.

윈도우폰은 Windows Live, Outlook(Exchange), 페이스북 및 Yahoo!와 같이 별도로 지원하는 계정 유형을 포함하여 다중 계정 유형들을 지원한다. 그러나 또한 좀 더 고급의 복잡한 설정 인터페이스를 통해 다른 계정 유형들을 암묵적으로 지원한다. 또한 같은 계정 유형을 가지는 여러 계정들도 지원한다, 따라서 원한다면 두 개의 서로 다른 구글 계정을 설정할 수 있다.

더 복잡한 것은, 각각의 계정에서 가능한 서비스들이 계정 유형마다 다르다는 것이다. 그러므로 이 모든 것들을 염두에 두면서, 다음의 윈도우폰에서 제공되는 여러 계정 유형들을 살펴보자.

▸ **Windows Live:** 앞에서 다룬 것처럼, 윈도우폰을 이용하는 모든 사람들은 Windows Live 계정이 필요하다. 이것은 훌륭한 서비스를 경험할 수 있는 핵심이기도 하지만, 또한 특정 핸드폰 기능들에 필요한 요소이기도 하다. 이것은 간단해 보이긴 하지만, 기본 계정은 또한 다른 계정들과는 다르게 작동한다.

처음 여러분이 기본 Windows Live 계정을 핸드폰에 설정하면, 이 계정은 내부적으로 주소록, 사진, 피드에 자동으로 연결된다. 이 기능들은 개별적으로 설정될 수 없다. 그러나, 원한다면 나중에 핸드폰의 설정 인터페이스에서 기본 Windows Live 계정으로 이메일을 동기화시킬 수 있다. 또한 캘린더 애플리케이션에서는 Windows Live 캘린더의 동기화 설정이 자동으로 활성화 되어 있는 것을 확인할 수 있다. 물론 원하지 않는다면 여기서 이 캘린더 동기화 설정을 끌 수도 있다. 한 가지 여러분이 설정할 수 없는 것은, Windows Live 계정에 주소록 동기화를 비활성화시키는 것이다. 이것은 항상 켜져 있고, 바꿀 수 있는 방법이 없다.

윈도우폰은 다중 Windows Live 계정을 지원하는데, 이 보조 계정에서는 이메일과 주소록, 캘린더 동기화는 지원하지만, 기본 계정에서는 지원되는 피드나 다른 온라인 서비스 통합은 지원하지 않는다. Windows Live 보조 계정에 대해서는 각각 이메일, 주소록, 캘린더 동기화를 활성화, 혹은 비활성화 할 수 있는데, 이렇게 보면 사실 보조 계정이 기본 계정보다 더 설정이 가능하다고 할 수도 있다.

▸ **Exchange, Outlook 및 Outlook 웹 애플리케이션:** 여러분은 Outlook 계정 유형을 Exchange Server 계정(왜 이름이 Exchange가 아니라 Outlook인지 참 궁금하다)에 연결할 수 있다. 여기에는 Exchange Server, Outlook 웹 접속 등과 내부적으로 Exchange ActiveSync(EAS) 기술을 이용하는 이메일 계정이 포함된다. 구글(Gmail)과 Windows Live(Hotmail)를 포함하여 수많은 계정 유형이 여기에 속한다. 그래서, 비록 Gmail과 Hotmail에 대해 별도로 사전 구축된 계정 유형을 지원하기는 하지만, 실제로는 Outlook 유형을 이용하여 설정할 수도 있다는 것을 의미한다. 또한 Outlook 계정들의 이메일, 주소록, 캘린더의 동기화에 대해 각각

활성화/비활성화로 설정할 수 있다.

> **TIP** 구글과 Hotmail은 모두 Outlook 계정 유형을 이용하여 설정될 수 있기 때문에, 이유가 어찌 되었든 하나는 Outlook 계정 유형을 이용하고, 다른 하나는 구글이나 Hotmail 계정 유형을 이용하는 식으로 여러 개의 구글이나 Hotmail 계정들을 설정할 수 있다. 왜 이렇게 해야 하는 것일까? 특별한 이유는 없다, 하지만 Outlook 유형은 독특한 아이콘을 제공하기 때문에 서로 다르게 보이는 라이브타일을 가질 수 있게 된다.

▸ **페이스북:** 페이스북은 윈도우폰 계정 인터페이스를 통해 연결할 수 있는 유일한 소셜 네트워킹(이메일 유형이 아닌) 계정이다. 이것은 사용하거나 달거나이다. 즉, 페이스북에 접속하면, 주소록, 사진, 피드가 모두 동기화 돈다. 이들을 개별적으로 설정할 수는 없는데(예컨대, 주소록은 끄고, 나머지는 켜는), 이것이 다소 그 가치를 떨어뜨리는 것 같다. 예를 들어 나 같은 경우에는 사진과 피드는 동기화하고 싶지만, 주소록은 동기화하고 싶지 않다.

▸ **Yahoo!:** 이메일을 지원하는 사전 구성된 계정 유형인 Yahoo!는 가장 제한적이다. Yahoo!는 오직 이메일 접속에 대해서만 설정할 수 있기 때문이다. 자동으로 연결이 되기는 하지만, 이 계정의 설정을 살펴보면, IMAP 프로토콜을 사용한다는 것을 확인할 수 있다. Yahoo! 캘린더나 주소록을 윈도우폰과 동기화할 수 있는 방법은 없다.

▸ **구글:** 구글의 이메일 서비스 Gmail은 주소록과 캘린더 서비스와 함께 구글 계정 유형을 통해 설정될 수 있다(앞에서 설명했던 것처럼, Gmail/구글은 Exchange ActiveSync를 지원하기 때문에, Outlook 계정 유형을 사용해서도 이 계정들을 설정할 수 있다).

▸ **기타 계정들:** 이 계정 유형을 이용하면 윈도우폰은 자동으로 구성하려고 시도할 것이다. 대부분의 계정들에 대해, 해당 서비스에서 지원하는 기본 프로토콜을 통해 이메일만을 지원한다. 하지만 만약 지원되는 계정 유형(g-nail.com, live.com 등등)을 사용하면, 자동으로 적절히 구성이 되어서 해당 계정 유형에서 지원되는 서비스들에 대한 활성화 여부에 대한 설정을 할 수 있게 된다.

▸ **고급 계정 설정:** 이 계정 유형은 기타 계정들처럼 시작하지만, 서버 설정을 자동검색하기보다는, 좀 더 고급 수동 설정을 제공한다. 설정하고 싶은 계정의 사용

자이름과 비밀번호를 입력한 후, Exchange ActiveSync와 인터넷 이메일 계정 중에서 선택해야 한다, 인터넷 이메일 계정은 POP3나 IMAP 기반 계정만 가능하다.

만약 인터넷 이메일 계정을 선택한다면, 이메일 수신 서버 주소, 계정 유형(POP3/IMAP), 이메일 발신 서버 주소 등 입력해야 할 내용이 많이 있다. 물론 예외도 있었겠지만 몇 년 전만 해도 대부분의 이메일 설정이 이와 같은 방식이었다, 하지만 이 방식은 소심한 사람을 위한 것은 아니다.

WARNING 고급 계정 설정에 대한 몇 가지 조언: 꼭 필요하지 않는 한 POF3는 사용하지 않도록 한다, 혹은 필요하다고 하더라도 계정 설정에서 서버에 메일을 남겨두도록 설정한다. 그렇지 않으면, 여러분이 핸드폰을 잃어버리거나 도난 당했을 때, 정말 데이터를 잃어버릴 수가 있다. 현대 이메일 계정 유형-IMAP이나 Exchange ActiveSync와 같은-의 멋진 점은 이메일이 서버에 남아 있어, 기기에 독립적이라는 것이다. 이메일 -혹은 여러분의 개인 데이터-를 하나의 기기에 가두어 두지 말자.

OUTLOOK 계정 유형을 이용하여 GMAIL 설정하기

대부분의 계정 설정 작업은 꽤 간단하다. 그러나 여러분이 한 개나 그 이상의 Gmail 계정들을 구글 계정 유형 대신 Outlook 계정 유형을 이용해 설정하는 방법에 관심이 있다면, 그 방법은 다음과 같다:

1. 이메일 및 계정에서, 계정 추가하기를 누른다.

2. 계정 추가하기 화면에서, Outlook을 누른다.

3. Gmail 전체 이메일 주소와 비밀번호를 입력하고, 다음을 누른다.

4. 잠시 후, 새로운 사용자 이름과 도메인 필드가 나타난다. 사용자 이름 필드에, 전체 Gmail 이메일 주소를 다시 한 번 입력한다(이것은 username@gmail.com 같은 형태이다).

5. 도메인 필드는 빈 칸으로 두고, 등록하기(Sign In)를 누른다.

6. 윈도우폰은 여러분의 계정 설정을 찾을 수 없다고 표시할 것이다. 고급 버튼을 누른다.

7. 이제, 서버 필드에 m.google.com을 입력한다. 도메인 필드는 빈 칸으로 두고, 등록하기를 누른다. 새 계정이 생성되고 서버와 동기화된다.

지역 및 언어 설정 바꾸기

처음으로 윈도우폰을 이용하다면, 5개의 언어들 – 독일어, 영어(영국 또는 미국), 스페인어, 프랑스어, 이탈리아어 – 중 선택을 해야 하는데, 선택이 지역, 표시 형식 및 언어 옵션 등의 여러 설정들도 결정하게 된다. 이 설정들은 여러분이 살고 있는 지역과 개인적인 필요에 따라서는 이상적이지 않을 수도 있다. 다행히도, 이를 위한 설정 화면 – 수많은 선택사항을 포함한 – 이 있어, 여기서 이 옵션들을 설정할 수 있다. 지역 및 언어(그림 15-6)라고 불리는 이 화면은, 모든 프로그램, 설정, 지역 및 언어에서 찾을 수 있다.

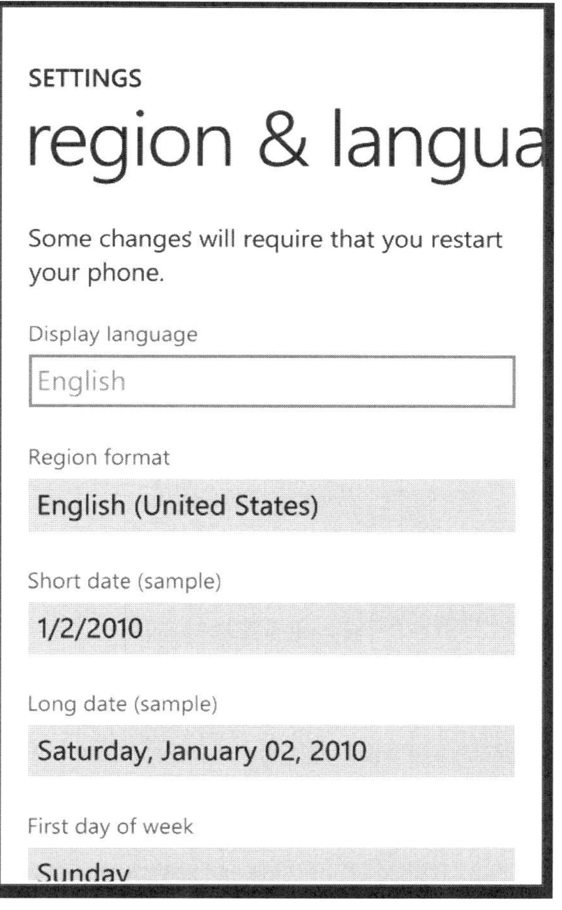

그림 15-6 지역 및 언어 설정

여기에는 다음과 같은 다양한 옵션들이 있다.

▸ **언어 선택:** 이것은 어떤 언어를 윈도우폰 사용자 화면에서 이용할 것인지를 결정한다. 다섯 개(미국과 영국 영어를 분리하면 6개)의 언어 중에서 선택할 수 있다.

▸ **지역 형식:** 이 설정은 날짜와 시간에서 이용할 기본 형식을 결정하는데, 굉장히 많은 선택 사항을 제공한다. 이 설정에서 여러분이 새로운 값을 선택하면, 이 목록에 표시된 간단한 날짜, 자세한 날짜, 시작 요일 설정도 그에 맞춰 함께 바뀐다. 그러나 여전히 각각의 설정을 별도로 변경할 수 있다. 이 설정은 마치 모든 것을 한 번에 바꾸는 마스터 스위치 같이 작동한다.

▸ **간단한 날짜:** 여기에서는 짧은 날짜(2010년 1월 2일을 1/2/2010과 같이)를 어떻게 표시할지 설정할 수 있다. 1/2/2010, 1/2/10, 01/02/2010 등 수많은 선택 사항이 있다.

▸ **자세한 날짜:** 이 옵션에서는 긴 날짜를 어떻게 표시할지 설정하는데, 토, 1월 02일, 2010; 1월 02일, 2010; 토, 02 1월, 2010 등의 형식이 있다.

▸ **시작 요일:** 7일 중에서 하루를 선택할 수 있다. 기본적으로는 일요일이 설정되어 있다.

▸ **시스템 표시 형식:** 이 설정은 화면의 문자, 숫자, 기호 등에 쓰일 기본 문자 세트를 정한다. 지역 형식처럼, 이 설정도 수많은 선택 사항을 제공한다(영어만 해도 16개의 서로 다른 선택 옵션이 있다).

▸ **브라우저 및 검색 언어:** 여기서, 여러분은 화면 표시 언어에서 선택한 것과는 별도로 웹브라우저와 Bing 검색 언어를 설정할 수 있다. 만약 윈도우폰 스프트웨어의 미국 영어 버전을 선택하고 싶고, 웹에서는 프랑스어로 검색하고 싶다면, 그렇게 할 수 있다(그렇지만 또한 6개의 서로 다른 지역의 프랑스어가 있다는 것을 기억하자).

WI-FI 동기화

이것은 사실 Zune PC 소프트웨어에서 설정되지만, 핸드폰의 전반적인 설정과 깊은 관련이 있기 때문에, 여기에서 다루어도 좋을 것 같다. 일반적으로, 여러분은 몇 가지 이유로 인해 윈도우폰을 PC에 연결하게 된다: 핸드폰 카메라에서 찍은 사진을 PC로 복사하기 위해서, PC의 미디어 파일들을 핸드폰으로 옮기기 위해서, 용량이 큰 소프트웨어 업데이트를 설치하기 위해서, 등등. 이러한 각각의 작업들을 위해서는 USB 기반의 PC 동기화 케이블을 이용하여 물리적으로 핸드폰을 PC에 연결해야 한다. 그러나, 이전의 Zune HD처럼, 윈도우폰은 이와 같은 작업들을 수행하기 위해 좀 더 자동화된 방법을 제공한다.

마이크로소프트는 이 기능을 무선 동기화라고 부르지만, 이것은 이동통신망이나 블루투스 연결이 아닌 Wi-Fi 무선 네트워크 상에서만 작동하기 때문에 Wi-Fi 동기화라는 이름이 더 일리가 있어 보인다. Wi-Fi 동기화는 단순성에 있어서 뛰어나다: 여러분은 아마 대부분 Wi-Fi 기반 홈 네트워크를 이용하고 있을 것이기 때문에, 그리고 매일 밤 집에서 핸드폰을 충전할 것이 때문에, PC와 핸드폰이 서로 가까이 있고, 홈 네트워크로 연결(핸드폰의 경우 적어도 무선으로)될 확률이 크다. 따라서 핸드폰을 굳이 PC에 연결시키려고 애쓰기보다는, Wi-Fi를 통해서 핸드폰을 동기화하도록 설정할 수 있을 것이다. 또한 이것은 핸드폰을 충전하기 위해 콘센트에 플러그를 꽂자마자 자동으로 작동할 것이다.

작동 방법은 다음과 같다.

먼저, 핸드폰을 홈 네트워크의 Wi-Fi에 연결시키고, 핸드폰의 Wi-Fi 기능은 활성화시켜야 한다. 그리고 나서, 핸드폰을 USB 동기화 케이블을 이용하는 PC에 연결한다(단지 이 설정 단계를 위해서), Zune PC 소프트웨어를 열고, 설정, 핸드폰, 무선 동기화로 이동한다. 그림 15-7 참조.

그러면 작은 마법사 화면이 나타난다(그림 15-8). 이 마법사의 처음이자 유일한 단계에서 여러분은 무선 동기화를 위해 사용될 네트워크를 확인한다. 매번 핸드폰이 최소 10분 이상 콘센트에 연결되면, 설정된 Wi-Fi 네트워크를 검색하고, 동기화 할 PC를 찾아내어 자동으로 양쪽의 콘텐츠를 동기화하기 시작한다.

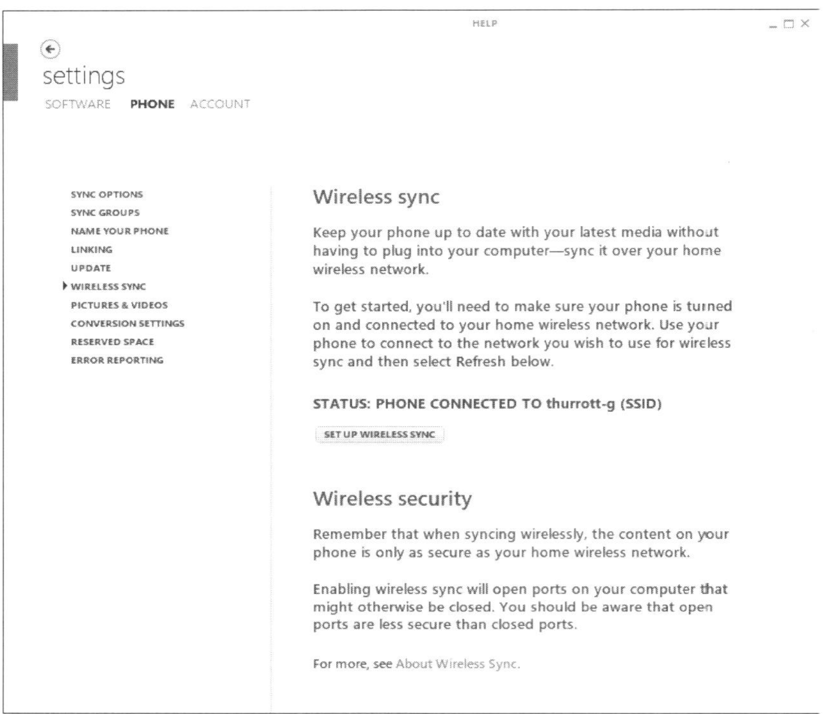

그림 15-7   Zune PC 소프트웨어에서의 무선 동기화.

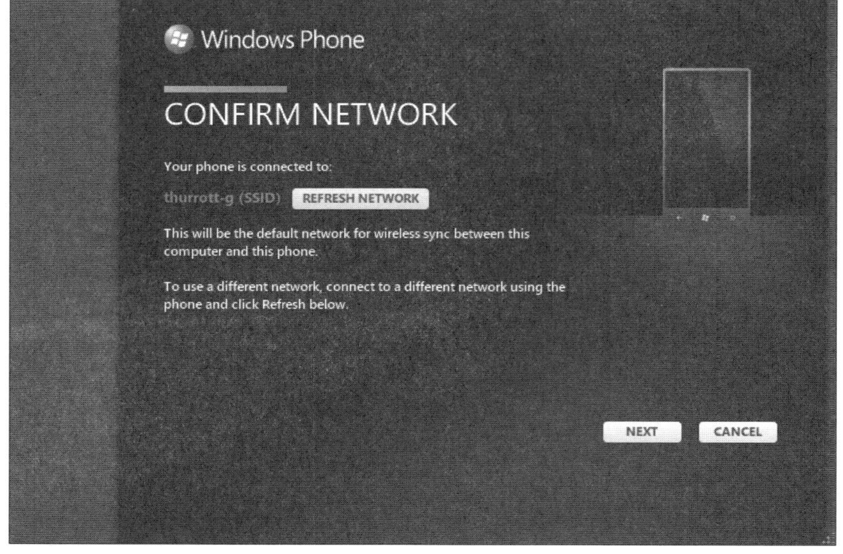

그림 15-8   Wi-Fi 동기화 설정하기

일단 설정이 완료되면, 마법사는 무선 동기화가 구성되었다고 알려주고, 마법사화면에서 빠져나오게 된다. 동기화 케이블을 버리라고 추천하고 싶진 않지만, 이후에 케이블이 필요할 가능성은 별로 없다. 작업을 위해서 필요한 것은 PC뿐이므로, 핸드폰은 같은 방 혹은 그냥 같은 집에서 간단히 충전하기만 하면 된다.

백업 그리고 다시 시작하기

윈도우폰은 예전 데스크톱 버전의 윈도우만큼 심각하지는 않지만 그래도 가끔은 사용하면서 계속 쌓여온 모든 미디어, 애플리케이션, 문서, 사진 혹은 그 의의 ㅈ-질구레한 것들이 없는 깨끗한 핸드폰 OS에서 다시 시작하고 싶을 때가 있을 것이다.

윈도우폰은 원한다면 완전히 처음부터 다시 시작하는 방법을 제공한다. 하지만 그렇게 하기 이전에, 핸드폰에 있는 모든 정보가 다른 곳에 백업이 되었는지 확실히 하기 위한 몇가지 단계를 밟도록 하자. 가장 간단한 방법은 직접 USB케이블을 통해 동기화 PC에 연결하여 Zune PC 소프트웨어가 핸드폰에서 PC로 모든 내용을 복사하도록 하는 것이다.

다음은 생각해 보아야 할 몇 가지 일반적 데이터 유형들이다.

▶ **이메일, 주소록 및 캘린더:** 윈도우폰의 이메일과 주소록, 캘린더 계정들은 모두 웹에 남아 있기 때문에, 로그인 정보(사용자 이름과 비밀번호)나 혹은 좀 더 복잡한 계정 유형들의 서버 설정에 필요한 정보들을 제외하고는 여기에서 특별히 해야 할 작업도 없다.

▶ **메시지:** 핸드폰을 초기화시키면 문자 메시지와 메신저로부터 받은 모든 사진들은 날아가 버린다. 원래 이 메시지들을 저장할 방법은 없다, 그러나 핸드폰에 그 사진들을 저장한 후, 그것들을 PC에 동기화 할 수 있다.

▶ **게임 및 애플리케이션:** 핸드폰에 다운로드한 게임이나 애플리케이션들-유료든, 무료든, 견본이든-은 백업될 수 없다. 하지만 그럴 필요도 없다: 원하면 언제든 윈도우폰 마켓플레이스에서 간단히 다운로드할 수 있으며, 이미 구입한 애플리케이션에 대해서는 다시 돈을 지불할 필요가 없다. 이런 애플리케이션이 많다면, 간단히 이름들을 적어둘 수 있을 것이다.

▶ **사진:** 핸드폰으로 다운로드 한 사진들은 Zune PC 소프트웨어를 통해 PC로 동기화할 필요가 있다. 혹은 각각의 사진들을 개별적으로 '공유(share)'할 수도 있는데, 이메일을 통해 사진들을 보내는 것이다.

▶ **구입한 음악:** Zune 마켓플레이스에서 구입한 음악은 다시 다운로드 받을 수도 있지만, PC로 동기화하는 것이 더 간단하다.

▶ **문서:** 핸드폰에 저장된 워드 문서나 엑셀 워크북 혹은 파워포인트 프레젠테이션들은 백업이 필요하다. 이를 위한 가장 빠른 방법은 아마도 이메일을 통해서 여러분 자신에게 보내는 방법일 것이다. 오피스 허브에서 각각의 문서들을 누르고 잠시 기다린 후, 보내기를 선택한다, 그리고 팝업메뉴에서 여러분의 이메일 계정을 선택한다. 이 작업은 SharePoint용 문서에서는 필요 없다. 그리고 OneNote 용 메모를 Windows Live SkyDrive로 동기화하고 있다면, 이어 대해서도 더 이상 신경 쓸 필요 없다.

핸드폰에서 모든 중요한 내용을 성공적으로 백업했다는 생각이 들면, 이제 핸드폰에 폭탄을 떨어뜨려 완전히 새롭게 시작할 준비가 된 것이다. 모든 프로그램으로 가서, 설정, 휴대전화 정보 그리고 나서 핸드폰 리셋하기 버튼을 누른다. 여러분은 이 결정에 대해서 두 번(그림 15-9) 확인을 받게 되고, 그리고 나서 윈도우폰 OS는 핸드폰의 모든 데이터를 지워버리고, 리붓을 시작한다. 핸드폰을 구입해서 개봉했던 그 당시처럼, 처음부터 다시 시작한다. 새로운 핸드폰을 받아든 느낌일 것이다.

그림 15-9 미안하네 데이브. 그렇지만 그렇게 하도록 내버려 둘 수는 없다구.

요약

윈도우폰은 새로운 방법으로 일을 하는 새로운 플랫폼이다. 또한 많은 경우에, 여러분은 때때로 무엇이 가능한지를 살펴보기 위해 정말 깊이 들여다볼 필요도 있다. 윈도우폰에서는 놀랍도록 강력한 설정 화면을 통해서만이 수없이 많은 숨겨진 기능들을 이용할 수 있다.

이 장에서는 미로 같은 설정 내부에 숨겨진 몇몇 핵심적인 시크릿들에 대해 자세히 살펴보았다. 다음 장에서는 이 새로운 모바일 플랫폼이 제공하는 외부 세계와의 교류에 관한 몇 가지 최종 시크릿에 대해 살펴볼 것이다. 여기에는 PC 뿐만 아니라 점점 늘어나는 독특하고 새로운 온라인 서비스들과의 상호작용도 포함되어 있다.

PC와 웹 통합

이 장에서

▸ 윈도우폰에서 지원되지 않는 통합 기능 이해하기
▸ 마이크로소프트의 PC 버전 온라인 마켓플레이스 이용하기
▸ 웹에서 핸드폰의 카메라 롤 앨범에 접근하기
▸ Windows Live 포토 갤러리를 이용하여 수동으로 웹에 풀사이즈 사진
  업로드 하기
▸ Live Mesh를 이용하여 반자동으로 웹에 풀사이즈 사진 업로드 하기
▸ 내 핸드폰 찾기 서비스 이용하기
▸ 윈도우폰 업데이트 하기

흥미롭게도 윈도우폰은 역설적이다. 윈도우폰은 한편으로 시중에서 구입할 수 있는 가장 세련되고 강력한 스마트폰이다. 다른 한편으로는, 마이크로소프트가 복잡하고 비논리적인 방법으로 윈도우폰의 기능을 제한해 놓았다. 웹과의 통합만큼이나 PC와의 통합에 있어서, 좀 더 일반적으로는 PC와의 연결 기능을 지원하지 않는 점에 있어서는 사실이다.

이 중 몇몇은 임시방편으로라도 해결할 수 있다면, 나머지들은 그마저도 불가능하다. 그래서 이 장에서는 여러분이 **할 수 있는** 것에 포커스를 둘 것이다. 그것들 중에는 핸드폰에서 이용할 수 있는 것보다 훨씬 광범위한 마켓플레이스에 접근하기, 카메라에서 온라인으로 자동 복사된 사진들 찾기, 카메라의 최대 해상도 버전 사진들을 웹에 수동 및 반자동으로 복사하는 방법 이해하기, 도둑을 잡거나 아니면 최소한 잃어버린 윈도우폰이라도 찾기 위하여 내 핸드폰 찾기라는 마이크로소프트의 새 서비스 이용하기 등이 있다.

지원되지 않는 기능들

다른 스마트폰이나 디지털 카메라를 사용해 봤다면, 그것을 USB 케이블을 이용해서
PC에 연결할 수 있고, 사진을 불러오는 솔루션을 이용하여 사진을 다운로드 할 수 있
다는 것을 알고 있을 것이다. 또한 미니 하드 드라이브와 같이 기기에 탑재된 저장소
에 접근해서, 필요에 따라 콘텐츠를 복사해 넣거나 복사해 올 수도 있다. 그리고
Zune HD나 아이팟을 이용해 봤다면, 이와 같은 포켓 미디어 플레이어들은 Xbox
360이나 소니의 플레이스테이션 3 같은 강력한 미디어 기기에 접속할 수 있고,
HDTV를 이용해 기기의 콘텐츠에 접근할 수 있다는 것을 알 것이다. 그것들이 모두
가 일반적으로 기대하는 작동 방식이다.

이들 중 그 어떤 시나리오도 윈도우폰에서는 가능하지 않다. 그리고 이것은 모두
의도된 것이다. 마이크로소프트는 합리적이면서도 터무니없는 방법으로 윈도우폰을
가둬 두었다. 시간이 지나면서 변화가 있기를 기대하지만, 현재로서는 이러한 마이크
로소프트의 결정에서 벗어날 방법은 없다.

그것은 결국 직접 핸드폰으로 PC와 상호작용할 수 있는 방법은 Zune PC 소프트
웨어가 유일하다는 의미이다. 이 소프트웨어에 대해서는 이 책의 다른 장에서 설명했
었다 – 핸드폰의 사진과 음악/비디오 기능을 다룬 5장과 6장에서 자세히 살펴보았다
– 그러나 Zune PC 소프트웨어에 관련해서 몇 가지 좀 더 살펴보아야 할 사항들이
있다. 따라서 마이크로소프트가 제공하는 윈도우폰용 온라인 서비스로 넘어가기 전에,
그것들을 먼저 살펴보기로 한다. 이상한 일이지만, 이에 접근하려고 해도 항상 PC가
필요하게 된다.

마켓플레이스에서 검색 및 구입하기

윈도우폰은 기기에서 직접 다양한 온라인 상점으로 쉽게 접근할 수 있는데, 전체 온
라인 제품과 서비스를 찾는다면, PC에서 이 서비스들에 접근할 필요가 있다. 이 차이
를 이해하려면, 세 가지 기본 마켓플레이스를 가지고 있는 핸드폰에서는 무엇이 가능
한지 잠시 생각해보자.

▶ **애플리케이션 마켓플레이스:** 윈도우폰의 마켓플레이스 앱(Marketplace app)에서

는 애플리케이션, 게임 및 음악을 포함해 모든 종류를 핸드폰 상에서 직접 구입할 수 있는 서비스를 제공한다.

▸ **Zune 마켓플레이스:** 음악+비디오 허브의 Zune 섹션에서 이용 가능한데, 이 마켓플레이스에서는 Zune의 음악 서비스로 접속을 할 수 있지만, 그 외의 Zune 콘텐츠로는 접속할 수 없다.

▸ **Xbox live 마켓플레이스:** 게임 허브를 통해서, 곧장 마켓플레이스의 게임 영역으로 이동할 수 있다.

PC에서 무엇을 이용할 수 있는지 깨닫기까지는 이 모든 것이 꽤 인상적으로 들린다. Zune PC 소프트웨어를 이용하여 – 이것은 다른 몇 가지 기능과 함께 핸드폰과 PC 사이에서 디지털 음악, 비디오, 사진 및 다른 콘텐츠를 동기화하는 데 이용된다 – 좀 더 풍부한 마켓플레이스 서비스에 접근할 수 있다. 그림 16-1 참조. 이것은 더 예쁠 뿐만 아니라 자료들도 더 많이 있다.

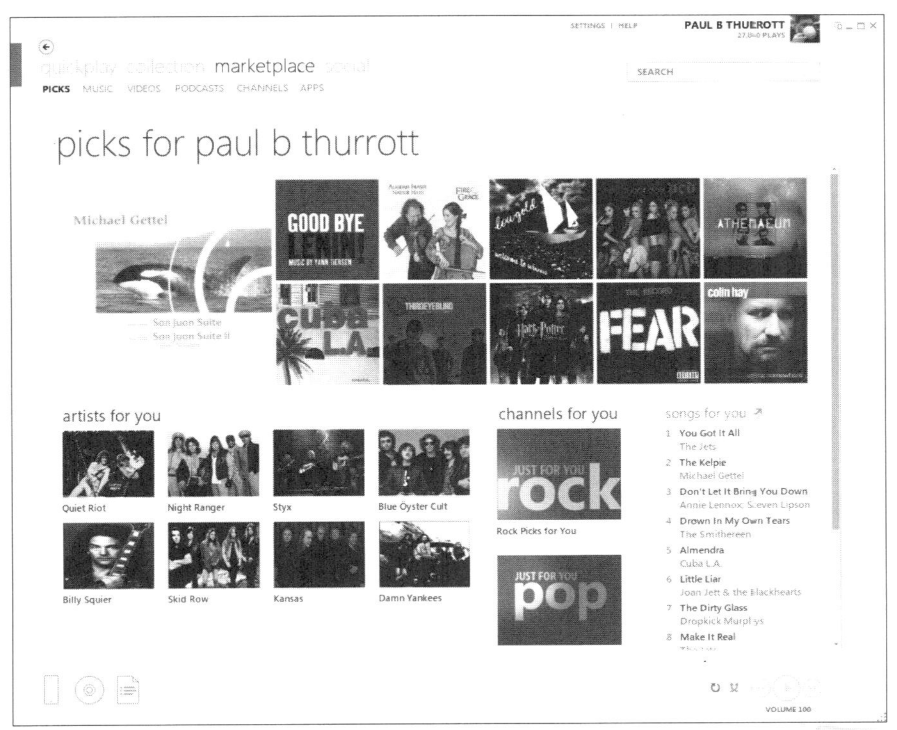

그림 16-1 Zune PC에서 본 마이크로소프트의 마켓플레이스

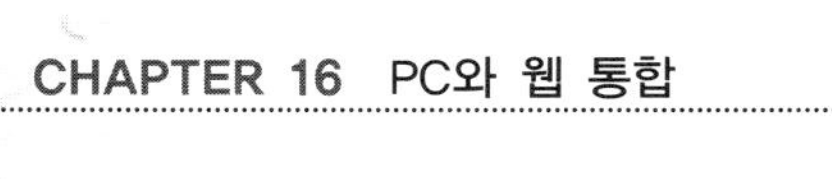

콘텐츠의 측면에서 봤을 때, 마켓플레이스에서는 다음과 같은 유형의 콘텐츠를 구입하거나 다운로드 할 수 있다.

- **음악:** Zune 마켓플레이스에서는 20개가 넘는 장르의 7백만 곡 이상의 음악을 구입 가능하다. 만약 Zune Pass에 가입되어 있다면, 이 곡들의 대부분을 PC로 다운로드할 수 있고, 이것을 또한 핸드폰으로 동기화할 수 있다(Zune Pass 가입자는 또한 매달 10곡을 다운로드 하여 보관할 수 있다). 미국에서는, 대부분의 개별 곡의 가격이 0.99달러에서 1.29달러이고, 앨범은 약 10달러에서 새 앨범의 경우는 12달러 정도 한다.

- **뮤직 비디오:** Zune 마켓플레이스는 수천 개의 뮤직 비디오도 구입 가능한데, 음악과 장르 설정이 같다. 이것은 최근의 아티스트와 노래뿐만 아니라 1980년대 초반 MTV 전성기의 대표곡들도 포함하고 있다. 뮤직 비디오는 대부분 2달러 이내이긴 하지만, 폭넓은 가격 범위를 가지고 있다.

- **TV 쇼:** TV 콘텐츠는 오직 구입만 가능한데 – 즉, 대여나 스트리밍은 할 수 없다 – 그 목록은 굉장히 인상적이다. 65개 이상의 방송국이 마켓플레이스에 참여하고 있고, 현재 방영되는 최신 인기 TV 프로그램부터 예전 프로그램까지 거슬러 올라가는 수백여 개가 제공된다. TV 프로그램은 에피소드 별(개당 2~3달러) 혹은 시즌 별(길이와 나온 시기에 따라 가격이 다양)로 구입 가능하다.

- **영화:** Zune의 영화 목록은 지난 몇 년 동안 극적으로 좋아져, 이제 최근 영화부터 오래전 영화까지 대부분을 제공하고 있으며, 상당수가 구입 혹은 대여가 가능하다. 가격 또한 매우 다양한데, 새 영화를 구입하려면 보통 15~20달러, 대여는 4~6달러 정도 된다.

- **영화 예고편:** 곧 개봉될 영화에 관심이 있다면, 영화 예고편을 Zune 서비스에서 직접 볼 수 있다(그러나 다운로드 기능이 없고, 재생 화질은 HD가 아닌 표준 화질이다).

- **팟캐스트:** 마이크로소프트는 오디오와 비디오 팟캐스트를 검색, 다운로드 및 구독할 수 있는 우수한 방법을 제공하며, 그 목록 또한 훌륭하다. 어떤 이유에선가 Zune에서는 제공되지 않는 팟캐스트를 알고 있어도, 걱정하지 말자. RSS 피드를 통해도 구독할 수 있다.

▶ **애플리케이션 및 게임:** 계속적으로 증가하고 있는 윈도우폰 애플리케이션들(게임을 포함하여)을 핸드폰보다 훨씬 매력적이고 편리한 방법으로 둘러볼 수 있다. Zune HD와 같은 기기를 가지고 있다면, Zune 마켓플레이스에서는 또한 Zune HD용 애플리케이션 및 게임들도 접근할 수 있다.

이렇게 PC상의 마켓플레이스는 놀라울 만하다. 그러나 이 솔루션을 정말 흥미롭게 만드는 것은 단지 이용 가능한 콘텐츠 유형들만이 아니다. 마이크로소프트는 여러분의 구매와 청취 습관을 오래도록 지켜보며, 새로운 음악을 찾는 데 도움이 될 수 있는 추천곡들을 Zune 마켓플레이스를 통해 제공한다. 또한 핸드폰으로 동기화가 가능한 동적이며 다운로드 할 수 있는 라디오 방송국과 같은 맞춤 채널들이 있어, 인기음악, 운동용 음악, 추천 음악 등 다양한 재생 목록을 제공한다.

Zune 마켓플레이스는 구입한 영화 콘텐츠를 다운로드 하거나 쉽게 실시간으로 재생할 수 있는 기능을 제공하는데, 표준 화질(SD)과 HD 중에서 선택하여 구입하거나 대여할 수 있다. 구입한 TV와 영화 콘텐츠는 나중에 적절한 기기에서 언제 어디서든 재생할 수 있다. 이 기기에는 PC(Zune PC 소프트웨어를 이용하여), Zune HD, 윈도우폰(다운로드와 동기화 후에)과 함께 Xbox 360도 포함된다. 가장 흥미로운 것은 아마도 구입한 TV 프로나 영화를 PC 또는 Xbox 360에서 보기 위해 다운로드 할 필요가 없다는 점일 것이다. 대신 그것들을 인터넷을 통해 실시간으로 간단히 재생할 수 있다. 마이크로소프트는 1080p의 실시간 스트리밍을 지원하여, 그 화질은 놀랄 만하다.

물론 다른 장점들도 있지만, 대략 이해가 됐을 것이다. 비록 PC와 핸드폰 사이에서 상호작용하는 데 약간 제약이 있지만 – 사실 Zune PC 소프트웨어로는 정말 제한적이다. 이것은 소프트웨어가 완벽한 기능을 가지고 있고, 이용하기가 쉽기 때문에 어떤 점에서는 사실 이득이 될 수도 있다.

이런 것을 염두에 두고, 이제 Zune PC 소프트웨어를 이용하여 윈도우폰용 콘텐츠와 PC 기능들을 이용하는 방법을 살펴보도록 하자.

애플리케이션들과 게임들

마이크로소프트는 핸드폰에서 괜찮은 마켓플레이스 애플리케이션(Marketplace app)을 제공한다. 그러나 이 서비스는 PC에서가 더 나은데, 추가적인 화면 공간으로 인해 제품에 대한 훨씬 풍부한 소개가 가능하기 때문이다. 또한 그림 16-2와 같이, Zune 내의 마켓플레이스 서비스는 새로운 애플리케이션이나 게임을 찾을 때 특히 더 좋다.

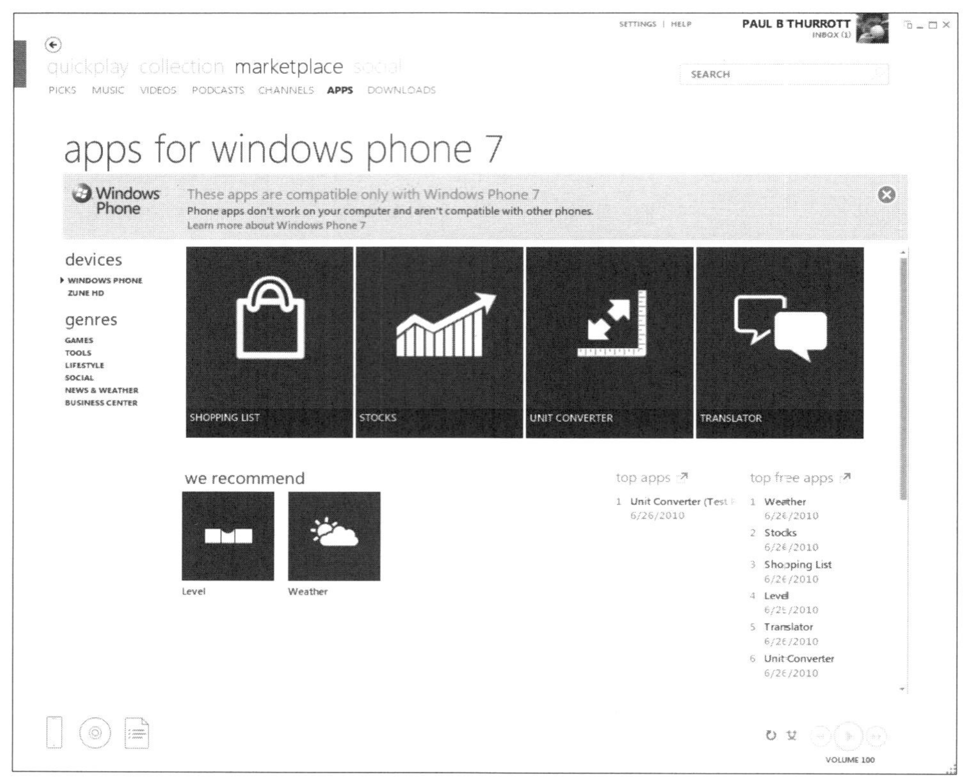

그림 16-2   윈도우폰 7을 위한 애플리케이션들과 게임들.

이 화면은 Zune PC 소프트웨어에 있는 다른 마켓플레이스 서비스들과 비슷하게 작동한다. 왼쪽에서는 게임, 툴, 라이프스타일 등의 애플리케이션의 장르를 확인할 수 있고, 장르 안에는 또 하위 장르들이 있다(예를 들어, 게임 장르는 하위 장르로 액션, 음악, 레이싱, 스포츠, 카드, 보드, 단어&퍼즐 등이 있다).

마이크로소프트는 보통 특정 핵심 애플리케이션들에 강조를 하여 눈에 띄도록 하며, 추천 목록, 인기 유료 애플리케이션, 인기 무료 애플리케이션 목록 및 새 애플리케이션 목록을 제공한다.

개별 애플리케이션이나 게임을 선택하면, 그림 16-3과 같은 화면이 나타난다. 여기서는 그 게임에 대해 좀 더 자세히 살펴볼 수 있는데, 평점이나, 리뷰를 볼 수도 있고,

스크린샷을 확대해 보거나 다운로드를 할 수 있으며, 유료 애플리케이션이나 게임이라면 구입할 수도 있다.

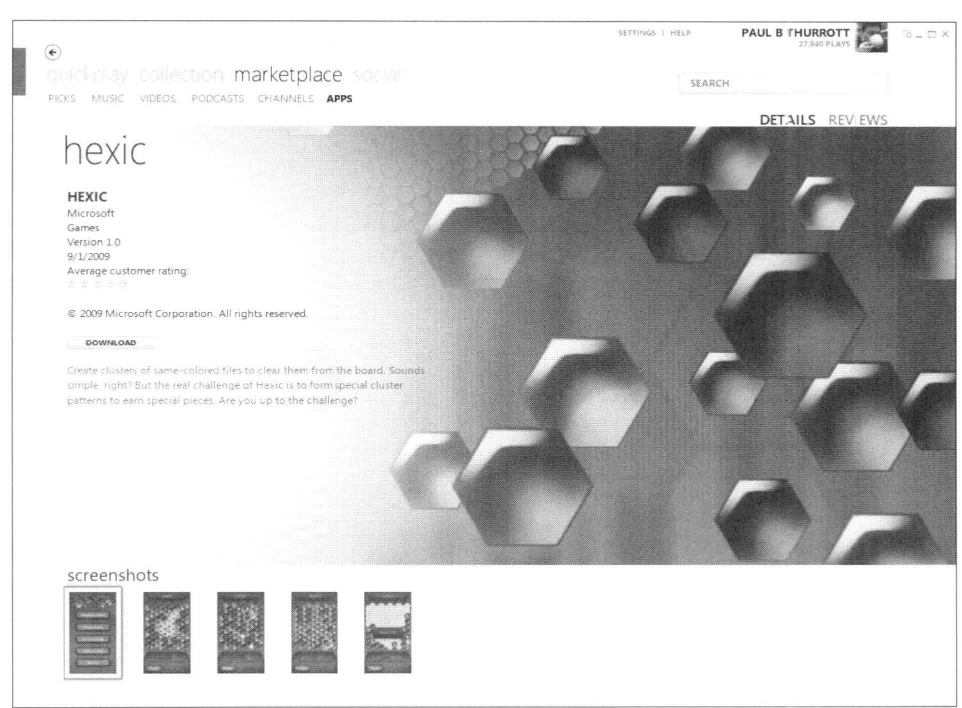

그림 16-3 각각의 게임들은 윈도우폰 마켓플레이스에서 자신의 페이지를 갖는다.

▶ 많은 유료 애플리케이션 및 게임들은 또한 시험 기능을 가지고 있어, 핸드폰에서 해당 프로그램을 테스트 해보고, 마음에 들면 구입할 수 있다.

팟캐스트

윈도우폰은 오디오와 비디오 팟캐스트를 즐기기에 훌륭한 솔루션이다. 그러나 기기에서 지원되는 콘텐츠 목록을 검색할 수 있는 방법이 없기 때문에, 원하는 팟캐스트를 찾고 있다면, 윈도우폰에서는 할 수 없으므로 PC에서 구독해야 한다.

마켓플레이스 팟캐스트에서는 콘텐츠 검색을 위한 심플한 화면을 제공한다, 그림 16-4 참조.

▶ 특히 오디오 팟캐스트에서는 더욱 이상한 제약이지만, 핸드폰에서 새로운 팟캐스트 에피소드를 다운로드 할 수 없다.

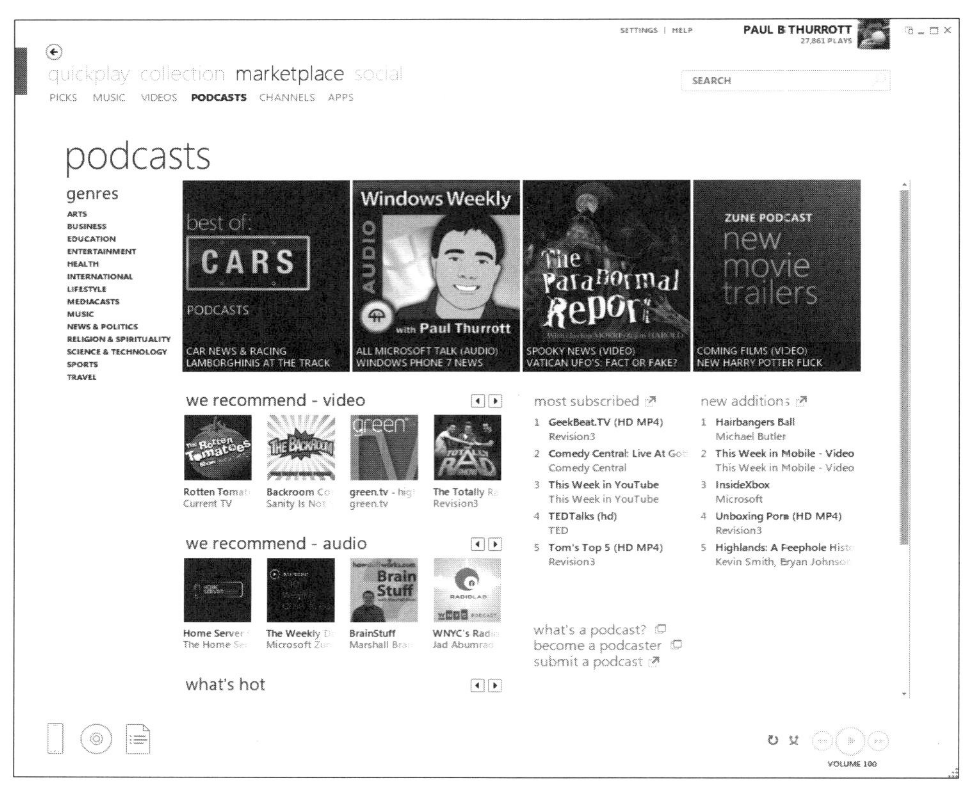

그림 16-4 마켓플레이스의 팟캐스트 초기 화면

　일단 그림 16-5와 같은 좋은 팟캐스트를 찾으면, 각 에피소드를 다운로드하거나, 더 좋은 방법으로는 구독을 할 수 있다. 그렇게 해서 적절히 설정해 놓으면, 이후의 에피소드들은 여러분의 PC에 자동으로 다운로드 되고, 마찬가지로 핸드폰으로도 자동으로 동기화 된다.

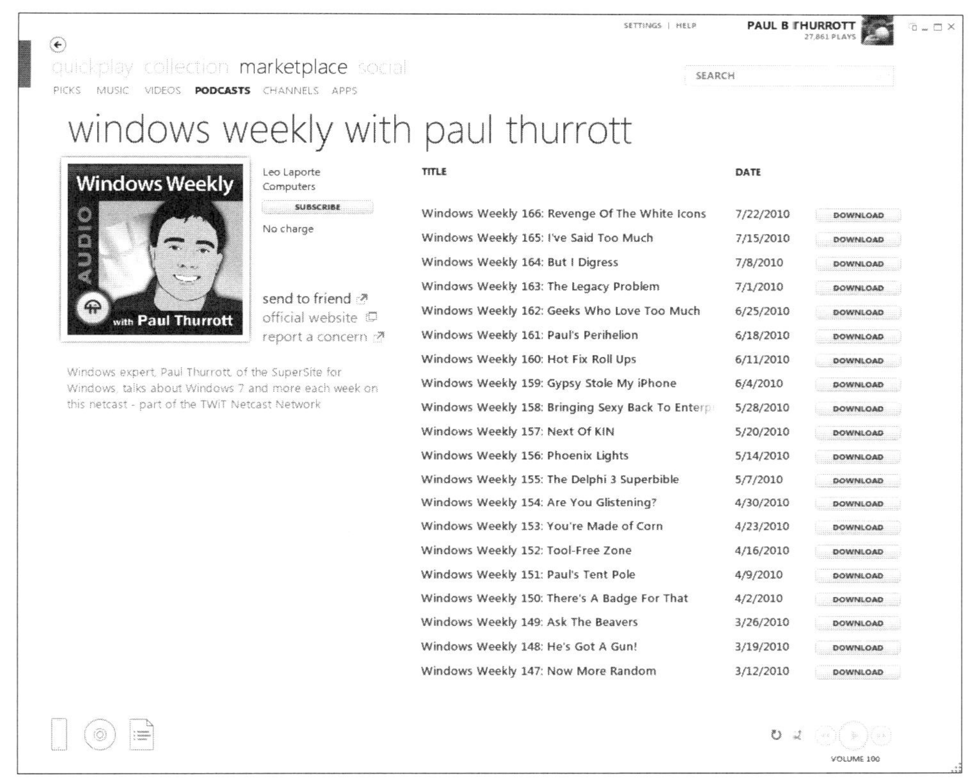

그림 16-5 개별 팟캐스트의 화면.

팟캐스트를 어떻게 다운로드 하고, 구성할 것인지는 Zune PC 소프트웨어 설정 화
면을 통해 설정할 수 있다. 그림 16-6 참조.

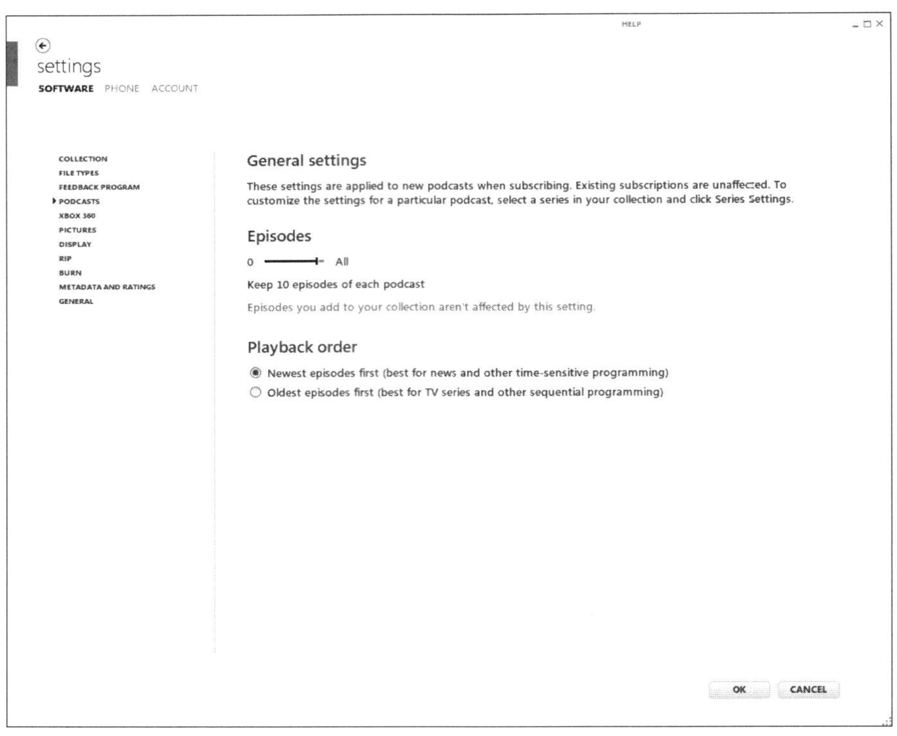

그림 16-6 팟캐스트 설정

또한 중요한 것이 개별 팟캐스트를 위한 설정 화면인데, 이것은 컬렉션, 팟캐스트, 그리고 시리즈 설정을 통해 접근할 수 있다. 이 화면(그림16-7)에서는 어떻게 팟캐스트를 핸드폰으로 동기화할 것인지를 결정할 수 있다.

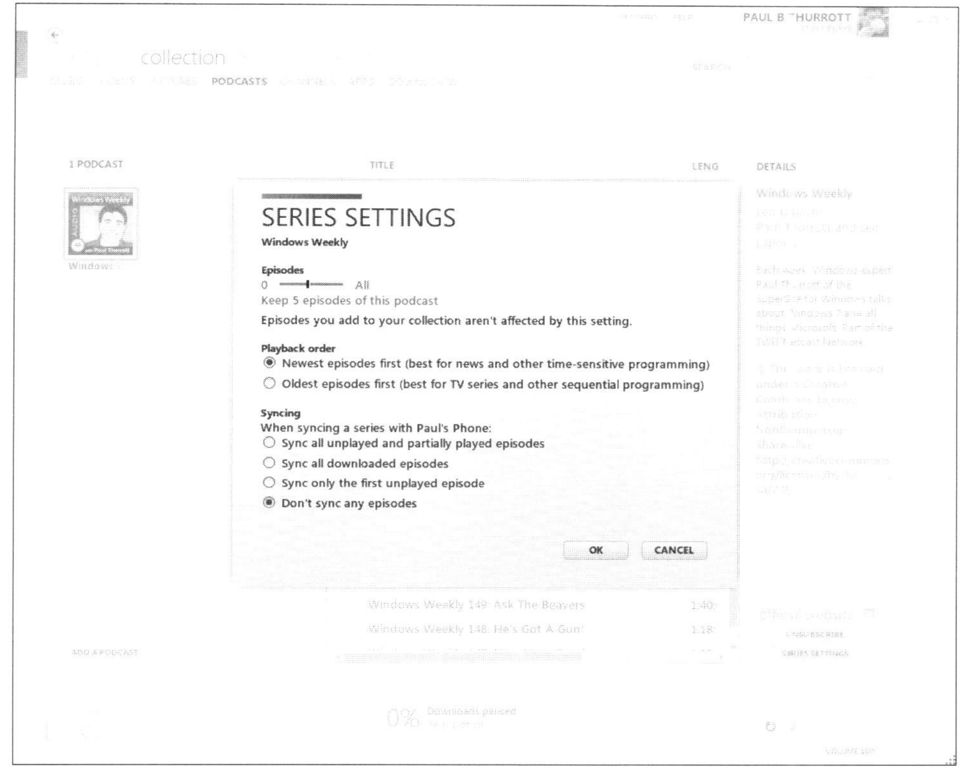

그림 16-7 개별 팟캐스트 별로 핸드폰 동기화를 설정할 수 있다.

비디오

TV 프로, 영화 그리고 뮤직 비디오를 직접 핸드폰으로 다운로드 할 수는 없다. 그래서 이 콘텐츠를 찾아서, 그것을 Zune PC 소프트웨어를 이용하여 구입, 대여 혹은 다운로드 하고, 그리고 나서 핸드폰으로 동기화 해야 한다. 이것은 다음 두 가지 이유 때문에 의외로 간단하지가 않다.

첫째, 그림 16-8과 같이, 몇몇 콘텐츠는 SD와 HD 버전 중에서 선택해야 한다. 오직 SD 콘텐츠만 윈도우폰에서 재생이 되기 때문에, 만약 HD 버전의 비디오를 다운받아, 그것을 핸드폰으로 동기화하면, SD버전이 대신 주어지게 된다.

대여는 또 다른 문제이다. 이유는 상상에 맡기겠지만, 마이크로소프트는 대여를 할 때, 보려는 영화를 어느 기기에서 볼 것인지 미리 선택하도록 한다. PC나 Zune HD

기기 혹은 핸드폰 등 그것을 보려는 곳을 선택한다(만약 Xbox 360에서 영화를 보려고 한다면, Xbox 360 콘솔에서 영화를 대여해야 한다).

대여 후에는 마음을 바꿀 수 없다. 만약 PC에서 보려고 HD 버전의 영화를 선택한 다면, 나중에 핸드폰으로 동기화할 수 없다. 그것은 작동하지 않을 것이다. 또한 핸드 폰에서 보려고 영화를 대여하면, SD밖에는 선택의 여지가 없다.

그림 16-8 PC를 위해 영화를 대여할 때는 HD와 SD버전을 모두 지원하지만, 핸드폰을 도함하여 그 밖의 다른 곳에서는 그 대여한 것을 이용할 수 없다.

웹에서 윈도우폰

강력한 커넥티드 커뮤니케이션의 강자로서, 윈도우폰은 다양한 웹 기반 서비스들과의 몇 가지 흥미로운 통합기능을 제공한다. 그러나 때로는, PC를 이용해야 할 때가 있다.

그렇게 하면 몇몇 흥미로운 윈도우폰 웹 서비스를 이용할 수 있고, 그러한 서비스들은 PC상에서만 의미가 있거나 거기서만 사용 가능한 것들이다.

SkyDrive 카메라 롤

5장에서, 윈도우폰에서 카메라로 찍은 사진들을 마이크로소프트 윈도으 Live SkyDrive 서비스로 자동으로 업로드 하도록 설정하는 방법을 살펴보았다. 이 웹 기반('클라우드') 저장 서비스는 25기가의 무료 저장 공간을 Windows Live 계정을 가진 사용자에게 제공한다. 또한 여러분이 윈도우 Live 계정을 윈도우폰 서비스의 일부로 설정한 이래로, 이것은 여러분이 받는 많은 혜택 중의 한 가지일 뿐이다.

윈도우폰의 SkyDrive 사용은 그리 이상적이지는 않다. 자동으로 업로드 된 사진들은 간편한 공유와 대역폭의 보호 그리고 배터리 수명을 위해 원래의 최대 해상도대로 전송되지 않는다.

즉, 여전히 경우에 따라서는 PC용 웹브라우저를 이용하여 저장된 사진들에 접근하고 싶어질 것이다. 예를 들어, 각각의 사진 이름을 변경하거나, 복사 혹은 옮길 수 있으며, 슬라이드쇼를 보거나, 공유하거나, 또는 그 사진들을 PC로 다운로드 할 수 있다. 물론 그러기 위해서는 먼저 그 사진들이 어디에 있는지 알아내야 한다.

SkyDrive는 skydrive.live.com에서 찾을 수 있는데, 이 주소에서는 군서, 메모, 사진 등 모든 웹 기반 파일들을 확인할 수 있다. photos.live.com이라는 바로가기를 이용하면, SkyDrive의 사진 섹션인 윈도우 Live Photos로 바로 이동할 수 있다. 이 화면은 그림 16-9와 같다(둘 중 어느 사이트든 접속하려면 윈도우 Live 계정으로 로그인을 해야 한다).

윈도우폰의 사진 허브(Pictures hub)에 익숙하다면, 여기서 몇 가지 친숙한 요소들을 발견할 것이다. 맨 위에 나오는 최근 앨범 섹션에서는 왼쪽에 있는 모든 앨범 링크와 같이 SkyDrive의 사진 앨범들에 접근할 수 있다. 거기에서는 머신저 소셜 목록을 볼 수 있는데, 이것은 사진 허브에 있는 새로운 사진 보기(What's New view)처럼 작동하며, 가족이나, 친구, 다른 지인들이 온라인으로 올린 사진들을 시간 순으로 볼 수 있다.

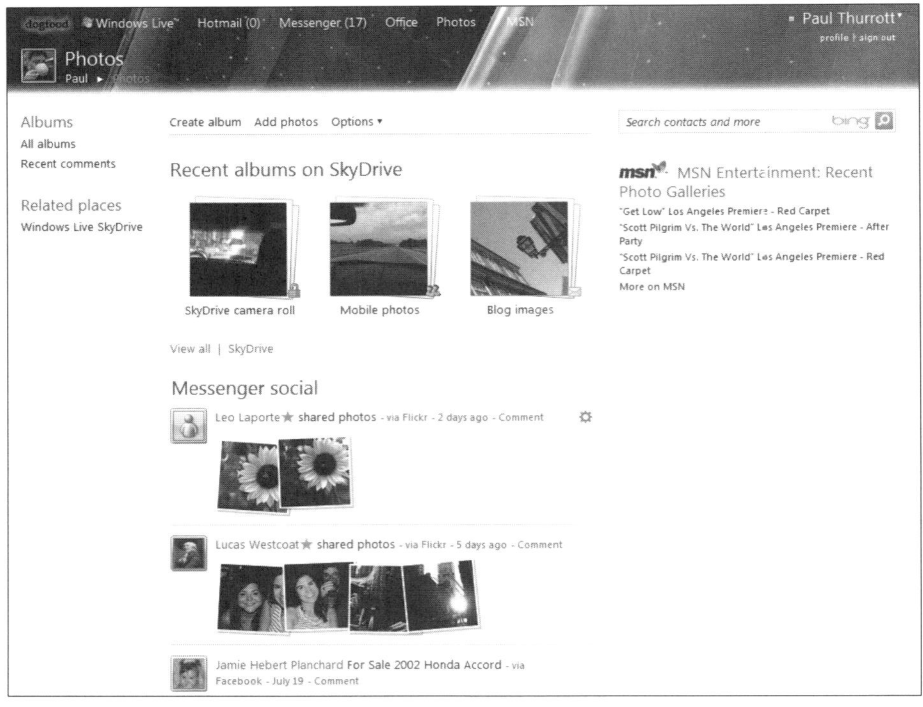

그림 16-9 윈도우 Live Photos

여러분의 핸드폰에서 웹으로 자동으로 업로드 된 사진들은 SkyDrive 카메라 롤 앨범에서 확인할 수 있다. 이것은 윈도우 Live Photos 메인화면의 최근 앨범 목록에 표시되어 있다. 표시되어 있지 않다면, 모든 앨범으로 가서 찾는다.

이 사진 갤러리를 클릭하면, 카메라에서 자동으로 업로드 된 모든 사진들을 볼 수 있다. 이 화면은 그림 16-10과 같다.

그림 16-10 SkyDrive 카메라 롤 갤러리

여기서 추가적인 작업을 할 수 있다. 여기에 오는 가장 일반적인 이유는 아마도 업로드 한 사진을 다른 사람들과 공유하기 위해서일 것이다. 윈도우 Live Photos(와 좀 더 일반적으로는 SkyDrive)의 각 개별 폴더는 세부적인 권한 설정을 가지고 있다. 이 권한 설정은 폴더 별로 수정할 수 있고, 특정한 사람들을 그 폴더의 공유 대상 목록에 추가할 수 있으며(이메일 주소로), 개별 사진에 대한 링크를 다른 사람에게 보낼 수 있다.

최대 해상도 카메라 사진을 웹으로 업로드하기

여러 번 반복해서 얘기 했던 것처럼, 윈도우폰의 자동 사진 업로드 기능은, 아무리 좋게 얘기해도 밋밋한 정도이다. 여러분이 정말로 원하는 것은 최대 사이즈의 사진들을 웹에 자동으로 백업해 올리는 방법일 것이다. 마이크로소프트는 사실 그러한 방법을 제공하지 않는다. 하지만 그와 비슷하지만 조금은 복잡한 방법을 제공한다. 아쉽게도 이것은 웹에서 뿐만 아니라 PC에서도 약간의 작업을 필요로 한다. 또한 핸드폰에서 바로 작동하지도 않는다. 그 방법은 다음과 같다.

첫째, 5장에서 설명했듯이, 핸드폰에서 PC로 Zune PC 소프트웨어를 이용하여 주기적으로 사진을 다운로드 한다. 이때 수동으로 핸드폰의 사진들을 다운로드 한다면 사진을 핸드폰 상에서 삭제해야 할 필요는 없다. 대신에, 사진들에 대해서 속속들이 다 알고 있어야 한다.

두 번째, PC에 최신 버전의 윈도우 Live Essential이 설치되어 있는지 확실히 한다. 이 훌륭한 무료 윈도우 애플리케이션 세트는 get.live.com에서 찾을 수 있으며, 특히 여기에 관련된 두 개의 애플리케이션을 포함하고 있다.

그 하나는 윈도우 Live 사진 갤러리로, 그림 16-11과 같은 모습이다.

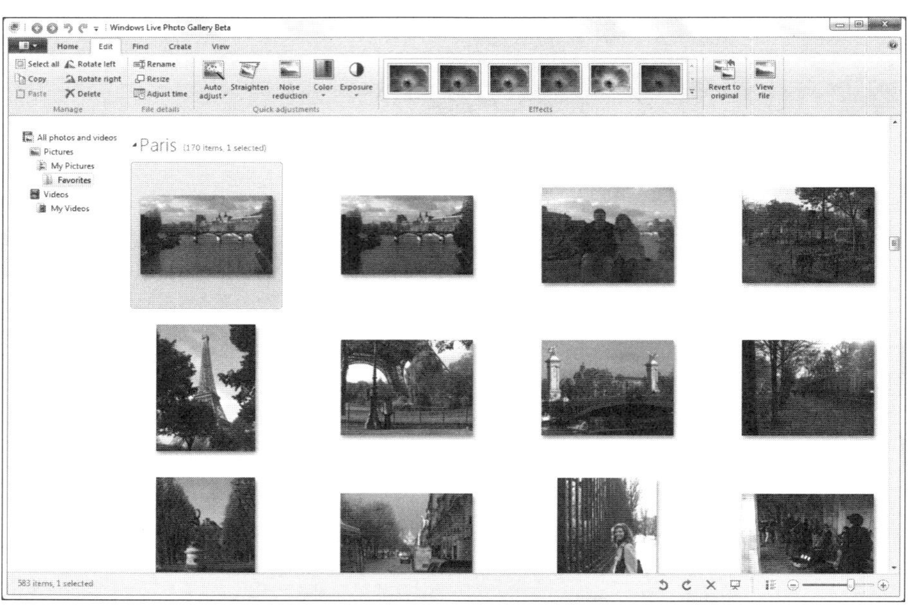

그림 16-11 윈도우 Live 사진 갤러리

사진 갤러리 애플리케이션은 많은 기능을 수행하는데, 그 중에는 윈도우폰 카메라를 이용하는 사람이라면 꼭 필요한 몇몇 최고급 사진 편집 기능들도 포함된다. 또한 이 애플리케이션을 이용하여 사진이 가득 찬 폴더를 윈도우 Live SkyDrive/Photos의 사진 갤러리(혹은 '앨범')에 직접 발행할 수 있다. 그림 16-12처럼, 여러분이 원하는 것이 수동으로 사진을 복사하는 것뿐이라면 이 기능은 아주 적절하다. 그러나 나중에 이미 업로드한 폴더에 사진들을 더 추가하려고 한다면 이 기능은 도움이 되지 않을 것이다. 다시 말해서, 이 기능은 자동이 아니다. 그러므로 새 파일들을 나중에 추가로 업로드 해주지는 않을 것이다.

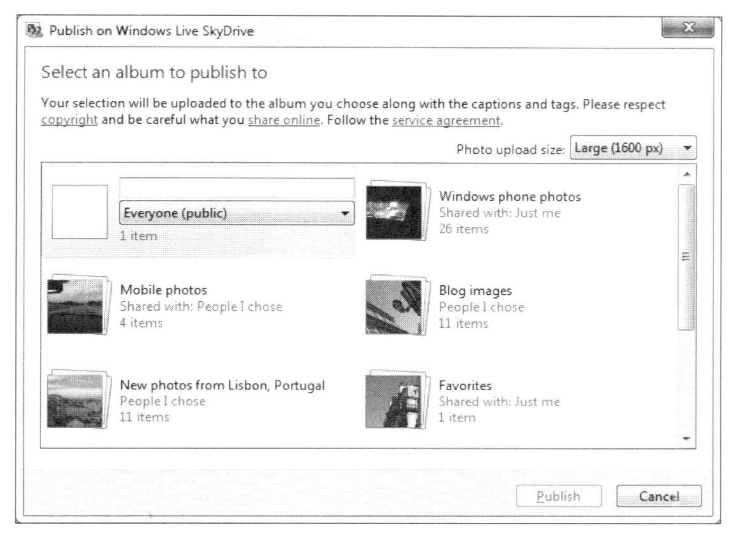

그림 16-12 사진 갤러리 애플리케이션은 사진을 SkyDrive로 쉽게 업로드 할 수 있게 해준다.

▶ 이 기능을 사용한다면, 사진 업로드 사이즈 드롭다운 메뉴에서 '원래 사이즈(Original)'를 선택하도록 한다. 그렇게 하지 않으면, 본의 아니게 전체 사이즈가 아닌 사진을 업로드 하게 된다.

윈도우 Live Essential은 또한 윈도우 Live Mesh라는 프로그램을 포함한다. 이 놀라운 유틸리티는 많은 유용한 서비스를 제공하는데, 원격 PC 접근과 PC 간의 제한적 애플리케이션 동기화도 이에 포함된다. 그러나 이 프로그램의 기본 기능이자 우리가 여기에서 관심을 가지는 이유는 Mesh가 여러분의 PC들(두 대 이상을 가졌다면)과 SkyDrive 사이에서 콘텐츠의 폴더들을 동기화 해주기 때문이다.

PC 간 폴더 동기화는 P2P(peer-to-peer) 동기화로 알려져 있다. 만일 집에서 여러 대의 PC를 이용하고, 그 컴퓨터들 사이에서 특정 콘텐츠 – 좋아하는 사진, 음악 컬렉션 혹은 중요 문서들 – 를 동기화하고 싶을 때 정말 유용하다. 이것은 또한 **거의 제한이 없어**, 아무리 많은 콘텐츠라도 P2P 동기화를 이용해 PC들 사이에서 동기화시킬 수 있다.

윈도우 Live SkyDrive를 이용해서 클라우드에 동기화하는 것은 대역폭과 저장 공간 비용 문제로 약간은 제한적이다. 여기서, 마이크로소프트는 2기가의 저장 공간만을 제공하고, 너무 큰 파일도 업로드 할 수 없다. 두 번째 문제는 사진에 대해서는 크게 걱정할 필요가 없지만, 용량은 언젠가 한계에 부딪히게 될 것이다(참고로, 나의 동기화 된 좋아하는 사진 폴더는 1.1기가의 공간만을 차지하고 있는데, 600장이 훨씬 넘는 사진들이 포함되어 있다).

▶ 윈도우 Live Mesh는 심지어 맥(Mac)과도 호환이 되므로, PC와 맥을 함께 가지고 있다면, 이것은 이 기기들 간에도 동기화 하여 파일을 저장하는 재미있는 솔루션이다.

477

Mesh는 윈도우폰 카메라로 찍은 사진들을 SkyDrive와 동기화하는 데에도 이용할 수 있다. 여러분이 사진들을 핸드폰에서 PC로 복사하면, 그 사진들은 최대해상도 버전으로 SkyDrive와 자동으로 동기화 된다.

우선, Zune PC 프로그램이 PC로 복사된 사진들을 어느 폴더에 저장하는지를 알아내야 한다. 윈도우 7의 사진 라이브러리(혹은 윈도우 비스타의 사진 폴더)를 열면, **폴의 핸드폰**으로부터(**폴의 핸드폰** Paul's Phone 부분은 여러분의 핸드폰 이름에 해당된다)라는 이름의 폴더를 볼 수 있다. 이 폴더 안에는 또한 여러 폴더가 있을 수 있지만, 그 중 한 폴더의 이름은 카메라 롤일 것이다. 우리는 폴의 핸드폰으로부터(From Paul's Phone) 혹은 카메라 롤 디렉터리를 동기화하고 싶은 것이다.

이제 윈도우 Live Mesh를 실행한다. 그림 16-13에 보이는, 이 애플리케이션은 PC들 간의 혹은 SkyDrive와의 매우 간편한 동기화 방법을 제공한다.

폴더를 동기화 하기 위하여, 폴더 동기화 하기 링크를 클릭한 후, 파일시스템(일반적으로 C:\your username\Pictures)의 올바른 위치로 이동하여, **폴의 핸드폰**으로부터(**폴의 핸드폰**은 여러분 핸드폰의 이름에 해당된다)나 혹은 그 폴더 안의 카메라 롤(그림 16-14) 폴더를 선택한다. 동기화를 클릭한다.

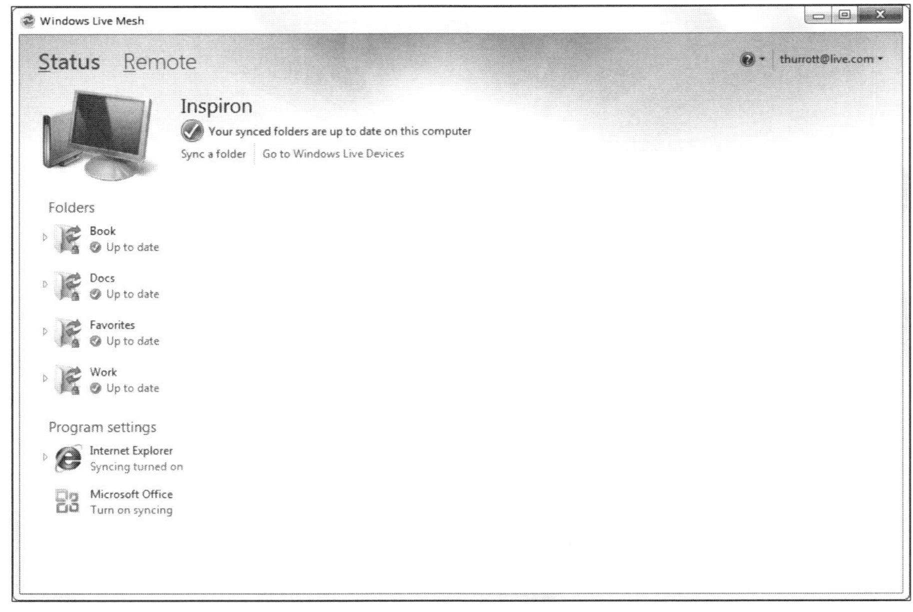

그림 16-13   윈도우 Live Mesh

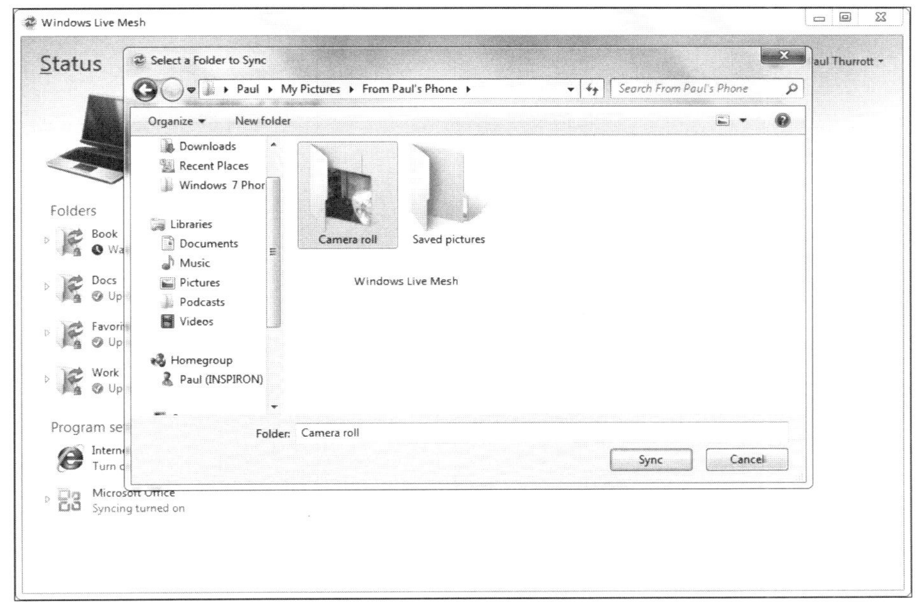

그림 16-14 동기화 할 폴더 선택하기.

다음으로, 폴더를 동기화하고 싶은 기기 – 보통 PC들 – 를 선택하라고 묻는다. 이 목록의 아랫부분에는 SkyDrive 동기화 저장고라는 좀 다른 선택 사항이 있다. 만약 이 옵션을 선택하면, 이 폴더는 웹과 동기화 한다.

일단 완료하고 나면, 폴더는 윈도우 Mesh 내의 동기화 폴더들 목록에 추가되고, 그 콘텐츠들은 적절한 위치에 동기화된다. 윈도우 Live SkyDrive에 방문해보면 이 새로운 폴더가 웹에 동기화 되었음을 확인할 수 있다. 이것은 SkyDrive 동기화 저장고라는 특별한 위치에서 찾을 수 있다. skydrive.live.com으로 가서, 동기화 폴더 보기 링크를 클릭하면 된다. 혹은 간단히 devices.live.cm/Devices/SkyDriveSyncedStorage로 바로 이동할 수도 있다.

양쪽 모두에서, 여러분이 방금 동기화 했던 폴더를, 이전에 동기호- 했던(했던 적이 있다면) 다른 폴더들과 함께 볼 수 있을 것이다. 그림 16-15 참조.

가장 중요한 것은, 이 폴더로 찾아가면 거기에서 여러분은 카메라의 사진들을 그것도 최대 해상도로 볼 수 있다는 것이다.

> **Note** 앞에서 설명했던 것처럼, 이것이 흥미로운 차선책이긴 하지만, 여러분은 어쨌
> 든 2기가라는 저장 공간의 한계에 다다를 수 있다. 그러나 향후에는 마이크로소프트가
> 윈도우폰에서 전체 사이즈 사진 복사 기능을 제공할 것이 거의 확실한데, 어쩌면 이 책
> 을 읽고 있을 때는 가능해졌을 수 있다. 따라서 운이 좋다면, 아예 이런 걱정을 할 필요
> 가 없게 될 수도 있다.

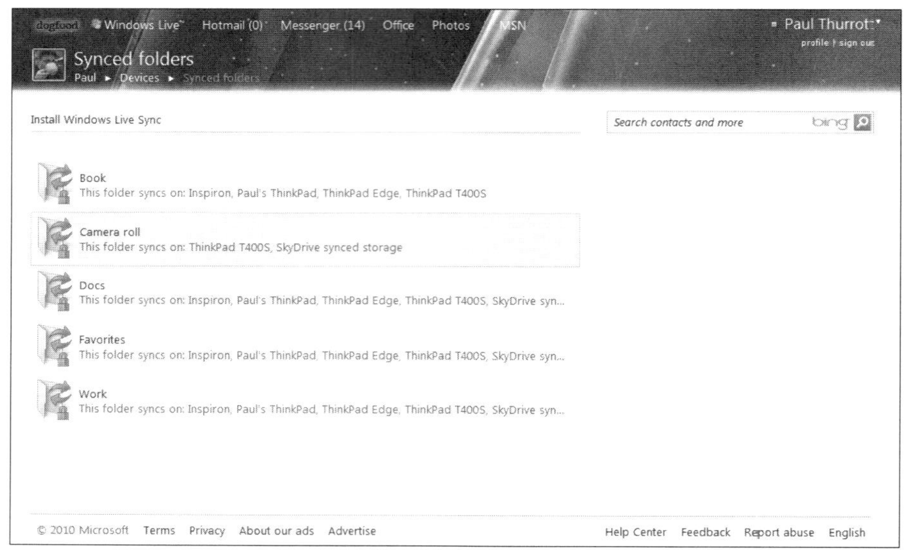

그림 16-15 SkyDrive의 동기화된 폴더들

내 핸드폰 찾기

마이크로소프트는 수많은 윈도우폰용 온라인 서비스를 제공하는데, 이 서비스 컬렉션
들이 앞으로도 더욱 향상되고, 성장하기를 희망한다. 우선 이 회사가 제공하는 서비스
중 가장 흥미로운 서비스는 내 핸드폰 찾기라는 서비스이다. 이 서비스는 윈도우폰을
잃어버리거나 도둑맞았을 경우 되찾을 수 있도록 돕는 서비스로, 애플에서 제공하는
같은 종류의 서비스와는 달리 완전히 무료이다.

그림 16-16의, 내 핸드폰 찾기는 windowsphone.live.com/myphone에서 접근할 수
있다.

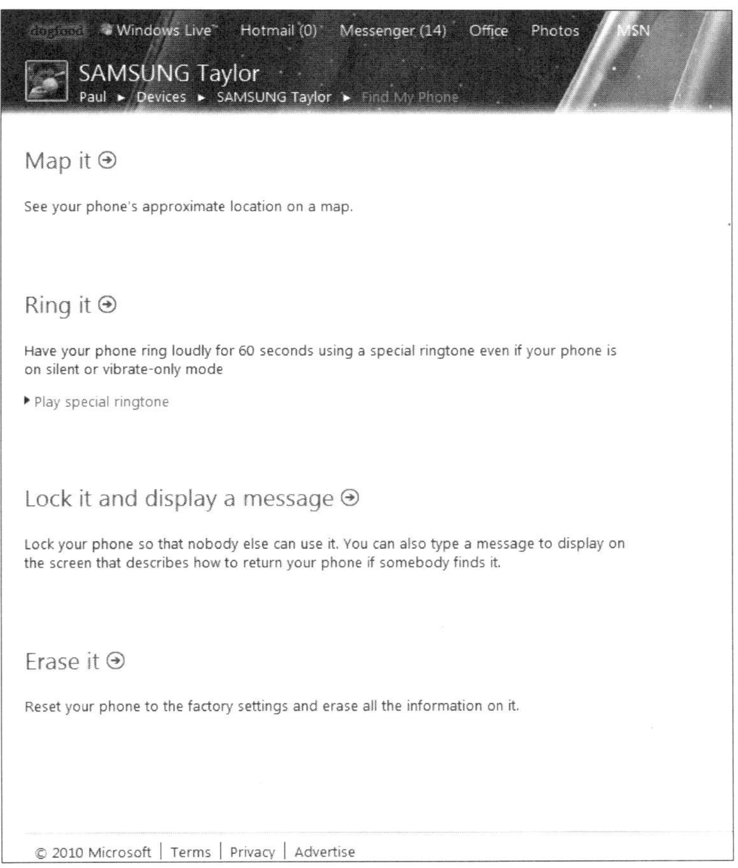

그림 16-16   내 핸드폰 찾기

이 서비스는 다음과 같은 기능들을 제공한다.

▸ **지도에서 찾기(Map it):** 그림 16-17과 같이, 핸드폰을 Bing 지도(Maps)에서 찾기
위해 지도에서 찾기 링크를 누른다. 이것은 굉장히 정확한데, 특히 핸드폰이 3G
데이터 서비스와 연결되어 있다면 더욱 그렇다.

▸ **벨 울리기(Ring it):** 도둑을 화나게 하거나 혹은 바라건대, 단순히 핸드폰을 잃어
버린 위치를 찾기 위해 이 링크를 이용한다(그림 16-18). 핸드폰은 시끄러운 벨
소리를 약 1분 정도 울린다.

▸ **잠그고 메시지 표시하기(Lock it and display a message):** 이 옵션은 여러분이
즉석에서 생각해낸 네 자리 코드(four-digit code)로 핸드폰을 잠근다. 비록 평상

시에 잠금 기능을 이용하지 않았더라도, 이 기능으로 누군가가 핸드폰을 사용하거나, 여러분의 개인 정보에 접근하는 것을 막게 된다. 선택에 따라서는, 만약 누군가 이 핸드폰을 찾았다면 어떻게 돌려줄 수 있는지에 대한 메시지가, 화면에 표시되도록 입력할 수도 있다, 그림 16-19 참조.

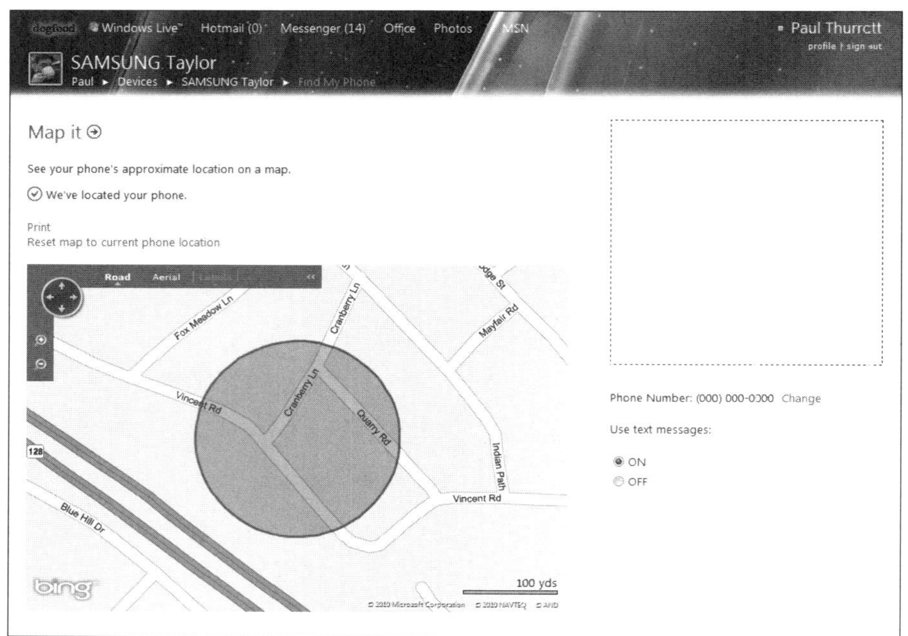

그림 16-17 지도에서 찾기 기능은 너무 정밀하다.

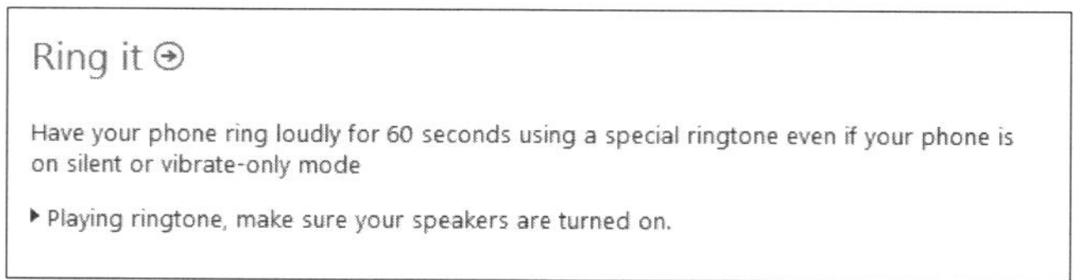

그림 16-18 핸드폰을 잃어버렸을 때 원격으로 벨을 울려서 찾을 수 있도록 해준다.

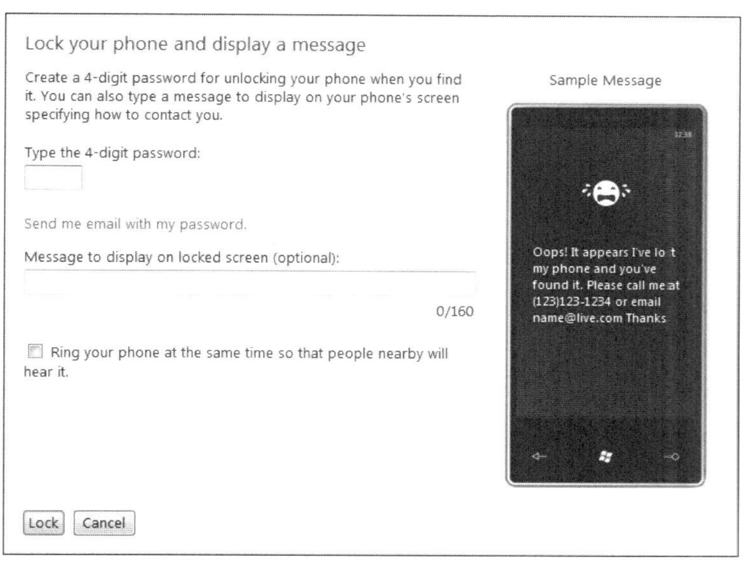

그림 16-19 핸드폰을 잠그고, 그것을 돌려주는 방법을 설명한다.

▶ **지우기:** 이 마지막 '저장 공간 완전삭제(nuke from space)' 옵션(그림 16-20)은 핸
드폰을 영구적으로 잃어버리거나 도난 당해서 다시 찾을 수 없을 거라고 확신
할 때 사용하게 된다. 이 옵션을 실행하면, 핸드폰에 있던 모든 정보가 원격으
로 지워지게 된다.

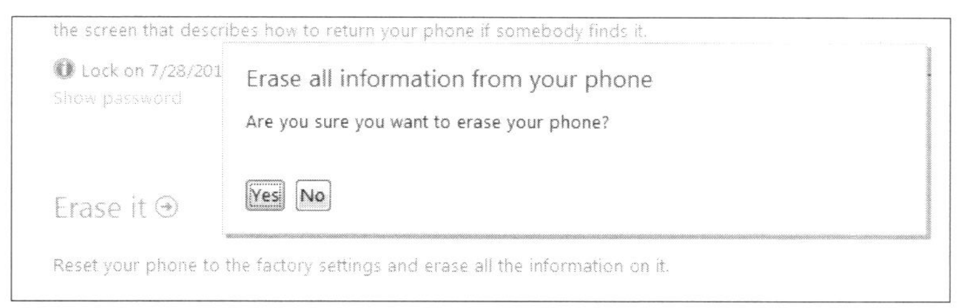

그림 16-20 핸드폰 정보를 지워서 최소한 마음의 안정을 찾는다.

윈도우폰 업데이트 하기

앞서 설명했듯이, 마이크로소프트는 윈도우폰을 위한 지속적인 소프트웨어 업데이트

를 자주 제공하는데, 여러분은 사실 처음 새 핸드폰을 부팅시켰을 때, 그러한 업데이트를 설치할 것을 요청받았을 것이다. 시간이 흐르면서, 다른 업데이트들도 설치하도록 요청을 받게 되는데, 어떤 경우에는 무선으로 핸드폰 상에서 바로 업데이트 되기도 하고, 좀 더 용량이 큰 경우에는 USB 동기화 케이블을 이용해 핸드폰을 PC와 동기화해서 업데이트 해야 한다.

윈도우폰이 업데이트를 찾아서, 설치하도록 허용하는 것은 중요하다. 이 업데이트는 두 가지 종류가 있는데, 둘 다 모두 유용한 것들이다. 첫째는 오류 수정과 필요에 따라서는 보안 관련 업데이트일 수 있다. 이 유형의 업데이트는 일반적으로 매우 작고, 보통은 기기로 직접 전송된다.

두 번째는, 윈도우폰이 지속적으로 개선될 수 있는 기능들을 가진 새로운 플랫폼이기 때문에, 마이크로소프트는 새로운 특징과 기능을 추가하는 좀 더 큰 소프트웨어 업데이트를 제공하게 될 것이다. 이런 업데이트는, 거의 확실하게, USB 연결을 필요로 한다.

> **Note** 궁금해 하는 사람들을 위해 설명하자면, 200메가바이트(MB)보다 작은 용량의 소프트웨어 업데이트는 무선으로 전송되고, 그 이상은 PC를 필요로 한다. PC 기반 업데이트는 Zune PC 소프트웨어를 통해 수행된다.

핸드폰이 소프트웨어 업데이트를 받도록 설정되어 있는지 확인하기 위해서는, 모든 프로그램, 설정, 그리고 핸드폰 업데이트로 이동한다. 화면에서 그림 16-21과 같은 모습을 볼 수 있다.

새로운 업데이트가 있다는 공지에 추가하여, 두 가지 주요 옵션을 확인할 수 있는데, 기본적으로 두 개 모두 활성화 하는 것이 좋다.

▶ **새로운 업데이트가 있으면 알려주기.** 윈도우폰은 새로운 소프트웨어 업데이트가 생기면 알려준다. 무선으로 이 업데이트를 설치할 수 있다면, 그렇게 할 수 있는 옵션도 제공한다.

▶ **업데이트 확인을 위해 내 무선 데이터 연결 이용하기.** 이 옵션이 활성화 되어 있으면, 윈도우폰은 업데이트를 찾거나, 설정에 따라서는, 가능한 구선 업데이트를

다운로드 하는데 핸드폰의 무선 데이터 연결을 이용할 것이다. 여러분이 무제한 데이터 요금제를 이용하고 있다면, 대부분의 경우에는 이 옵션을 활성화시켜 두는 것이 좋다.

새로운 소프트웨어 업데이트가 발견되면, 윈도우폰은 그림 16-22와 같이 전체 화면 메시지로 알려준다.

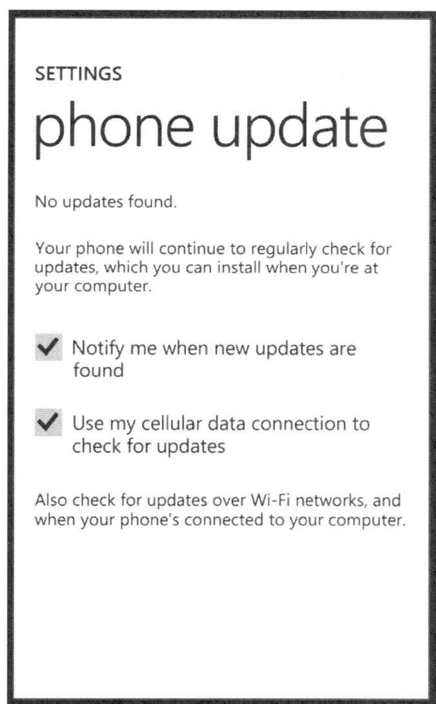

그림 16-21 핸드폰 업데이트 설정

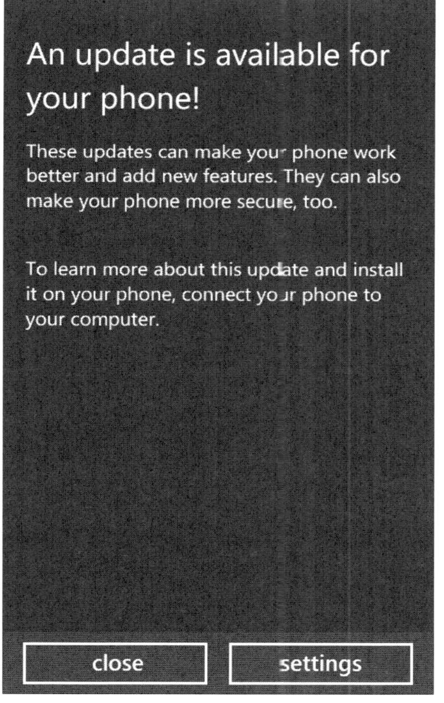

그림 16-22 새로운 소프트웨어 업데이트가 준비되었습니다.

대부분의 소프트웨어 업데이트는 돌이킬 수 없다. 일단 설치하면, 그것을 다시 언인스톨 할 방법은 없다. 윈도우의 PC 버전을 이용할 때와는 완전히 다르다. 그렇지만 스마트폰에서는 이렇게 하는 것이 좀 더 일리가 있는데, 왜냐하면 이 기기는 가전제품에 좀 더 가깝고, 대부분의 사람들이 기기에 있는 로우-레벨 소프트웨어까지 세세하게 관리할 필요도 혹은 원하지도 않을 것이기 때문이다. 더 중요한 것은, 새로운 기능과 업데이트가 윈도우폰에 추가됨에 따라, 마이크로소프트가 계속적으로 이러한 기능과 업데이트들이 설치되어 있을 것이라고 생각하고 그에 의지할 것이라는 점이다.

요약

윈도우폰에서 PC와 웹 통합 부분은 좀 실망스럽긴 하지만, 시간이 흐르면서 이 기능들이 개선되리라고 생각한다. 사실 내가 윈도우폰 팀으로부터 계속해서 듣는 이야기가 있는데, 그것은 아이폰과 안드로이드의 주도권에 맞서 비교할 데 없이 강력하고 혁신적인 선택이 될 수 있도록 이 새로운 플랫폼을 적극적으로 꾸준히 업데이트 하겠다는 그들의 결의이다. 여기에서의 핵심은 물론 무선망 사업자를 거치지 않고, 무선과 Zune PC 소프트웨어를 통해 윈도우폰 사용자들에게 직접 업데이트를 제공할 수 있는 마이크로소프트의 능력이다.

앞으로, 윈도우폰이 계속 성장하고 있는 애플리케이션 및 게임 마켓에 의해 지원받을 뿐만 아니라 크고 작은 소프트웨어 업데이트로 개선되고 향상될 것이라고 기대해도 좋을 것이다. 이러한 가능성이 윈도우폰에만 적용되는 것은 아니다. 하지만 이러한 사실들이 이 플랫폼이 정체되지 않을 것이며, 시간이 지날수록, 튼튼하고 훌륭한 모바일 솔루션으로는 부족하다는 초기 비판이 사라질 것이라는 점을 확신시켜 준다.

한 가지 확실하게 말할 수 있는 것은 윈도우폰에 대한 나의 만족이 더 깊어져 왔다는 것이다. 그리고 이 플랫폼에 대해 알아 가면 갈수록, 더욱 감동 받게 되고, 오히려 경쟁제품들에 대한 흥미는 떨어진다는 것이다. 윈도우폰의 지속적으로 개선되는 특성 때문에 나는 이 책이 나온 이후에도 오랫동안 계속해서 그 변화들을 모니터링 하고 상세히 기록할 것이다. 그러니 여러분도 windowsphonesecrets.com에 들어와 함께 토론도 하고, 나를 포함한 다른 윈도우폰 사용자들과 함께 이 화려하고 새로운 모바일 시대로 들어가도록 하자. 여러분을 온라인에서도 볼 수 있기를, 그리고 여러분의 윈도우폰에 대한 경험을 들을 수 있기를 고대해본다.

➡ Index

ㄱ

ㄴ

ㄷ

Windows® Phone 7 Secrets

윈도우폰 7의 비밀

초판 1쇄 발행 2011년 5월 31일

지은이　　폴 써롯
옮긴이　　장현순, 황연주
발행인　　최규학

기획 · 진행　고광노
본문디자인　초심디자인
표지디자인　Betty boo

발행처　　도서출판 ITC
등록번호　제8-399호
등록일자　2003년 4월 15일
주소　　　경기도 파주시 교하읍 문발리 파주출판도시 535-7 307호
전화　　　031-955-4353(대표)
팩스　　　031-955-4355
이메일　　chaeon365@itcpub.co.kr

인쇄　　　한승인쇄
용지　　　신승지류유통
제본　　　춘산제본

ISBN-13　978-89-6351-027-9　　13560
ISBN-10　89-6351-027-1

값 26,000원

www.itcpub.co.kr